Philipp Stöhr

Lehrbuch der Histologie

und der mikroskopischen Anatomie des Menschen mit Einschluss der

mikroskopischen Technik

Philipp Stöhr

Lehrbuch der Histologie
*und der mikroskopischen Anatomie des Menschen mit Einschluss der mikroskopischen
Technik*

ISBN/EAN: 9783743472266

Hergestellt in Europa, USA, Kanada, Australien, Japan

Cover: Foto ©berggeist007 / pixelio.de

Weitere Bücher finden Sie auf **www.hansebooks.com**

LEHRBUCH

DER

HISTOLOGIE

UND DER

MIKROSKOPISCHEN ANATOMIE DES MENSCHEN

MIT

EINSCHLUSS DER MIKROSKOPISCHEN TECHNIK

VON

DR. PHILIPP STÖHR,

O. Ö. PROFESSOR DER ANATOMIE UND DIREKTOR DER ANAT. ANSTALT IN ZÜRICH.

SECHSTE, VERBESSERTE AUFLAGE.

MIT 260 ABBILDUNGEN.

JENA

VERLAG VON GUSTAV FISCHER

1894.

Vorwort zur sechsten Auflage.

Die neue Auflage enthält fast kein Kapitel, das nicht Zusätze oder Veränderungen erfahren hätte, ein Beweis, wie viel Neues und Werthvolles die letzten Jahre gebracht haben. Der Löwenantheil an diesen Errungenschaften fällt der Golgi'schen Methode zu. Da war es natürlich, dass die Lehre vom Nervengewebe und von den nervösen Organen in eingreifender Weise umgearbeitet werden musste; die Frage, „wie endigen die Nerven?", auf die wir bisher so oft die traurige Antwort „unbekannt" geben mussten, ist jetzt fast überall entschieden; der Zusammenhang der nervösen Elemente erschien in neuem Lichte und bedurfte neuer Darstellung. Dem Plane des Buches gemäss glaubte ich, im Wesentlichen mich hier auf eine Schilderung der mikroskopischen Verhältnisse beschränken zu müssen. Wie weit ich mit der dabei geübten Kürze das Richtige getroffen habe, muss ich dem Urtheile meiner Leser überlassen. Wer sich in diesem anregendsten aller Kapitel weiter zu unterrichten wünscht, dem seien ausser den übersichtlichen Aufsätzen von v. Lenhossék[1]) und R. y Cajal[2]) Kölliker's ausführliche Schilderungen[3]) empfohlen.

Die neue Auflage enthält über 60 neue Abbildungen; viele derselben sind nach Präparaten gezeichnet, die nach Golgi's Methode hergestellt worden waren. Jetzt ist diese Methode so weit vervollkommnet, dass sie auch in den Händen der Anfänger brauchbare Resultate liefert; mögen die hier gegebenen Vorschriften die weiteste Verbreitung dieser trefflichen Methode fördern!

---

[1]) M. v. Lenhossék. Der feinere Bau des Nervensystems im Lichte neuester Forschung. „Fortschritte der Medicin". Bd. X. 1892. Berlin. (Auch separat zu beziehen.)

[2]) R. y Cajal. Neue Darstellung vom histologischen Bau des Centralnervensystems, übersetzt von Held. Archiv für Anatomie und Entwicklungsgeschichte, Jahrgang 1893, 5. und 6. Heft, pag. 319.

[3]) Kölliker, Handbuch der Gewebelehre des Menschen, Bd. II, Leipzig, 1893.

Alle Präparate sind in der Züricher Anatomie angefertigt[1]) und von mir selbst in der bisher geübten Weise gezeichnet. Nur die Figuren 89 und 159 sind von Herrn Zeichner Schröter, die Figur 234 von meinem Assistenten, Herrn Dr. Schaper ausgeführt worden.

Neue Methoden sind ausser der Schleimfärbung mit Delafield's Haematoxylin und der Ehrlich'schen Methode für Blut-Trockenpräparate nicht eingefügt worden. Ich verkenne durchaus nicht die trefflichen Leistungen vieler, in diesem Buche nicht genannter Methoden; aber ihre Brauchbarkeit ist fast durchweg abhängig von geübten Händen und vom Mikrotom; Anfänger — und für diese ist mein Buch geschrieben — erzielen damit nur Misserfolge.

Zürich, im April 1894.

Philipp Stöhr.

---

[1]) Ausgenommen ist der Schnitt durch die Fovea centralis (Fig. 234), den ich Herrn Prof. Haab, sowie der Schnitt durch die Nasenschleimhaut (Fig. 255), welchen ich Herrn Dr. Suchannek verdanke.

Vorwort zur fünften Auflage.

Unsere Kenntnisse über den feineren Bau des Körpers haben in den letzten Jahren wieder eine so vielfache Bereicherung erfahren, dass eine erneute Bearbeitung mehrerer Kapitel erfolgen musste. Es betrifft dieselbe vorzugsweise die Kapitel über allgemeine Zellenlehre, über das Skeletsystem, über Muskeln, über das Centralnervensysteme und die Nervenendapparate. Wenn dabei der Text nicht wesentlich vermehrt wurde, so ist das dem Umstand zu verdanken, dass die neuen Thatsachen zum Theil eine Vereinfachung der Darstellung ermöglichten. Mein Vorhaben, die kleinen Abbildungen durch grössere, übersichtlichere zu ersetzen, konnte aus Mangel an Zeit nur zum kleinsten Theil ausgeführt werden, da ich mich nicht entschliessen konnte, nicht fachmännischen, wenn auch kunstgeübten Händen die Anfertigung zu übertragen. Alle neuen Figuren sind von mir selbst gezeichnet worden.

Von neuen Methoden ist die Ehrlich'sche vitale Methylenblaufärbung nach Dogiel's Modifikation, ferner die Darstellung der Gallenkapillaren nach Böhm-Oppel aufgenommen worden. Allen, die sich in mikroskopisch-technischer Beziehung weiter ausbilden wollen, sei das kleine Buch [1] dieser Autoren auf das Beste empfohlen. Es sollte in keinem mikroskopischen Laboratium fehlen.

Die Methode über Härtung des Celloidins und Aufhellung der Celloidinschnitte hat mir Herr Dr. Overton, Privatdocent der Botanik an unserer Hochschule, dessen Umgebung mir in so vieler Beziehung werthvoll ist, mitgetheilt.

Zürich, im März 1892.

Philipp Stöhr.

---

[1] Böhm-Oppel, Taschenbuch der mikroskopischen Technik. München 1890.

Vorwort zur vierten Auflage.

Die vierte Auflage unterscheidet sich von ihren Vorgängerinnen hauptsächlich dadurch, dass ich eine andere Eintheilung und zwar die nach den Geweben getroffen habe. Diese Neuerung hatte natürlich eine ganze Reihe von Umordnungen im Gefolge, so dass der erste Theil des Buches in wesentlich anderer Fassung erscheint.

Aber auch in der Reihenfolge der Organe glaubte ich einige Aenderungen eintreten lassen zu müssen: Die weite Verbreitung der Gefässe erschien mir deren Voranstellung zu rechtfertigen. Entwicklungsgeschichtlichen Forderungen Rechnung tragend, habe ich die Thymus in das Anhangs-Kapitel zu den Athmungsorganen gestellt; auch die Nebenniere hat einen anderen Platz — beim Nervensystem — erhalten.

Nach Massgabe neuer Forschungen hat auch der Text an vielen Stellen Verbesserungen erfahren; die wesentlichsten betreffen das Nervensystem, woselbst den wichtigen Resultaten Golgi's die gebührende Würdigung zu Theil wurde.

In den technischen Abschnitt habe ich neu aufgenommen: die Chrom-Essigsäure als theilweisen Ersatz für die kostspielige Chromosmium-Essigsäure, eine neue, kürzere Methode Golgi's ferner eine Methode zur Färbung der Zellen des Centralnervensystems, die ich von meinem Kollegen Oscar Schultze gelernt habe, dann Hermann's Platinchloridmischung, endlich die Verwendung der Salpetersäure als Fixirungsmittel.

Den neuen Figuren liegen z. Th. Präparate, die nach den oben genannten Methoden hergestellt wurden, zu Grunde. Die Zeichnungen habe ich mit Ausnahme der Figuren 63 und 115, welche ich Herrn Schröter in Hottingen verdanke, selbst angefertigt.

Zürich, am 15. August 1890.

Philipp Stöhr.

Vorwort zur dritten Auflage.

Obwohl seit dem Erscheinen der letzten Auflage erst 8 Monate verstrichen sind, hat sich doch abermals die Nothwendigkeit zu eingreifenden Aenderungen geltend gemacht.

Dieselben betreffen den feineren Bau der quergestreiften Muskelfasern, eine neue Eintheilung der Drüsen nach den Vorschlägen Flemming's, sowie eine neue Darstellung des Zusammenhanges der Netzhautelemente auf Grund der Untersuchungen Dogiel's, dessen Präparate mir vorgelegen haben. Letzteren Schilderungen sind neue schematische Zeichnungen beigegeben worden. Kleinere Zusätze haben die Kapitel „Geschlechtsorgane" und „Haut" erfahren.

Im technischen Abschnitte ist statt der Weigert'schen Färbung die Methode Pal's gesetzt worden, welche die Vorzüge rascherer Ausführbarkeit und minderer Säureempfindlichkeit der Präparate besitzt. Für Vergoldung habe ich (pag. 263) die von Drasch empfohlene Methode eingefügt, der ich treffliche Resultate verdanke. Die eine der neuen Hornhautfiguren (Fig. 182) ist die getreue Abbildung eines nach dieser Methode hergestellten Präparates.

Im Uebrigen ist, von kleineren Ausbesserungen abgesehen, Alles beim Alten geblieben.

Würzburg, im Dezember 1888.

Der Verfasser.

Vorwort zur zweiten Auflage.

Die zweite Auflage, welche ich hiermit der Oeffentlichkeit übergebe, hat nach verschiedenen Richtungen hin Verbesserungen und Erweiterungen erfahren.

Vorzugsweise betrifft dies den deskriptiven Theil des Lehrbuches; das Kapitel über Zellstruktur und Zelltheilung, über Knochen über Entwicklung der Samenfäden, über Haarwechsel und über die Gefässe des Labyrinthes sind auf Grundlage im vergangenen Jahre erschienener Publikationen neu bearbeitet, zum Theil mit neuen Abbildungen versehen worden. Auch in anderen Kapiteln wird der aufmerksame Leser die bessernde Hand nicht vermissen.

Im technischen Abschnitte sind dagegen — abgesehen von einer kurzen Anleitung zum Messen und von der Angabe der Golgi'schen Methode — keine wesentlichen Vermehrungen eingetreten. Ich bin in dieser Hinsicht dem im Vorworte zur ersten Auflage entwickelten Programme treu geblieben. In anderer Beziehung jedoch habe ich eine Aenderung eintreten lassen. Von verschiedenen Seiten gestellten Anforderungen folgend, habe ich eine kurze Vorschrift zur Handhabung des Mikrotoms und der wichtigsten, dazu gehörigen Einbettungsmethoden in einem Anhange beigefügt. Doch möchte ich hier noch einmal betonen, dass ich zur Herstellung der in diesem Buche abgebildeten Präparate ein Mikrotom für durchaus überflüssig erachte. Eine nur einigermassen geübte Hand wird mit einem einfachen Rasirmesser vollkommen Genügendes erzielen. Zum Zwecke eingehender Studien, zur Anfertigung von sehr feinen Schnitten, lückenlosen Serien und Demonstrationspräparaten mag dagegen das Mikrotom gebraucht werden. Neu ist endlich die am Schlusse der technischen Vorschriften angefügte Tabelle, welche die Vorschriften nach der Schwierigkeit der Ausführung sowie der Beobachtung ordnet und den Anfänger vor misslungenen Versuchen, die ihn abschrecken könnten, möglichst bewahren soll. Derjenige, der sich durch die trotz aller Einschränkung immer noch ansehnliche Menge mikroskopischer Hilfsmittel zurückschrecken liesse, zu Hause sich ein kleines Laboratorium einzurichten, möge aus dieser Tabelle ersehen, dass es keineswegs, um anzufangen, gleich des ganzen Apparates bedarf. Schon mit Alkohol, mit Müller'scher Flüssigkeit, mit destillirtem Wasser und einem Fläschchen Böhmer'schen Haematoxylins lässt sich eine stattliche Reihe von Präparaten herstellen.

Zum Schlusse sei allen Herren Kollegen, welche mir für die Bearbeitung dieser Auflage werthvolle Rathschläge zu Theil werden liessen, mein bester Dank ausgesprochen.

Würzburg, im März 1888.

Der Verfasser.

Vorwort zur ersten Auflage.

Vorliegendes Buch ist bestimmt, durch Anleitung zu mikroskopischen Präparirübungen den Studirenden in Stand zu setzen, auch hier von dem wichtigsten Lernmittel der Anatomie, dem Präpariren und dem Studium des Präparates, erfolgreichen Gebrauch zu machen.

Bei der Abfassung der technischen Vorschriften bin ich von der Voraussetzung ausgegangen, dass der Studirende durch den Besuch eines mikroskopischen Kursus mit den einzelnen Bestandtheilen des Mikroskopes und den einfachen Handhabungen derselben bekannt ist. Derartige Kenntnisse lassen sich mühelos durch direkte Unterweisung, schwer aber und auf weiten Umwegen durch schriftliche Anleitung aneignen.

Bei der Auswahl aus dem reichen Schatze der mikroskopischen Methoden habe ich mich nur auf die Angabe einer möglichst kurzen Reihe möglichst einfacher Hilfsmittel beschränkt. Der Studirende wird durch die stets wiederholte Anwendung immer derselben, genau vorgeschriebenen Methoden nicht nur rasch lernen, diese vollkommen zu beherrschen, sondern auch bald im Stande sein, nach anderen in diesem Buche nicht angegebenen, nicht so genauen Vorschriften zu arbeiten. Aus diesem Grunde habe ich auf die Empfehlung vieler, selbst trefflicher Methoden verzichtet.

Die Handhabung des Mikrotoms glaubte ich vollkommen aus einer Technik für Studirende verbannen zu müssen. So unschätzbar dieses Instrument in mikroskopischen Laboratorien ist, für unsere Zwecke hier ist ein Mikrotom ganz entbehrlich; ein scharfes Rasirmesser leistet dieselben, ja noch bessere Dienste, da es nicht die zeitraubenden Vorbereitungen erfordert, wie das Mikrotom. Wer aber gelernt hat, mit einem Rasirmesser gute Schnitte zu machen, der wird auch dann, wenn ihm ein Mikrotom zur Verfügung steht, sich desselben nur im Nothfalle bedienen.

Wer gute Präparate anfertigen will, muss schon vorher Kenntniss der anatomischen Thatsachen besitzen. Ich habe deswegen einen kurzen Abriss der gesammten mikroskopischen Anatomie des Menschen beigefügt und denselben mit zahlreichen Abbildungen versehen. Auf die Anfertigung der Abbildungen habe ich eine ganz besondere Sorgfalt verwendet; sind sie ja doch nicht nur zur Erläuterung des Textes, sondern auch als Wegweiser beim Mikroskopiren die werthvollsten Hilfsmittel. Sämmtliche Figuren sind nach Präparaten[1]) gezeichnet, welche nach den hier angegebenen Methoden von mir angefertigt worden sind. Alle Zeichnungen sind mit Hilfe von Zeichenapparaten bei stets gleicher Höhe des Zeichentisches aufgenommen worden, können also bei Messungen mit einander verglichen werden[2]). Ich habe mich dabei bestrebt, die Objekte in möglichster Treue wiederzugeben. Die beliebte Methode, Objekte bei schwachen Vergrösserungen zu zeichnen und die Details mit Hilfe starker Vergrösserungen nachzutragen, sowie das „Halbschematisiren" habe ich vermieden. Solche Abbildungen mögen in anderen Lehrbüchern Platz finden; hier, wo es sich darum handelt, dem Mikroskopirenden zu zeigen, wie ein Objekt bei einer bestimmten Vergrösserung wirklich aussieht, würde die Anwendung derartiger Figuren zu Irrungen führen. Der Anfänger neigt ohnehin zu der unmöglichen Anforderung, dass ein Präparat Alles zeigen soll. Viele Figuren würden schöner sein, wenn ich sie in grösseren Dimensionen ausgeführt hätte; allein ich habe das absichtlich unterlassen; einmal, weil ich dem von Anfängern so beliebten vorwiegenden Gebrauch der stärkeren Vergrösserungen nicht Vorschub leisten wollte, und zweitens, weil ich dem Mikroskopirenden zeigen möchte, dass oft kleine Bezirke eines Präparates hinreichen, um sich über den Bau eines Organes zu unterrichten.

In Rücksicht darauf, dass dem Studirenden nur selten Mikroskope zu Gebote stehen, welche eine stärkere als 600fache Vergrösserung liefern, habe ich unterlassen, mit sehr starken Objektiven untersuchte Präparate zu zeichnen. Die Vergrösserungen 50—100 entsprechen den gewöhnlichen Mikroskopen beigegebenen schwächeren Objektiven, die Vergrösserungen 240—560 den stärkeren Objektiven mit ein-

---

[1]) Ich habe, wo immer nur möglich, zu den Organpräparaten Theile des menschlichen Körpers benützt; aus diesem Grunde habe ich auch ein von Hans Virchow hergestelltes Retinapräparat (Fig. 187) und ein Nebennierenpräparat Gottschau's (Fig. 93, B) abgebildet. Sämmtliche Maassangaben betreffen Theile des Menschen.

[2]) Die Präparate sind nicht nur z. B. bei 50- etc. facher Vergrösserung gezeichnet, sondern auch in der That 50 fach vergrössert.

geschobenem oder mehr oder weniger ausgezogenem Tubus und schwachem oder mit mittlerem Okulare[1]). Für Vergrösserungen unter 50 nehme man theils Lupen[2]), theils schwache Objektive, die man auch durch Auseinanderschrauben des schwächeren Objektives (3 bei Leitz, 4 bei Hartnack) herstellen kann[3]).

Litteraturnachweise habe ich dem Texte nicht beigefügt; sie würden, wenn sie in brauchbarer Form gegeben worden wären, den Umfang des Buches über Gebühr ausgedehnt haben. Wer sich in dieser Hinsicht weiter unterrichten will, der möge ausser den Hofmann-Schwalbe'schen (früher Henle-Meissner'schen) Jahresberichten die Lehrbücher von Kölliker[4]), Schwalbe[5]) und Stricker[6]) zu Rathe ziehen. Für technische Angaben sei ganz besonders Ranvier's treffliches technisches Lehrbuch der Histologie[7]) empfohlen. Werthvolles findet sich endlich in der Zeitschrift für wissenschaftliche Mikroskopie und für mikroskopische Technik.

Meinem Verleger, Herrn Gustav Fischer, sei hier mein ganz besonderer Dank ausgesprochen für die der Ausstattung des Buches zugewendete Sorgfalt, sowie für die Liberalität, welche mir die Beifügung so zahlreicher, aus der bekannten Anstalt von Tegetmeyer hervorgegangener Holzschnitte ermöglichte.

Würzburg, im September 1886.

Philipp Stöhr.

----

1) In den den neuen Mikroskopen von Leitz beigegebenen Tabellen sind sämmtliche Zahlen etwas höher, als die meinen Zeichnungen beigefügten Werthe. Der Grund liegt darin, dass ich bei der Anwendung der Zeichenapparate ein Okular benützt habe, das schwächer ist, als Okular 1 Leitz.

2) Statt der Lupe kann man sich bei fertigen Präparaten auch eines der Okulare bedienen. Man setzt das Okular mit der oberen (sog. Okular-Linse) auf die Rückseite des gegen das Licht gehaltenen Objektträgers und betrachtet von der unteren (sog. Kollektiv-) Linse des Okulares aus.

3) Dadurch wird eine ca. 20—40fache Vergrösserung erzielt. Man vergesse nicht, bei solchen Vergrösserungen den Planspiegel anzuwenden.

4) Mikroskopische Anatomie. Zweiter Band 1850—52 und Handbuch der Gewebelehre des Menschen. Leipzig 1867.

5) Lehrbuch der Anatomie von Hofmann-Schwalbe. 2. Band, zweite und dritte Abtheilung.

6) Handbuch der Lehre von den Geweben. 1872.

7) Uebersetzt von Nicati und v. Wyss. Leipzig 1877.

Inhalts-Verzeichniss.

I. Abschnitt.

Allgemeine Technik.

II. Abschnitt.

Mikroskopische Anatomie und spezielle Technik.

I. Histologie.

(Mikroskopische Anatomie der Zellen und der Gewebe.)

II. Mikroskopische Anatomie der Organe.

I. Abschnitt.

Allgemeine Technik.

I. Die Einrichtung des Laboratorium.

1. Instrumente.

Das Mikroskop. Aus eigener Erfahrung kenne ich die aus den optischen Werkstätten von Hartnack in Potsdam, Leitz in Wetzlar, Seibert in Wetzlar und Zeiss in Jena hervorgegangenen Mikroskope, deren treffliche Leistungen ich schon vielfach erprobt habe [1]). Es ist nicht rathsam, dass der Anfänger sich ein Mikroskop kaufe, ohne zuvor dasselbe einem Fachmanne zur Prüfung unterstellt zu haben. Zur guten Instandhaltung des Mikroskops ist es nöthig, dasselbe vor Staub zu schützen; bei häufigem Gebrauche ist es am besten, das Mikroskop unter einer Glasglocke an einer dem Sonnenlichte nicht ausgesetzten Stelle aufzuheben. Der am Tubus sich bildende Schmutz wird mit einem trockenen Stückchen weichen Filtrirpapiers abgerieben; Verunreinigungen der Linsen [2]) und des Spiegels sind mit weichem

---

[1]) Studirenden der ersten Semester rathe ich, vom Ankauf starker Okulare und Immersionssysteme zunächst Abstand zu nehmen. Man kaufe solche erst kurz vor Beginn bakteriologischer Untersuchungen.
Folgende Zusammenstellungen sind zu empfehlen:

Hartnack. Preisverzeichn. 1891. Mikroskop Nr. V. Preis 458 ℳ (ohne homog. Immers. 308 ℳ)
                   oder   ,,   Nr. VI. ,,   422 ℳ (,,   ,,   ,,   272 ℳ)
Leitz.   ,,   ,,   Nr. 35. 1893. Mikroskop Nr. 5. Preis 355 ℳ
                        (ohne homog. Immers. und ohne Okul. IV 250 ℳ)
Seibert.   ,,   ,,   Nr. 22. 1891. Mikroskop 4a. Preis 408 ℳ
                        (ohne homog. Immers., Objektiv 3, u. Okul. 0. 272,50 ℳ)
Zeiss.   ,,   ,,   Nr. 29. 1891. Zusammenstellung (pag. 120). 9)c. Preis 502 ℳ)
                        (ohne homogene Immers. 342 ℳ)
                 oder 10)c. Preis 484 ℳ (ohne homogene Immers. 324 ℳ)
Die meisten der für dieses Buch angestellten Untersuchungen habe ich mit einem Mikroskop von Leitz vorgenommen.

[2]) Die Objektivlinsen dürfen nicht auseinander geschraubt werden.

Leder und wenn das nicht zum Ziele führt (z. B. bei Beschmutzung mit Damarfirniss) mit einem weichen Leinwandläppchen zu entfernen, welches mit einem Tropfen reinem Spiritus befeuchtet ist. Bei letzterer Procedur sei man s e h r vorsichtig, damit nicht etwa der Weingeist in die Fassung der Linsen eindringe und den Kanadabalsam auflöse, mit welchem die Linsen verkittet sind. Man wische deshalb s c h n e l l mit der befeuchteten Stelle des Läppchens den Schmutzfleck weg und trockne die Linse sorgfältig ab. Die Schrauben des Mikroskops sind mit Petroleum zu putzen.

Ein gutes R a s i r m e s s e r, dessen Klinge auf der einen Seite flach geschliffen ist. Das Messer ist immer s c h a r f schneidend zu erhalten und muss vor jedesmaligem Gebrauche auf dem S t r e i c h r i e m e n ohne Druck auszuüben abgezogen werden. Das Schleifen des Messers auf dem Steine ist dem Instrumentenmacher zu überlassen. Man benütze das Rasirmesser n u r zum Anfertigen der feinen Schnitte.

Ein feiner S c h l e i f s t e i n.

Eine feine gerade S c h e e r e.

Eine feine, leicht schliessende P i n c e t t e mit glatten oder nur wenig gekerbten Spitzen.

Vier N a d e l n mit H o l z g r i f f e n; zwei davon erhitze man, krümme sie dann leicht, erhitze sie abermals und steche sie in festes Paraffin, wodurch sie wieder gehärtet werden. Die beiden anderen müssen stets sauber und fein zugespitzt erhalten werden; bei feinen Isolirarbeiten spitze und polire man die Nadeln erst auf dem Schleifsteine und dann auf dem Streichriemen. Sehr brauchbar sind die sogenannten Staarnadeln der Augenärzte.

˙ Nicht absolut nothwendig aber sehr brauchbar ist ein federnder S p a t e l aus Neusilber zum Uebertragen der Schnitte aus Flüssigkeiten auf den Objektträger. Man kann statt dessen auch ein mit breiter Klinge versehenes Messer aus dem anatomischen Präparirbestecke benützen.

S t e c k n a d e l n, I g e l s t a c h e l n, K o r k p l a t t e n, ein feiner M a l e r - p i n s e l.

Ein gelber K r e i d e s t i f t zum Schreiben auf Glas[1]).

O b j e k t t r ä g e r (eines der gebräuchlichen Formate) sollen von reinem Glase und nicht zu dick (1—1,5 mm) sein; D e c k g l ä s c h e n von ca. 15 mm Seite sind für die meisten Fälle gross genug; ihre Dicke darf zwischen 0,1 bis 0,2 mm schwanken.

G l a s f l ä s c h c h e n (sogen. Pulverflaschen), ein Dutzend, mit weitem Halse von 30 und mehr ccm Inhalt. Fläschchen mit Glasstöpsel sind zu theuer und nicht zu empfehlen, da die Stöpsel meist schlecht eingerieben sind.

Einige grössere P r ä p a r a t e n g l ä s e r mit eingeschliffenem Glasdeckel, Höhe 8—10 cm, Durchmesser 6—10 cm; irdene Töpfe.

---

1) Das sind besondere von A. W. Faber in Nürnberg hergestellte Stifte, mit denen man auf Glas leicht schreiben kann. Ist das Glas fett, so muss es zuvor mit etwas Weingeist gereinigt werden.

Ein graduirtes Cylinderglas 100—150 ccm enthaltend. Ein Glastrichter von ca. 8—10 cm oberem Durchmesser.

Eine Pipette; man kann sich kleine Pipetten selbst verfertigen, indem man sich ein ca. 1 cm dickes, ca. 10 cm langes Glasröhrchen in der Gasflamme an einem Ende spitz auszieht und am anderen Ende ein ca. 6 cm langes Stückchen Gummirohr aufsetzt, das am oberen Ende mit einem starken Bindfaden fest zugebunden wird.

Ein Dutzend Uhrgläser von ca. 5 cm Durchmesser.

Ein Dutzend Reagirgläschen von ca. 10 cm Länge und ca. 12 mm Weite.

Glasstäbe von ca. 3 mm Dicke, 15 cm Länge, z. Th. an einem Ende spitz ausgezogen.

Für Reagentien dienen alte Medizingläser, Weinflaschen etc., die man vorher gut gereinigt hat [1]).

Nicht absolut nöthig, aber sehr brauchbar sind Präparatenschalen mit Glasdeckel [2]) von 10—12 cm Durchmesser. Statt derselben lassen sich für viele Fälle Untertassen, Futternäpfchen für Vögel etc. verwenden.

Ein paar Bogen Filtrirpapier [3]), grosse und kleine gummirte Etiketten, weiche Leinwandlappen (alte Taschentücher), ein Handtuch, eine grössere und eine kleinere Flaschenbürste.

Ein grosser Steinguttopf für die Abfälle.

2. Reagentien [4]).

Allgemeine Regeln. Man halte sich nicht zu grosse Quantitäten vorräthig, da viele Reagentien in verhältnissmässig kurzer Zeit verderben; einzelne Reagentien (s. unten) sind erst kurz vor dem Gebrauche zu beziehen resp. zuzubereiten. Jede Flasche muss mit einer grossen, ihren Inhalt anzeigenden Etikette versehen sein; es empfiehlt sich, nicht nur das Rezept der betreffenden Flüssigkeit, sondern auch die Art der Anwendung derselben auf

---

[1]) Zum Reinigen genügt für die meisten Fälle das Ausbürsten der Flaschen mit Wasser, in anderen Fällen spüle man die Flaschen mit roher Salzsäure resp. mit Kalilauge, dann mit gewöhnlichem Wasser, dann mit destillirtem Wasser und zum Schluss mit etwas Alkohol.

[2]) Die meisten hier aufgezählten Glasgegenstände (auch Objektträger) sind billig bei W. P. Stender, Leipzig, Dampfglasschleiferei zu beziehen. Für grössere Präparategläser empfehle ich H. Syré in Schleusingen, Thüringen und Dr. Bender und Dr. Hobein in München (Gabelsbergerstr.)

[3]) Das sog. schwedische Filtrirpapier ist zu dick; das für unsere Zwecke passende Filtrirpapier kostet in besseren Papierhandlungen 70 Pfennige per Buch.

[4]) Die Reagentien müssen aus guten Apotheken oder besonders empfohlenen Droguenhandlungen bezogen werden. In ersteren sind auch die meisten Farbstoffe zu haben. Vorzügliche Farbstoffe und Reagentien sind zu haben bei Dr. Grübler. physiolog.-hem. Laboratorium, Leipzig, Bayersche Strasse 63.

Anfänger wenden sich betreffs der verschiedenen Bezugsquellen immer am besten an die Dozenten der anatomischen Institute.

der Etikette anzugeben. Sämmtliche Flaschen müssen fest mit Kork oder
mit guten Glasstöpseln verschlossen sein. Die Flüssigkeit soll nicht bis zur
Unterfläche des Korkes reichen.

1. Destillirtes Wasser 3—6 Liter.

2. Kochsalzlösung 0,75 %. Aq. destill. 200 ccm.

Kochsalz 1,5 gr.

Der Kork der Flasche muss mit einem bis zum Flaschenboden reichenden Glasstab versehen sein. Die Flüssigkeit verdirbt leicht, muss öfters neu
bereitet werden.

3. Alkohol. a) Alkohol absolutus. 200 ccm vorräthig zu
halten. Der käufliche absolute Alkohol ist ca. 96 %ig und ist in den allermeisten Fällen für mikroskopische Zwecke vollkommen genügend. Will man
vollständig wasserfreien Alkohol erhalten, so werfe man in die Flasche einige
Stückchen (auf 100 ccm Alkohol je 15 gr) weissgeglühten Kupfervitriols;
ist derselbe blau geworden, so muss er durch neuen ersetzt oder von neuem
gebrannt werden. Auch frisch gebrannter Kalk dient zu gleichem Zwecke,
nur wirkt dieser langsamer.

b) Reiner Spiritus, ca. 90 % Alkohol enthaltend, 3 bis 5 Liter
(»90 %iger Alkohol«) [1].

c) 70 %iger Alkohol. 500 ccm sind herzustellen durch Vermischen
von 365 ccm 96 %igem Alkohol mit 135 ccm destillirtem Wasser.

d) Ranvier's Drittelalkohol. 35 ccm 96 %iger Alkohol +
65 ccm destillirtes Wasser.

4. Essigsäure ca. 50 ccm. Die offizinelle Essigsäure ist 30 %ig.

5. Eisessig (der in den Apotheken käufliche ist 96 %ig) ist kurz
vor dem Gebrauche zu beziehen (ca. 10 ccm).

6. Salpetersäure. Man halte sich eine Flasche mit 100 ccm konzentrirter Salpetersäure von 1,18 spec. Gewicht (enthält 32 % Säurehydrat).

7. Reine Salzsäure 50 ccm.

8. Chromsäure. Man bereite sich eine 10 %ige Stammlösung (10 gr
der frisch bezogenen krystallisirten Chromsäure in 90 ccm destillirtem Wasser

---

[1] Aus Apotheken zu erhalten. Der für die anatomischen Institute bezogene
Alkohol ist gewöhnlich 96 %ig. Zur Herstellung von Alkoholmischungen geringeren
Procentgehaltes diene die Gleichung: $100 : 96 = x : p$. p = dem gewünschten Procent-
gehalte. Soll z. B. 90 %iger Alkohol hergestellt werden, so lautet die Gleichung:

$$100 : 96 = x : 90.$$
$$96 x = 90 \cdot 100$$
$$x = \frac{9000}{96} = 93,7 \text{ abgerundet } 94.$$

Also: um 100 ccm 90 %igen Alkohol zu erhalten, muss man 94 ccm 96 %igen
Alkohol mit 6 ccm destillirtem Wasser vermischen.

Die der Berechnung anhaftenden Fehler sind zu unbedeutend, als dass sie für
unsere Zwecke in Betracht gezogen werden müssten.

zu lösen). Davon bereite man sich a) 0,1 %ige Chromsäurelösung (10 ccm
der Stammlösung zu 990 ccm destillirtem Wasser) und

b) 0,5 % Chromsäurelösung (50 ccm der Stammlösung zu 950 ccm
destillirtem Wasser).

9. Doppelt chromsaures Kali. Man halte vorräthig:
a) 25 gr in 1000 ccm destillirtem Wasser,
b) für die Golgi'sche Mischung (11.) 35 gr in 1000 ccm destillirtem
Wasser gelöst. Die Lösung erfolgt bei Zimmertemperatur langsam (in 3 bis
6 Tagen). Man bereite deshalb die Lösung mit erwärmtem Wasser oder
stelle die Flasche in die Nähe des Ofens.

10. Müller'sche Flüssigkeit. 30 gr schwefelsaures Natron und
60 gr pulverisirtes doppeltchromsaures Kali werden in 3000 ccm destillirtem
Wasser gelöst. Die Lösung kann wie 9. warm bereitet werden.

11. Golgi'sche Mischung (Osmio-bichromische Mischung) wird bereitet durch Zusammengiessen von 54 ccm der 3,5 %oigen Lösung von doppelt-
chromsaurem Kali (9 b) und 6 ccm der 2 %oigen Osmiumlösung (16). Kurz
vor dem Gebrauch herzustellen. Zur Anwendung der Golgi'schen Methode
bedarf man

12. Angesäuerte Silberlösung von 0,75 %, die man bereitet durch
Vermischen von 150 ccm der 1 %oigen Lösung (siehe 22 pag. 6) mit 50 ccm
destillirtem Wasser und einem Tropfen Ameisensäure. Kurz vor dem Gebrauch herzustellen[1]). Zur „Fixirung" der Golgi'schen Präparate bedarf man

13. „Fünffacher Hydrochinonentwickler" (5 gr Hydrochinon,
40 gr Natrium sulfuros, 75 gr Kalium carbonic., 250 gr Aq. destill.);
davon bereite man sich eine Verdünnung von 20 ccm der Mischung $+$ 230 ccm
Aq. dest. An dunklem Orte in gut verschlossener Flasche aufbewahrt
wochenlang haltbar; die mit der Zeit auftretende gelbliche Färbung
schadet nicht.

14. Lösung von unterschwefligsaurem Natron (10 gr in
50 ccm dest. Wasser (löst sich rasch ohne Erwärmen).

15. Pikrinsäure. Man halte vorräthig 50 gr der Krystalle und ca.
500 ccm einer gesättigten wässerigen Lösung, in welcher die Krystalle immer
in 2 bis 3 mm hoher Schicht am Boden der Flasche liegen müssen. Löst
sich leicht.

16. Pikrinschwefelsäure nach Kleinenberg. Zu 200 ccm
gesättigter wässeriger Pikrinsäurelösung giesse man 4 ccm reine Schwefelsäure; daraufhin erfolgt ein starker Niederschlag. Nach ca. 1 Stunde filtrire
man diese Mischung und verdünne das Filtrat mit 600 ccm destillirtem
Wasser. Der auf dem Filter zurückgebliebene Rückstand ist in den Abfall-
topf zu werfen.

---

[1]) Nicht angesäuerte alte Silberlösung von 0,75 % ist gleichfalls brauchbar.

17. Chrom-Essigsäure. Zu 50 ccm 0,5 %oige Chromsäurelösung (8 b.) werden 50 ccm destillirtes Wasser und 3 — 5 Tropfen Eisessig gesetzt.

18. Osmiumsäure. 50 ccm der 2 %oigen wässerigen Lösung vor dem Gebrauche aus der Apotheke zu beziehen. (Sehr theuer, die genannte Lösung kostet 5 Mark.) Ist im Dunkeln oder im dunklen Glase aufzubewahren und, wenn gut verschlossen, viele Monate haltbar.

19. Chromosmium-Essigsäure. Man bereite sich eine 1 %oige Chromsäurelösung (5 ccm der 10 %oigen Lösung [pag. 4] zu 45 ccm destillirtem Wasser), giesse dazu 12 ccm der 2 %oigen Osmiumsäure, und füge noch 3 ccm Eisessig hinzu. Diese Mischung muss nicht im Dunkeln aufbewahrt und kann lange vorräthig gehalten werden[1]).

20. Platinchlorid (theuer!). Man halte sich eine 10 %oige Stammlösung, 2 gr in 20 ccm destillirtem Wasser gelöst.

21. Platinchlorid-Osmium-Essigsäure. Man giesse zu 60 ccm 1 %oiger Platinchloridlösung (6 ccm der Stammlösung und 54 ccm destillirtes Wasser) 8 ccm 2 %oige Osmiumlösung und 4 ccm Eisessig.

22. Salpetersaures Silberoxyd. Man beziehe kurz vor dem Gebrauche aus der Apotheke eine Lösung von 1 gr Argent. nitric. in 100 ccm destillirtem Wasser. Die Flüssigkeit muss im Dunkeln oder in schwarzer Flasche aufbewahrt werden und ist lange haltbar.

23. Goldchlorid. Man beziehe kurz vor dem Gebrauche aus der Apotheke eine Lösung von 1 gr Aur. chlorat. in 100 ccm destillirtem Wasser. Im Dunkeln oder in schwarzer (brauner) Flasche zu halten.

Zur Goldchloridfärbung bedarf man

24. Ameisensäure. 50 ccm.

25. Konzentrirte (35 %oige) Kalilauge 30 ccm. Das Fläschchen muss mit einem nichtvulkanisirten Kautschukpfropfen, der von einem Glasstabe durchbohrt ist, verschlossen sein. Aus der Apotheke zu beziehen.

26. Glycerin. 100 ccm reines Glycerin vorräthig zu halten, sowie eine Lösung von 5 ccm reinem Glycerin in 25 ccm destillirtem Wasser. Zur Verhütung der rasch in diesem Gemisch auftretenden Pilze kann man 5 —10 Tropfen reine 1 %oige Karbolsäurelösung oder einen Chloralhydrat-Krystall zusetzen. Der Kork des Fläschchens muss mit einem Glasstabe versehen sein, ebenso wie bei

27. Bergamottöl (grünes) 20 ccm. Das vielfach verwendete (billigere) Nelkenöl verpestet das ganze Laboratorium und dessen Insassen.

27 a) Xylol, in speziellen Fällen statt des Bergamottöls zu verwenden. Xylol hellt stärker auf und ist wegen seiner Empfindlichkeit gegen unvollständig entwässerte Präparate Anfängern nicht zu empfehlen.

---

[1]) Mit alten Chromosmiumessigsäurelösungen fixirte Gewebe färben sich oft schlecht, weil die Essigsäure verdunstet ist; 5—20 Tropfen Eisessig, der Lösung von Neuem zugesetzt, beseitigen diesen Uebelstand.

28. Damarfirniss, von Dr. Fr. Schönfeld & Co. in Düsseldorf, ist in Fläschchen von ca. 50 ccm in Handlungen von Malerutensilien käuflich und kann, wenn er zu dickflüssig ist, mit reinem Terpentinöle verdünnt werden. Er hat die richtige Konsistenz, wenn von einem eingetauchten Glasstabe die Tropfen, ohne lange Fäden zu ziehen, abfallen. Damarfirniss ist dem zu stark aufhellenden (mit Chloroform verdünntem) Kanadabalsam vorzuziehen, hat aber den Nachtheil des sehr langsamen Trocknens, während Kanadabalsam rasch trocknet. Der Kork der Flasche muss mit einem Glasstabe versehen sein.

28a) Xylolbalsam, Lösung von Kanadabalsam, Ersatz für Damarfirniss.

29. Deckglaskitt. Venetianisches Terpentin wird mit so viel Schwefeläther verdünnt, bis das Ganze eine leicht tropfbare Flüssigkeit bildet; dann wird warm filtrirt (im heizbaren Trichter) und das Filtrat auf dem Sandbade eingedickt. Die richtige Konsistenz ist erreicht, wenn ein mit einem Glasstabe auf den Objektträger übertragener Tropfen sofort soweit erstarrt dass er ganz hart wird und sich mit dem Fingernagel nicht mehr eindrücken lässt. Man lasse wegen Feuersgefahr den Kitt in der Apotheke anfertigen.

30. Haematoxylin nach Böhmer. a) 1 gr krystallisirtes Haematoxylin (50 Pfg.) wird in 10 ccm absolutem Alkohol gelöst. b) 20 gr Alaun werden in 200 ccm destillirtem Wasser warm gelöst und nach dem Erkalten filtrirt. Am nächsten Tage werden beide Lösungen zusammengegossen und bleiben acht Tage in einem weitoffenen Gefässe stehen. Dann wird die Mischung filtrirt [1]) und ist von da ab verwendbar. Trübungen, Pilzentwicklung in der Flüssigkeit beeinträchtigen die Leistungsfähigkeit derselben nicht im Mindesten. Vorräthig zu halten.

Statt des Böhmer'schen Haematoxylin kann auch

31. Haemalaun verwendet werden. 1 gr Haemateïn-Ammoniak [2]) wird in 50 ccm 94 %igem Alkohol unter Erwärmen gelöst und in eine Lösung von 50 gr Alaun in 1 Liter destillirtem Wasser gegossen; dazu setze man einige Tropfen Thymol. Die Mischung kann sofort benutzt werden und ist lange haltbar.

32. Haematoxylin nach Delafield. a) 1 gr krystallisirtes Haematoxylin wird in 6 ccm Alk. absol. gelöst. b) 15 gr Ammoniakalaun werden in 100 ccm destillirtem Wasser warm gelöst und nach dem Erkalten filtrirt. Dann werden beide Lösungen zusammengegossen, die Mischung bleibt 3 Tage in weit offenem Gefäss am Lichte stehen, wird dann filtrirt und vermischt mit 25 ccm reinem Glycerin und 25 ccm Methyl-Alkohol. Nach 3 Tagen wird die Mischung filtrirt und ist — lange haltbar — vorräthig zu halten.

---

1) Nach dem Erkalten des Alauns, sowie nachdem die Haematoxylin-Alaunmischung 8 Tage offen gestanden hat, finden sich am Boden des Gefässes (besonders bei niederer Temperatur) Alaunkrystalle, die nicht weiter verwendet werden.

2) Bei Dr. Grübler (Leipzig) (pag. 3) zu beziehen.

33. Haematoxylin nach Weigert zur Darstellung der markhaltigen Nervenfasern des Gehirnes und Rückenmarkes. 1 gr krystallisirtes
Haematoxylin wird in 10 ccm Alkohol abs. + 90 ccm destillirtes Wasser
gebracht, gekocht und nach dem Erkalten filtrirt. Kurz vor dem Gebrauche
anzufertigen.

Die Anwendung dieser Farbe beansprucht eine Zuhilfenahme von einer

34. Gesättigten Lösung von Lithion carbonicum; 3—4 gr
Lith. carb. in 100 ccm destillirtem Wasser gelöst. Einen Tag vor dem Gebrauche anzufertigen. Ferner einer

35. 0,25 %igen Lösung von übermangansaurem Kali; 0,5 gr
Kali hypermangan. zu 200 ccm destilirtem Wasser. Vorräthig zu halten.
Ferner einer

36. Säuremischung. 1 gr Acid. oxal. pur. und 1 gr Kalium
sulfurosum (SO_3K_2) werden in 200 ccm destillirtem Wasser gelöst. Diese
Mischung ist einen Tag vor dem Gebrauche zu bereiten und in gut verschlossener Flasche zu halten.

37. Neutrale Karminlösung. Ein Gramm bester Karmin wird
kalt gelöst in 50 ccm destillirtem Wasser + 5 ccm Liq. ammon. caust.
Die tiefkirschrothe Flüssigkeit bleibt so lange offen stehen, bis sie nicht mehr
ammoniakalisch riecht (ca. 3 Tage) und wird dann filtrirt. Vorräthig zu
halten. Der Geruch dieser Lösung wird alsbald ein sehr übler; die Färbekraft wird dadurch nicht beeinträchtigt.

38. Pikrokarmin. Man giesse zu 50 ccm. destillirtem Wasser 5 ccm
Liq. ammon. caustic., schütte in diese Mischung 1 gr besten Karmin. Umrühren mit dem Glasstabe. Nach vollendeter Lösung des Karmins (ca.
5 Minuten) giesse man 50 ccm gesättigte Pikrinsäurelösung zu und lasse das
Ganze zwei Tage in weit offenem Gefässe stehen. Dann filtrire man. Selbst
reichliche Pilzentwickelung beeinträchtigt nicht die Färbekraft dieses vor-
züglichen Mittels.

39. Alaunkarmin. 5 gr Alaun werden in 100 ccm warmem,
destillirtem Wasser aufgelöst und dann 2 gr Karmin zugefügt. Diese
Mischung wird 10—20 Minuten gekocht und nach dem Erkalten filtrirt;
zuletzt werden der klaren, schön rubinrothen Flüssigkeit 2—3 Tropfen Acid.
carbol. liquefact. [1]) zugesetzt.

40. Boraxkarmin. 4 gr Borax werden in 100 ccm warmem destillirtem Wasser aufgelöst, nach dem Erkalten der Lösung werden 3 gr guter
Karmin unter Umrühren zugefügt und dann 100 ccm 70 %iger Alkohol
(siehe pag. 4) zugegossen. Nach 24 Stunden filtrire man die Flüssigkeit, die
sehr langsam (24 Stunden und noch länger) durch das Filter tropft.

Die Boraxkarminfärbung beansprucht die Nachbehandlung mit 70%igem
salzsaurem Alkohol, welcher bereitet wird durch Zufügen von 4—6 Tropfen
reiner Salzsäure zu 100 ccm 70 %igem (pag. 4) Alkohol.

_____

[1]) Vorsicht! diese Karbolsäure ätzt sehr stark.

Beides vorräthig zu halten.

41. **Karminsaures Natron.** 2 gr des Farbstoffes in 200 ccm destillirtem Wasser zu lösen.

42. **Saffranin.** 2 gr des Farbstoffes in 60 ccm 50 %oigem Alkohol (31 ccm 96 %oiger Alkohol + 29 ccm destillirtes Wasser) zu lösen. Vorräthig zu halten.

43. **Eosin.** 1 gr des Farbstoffes in 60 ccm 50 %oigem Alkohol (31 ccm 96 %oiger Alkohol + 29 ccm destillirtes Wasser) zu lösen. Vorräthig zu halten.

44. **Kongoroth.** 1 gr des Farbstoffes wird in 100 ccm destillirtem Wasser gelöst. Von dieser Stammlösung stelle man sich her

a) eine $^1/_3$oprocentige Lösung: 3 ccm Stammlösung zu 100 ccm Aq. destill.

45. **Vesuvin** oder

46. **Methylviolett B.** etc. können in gesättigten wässerigen Lösungen (1 gr zu 50 ccm destillirtem Wasser) vorräthig gehalten werden.

47. **Methylenblau.** 1 gr in 100 ccm destillirtem Wasser gelöst ist, ebenso wie das zur Nachbehandlung gehörige

48. **Pikrinsaures Ammoniak,** 3 gr zu 100 ccm destillirtem Wasser, lange haltbar.

49. **Alaunkarmin-Dahlia nach Westphal.** Man löse 1 gr Dahlia in 25 ccm Alkohol absol., setze 12 ccm reines Glycerin und 5 ccm Eisessig zu und giesse zu dieser Mischung 25 ccm Alaunkarmin (39, pag. 8). In gut schliessender Flasche aufzubewahren.

II. Das Herstellen der Präparate.

Einleitung.

Die wenigsten Organe des thierischen Körpers sind so beschaffen, dass sie ohne Weiteres der mikroskopischen Untersuchung zugänglich sind. Sie müssen einen gewissen Grad von Durchsichtigkeit besitzen, den wir dadurch erreichen, dass wir die Organe entweder in ihre Elemente zertheilen, die Elemente isoliren, oder in dünne Schnitte zerlegen, schneiden. Nun haben aber wiederum die wenigsten Organe eine Konsistenz, welche sofortiges Anfertigen genügend feiner Schnitte gestattet; sie sind entweder zu weich, dann muss man sie härten, oder zu hart (verkalkt), dann muss man sie entkalken. Härten und Entkalken kann jedoch nicht an frischen Objekten vorgenommen werden, ohne deren Struktur zu schädigen; es muss demnach beiden Proceduren ein Verfahren vorausgehen, welches eine rasche Erstarrung und damit eine Festigkeit der kleinsten Theilchen ermöglicht, dieses Verfahren nennt man fixiren. Das Anfertigen feiner Schnitte ist demnach meist nur nach vorausgegangener Fixirung und Härtung (eventuell nachfolgender Entkalkung) des betreffenden Objektes möglich. Aber auch die Schnitte beanspruchen noch weitere Behandlung; sie können entweder sofort durchsichtig gemacht werden, durch Aufhellungsmittel, welche auch mit Erfolg bei frisch untersuchten Objekten angewendet werden oder sie können vor der Aufhellung gefärbt werden. Die Farbstoffe sind für die mikroskopische Untersuchung unschätzbare Hilfsmittel, sie lassen sich auch auf frische, ja selbst auf lebende Organe appliziren; eine grosse Zahl der wichtigsten Thatsachen ist nur mit Hilfe der Farbstoffe aufgedeckt worden. In die Gefässe eingespritzt, injizirt, lehren sie uns die Vertheilung und den Verlauf der feinsten Verzweigungen derselben kennen.

§ 1. Beschaffen des Materiales.

Für Studien über die Formelemente und die einfachsten Gewebe sind Amphibien: Frösche, Molche (am besten der gefleckte Salamander, dessen Elemente sehr gross sind) zu empfehlen, für Studien der Organe dagegen nehme man Säugethiere. Für viele Fälle genügen hier unsere Nagethiere (Kaninchen, Meerschweinchen, Ratte, Maus), ferner junge Hunde, Katzen etc. Doch versäume man keine Gelegenheit, die Organe des Menschen sich zu verschaffen. Vollständig frisches Material ist in chirurgischen Kliniken zu haben; im Winter sind viele Theile selbst vor 2—3 Tagen Verstorbener noch vollkommen brauchbar.

Im Allgemeinen empfiehlt es sich, die Organe lebenswarm einzulegen. Um möglichst rasch dieser Aufgabe sich zu entledigen, ist es geboten, zuerst die zur Aufnahme der Objekte bestimmten Gläser mit der betreffenden Flüssigkeit zu füllen und mit einer Objekt, Flüssigkeit und Datum (ev. Stunde) anzeigenden Etikette zu versehen; danach lege man die zur Sektion nöthigen Instrumente (das anatomische Präparirbesteck) zurecht und dann erst tödte man das Thier[1]).

§ 2. Tödten und Seziren der Thiere.

Amphibien durchschneide man mit einer starken Scheere die Hals-wirbelsäule[2]) und zerstöre Hirn und Rückenmark vermittelst einer von der Wunde aus in die Schädelhöhle resp. in den Wirbelkanal eingestossenen Nadel. Saugethieren durchschneide man den Hals mit einem kräftigen bis zur Halswirbelsäule reichenden Schnitt oder man tödte sie mit Chloroform, das man auf ein Tuch giesst und so den Thieren vor die Nase drückt. Kleine, bis 4 cm grosse Thiere, Embryonen, können im Ganzen in die Fixirungsflüssigkeit geworfen werden. Nach ca. 6 Stunden öffne man diesen die Bauch- und Brusthöhle durch Einschnitte. Bei der Sektion halte wo-möglich ein Gehilfe die Extremitäten; kleine Thiere kann man mit starken

---

1) Dem lebenden Thiere Theile zu entnehmen, ist eine ganz nutzlose Grausamkeit.

2) Frösche fasse man dabei mit der linken Hand mit einem Tuche an den Hinter-schenkeln.

Stecknadeln an den Fussflächen auf Kork- oder Wachsplatten spannen. Die Organe müssen sauber herauspräparirt werden (am besten mit Pincette und Scheere), Quetschen und Drücken der Theile, Anfassen mit den Fingern ist vollkommen zu vermeiden. Die Pincette darf nur am Rande der Objekte eingreifen; anhängende Verunreinigungen, Schleim, Blut, Darminhalt dürfen nicht mit dem Skalpell abgekratzt werden, sondern sind durch langsames Schwenken in der betreffenden Fixationsflüssigkeit zu entfernen.

Bei den im Folgenden angegebenen Methoden ist es nicht zu vermeiden, dass Scheeren, Pincetten, Nadeln, Glasstäbe etc. mit den verschiedensten Flüssigkeiten, z. B. Säuren benetzt werden. Man reinige die Instrumente sofort nach dem Gebrauche durch Abspülen in Wasser und Abtrocknen. Vor allem vermeide man, einen z. B. mit einer Säure oder mit einem Farbstoff beschmutzten Glasstab in eine andere Flüssigkeit zu tauchen. Abgesehen davon, dass die Reagentien dadurch verdorben werden, wird oft das Gelingen der Präparate in Folge dessen gänzlich vereitelt. Gläser, Uhrschalen etc. sind leicht zu reinigen, wenn dies sofort nach der Benützung geschieht; lässt man dagegen z. B. einen Farbstoffrest in einem Glase antrocknen, so ist das Reinigen immer sehr zeitraubend. Man versäume also nie, auch die Gläser sofort nach dem Gebrauche zu reinigen; Uhrschalen werfe man wenigstens in eine Schüssel mit Wasser.

Alle Gefässe, in denen man isolirt, fixirt, härtet, färbt etc., müssen geschlossen gehalten (Uhrschalen decke man mit einer zweiten Uhrschale zu, wenn die Manipulationsdauer 10 Minuten übersteigt), und dürfen nicht in die Sonne gestellt werden.

§ 3. Isoliren.

Man isolirt entweder durch Zerzupfen der frischen Objekte oder nach vorhergehender Behandlung der Objekte mit lösenden Flüssigkeiten, welche ein Zerzupfen ganz oder theilweise unnöthig machen. Es gehört zu den schwierigen Aufgaben, ein gutes Zupfpräparat anzufertigen. Viel Geduld und genaue Erfüllung nachstehender Vorschriften sind unerlässlich. Die Nadeln müssen spitz und ganz rein sein; man spitze und polire sie zuvor auf dem angefeuchteten Schleifsteine. Das kleine Objekt, von höchstens 5 mm Seite, wird nun in einen kleinen Tropfen auf den Objektträger gelegt, und wird, wenn es farblos ist, auf schwarzer, wenn es dunkel (etwa gefärbt) ist, auf weisser Unterlage zerzupft. Ist das Objekt faserig (z. B. ein Muskelfaserbündel), so setze man beide Nadeln an dem einen Ende des Bündels an und zerreisse dasselbe der Länge nach in zwei Bündel[1]); das eine dieser Bündel wird auf dieselbe Weise, immer durch Ansetzen der Nadeln an das Ende wieder in zwei Bündel getrennt und so fort, bis ganz

---

[1]) Zuweilen ist es schwierig, das Bündel in zwei der ganzen Länge nach getrennte Hälften zu theilen; es genügt dann oft, nur $3/4$ der Gesammtlänge auseinandergezogen zu haben, so dass dann die isolirten Fasern am anderen Ende noch alle zusammenhängen.

feine einzelne Fasern erzielt sind. Durch Betrachtung des (unbedeckten) Präparates mit schwacher Vergrösserung kann man kontrolliren, ob der nöthige Grad von Feinheit erreicht ist [1]). Als isolirende Flüssigkeiten sind zu empfehlen:

a) Für Epithelien

ist Ranvier's Drittelalkohol (s. pag. 4) ein ausgezeichnetes Isolationsmittel. Man lege Stückchen von 5—10 mm Seite (z. B. der Darmschleimhaut) in ca. 10 ccm dieser Flüssigkeit ein. Nach 5 Stunden (bei geschichtetem Pflasterepithel nach 10—24 Stunden und später) werden die Stückchen mit einer Pincette vorsichtig, langsam herausgehoben und ein paar Mal leicht auf einen Objektträger aufgestossen, der mit einem Tropfen der gleichen Flüssigkeit bedeckt ist. Durch das Aufstossen fallen viele Epithelzellen isolirt ab, manchmal ganze Fetzen, die man nur mit der Nadel leicht umzurühren braucht, um eine vollkommene Isolation zu erzielen. Nun lege man ein Deckglas auf (pag. 26) und untersuche. Will man das Objekt färben, so bringe man die ganzen Stückchen vorsichtig aus dem Alkohol in ca. 6 ccm Pikrokarmin (s. pag. 8). Nach 2—4 Stunden wird das Stückchen sehr vorsichtig in ca. 5 ccm destillirtes Wasser gelegt und nach fünf Minuten auf den Objektträger aufgestossen, der diesmal mit einem Tropfen verdünntem Glycerin (s. pag. 6) bedeckt ist. Deckglas. Das Präparat kann konservirt werden.

b) Für Muskelfasern, Drüsen

eignet sich 35⁰ ige Kalilauge (s. pag. 6). Stückchen von 10—20 mm Seite werden in 10—20 ccm dieser Flüssigkeit eingelegt; nach etwa einer Stunde sind die Stückchen in ihre Elemente zerfallen, die mit Nadeln oder einer Pipette herausgefischt und in einem Tropfen der gleichen Kalilauge unter Deckglas betrachtet werden. Verdünnte Kalilauge wirkt ganz anders; würde man die Elemente in einem Tropfen Wasser betrachten wollen, so würden dieselben durch die nunmehr verdünnte Lauge in kürzester Zeit zerstört werden. Gelingt die Isolation nicht (statt dessen tritt zuweilen eine breiige Erweichung der Stückchen ein), so ist die Kalilauge zu alt gewesen. Man wende deshalb stets frisch bezogene Lösungen an. Auch die gelungenen Präparate lassen sich nicht konserviren.

Ferner ist geeignet eine Mischung von chlorsaurem Kali und Salpetersäure. Man bereitet sich dieselbe, indem man in 20 ccm reiner Salpetersäure (s. pag. 4) so viel chlorsaures Kali (ca. 5 gr) wirft, dass ein ungelöster Satz am Boden bleibt. Nach 1—6 Stunden •(manchmal später) ist das Objekt genügend gelockert und wird nun in 20 ccm destillirtes Wasser übertragen, in dem es eine Stunde bleibt, aber ohne Schaden auch 8 Tage verweilen

---

[1]) In wenig Flüssigkeit liegende, nicht mit einem Deckglase bedeckte Präparate sehen oft unklar aus, zeigen schwarze Ränder etc., Fehler, die durch Zusatz eines hinreichend grossen Tropfens und durch ein Deckglas wieder ausgeglichen werden.

kann. Dann wird es auf den Objektträger übertragen, wo es in einem Tropfen dünnem Glycerin (s. pag. 6) mit Leichtigkeit zerzupft werden kann. Wenn die Salpetersäure gut ausgewaschen ist, lassen sich die Präparate konserviren und auch unter dem Deckglase färben (s. pag. 26). Einlegen der noch nicht zerzupften Stückchen in Pikrokarmin (s. die Isolation von Epithelien) gelingen nicht, da diese Farbflüssigkeit die Objekte brüchig macht.

c) Für Drüsenkanälchen

ist vorzüglich das Einlegen kleiner Stücke (von ca. 1 cm Seite) in 10 ccm reine Salzsäure. Nach 10—20 Stunden werden die Stückchen in ca. 30 ccm destillirtem Wasser gebracht, das innerhalb 24 Stunden mehrmals gewechselt werden muss. Die Isolation gelingt dann leicht durch vorsichtiges Ausbreiten des Stückchens mit Nadeln in einem Tropfen verdünntem Glycerin. Die so hergestellten Präparate können konservirt werden.

§ 4. Fixiren.

Allgemeine Regeln. 1. Zum Fixiren muss stets reichliche, das Volum des zu fixirenden Objektes 50—100 mal übertreffende Flüssigkeit verwendet werden. 2. Die Flüssigkeit muss stets klar sein, sie muss, sobald sie trübe geworden ist, gewechselt, d. h. durch frische Flüssigkeit ersetzt werden. Die Trübung tritt oft schon eine Stunde (oder früher) nach dem Einlegen ein. 3. Die zu fixirenden Objekte sollen möglichst klein sein, im Allgemeinen 1—2 ccm nicht überschreiten. Sollte die Erhaltung des ganzen Objektes nöthig sein (z. B. zur nachherigen Orientirung), so mache man wenigstens viele tiefe Einschnitte (5—10 Stunden nach dem ersten Einlegen) in dasselbe. Die Objekte sollen nicht am Boden liegen; man hänge sie entweder im Glase auf oder man bringe auf den Boden des Gefässes eine dünne (ca. 1 cm hohe) Lage Watte oder Glaswolle.

1. Alkohol absolutus ist für Drüsen, Haut, Blutgefässe etc. sehr geeignet. Er wirkt zugleich als Härtungsmittel. In absolutem Alkohol eingelegte Objekte können schon nach 24 Stunden geschnitten werden[1]). Er eignet sich deshalb vorzugsweise zur raschen Herstellung von Präparaten. Besonders zu beachten ist Folgendes: 1. Der absolute Alkohol muss, auch wenn er nicht getrübt ist, nach 3—4 Stunden gewechselt werden. 2. Man vermeide, dass die eingelegten Objekte auf dem Boden des Glases fest aufliegen oder gar festkleben[2]): man hänge deshalb die Objekte entweder an einem Faden im Alkohol auf, oder lege auf den Boden des Glases ein Bäuschchen Watte.

---

1) Man verschiebe die Verarbeitung der in absolutem Alkohol fixirten Objekte auf nicht zu lange Zeit, da die Elemente doch allmählich leiden; man schneide nach 3 bis 8 Tagen. Schnitte von Objekten, die nur 24 Stunden in absolutem Alkohol gelegen hatten, färben sich zuweilen schlecht.

2) Die betreffenden Stellen erscheinen auf dem Schnitte stark komprimirt.

Nicht absoluter (z. B. 90°/oiger) Alkohol wirkt ganz anders, schrumpfend und kann deshalb nicht statt des absoluten Alkohols verwendet werden.

2. Chromsäure kommt hauptsächlich in zwei wässerigen Lösungen zur Verwendung.

a) als 0,1—0,5°/oige Lösung (s. pag. 5) ist sie besonders geeignet für Organe, die viel lockeres Bindegewebe enthalten. Diese starke Lösung verleiht dem Bindegewebe eine vorzügliche Konsistenz, hat aber den Nachtheil, dass Färbungen erschwert werden; sie ist ferner geeignet zur Fixirung von Kerntheilungen. Die Objekte verweilen hier 1—8 Tage, werden dann 3—4 Stunden in fliessendes Brunnenwasser gebracht, oder wenn das nicht möglich ist, ebensolange in 3—4mal zu wechselndes Wasser, dann in destillirtes Wasser auf einige Minuten übertragen und endlich in allmählich verstärktem Alkohol (s. § 5) unter Ausschluss des Tageslichtes (pag. 15 Anmerk. 1) gehärtet.

b) als 0,05°/oige Lösung, die man sich bereitet, indem man die 0,1°/oige Lösung mit der gleichen Menge destillirten Wassers verdünnt. Behandlung wie Lösung a), doch verweilen die Objekte nur ca. 24 Stunden in Lösung b).

Chromsäurelösungen dringen langsam ein; es dürfen . demnach bei 24stündiger Einwirkung nur kleine Stücke (von 5—10 mm Seite) eingelegt werden.

3. Salpetersäure ist als 3°/oige Lösung (3 ccm konzentrirte Salpetersäure [pag. 4] zu 97 ccm destillirtem Wasser) wie die starke Chromsäurelösung ein treffliches Mittel für bindegewebsreiche Organe. Die Objekte verweilen 5—8 Stunden in dieser Lösung und werden dann nicht in Wasser, sondern direkt in allmählich verstärkten Alkohol (§ 5) zum Härten übertragen.

4. Kleinenberg's Pikrinschwefelsäure (pag. 5). Zarte Objekte (Embryonen) werden 5 Stunden, festere Theile 12—20 Stunden in diese Flüssigkeit eingelegt; dann zum Härten, ohne vorhergegangenes Auswaschen mit Wasser, in allmählich verstärkten Alkohol übertragen (s. § 5).

5. Müller'sche Flüssigkeit (s. pag. 5). Die Objekte werden 1—6 Wochen[1]) in grosse Quanten (—400 ccm) dieser Lösung eingelegt; dann 4—6 Stunden in (womöglich fliessendem) Wasser ausgewaschen, in destillirtem Wasser kurz abgespült und endlich unter Ausschluss des Tageslichtes in allmählich verstärkten Alkohol verbracht (s. pag. 15, Anmerk. 1). Wer nicht mit peinlicher Gewissenhaftigkeit die oben (pag. 13) angegebenen allgemeinen Regeln für das Fixiren befolgt, erzielt hier Misserfolge, für welche dann selbst von sonst erfahrenen Mikroskopikern die schuldlose Müller'sche Lösung verantwortlich gemacht wird.

6. Osmiumsäurelösung (s. pag. 6). Beim Gebrauche derselben

---

[1]) Man kann die Stücke noch länger, bis zu 6 Monaten, in Müller'scher Flüssigkeit halten; sie lassen sich alsdann oft ohne Alkoholhärtung schneiden und färben.

nehme man sich vor dem Einathmen der die Schleimhäute sehr reizenden Dämpfe in Acht. Man fixirt entweder durch Einlegen sehr kleiner (bis 5 mm Seite) Stückchen in die (meist in 1 %/oiger Lösung angewendete, also zur Hälfte mit destillirtem Wasser zu verdünnende) Säure, die nur in kleinen Quanten (1— 6 ccm) angewendet zu werden braucht, oder dadurch, dass man das feuchte Objekt den Dämpfen der Osmiumsäure aussetzt. Zu letzterem Zwecke giesse man in ein ca. 5 cm hohes Reagenzgläschen ca. 1 ccm der 2 %/oigen Lösung, füge ebensoviel destillirtes Wasser hinzu und stecke das Objekt mit Igelstacheln an die Unterseite des Korkstöpsels, mit welchem man das Reagenzgläschen fest verschliesst. Nach 10—60 Minuten (je nach der Grösse des Objektes) wird das Stückchen abgenommen und direkt in die in dem Gläschen enthaltene Flüssigkeit geworfen. In beiden Fällen verweilen die Objekte 24 Stunden in der Säure; dabei müssen die Gläser gut verschlossen und im Dunkeln gehalten werden. Dann werden die Objekte herausgenommen, in (womöglich fliessendem) Wasser $^1/_2$— 2 Stunden ausgewaschen, in destillirtem Wasser kurz abgespült und in allmählich verstärktem Alkohol gehärtet (s. § 5).

7. Chromosmium-Essigsäure (s. pag. 5), vorzügliches Mittel zur Fixirung der Kerntheilungen, Man lege ganz frische, noch l e b e n s w a r m e Stückchen von 3 — 5 mm Seite in 4 ccm dieser Flüssigkeit, woselbst sie 1 — 2 Tage verweilen, aber auch noch länger liegen bleiben können. Dann werden die Stückchen 1 Stunde lang (besser länger) in (womöglich fliessendem) Wasser ausgewaschen, in destillirtem Wasser abgespült und in allmählich verstärktem Alkohol gehärtet (s. § 5).

8. Platinchlorid-Osmium-Essigsäure (s. pag. 5) zur Darstellung scharfer Zellgrenzen sehr geeignet. Sie wird angewendet wie die Chromosmium-Essigsäure.

Die zum Filtriren verwendeten Flüssigkeiten können nicht mehr weiter gebraucht werden; man giesse sie weg.

§ 5. Härten.

Mit Ausnahme des absoluten Alkohols erfordern sämmtliche Fixirungsmittel eine nachfolgende Härtung. Das beste Härtungsmittel ist der A l k o h o l i n s t e i g e n d e r V e r s t ä r k u n g. Auch hier gilt die Regel, reichlich Flüssigkeit zu verwenden, sowie trüb oder farbig gewordenen Alkohol zu wechseln [1]).

---

[1]) Die in Chromsäure und Müller'scher Flüssigkeit fixirten Stücke geben, wenn nicht lange ausgewaschen wurde — und das muss man wegen eintretender Schädigung vermeiden — noch im Alkohol Stoffe ab, die bei gleichzeitiger Einwirkung des Tageslichtes in Form von Niederschlägen auftreten; hält man dagegen den Alkohol im Dunkeln, so entstehen keine Niederschläge, sondern der Alkohol färbt sich nur gelb, bleibt aber klar. Aus diesem Grunde ist oben der Ausschluss des Tageslichtes empfohlen worden; es genügt, die betreffenden Gläser in einer dunklen Stelle des Zimmers aufzustellen. Auch der 90 % oige Alkohol muss, so lange er noch i n t e n s i v gelb wird, täglich einmal gewechselt werden.

Die genauere Handhabung ist folgende: Nachdem die Objekte (in einer der oben aufgezählten Flüssigkeiten) fixirt und in Wasser ausgewaschen sind[1]), werden sie auf 12—20 Stunden in 70%/oigen Alkohol übertragen und nach Ablauf dieser Zeit in 90%/oigen Alkohol gebracht, wo sich die Härtung nach weiteren 24—48 Stunden vollendet. In diesem Alkohol können die Objekte bis zur definitiven Fertigstellung Monate lang verweilen. Der zum Härten benutzte 90%/oige Alkohol wird in einer eigenen Flasche gesammelt und zum Härten von Klemmleber oder zum Brennen verwendet.

§ 6. Entkalken.

Die zu entkalkenden Objekte können nicht frisch in die Entkalkungsflüssigkeit eingelegt werden, sie müssen vielmehr vorher fixirt und gehärtet werden. Zu diesem Zwecke lege man kleine Knochen (bis zur Grösse von Metakarpen) und Zähne ganz, von grösseren Knochen ausgesägte Stücke (von 3—6 cm Länge) in ca. 300 ccm Müller'sche Flüssigkeit und nach 2—4 Wochen (nach vorhergegangenem Auswaschen) in ca. 150 ccm allmählich verstärktem Alkohol (s. § 5). Nachdem der Knochen 3 Tage (oder beliebig länger) in 90%/oigem Alkohol verweilt hat, wird er in die Entkalkungsflüssigkeit: verdünnte Salpetersäure (reine Salpetersäure 9—27 ccm zu 300 ccm Aq. destill.) übertragen. Auch hier müssen grosse Quanten (mindestens 300 ccm) verwendet werden, die anfangs täglich, später alle 4 Tage zu wechseln sind, bis die Entkalkung vollendet ist. Man kontrollirt den Prozess durch Einstechen mit einer alten Nadel und Einschneiden mit einem Skalpell[2]). Entkalkter Knochen ist biegsam, weich und lässt sich leicht schneiden. Fötale Knochen, Köpfe von Embryonen etc. werden in schwächerer Salpetersäure (1 ccm der reinen Säure [s. pag. 4] zu 90 ccm destillirtem Wasser) oder in 500 ccm gesättigter wässeriger Pikrinsäurelösung (pag. 5) entkalkt. Der Entkalkungsprozess nimmt bei dicken Knochen mehrere Wochen in Anspruch, bei foetalen und kleinen Knochen 3—12 Tage

Sobald die Entkalkung vollendet ist, werden die Knochen 6—11 Stunden in (womöglich fliessendem) Wasser ausgewaschen und abermals in allmählich verstärktem Alkohol gehärtet (s. § 5).

Auffallend begegnet es nicht selten, dass der Knochen noch vor vollständiger Entkalkung in Alkohol gebracht wird und dann bei Schneideversuchen sich noch unbrauchbar erweist. In solchen Fällen muss dann die ganze Entkalkungsprocedur wiederholt werden. Allzulanges Liegen der Objekte in der Entkalkungsflüssigkeit führt schliesslich zu gänzlichem Verderben.

---

[1]) Ausgenommen sind die in 3%/oiger Salpetersäure und die in Pikrinschwefelsäure fixirten Objekte, die direkt aus dieser Flüssigkeit in den 70%/oigen Alkohol übertragen werden. Hier muss schon der 70%/oige Alkohol während des ersten Tages mehrmals gewechselt werden.

[2]) Nadel und Skalpell sind sofort nach dem Gebrauche sorgfältig zu reinigen.

§ 7. Schneiden.

Das Rasirmesser (s. pag. 2) muss scharf sein: das Gelingen guter Schnittpräparate hängt von der Schärfe des Messers ab. Beim Schneiden muss die Klinge mit Alkohol befeuchtet werden (nicht mit Wasser, welches die Klinge nur unvollkommen benetzt). Zu dem Zwecke tauche man das Messer vor jedem dritten oder vierten Schnitte in eine mit ca. 30 ccm 90%/oigem Alkohol gefüllte flache Glasschale, die zugleich zur Aufnahme der angefertigten Schnitte dient. Das Messer ist horizontal zu halten, leicht zu fassen, der Daumen gegen die Seite der Messerschneide, die übrigen Finger gegen die Messerrückenseite, die Handrückenfläche nach oben gerichtet. Zuerst stelle man an dem zu schneidenden Objekte eine glatte Fläche her, indem man ein Stück von beliebiger Dicke mit einem Zuge vom Objekte trennt. Dann beginnt das Herstellen der Schnitte, die immer mit einem leichten, nicht zu raschen Zuge[1]) möglichst glatt und gleichmässig dünn ausgeführt werden sollen. Es ist geboten, stets eine grössere Anzahl (10—20) von Schnitten anzufertigen, die mit der Nadel oder durch Eintauchen des Messers in die Glasschale übertragen werden[2]). Dann stelle man die Schale auf eine schwarze Unterlage und suche die besten Schnitte aus. Die dünnsten Schnitte sind nicht immer die brauchbarsten; für viele Präparate, z. B. für einen Durchschnitt durch sämmtliche Magenhäute, sind dickere Schnitte mehr zu empfehlen. Für Uebersichtsbilder fertige man grosse, dicke, für feinere Strukturen kleine, dünne Schnitte an; für letztere genügen oft allerkleinste, durch zu oberflächliche Messerführung erzielte Bruchstücke von 1—2 mm Seite oder Randpartien etwas dickerer Schnitte.

Ist das zu schneidende Objekt zu klein, um nur mit den Fingern gehalten zu werden, so bettet man dasselbe ein. Die einfachste Methode ist das Einbetten resp. Einklemmen in Leber.

Man nehme entweder Rindsleber oder besser menschliche Fett- oder Amyloidleber (aus patholog.-anatomischen Instituten zu erhalten)[3]), schneide sie in ca. 3 cm hohe, 2 cm breite und 2 cm dicke Stücke, die man sofort in 90%/oigen Alkohol wirft, der am nächsten Tage gewechselt werden muss; nach weiteren 3—5 Tagen hat die Leber die erforderliche Härte. Nun schneide man eines dieser Stücke von oben her zur Hälfte der Höhe ein und klemme das zu schneidende Objekt in die so entstandene Spalte. Ist

---

1) Man darf das Messer nicht durch das Objekt drücken, man muss ziehen; zu dem Zwecke muss immer der dem Messergriff zunächst liegende Theil der Messerschneide an das Objekt angesetzt werden.

2) Sehr feine Schnitte kann man (wenn sie nicht gefärbt werden sollen oder wenn sie schon durchgefärbt sind) am besten von der geneigten Klinge direkt auf den Objektträger hinüberziehen oder spülen.

3) Auch Hundeleber (von physiologischen Instituten zu erhalten) ist zu empfehlen.

das Objekt zu dick, so kann man mit einem schmalen Skalpell Rinnen in die Leber schneiden, in welche das Objekt eingepasst wird. Das Objekt bedarf keiner weiteren Fixirung (etwa durch Zubinden mit einem Seidenfaden oder dergl.).

Ich klemme die meisten Schnittobjekte in Leber; man kann so sehr feine Schnitte erzielen, sofern man nur einigermassen Uebung hat und die kann man sich in wenigen Wochen leicht aneignen.

§ 8. Färben.

Vor dem Gebrauche ist die betreffende Farbstofflösung stets zu filtriren. Die aus einem Stückchen Filtrirpapier von 5 cm Seite bestehenden kleinen Trichter werden einfach durch zweimaliges Zusammenlegen hergestellt und in einen Korkrahmen gesteckt, den man sich durch Ausschneiden eines Stückes von ca. 2 cm Seite aus einer Korkplatte von ca. 5 cm Seite verfertigt hat. Der Korkrahmen wird auf 4 lange Stecknadeln gestellt. Solche Trichter können viele Male benutzt werden; Trichter und Rahmen sollen nur für ein und dieselbe Flüssigkeit in Anwendung kommen. Die in die Farbflüssigkeiten gebrachten Schnitte sollen nicht an der Oberfläche schwimmen; sie sind mit Nadeln in die Farbe unterzutauchen.

1. Kernfärbung mit Böhmer'schem Haematoxylin (s. pag. 7). Man filtrire 3—4 ccm der Farblösung in ein Uhrschälchen und bringe in dasselbe die Schnitte. Die Zeit, in welcher die Schnitte sich färben, ist eine sehr verschiedene. Schnitte in Alkohol fixirter und gehärteter Objekte färben sich in 1 bis 3 Minuten. War die Fixirung mit Müller'scher Flüssigkeit erfolgt, so müssen die Schnitte etwas länger (bis 5 Minuten) liegen[1]). Aus der Farbe werden die Schnitte zunächst in ein Uhrschälchen mit destillirtem Wasser gebracht, abgespült, d. h. mit der Nadel etwas bewegt, um sie von dem überschüssigen Farbstoffe zu befreien, und nach 1—2 Minuten in eine grosse mit ca. 30 ccm destillirtem Wasser gefüllte Schale übertragen. Hier müssen die Schnitte mindestens 5 Minuten lang verweilen, dabei geht ihre blaurothe Farbe allmählich in ein schönes Dunkelblau über, das um so reiner wird, je länger (bis 24 Stunden) man die Schnitte im Wasser liegen lässt[2]).

---

[1]) Schnitte in starker Chromsäure fixirter oder sonst nicht ganz säurefreier Öbjekte färben sich oft sehr langsam, zuweilen gar nicht. Man kann diesem Uebelstande abhelfen entweder durch 2—3 Monate langes Aufbewahren in 2—3 mal zu wechselndem 90%/oigem Alkohol, oder dadurch, dass man solche Schnitte, bevor man sie in das Haematoxylin bringt, auf 5—10 Minuten einlegt in ein Uhrschälchen mit ca. 5 ccm destillirtem Wasser, dem 3—7 Tropfen 35%/o ige Kalilauge zugesetzt sind. Dann übertrage man die Schnitte auf 1—2 Minuten in ein Uhrschälchen mit reinem destillirtem Wasser und von da in das Haematoxylin. Nach 5—10 Minuten färben sich auch solche Schnitte.

[2]) Anfangs sehen die Schnitte ganz verwaschen blau aus; meist nach 5 Minuten, manchmal erst nach Stunden erfolgt die Differenzirung, die schon manche Details mit unbewaffnetem Auge erkennen lässt.

Anfängern ist zu empfehlen, die Schnitte verschieden lange Zeit, 1, 3, 5 Minuten in der Farbe zu belassen und dann zu kontrolliren, welche Zeitdauer zu einer gelungenen Färbung die passende ist. Die Hauptsache bei der Haematoxylinfärbung ist das ordentliche Auswaschen; ist das Wasser blau geworden, so muss es durch neues ersetzt werden. Der benützte Farbstoff wird durch das Filter wieder in die Haematoxylinflasche zurückgegossen. Das Uhrschälchen ist sofort zu reinigen.

Noch bessere Dienste scheint Haemalaun (pag. 7) zu leisten, welches in gleicher Weise angewendet wird, nur muss man etwas länger (bis 10 Minuten) färben. Haemalaun überfärbt nicht.

2. Kernfärbung mit Alaunkarmin (s. pag. 8). Man filtrire 3 bis 4 ccm der Farblösung in ein Uhrschälchen und bringe in dasselbe die Schnitte, welche hier mindestens 5 Minuten verweilen müssen. Der Vortheil dieser Färbung besteht darin, dass die Schnitte beliebig länger in der Lösung verweilen können, ohne überfärbt zu werden, was bei Haematoxylin leichter eintritt; ein Nachtheil ist, dass die Alaunkarminfärbung eine reine Kernfärbung ist, während bei Haematoxylinfärbung auch das Protoplasma einen grauen oder grauvioletten Ton erhält und damit leichter kenntlich ist.

3. Diffuse Färbung. Zum Färben des Protoplasma und der Intercellularsubstanzen.

a) Langsame Färbung. Ein kleiner Tropfen der neutralen Karminlösung (pag. 8) wird mit dem Glasstabe in eine mit 20 ccm destillirtem Wasser gefüllte Schale gebracht, auf deren Grund ein Stückchen Filtrirpapier liegt[1]). Die Schnitte kommen über Nacht in die Flüssigkeit. Je heller rosa die Flüssigkeit ist, desto länger braucht die Färbung, desto schöner wird sie auch. Der Anfänger ist stets geneigt, die blassrosa Flüssigkeit für zu dünn zu halten, als dass sie eine gute Färbung erzielen könnte, bis am andern Tage die dunkelrosa bis rothen Schnitte ihn eines besseren belehren.

Diese Färbung ist allein für sich nur in seltenen Fällen verwendbar, dagegen für Doppelfärbungen sehr zu empfehlen. Man färbe zuerst mit der Karminlösung, dann mit Haematoxylin.

b) Schnelle Färbung. Man giesse ca. 10 Tropfen der Eosinlösung (pag. 9) zu 3—4 ccm destillirtem Wasser. Die Schnitte bleiben darin 1 bis 5 Minuten, werden dann in einem Uhrschälchen mit destillirtem Wasser kurz „abgespült" (s. bei Haematoxylinfärbung) und auf ca. 10 Minuten in ca. 30 ccm destillirtes Wasser gebracht. Die Färbung ist allein und kombinirt mit Haematoxylin anzuwenden; zuerst ist die ganze Procedur der Haematoxylinfärbung und dann die Eosinfärbung zu vollziehen.

4. Färbung der chromatischen Substanz (für Kerntheilungen). Die Objekte werden auf 5—10 Minuten in eine Schale mit 10 ccm destil-

---

1) Wird das versäumt, so färben sich die Schnitte nur auf der einen Seite.

lirtem Wasser und 1 Tropfen reiner Salzsäure gebracht, dann in destillirtem
Wasser 1 Minute ausgewaschen, dann auf 5 Minuten in eine Uhrschale
voll Saffraninlösung (s. pag. 8) gelegt. Dann werden die Schnitte (oder
Häute) mit der Nadel herausgefangen und in ca. 5 ccm absoluten Alkohol
zum Entfärben eingelegt. Giebt der Schnitt nicht mehr viel Farbe ab
(meist nach $^1/_2-2$ Minuten), so wird er in 5 ccm reinen absoluten Alkohol
übertragen und nach einer weiteren Minute aufgehellt und eingelegt (s. § 10,
3, pag. 27). Zu langes Verweilen in dem absoluten Alkohol kann bis
zu völliger Entfärbung des Präparates führen. Misslingen der Färbung be-
ruht meist auf zu geringem Essigsäuregehalt der Chromosmium-Essigsäure
(pag. 5 Anmerk.).

5. Durchfärben. (Kernfärbung ganzer Organstücke vor Zerlegung
derselben in Schnitte.)

Die fixirten und gehärteten Objekte werden, wenn sie klein (ca. 5 mm
Seite) sind, auf 24 Stunden, wenn sie grösser sind, auf 2—3 Tage in ca.
30 ccm Boraxkarmin gebracht; daraus werden sie direkt in ca. 25 ccm
salzsauren 70%oigen Alkohol (pag. 4) übertragen; (das gebrauchte Boraxkarmin wird in die Flasche zurückgegossen). Nach wenigen Minuten ist
der Alkohol roth[1]) und muss nun durch neuen salzsauren Alkohol ersetzt
werden, nach etwa $^1/_4$ Stunde wird der Alkohol abermals gewechselt; dieser
Wechsel wird so oft wiederholt, bis der Alkohol nicht mehr gefärbt ist[2]).

Dann wird das Stück in 90%oigen Alkohol und, wenn es hier nach
24 Stunden nicht hart genug zum Schneiden geworden ist, auf 24 und mehr
Stunden in absoluten Alkohol übertragen.

6. Pikrokarmin. Doppelfärbung: Kerne und Bindegewebe roth,
Protoplasma gelb.

Ca. 5 ccm der Flüssigkeit werden in ein Uhrschälchen filtrirt. Die Zeitdauer, in welcher Pikrokarmin wirkt, ist für die einzelnen Objekte eine sehr
verschiedene und kann nur bei den speziellen Anweisungen annähernd angegeben werden. Nach vollendeter Färbung wird die Farbe in die Flasche
zurückfiltrirt und das Objekt auf 10—30 Minuten in ca. 10 ccm destillirtes
Wasser übertragen. (Fällt beim Färben unter dem Deckglase pag. 30 natürlich weg.) Soll das Objekt, z. B. ein Schnitt, in Alkohol absol. wasserfrei
gemacht werden (s. pag. 27), so darf derselbe nicht lange (1—2 Minuten)
daselbst verweilen, da der Alkohol die gelbe Farbe auszieht[3]).

---

[1]) In Müller'scher Flüssigkeit fixirte Präparate geben oft sehr wenig Farbe ab.

[2]) Das kann 1—3 Tage in Anspruch nehmen; während des ersten Tages wechsle
man alle 2, während der folgenden Zeit alle 4 Stunden. Wenn man sparsam sein will,
kann man mit einer Nadel das Objekt aus dem rothen Flüssigkeitshof, in dem es liegt,
langsam hinausschieben und an eine andere ungefärbte Stelle der Flüssigkeit bringen.

[3]) Man kann dieser Entfärbung vorbeugen, indem man in die Uhrschale mit absolutem Alkohol einen kleinen Pikrinsäurekrystall wirft.

Vorzugsweise wird Pikrokarmin bei Untersuchungen frischer Objekte verwendet. Ist die Lösung gut, so erzielt man sehr hübsche Färbung, die besonders bei nachheriger Anwendung des angesäuerten Glycerins (s. pag. 30) scharf hervortritt.

7. Kernfärbung mit Anilinfarben.

Die besten Anilinfarben sind hierfür Vesuvin und Methylviolett B (s. pag. 9). Man filtrire ca. 5 ccm der Flüssigkeit in eine Uhrschale; die hier eingelegten Schnitte färben sich nach 2—5 Minuten ganz dunkel, werden dann in 5 ccm destillirtem Wasser kurz abgewaschen und in ein Uhrschälchen mit absol. Alkohol gebracht, wo sie abermals viel Farbe abgeben; nach wenigen (3—5) Minuten sind die Schnitte heller geworden, man kann einzelne Theile (z. B. bei Haut die Drüsen) schon mit unbewaffnetem Auge erkennen; nun werden die Schnitte in eine zweite Uhrschale mit (5 ccm) absol. Alkohol gebracht und nach ca. 2 Minuten aufgehellt und in Damarfirniss eingeschlossen (pag. 27). Der Effekt ist eine sehr schöne dauerhafte Kernfärbung. Ein Nachtheil liegt in dem starken Verbrauche von absolutem Alkohol.

Auch Saffranin kann in ähnlicher Weise verwendet werden. Die 5 Minuten lang gefärbten Schnitte werden in einer Uhrschale mit 96 %igem Alkohol kurz ($\frac{1}{2}$ Minute) abgespült und dann in eine zweite Uhrschale mit Alkohol absol. übertragen, der sobald er intensiv roth geworden ist, durch neuen Alkohol ersetzt werden muss. Nach 5—15 Minuten — die Zeit wechselt je nach der Dicke der Schnitte — sind die Schnitte hell geworden und werden nun aufgehellt und in Damarfirniss (pag. 27) eingeschlossen.

8. Methylenblaufärbung zur Darstellung der Achsencylinder.

Die Methode ist nur für ganz frische (überlebende) Präparate verwendbar. Man stellt sich eine verdünnte ($\frac{1}{15}$ %ige) Lösung her, indem man 1 ccm der 1 % Lösung (pag. 9, 47) zu 15 ccm destill. Wasser giesst. Davon werden ein paar Tropfen dem frischen auf dem Objektträger liegenden Präparat zugesetzt, welches mit einer Uhrschale leicht bedeckt wird [1]. Nach 1—1$\frac{1}{2}$ Stunden tritt die Reaktion ein. Um das Eintrocknen während dieser Zeit zu verhindern, setze man noch mehrmals einen Tropfen der verdünnten Farblösung oder auch einer 0,75 %igen Kochsalzlösung zu. Jetzt Deckglas auflegen. Der Effekt ist eine schöne Blaufärbung der Achsencylinder, doch färben sich auch oft andere Elemente wie Kerne, Bindegewebsfasern u. a., bei längerer Einwirkung auch das Nervenmark. Will man das Präparat konserviren, so ersetze man die Farblösung nach der pag. 30 angegebenen Methode durch einige Tropfen der pikrinsauren Ammoniaklösung (pag. 9, 48) (die blaue Farbe geht dadurch in eine violette über) und bringe dann an den Rand des Deckglases einen Tropfen Glycerin,

---

[1] Die Schale darf nicht luftdicht schliessen, denn der Zutritt atmosphärischer Luft ist für das Gelingen der Färbung nöthig. Durch leichtes Schwingen des Präparates kann man den Eintritt der Reaktion noch mehr sichern.

das allmählich an Stelle der verdunstenden Flüssigkeit unter das Deckglas
tritt. Nach 18—20 Stunden setze man noch etwas mit der Ammoniaklösung
versetztes Glycerin zu und fixire das Deckglas mit Kitt (pag. 26 ad 2). Die
Präparate dürfen nicht lange dem Sonnenlichte ausgesetzt werden, da sie
sonst abblassen, verlieren übrigens bald ihre ursprüngliche Schönheit.

9. Schleimfärbung mit Delafield's Haematoxylin.

Man gebe durch den Filter 3 Tropfen dieses Haematoxylins (pag. 7
Nr. 32) in eine mit 25 ccm destillirtem Wasser gefüllte Schale. In dieser dünnen
Lösung werden die Schnitte (am Besten von Objekten, die in Chromosmium-
essigsäure fixirt sind) [1]) auf 2—3 Stunden eingelegt. Meist ist nach dieser
Zeit der Schleim (z. B. in Becherzellen) schon intensiv blau gefärbt, was
schon bei Betrachtung der in der Lösung befindlichen Schnitte mit schwachen
Vergrösserungen zu konstatiren ist. Oft ist ein längeres Verweilen der
Schnitte in der Lösung nöthig. Dann werden die Schnitte 1 Minute ausgewaschen und nach den § 10, 3, (pag. 27) angegebenen Regeln in Damarfirniss konservirt. Auch die Kerne färben sich blau. — Sehr hübsche Bilder
erzielt man durch eine Kombination mit Saffranin und Pikrinsäure. Diese

10. Dreifachfärbung

geschieht in folgender Weise. Die in Delafield gefärbten Schnitte werden
auf 5 Minuten in Saffranin (pag. 9 Nr. 42) gebracht, dann in 5 ccm
Alkoh. absol. übertragen, der innerhalb 15 Minuten zweimal zu wechseln ist.
Dann kommen die Schnitte in 5 ccm Alkoh. absol., dem man 5 Tropfen
einer gesättigten alkohol. Pikrinsäurelösung (1 gr Pikrin zu 15 ccm Alk. abs.)
zugesetzt hat, nach einer Minute werden die Schnitte in reinem absol. Alkoh.
$1/2$ Minute abgespült und nach § 10, 3 (pag. 27) in Damarfirniss konservirt.
Resultat: Schleim blau, Kerne roth, Protoplasma, Fasern gelb.

11. Versilbern. Zur Darstellung von Zellengrenzen, Färbung der
Kittsubstanz [2]).

Der Gebrauch von Metallinstrumenten ist zu vermeiden, man bediene
sich der Glasstäbe; statt Stecknadeln nehme man Igelstacheln.

Das Objekt wird in 10—20 ccm der 1 %/oigen oder schwächeren (s. die
speziellen Angaben) Lösung von Argent. nitric. (s. pag. 6, Nr. 22) getaucht, nach
$1/2$—10 Minuten (je nach der Dicke des Objektes) aus der Flüssigkeit, die
sich unterdessen meist milchig getrübt hat, mit Glasstäben (nicht mit
Stahlinstrumenten) wieder herausgenommen, abgespült und in einer grossen
weissen Schale (einem Porzellanteller) mit ca. 100 ccm destillirtem Wasser
dem direkten Sonnenlichte ausgesetzt; nach wenigen Minuten wird eine leichte

---

1) Auch in Müller'scher Flüssigkeit fixirte Präparate sind der Schleimfärbung zugänglich.

2) Querstreifen, die bei Behandlung mit Silbernitrat in den verschiedensten Gewebs-
elementen und Organen, besonders an Nervenfasern, Blutgefässen, an Knorpel etc. auftreten, sind Kunstprodukte, die dort erscheinen, wo colloide Gebilde unter Einwirkung
von Silbernitrat besonders unter gleichzeitiger Säurewirkung erstarren.

Bräunung eintreten, das Zeichen der gelungenen Reduktion. Sobald das Objekt dunkelrothbraun geworden ist (gewöhnlich nach 5—10 Minuten), wird es herausgenommen, in ein Uhrschälchen mit destillirtem Wasser, dem ein paar Körner Kochsalz beigefügt sind, gebracht und nach 5—10 Minuten in ca. 30 ccm 70%igen Alkohol im Dunkeln aufbewahrt; nach 3—10 Stunden ersetzt man den 70%igen durch 90%igen Alkohol. Das Einlegen in die Silberlösung muss unter Ausschluss des Sonnenlichtes geschehen, die Reduktion dagegen soll nur bei Sonnenlicht vorgenommen werden [1]). Scheint keine Sonne, so hebt man das aus der Silberlösung genommene und in destillirtem Wasser kurz abgewaschene Objekt im Dunkeln in ca. 30 ccm 70%igem (später 90%igem) Alkohol auf, um es in diesem beim ersten Sonnenblicke dem Lichte auszusetzen.

12. Golgi's schwarze Reaktion zur Darstellung der Elemente des Nervensystems.

Die Methode vereinigt Fixiren und Färben. Die Objekte müssen möglichst frisch sein, ihr Durchmesser soll im Allgemeinen 4 mm nicht überschreiten. Es ist aber nicht leicht Gehirnstückchen u. a. von dieser Grösse zu schneiden, ohne das zarte Gewebe zu quetschen, man lege deshalb zuerst grössere (bis ca. 3 cm grosse) Stückchen in ein Schälchen mit frisch zubereiteter Golgi'scher Mischung (pag. 5); welches zugedeckt und im Dunkeln (im Winter in einem auf ca. 25° C. geheizten Wärmeschrank) aufgehoben wird. Nach 1—2 Stunden lassen sich die Stückchen leicht in Scheiben von ca. 4 mm Durchmesser zerschneiden. Die Menge der Golgi'schen Flüssigkeit richtet sich nach der Zahl der Scheiben, jede Scheibe beansprucht etwa 10 ccm der Mischung. Nach 2—6, seltner bis 15 Tagen [2]) werden die Scheiben herausgenommen, rasch ein paar Sekunden mit destillirtem Wasser abgespült, leicht auf Filtrirpapier abgetrocknet und in angesäuerte Silberlösung (für jedes Stückchen ca. 10 ccm), gelegt [3]). Sofort bildet sich um die Stückchen ein brauner Niederschlag. Für den Aufenthalt in der Silberlösung, die nicht im Dunkeln zu stehen braucht und nicht in den Wärmeschrank gestellt werden darf, genügen 2 Tage, die Stückchen können aber auch ohne Schaden bis zu 6 Tagen darin verweilen; dann kommen sie auf 15 bis 20 Minuten (nicht länger) in ca. 20 ccm Alkohol absolut.; werden dann in Hollundermark (oder in Celloidin, siehe Anhang: „Mikrotomtechnik") eingebettet und in dicke Schnitte zerlegt (pag. 17).

Jeder Schnitt wird sofort ohne Deckglas mit schwacher Vergrösserung auf seine Brauchbarkeit geprüft und, wenn tauglich, in ein Uhrschälchen mit Alkoh. abs. 1—2 Minuten, dann in Creosot 2 Minuten, dann in Bergamottöl 2 Minuten gebracht. Von da kommt der Schnitt einige Sekunden in

---

[1]) Die Reduktion erfolgt zwar auch bei gewöhnlichem Tageslichte, aber nur langsam und liefert dann weniger scharfe Bilder.

[2]) Siehe darüber die speziellen Vorschriften.

[3]) Die gebrauchte Golgi-Mischung giesse man weg.

Xylol, dann auf einen Objektträger. Durch leichtes Aufdrücken von reinem Filtrirpapier auf den Schnitt entferne man das Xylol und füge einige Tropfen von Kanadabalsam, der mit Xylol verdünnt ist, zu dem Präparat. Ein Deckglas darf nicht aufgelegt werden, weil dadurch die im Präparat befindliche Feuchtigkeit nicht verdunsten kann und diese die Golgi'schen Präparate zerstört. Nicht selten — besonders wenn das Xylol nicht genügend entfernt worden war — zieht sich allmählich der Kanadabalsam von den Präparaten zurück; dieselben scheinen dadurch verdorben, lassen sich aber durch Aufsetzen eines neuen Tropfens Kanadabalsam wieder völlig herstellen. Man betrachte zuerst mit schwacher Vergrösserung, wenn der Balsam trocken geworden ist, kann man auch starke Vergrössungen anwenden.

Die mit dieser Methode erzielten Resultate sind, wenn sie gelungen, ganz vorzügliche, einzelne (nie alle) Elemente des Nervensystems, aber auch zuweilen Blut- und Lymphgefässe, Fasern bindegewebiger Abkunft, Sekrete, Muskelfasern, Epithelzellen, treten in voller Schärfe schwarz auf hellem Untergrunde hervor. Aber die Methode ist auch mit verschiedenen Missständen verknüpft. So sind fast regelmässig selbst die besten Schnitte durch schwarze Niederschläge verunstaltet; diese befinden sich vorzugsweise an den Rändern des Präparates; man hat, um sie zu vermeiden, vorgeschlagen auf die frischen Objekte eine Schicht geronnenen Blutes zu streichen. Sehr häufig versagt die Reaktion überhaupt (besonders wenn die Golgi'sche Mischung zu lange eingewirkt hat), dann führt die sog. „doppelte Methode" zum Ziel, d. h. die Objekte werden, wenn die ersten Schnitte nichts zeigen, abermals auf 24—36 Stunden in die Golgi'sche Mischung und ebensolang in die angesäuerte Silberlösung gebracht. Bei abermaligem Misserfolg ist zuweilen eine zweite Wiederholung der Procedur von Erfolg gekrönt. Uebung und Geduld sind bei der Anwendung der Golgi'schen Methode wichtige Faktoren.

Man kann derart geschwärzte Präparate auch noch fixiren. Zu diesem Zwecke werden die Schnitte aus dem Alkohol in eine Mischung von 10 ccm Alkohol abs.[1]) und 20 ccm der verdünnten Hydrochinonlösung auf 5 Minuten gebracht, woselbst sie dunkelgrau bis schwarz werden. Ist die Reduktion vollendet, so werden die Schnitte direkt in ein Schälchen mit 70%igem Alkohol auf 10—15 Minuten übertragen. Dort werden sie heller, kommen dann auf 5 Minuten in die Natronlösung (pag. 6, Nr. 11) und zuletzt in eine grosse Schale mit destillirtem Wasser, woselbst sie mindestens 24 Stunden (oder länger) verweilen müssen. So „fixirte" Golgipräparate können wie jedes andere Präparat unter Deckglas konservirt werden; auch Färbung mit Alaunkarmin oder Haematoxylin gelingt alsdann.

13. Vergolden. Zur Darstellung von Nervenendigungen.

Stahlinstrumente dürfen nicht in die Goldlösung getaucht werden; alle

---

[1]) Nimmt man zu viel Alkohol, so entsteht ein Niederschlag, der durch weiteren Zusatz von Hydrochinonlösung rasch beseitigt werden kann.

Manipulationen in der Goldlösung sind mit Glasnadeln oder Holzstäbchen vorzunehmen.

Man erhitze in einem Reagenzgläschen 8 ccm der 1 %igen Goldchloridlösung + 2 ccm Ameisensäure bis zum Sieden. Die Mischung muss dreimal aufwallen. In die erkaltete Mischung werden sehr kleine Stückchen (von höchstens 5 mm Seite) eine Stunde lang eingelegt (im Dunkeln zu halten), dann in einem Uhrschälchen mit destillirtem Wasser kurz abgewaschen und in einer Mischung von 10 ccm Ameisensäure mit 40 ccm destillirtem Wasser dem Lichte (es bedarf nicht des Sonnenlichtes) ausgesetzt. Die Reduktion (die Stückchen werden dabei aussen dunkelviolett) erfolgt sehr langsam (oft erst nach 24—48 Stunden), dann werden die Stücke in ca. 30 ccm 70 %igen Alkohol und am anderen Tage in ebensoviel 90 %igen Alkohol übertragen, woselbst sie zur Verhinderung weiterer Reduktion im Dunkeln mindestens 8 Tage bis zur definitiven Verarbeitung verbleiben müssen.

§ 9. Injiziren.

Das Füllen der Blut- und Lymphgefässe mit farbigen Massen ist eine besondere Kunst, die nur durch sehr viel Uebung erworben werden kann. Die Kenntniss der vielen, kleinen, hier zur Anwendung gelangenden Kunstgriffe lässt sich kaum durch die Lektüre selbst in aller Breite gegebener Anweisungen aneignen. Hier ist der praktische Unterricht unerlässlich. Dem entsprechend glaube ich in dem für Anfänger bestimmten Buche auf die Angabe einer ausführlichen Injektionstechnik verzichten zu müssen.

Wer sich im Injiziren versuchen will, muss eine gut schliessende, mit leicht beweglichem Stempel versehene Spritze und Kanülen von verschiedener Dicke haben. Als Injektionsmasse empfehle ich: Berlinerblau von Grübler (Adr. pag. 3) 3 gr in 600 ccm destillirtem Wasser gelöst. Man beginne mit der Injektion einzelner Organe, z. B. der Leber, welche den Vorzug hat, dass selbst eine unvollkommene Füllung ihrer Gefässe noch brauchbare Resultate ergiebt. Das injizirte Objekt fixire man 2—4 Wochen in Müllerscher Flüssigkeit (pag. 14) und härte es in allmählich verstärktem Alkohol (pag. 15). Die Schnitte dürfen nicht zu dünn sein.

§ 10. Einschliessen und Konserviren der Präparate.

Die fertigen Schnitte etc. werden nun zur mikroskopischen Untersuchung auf einen Objektträger übertragen und mit einem Deckglase bedeckt. Die Medien, in welchen sich die Schnitte befinden, sind entweder 1. Wasser, oder wenn man die Schnitte aufhellen und konserviren will: 2. Glycerin oder 3. Damarfirniss.

Das Uebertragen auf den Objektträger geschieht so, dass man in der Regel zuerst einen kleinen Tropfen der betreffenden Flüssigkeit auf die Mitte des Objektträgers bringt; dann fängt man mit dem Spatel den Schnitt auf und zieht ihn von da mit der Nadel auf den Objektträger. Sehr feine Schnitte werden besser mit der Spitze eines Glasstabes aufgefangen und durch Rollen desselben auf den Objektträger gebracht. Liegt der Schnitt glatt auf, so bedeckt man ihn mit einem Deckglase[1]). Dieses muss an den Kanten, nicht an den Flächen angefasst werden; beim Bedecken wird das Deckglas mit der linken Kante auf den Objektträger aufgesetzt und nun langsam auf das Präparat gesenkt, indem man die Deckglasunterfläche mit einer in der rechten Hand gehaltenen Nadel stützt. Einfacher ist es noch, an die Unterfläche des Deckglases einen Tropfen der betreffenden Flüssigkeit anzuhängen und dann das Deckglas sanft auf das Präparat fallen zu lassen. Die Flüssigkeit, in welcher sich der Schnitt etc. befindet, muss genau den ganzen Raum zwischen Deckglas und Objektträger ausfüllen. Ist nicht genug Flüssigkeit da (das ist an grossen unter dem Deckglase befindlichen Luftblasen kenntlich), so setze man mit der Spitze eines Glasstabes noch einen Tropfen der Flüssigkeit an den Rand des Deckglases. Ist zuviel Flüssigkeit da — und darin pflegt der Anfänger ganz Besonderes zu leisten —, so muss die über den Rand des Deckglases hinausgetretene Flüssigkeit mit Filtrirpapier aufgesogen werden. Die Oberfläche des Deckglases muss stets trocken sein. Kleine Luftblasen unter dem Deckglase entferne man durch öfteres vorsichtiges Heben und Senken desselben mit der Nadel (s. ferner pag. 28).

ad 1. Man versäume nie, ungefärbte wie gefärbte Schnitte in Wasser oder Kochsalzlösung (pag. 4) zu betrachten, da hier viele Struktureigenthümlichkeiten, z. B. Bindegewebsformationen scharf hervortreten, während dieselben unter dem aufhellenden Einflusse des Glycerins oder des Damarfirniss sich der Beobachtung fast gänzlich entziehen. In Wasser (oder auch in Kochsalzlösung) eingelegte Objekte lassen sich nicht aufheben.

ad 2. Die in Glycerin eingelegten Präparate lassen sich konserviren; um die leichte Verschiebung des Deckglases zu verhindern, fixire man dasselbe mit Deckglaskitt (s. pag. 7). Vorbedingung: Der Rand des Deckglases muss vollkommen trocken sein; denn nur an trockener Glasfläche haftet der Kitt. Das Trocknen geschieht in der Weise, dass man zuerst mit Filtrirpapier das über den Deckglasrand heraustretende Glycerin absaugt und dann mit einem mit 90%igem Alkohol befeuchteten Tuche, das man

---

[1]) Untersuchungen mit schwachen Vergrösserungen ohne Deckglas sind nur zu alleroberflächlichster Orientirung, ob z. B. ein Objekt hinreichend zerzupft ist, zulässig. In allen anderen Fällen ist das Deckglas unentbehrlich. Um sich davon zu überzeugen, betrachte man einen unbedeckten Schnitt, decke ihn dann mit dem Deckglase zu und betrachte wieder. Manches gute Präparat, das man zu bedecken versäumt hat, erscheint unbrauchbar. Untersuchungen mit starken Objektiven (Nr. 7) ohne Deckglas sind überhaupt unzulässig.

sich über die Fingerspitze stülpt, sorgfältig den Objektträger rings um das Deckglas abwischt, ohne letzteres zu berühren. Nun erhitze man einen Glasstab und tauche ihn in den harten Kitt[1]), bringe zunächst vier Tropfen an die Ecken des Deckglases und ziehe dann einen vollständigen Rahmen, der so beschaffen sein muss, dass er einerseits das Deckglas, andererseits den Objektträger in einer Breite von 1—3 mm deckt. Schliesslich glätte man mit dem nochmals erhitzten Stabe die Oberfläche des Rahmens.

In Glycerin konservirte Präparate werden oft erst am zweiten oder dritten Tage schön durchsichtig. Haematoxylin und andere Farbstoffe verblassen darin nach kurzer Zeit; Pikrokarmin und Karmin sind dagegen haltbar.

ad 3. Das Einlegen der Objekte in Damarfirniss ist die beliebteste Konservirungsmethode. Damarfirniss hat dem Glycerin gegenüber den Vortheil, dass er die Farben erhält, ein Nachtheil besteht aber darin, dass er viel stärker aufhellt, als das verdünnte Glycerin und mancherlei feine Strukturen dadurch vollkommen verschwinden macht.

Die in Wasser oder Alkohol befindlichen Schnitte können nicht ohne Weiteres in Damarfirniss eingelegt werden, sie müssen vorher wasserfrei gemacht werden. Zu dem Zwecke werden die Schnitte mit der Nadel (sehr feine Schnitte mit Spatel und Nadel) in ein bedecktes Uhrschälchen mit 5 ccm absolutem Alkohol gebracht. Dabei soll den Schnitten möglichst wenig Wasser anhaften; benützt man einen Spatel, so sauge man von diesem das Wasser mit Filtrirpapier ab; überträgt man den Schnitt mit einer Nadel, so kann man gleichfalls durch leichtes Berühren des Schnittes mit Filtrirpapier das Wasser entfernen. Im absoluten Alkohol verweilen sie 2 Minuten (dünne Schnitte) — 10 Minuten (dickere Schnitte) oder beliebig länger[2]). Dann übertrage man die von Alkohol gleichfalls möglichst befreiten Schnitte zum Aufhellen in die Uhrschälchen mit ca. 3 ccm Bergamottöl[3]). Stellt man das Schälchen auf schwarzes Papier, so kann man das allmähliche Transparentwerden der Schnitte beobachten. Man vermeide in das Uhrschälchen zu hauchen, eine sofortige Trübung des Bergamottöles ist die Folge. Werden einzelne Stellen der Schnitte

---

1) Die Glasstäbe springen dabei sehr leicht, doch sind sie Metallstäben vorzuziehen, da letztere sich zu rasch abkühlen. Man kann dem Springen etwas vorbeugen, indem man die Glasstäbe unter fortwährendem Drehen lang, bis zum Rothglühen erhitzt; nur kurz erhitzte Glasstäbe springen sofort bei dem Eintauchen in den Kitt.

2) Anfängern ist zu empfehlen, die aus Wasser kommenden Schnitte zuerst in 5 ccm 90%igen und dann erst in ebensoviel absoluten Alkohol zu bringen.

3) Man kann feine Schnitte auch aus dem absoluten Alkohol direkt auf den Objektträger bringen, den überflüssigen Alkohol abwischen und einen Tropfen Bergamottöl daraufsetzen; anfangs wird das Oel immer vom Schnitte ablaufen und muss wiederholt mit einer Nadel zum Schnitt geleitet werden; nach vollendeter Aufhellung, die man unter dem Mikroskop bei schwacher Vergrösserung konstatiren kann, wird das Oel möglichst abgewischt und ein Deckglas mit Damarfirniss aufgelegt. Beim Betrachten des unbedeckten, in Oel liegenden Schnittes trüben sich oft durch Anhauchen Schnitt und Oel; in solchen Fällen lasse man das trübe Oel ablaufen und setze einen Tropfen neues Oel auf.

nach 2—3 Minuten nicht durchsichtig (solche Stellen erscheinen alsdann bei
auffallendem Lichte trübweiss, bei durchfallendem Lichte schwarzbraun), so
ist der Schnitt nicht wasserfrei gewesen und muss noch einmal in den absoluten Alkohol zurückgebracht werden. Nach vollzogener Aufhellung wird
der Schnitt auf den trockenen Objektträger übertragen, das überflüssige Oel[1])
mit Filtrirpapier oder mit einem über den Zeigefinger gestülpten Leinwandlappen sorgfältig abgewischt[2]) und ein Deckglas aufgelegt, an dessen Unterfläche ein Tropfen Damarfirniss angehängt worden ist. Sollen mehrere Schnitte
unter e i n Deckglas gebracht werden, so ordne man zuerst die Schnitte mit
der Nadel nahe zusammen, breite dann den Damarfirniss auf der Deckglasunterfläche mit einem Glasstabe in gleichmässig dünner Schicht aus und setze
dann das Deckglas auf. Grosse Luftblasen werden durch Anfügen eines
kleinen Tropfens Damarfirniss an den Deckglasrand vertrieben; am nächsten
Tage sieht man, dass die Luftblase unter dem Deckglase hervorgetreten ist
Kleine Luftblasen verschwinden von selbst, können sich also überlassen werden.

Anfängern begegnet es nicht selten, dass der Firniss sich trübt und
schliesslich das ganze Präparat oder Theile desselben undurchsichtig macht.
Der Grund liegt darin, dass der Schnitt nicht vollkommen wasserfrei war.
Bei geringer Trübung, die unter dem Mikroskop als aus kleinsten Wasser-
tröpfchen bestehend sich erweist, genügt oft ein leichtes Erwärmen des Objektträgers, bei stärkeren Trübungen lege man den ganzen Objektträger in Terpentinöl, hebe das Deckglas nach einer halben Stunde vorsichtig ab, lege
den Schnitt zwei Minuten in Terpentinöl, um den anhaftenden Firniss zu lösen,
und dann zur vollkommenen Wasserentziehung in 4 ccm absoluten Alkohol,
der nach 5 Minuten zu wechseln ist. Dann Bergamottöl und Damarfirniss.

Der Damarfirniss trocknet sehr langsam, die Objektträger dürfen deshalb nicht auf die Kante gestellt werden.

Die Reihe, welche somit ein frisches Objekt zu durchlaufen hat, bis
es als fertig gefärbter Schnitt konservirt ist, ist sohin eine sehr lange. Wenn
z. B. in der speziellen Technik angegeben wird: „Fixiren in Müller'scher
Flüssigkeit 14 Tage, härten in allmählich verstärktem Alkohol, Schnitte färben in Karmin und Haematoxylin, Einschluss in Damarfirniss", so ist die
Procedur folgende ⁆

Das frische ca. 1 ccm grosse Objekt wird eingelegt in 100 ccm[3])
Müller'sche Flüssigkeit, welche, sobald Trübung eingetreten ist (ge-

---

[1]) Das zum Aufhellen benützte Oel in der Uhrschale kann wieder in die Flasche
zurückgegossen werden.

[2]) Die Entfernung auch des Oeles gelingt immer am leichtesten durch Neigen und
nachheriges Abwischen des Objektträgers.

[3]) Die Maassangaben sind nur für das e i n e 1 ccm grosse Stück berechnet, bei
mehr oder bei grösseren Stücken muss natürlich mehr Fixirungs- und Härtungsflüssigkeit
verwendet werden.

wöhnlich schon nach einer Stunde) gewechselt (§ 4 Allgem. Regeln) wird. Nach 24 Stunden abermaliges Wechseln der Flüssigkeit, in welcher nun das Objekt 14 Tage lang verbleibt.

Nach Ablauf derselben

Auswaschen in (womöglich fliessendem Wasser — 1—4 Stunden lang, dann Einlegen in 20 ccm destillirtes Wasser   — ca. 15 Minuten lang, dann Einlegen in 50 ccm 70%igen Alkohol und Dunkelstellen (s. pag. 15 Anmerk. 1)   — ca. 24 Stunden lang, dann Einlegen in 50 ccm 90%igen Alkohol   — ca. 24 Stunden lang, dann Wechseln des 90%igen Alkohols.

Das nun fixirte und gehärtete Objekt kann nach beliebig langer Zeit, während welcher der 90%ige Alkohol vielleicht noch einmal gewechselt wird, geschnitten werden. Die Schnitte [1]) kommen aus der Alkoholschale (pag. 17) in

20 ccm dünne Karminlösung   — ca. 24 Stunden lang, dann in   5 ccm destillirtes Wasser —   ca. 10 Minuten lang, dann in   5 ccm Haematoxylin   — ca. 5 Minuten lang, dann in 30 ccm destillirtes Wasser — 10—120 Minuten lang, dann in   5 ccm Alkohol absolut.   —   10 Minuten lang, dann in   3 ccm Bergamottöl   —   2 Minuten lang, endlich Einschluss in Damarfirniss.

§ 11. Untersuchung frischer Objekte.

Ich habe dieselbe an das Ende sämmtlicher Methoden gestellt, weil sie das Schwerste von allem ist und ein schon etwas geübtes Auge voraussetzt. Diese Uebung lässt sich am leichtesten durch vorhergehende Untersuchung schon präparirter .(gehärteter und gefärbter etc.) Objekte aneignen; hat man einmal Struktureigenthümlichkeiten deutlich gesehen und studirt, so ist es nicht zu schwer, dieselben auch an frischen Objekten wieder aufzufinden, obwohl die meisten Einzelheiten an Deutlichkeit manches zu wünschen übrig lassen. Zu beachten ist hier folgendes: Objektträger und Deckglas dürfen nicht fett sein. Man reinige sie mit Alkohol und trockne sie mit einem ganz reinen Tuche. Dann bringe man einen Tropfen 0,75%iger Kochsalzlösung (pag. 4) auf den Objektträger, lege dann ein kleines Stück des zu untersuchenden Gegenstandes ein und bedecke dasselbe mit dem Deckglase. Dabei muss jeder Druck sorgfältig vermieden werden; bei sehr zarten Objekten (s. spezielle Technik) bringe man zwei feine Papierstreifchen an die Seiten derselben, auf denen dann das Deckglas ruht, ohne das Objekt selbst zu drücken. Bedarf das Objekt keiner weiteren

---

[1]) Nachstehende Quantitäten sind für 3—6 Schnitte berechnet; bei mehr Schnitten ist besonders die Menge des absoluten Alkohols zu vergrössern.

Behandlung, so umrahme man, um Verdunstung zu verhindern, das Deckglas mit Paraffin. Man schmelze auf einem alten Skalpell oder dergl. ein etwa linsengrosses Stückchen Paraffin und lasse es nicht von der Spitze, sondern von der Schneide des Skalpells an den Deckglasrand fliessen, etwaige Lücken kann man mit nochmals erhitztem Skalpell verstreichen. In den meisten Fällen prüft man aber bei frischen Objekten die Einwirkung gewisser Reagentien (Essigsäure, Kalilauge, Farbstoffe) direkt unter dem Mikroskop. Es handelt sich also darum, einen Theil des Medium, in dem das Objekt sich augenblicklich befindet (also in unserem Falle die Kochsalzlösung) zu entfernen und durch eine andere Flüssigkeit zu ersetzen. Zu diesem Zwecke bringe man zuerst an den rechten Deckglasrand mit einem Glasstabe einen Tropfen z. B. Pikrokarmin. Reicht der Tropfen nicht ganz bis an den Deckglasrand, so neige man nicht etwa den Objektträger, sondern man führe mit einer Nadel den Tropfen bis zum Rande des Deckglases. Man sieht nun, dass ein wenig des Farbstoffes sich mit der Kochsalzlösung mischt, aber ein ordentliches Fliessen der Farbflüssigkeit unter das Deckglas findet nicht statt. Um das zu ermöglichen, setze man an den linken Rand des Deckglases etwas Filtrirpapier[1]) und alsbald sieht man das Pikrokarmin die ganze Unterfläche des Deckglases einnehmen[2]). Nun schiebe man das Filtrirpapier zur Seite und lasse die Farbe wirken; ist die Färbung vollendet — das lässt sich ja stets unter dem Mikroskop kontrolliren —, so bringe man jetzt an den rechten Deckglasrand einen Tropfen z. B. verdünntes Glycerin, dem man bei Pikrokarminfärbungen soviel Essigsäure zusetzt, als von einer einmal eingetauchten Stahlnadel abtropft (also einen ganz kleinen Tropfen), während links wieder das Filtrirpapier angesetzt wird. Auf diese Weise kann man eine ganze Reihe von Flüssigkeiten unter dem Deckglase durchleiten und so ihre Wirkungen auf die Gewebe erproben. Einzelne der Flüssigkeiten, z. B. Pikrokarmin nach vorhergegangener Osmiumfixirung, müssen sehr lange mit den Objekten in Berührung bleiben. Man verhindert alsdann die Verdunstung, indem man das Präparat in die feuchte Kammer verbringt. Zur Herstellung der feuchten Kammer braucht man einen Porzellanteller und einen kleinen Glassturz von mindestens 9 cm Durchmesser[3]). In den Teller giesse man Wasser ca. 2 cm hoch, dann stelle man in die Mitte ein Gläschen oder eine auf vier Holzfüssen stehende Korkplatte, auf diese wird der Objektträger mit dem Präparat gelegt und das Ganze mit dem Glassturze bedeckt, dessen freier Rand überall in das Wasser taucht.

---

[1]) Ich schneide ein ca. 4 cm langes, 2 cm breites Stückchen aus, falte es der Quere nach und stelle das so geformte Papierdach so auf den Objektträger, dass es mit dem einen 2 cm breiten, ganz gerade geschnittenen Rande den linken Rand des Deckglases berührt.

[2]) Wenn der erste Tropfen eingedrungen ist, setze man je nach Belieben 2—3 weitere Tropfen an den rechten Deckglasrand.

[3]) Ein Topf, ein grösseres Präparatenglas etc. thut dieselben Dienste.

§ 12. Aufbewahren der Dauerpräparate.

Die fertigen Präparate müssen sofort etikettirt werden. Man nehme keine gummirten Papieretiketten, sondern solche aus ca. 1,2 mm dicker Pappe, welche man mit Fischleim („Syndetikon") aufklebt. Dadurch werden besondere Schutzleisten überflüssig; die Objektträger können aufeinander gelegt werden, ohne dass die Präparate gedrückt werden. Die Etiketten sollen möglichst gross (von ca. 2 cm Seite bei Objektträgern englischen Formates) und mit dem Namen des Thieres, des Organs und womöglich mit kurzer Andeutung der Methode versehen sein. Zum Aufbewahren wähle man nur solche Kästen, in denen die Objektträger liegen, nicht solche, in denen sie auf der Kante stehen [1]).

III. Handhabung des Mikroskops.

Gemäss der in der Einleitung erwähnten Voraussetzung kann hier auf eine eingehende Beschreibung der optischen und mechanischen Theile des Mikroskops nicht eingegangen werden. Figur 1 möge noch einmal die für die einzelnen Theile des Mikroskops üblichen Benennungen dem Leser in das Gedächtniss zurückrufen.

Die erste Bedingung ist vollkommene Reinheit sämmtlicher Bestandtheile des Mikroskops (s. auch pag. 1). Spiegel, Objektive und Okulare dürfen an der Oberfläche nicht mit den Fingern berührt werden. Die Objektive halte man mit dem unteren Ende gegen das Fenster und prüfe so die Klarheit des reflektirten Bildes. Das Anschrauben an den Tubus geschieht so, dass man das Objektiv festhält und den Tubus dreht (nicht umgekehrt). Dann wird das Okular eingesetzt; Verunreinigungen desselben erkennt man durch Drehen des Okulars im Tubus; klebt die Verunreinigung am Okular, so dreht sie sich mit.

Nun suche man sich das Licht. Zu dem Zwecke ziehe man den Tubus aus der Hülse und sehe durch die leere Hülse und das Loch im Diaphragma in den Spiegel, den man so lange dreht, bis man die gewünschte

---

[1]) Die besten und billigsten Kästen erhält man bei Th. Schroeter, Leipzig, Windmühlenstrasse Nr. 46. Ich empfehle für Etuisform Sorte O (für ca. 300 Objektträger) zu 2 Mark; für Tafelform Sorte P mit flachgewölbten Klappdeckeln (für 10—20 Objektträger je nach der Grösse) zu 45 Pf.; die Tafelform hat den grossen Vorzug der Uebersichtlichkeit der Präparate.

Lichtquelle erblickt[1]). Als Lichtquellen sind zu empfehlen eine weisse von der Sonne beleuchtete Wolke, oder weisse von der Sonne beschienene Vorhänge; weniger gut, aber noch brauchbar, ist der blaue Himmel; direktes Sonnenlicht ist zu vermeiden. Arbeitet man Abends bei künstlicher Beleuchtung, so nehme man das Licht von der Innenfläche des weissen Lampenschirmes, nicht direkt von der Flamme. Eine grüne Glasplatte vor den Spiegel gestellt, dämpft das künstliche Licht in wohlthuender Weise, ohne die Schärfe der Bilder wesentlich zu beeinträchtigen. Es ist selbstverständlich, dass auch der Mikroskopirende nicht im Sonnenschein sitze; man stelle das Mikroskop etwa 1 Meter vom Fenster entfernt auf.

Nun kann die Untersuchung beginnen. Stets untersuche man zuerst mit schwachen, dann mit starken Vergrösserungen, ganz besonders sei gewarnt vor dem Gebrauche starker Okulare. Das den gewöhnlichen Mikroskopen beigegebene schwächste, eventuell das mittlere Okular (bei Leitz Ok. I.) ist für die allermeisten Fälle ausreichend, zu starke Okulare verkleinern und verdunkeln das Gesichtsfeld und erschweren die

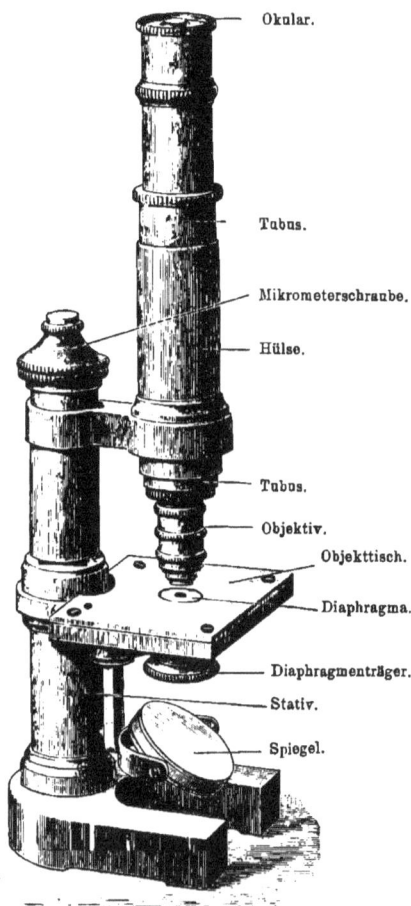

Fig. 1.
Mikroskop von Leitz. ½ natürl. Grösse.

Okular.
Tubus.
Mikrometerschraube.
Hülse.
Tubus.
Objektiv.
Objekttisch.
Diaphragma.
Diaphragmenträger.
Stativ.
Spiegel.

---

[1] Die von dem so gestellten Spiegel reflektirten Lichtstrahlen treffen das Objekt senkrecht, man nennt diese Beleuchtungsart die centrale Beleuchtung. Zur Erkennung feiner Niveaudifferenzen wendet man mit Vortheil die schiefe oder seitliche Beleuchtung an, bei welcher der Spiegel so nach der Seite verschoben wird, dass die von ihm reflektirten Strahlen schräg auf das Objekt treffen. Bei dieser Beleuchtung müssen Diaphragma und Diaphragmaträger, sowie der meist verschiebliche Schlitten, in welchem letzterer steckt, weggenommen werden, so dass die Oeffnung im Objekttisch möglichst gross ist.

Untersuchung in hohem Grade [1]). Auch das Ausziehen des Tubus ist für viele Fälle entbehrlich. Bei schwachen Vergrösserungen nehme man das Diaphragma mit grösster, bei starken Vergrösserungen das Diaphragma mit kleinster Oeffnung. Für die gewöhnlichen Objektive Nr. 3 und Nr. 7 ist nur der Konkavspiegel zu benutzen. Beim groben Einstellen, d. h. beim Senken des Tubus bis die undeutlichen Konturen des Präparates erscheinen, stosse man den Tubus nicht gerade herab, sondern senke ihn unter spiraliger Drehung. Dann folgt die feine Einstellung bis zur vollkommensten Schärfe des Bildes. Dabei halte die linke Hand den Objektträger, die rechte ruhe auf der Mikrometerschraube. Da wir nur die in einer Ebene liegenden Punkte des Präparates deutlich sehen, durchmustere man das Präparat unter feinem Heben und Senken des Tubus, d. h. unter leisem Drehen der Mikrometerschraube. Man gewöhne sich daran, beide Augen beim Mikroskopiren offen zu halten.

Man versäume nie, die Präparate mit der Lupe zu betrachten; als solche sind die Okulare (z. B. Leitz Okular III.) zu verwenden. Man halte das eingeschlossene Präparat gegen das Licht, die vom Deckglas bedeckte Seite gegen das Fenster gerichtet, setze die obere Linse des Okulares direkt auf die Rückfläche des Präparates und betrachte von der unteren Okularlinse aus.

Zeichnen.

Ein unschätzbares Hilfsmittel ist das Zeichnen der mikroskopischen Objekte. Die Beobachtung wird dadurch ganz bedeutend verschärft, manche Details, die bis dahin vollkommen übersehen worden waren, werden beim Zeichnen entdeckt; selbst die aufmerksamste Betrachtung vermag die Vortheile, welche das Zeichnen bietet, nicht zu ersetzen. Auch der im Zeichnen wenig Geübte versuche die Objekte bei schwachen und starken Vergrösserungen zu skizziren. Man lege zu dem Zwecke das Zeichenpapier in die Höhe des Objekttisches [2]), sehe mit dem linken Auge in's Mikroskop, mit dem rechten auf Papier und Bleistiftspitze. Anfangs fällt das etwas schwer, bei einiger Uebung eignet man sich jedoch rasch die nöthige Fertigkeit an.

Messen.

Zu diesem Zwecke benütze man ein Okularglasmikrometer und ein Objektivmikrometer [3]). Man lege letzteres auf den Objekttisch und zähle,

---

1) Fast alle den Abbildungen dieses Buches zu Grunde liegenden Präparate sind mit schwachen Okularen untersucht und gezeichnet.

2) Gewöhnlich sind die Mikroskopkästen von annähernd gleicher Höhe wie der Objekttisch.

3) Die Okularmikrometer sind theils zum Einlegen (bei Leitz) oder zum Einschieben (bei Seibert) in die Okulare eingerichtet, theils sind besondere Messokulare

durch das mit dem Okularmikrometer versehene Mikroskop blickend, wie viel Theile des Okularmikrometers auf einen Theil des Objektivmikrometers treffen [1]). Indem der Werth der Theile des Objektivmikrometers bekannt ist, berechnet sich leicht, wie gross das Objekt ist, welches bei bestimmten Vergrösserungen einen, resp. mehrere Theile des Okularmikrometers deckt. Folgende Beispiele mögen die Manipulationen verständlich machen. Bei Leitz Objektiv 3, Okular I und eingeschobenem Tubus decken 5 Theile des Okularmikrometers einen Theil des Objektivmikrometers; jeder Theil des von uns verwendeten Objektivmikrometers = $^1/_{20}$ mm. Also sind 5 Theile des Okularmikrometers $^1/_{20}$ (0,05 mm) und ein Theil des Okularmikrometers 0,01 mm gross. Deckt demnach ein Objekt, z. B. eine quergestreifte Muskelfaser, deren Breite gemessen werden soll, bei dieser Vergrösserung 4 Theile des Okularmikrometers, so ist die Faser 0,04 mm breit.

Es ist oft, besonders bei schwachen Vergrösserungen, schwierig, die feinen Theilstriche des Okularmikrometers zu zählen. Man kann sich die Sache erleichtern, wenn man die je 5 und 10 Theile abgrenzenden grossen Theilstriche des Okularmikrometers zu Hilfe nimmt. Z. B. bei Leitz Objektiv 3 Okular I und ausgezogenem Tubus decken 40 Theile des Okularmikrometers 5 Theile des Objektivmikrometers. Also sind 40 Theile $^5/_{20}$ mm = 0,25 mm gross, und 1 Theil des Okularmikrometers bei dieser Vergrösserung = 0,0062 mm. 2 Theile = 0,0124 mm u. s. w.

Bei Leitz Obj. 7 Okul. I und eingeschobenem Tubus gehen 30 Theile des Okularmikrometers auf einen Theil des Objektivmikrometers. Also sind 30 Theile 0,05 mm, 1 Theil 0,0017 mm = 17 μ gross. Endlich gehen bei Leitz Obj. 7 Ok. I, und ausgezogenem Tubus 40 Theile des Okularmikrometers auf einen Theil des Objektivmikrometers. Demnach 40 Theile = 0,05 mm; 1 Theil = 0,0012 mm oder 12 μ.

Derjenige, welcher viele Messungen vorzunehmen hat, wird gut thun, sich eine Tabelle von 1 bis 20 und von da in Zehnern bis zu 100 anzulegen. Es muss hervorgehoben werden, dass obige Berechnungen keineswegs für alle aus der Leitz'schen Werkstätte hervorgegangenen Mikroskope Geltung haben. Für jedes Instrument müssen nach der oben angegebenen Methode die Maasse besonders ermittelt werden.

(z. B. bei Zeiss) den Mikroskopen beigegeben. Die Grösse der Theile der Okularmikrometer braucht natürlich nicht bekannt zu sein. Das Objektivmikrometer ist ein Objektträger, auf welchem ein Millimeter in 100 Theile getheilt eingeritzt ist. Man kann statt dessen auch ein zweites Okularmikrometer, welches gewöhnlich die Eintheilung eines Millimeters in nur 20 Theile enthält, benützen. Die damit erzielte Berechnung ist freilich nicht so genau, doch sind die Fehler so unbedeutend, dass sie kaum eine Berücksichtigung verdienen.

[1]) Anfänger haben oft Mühe, die Striche des Objektivmikrometers einzustellen; schwache oder schräge Beleuchtung des Objektes erleichtert das Aufsuchen der Striche.

Zum Schlusse sei dem Mikroskopiker Geduld, viel Geduld empfohlen; misslingen Präparate, so suche er die Schuld nicht in der Mangelhaftigkeit der angegebenen Methoden — ich habe sie oft erprobt — sondern in sich selbst; wer sich nicht daran gewöhnen kann, die angegebenen Vorschriften gewissenhaft[1]) auszuführen, wer die zarten Objekte mit allen fünf Fingern anfasst, wer die Reagentien ineinander giesst, die in den Flüssigkeiten zu fixirenden Stücke der Sonne aussetzt oder eintrocknen lässt, hat nicht das Recht, gute Resultate seiner unsauberen Arbeit zu beanspruchen.

---

[1]) Die für Färben, Entwässern etc. im Einzelnen angegebene Zeitdauer kann nur annähernde Geltung beanspruchen. Sie wechselt in nicht unerheblichen Grenzen je nach der Dicke des Schnittes, der Konzentration der Lösung etc. Uebung wird den Mikroskopirenden bald lehren, den richtigen Zeitpunkt herauszufinden.

Mikroskopische Anatomie und spezielle Technik.

Der thierische Körper besteht aus Zellen, welche durch wiederholte Theilung aus einer einzigen Zelle hervorgegangen sind. Zu Beginn der Entwicklung sind die Zellen noch von gleicher Gestalt, alle sind sie rundliche Gebilde, keines mit besonderen Merkmalen ausgerüstet, welche es von seinen Genossen unterschiede: die Zellen sind noch indifferent. Im Verlaufe der Entwicklung ordnen sich die Zellen in platte, über einander liegende Schichten, in die Keimblätter. Mit der Sonderung in Keimblätter und der aus diesen entstehenden Organe werden aber auch die Zellen von einander verschieden, sie differenziren sich. In der Regel sind die nach einer Richtung hin ausgebildeten Zellen zu Komplexen vereint und bilden so ein Gewebe. Ein Gewebe ist somit ein Komplex gleichartig differenzirter Zellen. Wir unterscheiden vier Hauptgewebe. 1. Das Epithelgewebe, 2. das Gewebe der Stützsubstanz, 3. das Muskelgewebe, 4. das Nervengewebe. So lange diese Gewebe noch jung sind, bestehen sie nur aus gleichartigen Elementen, nur aus Zellen; im Verlauf der Entwicklung aber wird dieses Verhältniss in zweifacher Weise abgeändert. Erstens produziren die Zellen besondere Substanzen, welche, zwischen den Zellen gelagert, Intercellularsubstanzen genannt werden. Dadurch wird indessen der Charakter der Gewebe nicht wesentlich alterirt, die oben gegebene Definition von „Gewebe" muss nur dahin erweitert werden, dass wir ein Gewebe einen Komplex gleichartig differenzirter Zellen und ihrer Abkömmlinge nennen. Eingreifender ist die zweite Abänderung, die darin besteht, dass die Gewebe der einen Art in andere Gewebe eindringen; dies ist nun in sehr verschiedenem Grade der Fall, am reinsten hat sich noch das Epithelgewebe erhalten, ihm folgt das Stützgewebe. Muskelgewebe aber und Nervengewebe sind im ausgebildeten Zustande von anderen Geweben der Art durchmischt, dass, wenn auch in ihnen die zu Muskeln resp. zu Nerven differenzirten Elemente vorherrschen, von einem Gewebe im Sinne der gegebenen Definition doch kaum mehr die Rede sein kann[1]). Die Gewebe sind also unter sich nicht gleichwerthig; am Niedersten stehen das Epithelgewebe und das Stützgewebe; beide, sowohl hinsichtlich ihrer Gestalt, als auch ihrer Leistung von einander verschieden, kommen auch im Pflanzenreiche vor; wir können sie deshalb als vegetative Gewebe zusammenfassen. Höher, sowohl in morphologischer, wie in physiologischer Hinsicht, stehen das Muskel- und das Nervengewebe, die, nur dem thierischen Körper zu eigen, animale Gewebe genannt werden.

Indem verschiedene Gewebe zum Aufbau eines Körpers von bestimmter Form und bestimmter Funktion zusammentreten, bilden sie ein Organ.

Unsere Aufgabe theilt sich somit 1. in die Lehre von den Zellen und von den Geweben und 2. in die Lehre von den Organen. Die Erforschung der Zellen und der Gewebe fällt der Gewebelehre, der Histologie, anheim. Die Gewebelehre ist ein Theil der feineren Anatomie, die nach dem Hilfsmittel, dessen sie sich zumeist bedient, mikroskopische Anatomie benannt wird; auch die Erforschung der Organe, soweit dieselbe durch das Mikroskop vermittelt werden kann, ist Aufgabe der mikroskopischen Anatomie.

I. Histologie.
(Mikroskopische Anatomie der Zellen und der Gewebe.)
A. Die Zellen.

Unter Zelle, Cellula, versteht man ein räumlich begrenztes Formelement, welches unter gewissen Bedingungen im Stande ist, sich zu ernähren, zu wachsen und sich fortzupflanzen. Wegen dieses Vermögens führt die Zelle den Namen „Elementarorganismus".

Die wesentlichen Bestandtheile einer Zelle sind 1. das Protoplasma („Zellsubstanz"), eine alkalisch reagirende, weiche, zähflüssige Substanz, die, in Wasser unlöslich, leicht quellungsfähig ist, hauptsächlich aus Eiweisskörpern, viel Wasser und Salzen besteht und einen besonderen N-haltigen Proteïnkörper, das Plastin, enthält. Im Protoplasma liegen kleine Körnchen, „Mikrosomen", in wechselnder Menge; sie können, wenn zahlreich vorhanden, dem Protoplasma ein dunkleres Aussehen verleihen und sind ungleichmässig vertheilt; sie fehlen nämlich in der oberflächlichsten Schicht („Hautschicht", „Exoplasma"), welche, zugleich etwas fester, vielleicht eine

---

[1] Aus diesem Grunde ist auch der Vorschlag gemacht worden, von einer Eintheilung in Gewebe Abstand zu nehmen und nur Elemente und Organe zu unterscheiden.

besondere Funktion besitzt. Mit Hilfe sehr starker Vergrösserungen erkennt man, dass das Protoplasma eine Struktur besitzt: ein Fadenwerk („Filarmasse"), welches in eine formlose Grundsubstanz („Interfilarmasse") eingebettet ist (Flemming)[1]. 2. Der Kern (Nucleus), ein in der Mitte der Zelle gelegener, meist bläschenförmiger, heller, scharf begrenzter Körper, der aus mehreren Proteïnsubstanzen, dem Nucleïn (Chromatin), dem Paranucleïn (Pyrenin), ferner dem Linin, dem Kernsaft und dem Amphipyrenin besteht. Nucleïn und Paranucleïn zeichnen sich durch ihre Affinität zu Farbstoffen vor den andern drei, sog. achromatischen Substanzen aus, sind aber unter sich chemisch verschieden; so verschwinden z. B. bei Zusatz von destillirtem

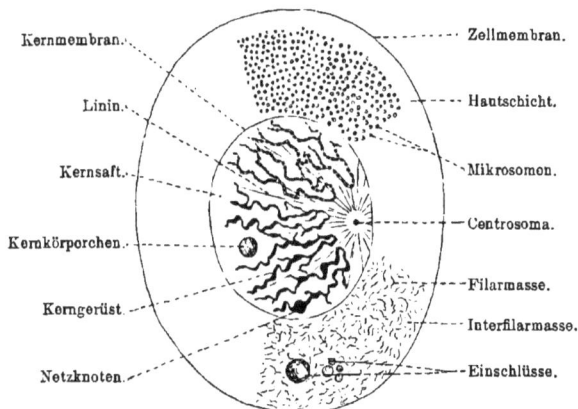

Fig. 2.
Schema einer Zelle. Mikrosomen und Filarmasse nur zum Theil eingezeichnet.

Wasser die aus Nucleïn bestehenden Strukturen, während die aus Paranucleïn bestehenden Theile sich erhalten. Im einfachsten Falle (bei den Samenelementen) ist der Kern eine kompakte Nucleïnmasse, der das Paranucleïn anlagert, gewöhnlich aber besteht der Kern aus einem Netz feiner Lininfäden und gröberer Nucleïnstränge[2], welch' letztere von ungleichem Kaliber

---

[1] Die Meinungen über die Protoplasmastruktur sind keineswegs übereinstimmende. So besitzt nach Fromann, Leydig u. a. das Protoplasma einen spongiösen Bau, d. h. es besteht aus einem Netzwerk, in dessen Lücken Flüssigkeit enthalten ist. Nach Bütschli ist die Struktur des Protoplasma eine schaumige, d. h. sie enthält kleine Räume, Waben, die nicht mit einander in Verbindung stehen. Nach der vielbestrittenen Auffassung Altmann's besteht das Protoplasma aus einer Kolonie von Körnchen (Granula, Bioblasten), welche durch eine indifferente Substanz mit einander verbunden sind und die eigentlichen Elementar-Organismen darstellen sollen.

[2] An besonders geeigneten Objekten kann man sehen, dass die Nucleïnstränge aus Körnchenreihen bestehen, die Lininfäden aufgelagert sind; ein derartiges Verhalten ist in der oberen Hälfte der schematischen Fig. 2 eingezeichnet.

und an einzelnen Stellen zu Knoten, den Netzknoten verdickt sind, die nicht mit dem Kernkörperchen verwechselt werden dürfen. Linin und Nucleïn bilden das Kerngerüst, in dessen Maschen ein oder mehrere, aus Paranucleïn bestehende Kernkörperchen (Nucleoli), sowie der Kernsaft sich befinden. Die nicht immer vorhandene Kernmembran besteht aus Amphipyrenin; oft wird eine Kernmembran durch eine feine oberflächliche Nucleïnschicht vorgetäuscht. Kerngerüst und Kernkörperchen unterliegen je nach dem Alter der Zelle bedeutenden Veränderungen.

Zum Kern gehört das Centrosoma, ein minimales Körperchen, von welchem feine Fäden zu den Nucleïnsträngen und zur Kernmembran sich ausspannen. Es ist wegen seiner Kleinheit nur an besonders günstigen Objekten (in den Spermatocyten von Ascaris megalocephala univalens, in Carcinom-Zellen) im Kern zu sehen und wird erst deutlicher, wenn es aus dem Kern in das Protoplasma wandert, was bei der Theilung der Zelle erfolgt. Dort, im Protoplasma, scheint das Centrosoma längere Zeit liegen zu können, dort ist es auch zuerst entdeckt worden und galt wegen dieser Lage irrthümlicher Weise für einen Bestandtheil des Protoplasma. (Fig. 3.)

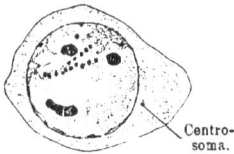

Fig. 3.
Knochenmarkzelle eines Kaninchens, ca. 1500 mal vergröss. Das doppelte Centrosoma liegt in einem hellen Hofe, der Attraktionssphäre (s. pag. 41).

Die meisten Zellen enthalten einen Kern, nur einzelne Zellen besitzen mehrere Kerne (manche Wanderzellen, Riesenzellen u. a.). Die kernlosen Zellen (verhornte Zellen der Epidermis, farbige Blutzellen der Säugethiere) besitzen ursprünglich einen Kern, verlieren jedoch denselben im Verlaufe der Entwicklung.

Als unwesentliche Bestandtheile der Zellen gelten: die Zellmembran, welche vielen Zellen fehlt und da, wo sie vorhanden ist, entweder eine Umbildung der peripherischen Protoplasmaschicht oder eine Ausscheidung des Protoplasma ist und als ein dünnes, meist strukturloses Häutchen erscheint; ferner die im Protoplasma einzelner Zellen befindlichen Einschlüsse von Pigment, Glykogen etc. und die Tropfen von Fett, von wässeriger und schleimiger Flüssigkeit. Mit dem Namen „Nebenkern", sind sehr verschiedenartige Bildungen bezeichnet worden, deren Bedeutung im Einzelnen noch nicht überall festgestellt ist; oft wird ein Nebenkern durch Reste zu Grunde gegangener Zellen, die von lebenden Zellen inkorporirt worden sind, dargestellt, in anderen Fällen handelt es sich um Verwechslung mit dem Centrosoma.

Die Form der Zellen ist eine sehr mannigfaltige. Die Zellen können sein: kugelig, das ist die Grundform aller Zellen in embryonaler Zeit, beim Erwachsenen sind z. B. die ruhenden Leukocyten kugelig; scheibenförmig z. B. die farbigen Blutkörperchen; polyedrisch z. B. die Leberzellen; cylindrisch z. B. die Epithelzellen des Dünndarmes; kubisch (sogen. Pflasterzellen) z. B. die Epithelzellen der Linsenkapsel; abgeplattet (sogen.

Plattenzellen) z. B. die Epithelzellen der Blutgefässe; spindelförmig z. B. viele Bindesubstanzzellen; zu langen Fasern ausgezogen z. B. glatte Muskelfasern und sternförmig z. B. viele Ganglienzellen. Die Form der Kerne passt sich meistens der Form der Zellen an; sie ist abgerundet länglich bei cylindrischen, spindelförmigen und sternförmigen Zellen, rundlich bei runden und kubischen Zellen. Gelappte, sogen. polymorphe Kerne finden sich bei Leukocyten und bei Riesenzellen; sie sind der Ausdruck einer Aktivität der Zelle, die auf Form- oder Ortsveränderung, oder auf vermehrte Stoffwechselenergie hinzielt.

Die Grösse der Zellen schwankt von mikroskopisch kleinen, $4\,\mu$[1]) grossen Gebilden (farbige Blutzellen) bis zu makroskopischen Körpern (Eier von Vögeln, Amphibien). Die Grösse der Kerne entspricht im Allgemeinen derjenigen des Protoplasmakörpers, nur reife Eier haben trotz ihres grossen Umfanges winzige Kerne.

Die vitalen Eigenschaften der Zellen können hier nur insoweit erörtert werden, als sie direkt mikroskopischer Beobachtung zugänglich sind; im Uebrigen muss auf die Lehrbücher der Physiologie verwiesen werden. Es kommen demnach hier in Betracht: die Bewegungserscheinungen, die Fortpflanzung der Zelle, sowie die an die Sekretbildung geknüpften mikroskopischen Vorgänge.

Die Bewegungserscheinungen treten zu Tage in Form der amoeboiden[2]) Bewegung, der Flimmerbewegung und der Kontraktionen gewisser Fasern (Muskelfasern). Die amoeboide Bewegung ist die wichtigste; weit verbreitet, ist sie bei fast allen Zellenarten des thierischen Körpers beobachtet worden. In ausgesprochenen Fällen, z. B. bei Leukocyten äussert sie sich dadurch, dass das Protoplasma der Zelle feinere oder gröbere Fortsätze ausstreckt, die sich theilen, wieder zusammenfliessen und auf diese Weise die mannigfaltigsten Gestalten erzeugen. Die Fortsätze können wieder zuruckgezogen werden oder sie heften sich irgendwo an und ziehen gewissermassen den übrigen Zellenleib nach sich, die Folge davon sind Ortsveränderungen, die man „Wandern" der Zellen nennt; solche Wanderzellen spielen im Haushalte des thierischen Körpers eine grosse Rolle. Die Fortsätze können Körnchen oder kleine Zellen umfliessen und so in den Zellenleib einschliessen, ein Vorgang, der „Fütterung" der Zelle genannt worden

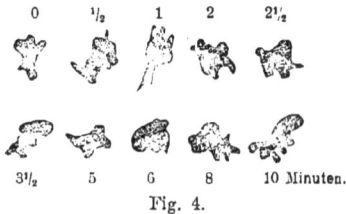

0 $^1/_2$ 1 2 $2^1/_2$

$3^1/_2$ 5 6 8 10 Minuten.

Fig. 4.

Leukocyt eines Frosches. 560 mal vergrössert. Gestaltwechsel 10 Minuten lang beobachtet. 0, zu Beginn der Beobachtung. $^1/_2$, $^1/_2$ Minute später, etc. gezeichnet. Technik Nr. 43.

---

[1]) Ein Mikron $= \mu = 0,001$ mm.

[2]) Die Amoeben sind einzellige Organismen, welche die oben beschriebenen Bewegungen in ausgezeichneter Weise erkennen lassen, daher der Name „amoeboide Bewegung".

ist [1]). Die amoeboiden Bewegungen erfolgen sehr langsam, bei Warmblütern nur bei künstlicher Erwärmung des Objektes. Flimmerbeweguug und Kontraktionserscheinungen s. pag. 47 und bei „Muskelgewebe".

Es giebt noch eine andere Bewegungserscheinung, die nicht nur an der lebenden Zelle, sondern auch an der abgestorbenen beobachtet wird. Es ist dies die sog. Molekularbewegung, ein Oscilliren kleinster Körnchen in der Zelle, die Folge molekularer Flüssigkeitsströmungen. Man kann sie oft bei Speichelkörperchen (siehe Zungenbälge) beobachten.

Bildung und Fortpflanzung der Zellen. Früher unterschied man zwei Arten von Zellenbildung: die freie Entstehung der Zellen (Urzeugung, Generatio aequivoca), und die Entstehung der Zellen durch Theilung. Nach der Lehre von der Urzeugung sollten sich Zellen in einer geeigneten Flüssigkeit, dem Cytoblastema, bilden. Diese Lehre ist aber nun völlig verlassen; wir kennen jetzt nur mehr eine Art der Zellenentstehung, das ist die Bildung der Zellen durch Theilung schon vorhandener Zellen. „Omnis cellulae cellula" [2]). Bei der Theilung einer Zelle trennt sich zuerst der Kern und dann das Protoplasma in zwei meist gleiche Theile. Bei diesem Vorgange erfolgt eine besondere Gruppirung und Umordnung der Kernsubstanzen (pag. 38) nach bestimmten Gesetzen. Diese Theilungsart heisst „indirekte Theilung", „Theilung durch Mitose" [3]). Ihr Verlauf, den man gewöhnlich in drei Phasen theilt, ist folgender:

1. Stadium, Prophase.

Das Centrosoma wächst und wandert dann aus dem Kern in das Protoplasma; dort liegt es in nächster Nähe der Kernmembran, umgeben von einer hellen Zone, von welcher feine Fäden in radiärer Richtung ausstrahlen, die Summe dieser Fäden heisst Attraktionssphäre. Der Kern vergrössert sich, das Kerngerüst wird chromatinreicher und seine Nucleïn-

---

[1]) Nicht zu verwechseln mit Ernährung der Zelle, welche durch eine ganze Reihe komplizirter Vorgänge, chemische Prozesse im Innern der Zelle, diosmotische Strömungen, Imbibition, Druckwirkung etc. vermittelt wird.

[2]) Ebenso kann ein neuer Kern nur durch Theilung eines schon vorhandenen Kernes entstehen. Die Lehre von der „freien Kernbildung", nach welcher Kerne direkt aus dem Protoplasma, also unabhängig von bestehenden Kernen der Zellen sich bilden sollen, entbehrt eines unzweideutigen Beweises.

[3]) μίτος der Faden, weil bei diesem Vorgange im Kerne Fäden sichtbar sind. Ausserdem giebt es noch eine zweite Theilungsart, bei welcher die Kerne einfach zerschnürt werden, ohne dass eine regelmässige Gruppirung des Kerngerüstes erfolgt; man nennt diese Art „direkte oder amitotische" Theilung. Es ist indessen sehr wahrscheinlich, dass diese Theilungsart bei den Wirbelthieren nicht eine physiologische Vermehrung und Neulieferung von Zellen bedeutet, — sehr oft unterbleibt die darauffolgende Protoplasmatheilung, so dass nur eine Kernvermehrung vorliegt — sondern vielmehr nur bei Zellen vorkommt, die zu Grunde gehen. Sie ist häufig bei Leukocyten, findet sich aber auch bei Epithelzellen, z. B. an den oberflächlichen Epithelzellen der Harnblase junger Thiere.

stränge erscheinen alsbald in Form einer für jede Thierart konstanten Anzahl von geschlängelten Theilstücken[1]) (Chromosomen), die quer zur Längsachse des Kerns gestellt sind. Die Gestalt der Theilstücke ist meist die von
Schleifen, deren Umbiegungsstellen („Scheitel") nach der einen, dem Centrosoma zugekehrten Seite („Polseite", „Polfeld"), deren freie Enden nach der
anderen Seite („Gegenpolseite") gerichtet sind. Die Theilstücke bilden in
diesem Stadium einen „dichten Knäuel" (Fig. 5), werden aber bald
immer dicker und verlaufen mehr gestreckt; dadurch wird aus dem dichten
Knäuel ein „lockerer Knäuel". In diesem sind Schleifenscheitel auch an der
Gegenpolseite wahrzunehmen.

Dichter Knäuel (von der Seite gesehen). Polseite.

Lockerer Knäuel (von oben d. h. vom Pol aus gesehen).

Muttersterne (von der Seite gesehen).

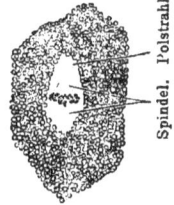

Spindel. Polstrahlung.

Mutterstern (von oben gesehen).

Tochtersterne.

Beginnende Protoplasma - Theilung.

Vollendete

Fig. 5.

Kerntheilungsbilder aus Flächenpräparaten des Mundhöhlenepithels von Triton alpestris. Das Bild mit
sichtbarer Kernspindel stammt von einem Schnitt durch ein in Furchung begriffenes Ei von Siredon
pisciformis. Die Centrosomen sowie die ersten Stadien der Spindelbildung sind bei dieser Vergrösserung
nicht zu sehen. 560 mal vergrössert. Technik Nr. 1 b, pag. 45.

Unterdessen hat sich das Centrosoma in zwei Centrosome getheilt,
welche von je einer Attraktionssphäre umgeben auseinanderrücken; zwischen
ihnen spannen sich feine Fasern, welche die „Centralspindel" bilden; dieselbe verschwindet jedoch bald wieder, da die Centrosome fortfahren, aus-
einanderzurücken und entlang der Kernmembran je einem Punkte zuwandern,
der 90⁰ von der ursprünglichen Lagerungsstätte der Centrosome entfernt
liegt. Die von den Centrosomen zu den in Chromosome zerlegten Nucleïn-

---

1) Diese Theilstücke sind auch an vielen ruhenden Kernen vorhanden, sie sind aber
wegen der vielen Seitenäste, durch welche sie sich mit ihren Nachbarn zu einem Netzwerk verbinden, nicht leicht zu unterscheiden. Mit Beginn der Theilung werden die
Seitenäste eingezogen, dadurch werden die Theilstücke dicker und erscheinen deutlicher.
In anderen Kernen ordnet sich das Chromatin zu einem einzigen Faden, der erst später
durch Quertheilung in Chromosome zerfällt.

strängen ausgespannten Fäden (pag. 39) bleiben dagegen erhalten. Gegen das Ende der Prophase ist die Kernmembran verschwunden und auch das Kernkörperchen ist unsichtbar geworden.

2. Stadium, Metaphase.

Die Centrosomen haben einander entgegengesetzte Punkte erreicht [1]), ihre zu den Chromosomen ziehenden Fäden, zu denen sich vielleicht Theile der Kernmembran gesellt haben, erscheinen jetzt unter dem Bilde einer Spindel, der „Kernspindel", an deren Spitze je ein Centrosoma gelegen ist, das von der Attraktionssphäre, die man in diesem Stadium auch „Polstrahlung" nennt, umgeben wird. Die Chromosomenschleifen rücken in den Aequator der Spindel, in die künftige Theilungsebene des Kernes und stehen bald so, dass ihre Scheitel gegen die Spindelachse, ihre freien Enden gegen den Aequator gerichtet sind. Von einer Spindelspitze her gesehen erscheint diese Gruppirung unter dem Bilde eines Sternes, des Muttersternes (Monaster).

Während der Bildung des Muttersternes, oft schon früher, in den ersten Stadien der Prophase, spalten sich die Chromosomenschleifen der Länge nach, so dass aus je einer Schleife zwei „Schwesterschleifen" werden. Jetzt erfolgt eine Theilung des Kernes genau in zwei Hälften, indem durch die Kontraktion der Spindelfäden die eine Schwesterschleife zum einen Pol, die andere Schwesterschleife zum anderen Pol der Kernspindel gezogen wird. Man nennt diesen Vorgang Metakinesis. In diesem Stadium erscheinen die Kernsegmente in Form zweier „Tochtersterne", sie bilden den „Dyaster". Jeder Tochterstern zeigt Pol- und Gegenpolseite.

3. Stadium, Anaphase.

Bald verwischen sich diese Verhältnisse, indem die Chromosome Seitenzweige zur Verbindung mit Nachbarchromosomen ausschicken und so das Gerüst des ruhenden Kernes erzeugen. Unterdessen ist die Spindel und der grösste Theil der Polstrahlung unsichtbar geworden, eine neue Kernmembran (von der Gegenpolseite anfangend) ist erschienen, der Kern schwillt durch Aufnahme von Kernsaft mehr an und wird kugelig, es erscheinen Kernkörperchen; zugleich beginnt am Aequator der Zelle eine Theilung des bis dahin einfachen Protoplasma, welche bis zur vollkommenen Trennung in zwei Hälften führt.

In seltenen, vorzugsweise in pathologischen Fällen erfolgt auch eine gleichzeitige Theilung in mehr als zwei Kerne nach dem Typus der Mitose.

---

[1]) Das bisher beschriebene Verhalten der Centrosome hat nicht allgemeine Gültigkeit; so theilt sich z. B. bei Ascaris megalocephala univalens das Centrosom innerhalb des Kerns, der sich streckt und an seinen Enden je ein Centrosom austreten lässt. Mit dem Austritt bildet sich die Kernspindel. Im weiteren Verlaufe sind dann die Vorgänge die gleichen.

Die Dauer einer Zellentheilung schwankt von ½ Stunde (beim Menschen)[1]) bis 5 Stunden (bei Amphibien). Als besondere Modifikationen der Zellentheilung gelten die sog. endogene Zellenbildung und die Knospung. Die endogene Zellenbildung kommt bei Zellen vor, die eine feste Hülle besitzen (Ei, Knorpelzellen). Der Theilungsvorgang ist ganz derselbe wie oben beschrieben, nur bleiben die aus einer Zelle (Mutterzelle) durch wiederholte Theilung entstandenen (Tochter- resp. Enkel-) Zellen von einer gemeinsamen Hülle umgeben. Fig. 26 *B*. Von Knospung spricht man dann, wenn die Theilprodukte von ungleicher Grösse sind, wenn eine Zelle Sprossen treibt, die, sich abschnürend, zu selbständigen Zellen werden (s. bei „Knochenmark").

Die jungen Zellen tragen stets den Charakter der Mutterzelle; Fälle der Art, dass z. B. aus einer Epithelzelle durch Theilung Bindegewebszellen entstünden, kommen nie vor.

Sekretionserscheinungen s. Sekretorische Thätigkeit des Epithelgewebes.

Die Lebensdauer aller Zellen ist eine beschränkte; die alten Elemente gehen zu Grunde, neue treten an deren Stelle. Indem man diesen Vorgang vom Sekretionsprozesse nicht zu unterscheiden wusste, gelangte man zu der irrthümlichen Auffassung, dass der Sekretionsakt stets mit dem Untergange der secernirenden Zelle endige. Absterbende Zellen sind charakterisirt durch Volumabnahme von Kern und Protoplasma, welch letzteres oft am Rande angenagt erscheint oder sich stärker färbt, während im Kerne die chromatische Substanz entweder abnimmt oder in Form unregelmässiger, homogen sich färbender Brocken erscheint. Auch Vakuolen im Protoplasma oder im Kerne sind Zeichen absterbender Zellen.

Das Wachsthum der Zellen betrifft vorzugsweise das Protoplasma und erfolgt nur selten nach allen Richtungen gleichmässig, wobei die ursprüngliche Form der Zelle erhalten bleibt (z. B. Eizelle); in der Regel findet ein ungleichmässiges Wachsthum statt. Dabei wird natürlich die ursprüngliche Form der Zelle verändert, die Zelle wird gestreckt oder abgeplattet oder verästelt etc. Die meisten Zellen sind weich und im Stande, unter mechanischen Einflüssen ihre Form zu verändern; so werden z. B. die in der leeren Harnblase cylindrischen Epithelzellen in der gefüllten Blase zu niedrig abgeplatteten Gebilden.

Ausscheidungen der Zellen. Die ausgeschiedenen Stoffe werden entweder gänzlich entfernt (wie die meisten Drüsensekrete) oder sie bleiben erstarrend an den Zellen liegen. Hierher gehören gewisse Intercellularsubstanzen; viele derselben sind eine Ausscheidung von Zellen, andere sind durch eine Umwandlung der peripherischen Schichten des Zellenproto-

---

[1]) Bis zum völligen Verschwinden der Mitosen in der menschlichen Leiche vergehen 48 Stunden.

plasma, noch andere durch totale Umgestaltung der Zellen selbst (?) entstanden. Es ist sehr schwierig, zu entscheiden, ob die einzelnen Intercellularsubstanzen auf diese oder jene Weise gebildet worden sind; viele Punkte sind in dieser Hinsicht noch Gegenstand lebhafter Kontroverse.

Die Intercellularsubstanzen treten entweder in geringer Menge auf, dann spricht man von „Kittsubstanz"; diese ist ungeformt und findet sich zwischen Epithel-, Bindegewebszellen, glatten Muskelfasern etc. Oder die Intercellular-substanzen kommen in grösseren, die Masse der Zellen übertreffenden Mengen vor, dann heissen sie Grundsubstanzen. Die Grundsubstanzen sind ent-weder ungeformt (gleichartig) oder geformt; in letzterem Falle sind sie zum grössten Theile in Fasern oder Körnchen verschiedener Natur umgewandelt; die dazwischen gelegenen geringen Reste ungeformter Grundsubstanz werden ebenfalls „Kittsubstanz" genannt.

TECHNIK.

Nr. 1. Zu Studien über Kernstrukturen und -theilungen eignen sich am besten Amphibienlarven. Am leichtesten kann man sich die Larven unserer Molche (der sog. Wassersalamander) verschaffen, die in den Monaten Juni und Juli in Massen jeden kleinen Tümpel bevölkern. Man werfe die frischgefangenen 3—4 cm langen Exemplare in ca. 100 ccm Chrom-Essigsäure (pag. 6). in der sie rasch sterben. Nach 3 Stunden bringt man die Thiere in womöglich fliessendes Wasser auf 8 Stunden und dann in Alkohol 70%. Nach 4 Stunden oder beliebig später kann man die Objekte weiter verarbeiten.

a) für Kernstrukturen kratze man vorsichtig mit einem Skalpell das Epithel der Bauchhaut ab, ziehe dann den Rest, das dünne Corium, mit 2 spitzen Pincetten vom Bauche, färbe das Abgezogene 1—3 Min. in 5 ccm Böhmer'schem Haematoxylin (pag. 18) und konservire es in Damarfirniss (pag. 27). Man sieht theilweise noch die runden Drüsen, zwischen diesen aber schöne Bindegewebszellen mit grossen Kernen. Der fädige Bau des Protoplasma, Centrosoma und Attraktionsphäre sind ebenso wie die feinen Kernstrukturen nur bei Anwendung stärkster Vergrösserung und komplizirter Methoden zu erkennen. Die dem Studirenden zur Verfügung stehenden Mittel liefern Bilder wie Fig. 6.

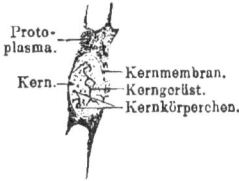

Proto-
plasma.
Kern.
— Kernmembran.
— Kerngerüst.
— Kernkörperchen.

Fig. 6.

Bindegewebszelle aus der Cutis von Triton taeniatus. Flächenbild 560 mal vergrössert. Nur die gröberen Fäd-chen des Kerngerüstes sind deutlich zu sehen; bei dieser Vergrösserung erscheinen die feineren Fädchen als Punkte, die Kernkörperchen als Theile des Kerngerüstes.

Auch quergestreifte Muskeln des Schwanzes und glatte Muskelfaserhäute, welch' letztere man sich leicht durch Abziehen der Darmmus-cularis verschaffen kann, liefern schöne Bilder.

b) für Kerntheilungen, die schon bei der vorerwähnten Behandlung vereinzelt zur Beobachtung gelangen, umschneide man mit einer feinen Scheere den Hornhautrand und ziehe mit einer feinen Pincette die Hornhaut, eine dünne Scheibe, ab, was ganz leicht gelingt; färbe und konservire wie a). Das Präparat muss so liegen, dass die konvexe Hornhautseite nach oben gekehrt ist; im Epithel sieht man schon bei schwacher Vergrösserung viele

Kerntheilungsbilder, welche sich durch ihre intensive Farbe verrathen; bei starker Vergrösseruug Bilder wie in Fig. 5. Kernspindel und Polstrahlungen sind bei dieser Methode nur an besonders günstigen Präparaten, z. B. an Eiern von Siredon, von der Forelle u. a. wahrzunehmen.

Auch die an der konvexen Seite der knorpligen Kiemenbogen herabhängenden zarten Lamellen, sowie das Epithel des Mundhöhlenbodens sind sehr geeignet. Zuweilen findet man bei einem Thiere keine einzige Kerntheilung.

B. Gewebe.

I. Epithelgewebe.

Die Elemente des Epithelgewebes, die Epithelzellen, sind scharf begrenzte aus Protoplasma und Kern bestehende Zellen; eine Membran fehlt häufig, oft wird sie nur durch eine festere Beschaffenheit der peripherischen Protoplasmaschicht hergestellt. Die meisten Epithelzellen sind weich und leicht im Stande, sich umgebenden Druckverhältnissen anzupassen, daraus resultirt der Formenreichthum der Epithelzellen. Im Allgemeinen können wir zwei Hauptformen unterscheiden: die platte und die cylindrische (besser prismatische) Form. Zahlreiche Uebergänge verbinden diese beiden Extreme.

Die platten Epithelzellen, Plattenzellen, Pflasterzellen, sind nur selten regelmässig gestaltet, nur das Pigmentepithel (s. Retina) besteht aus ziemlich regulären, sechsseitigen Zellen; meistens ist der Kontur sehr unregelmässig.

Die cylindrischen Epithelzellen, Cylinderzellen, sind von der Seite betrachtet, gestreckte Elemente, deren Höhe die Breite bedeutend überwiegt, von oben her gesehen erscheinen sie sechsseitig, sie sind also in Wirklichkeit prismatisch. Zellen, die so hoch wie breit sind, heissen kubische Epithelzellen [1]. Viele Cylinderzellen tragen an ihrer freien Oberfläche einen bald homogenen, bald von Streifen [2] durchsetzten Saum (Fig. 7, 3 *s*), der ein Produkt der Zelle, eine „Kutikularbildung" ist. Andere Cylinderzellen sind

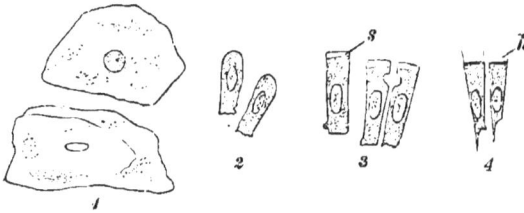

Fig. 7.

Epithelzellen des Kaninchens isolirt. 560 mal vergr. 1. Pflasterzellen (Mundschleimhautepithel), Technik Nr. 85. 2. Cylinderzellen (Cornealepithel). 3. Cylinderzellen mit Kutikularsaum (Darmepithel), 4. Flimmerzellen, *h* Wimpern (Bronchusepithel). Technik nach pag. 12 a.

---

[1]) Solche Zellen werden häufig auch Pflasterzellen genannt.

[2]) Die Streifen sind der Ausdruck feiner Stäbchen, die zuweilen schon mit mittelstarken Vergrösserungen deutlich gesehen werden können (Fig. 10 c) und Fortsätzen des Protoplasma entsprechen, die in die homogene Masse des Saumes eindringen und deren Länge sehr verschieden ist. In die gleiche Kategorie gehört der sog. Bürstenbesatz, Stäbchen, die sich nur durch grössere Feinheit auszeichnen und in Beziehungen zur Sekretion stehen; sie sind wenigstens nur an secernirenden Zellen gesehen worden.

an ihrer freien Oberfläche mit feinen Härchen (Wimpern, Flimmern) besetzt, die während des Lebens in lebhafter, nach einer bestimmten Richtung hinschwingender Bewegung begriffen sind. Man nennt diese Zellen Flimmer- oder Wimperzellen.

Die besonders differenzirten Sinnesepithelzellen werden bei den Sinnesorganen genauer beschrieben werden.

Die Epithelzellen sind derart mit einander verbunden, dass sie entweder sich mit glatten Flächen berühren (d. h. durch Vermittlung der in sehr geringer Menge vorhandenen Zwischen- oder Kittsubstanz), oder mit verschieden gestalteten Fortsätzen (Druckeffekte) in einander eingreifen. Als solche Fortsätze wurden auch feine Stacheln und Leisten aufgefasst, welche an der Oberfläche gewisser Epithelzellen (s. unten) sichtbar sind. Dieselben sind jedoch Verbindungsfäden, welche die zwischen zwei Epithelzellen gelegene Kittsubstanz durchsetzen und einen innigen Zusammenhang mit Nachbar-

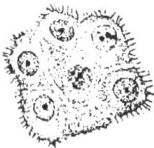

Fig. 8.
Aus einem senkrechten Schnitte durch das geschichtete Pflasterepithel des Stratum mucosum der Epidermis. 560 mal vergr. Sieben Pflasterepithelzellen durch Intercellularbrücken mitoinander verbunden. Technik wie Nr. 83.

Fig. 9.
Einfaches Pflasterepithel (Pigmentepithel der Retina) des Menschen. Von der Fläche gesehen. 560 mal vergrössert. Technik Nr. 170 b.

Fig. 10.
Einfaches Cylinderepithel (Darmepithel) des Menschen. 560 mal vorgr. c Streifiger Kutikularsaum, z Cylinderzelle, tp Tunica propria. Dünndarmstückchen behandelt nach Technik Nr. 102.

epithelzellen vermitteln. Mit solchen Stacheln und Leisten versehene Zellen werden Stachel- oder Riffzellen genannt; die Stacheln selbst bezeichnet man neuerdings mit dem geeigneten Namen „Intercellularbrücken" (Fig. 8).

Zusammenhängende Lagen von Epithelzellen, welche äussere und innere Flächen des Körpers bedecken, nennt man „Epithel". Die Lagen sind bald in einfacher, bald in mehrfacher Schicht angeordnet. Wir unterscheiden demnach

1. einfaches Pflasterepithel, Fig. 9 (Pigmentepithel der Retina, Epithel der Lungenalveolen, des Bauchfelles, des Rete vasculosum Halleri, des häutigen Labyrinthes, ferner das Epithel der Gelenkhöhlen, der Sehnenscheiden, der Schleimbeutel, der Blut- und Lymphbahnen)[1]. Hierher wird auch das aus einer Lage kubischer Zellen gebildete Epithel gezählt, wie es als Bekleidung der Plexus chorioidei, ferner an der Innenfläche der Linsenkapsel, in der Schilddrüse und in den meisten anderen Drüsen gefunden wird;

---

[1] Letztgenannte fünf Epithelien werden auch „Endothelien", ihre Elemente „Endothelzellen" genannt.

2. einfaches Cylinderepithel, Fig. 10 (Epithel des Darmkanales und vieler Drüsenausführungsgänge);

3. einfaches Flimmerepithel, (in den feinsten Bronchen, im Uterus, in den Tuben, den Nebenhöhlen der Nase, im Centralkanale des Rückenmarkes);

4. geschichtetes Pflasterepithel; nicht alle Elemente desselben sind Pflasterzellen, die unterste Schicht besteht aus cylindrischen Zellen; darauf folgen mehrere Lagen sehr verschieden gestalteter, meist unregelmässig polygonaler Stachelzellen (s. oben), denen sich nach oben immer stärker abgeplattete Zellen anreihen (Fig. 11). Das geschichtete Pflasterepithel findet sich im Munde und in der Schlundhöhle, in der Speiseröhre, auf den Stimmbändern, auf der Conjunctiva bulbi, in der Scheide und in der weiblichen Urethra. Auch die äussere Haut ist mit geschichtetem Pflasterepithel überzogen; dasselbe ist aber dadurch charakterisirt, dass die Zellen der oberflächlichsten Schichten zu verhornten Schüppchen umgestaltet sind und ihren Kern verloren

Fig. 11.
Geschichtetes Pflasterepithel (Kehlkopf des Menschen). 240mal vergr. 1. Cylindrische Z., 2. Stachel-Z., 3. platte Zellen. Technik Nr. 122.

haben. Auch an Nägeln und Haaren finden wir verhornte, hier aber kernhaltige Schüppchen;

5. geschichtetes Cylinderepithel, beim Menschen nur auf der Conjunctiva palpebrarum, in den Hauptausführungsgängen gewisser Drüsen und in einem Abschnitt der männlichen Harnröhre zu finden. Die Anordnung der Schichten ist ähnlich wie bei

6. geschichtetem Flimmerepithel, nur die oberflächlichsten Zellen sind cylindrisch und tragen Wimperhaare, in den tiefsten Schichten sind vorzugsweise rundliche, in den mittleren Schichten spindelförmige Elemente zu treffen (Fig. 12). Geschichtetes Flimmerepithel findet sich im Kehlkopfe, in der Trachea und in den grossen

Cylindrische Zellen

Spindelförm. Zellen

Längl.-rundl. Zellen

Fig. 12.
Geschichtetes Flimmerepithel, 560 mal vergr. Aus der Nasenschleimhaut (Regio respirat.) des Menschen. Technik Nr. 191.

Bronchen, in der Nasenhöhle und im oberen Theile des Schlundkopfes, in der Tuba Eustachii und im Nebenhoden.

Das Epithel besitzt keine Blut- und Lymphgefässe, dagegen sind an verschiedenen Stellen Nerven gefunden worden, so im Epithel der äusseren Haut und vieler Schleimhäute.

Sekretorische Thätigkeit des Epithelgewebes.

Viele Epithelzellen besitzen die Fähigkeit, Stoffe zu bilden und auszuscheiden, welche nicht für den Aufbau der Gewebe verwendet werden.

Solche Zellen heissen D r ü s e n z e l l e n, die von ihnen ausgeschiedenen Stoffe werden entweder noch im Körper verwerthet (Sekrete) oder als unbrauchbar, ohne weitere Benutzung, aus dem Körper entfernt (Exkrete). Die bei Bildung und Ausscheidung des Sekretes (resp. Exkretes) sich abspielenden Vorgänge äussern sich durch gewisse Verschiedenheit in Form und Inhalt der Drüsenzelle, welche den sekretleeren und sekretgefüllten Zustand der Zelle anzeigen. Bei vielen, z. B. den serösen Drüsenzellen, beschränken sich diese Verschiedenheiten, neben gewissen Erscheinungen am Kern (pag. 53), auf ein geringes Volum und ein dunkles Aussehen im sekretleeren, auf ein vermehrtes Volum und ein helleres Aussehen im sekretgefüllten Zustande. Bei anderen Drüsenzellen, z. B. bei vielen Schleimdrüsenzellen, lässt sich dagegen die Bildung des Sekretes genauer verfolgen. Beginnen wir mit dem sekretleeren Zustande, in welchem die cylindrische Zelle durch ein körniges Protoplasma und einen etwa in der Mitte gelegenen, meist länglichrunden Kern gekennzeichnet ist (Fig. 13 a). Die Sekretbildung hebt nun an der dem Drüsenlumen resp. der freien Oberfläche zugekehrten Seite der Zelle an und äussert sich durch Umwandlung

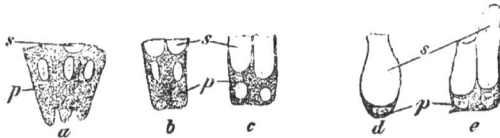

Fig. 13.

Secernirende Epithelzellen. Aus einem feinen Schnitte durch die Magenschleimhaut des Menschen. 560mal vergrössert. *p* Protoplasma. *s* Sekret. *a* Zwei sekretleere Zellen; die zwischen diesen gelegene Zelle zeigt den Beginn der schleimigen Metamorphose. *e* Die obere Wand der rechten Zelle ist geplatzt, das Inhalt tritt aus, das körnige Protoplasma hat sich wieder vermehrt, der Kern ist wieder rund geworden. Technik Nr. 102.

des körnigen Protoplasma in eine helle Masse (b *s*), die sich mehr oder weniger scharf gegen das noch nicht umgewandelte Protoplasma (b *p*) abgrenzt. Mit fortschreitender Sekretbildung (c) werden immer grössere Mengen Protoplasma zu Sekret umgewandelt, Kern und Rest des nicht umgewandelten Protoplasma werden gegen die Basis der Zelle gedrückt, dabei wird der Kern allmählich rund oder selbst abgeplattet (d). Die ganze sekretgefüllte Zelle ist bedeutend grösser geworden. Endlich platzt die Zellenwand an der freien Oberfläche. Das Sekret tritt allmählich aus, während gleichzeitig das sich regenerirende Protoplasma, sowie der emporrückende Kern der nunmehr wieder verkleinerten Zelle das Aussehen des sekretleeren Zustandes verleihen. Die meisten Drüsenzellen gehen beim Sekretionsakte nicht zu Grunde, sondern sind im Stande, denselben Prozess mehrfach zu wiederholen; ausgenommen davon sind die Talgdrüsen, deren Sekret durch zerfallende Zellen gebildet wird [1]), sowie die Becherzellen. Bei diesen letzteren laufen die Prozesse der Sekretbildung und Sekretausstossung nebeneinander her (Fig. 14); im Anfang wird die Ausstossung von der Bil-

---

1) Eine Sonderstellung nehmen Hoden und Eierstock ein, deren Drüsenzellen nach der Ausscheidung weitere Ausbildung erfahren.

dung überwogen; die Masse des in der Zelle aufgespeicherten Sekretes nimmt
zu (2), zuletzt aber überwiegt die Ausstossung, die Zelle entleert sich allmählich gänzlich und stirbt ab (4).

Die Drüsenzellen liegen entweder isolirt zwischen anderen Epithelzellen [1]) oder sie sind zu Gruppen vereint und bilden so das
Drüsengewebe.

Anhang. Die Drüsen [2]).

Die Drüsen, Glandulae, sind
unter die Körperoberfläche versenk-
tes Drüsengewebe, welches entweder
die Form von cylindrischen Röhren,
Tubuli, oder bauchigen Säckchen,
Alveoli, hat. Wir unterscheiden
demgemäss zwei Hauptformen von
Drüsen: tubulöse und alveoläre
Drüsen.

Die tubulösen Drüsen treten
entweder einzeln, selbständig oder
zu Gruppen vereint auf; deshalb
theilt man sie ein in

1. tubulöse Einzeldrü-
sen, welche entweder die Gestalt
einfacher oder verästelter Röhren
haben (Fig. 15); letztere Form können wir ein Gangsystem [3])
nennen;

2. tubulöse zusammen-
gesetzte Drüsen, sie bestehen
aus einer verschieden grossen Anzahl von Gangsystemen (Fig. 15).

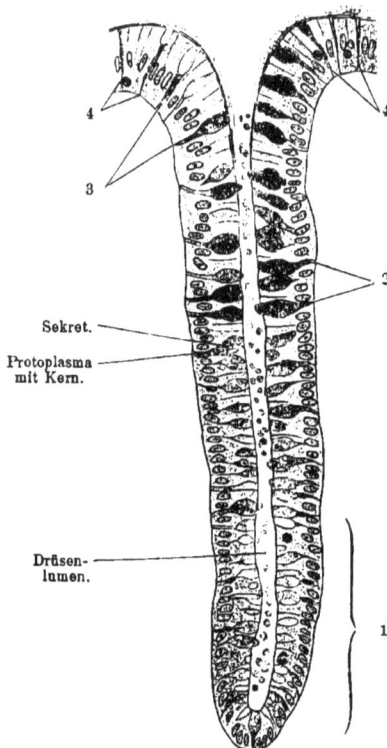

Fig. 14.

Lieberkühn'sche Krypte aus einem Schnitte durch
den Dickdarm des Menschen, 165 mal vergr. Das in
den Becherzellen gebildete Sekret ist dunkelgefärbt.
In der Zone 1. sieht man Becherzellen im Anfang der
Sekretbildung; dass Sekret hier schon ausgestossen
wird, geht aus dem Vorhandensein von Sekrettröpf-
chen im Lumen der Krypte hervor; 2. Becherzellen
mit viel Sekret; 3. Becherzellen, in denen schon
weniger Sekret vorhanden ist, 4. abstossende Becherzellen, die zum Theil noch einen letzten Rest Sekret
enthalten. Technik pag. 22. 10.

Labels in figure: Sekret. — Protoplasma mit Kern. — Drüsen-lumen.

[1]) Man nennt sie dann „einzellige Drüsen", sie sind bei wirbellosen Thieren weit
verbreitet, kommen aber auch beim Menschen als „Becherzellen" (siehe Verdauungsorgane) vor.

[2]) Die Drüsen bestehen fast ausschliesslich aus Epithel; Stützgewebe und Blutgefässe treten, so wichtig letztere auch in physiologischer Hinsicht sind, in morphologischer
Beziehung mehr in den Hintergrund. Daraus ergiebt sich die Berechtigung, die Drüsen,
die doch Organe sind, im Anschluss an das Epithelgewebe zu beschreiben.

[3]) Die wahre Gestalt solcher Drüsen ist nicht ohne genaueste Untersuchung zu erkennen, weil die verästelten Röhren vielfach um einander gewunden und zu einem dichten
Ballen gehäuft sind. Man nannte sie früher „traubige Drüsen".

Die gleiche Eintheilung kann bei den alveolären Drüsen getroffen werden: auch hier unterscheiden wir

1. alveoläre Einzeldrüsen, die gleichfalls einfache oder verästelte, einen Ausführungsgang besitzende bauchige Säcke sind; letztere Form heisst Alveolensystem, und

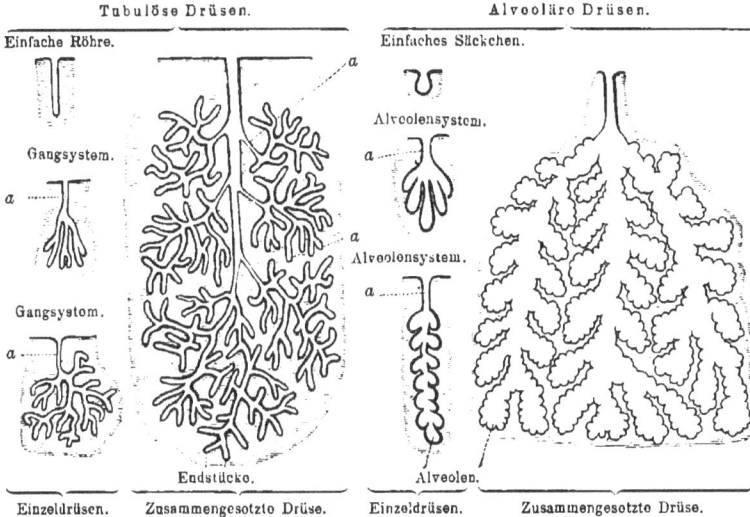

Fig. 15.
Schema der verschiedenen Drüsenformen. *a* Ausführungsgang (s. pag. 52).

2. alveoläre zusammengesetzte Drüsen, welche aus mehreren Alveolensystemen bestehen (Fig. 15).

Unverästelte tubulöse Einzeldrüsen sind: die Fundusdrüsen, die Knäueldrüsen und die Lieberkühn'schen Drüsen: (über letztere siehe Kap. Darm).

Verästelte tubulöse Einzeldrüsen sind: die Pylorusdrüsen, die Brunner'schen Drüsen, die kleinsten Mundhöhlendrüsen und Drüsen der Zunge, sowie die Uterindrüsen.

Tubulöse zusammengesetzte Drüsen sind die Milchdrüsen, grösseren Schleimdrüsen, die Speicheldrüsen und die Thränendrüsen[1]). Ferner die Nieren, die Cowper-

---

[1]) Die Querschnitte der vielfach gewundenen und eng zusammengedrängten verästelten Tubuli dieser drei Drüsen wurden lange Zeit für bläschenförmige Ausbuchtungen der Endstücke (pag. 54) gehalten und Endbläschen, Beeren (Acini) genannt. Derartige Ausbuchtungen kommen nun in der That (ausgenommen an einzelnen Stellen der Gl. sublingualis) hier nicht vor, der Durchmesser des Lumens ist hier nicht grösser, als an anderen Stellen der Tubuli. Dagegen ist die Verdickung der Wandung des Endstückes (durch höhere Drüsenzellen) bei manchen tubulösen Drüsen nicht selten, z. B. bei der Parotis (Fig. 152) und bei der Bauchspeicheldrüse (Fig. 154). Solche Verdickungen dürfen aber nicht Acini genannt werden, da wir mit dem Begriffe Acinus eine Ausbuchtung = Erweiterung des Lumens verbinden. Zur Vermeidung von Missverständnissen ist das Wort

4*

schen Drüsen, Prostatadrüsen und die Schilddrüse, sowie Hoden und Leber. Die Verästelungen der beiden letzteren Drüsen anastomosiren und bilden Netze; man nennt
deshalb Hoden und Leber auch „retikuläre Drüsen".

Unverästelte alveoläre Einzeldrüsen sind die kleinsten Talgdrüsen und die
Ovarialfollikel.

Verästelte alveoläre Einzeldrüsen sind die grösseren Talgdrüsen und die Meibom'schen Drüsen.

Alveoläre zusammengesetzte Drüsen sind die Lungen.

Bei den meisten, vorzugsweise bei den mit unbewaffnetem Auge sichtbaren Drüsen wird von Seiten des umgebenden Bindegewebes eine Hülle
gebildet, welche Scheidewände, Septa, in die Drüse sendet und so dieselbe
in verschieden grosse Komplexe, Drüsenläppchen, theilt. Die Septa sind
die Träger der grösseren Blutgefässe und Nerven. Die Drüsen können in
ihrer ganzen Ausdehnung secerniren, meist aber besorgt nur der dem blinden
Ende näher gelegene Theil, der Drüsenkörper, die Sekretion, während
der die Verbindung mit der Oberfläche vermittelnde Theil zur Ausführung
des gebildeten Sekretes dient und Ausführungsgang heisst.

Drüsen ohne Ausführungsgang sind die Schilddrüse und das
Ovarium. Erstere ist in embryonaler Zeit mit einem Ausführungsgange
versehen, der jedoch im Laufe der Ent-
wicklung verschwindet. Die Drüsen-
bläschen („Follikel") des Eierstockes
standen ebenfalls in einer embryonalen
Zeit mit dem Oberflächenepithel in Verbindung. Die Verbindungen, die wir
gleichfalls Ausführungsgänge nennen
könnten, verschwinden, die Entleerung
der im Ovarium gebildeten Produkte
(d. s. die Eier) geschieht dann durch
Bersten der Bläschen, der Eierstock
ist eine dehiscirende Drüse.

Sämmtliche Drüsenkörper bestehen
aus einer (meist einfachen) Lage von
Drüsenzellen, welche rings das Lumen der Drüse begrenzen und ihrer-
seits von einer besonderen Modifikation des Bindegewebes, einer Membrana
propria (s. p. 59) umgeben[1]) werden. Jenseits dieser liegen die Blutgefässe (Fig. 16). Zwischen Drüsenlumen und Blutgefässen sind somit die

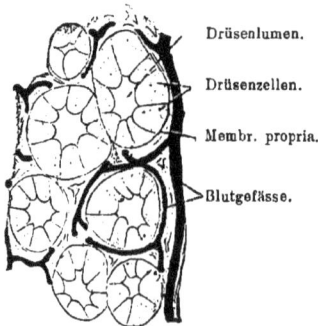

Drüsenlumen.

Drüsenzellen.

Membr. propria.

Blutgefässe.

Fig. 16.
Stück eines Durchschnittes durch Zungen-Schleim-
drüsen eines Kaninchens. Blutgefässe injicirt.
Die Kerne der Drüsenzellen sind an dem Präparat
nur undeutlich zu sehen. ca. 180 mal vergrössert.
Wie Technik Nr. 118 b.

„Acinus" gestrichen und für Drüsen von der Form ausgebauchter Säckchen das Wort
„Alveolus" (Alveus, bauchiger Schlauch) gewählt worden. Auch die vielfach übliche Be-
nennung „acinöse" oder „traubige" Drüse (= alveoläre Drüse) ist nicht mehr benutzt
worden, weil auch Durchschnittsbilder tubulöser Drüsen ein traubiges Aussehen zeigen
(vergl. Fig. 119).

[1]) Zuweilen finden sich statt derselben sternförmige, kernhaltige Zellen („Korbzellen"), welche die Drüsenröhrchen umgreifen.

Drüsenzellen eingeschaltet, welche auf der einen (peripherischen) Seite die
zur Bildung des Sekretes nöthigen Stoffe von den Blutgefässen (resp. aus
den diese umgebenden Lymphgefässen) beziehen,
und nach der anderen (centralen, Lumen-)Seite
die zu Sekret verarbeiteten Stoffe abgeben.

In manchen Drüsen, z. B. den Fundusdrüsen des Magens, wird das Sekret nicht nur
auf der ein en dem Lumen zugekehrten Zellen-
seite, sondern nach allen Seiten abgegeben.
Dann gelangt das Sekret in ein Netz feinster
Kanälchen, welche die Drüsenzelle umspinnen
und mit einem dickeren Stämmchen in das
Drüsenlumen münden. Man nennt diese feinen
Kanälchen „S e k r e t k a p i l l a r e n".

Das mikroskopische Aussehen der Drüsenzellen wechselt bekanntlich mit dem jeweiligen
Funktionszustande derselben (s. pag. 49). Bei
manchen Drüsen zeigen alle Drüsenzellen zu
derselben Zeit dieselben, gleichen Funktionsbilder;

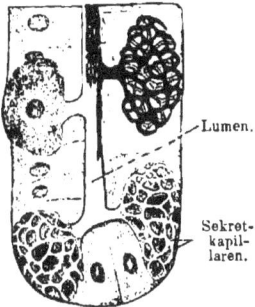

Fig. 17.
Stück einer Fundusdrüse der Maus.
Linke obere Hälfte nach einem Al-
koholpräparat (Technik Nr. 102),
rechte obere Hälfte nach einem Golgi-
präparat (Technik Nr. 119) gezeichnet, der ganze untere Abschnitt ist
ein aus beiden Präparaten kombi-
nirtes Schema.

Lumen.

Sekret-
kapil-
laren.

bei anderen Drüsen dagegen gelangen selbst innerhalb ein es Tubulus oder
Alveolus verschiedene Funktionszustände gleichzeitig zur Beobachtung. Letzteres
ist der Fall bei vielen Schleimdrüsen, deren Zellen zarte Wandungen haben.
Man findet da Tubuli, welche sekretleere und sekretgefüllte Drüsenzellen enthalten. Die ganz sekretgefüllten Zellen drängen die ganz sekretleeren Zellen
vom Drüsenlumen ab, letztere liegen dann an der Peripherie des Tubulus
und stellen in dieser Form die sogen. G i a n n u z z i' s c h e n H a l b m o n d e
oder R a n d z e l l e n k o m p l e x e[1]) vor (Fig. 18). Auch die Kerne vieler
Drüsenzellen zeigen den wechselnden Funktionszuständen entsprechende Bilder;
so sieht man bei den sekretleeren Zellen den Kern mit einem feinen Chromatingerüst und deutlichem Kernkörperchen (Fig. 18 I b), während letzteres im
Kern sekretgefüllter Zellen fehlt und das Chromatingerüst in Form grober
Brocken erscheint (Fig. 18 I a).

Den Drüsenkörpern müssen zugezählt werden die feinen Verästelungen
der Ausführungsgänge mancher tubulöser Drüsen, welche durch Form und
Struktur ihrer Epithelzellen besonders ausgezeichnet sind. Diese Verästelungen
sind nämlich nicht nur ausführende Röhren, sondern es fällt ihnen auch die
Rolle der Ausscheidung gewisser Stoffe (Salze) zu; sie gehören demnach zu
den secernirenden Theilen der Drüsen. Der Bau derselben gebietet eine Ein-

---

[1]) Es muss hier bemerkt werden, dass von anderen Autoren die Randzellenkom-
plexe als junge, zum Ersatze für die bei der Sekretion zu Grunde gehenden Drüsenzellen
angesehen werden. Gegen diese Deutung spricht das Fehlen von Resten zu Grunde gegangener Zellen, sowie die Unmöglichkeit, die an die Neubildung stets geknüpften Kerntheilungsbilder nachzuweisen.

theilung in zwei Abschnitte: Der erste, an die E n d s t ü c k e [1]) anschliessende
Abschnitt ist schmal, mit bald platten, bald kubischen Zellen ausgekleidet,
wir nennen ihn S c h a l t s t ü c k (Fig. 152); der darauffolgende Abschnitt ist
breiter, mit hohen cylindrischen Zellen ausgekleidet, deren Basen deutlich
längs gestreift sind (Fig. 153, *A*), wir nennen ihn S e k r e t - (Speichel-Schleim-)
r ö h r e; die Längenverhältnisse zwischen S c h a l t s t ü c k e n und S e k r e t -
r ö h r e n zeigen bei den einzelnen Drüsen grosse Unterschiede.

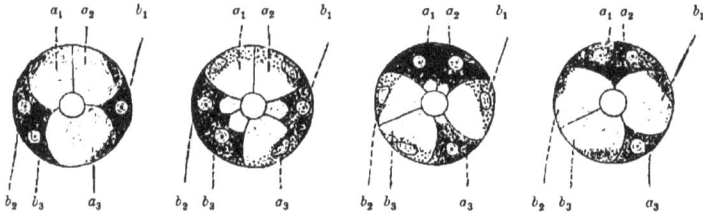

Fig. 18.

Schema der Entstehung der Halbmonde. Protoplasma gekörnt, Sekret hell gezeichnet.

I. Querschnitt eines Schleimdrüsen - Tubulus mit 6 Drüsenzellen. Drei ($a_1\,a_2\,a_3$) sind sekretgefüllt und haben die drei sekretleeren Zellen ($b_1\,b_2\,b_3$) vom Drüsenlumen abgedrängt. Vergl. Fig. 151.	II. Derselbe Querschnitt etwas später. Die Zellen $a_1\,a_2\,a_3$ haben ihr Sekret zum Theil entleert, sind kleiner geworden. Die Zellen $b_1\,b_2\,b_3$ reichen wieder bis zum Lumen und beginnen an dieser Seite Sekret zu bilden.	III. Derselbe Querschnitt noch später. Die Zellen $a_1\,a_2\,a_3$ haben den grössten Theil ihres Sekretes abgegeben, sind noch kleiner geworden. In den Zellen $b_1\,b_2\,b_3$ hat sich das Sekret stark vermehrt, so dass diese Zellen die grössern sind und auf ihre Nachbarn $a_1\,a_2\,a_3$ drücken.	IV. Derselbe Querschnitt wieder später. Die Zellen $a_1\,a_2\,a_3$ sind jetzt völlig leer und von den jetzt ganz sekretgefüllten Zellen $b_1\,b_2\,b_3$ vom Drüsenlumen abgedrängt.

In I. sind die Zellen *b*; in IV. die Zellen *a* die „Halbmonde".

Die A u s f ü h r u n g s g ä n g e bestehen aus einem einfachen oder geschichteten Cylinderepithel und aus einer mit elastischen Fasern vermengten
bindegewebigen Hülle.

Im komplizirtesten Falle bestehen somit die Drüsen aus folgenden
Abschnitten: 1. aus dem Ausführungsgange, der sich theilend 2. in die Sekret-
röhren übergeht, welche sich 3. in die Schaltstücke fortsetzen, die 4. zu den
Endstücken führen, welche endlich 5. die Sekretkapillaren aufnehmen.

TECHNIK.

Nr. 2. Lebende F l i m m e r z e l l e n erhält man, wenn man einen Frosch
tödtet (pag. 10), ihn auf den Rücken legt und mit einer Scheere den Unterkiefer abschneidet, so dass das Dach der Mundhöhle frei vorliegt. Von der
Schleimhaut dieses Daches schneide man mit einer feinen Scheere einen schmalen
ca. 5 mm langen Streifen ab, bringe ihn in einigen Tropfen Kochsalzlösung
auf den Objektträger und bedecke ihn mit einem Deckglase. Bei schwacher
Vergrösserung wird nun der Neuling kaum etwas wahrnehmen, wenn nicht
Strömungen, in denen die grossen Blutkörperchen schwimmen (Fig. 53 *B*),

---

[1]) So nennen wir die blinden Enden der Tubuli, welche die Sekretkapillaren
aufnehmen.

ihn auf die richtige Stelle leiten; man nehme deshalb starke Vergrösserung und suche die Ränder des Präparates ab. Im Anfange ist die Bewegung der Flimmerhaare noch so lebhaft, dass der Beobachter die einzelnen Haare nicht sieht, der ganze Haarsaum wogt; man hat das Bild passend mit einem vom Winde bewegten Kornfelde verglichen; nach wenigen Minuten schon nimmt die Schnelligkeit ab, die Härchen werden deutlich. Ist die Bewegung erloschen, so kann man sie vermittelst Durchleiten (pag. 30) eines Tropfens konzentrirter Kalilauge von Neuem anfachen; der Effekt ist jedoch ein kurz vorübergehender, so dass das Auge des Beobachters während des Durchleitens das Okular nicht verlassen darf. Wasserzusatz hebt die Flimmerbewegung bald auf.

II. Stützgewebe.

Während beim Epithelgewebe die Zellen die Hauptmasse ausmachen, treten sie beim Stützgewebe mehr in den Hintergrund, dafür ist die Intercellularsubstanz (Grundsubstanz) ansehnlich entwickelt und nach verschiedener Richtung hin weiter ausgebildet. Das Ueberwiegen der Interellularsubstanz, welche auch funktionell die wichtigere Rolle spielt, ist für das Stützgewebe charakteristisch. Nach der Beschaffenheit derselben theilt man das Stützgewebe ein in 1. Bindegewebe, 2. Knorpelgewebe, 3. Knochengewebe.

1. Das Bindegewebe.

Die Grundsubstanz des Bindegewebes ist mehr oder weniger weich, die Zellen sind spärlich. Man unterscheidet mehrere Arten: a) Das gallertartige Bindegewebe, b) das fibrilläre und c) das retikuläre Bindegewebe.

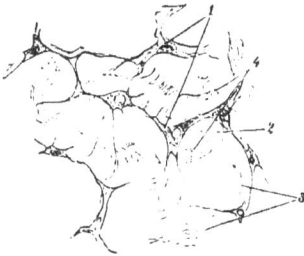

Fig. 19.

Aus einem Querschnitte des Nabelstranges eines ca. 4 Monate alten menschl. Embryo. 240 mal vergrössert. 1. Zellen. 2. Zwischensubstanz. 3. Bindegewebsbündel meist schräg getroffen, bei 4. rein quer durchschnitten. Technik Nr. 3, pag. 64.

a) Das gallertartige Bindegewebe besteht aus einer grossen Menge ungeformter, „schleimhaltiger", feine Bindegewebsbündel (s. unten) einschliessender Grundsubstanz und aus runden oder sternförmig verästelten Zellen. Es findet sich bei höheren Thieren nur im Nabelstrange sehr junger Embryonen, ist dagegen bei vielen niederen Thieren sehr verbreitet [1]).

b) Das fibrilläre Bindegewebe besteht aus reichlicher Grundsubstanz und aus Zellen.

Die Grundsubstanz ist differenzirt zu Bindegewebsfibrillen (Bindegewebsfasern) [2]), äusserst feinen (0,6 μ) Fäden, welche durch eine geringe Menge ungeformter Kittsubstanz zu ver-

[1]) Ueber den von manchen Autoren hierher gerechneten Glaskörper s. bei Glaskörper.

[2]) Hier sind Fibrillen und Fasern gleichbedeutend, während bei den quergestreiften Muskelelementen erst eine Summe von Fibrillen eine Faser bilden.

schieden dicken Bündeln, den **Bindegewebsbündeln**, verbunden werden.
Diese Bündel sind weich, biegsam, wenig dehnbar und charakterisirt durch

ihre blassen Konturen, ihre Längsstreifung,
ihren welligen Verlauf[1]), sowie durch ihr
chemisches Verhalten: sie zerfallen durch
Behandlung mit Pikrinsäure in ihre Fibrillen, quellen auf Zusatz verdünnter Säuren,
z. B. von Essigsäure, bis zu vollkommener
Durchsichtigkeit auf, werden durch alkalische
Flüssigkeiten zerstört und geben beim Kochen
Leim (Glutin).

Die Grundsubstanz des fibrillären Bindegewebes enthält konstant, aber in wechselnder Menge, **elastische Fasern** (Fig. 21),
welche durch ihre scharfen, dunklen Umrisse,
durch ihr starkes Lichtbrechungsvermögen,
sowie — im Gegensatze zu den Bindegewebs-

Fig. 20.

Verschieden dicke Bindegewebsbündel
des intermuskulären Bindegewebes des
Menschen. 240mal vergrössert. Technik
Nr. 4, pag. 65.

bündeln — durch ihre bedeutende Widerstandsfähigkeit gegen Säuren und
Alkalien charakterisirt sind. Die elastischen Fasern sind von sehr verschiedener
Dicke (vom unmessbar Feinen bis zu 11 μ) und kommen meist in Form

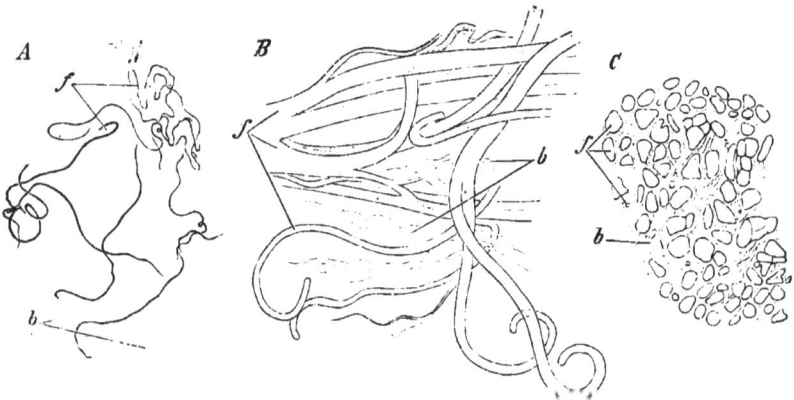

Fig. 21.

Elastische Fasern 660mal vergrössert. *A* feine elast. Fasern (*f*) aus intermuskul. Bindegewebe des
Menschen. *b* durch Essigsäure gequollene Bindegewebsbündel. Technik Nr. 10 pag. 66. — *B* sehr dicke
elast. Fasern (*f*) aus dem Nackenbande des Rindes. *b* Bindegewebsbündel. Technik Nr. 11, pag. 66. —
C aus einem Querschnitt des Nackenbandes des Rindes. *f* elastische Fasern. *b* Bindegewebsbündel.
Technik Nr. 12 pag. 66.

feinerer oder gröberer Netze vor, die wieder bald engmaschig, bald weit-
maschig sind. Aus dickeren, elastischen Fasern gewebte, engmaschige Netze
bilden den Uebergang zu elastischen Häuten (Fig. 22), welche entweder

---

1) Daher der Name „welliges oder lockiges Bindegewebe".

homogen oder feinstreifig, von verschieden grossen Löchern durchbrochen sind (daher der Name „gefensterte Membranen") und wohl aus der Verschmelzung breiter elastischer Fasern hervorgehen.

Ueberwiegt die Menge der elastischen Fasern die Zahl der Bindegewebsbündel, so spricht man von „elastischem Gewebe". Die elastischen Fasern sind weder aus Zellen, noch aus Kernen hervorgegangen, sondern sind Umbildungen der Grundsubstanz; im Anfang ihrer Entwicklung dünn, nehmen sie mit vorschreitendem Wachsthum an Dicke zu.

Fig. 22.

Fig. 23.

Netzwerk (n) dickerer elastischer Fasern, nach links in eine gefensterte Membran (m) übergehend. Aus dem Endokard des Menschen. 660 mal vergr. Technik Nr. 13, pag. 66.

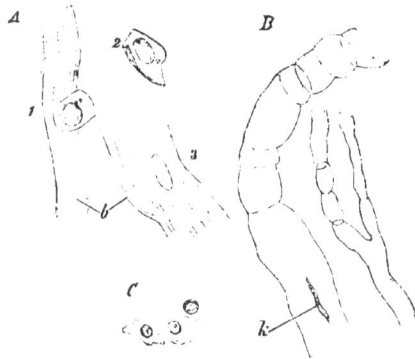

A Bindegewebszellen aus intermuskulärem Bindegewebe. 560mal vergröss. 1. Platte Zelle, zum Theile einem Bindegewebsbündel anliegend. 2. geknickte Zelle. 3. Zelle, deren Protoplasma nicht sichtbar ist. b Bindegewebsbündel. Technik Nr. 5, pag. 65. B Bindegewebsbündel mit umspinnenden Fasern. k Kern. Technik Nr. 8. pag. 65. — C Plasmazellen aus dem Augenlide eines Kindes, Technik Nr. 182.

Die Zellen (Fig. 23 A) sind unregelmässig polygonal oder sternförmig, stark abgeplattet, verschiedenartig gebogen oder geknickt. Die Abplattung und Knickung erklärt sich aus der Anpassung der Bindegewebszellen an die zwischen den Bindegewebsbündeln befindlichen engen Räume. Nicht selten bilden platte Bindegewebszellen vollkommene Scheiden um Bindegewebsbündel. Behandelt man ein solches Bündel mit Essigsäure, so quillt es auf, sprengt die umhüllenden Zellen, von denen ringförmige oder anders gestaltete Reste zurückbleiben und das aufgequollene Bündel einschnüren; man hielt diese Reste früher für Fasern und nannte sie „umspinnende Fasern" (Fig. 23 B). Andere Bindegewebszellen sind rundlich, protoplasmareich, grobkörnig und von verhältnissmässiger Grösse; sie werden Plasmazellen genannt und finden sich vorzugsweise in der Nähe kleiner Blutgefässe (Fig. 23 C). Wieder andere, die „Mastzellen", sind durch die leichte Färbbarkeit ihres Protoplasma mit gewissen Anilinfarbstoffen (z. B. Dahlia) ausgezeichnet, stehen jedoch nicht, wie ihr Name vermuthen liesse, in nachweisbaren Beziehungen zur Ernährung. Der einen Kern einschliessende Protoplasmaleib der Binde-

gewebszellen kann Farbstoffkörnchen enthalten, die Zellen werden dadurch
zu Pigmentzellen, die beim Menschen nur an einzelnen Stellen der Haut
und im Auge, bei niederen Thieren dagegen sehr verbreitet vorkommen;
andere Bindegewebszellen können Fetttröpfchen enthalten, die, wenn sie sehr
gross sind, konfluiren und dann der Zelle eine Kugelgestalt und den Namen
Fettzelle (Fig. 24 A) verleihen. An solchen Fettzellen bildet das Protoplasma nur einen schmalen, an der Peripherie gelegenen Saum; ebendaselbst
befindet sich der stark abgeplattete Kern. Häufig
ist der Saum so dünn, dass er nicht mehr zu
sehen ist. Anhäufungen von Fettzellen geben
Veranlassung zur Bildung einer von zahlreichen
Blutgefässen, Lymphgefässen und Nerven durch-
zogenen Formation, des Fettgewebes, das in
physiologischer Beziehung (Stoffwechsel) eine sehr
wichtige Rolle spielt. Bei hohen Graden der Ab-
magerung findet man in einzelnen Fettzellen das
Fett bis auf kleine Tröpfchen verschwunden; ein
blasses, mit schleimiger Flüssigkeit vermengtes
Protoplasma ist an dessen Stelle getreten, die
Zelle ist nicht mehr kugelrund, sondern platt geworden. Man nennt solche Zellen seröse Fettzellen (Fig. 24 B). In vielen Fettzellen treten
nach dem Tode oft kuglige Haufen nadelförmiger
Krystalle, sog. Margarinkrystalle auf.

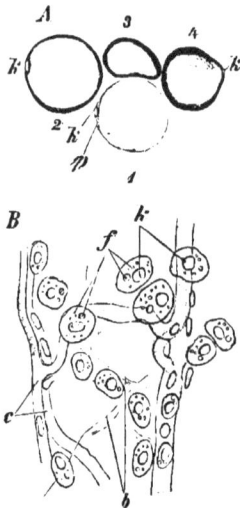

Fig. 24.
Fettzellen aus der Achselhöhle.
240 mal vergr. A eines nur wenig
abgemagerten Individuum. 1. Bei
Einstellung des Objektivs auf den
Aequator der Zelle. 2. Objektiv
etwas gehoben. 3. 4. Zellen durch
Druck verunstaltet. p Spuren von
Protoplasma in der Umgebung des
platten Kernes k gelegen. B eines
hochgradig abgemagerten Individuums. k Kern. f Fetttröpfchen.
c Blutkapillaren. b Bindegewebsbündel. Technik Nr. 9, pag. 66.

Endlich finden sich im Bindegewebe Leukocyten (pag. 91), die keine Bindegewebszellen
sind, sondern aus den Blutgefässen stammen. Sie
werden als Wanderzellen von den Bindegewebszellen, die man als fixe bezeichnet, unterschieden, eine Eintheilung, die insofern nicht
streng durchführbar ist, als unter (meist pathologischen) Umständen auch die fixen Bindegewebszellen wandern können[1]); es ist deshalb besser,
die wandernden Leukocyten als „haematogene" Wanderzellen, den andern,
„histiogenen" Wanderzellen gegenüber zu stellen.

Menge und Vertheilung der verschiedenen Zellenarten unterliegen bedeutenden Schwankungen.

Die verschiedenen Elemente des fibrillären Bindegewebes vereinen sich
entweder ohne eine bestimmte Gestaltung zu erfahren: „formloses Bindege-

---

[1]) Unter gleichen Umständen können auch Epithel- und Drüsenzellen wandern; es
ist selbstverständlich, dass solche Wanderzellen nicht mit den Leukocyten in eine Kategorie
gestellt werden dürfen.

webe", oder indem sie in bestimmte Formen geprägt werden: „geformtes Bindegewebe". Das formlose Bindegewebe ist durch lockere Fügung und mannigfaltigste Richtung seiner Bindegewebsbündel ausgezeichnet; es befindet sich als Verbindungs- und Ausfüllungsmasse zwischen benachbarten Organen. Deswegen heisst es auch: „Interstitialgewebe". Die Zellen des formlosen Bindegewebes enthalten nicht selten Fett. Das geformte Bindegewebe ist durch innigere Verbindung und gesetzmässigeren Verlauf seiner Bündel charakterisirt. Zum geformten Bindegewebe gehören: Die Lederhaut, die Schleimhäute, serösen Häute, die derben Hüllen des Nervensystems, der Blutgefässe, des Auges, vieler Drüsen, das Periost, das Perichondrium, die Sehnen, Fascien und Bänder.

Da, wo fibrilläres Bindegewebe an Epithel stösst, kommt es nicht selten zur Bildung strukturloser Häute, die als Grundmembranen (Basement membrane), als Membranae propriae und als Glashäute beschrieben werden[1]. Sie sind Modifikationen des Bindegewebes.

c) Das retikuläre Bindegewebe. Die Ansichten über den Bau des retikulären Bindegewebes sind getheilte: Nach einer früher weitverbreiteten Meinung besteht dasselbe aus sternförmigen Zellen, die mit einander anastomosirend ein feines Netzwerk bilden. Dieser Auffassung entspricht der Name „cytogenes", das ist aus Zellen gebildetes Gewebe[2]. Es ist kein Zweifel, dass bei niederen Thieren und in embryonalen Stadien höherer Thiere solche Zellennetze bestehen. Bei den höheren Wirbelthieren liegen jedoch die Verhältnisse anders; hier wird das Netzwerk (Fig. 25) nur von feinen Bindegewebsbündeln gebildet, denen platte kernhaltige Zellen anliegen.

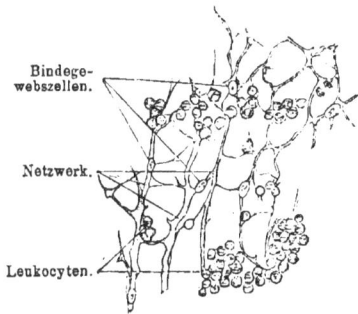

Bindegewebszellen.

Netzwerk.

Leukocyten.

Fig. 25.
Retikuläres Bindegewebe. Aus einem geschüttelten Schnitt einer menschlichen Lymphdrüse. 560 mal vergr. Technik Nr. 48, pag. 107.

Man kann mittelst komplizirter Methoden die Umrisse der platten Zellen auf den Fasern nachweisen, ein Verhalten, das schon beim fibrillären Bindegewebe als fast ausnahmslose Regel erkannt worden ist. Endlich lässt sich die Thatsache, dass fibrilläres Bindegewebe selbst noch beim Erwachsenen sich in retikuläres Gewebe umzuwandeln vermag, nur verstehen, wenn wir letzteres als ein Netzwerk feiner Bindegewebsbündel auffassen. Das retikuläre Bindegewebe ist also eigentlich nur eine Abart des fibrillären Bindegewebes. Die

---

[1] Die Membranae propriae vieler Drüsen, z. B. der Speicheldrüsen, bestehen dagegen aus abgeplatteten, oft sternförmigen Zellen, welche die Drüsenröhrchen korbartig umfassen.

[2] Als cytogenes Gewebe könnte demnach auch das gallertartige Bindegewebe angesprochen werden.

Maschen des retikulären Bindegewebes sind gewöhnlich mit dicht gedrängten Leukocyten gefüllt.

Das retikuläre, mit Leukocyten gefüllte Bindegewebe kommt hauptsächlich in Lymphdrüsen (besser Lymphknoten) vor; deswegen wird es auch adenoides, d. i. drüsenähnliches Gewebe genannt.

2. Das Knorpelgewebe.

Die Grundsubstanz des Knorpelgewebes ist fest, elastisch, leicht schneidbar, von milchweisser oder gelblicher Farbe. Die Zellen zeigen wenig charakteristische Gestaltung, rundliche oder einseitig abgeplattete Formen sind die häufigsten. Sie liegen in den Höhlen der Grundsubstanz[1]), welche sie vollkommen ausfüllen. Nicht selten bildet die den Höhlen zunächst gelegene Grundsubstanz stark lichtbrechende, zuweilen konzentrisch gestreifte Schalen, die sog. Knorpelkapseln. Die sonst gleichartige Grundsubstanz ist entweder frei von faserigen Beimischungen oder sie wird von elastischen Fasern oder von fibrillärem Bindegewebe durchzogen. Danach unterscheiden wir a) hyalinen Knorpel, b) elastischen Knorpel, c) Bindegewebsknorpel (Faserknorpel).

ad a) Der hyaline Knorpel ist von leicht bläulicher, milchglasartiger Farbe. Er findet sich in den Knorpeln des Respirationsapparates, der Nase, der Rippen, der Gelenke, ferner in den Synchondrosen und beim Embryo an vielen Stellen, die späterhin durch Knochen ersetzt werden. Er ist charakterisirt durch seine gleichartige Grundsubstanz, welche bei den gewöhnlichen Untersuchungsmethoden ungeformt, durchaus homogen erscheint, aber bei gewissen Manipulationen (z. B. bei künstlicher Verdauung) in Faserbündel zerfällt. Auch das Verhalten bei polarisirtem Lichte spricht für eine fibrilläre Struktur der Grundsubstanz des hyalinen Knorpels. Sie ist sehr fest, sehr elastisch und giebt beim Kochen Knorpelleim (Chondrin).

Die Grundsubstanz kann in besonderen Fällen eigenthümliche Modifikationen erfahren. So wird sie an Rippen- und Kehlkopfknorpeln stellenweise in starre Fasern umgewandelt, die dem Knorpel einen schon makroskopisch sichtbaren, asbestähnlichen Glanz verleihen. Ferner finden sich im höheren Alter[2]) in der hyalinen Grundsubstanz Einlagerungen von Kalksalzen, die anfangs in Form kleiner Körnchen, dann als vollständige, um die Knorpelzellen gelegene Schalen auftreten. Die Zellen des hyalinen Knorpels zeigen

---

[1]) Ob die Höhlen, wie beim Knochengewebe, durch ein feines, in die Grundsubstanz eingegrabenes Kanalsystem mit einander verbunden sind, ist noch sehr zweifelhaft; viele diesbezügliche Beobachtungen sind als Irrthümer anerkannt worden. Die vermeintlichen Kanälchen sind Schrumpfungsbilder, welche durch Behandlung des Knorpels mit absolutem Alkohol oder mit Aether hervorgerufen werden können.

[2]) In den Kehlkopfknorpeln schon in den zwanziger Jahren.

sehr häufig Formen, welche ihre Ursache in Wachsthumsvorgängen haben. So sieht man zwei Zellen in einer Knorpelkapsel (Fig. 26, *B* 1), sie sind durch (indirekte) Theilung einer Knorpelzelle entstanden; in anderen Fällen sieht man zwischen zwei solchen Zellen schon eine dünne Scheidewand hyaliner Substanz entwickelt. In wieder anderen Fällen kommt es nicht alsbald zur Bildung einer Scheidewand; die zwei Zellen können sich wiederholt theilen, dann sieht man Gruppen von 4, 8 und noch mehr Knorpelzellen von einer einzigen Kapsel umgeben (Fig. 26, *B* 2). Solche Erscheinungen wurden zur Aufstellung eines besonderen Zellentheilungsmodus, der sog. endo-

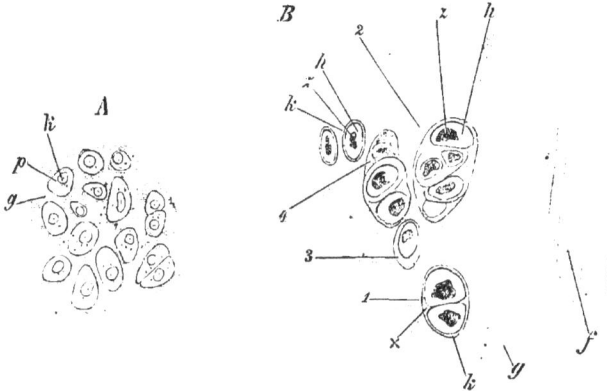

Fig. 26.

Hyaliner Knorpel. 240 mal vergrössert.

A Flächenbild des Proc. ensiform. des Frosches, frisch. *k* Kern. *p* Protoplasma der Knorpelzelle, welche die Knorpelhöhle vollkommen ausfüllt. *g* hyaline Grundsubstanz. Technik Nr. 14, pag. 66.
B Aus einem Querschnitte eines menschlichen Rippenknorpels mehrere Tage nach dem Tode in Wasser untersucht. Das Protoplasma der Knorpelzellen *z* hat sich von der Wand der Knorpelhöhle *h* zurückgezogen, der Kern der Knorpelzelle ist nicht zu sehen. 1. Zwei Zellen in einer Knorpelkapsel *k*, bei ✕ beginnt die Entwicklung einer Scheidewand. 2. Fünf Knorpelzellen von einer Kapsel umfasst, die unterste Zelle ist herausgefallen, so dass man die leere Knorpelhöhle sieht. 3. Knorpelkapsel schräg angeschnitten, dieselbe erscheint deshalb auf der einen Seite dicker. 4. Knorpelkapsel gar nicht angeschnitten, die Knorpelzelle schimmert durch. *g* Hyaline Grundsubstanz bei *f* zu starren Fasern umgewandelt. Technik Nr. 15, pag. 67.

genen Zellenbildung" verwerthet (s. pag. 44). Knorpelzellen erwachsener Personen enthalten nicht selten Fetttröpfchen.

ad b) Der elastische Knorpel ist von leicht gelblicher Farbe. Er kommt nur am Ohre, am Kehldeckel, an den Wrisberg'schen und Santorini-schen Knorpeln und am Proc. vocal. der Giessbeckenknorpel vor. Er zeigt dasselbe Gefüge wie der hyaline Knorpel, nur ist seine Grundsubstanz von verschieden dichten Netzen bald feinerer, bald gröberer elastischer Fasern durchsetzt. Die elastischen Fasern entstehen nicht direkt aus den Zellen, sondern durch Umwandlung der Grundsubstanz und treten in der Umgebung der Knorpelzellen als Körnchen auf (Fig. 27, 1), die späterhin in Längs-reihen verschmelzend zu Fasern werden, eine Erscheinung, die indes von anderer Seite als Zeichen des (postmortalen) Zerfalls der elastischen Fasern angesehen wird.

ad c) Der Bindegewebsknorpel kommt in den Lig. intervertebralia, in der Symphysis oss. pub. und an den Gelenkenden des Kiefer- und des

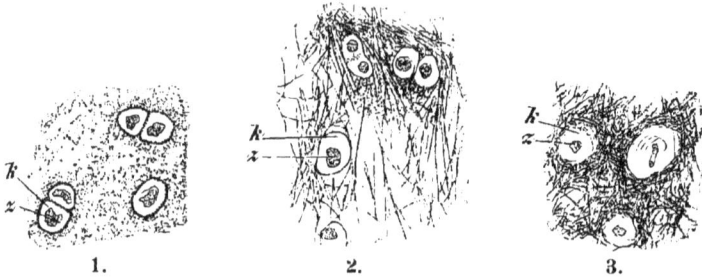

1.   2.   3.

Fig. 27.

Elastischer Knorpel. 240 mal vergr. *z* Knorpelzelle (Kern nicht sichtbar), *k* Knorpelkapsel. 1. Aus einem
Schnitte durch den Proc. vocal. des Giessbeckenknorpels einer 30jährigen Frau. Elastische Substanz in
Form von Körnchen. 2. und 3. Aus einem Schnitte durch die Epiglottis einer 60jährigen Frau. 2. Feineres
Netz. 3. Dichteres Netz. Technik Nr. 16, pag. 67.

Sternoklavikulargelenkes vor. Die Grundsubstanz des Bindegewebsknorpels
enthält reichlich fibrilläres Bindegewebe (Fig. 28 *g*), dessen lockere Bündel
nach den verschiedensten Richtungen ver-
laufen. Die nur spärlichen, mit dicken
Kapseln (pag. 60) versehenen Knorpelzellen (*z*) liegen zu kleinen Gruppen oder
Zügen vereint in grossen Abständen.

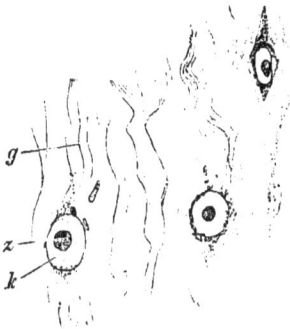

Fig. 28.

Aus einem Horizontalschnitte des Lig. intervertebr. des Menschen. 240 mal vergrössert.
g Fibrilläres Bindegewebe. *z* Knorpelzelle
(der Kern ist nicht zu unterscheiden). *k* Knorpelkapsel umgeben von Kalkkörnchen.
Technik Nr. 17, pag. 67.

3. Das Knochengewebe.

Die Grundsubstanz des Knochengewebes ist durch ihre Härte, Festigkeit
und Elasticität ausgezeichnet, Eigenschaften, welche sie einer innigen Vermengung organischer und anorganischer Theile
verdankt[1]). Sie besteht aus Kalksalzen
(vorzugsweise basisch - phosphorsaurem
Kalk) und aus leimgebenden Fibrillen,
die durch eine geringe Menge von Kittsubstanz entweder zu feinen oder
zu groben Faserbündeln vereint sind; man unterscheidet demnach fein-

---

1) Die Vermengung beider Theile ist derart, dass man jeden derselben entfernen
kann, ohne die Struktur des Gewebes zu zerstören. Durch Behandlung mit Säuren (siehe
„Entkalken" pag. 16) werden die Kalksalze ausgezogen, das Gewebe wird dadurch biegsam,
schneidbar wie Knorpel; man nennt deshalb entkalkten Knochen „Knochenknorpel". Umgekehrt lassen sich durch vorsichtiges Glühen die organischen Theile entfernen; so be-
handelter Knochen heisst „calcinirter Knochen". Die fossilen Knochen sind (durch die
lange Einwirkung von Feuchtigkeit) gleichfalls der organischen Theile beraubt.

faserige (lamellöse) und grobfaserige (geflechtartige) Knochengrund-substanz [1]). Dieselbe erscheint homogen oder leicht streifig und enthält

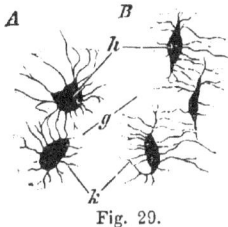

Fig. 29.

Aus einem trockenen Knochenschliffe des er-wachsenen Menschen. 560 mal vergrössert. *h* Kno-chenhöhlen. *A* von der Fläche, *B* von der Seite gesehen. *k* Knochenkanälchen. *g* Knochengrund-substanz. Technik Nr. 55, pag. 122.

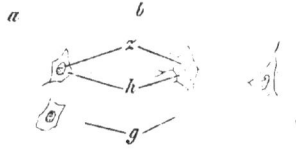

Fig. 30.

Aus Schnitten *a* des Humerus eines 4 monatlichen menschlichen Embryo. *b* der mittleren Muschel eines erwachsenen Menschen. 560 mal vergrössert. Knochen-zellen *z* in den Knochenhöhlen *h* liegend, die Knochen-kanälchen sind nur zum geringsten Theile zu sehen. *g* Grundsubstanz. Technik Nr. 61, pag. 125.

zahlreiche, kürbiskernähnliche, 15—27 μ lange Hohlräume, die **Knochen-höhlen** (früher „Knochenkörperchen"), Fig. 29 *h*, welche durch zahl-

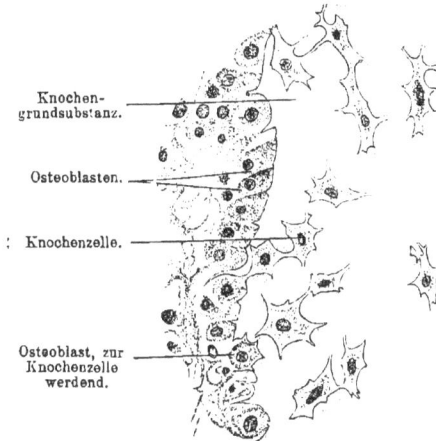

reiche verästelte, feine Aus-läufer, die **Knochen-kanälchen** (*k*) unter ein-ander kommuniziren. Auf diese Weise wird ein die ganze Grundsubstanz durch-ziehendes, feines Kanal-system hergestellt. In den Knochenhöhlen liegen die kernhaltigen **Knochen-zellen** (Fig. 30 *z*), welche eine plattovale Gestalt ha-ben. Ob diese Zellen Fort-sätze in die Knochen-kanälchen sendend mit ein-ander zusammenhängen, ist bei Erwachsenen sehr zwei-felhaft, bei sich entwickeln-

Fig. 31.

Stückchen eines Querschnittes der Humerusdiaphyse eines 4 monat-lichen menschlichen Embryo. 560 mal vergrössert. Technik Nr. 61, pag. 125.

dem Knochen dagegen leicht zu beobachten (Fig. 31).

[1]) Die feinfaserige Knochengrundsubstanz bildet fast das ganze Skelett des Er-wachsenen und ist durch deutliche Lamellen (siehe Kap. Skelettsystem) charakterisirt; sie enthält elastische Fasern. Die grobfaserige Knochengrundsubstanz ist in der Foetalzeit in den perichondralen und sekundären Knochen (siehe Kap. Knochenentwickelung) vor-handen und findet sich beim Erwachsenen nur an den Nähten und an den Ansatzstellen der Sehnen; in ihr kommen daneben stets unverkalkte Bindegewebsbündel, die sogen. Sharpey'schen Fasern vor, welche indessen auch in der feinfaserigen Knochengrund-substanz und zwar in den äusseren Grund- und in den anstossenden Schaltlamellen (siehe Kap. Skelettsystem) gefunden werden.

Fibrilläres Bindegewebe und Knorpelgewebe können sich direkt in Knochen umwandeln, indem ihre Grundsubstanz verkalkt und die Bindegewebs- resp. Knorpelzellen zu Knochenzellen werden. Indessen sind diese Vorgänge verhältnissmässig selten, gewöhnlich erfolgt die Bildung des Knochengewebes in der Weise, dass in embryonaler Zeit die Grundsubstanz des Bindegewebes resp. des Knorpels verkalkt. Um die Stränge der verkalkten Grundsubstanz lagern sich zahlreiche, junge, noch indifferente Bindegewebszellen, welche Knochensubstanz erzeugen. Anfangs liegen diese Zellen, wir nennen sie Osteoblasten, noch auf der von ihnen gebildeten Knochengrundsubstanz auf, später kommen sie in diese selbst zu liegen, werden sternförmig und gestalten sich damit zu Knochenzellen.

Eine Modifikation des Knochengewebes ist das Zahnbeingewebe; dasselbe unterscheidet sich in entwicklungsgeschichtlicher Beziehung dadurch vom Knochengewebe, dass die Bildungszellen desselben, die Odontoblasten, nicht von der Grundsubstanz umschlossen werden, sondern nur Fortsätze in diese senden (siehe weiter „Zähne").

Blut-, Lymphgefässe und Nerven des Stützgewebes.

Die aus Stützgewebe gebildeten Organe sind im Allgemeinen arm an Blutgefässen[1]), Lymphgefässen und Nerven. Eine wichtige Rolle aber spielt das Stützgewebe als Leitapparat für die aus den Blutgefässen in die Gewebe übertretende Ernährungsflüssigkeit, den Gewebssaft. Derselbe bewegt sich in der Grundsubstanz und zwar, wenn diese weich ist, (wie beim gallertigen und lockeren Bindegewebe) durch die ganze Masse derselben; ist die Grundsubstanz dagegen fester, so cirkulirt der Gewebssaft in bestimmten Bahnen, im „Saftkanalsystem", welches aus grösseren die Zellen enthaltenden Lücken, „Saftlücken" und feinen, diese verbindenden Kanälchen, „Saftkanälchen" besteht (vergl. Kap. Cornea). So ist es bei dem festeren geformten Bindegewebe[2]) und beim Knochengewebe. Ob der Gewebssaft in der Grundsubstanz des hyalinen Knorpels in diffusen oder in bestimmten Bahnen strömt, ist noch nicht sichergestellt.

TECHNIK.

Nr. 3. Gallertartiges Bindegewebe. Man fixire den Nabelstrang 3 bis 4 monatlicher menschlicher Embryonen (oder 3—6 cm langer Schweinsembryonen) in 100 ccm Müller'scher Flüssigkeit (pag. 14) 3—4 Wochen und härte in ca. 30 ccm allmählich verstärktem Alkohol (pag. 15). Der Strang wird noch immer sehr weich sein; um brauchbare Querschnitte von ihm zu erhalten, muss er in Leber geklemmt und beim Schneiden mit

---

[1]) Ausgenommen ist das Fettgewebe.

[2]) Die hier befindlichen Saftkanälchen stehen in direkter Verbindung mit der Intercellular-(Kitt-)Substanz des Epithelgewebes, welche wir uns gleichfalls vom Gewebssaft durchzogen vorstellen müssen.

den Fingern etwas zusammengepresst werden; die Schnitte färbe man in Pikrokarmin (12 Stunden) oder mit Haematoxylin (5 Minuten) pag. 18. Man betrachte das Objekt in einem Tropfen destillirten Wasser (Fig. 19); in Glycerin oder in Damarfirniss sind die feinen Zellenausläufer und die Bindegewebsbündel unsichtbar. In der Nähe der Gefässdurchschnitte sind die Zellennetze weniger schön. Man wähle deshalb von den Gefässen entfernte Stellen. Je älter der Embryo war, um so grösser ist die Zahl der Bindegewebsbündel. Zum Konserviren nehme man dünnes Glycerin (pag. 6).

Nr. 4. Fibrilläres Bindegewebe, Bindegewebsbündel. Intermuskuläres Bindegewebe, z. B. das dünne zwischen M. serratus und den Mm. intercost. liegende Blatt wird in kleinen, 1—2 cm langen Streifen abpräparirt, ein kleines Stückchen davon auf dem trockenen Objektträger mit Nadeln rasch ausgebreitet (s. „halbe Eintrocknung" Nr. 28 a pag. 81) und mit einem Tropfen Kochsalzlösung und einem Deckglase bedeckt. Man sieht die wellig verlaufenden, blassen Bindegewebsbündel (Fig. 20), bei einiger Uebung kann man auch die schärfer konturirten, glänzenden elastischen Fasern schon jetzt unterscheiden, an günstigen Stellen auch die Kerne der Bindegewebszellen.

Nr. 5. Zellen des fibrillären Bindegewebes macht man sichtbar durch Zusatz eines Tropfens Pikrokarmin zu Präp. Nr. 4 unter dem Deckglase (pag. 30). In den meisten Fällen wird man nur den rothen Kern der Zelle wahrnehmen, besonders dann, wenn die Zelle ganz auf dem Bindegewebsbündel aufliegt (Fig. 23, A 3). In selteneren Fällen sieht man auch den blassgelben, verschieden gestalteten Leib der Zelle (Fig. 23 A 1 und 2).

Nr. 6. Mastzellen. Man fixire 1—2 qcm grosse Stückchen Schleimhaut (z. B. des Mundes, des Rachens oder des Darmes in absolutem Alkohol (pag. 13). Nach 3—8 Tagen mache man feine Schnitte, die 24 Stunden in ca. 10 ccm Alaunkarmin-Dahlia (pag. 9) gefärbt werden. Dann kommen die Schnitte auf 24 Stunden in 10 ccm absoluten Alkohol, der während dieser Zeit ein- oder zweimal gewechselt werden muss. Einschluss in Damarfirniss (pag. 27). Das Protoplasma der Mastzellen zeigt dann intensiv blau gefärbte Körnchen.

Nr. 7. Fibrillen. Man lege ein ca. 2 cm langes Stück einer Sehne in 100 ccm gesättigte wässerige Pikrinsäurelösung. Am anderen Tage reisse man mit zwei Pincetten die Sehne der Länge nach etwas auf, entnehme dem Innern der Sehne ein ca. 5 mm langes Bündel und ziehe dasselbe auf trockenem Objektträger (vergl. Nr. 28 a pag. 81) auseinander, bedecke alsdann mit einem Tropfen destillirtem Wasser und einem Deckglase und untersuche mit starker Vergrösserung; die Fibrillen erscheinen als feinste, blasse Fäserchen.

Nr. 8. „Umspinnende Fasern". Man schneide von dem in dem Circul. art. Willisii ausgespannten Bindegewebe ein ca. 1 qcm grosses Stückchen mit der Scheere aus, wasche es in einem Uhrschälchen mit Kochsalzlösung kurz ab und breite es in einem Tropfen dieser Lösung mit Nadeln aus. Deckglas! Schon bei schwacher Vergrösserung wird man ausser zahlreichen feinen Blutgefässen und gewöhnlichen Bindegewebsbündeln schärfer konturirte, glänzende Bündel finden, welche sich deutlich von dem übrigen Bindegewebe abheben und bei Anwendung stärkerer Vergrösserung und enger Blende sich ebenfalls aus fibrillärem Bindegewebe bestehend erweisen. Ein solches Bündel stelle man ins Gesichtsfeld und leite dann einige Tropfen Essigsäure unter das Deckglas (pag. 30). Sobald die Säure das Bündel erreicht, quillt es auf, die fibrilläre Zeichnung verschwindet, statt dessen erscheinen langgestreckte Kerne. Die Aufquellung ist keine regelmässige; das Bündel ist vielmehr durch Einschnürungen in verschieden grosse Abschnitte getheilt. Bei schwacher Beleuchtung sieht man die die Einschnürung bedingenden „Fasern" (Zellen- reste (Fig. 23, *B*).

Nr. 9. Fettzellen. Man nehme aus der Achselhöhle eines recht abgemagerten Individuum ein kleines Stückchen des röthlich-gelben gelatinösen Fettes, breite davon ein linsengrosses Stückchen in möglichst dünner Schicht mit Nadeln schnell auf einem trockenen Objektträger aus und setze dann rasch einen Tropfen Kochsalzlösung zu und bedecke mit dem Deckglase. Dünne Stellen zeigen Fettzellen, wie in Fig. 24, *B*; man kann unter dem Deckglase mit Pikrokarmin (pag. 30) färben und in verdünntem Glycerin konserviren. Gewöhnliche Fettzellen, von beliebigen Stellen des Körpers genommen, untersuche man gleichfalls in Kochsalzlösung. Man be- trachte die kugeligen Zellen bei wechselnder Einstellung (vergl. Fig. 24, *A*).

Nr. 10. Feine elastische Fasern sind leicht zu erhalten, wenn man Präp. Nr. 4 anfertigt und einige Tropfen Essigsäure unter das Deck- glas zufügt (pag. 30). Die Bindegewebsbündel quellen bis zu vollkommener Durchsichtigkeit auf, die elastischen Fasern bleiben dagegen unverändert und treten scharf konturirt hervor (Fig. 21, *A*).

Nr. 11. Stärkere elastische Fasern erhält man durch Zerfasern eines ca. 5 mm langen, stecknadelartigen Stückchens [1]) des frischen Nacken- bandes eines Rindes in einem Tropfen Kochsalzlösung (Fig. 21, *B*). Man kann das Präparat mit Pikrokarmin färben (pag. 30) und in verdünntem Glycerin konserviren.

Nr. 12. Querschnitte starker elastischer Fasern erhält man, indem man ein ca. 10 cm langes, 1—2 cm dickes Stück des Nackenbandes trocknet (nach 4—6 Tagen schon brauchbar) und behandelt wie Nr. 63.

Nr. 13. Gefensterte Membranen erhält man, indem man Stückchen (von ca. 5 mm Seite) des Endokards abpräparirt, in einem Tropfen Wasser auf den Objektträger bringt und 1—2 Tropfen Kalilauge unter das Deckglas fliessen lässt (pag. 30). Man betrachte die Ränder des Präparates (Fig. 22).

Auch die Art. basilaris giebt gut gefensterte Membranen; man schneide ein Stück der Arterie der Länge nach mit der Scheere auf und lege es in 10 ccm reiner Kalilauge. Nach 6 Stunden bringe man ein ca. 1 cm langes Stück in einigen Tropfen Wasser auf den Objektträger und suche es durch Schaben mit einem Skalpell in Lamellen zu zerlegen, was leicht gelingt. Deckglas, starke Vergrösserung. Die kleinen Löcher der Membran sehen wie glänzende Kerne aus.

Bei schwachen Vergrösserungen erkennt man die Membran an ihrer dunklen Konturirung. In 10 ccm Wasser gut ausgewaschene (5 Minuten), in 3 ccm Kongoroth (pag. 9) 12—20 Stunden gefärbte Membranen lassen sich in Damarfirniss konserviren (pag. 27).

Nr. 14. Hyaliner Knorpel. Man schneide den sehr dünnen Schwertfortsatz des Frosches mit einer Scheere aus, bringe ihn auf einen

---

[1]) Man nehme nicht von dem lockeren, das Band umgebenden Gewebe, sondern von den zähen gelbweissen Fasern.

trockenen Objektträger, bedecke ihn mit einem Deckglase und untersuche rasch mit starker Vergrösserung. Die Knorpelzelle füllt die Knorpelhöhle vollkommen aus (Fig. 26, *A*). Bei längerer Beobachtung lasse man einen Tropfen Kochsalzlösung zufliessen.

Nr. 15. Hyaliner Rippenknorpel. Ohne weitere Vorbereitung lassen sich mit trockenem Rasirmesser feine Schnitte anfertigen, die man in einigen Tropfen Wasser unter Deckglas bringt. Man suche sich die im Durchschnitte des Rippenknorpels glänzenden Stellen aus, welche die starren Fasern enthalten. (Fig. 26, *B*.) Will man conserviren, so lasse man einige Tropfen verdünntes Glycerin zufliessen.

Zu Färbungen sind frische Knorpel wenig geeignet, man lege sie zuvor in Kleinenberg's Pikrinschwefelsäure oder in Müller'sche Flüssigkeit und dann in Alkohol (pag. 15) und färbe endlich mit Böhmer'schem Haematoxylin (pag. 18). Einschluss in Damarfirniss hellt stark auf und lässt die feineren Details verschwinden.

Nr. 16. Elastischer Knorpel. Man nehme einen Giessbeckenknorpel des Menschen (besser noch des Rindes); die gelbliche Farbe des Proc. vocal. verräth den elastischen Knorpel. Man schneide so, dass die Grenze zwischen elastischem und hyalinem Knorpel in den Schnitt fällt und betrachte die Schnitte in Wasser. Conservirung wie Nr. 15. Die Entwicklung der elastischen Fasern lässt sich oft auch noch an Knorpeln erwachsener Personen besonders an Epiglottis und am Proc. vocal. cart. arytän. studiren. (s. Fig. 27, 1.)

Nr. 17. Bindegewebsknorpel. Ligam. intervertebr. des erwachsenen Menschen wird in Stücke von 1—2 cm Seite zerschnitten, in 100 ccm Kleinenberg'scher Pikrinschwefelsäure (pag. 14) 24 Stunden lang fixirt und in 50 ccm allmählich verstärktem Alkohol gehärtet (pag. 15). Die mit Böhmer'schem Haematoxylin (pag. 18) gefärbten Schnitte conservire man in Damarfirniss (Fig. 28). Schnitte durch Randpartien ergeben auch hyalinen Knorpel; Schnitte durch centrale Theile der Bandscheibe zeigen grosse Gruppen von Knorpelzellen.

III. Muskelgewebe.

Die charakteristischen Elemente des Muskelgewebes, die Muskelfasern, treten in zwei Formen auf, die wir glatte und quergestreifte nennen. Beide sind Zellen, deren Leib ausserordentlich in die Länge gestreckt ist.

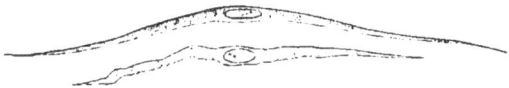

Fig. 32.

Zwei glatte Muskelfasern aus dem Dünndarm eines Frosches. 240 mal vergr. Durch 35%ige Kalilauge isolirt. Die Kerne haben durch die Kalilauge ihre charakteristische Form eingebüsst. Technik Nr. 24, pag. 78.

1. Das Gewebe der glatten Muskeln. Die glatten Muskeln (kontraktile Faserzellen) (Fig. 32) sind spindelförmige, cylindrische oder leicht abgeplattete Zellen, deren Enden zugespitzt sind. Ihre Länge schwankt zwischen 45 und 225 μ, ihre Breite zwischen 4 und 7 μ; im schwangeren Uterus hat man noch längere, bis $1/2$ mm messende glatte Muskelfasern ge-

funden. Sie bestehen aus einem homogenen Protoplasma[1]) und einem gestreckten, langovalen oder stäbchenförmigen Kerne, der für glatte Muskelfasern charakteristisch ist. Die glatten
Muskelfasern sind durch eine strukturlose Kittmasse fest mit einander verbunden[2]). Bindegewebige Scheidewände
finden sich nur in grösseren Abständen
(Fig. 33).

Die Vereinigung erfolgt entweder zu
parallelfaserigen Häuten (Darmmuskeln)
oder zu komplizirten Flechtwerken (Harnblase, Uterus). Die grösseren B l u t g e -
f ä s s e verlaufen in den bindegewebigen
Scheidewänden; die Kapillaren dagegen dringen zwischen die Fasern selbst
ein und bilden dort langgestreckte Netze. Die ähnlich verlaufenden L y m p h -
g e f ä s s e sind in ansehnlicher Menge vorhanden.

N e r v e n s. bei Nervenendigungen.

Das Gewebe der glatten Muskeln findet sich im Darmkanale, in den
zuführenden Luftwegen, in der Gallenblase, im Nierenbecken, in den Ureteren,
in der Harnblase, in den Geschlechtsorganen, in Blut- und Lymphgefässen,
im Auge und in der äusseren Haut. Die Kontraktion der glatten Muskelfasern ist eine langsame und nicht dem Willen unterworfene.

Eine besondere Stellung nehmen die M u s k e l f a s e r n d e s H e r z e n s
ein. Sie sind zwar quergestreift, allein die Entwicklungsgeschichte sowohl,
wie ihr mikroskopisches Verhalten ergiebt, dass die Herzmuskelfasern als
eine Modifikation der kontraktilen Faserzellen (pag. 67) aufzufassen sind.
Sie sind bei niederen Wirbelthieren (z. B. beim Frosche) spindelförmige, mit
gestrecktem Kerne versehene Fasern, die oft deutlicher der Quere als der
Länge nach gestreift sind (Fig. 34 *A*). Die Herzmuskelfasern der Säuge-
thiere sind kurze Cylinder, deren Enden oft treppenförmig abgestuft sind
(Fig. 34 *B*). Ihr Protoplasma ist zum Theil zu quergestreiften Fäserchen,
„Fibrillen" differenzirt, welche nicht selten in radiär zur Faserachse gestellte
Blätter angeordnet sind (Fig. 34 *D*). Der (im Verhältniss zu den quer-
gestreiften Muskeln) unauffällige Rest nicht differenzirten Protoplasma's, das
„Sarkoplasma", ist vorzugsweise in der Faserachse gelegen, von welcher
Fortsetzungen zwischen die Fibrillenblätter oder -Bündel ausstrahlen. Dadurch
wird auch eine, oft sehr deutliche, Längsstreifung bedingt. Der ovale Kern

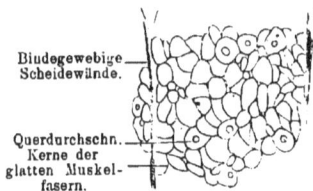

Bindegewebige
Scheidewände.

Querdurchschn.
Kerne der
glatten Muskel-
fasern.

Fig. 33.

Stück eines Querschnittes der Ringmuskelschicht des menschlichen Darmes. 560 mal
vorgrössert. Technik Nr. 103.

---

1) An einzelnen glatten Muskelfasern z. B. des Vas deferens ist ein längsstreifiger
Bau des Protoplasma nachgewiesen worden, welcher zur Annahme eines Aufbaues der
Muskelfaser aus Fibrillen geführt hat; bei Fischen und Amphibien sind in der Iris pig-
mentirte Muskelfasern gefunden worden.

2) In der aus glatten Muskelfasern bestehenden Darmmuskelhaut des Hundes, der
Katze und auch des Menschen sind den Intercellularbrücken (pag. 47) ähnliche Verbindungen der glatten Muskelfasern gefunden worden.

liegt in dem axialen Theil des Sarkoplasma, welches sehr häufig Körnchen von Pigment oder Fett einschliesst. Eine Zellmembran „Sarkolemm" fehlt. Charakteristisch für die Herzmuskelfasern höherer Thiere ist die Verbindung durch kurze, schiefe oder quere Abzweigungen der Muskelfasern (Fig. 34 B $\times$).

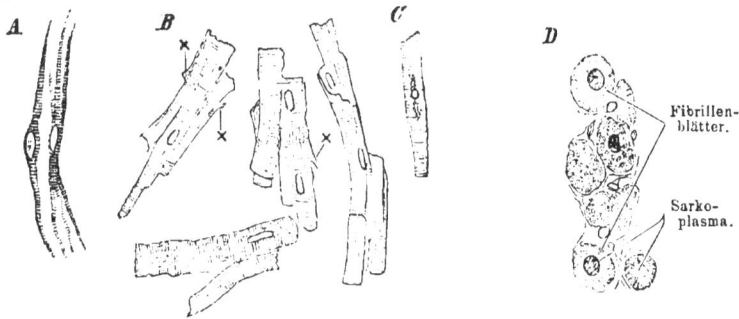

Fig. 34.

A und B Herzmuskelfasern in Kali isolirt, A vom Frosche, B vom Kaninchen, $\times$ schiefe Abzweigungen, 240mal vergr. Technik wie Nr. 22, p. 72. C aus einem Längsschnitte, D aus einem Querschnitte durch einen Papillarmuskel des Menschen, C 240mal, D 560mal vergr. Technik Nr. 33, pag. 100.

2. Das Gewebe der quergestreiften Muskeln.

Die quergestreiften Muskelfasern sind nur mit Hilfe der Entwicklungsgeschichte als Zellen zu erkennen. Durch ein kolossales Wachsthum in die Länge, durch wiederholte Theilung ihres Kernes, sowie durch eigenthümliche Differenzirung ihres Protoplasma sind sie zu höchst komplizirten Gebilden geworden. Sie haben die Form langer, cylindrischer Fäden, deren Enden im Innern grösserer Muskeln zugespitzt oder abgestumpft sind; an den Enden der Muskeln besitzen die Fasern ein inneres spitzes und ein an die Sehne anstossendes breiteres Ende; letzteres ist entweder abgerundet oder läuft in einige stumpfe oft treppenförmig abgestufte Spitzen aus; auch Anastomosen, Spaltbildungen und Theilungen der Muskelfasern kommen vor; in einzelnen Fällen (Augenmuskeln, Muskeln der Zunge, der äusseren Haut) sind die Fasern verästelt (Fig. 36, 4); ihre Länge schwankt zwischen 5,3 und 12,3 cm[1]), ihre Dicke zwischen 10 und 100 μ. Im embryonalen Leibe bestehen kleine oder nur geringe Dickenunterschiede; nach der Geburt erfolgt ein ungleiches Dickenwachsthum der Muskelfasern, dessen Intensität von der Funktion des Muskels abhängig ist, beim Erwachsenen besitzen starke Muskeln dicke, zarte Muskeln dünne Fasern. Ausserdem ist die Dicke der Muskelfasern von dem Ernährungszustande des Individuums abhängig, es können Unterschiede um das Dreifache des Kalibers bestehen. Grössere Thiere besitzen dickere Muskelfasern als kleinere. Unter dem Mikroskope zeigt jede quergestreifte Muskelfaser abwechselnd dunkle breitere und helle schmälere Querbänder. Die Substanz der dunkeln Querbänder ist doppeltbrechend (anisotrope

---

[1]) Es ist wahrscheinlich, dass es noch längere Fasern giebt, doch ist deren vollkommene Isolirung mit grossen Schwierigkeiten verknüpft.

Substanz), diejenige der hellen Querbänder ist einfachbrechend (isotrope Substanz)[1]. Ausser der Querstreifung ist eine mehr oder minder ausgesprochene Längsstreifung der Muskelfasern zu beobachten. Gewisse Reagentien (z. B. Chromsäurelösungen) lassen diese Längsstreifung noch deutlicher hervortreten und bewirken selbst einen Zerfall der Muskelfaser der Länge nach in feine, ebenfalls quergestreifte Fäden, welche „Fibrillen" heissen. Diese Fibrillen sind die kontraktilen Formelemente der Muskelfaser[2], ihre Vereinigung vollzieht sich in der Weise, dass eine Anzahl Fibrillen, parallel zu einander gelagert, Längsbündel („Muskelsäulchen") bilden, welche durch das Sarkoplasma zusammengehalten und mit benachbarten Bündeln vereinigt werden. Die Anordnung des Sarkoplasma ist am Besten (bei starken Vergrösserungen) an Querschnitten zu sehen. Hier erscheint es in Form eines hellen Netzes, in dessen Maschen die Querschnitte der Fibrillenbündel (sie sind unter dem Namen „Cohnheim'sche Felder" bekannt) gelegen sind. Das Sarkoplasma enthält die theils aus Fett, vielleicht auch aus Lecithin bestehenden „interstitiellen Körnchen" und Kerne. Letztere sind ovale, parallel der Längsachse der Muskelfaser gestellte Gebilde, welche bei den Säugethieren, den Knochenfischen und einigen Vögeln vorzugsweise an der Oberfläche der Muskelfaser unter dem Sarkolemm, bei den übrigen Wirbelthieren auch im Innern der Muskelfaser liegen.

Jede Muskelfaser wird von einer strukturlosen Hülle, dem Sarkolemm, welches die Bedeutung einer Zellmembran hat, eng umschlossen. Somit besteht die quergestreifte Muskelfaser aus Fibrillen, Sarkoplasma und Sarkolemm.

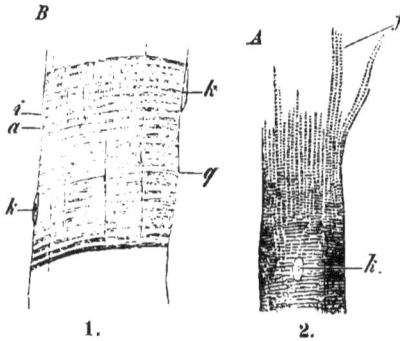

B
A
f
i
a
k
q
k
h.
1.
2.

Fig. 35.

1. Muskelfaserstück des Menschen. 660mal vergr. a anisotrope, i isotrope Querbänder, q Zwischenscheibe, k Kerne. Technik Nr. 18 b. pag. 72. 2. Ein Muskelfaserende des Frosches 240 mal vergr. Zerfall in Fibrillen f. k Kern. Technik Nr. 21, pag. 72.

[1] Stärkere Vergrösserungen zeigen, dass jedes Querband selbst quergegliedert ist; so findet sich regelmässig im isotropen (hellen) Querband ein dunkler Streifen, die Zwischenscheibe (Fig. 35 q), sowie über und unter dieser eine dunkle Scheibe, die Nebenscheibe, auch im anisotropen (dunklen) Querband ist ein heller Streifen, die Mittelscheibe, beobachtet worden. Diese Scheiben sind wegen ihres grossen Wechsels und ihrer Unbeständigkeit nur von untergeordneter Bedeutung.

[2] Bei manchen Thieren zerfällt nach Einwirkung gewisser Reagentien die Muskelfaser statt in Fibrillen in Querscheiben (Discs). Fibrillen und Discs können in noch kleinere rundlicheckige, anisotrope Stückchen zerfallen, welche „primitive Fleischtheilchen" (Sarcous elements) genannt wurden. Einzelne Autoren haben deswegen die Discs, andere die primitiven Fleischtheilchen als die eigentlichen Formelemente erklärt.

Die quergestreiften Muskelfasern finden sich in den Muskeln des Stammes der Extremitäten, des Auges, des Ohres, ferner in der Zunge, im Schlunde, in der oberen Speiseröhrenhälfte, im Kehlkopf, in den Muskeln der Genitalien und des Mastdarmes.

Bei manchen Thieren, z. B. beim Kaninchen, lassen sich zweierlei Arten von quergestreiften Muskeln nachweisen: rothe (z. B. der Semitendinosus, der Soleus) und helle oder weisse (z. B. der Adductor magnus). Dem entsprechen zwei Arten von Muskelfasern. Es giebt 1. protoplasma- (resp. sarkoplasma-) reiche, trübe Fasern; sie zeigen eine weniger regelmässige Querstreifung, eine deutlichere Längsstreifung und haben im Allgemeinen einen geringeren Durchmesser; sie sind es z. B., die den Soleus

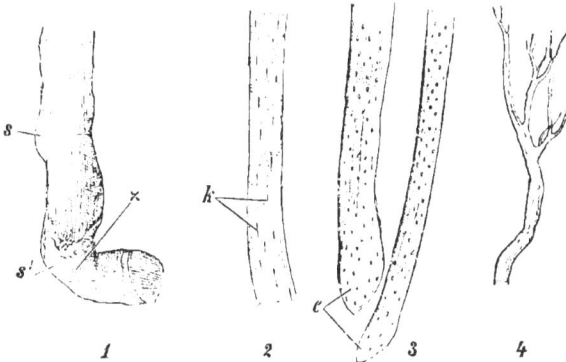

Fig. 36.

Stücke isolirter quergestreifter Muskelfasern des Frosches, 50mal vergrössert. 1. Wasserwirkung s^1 Sarkolemm. Bei $\times$ ist die Muskelsubstanz zerrissen, ihre Querstreifung ist nicht, die Längsstreifung dagegen deutlich zu sehen. Technik Nr. 19.
2. Essigsäurewirkung. k Kerne. Die feine Punktirung entspricht interstitiellen Körnchen. Technik Nr. 20.
3. Wirkung einer konzentrirten Kalilösung, e abgerundete Enden, die zahlreichen Kerne erscheinen bläschenförmig gequollen, die Querstreifung der Muskelsubstanz ist in 2 und 3 bei dieser Vergrösserung nicht sichtbar. Technik Nr. 22, pag. 72.
4. Verästelte Muskelfasern aus der Froschzunge. Technik Nr. 23, pag. 73.

des Kaninchens bilden; 2. protoplasmaarme, helle Fasern, welche eine deutlichere Querstreifung und einen im Allgemeinen grösseren Durchmesser besitzen. Sie stellen die höher differenzirten Fasern dar. Während bei den einen Thieren die zwei Muskelfaserarten von einander geschieden in besonderen Muskeln auftreten, finden sie sich bei den anderen (auch beim Menschen) gemischt in denselben Muskeln. Im Allgemeinen gilt die Regel, dass die thätigsten Muskeln (Herz-, Augen-, Kau- und Athmungsmuskeln) die meisten protoplasmareichen Fasern enthalten; die protoplasmaarmen Fasern dagegen kontrahiren sich schneller.

Die Kontraktion der quergestreiften Muskeln ist (den glatten Muskelfasern gegenüber) eine schnelle und ist dem Willen unterworfen. Die Vereinigung der quergestreiften Muskelfasern zu Muskelgewebe findet durch fibrilläres Bindegewebe statt, welches der Träger der zahlreichen Blutgefäss-

und Nervenverästelungen ist.   Lymphgefässe finden sich nur spärlich im
quergestreiften Muskelgewebe.

TECHNIK.

Nr. 18. Quergestreifte Muskelfasern a) des Frosches. Man
schneide mit flach aufgesetzter Scheere in der Richtung des Faserverlaufes aus
den Adduktoren eines soeben getödteten Frosches ein ca. 1 cm langes Muskel-
stückchen, zerzupfe („Isoliren" pag. 11) einen kleinen, von der Innenfläche des
Stückchens entnommenen Theil in einem kleinen Tropfen Kochsalzlösung,
setze alsdann einen zweiten grösseren Tropfen derselben Flüssigkeit zu und
bedecke, o h n e z u d r ü c k e n, das Präparat mit einem Deckgläschen. Bei
schwacher Vergrösserung (50 mal) sieht man die cylindrische Gestalt (Fig. 36),
die verschiedene Dicke, zuweilen auch schon die Querstreifung der isolirten
Muskelfasern. Bei starker Vergrösserung (240 mal) sieht man deutliche
Querstreifung, zuweilen blasse Kerne und glänzende Körnchen. Sehr zahlreiche Körnchen enthaltende Muskelfasern sind wahrscheinlich Zeichen reger
Stoffwechselvorgänge. Da, wo die Muskelfasern quer durchschnitten sind,
sieht man nicht selten die Muskelsubstanz pilzförmig aus dem Sarkolemm-
schlauche hervorquellen. **b)** des Menschen. Sehr schöne Querstreifung habe ich an menschlichen, dem Präparirsaale entnommenen Muskeln gefunden (Fig. 35, 1). Die
Leichen waren mit Karbolsäure injicirt worden.

Will man konserviren, so färbe man unter dem Deckglase (pag. 30)
mit Pikrokarmin und verdränge nach vollendeter Färbung (ca. 5 Min.) dasselbe durch verdünntes Glycerin.

Nr. 19. Sarkolemm. Man lasse zu Präparat 18 a ein paar Tropfen
Brunnenwasser zufliessen (pag. 30). Nach 2—5 Minuten sieht man bei
schwacher Vergrösserung (50 mal), wie sich das Sarkolemm in Form durch-
sichtiger Blasen (Fig. 36, *s*) abgehoben hat; an anderen Stellen, wo sich die
zerrissene Muskelsubstanz retrahirt hat, erscheint das Sarkolemm als feiner
Streifen (Fig. 36, 1 *s'*).

Nr. 20. Kerne. Präparat 18 a anfertigen. Dann lasse man einen
Tropfen Essigsäure zufliessen (pag. 30). Schon bei schwacher Vergrösserung
erscheinen die geschrumpften, aber scharf konturirten Kerne als dunkle,
spindelförmige Striche (Fig. 36, 2).

Nr. 21. Fibrillen. Man lege einen frischen Froschmuskel in 20 ccm
0,1 %ige Chromsäure (pag. 5) Nach ca. 24 Stunden erhält man beim
Zerzupfen in einem Tropfen Wasser Fasern, deren Enden in Fibrillen auf-
gefasert sind (Fig. 35, 2). Will man ein Dauerpräparat herstellen, so legt
man den Muskel in Wasser (1 Stunde lang), dann in 20 ccm 33 %igen
Alkohol 10—20 St., zerzupfe sofort oder bewahre ihn dann in 70 %igen
Alkohol beliebig lange auf bis zum Verarbeiten. Zerzupfen („Isoliren" s.
pag. 11). Wenn die Chromsäure durch längeres, mehrwöchentliches Liegen
in öfters gewechseltem Alkohol ausgezogen ist, kann man dem Zupfpräparat
Pikrokarmin zufliessen lassen (pag. 30) und nach vollendeter Färbung (in
feuchter Kammer pag. 30) dieses durch verdünntes Glycerin ersetzen.

Nr. 22. Enden der Muskelfasern. Man lege einen frischen
Froschgastrocnemius in 20 ccm konzentrirte Kalilauge (Gläschen zudecken).
Nach ca. 30—60 Minuten (in kaltem Zimmer etwas später) zerfällt der

Muskel bei leichter Berührung mit einem Glasstabe in seine Fasern. Tritt diese Wirkung nicht ein, so ist die Lauge zu geringprozentig gewesen (s. pag. 12). Man übertrage nun eine Anzahl Fasern in einem Tropfen derselben Lauge auf den Objektträger (die Fasern können nicht in Wasser oder Glycerin untersucht werden, da die hierdurch verdünnte Kalilauge alsbald die Fasern zerstört) und bedecke vorsichtig mit einem Deckglase. Man sieht bei schwacher Vergrösserung die Enden der Muskelfasern und zahlreiche, bläschenförmig gewordene, glänzende Kerne (Fig. 36, 3).

Nr. 23. Verästelte Muskelfasern. Man schneide einem soeben getödteten Frosche die (vorn am Unterkiefer angewachsene, nach hinten freie) Zunge aus und bringe sie in 20 ccm reine Salpetersäure, welcher ca. 5 gr chlorsaures Kali (es muss noch ungelöstes Kali am Boden des Gefässes liegen bleiben) zugesetzt sind. Nach etwa einer Stunde hebe man die Zunge mit Glasstäben vorsichtig heraus und lege sie in ca. 30 ccm dest. Wasser, das man öfter wechselt. Hier eine Zunge bis zu 3 Tagen liegen bleiben, aber auch schon nach 24 St. verarbeitet werden. Zu dem Zwecke bringe man dieselbe in ein zur Hälfte mit Wasser gefülltes Reagenzgläschen und schüttle einige Minuten; die Zunge zerfällt dabei. Nun giesse man das Ganze in ein Schälchen und bringe nach ca. 1 Stunde oder später etwas von dem unterdessen gebildeten Bodensatze in einem Tropfen Wasser auf den Objektträger. Hier kann man mit Nadeln noch etwas isoliren, was jedoch in den meisten Fällen überflüssig ist. Schwache Vergrösserung. Pikrokarminfärbung unter dem Deckglase (pag. 30). Konserviren in verdünntem Glycerin (pag. 6). (Fig. 36, 4.)

Nr. 24. Glatte Muskelfasern isolirt man am besten, wenn man ein Stückchen Magen oder Darm eines soeben getödteten Frosches in 20 ccm Kalilauge bringt und weiter behandelt wie Nr. 22 (Fig. 32).

IV. Nervengewebe.

Die Elemente des Nervengewebes sind in früh-embryonaler Zeit ausschliesslich Zellen von rundlicher Gestalt, die sog. Neuroblasten. Sie werden im Verlauf der Entwicklung birnförmig, der Stiel der Birne wächst zu einem langen, (oft bis 1 Meter), dünnen Fortsatz aus, der Nervenfortsatz (Achsencylinderfortsatz) genannt wird und frei verästelt endet. Aus dem Körper der Zelle, die wir jetzt Nervenzelle (Ganglienzelle) nennen, können weitere Fortsätze entstehen, welche indessen nur kurz sind und sich baumförmig verzweigen, sie werden Dendriten genannt; ebenso können aus dem Nervenfortsatze feine Seitenäste, die Collateralen herauswachsen.

Nervenzelle und Nervenfortsatz bilden zusammen den Neuron (Neurodendron); Dendriten und Collateralen sind als sekundäre Fortsätze des Neuron zu betrachten. Der Nervenfortsatz kann in seinem ganzen Verlaufe nackt bleiben, er kann aber auch verschiedene Hüllen empfangen. Als solche sind zu nennen 1. Das Neurilemm (Schwann'sche Scheide). 2. Die Markscheide. Beide sind dem Nervengewebe ursprünglich fremd, sind bindegewebiger Abkunft; beide bekleiden den Nervenfortsatz nicht in seiner ganzen Länge, es giebt Strecken, in denen der Nervenfortsatz ganz unbekleidet, nackt ist (Fig. 37a), Strecken, in denen er nur vom Neurilemm (Fig. 37 b), oder nur von der Markscheide (Fig. 37 c) überzogen wird, es giebt endlich Strecken, an denen beide Hüllen vorhanden sind (Fig. 37 d); dann liegt stets die Markscheide dem cylindrischen Nervenfortsatz direkt auf und wird ihrerseits vom Neurilemm überzogen. Der Nervenfortsatz nimmt also stets die Längsachse ein und heisst deshalb hier A c h s e n c y l i n d e r. Bei der oft so bedeutenden Länge des Nervenfortsatzes ist es nicht möglich, den g a n z e n Neuron zu untersuchen. Wir haben meist nur Bruchstücke vor uns, entweder die Nervenzelle, oder den Nervenfortsatz. Daraus erklärt sich die frühere Eintheilung der Elemente des Nervengewebes in N e r v e n z e l l e n und in N e r v e n f a s e r n, so nannte man die mit Hüllen bekleideten Nervenfortsätze. Es giebt keine selbständigen Nervenfasern, jede Faser ist vielmehr ein Fortsatz einer Ganglienzelle. Aus praktischen Gründen behalten wir indessen die alte Eintheilung bei.

A. N e r v e n z e l l e n.

Die Nervenzellen (Ganglienzellen) finden sich in den Ganglien, in Sinnesorganen, im Verlaufe sowohl cerebrospinaler als sympathischer Nerven, hauptsächlich aber im Centralnervensystem. Sie sind von sehr wechselnder Grösse (4—135 μ und darüber) und von mannigfacher Gestalt. Es giebt kugelige und spindelförmige Ganglienzellen; sehr häufig ist die unregelmässige Sternform, d. h. das Protoplasma sendet mehrere Fortsätze aus. Ganglienzellen mit zwei Fortsätzen heissen b i p o l a r e, Ganglienzellen mit mehreren Fortsätzen m u l t i p o l a r e Ganglienzellen (Fig. 38); es giebt auch u n i p o l a r e Ganglienzellen; solche finden sich im Sympathikus von Amphibien und allgemein in der Riechschleimhaut (Fig. 255), sie besitzen

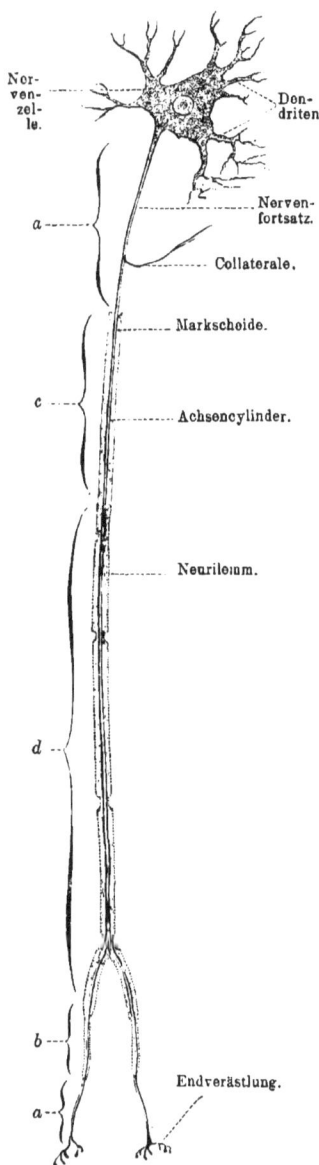

Fig. 37.
Schematische Darstellung eines Neuron.

in der That nur einen einzigen Fortsatz. Die Nervenzellen der Spinalganglien dagegen sind nur scheinbar unipolar, in entwicklungsgeschichtlichen Epochen bipolar, werden sie dadurch unipolar, dass der die Ursprungsstellen der beiden Fortsätze umfassende Theil der Zelle sich zu einem dünnen Stück auszieht, von welchem alsdann unter stumpfem oder rechtem Winkel die divergirenden Fortsätze abbiegen. Solche Zellen werden Zellen mit T-förmigen (oder mit Y-förmigen) Fasern genannt. Apolare, also fortsatzlose Ganglienzellen sind entweder Jugendformen oder durch Abreissen der Fortsätze beim Isoliren entstandene Kunstprodukte. Jede Ganglienzelle besteht aus

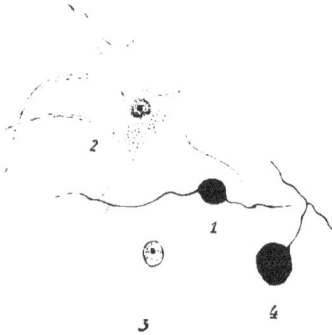

Fig. 38.

Verschiedene Formen von Ganglienzellen. 240mal vergr. 1. Bipolare Zelle aus dem Ganglion nervi acustici eines Rattenembryo. Technik Nr. 187. 2. Multipolare Zelle aus dem Rückenmark des Menschen. Technik Nr. 26. pag. 80. 3. Zelle aus dem Ganglion Gasseri des Menschen, Nervenfortsatz abgerissen. Technik Nr. 25, pag. 80. 4. Zelle en T aus einem Spinalganglion einer jungen Ratte. Technik Nr. 70, pag. 163.

einem körnigen oder feinstreifigen Protoplasma, das nicht selten gelbbraune Pigmentkörnchen enthält (Fig. 38 und Fig. 41) und aus einem bläschenförmigen chromatinarmen Kern, der ein ansehnliches Kernkörperchen einschliesst. Dieser Kern ist charakteristisch für Ganglienzellen. Eine Zellenmembram fehlt.

Die Fortsätze der Nervenzellen sind von zweierlei Art. Man unterscheidet — am Besten an multipolaren Nervenzellen —: 1. Einen Fortsatz, den Nervenfortsatz (Achsencylinderfortsatz) Fig. 39; der einzige seiner Art[1]) wächst er aus der ursprünglich rundlichen Nervenzelle zuerst hervor und ist durch sein hyalines, glattrandiges Aussehen charakterisirt; er leitet cellulifugal. 2. Viele Fortsätze, die Protoplasmafortsätze (Dendriten) Fig. 39; sie wachsen später aus den Nervenzellen hervor, sind dicker, körnig oder feinstreifig und oft mit Knötchen besetzt; sie leiten cellulipetal. Die

---

1) Es giebt auch Zellen mit mehreren Nervenfortsätzen, z. B. im Hirn des Kaninchens, in der Rolando'schen Substanz (Rückenmark) des Hühnchens; vielleicht gehört auch hieher ein Theil der multipolaren Sympathicuszellen der höheren Wirbelthiere. Bei bipolaren Ganglienzellen, deren beide Fortsätze zu Achsencylindern markhaltiger Nervenfasern werden (Spinalganglienzellen von niederen Wirbelthieren und Embryonen) entspricht der centrale gegen das Centralnervensystem verlaufende Fortsatz dem Nervenfortsatz, der peripherische Fortsatz aber einem Dendriten.

Protoplasmafortsätze theilen sich wiederholt und gehen schliesslich in ein
Gewirr feinster Faserchen über.

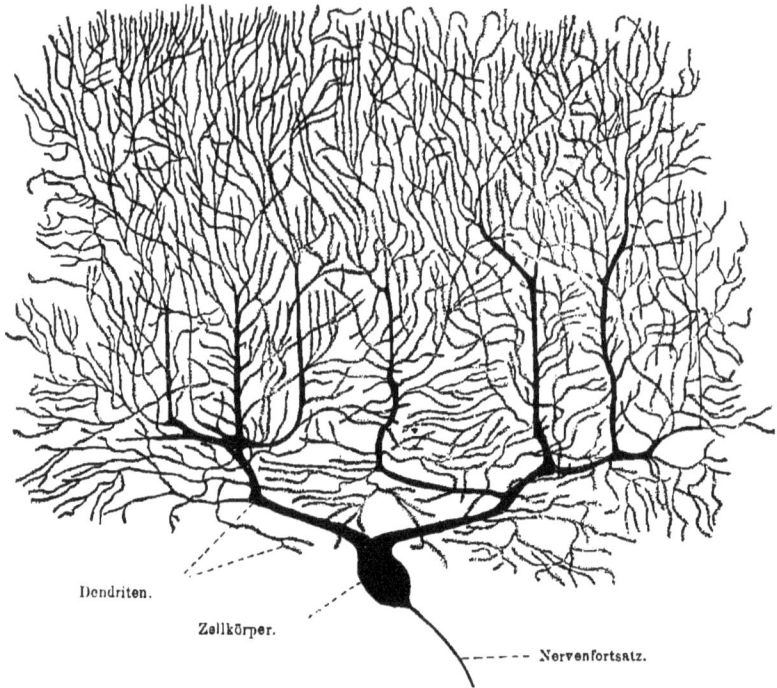

Dendriten.

Zellkörper.

Nervenfortsatz.

Fig. 39.

Nervenzelle („Purkinje'sche Zelle") aus einem Schnitt durch die menschliche Kleinhirnrinde 180mal
vergrössert. Technik Nr. 74, pag. 164.

Nach dem Verhalten des Nervenfortsatzes kann man zwei Arten von
Ganglienzellen unterscheiden. Entweder wird der Nervenfortsatz, nachdem
er eine Anzahl feiner sich weiter verzweigender Seitenästchen („Collateralen")
abgegeben hat, zum Achsencylinder einer markhaltigen Nervenfaser, der nach
langem, oft viele Centimeter betragenden Verlaufe stets in feiner Verästelung
endet; solche Zellen heissen: Zellen mit langem Nervenfortsatz (Deiters'scher
Typus). Fig. 40. Oder der Nervenfortsatz löst sich schon in der Nähe
der Zelle unter fortwährender Theilung in ein nervöses Astwerk auf: Zellen
mit kurzem Nervenfortsatz (Golgi'scher Typus). Fig. 40. Alle Fortsätze
enden frei, ohne Anastomosen zu bilden, eine Verbindung findet nur durch
Kontakt statt. Es giebt somit kein nervöses Netz, sondern nur ein dichtes,
aus den ineinandergreifenden Verästelungen bestehendes Filzwerk [1]).

---

[1]) Ob dieser Satz ausnahmslose Geltung hat, ist nach den neuesten Arbeiten über
die Netzhaut und über das elektrische Organ des Zitterrochens fraglich. Dort sind nervöse

B. Nervenfasern.

Die Nervenfasern werden nach dem Fehlen oder Vorhandensein der Markscheide eingetheilt in marklose und in markhaltige Nervenfasern; jede dieser Abtheilungen zerfällt wieder in Unterabtheilungen je nachdem das Neurilemm da ist oder fehlt.

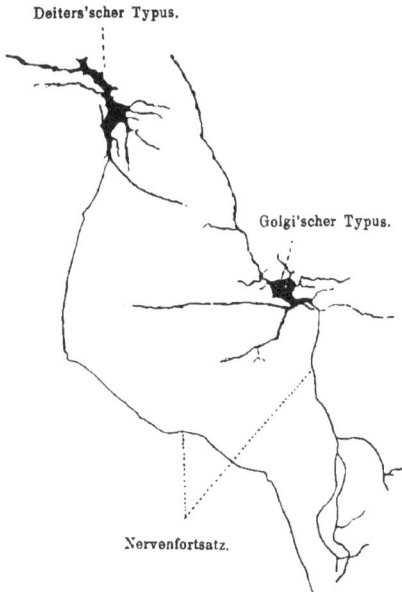

Deiters'scher Typus.

Golgi'scher Typus.

Nervenfortsatz.

Fig. 40.

Zwei Nervenzellen aus Schnitten durch das Rückenmark eines 7 Tage alten Hühnerembryo. Der Nervenfortsatz der linken Zelle ist nicht in seiner ganzen Länge zu sehen. 200 mal vergr. Technik Nr. 70, pag. 163.

1. Marklose Nervenfasern.

a) ohne Neurilemm.

Diese Fasern bestehen nur aus dem Achsencylinder (= Nervenfortsatz); sie heissen deshalb auch „nackte Achsencylinder" und finden sich im Nervus olfactorius, woselbst sie zu Bündeln vereint durch Bindegewebe zusammengehalten werden. Aehnlich verhalten sich viele Nervenfasern des Sympathikus, die sog. Remak'-schen Fasern, durchscheinende, fein längsgestreifte Fäden von cylindrischer oder bandförmiger Gestalt 3—7 μ breit, ca. 2 μ dick; sie bestehen gleichfalls aus Bündeln nackter Achsencylinder, denen aber vereinzelte, mit oblongen Kernen versehene Bindegewebszellen platt anliegen und so eine unvollkommene Hülle darstellen, die dem Endoneurium (siehe Kap. Nervensystem) entspricht.

Während die bis jetzt beschriebenen Fasern den geschilderten Bau in ihrer ganzen Länge zeigen, giebt es andererseits Nervenfasern, die nur in einem bestimmten Abschnitte nackte Achsencylinder sind. Solche treten auf als peripherische Endigung der höheren Sinnesnerven, der sensibeln wie motorischen Nerven; auch der erste Abschnitt des aus der Nervenzelle entspringenden Nervenfortsatzes ist ein nackter Achsencylinder (vergl. Fig. 37 a).

Netze, gebildet von Fortsätzen mehrerer Nervenzellen, beschrieben worden. Wenn im Uebrigen von nervösen Netzen und Geflechten die Rede ist, so ist das so zu verstehen, dass von Nervenfaserbündeln einzelne Nervenfasern sich abzweigen und sich andern Bündeln anschliessen. Ein direkter Uebergang einer Nervenfaser in eine andere findet dabei nirgends statt.

b) mit Neurilemm.

Solche in ihrer ganzen Länge aus Achsencylinder und Neurilemm bestehende Fasern finden sich bei vielen Wirbellosen und unter den Wirbelthieren bei Amphioxus und bei den Cyclostomen. Als Abschnitte kommen derartige Fasern im Verlaufe der cerebrospinalen Nerven vor (s. Fig. 37 b).

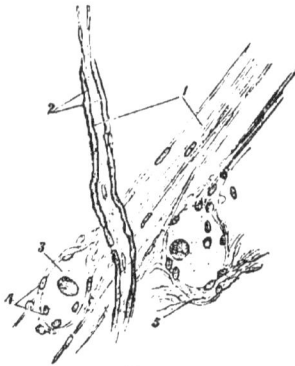

2. Markhaltige Nervenfasern.

Hier giebt es keine Nervenfasern, die in ihrer ganzen Länge eine Markscheide besitzen; dieselbe bekleidet immer nur einen Abschnitt des Achsencylinders. Man unterscheidet auch hier markhaltige Nervenfasern:

a) ohne Neurilemm.

Derartige nur aus Achsencylinder und Markscheide bestehende Fasern kommen nur im Centralnervensystem vor (Fig. 37 c);

b) mit Neurilemm;

Fig. 41.

Zupfpräparat des N. sympath. vom Kaninchen, 240 mal vergr. 1. marklose, 2. dünne markhaltige Nervenfasern, 3. Ganglienzellen; das charakteristische Aussehen der grossen Kerne ist durch die Osmiumsäure verloren gegangen. 4. Kerne bindegewebiger Hüllen, 5. Feine Bindegewebsfasern. Technik Nr. 32, pag. 82.

diese werden in den Stämmen und Aesten der cerebrospinalen Nerven, sowie auch im Sympathikus gefunden und besitzen eine zwischen 1 μ und 20 μ schwankende Dicke.

Die Dicke einer Nervenfaser gestattet keinen Schluss auf die motorische oder sensitive Beschaffenheit derselben, dagegen ist konstatirt, dass die Fasern um so dicker sind, einen je längeren Verlauf sie haben. Theilung markhaltiger Nerven findet statt: 1. überall im Centralnervensystem, wo hauptsächlich in der weissen Substanz unter rechtem Winkel Seitenzweige, die sog. Collateralen abgehen, 2. im peripherischen Nervensystem und zwar hier nur kurz vor der Endigung der Nervenfaser (Fig. 37). Auch die markhaltigen Nervenfasern haben eine beschränkte Lebensdauer. Sie degeneriren, indem Mark- und Achsencylinder allmählich in eine körnige Masse, die reich an Kernen ist, zerfallen; in dieser Masse entstehen von Neuem Markscheide und Achsencylinder, letzterer wahrscheinlich durch Auswachsen vom Achsencylinderfortsatz her.

Bezüglich des feineren Baues und besonderer Eigenthümlichkeiten verhalten sich die drei Bestandtheile der Nervenfasern folgendermassen:

1. Der Achsencylinder, der wichtigste Theil jeder Nervenfaser zeigt zuweilen eine feine Längsstreifung, welche der Ausdruck einer Zusammensetzung aus Fibrillen ist. Jede Fibrille stellt eine besondere Leitungsbahn dar und ist mit den Nachbarfibrillen durch eine geringe Menge feinkörniger Zwischensubstanz, Neuroplasma, verbunden.

2. Die Markscheide besteht aus einer zähflüssigen, stark lichtbrechenden fettartigen Substanz, dem M y e l i n und lässt die frischen markhaltigen Nervenfasern als vollkommen gleichartige, mattglänzende, cylindrische Fäden erscheinen, deren Zusammensetzung erst durch Zuhilfenahme von Reagentien erkannt werden kann. Unter günstigen Umständen sieht man, dass die Markscheide nicht kontinuirlich ist, sondern in etwas unregelmässigen Ab-

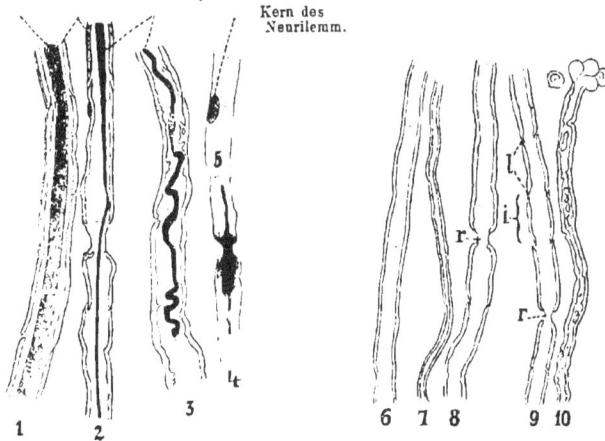

Fig. 42.

Markhaltige Nervenfasern aus dem N. ischiadicus des Frosches 280 mal vergr. 1 Normaler, 2 Geschrumpfter, 3 Geschlängelter Achsencylinder, 4 Stelle eines Schnürringes, 5 Neurilemm mit Kern. Technik Nr. 29, pag. 81. 6, 7, 8 und 9 Frische Markscheiden. 10 Durch Absterben veränderte Markscheide. r Schnürring, l Lantermann'sche Einkerbungen, i cylindrokonisches Segment. Technik Nr. 27a, pag. 81.

ständen durch schräge Einschnitte (Lantermann'sche Einkerbungen)[1]) in die („cylindrokonischen") Segmente getheilt wird (Fig. 42, 9), welche durch Kittsubstanz mit einander verbunden sind. Das im Leben ganz homogene Mark erfährt im Absterben auf Zusatz verschiedener Reagentien eine theilweise Umwandlung, anfangs wird die Nervenfaser doppelt konturirt[2]), später gestaltet sich das Mark zu eigenthümlich kugelig zusammengeballten Massen (Fig. 42, 10).

An bestimmten ringförmig eingeschnürten Stellen fehlt die Markscheide, so dass Achsencylinder und Neurilemm sich berühren. Man nennt diese Stelle S c h n ü r r i n g e (Fig. 42). Der Achsencylinder ist in der Nähe der Schnürringe oft mit einer bikonischen Anschwellung (Fig. 44) versehen, die wohl einer Anhäufung von Neuroplasma ihr Dasein verdankt. Behandlung mit Höllensteinlösungen ergiebt ferner die Ansammlung von Kittsubstanz an den Schnürringen (Fig. 43, r), sowie eine sehr deutliche Quer-

---

1) Sie sind neuerdings von K ö l l i k e r für Kunstprodukte erklärt worden.
2) Daher der alte Name: „doppelt konturirte oder dunkelrandige Nervenfaser".

streifung (Fig. 43) der benachbarten Partien des Achsencylinders [1]). Jede peripherische markhaltige Nervenfaser ist mit Schnürringen versehen, die, in Abständen von 0,08 (bei dünneren) bis 1 mm (bei dickeren Fasern) angeordnet, die Nervenfasern in („interannuläre") Segmente theilen.

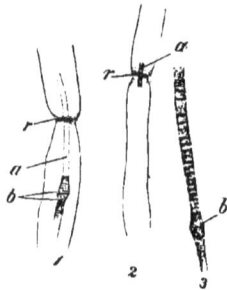

3. Das Neurilemm (Schwann'sche Scheide) ist ein feines structurloses Häutchen, dessen Innenfläche längsovale, von einer minimalen Menge Protoplasmas umgebene Kerne aufliegen. (Fig. 42, 5).

Die Vereinigung der beiden Elemente zum Nervengewebe findet im Bereich des peripherischen Nervensystems durch Bindegewebe statt, welches die Verästlungen der Blutgefässe enthält; im Centralnervensystem wird die Vereinigung ausser durch Bindegewebe noch durch Nervenkitt (Neuroglia) vermittelt.

Fig. 43.

Markhaltige Nervenfasern des Frosches mit Höllensteinlösung behandolt, 560 mal vergrössert. l. r Schnürring. a Achsencylinder nur eine kleineStreckegeschwärzt. b bikonische Anschwellung; beim Isoliren hat sich der Achsencylinder nach unten verschoben. 2. a Achsencylinder in situ nur eine kurze Strecke geschwärzt. 3. Achsencylinder mit Querstreifung. Das Mark ist bei dieser Methode nicht zu sehen, bei 3 war auch die dazu gehörige Faser nicht zu unterscheiden. Technik Nr. 31, pag. 82.

TECHNIK.

Nr. 25. Ganglienzellen, frisch. Man zerzupfe ein Stückchen des Ganglion Gasseri in einem Tropfen Kochsalzlösung und färbe unter dem Deckglase (pag. 30) 2 Minuten mit Pikrokarmin. Die Fortsätze der Zellen reissen meist ab. Fig. 38.

Ebenso kann man Ganglienzellen der Gross- und Kleinhirnrinde erhalten, nur gehen ebenfalls die Fortsätze leicht verloren.

Nr. 26. Multipolare Ganglienzellen des Rückenmarkes. Man befreie frisches Rückenmark (des Rindes) mit der Scheere so gut als möglich von der weissen Substanz und lege den grauen Rest in 1—2 cm langen Stücken in 30 ccm 33⁰/₀igen Alkohol (pag. 4, d). Nach 36—48 Stunden werden die Stückchen auf 24 Stunden in 20 ccm unverdünnte neutrale Karminlösung (pag. 8) gebracht. Dann werden die nun sehr weichen Stückchen mit einem Spatel in ca. 50 ccm destill. Wasser übertragen, um einen Theil der Farbe auszuwaschen und nach ca. 10 Minuten in dünner Schicht auf einem trockenen Objektträger mit Nadeln ausgebreitet. Man kann jetzt schon bei einiger Uebung die Ganglienzellen an ihren lebhaft roth gefärbten Kernen unterscheiden, vom Zellenkörper und den Fortsätzen ist noch nichts zu sehen. Nun lasse man die Schicht vollständig trocknen und bedecke sie dann direkt mit einem Deckglase, an dessen Unterseite ein Tropfen Damarfirniss aufgehängt ist. Fig. 38.

Nr. 27. Frische markhaltige Nervenfasern. Man lege den N. ischiadicus eines eben getödteten Frosches bloss und schneide denselben unten in der Kniekehle und ca. 1 cm höher oben mit einer feinen Scheere durch und isolire (pag. 11) in einem Tropfen Kochsalzlösung.

---

[1]) Ein Kunstprodukt; über dessen Bedeutung siehe pag. 22, Anm. 2.

Nr. 27 a. Besser ist es, das Zerzupfen auf dem trockenen Objektträger ohne Zusatz, bei „halber Eintrocknung" vorzunehmen. Indem man am unteren Ende des Nerven die Nadel ansetzt, spannt sich beim Auseinanderziehen ein glänzendes Häutchen zwischen den etwa zur Hälfte der Länge auseinandergezogenen Nervenbündeln, das nun mit einem Tropfen Kochsalzlösung und einem Deckglase bedeckt wird. Das Häutchen enthält zahlreiche, hinreichend isolirte Nervenfasern. Die Manipulation muss sehr schnell (in .ca. 15 Sekunden) vorgenommen werden, damit die Nervenfasern nicht eintrocknen. Man halte sich nicht mit dem Isoliren in einzelne Bündel auf. Resultat Fig. 42, 6, 7, 8, 9.

Nr. 28. Veränderungen der Markscheide. Man lasse zu Präparat Nr. 27 a einen Tropfen Wasser vom Rande des Deckglases zufliessen. Schon nach einer Minute tritt die Bildung der Marktropfen ein. (Fig. 42, 10.)

Nr. 29. Achsencylinder. Trocken zerzupfen (wie Nr. 27 a) und färben mit Methylenblau (pag. 21); zuerst färben sich die Schnürringe, die oft so dunkel werden, dass man den Achsencylinder dort nicht erkennen kann (Fig. 42, 4). Viele Achsencylinder schrumpfen rasch und verschieben sich in der Markscheide (2), andere ziehen sich zu stark geschlängelten Bändern zusammen (3). Nach Glycerinzusatz ist das Mark als solches nicht mehr deutlich zu erkennen, dagegen treten die Kerne des Neurilemms oft sehr schön hervor (5).

Nr. 30. Darstellung der Achsencylinder mit Chromsäure. Man lege den Nerv. ischiadicus eines frisch getödteten Kaninchens, ohne ihn zu berühren, bloss; dann wird ein Streichhölzchen parallel der Längsachse unter den Nerven geschoben, der Nerv vermittelst Ligaturen an das obere und untere Ende des Stäbchens befestigt, dann erst der Nerv jenseits der Ligaturen durchschnitten und endlich mit dem Hölzchen in 100 ccm einer 0,1 %igen Chromsäurelösung (s. pag. 5) eingelegt.

Nach ca. 24 Stunden werden die Ligaturen durchschnitten, ein 0,5 bis 1 cm langes Stückchen abgeschnitten und in feine Bündel (nicht in Fasern) zerzupft. Die Bündel kommen wieder in die Chromsäurelösung zurück und werden nach weiteren 24 Stunden in 50 ccm destill. Wasser übertragen und nach 2—3 Stunden in ca. 30 ccm allmählich verstärktem Alkohol gehärtet (pag. 15). Es ist gut, wenn die Bündel längere Zeit, 1—8 Wochen, in 90 %igem Alkohol verweilen, weil sie sich dann leichter färben. Nach vollendeter Härtung werden die Bündel in einem Tropfen Pikrokarmin fein zerzupft und nach vollendeter Färbung, welche je nach der Zeitdauer der vorhergegangenen Alkoholhärtung ½—3 Tage (feuchte Kammer! pag. 30) in Anspruch nehmen kann, durch Zusetzen angesäuerten Glycerins (pag. 30) konservirt. Die Schnürringe sind nicht so deutlich wie am frischen und am Osmiumpräparat, sondern nur als feine Querlinien zu erkennen (Fig. 44).

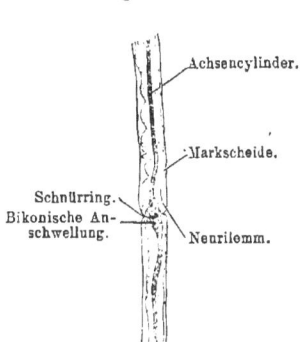

Fig. 44.
Nervenfaser des Kaninchens. 560mal vergr.

Achsencylinder.

Markscheide.

Schnürring.
Bikonische Anschwellung.

Neurilemm.

Die etwas geschrumpften Achsencylinder und die Kerne sind schön roth gefärbt[1]). Nicht selten verschiebt sich der Achsencylinder, so dass die bikonische Anschwellung nicht mehr am Schnürringe, sondern darüber oder darunter liegt.

Nr. 31. Schnürring, Achsencylinder. Vorbereitung: 10 ccm der 1%igen Lösung von Argent. nitr. sind zu 20 ccm destill. Wasser zu giessen. Nun tödte man einen Frosch, eröffne durch einen Kreuzschnitt die Bauchhöhle, präparire sämmtliche Eingeweide heraus, so dass die an der Seite der Wirbelsäure herabsteigenden Nerven sichtbar werden. Jetzt spüle man durch Aufgiessen Wassers die Bauchhöhle aus und giesse, nachdem das Wasser abgelaufen ist, etwa ¹/₃ der Höllensteinlösung auf die Nerven. Nach zwei Minuten schneide man die feinen Nerven vorsichtig heraus und lege sie auf ca. ¹/₂ Stunde in den Rest der Höllensteinlösung. In's Dunkle stellen! Dann übertrage man sie in ca. 10 ccm destill. Wasser, wo sie 1—24 Stunden verweilen können. Betrachtet man alsdann den Nerven in einem Tropfen Wasser, so erkennt man bei schwacher Vergrösserung die aus platten Zellen bestehenden Häutchen (s. „cerebrospinale Nerven") und zahlreiche Pigmentzellen; oft liegt noch ein Blutgefäss dem Nerven an. Nun zerzupfe man den Nerven, bedecke ihn dann mit einem Deckglase und setze an den Rand desselben einen kleinen Tropfen dünnen Glycerins. Untersucht man nun bei starker Vergrösserung, so wird man im Anfang wenig von gefärbten Schnürringen und Achsencylindern sehen, lässt man aber das Präparat einige Stunden im Tageslichte liegen (im Sonnenlichte nur wenige Minuten), so tritt die Schwärzung der genannten Theile ein. Dem Ungeübten wird es im Anfang schwer fallen, die bikonischen Anschwellungen, die durch das Zerzupfen oft weit vom Schnürringe verschoben worden sind, zu erkennen, bei einiger Uebung sieht man leicht Bilder, wie sie Fig. 43 zeigt.

Nr. 32. Marklose Nervenfasern. N. vagus eines Kaninchens wird trocken (Nr. 27 a) zerzupft, dann mit einigen Tropfen einer ¹/₂%igen Osmiumlösung bedeckt; nach 5—10 Minuten sind die markhaltigen Nerven geschwärzt; (man überzeuge sich davon bei schwacher Vergrösserung). Nun lasse man die Osmiumlösung ablaufen und bringe statt deren einige Tropfen destill. Wasser darauf, das nach 5 Minuten durch neues Wasser ersetzt wird. Nach abermals 5 Minuten giesse man das Wasser ab, setze einige Tropfen Pikrokarmin auf das Präparat, bedecke es mit einem Deckglase und bringe es auf 24—28 Stunden in die feuchte Kammer; dann verdränge man das Pikrokarmin durch angesäuertes Glycerin[2]) (pag. 30). Bei starker Vergrösserung sieht man die markhaltigen Nerven blauschwarz, die marklosen sind blassgrau fein längsgestreift. Noch zahlreichere marklose Nervenfasern liefert die gleiche Behandlung des Sympathicus. Nur ist dieser Nerv etwas schwerer aufzufinden. Es empfiehlt sich, das grosse Zungenbeinhorn, sowie den Nerv. hypoglossus zu durchschneiden und auf die Seite zu drängen; hinter dem N. vagus findet man den Sympathicus, der an seinem 3—4 mm grossen, länglichovalen, gelblich durchscheinenden Ganglion cervicale supre-

---

1) Es hängt die Intensität der Färbung auch von der Güte des Pikrokarmins, das leider oft sehr verschieden ist, ab.

2) Man kann auch nach vollendeter Färbung nochmals zerzupfen, was wegen der deutlicheren Sichtbarkeit der Elemente jetzt leichter ist.

mum erkennbar ist. Zerzupft man das dicht unter dem Ganglion befindliche Stück, so erhält man auch die meist zweikernigen [1]) Ganglienzellen;
es ist sehr schwer, letztere so zu isoliren, dass die von ihnen ausgehenden
Fortsätze deutlich sichtbar werden (Fig. 41).

II. Mikroskopische Anatomie der Organe.

I. Cirkulationsorgane.

1. Blutgefässystem.

Die Blutgefässe bestehen aus Bindegewebe, elastischen Fasern und
glatten Muskelfasern, welche Theile, in sehr verschiedenen Verhältnissen ge-
mengt, in Schichten angeordnet sind. Im Allgemeinen herrscht in den Schichten
eine gewisse Richtung vor; so die longitudinale Richtung in der innersten
und äussersten, die cirkuläre in der mittleren Schicht. Eine Ausnahme hiervon machen durch seinen komplizirten Bau das Herz, durch ihren einfachen
Bau die Kapillaren.

Herz.

Die Herzwand besteht aus drei Häuten: 1. dem Endocardium, 2. der
gewaltig entwickelten Muskelhaut und 3. dem Pericardium.

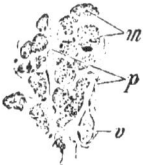

Fig. 45.

Stück einesQuerschnit-
tes eines Papillarmus-
kels des menschlichen
Herzens. 240mal vergr.
m Querschnitte derMus-
kelfasern. *p* Perimy-
sium mit kleinen (dun-
kelgefärbten) Kernen.
v Blutgefäss.
Technik Nr.33.pag.100.

ad 1. Das Endocardium ist eine bindegewebige
Haut, welche glatte Muskelfasern und zahlreiche elastische
Fasern enthält; letztere sind besonders in den Vorhöfen
stark entwickelt und bilden daselbst entweder dichte Fasernetze oder sind selbst zu gefensterten Häuten verschmol-
zen (Fig. 22). Die der Herzhöhle zugewendete freie
Oberfläche ist mit einer einfachen Lage unregelmässig
polygonaler Epithelzellen überzogen.

ad 2. Die nackten Muskelfasern, deren Bau
oben beschrieben worden ist (s. pag. 68), sind von einem
feinen Perimysium umgeben. Ihre Vereinigung erfolgt durch
zahlreiche quere oder schräge Abzweigungen (siehe Fig. 34).
Der Verlauf der Muskelfasern ist ein sehr komplizirter. Die
Muskulatur der Vorkammern ist von jener der Kammern vollkommen getrennt. An den Vorkammern kann man eine beiden Vorkammern gemein-

---

[1]) In Fig. 41 ist zufällig nur die seltenere Form der einkernigen Ganglienzellen
zu sehen.

6*

schaftliche äussere, quere und eine jeder Vorkammer eigenthümliche, innere longitudinale (besonders im rechten Vorhofe, Mm. pectinati) Lage unterscheiden. Ausserdem finden sich viele kleine, in anderen Richtungen verlaufende Muskelbündel. Viel unregelmässiger ist die Muskulatur der Kammern, deren Bündel in den verschiedensten Richtungen, oft in Form von Achterzügen, verlaufen. Zwischen Vorkammern und Kammern liegen derbe Sehnenstreifen, die Annuli fibrosi, von denen der rechte stärker ist als der linke. Ebensolche, jedoch schwächer entwickelte Streifen liegen an den Ostia arteriosa der Kammern; zahlreiche Muskelfasern entspringen von sämmtlichen Streifen.

ad 3. Das Pericardium ist eine bindegewebige, mit elastischen Fasern durchsetzte Haut, welche an der Aussenfläche (des visceralen Blattes) resp. an der Innenfläche (des parietalen Blattes) von einem einschichtigen Epithel überzogen ist. Im visceralen Blatte sind Fettzellen gelegen, das parietale Blatt ist bedeutend dicker.

Die Herzklappen bestehen aus faserigem Bindegewebe, welches mit dem der Annuli fibrosi zusammenhängt, und sind an ihren Flächen vom Endokard überzogen. Muskelfasern sind nur in den Ursprungsrändern der Klappen enthalten.

Die zahlreichen Blutgefässe des Herzens verlaufen in der Muskulatur nach der für Muskeln typischen Anordnung (siehe „Organe des Muskelsystems"). Auch Perikard und Endokard (letzteres nur in seinen tieferen Schichten) besitzen Blutgefässe.

Lymphgefässe finden sich in kolossaler Menge im Herzen; sie stellen ein alle freien Räume zwischen Muskelbündeln und Blutgefässen einnehmendes System dar.

Die dem Vagus und Sympathicus entstammenden, theils marklosen, theils markhaltigen Nerven enthalten in ihrem Verlaufe zahlreiche Ganglienzellen.

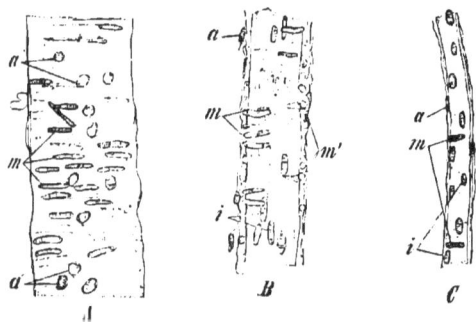

Fig. 46.

Stücke kleiner Arterien des Menschen, 240 mal vergrössert. i Kerne der T. intima, die Konturen der Zellen selbst sind nicht zu sehen. m T. media, an den quergestellten Kernen der glatten Muskelfasern kenntlich; a Kerne der T. adventitia. A Arterie, Einstellung auf die Oberfläche. B Arterie, Einstellung auf das Lumen. Man sieht bei m' die Muskulariskerne von dem einen Pole her, im optischen Querschnitte. C Kleine Arterie kurz vor dem Uebergange in Kapillaren; die T. media besteht hier nur aus vereinzelten Muskelzellen. Technik Nr. 34a, pag. 102.

Arterien.

Die Wandung der Arterien besteht aus drei Häuten: 1. der Tunica intima, 2. der T. media, 3. der T. adventitia. Die Tunica media zeigt Querrichtung, die beiden anderen vorwiegend Längsrichtung ihrer Elemente. Bau und Dicke dieser

Häute wechseln nach der Grösse der Arterien. Aus diesem Grunde empfiehlt sich eine Eintheilung in kleine, mitteldicke und grosse Arterien.

Unter kleinen Arterien verstehen wir die Arterien kurz vor ihrem Uebergang in die Kapillaren. Ihre Intima besteht aus langgestreckten, spindelförmigen Epithelzellen und einer strukturlosen elastischen Haut, der sog. elastischen Innenhaut, die bei etwas grösseren Arterien den Charakter einer gefensterten Membran annimmt. Die Media wird durch eine einfache, bei etwas grösseren Arterien mehrfache Lage glatter Ringmuskelfasern her-

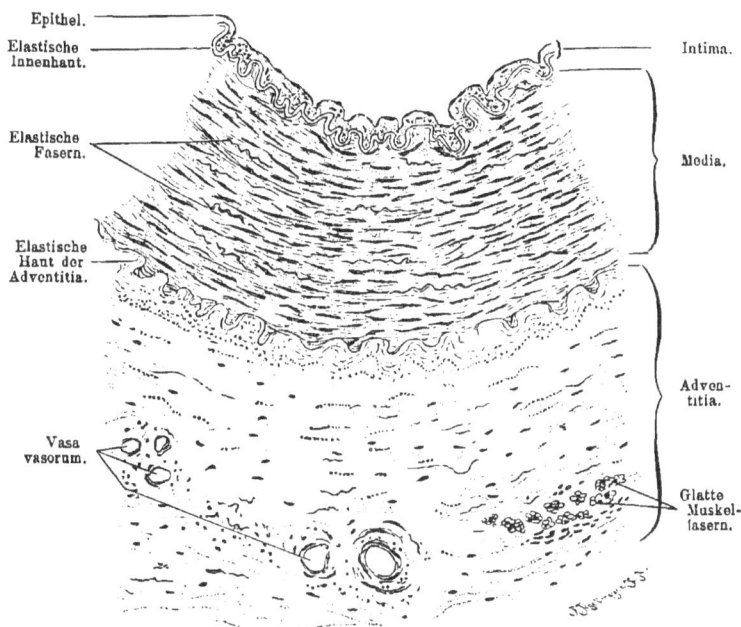

Fig. 47.
Stück eines Querschnittes der Arteria brachialis des Menschen 100mal vergr. Technik Nr. 33, pag. 100.

gestellt. Die Adventitia besteht aus feinfaserigem, längsverlaufendem Bindegewebe und feinen elastischen Fasern. Sie geht ohne scharfe Grenze in das die Arterien tragende Bindegewebe über.

Zu den mitteldicken Arterien zählen wir sämmtliche Arterien des Körpers, mit Ausnahme der Aorta und der A. pulmonalis.

Die Intima hat hier eine Verdickung erfahren, indem zwischen den Epithelzellen und der elastischen Innenhaut noch Netze feiner elastischer Fasern, sowie eine, abgeplattete Zellen einschliessende, streifige Bindesubstanz [1]

---

[1] Sie fehlt der Coeliaca, Iliaca ext., Renalis, den Mesentericae und der Uterina jugendlicher Individuen.

aufgetreten sind, welche beide der Länge nach verlaufen. Die Media besteht nicht mehr allein aus glatten Ringmuskelfasern[1]), die hier in mehreren Schichten übereinanderliegen, sie enthält auch noch weitmaschige Netze feiner elastischer Fasern. Der Antheil beider Gewebe ist in den einzelnen Arterien ein sehr verschiedener, so überwiegt in der Arteria coeliaca, femoralis und radialis das Muskelgewebe, in der Carotis, Axillaris und Iliaca communis

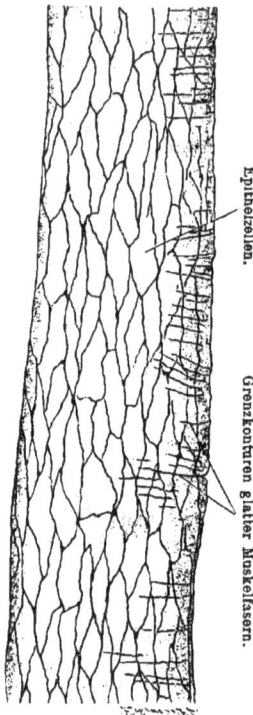

Epithel.

Streifige Binde-substanz.

Bündel glatter Muskelfasern.

Elastische Fasern.

Epithelzellen.

Grenzkonturen glatter Muskelfasern.

Elastische Fasern.

Bindegewebs-bündel.

Intima.

Media.

Adventitia.

Fig. 48.

Fig. 49.

Gefässepithel einer Mesenterialarterie eines Kaninchens, Flächenbild, 260mal vergr. Technik M. 66, pag. 100.

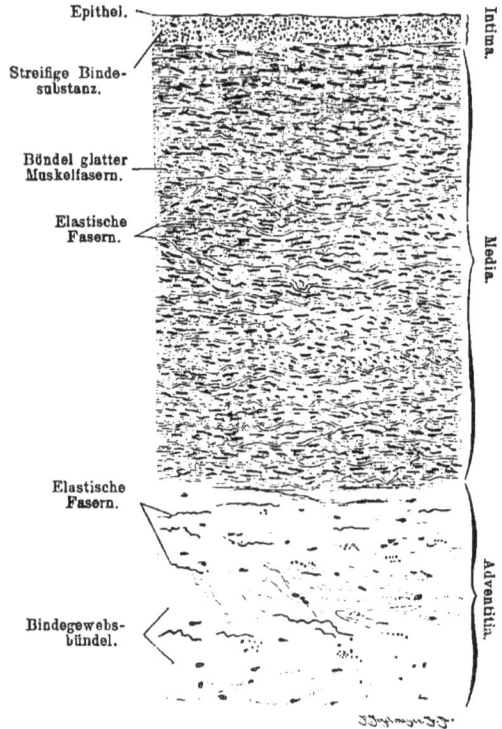

Stück eines Querschnittes der Brustaorta des Menschen. 100mal vergrössert. Technik M. 68, pag 100.

dagegen das elastische Gewebe. Die Adventitia ist ebenfalls dicker geworden. Stärkere elastische Fasern finden sich in besonders reichlicher Menge an der Grenze der T. media und bilden daselbst bei vielen Arterien eine eigene Lage, die als elastische Haut der Adventitia (Fig. 47) bezeichnet worden ist. Als neue Elemente treten in der Adventitia mittel-

---

[1]) An der inneren Grenze der Media kommen auch längs verlaufende Muskelfasern vor; sie sind besonders entwickelt in der A. subclavia.

dicker Arterien glatte Muskelfasern auf, die zu längs verlaufenden einzelnen Bündeln, niemals zu einer geschlossenen Schicht geordnet sind.

Bei den grossen Arterien (Aorta, Pulmonalis) zeigt die Intima kürzere, mehr der polygonalen Form sich nähernde Epithelzellen; dicht darunter liegen die schon bei den mittelstarken Arterien vorkommenden streifigen Bindesubstanzlagen, die auch hier abgeplattete sternförmige oder rundliche Zellen, sowie elastische Fasernetze einschliessen. Diese Fasernetze sind um so dichter, je näher sie der T. media liegen und gehen endlich in eine gefensterte Membran über, welche der elastischen Innenhaut kleinerer und mitteldicker Arterien entspricht. Die T. media der grossen Arterien ist durch reich entwickelte, die muskulösen Elemente an Menge übertreffende, elastische Elemente charakterisirt. An Stelle dünner Fasernetze finden sich hier entweder dichte Netze starker elastischer Fasern oder gefensterte Häute[1]), welche regelmässig mit Schichten glatter Muskelfasern abwechseln. Die elastischen Elemente haben wie die Muskelfasern einen cirkulären Verlauf; schräg die Muskelschichten durchsetzende Fasern und Häute stellen eine Verbindung aller elastischen Elemente der T. media her. Die Adventitia grosser Arterien zeigt keine wesentlichen Eigenthümlichkeiten, sie unterscheidet sich nur wenig von derjenigen mittelstarker Arterien. Eine elastische Haut der Adventitia fehlt. Glatte Muskelfasern kommen daselbst nur bei Thieren vor.

Venen.

Die Wandung der Venen steht hinsichtlich ihrer Dicke nicht in bestimmtem Verhältnisse zur Grösse der Venen, so dass eine Eintheilung nach

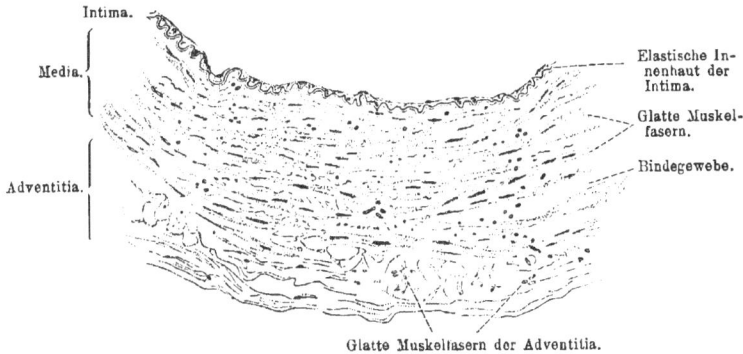

Fig. 50.
Stück eines Querschnittes durch eine Extremitäten-Vene des Menschen, 100 mal vergr. Technik Nr. 83, pag. 100.

der Grösse, wie bei den Arterien, zwecklos ist. Das Charakteristikum der Venen liegt in dem Vorwiegen der bindegewebigen Hüllen und in der ge-

---

[1]) Die elastischen Häute finden sich schon bei den grösseren mitteldicken Arterien; besonders gut sind sie bei den Karotiden ausgeprägt, die bezüglich ihres Baues den grossen Arterien am nächsten stehen.

ringen Ausbildung der muskulösen und elastischen Elemente. Auch an den Venen können wir drei Hüllen unterscheiden[1]).

Die Intima besteht aus einer einfachen Lage platter Epithelzellen, die nur bei den kleinsten Venen von gestreckter, sonst von polygonaler Gestalt sind. Bei mittleren 2—9 mm im Durchmesser zeigenden Venen folgen darauf kernhaltige Bindesubstanzlagen, die sich bei ganz grossen Venen (V. cava sup., V. femor., V. poplit.) zu deutlich streifigen Lagen entwickeln. Daran schliesst sich eine elastische Innenhaut, die bei kleinen Venen strukturlos ist, bei mittleren und grossen Venen durch elastische Netze dargestellt wird. In der Intima der V. iliaca, femoralis, saphena und der Darmvenen finden sich auch einzelne schräg oder längs verlaufende glatte Muskelfasern.

Die T. media zeigt grosse Schwankungen. Sie besteht aus cirkulären Muskelfasern, elastischen Netzen und fibrillärem Bindegewebe und ist am Besten entwickelt in den Venen der unteren Extremität (bes. in der Vena poplitea), weniger in den Venen der oberen Extremität, noch geringer in den grossen Venen der Bauchhöhle; sie fehlt endlich bei einer grossen Anzahl von Venen (den Venen der Pia und Dura mater, den Knochenvenen, Retina-venen, der V. cava superior, sowie den aus den Kapillaren hervorgehenden Venen). Hier finden sich nurmehr schräg und quer gestellte Bindegewebs-bündel.

Die meist gut entwickelte Adventitia besteht aus gekreuzten Binde-gewebsbündeln, elastischen Fasern und längs verlaufenden glatten Muskel-fasern, die bei den Venen viel reicher ent-wickelt sind, als bei den Arterien. Einzelne Venen (Stamm der V. portar. und die V. renal.) besitzen eine fast vollkommene, an-sehnliche Längsmuskelhaut. (Fig. 51.)

Die Venenklappen sind Bildungen der Intima, die an beiden Seiten von (an der dem Blutstrome zugekehrten Seite längs-gestellten, an der der Venenwand zugekehrten

Intima.
Media.
Adventitia
mit quer-
durchschn.
Längsfasern.

Fig. 51.
Querschnitt der Wand der V. renalis des Menschen. 50mal vergrössert. Technik Nr. 33, pag. 100.

Seite quergestellten) Epithelzellen überzogen werden. Unter den längsgestellten Zellen liegt ein dichtes elastisches Netzwerk, unter den quergestellten Zellen ein feinfaseriges Bindegewebe.

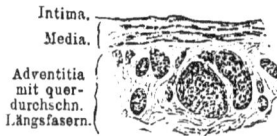

Kapillaren.

Die Kapillaren stellen — wenige Fälle, z. B. die Corpora cavernosa der Geschlechtsorgane, ausgenommen — die Verbindung zwischen Arterien und Venen her. Bei dem Uebergange der ersteren in die Kapillaren erfolgt

---

[1]) Die geringe Entwicklung der Tunica media hat sogar einzelne Histologen ver-anlasst, nur zwei Hüllen, T. intima und adventitia zu unterscheiden und die Schichten, die gewöhnlich als T. media aufgefasst werden, der T. adventitia zuzurechnen.

eine allmähliche Vereinfachung der Gefässwand (Fig. 46 *C*) und zwar in der Weise, dass die Tunica media immer dünner und von weit auseinander stehenden Ringmuskelfasern gebildet wird, die schliesslich vollkommen verschwinden; auch die Tunica adventitia wird feiner; sie besteht aus einer dünnen Lage zellenhaltigen Bindegewebes, das schliesslich ebenfalls verschwindet, so dass zuletzt von der Gefässwand nichts mehr übrig bleibt, als die Intima, die, in ihren Schichten ebenfalls reduzirt, einzig und allein von den platten, kernhaltigen Epithelzellen aufgebaut wird. Die Wandung der Kapillaren besteht somit nur aus einer einfachen Lage von Epithelzellen, deren Gestalt sich am Besten mit einer an jedem Ende zugespitzten Stahlfeder vergleichen lässt. Diese Zellen werden durch eine geringe Menge von Kittsubstanz an den Rändern mit einander verbunden.

Die Kapillaren theilen sich ohne Kaliberverminderung und bilden durch Anastomosen mit Nachbarkapillaren Netze, deren Maschenweite sehr wechselnd ist. Die engmaschigsten Netze finden sich in absondernden Organen, z. B. in Lunge und Leber; weitmaschige Netze kommen vor z. B. in Muskeln, serösen Häuten, in den Sinnesorganen. Umgekehrt verhält sich das Kaliber der Kapillaren; die weitesten Kapillaren finden sich in der Leber, die engsten Kapillaren in der Retina und in den Muskeln.

Neubildung von Kapillaren. Hier sollen nur die postembryonalen Entwicklungsvorgänge besprochen werden. Von der Wand einer schon fertigen Kapillare erhebt sich eine konische Protoplasmamasse, die mit breiter Basis der Kapillare aufsitzt und mit fein zulaufender Spitze frei endigt [1]). Im weiteren Verlaufe der Entwicklung vereinigt sich diese Spitze mit einem anderen ihr entgegenkommenden Ausläufer, der auf gleiche Weise an einer anderen Stelle

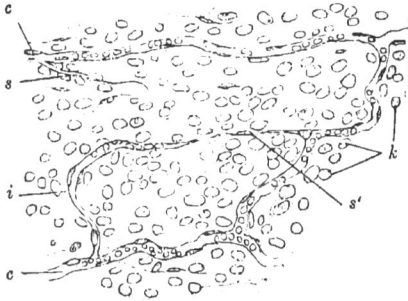

Fig. 52.

Flächenbild eines Stückchens des Omentum majus eines 7 Tage alten Kaninchens, 240mal vergrössert. *c* Blutkapillaren, theilweise noch Blutkörperchen enthaltend. *s* Sprosse einer Kapillare in eine freie, solide Spitze auslaufend. *i* junge Kapillare, schon grösstentheils hohl, bei *s'* noch solid. *k* Kerne des Bauchfellepithels. Technik Nr. 37, pag. 102.

der Kapillarwand entstanden ist. Diese anfangs solide Bildung wird von der Kapillarwand aus hohl und die Wände des so entstandenen Rohres differen-

---

[1]) Solche noch blind endende Kapillarsprossen können schon frühzeitig hohl werden; Blutkörperchen, die da hinein gerathen, gehen zu Grunde, weil sie von der Cirkulation und vom Gaswechsel ausgeschlossen sind, und zerfallen in kleine Fragmente, welche irrthümlicher Weise als Haematoblasten erklärt worden sind. Sie haben mit den wahren Haematoblasten (pag. 112) nichts zu thun.

ziren sich zu Epithelzellen. Die Entwicklung neuer Kapillaren vollzieht sich stets im Zusammenhange mit schon vorhandenen Kapillaren (s. auch Nr. 37, pag. 102).

Alle mittleren und grossen Blutgefässe besitzen zur Ernährung ihrer Wand bestimmte kleine Blutgefässe, die Vasa vasorum, die fast aus-schliesslich in der Adventitia verlaufen (Fig. 47). Die Intima ist stets gefässlos.

Alle Blutgefässe sind mit Nerven versehen, welche in der Tunica media der Arterien und Venen ein Geflecht markhaltiger Nervenfasern bilden. Hiervon entspringen marklose Fasern, welche die Gefässmuskeln versorgen. Die Kapillaren sind von marklosen Nervenfasern umsponnen.

Viele Blutgefässe sind von Lymphgefässen umsponnen, welche zu-weilen so weit sind, dass sie vollkommen die Blutgefässe einscheidende Räume („adventitielle Lymphräume") darstellen.

Die Karotisdrüse (Ganglion intercaroticum) ist eigentlich keine Drüse, sondern besteht im Wesentlichen aus Blutgefässen. Die aus der Theilung der einzigen zuführenden Arterie hervorgegangenen Kapillaren sind sehr un-gleich weit und von zahlreichen, den Plasmazellen (pag. 57) ähnlichen Binde-gewebszellen umgeben, die zu rundlichen Gruppen, sog. Sekundarknötchen vereint sind. Die mehrfachen Venen sammeln sich in der Peripherie der Karotisdrüse, die ausserdem fibrilläres Bindegewebe, einzelne Ganglienzellen und ansehnliche Mengen markhaltiger und markloser Nervenfasern enthält. Aehnlich ist die Steissdrüse (Gland. coccygea) gebaut, deren Blutgefässe durch halbkugelförmige Aussackungen charakterisirt sind.

Das Blut.

Das Blut ist ein leicht klebriger, roth gefärbter Saft, welcher aus einer Flüssigkeit, dem Blutplasma, und aus geformten Elementen: Blutzellen, Blutplättchen und Elementarkörnchen besteht. Es giebt zwei Arten von Blutzellen :

1. Die farbigen Blutzellen (farbige Blutkörperchen, Fig. 53) sind weiche, dehnbare, sehr elastische Gebilde und besitzen eine glatte, schlüpfrige Oberfläche. Sie haben beim Menschen und bei den Säugethieren die Gestalt meist platter, kreisrunder Scheiben [1]), die auf jeder Fläche leicht ausgehöhlt sind und deshalb bikonkaven Linsen gleichen. Ausgenommen hiervon sind Lama und Kameel, deren Blutkörperchen oval sind. Ihr Flächendurchmesser beträgt beim Menschen durchschnittlich 7,5 μ, ihr Dickendurchmesser 1,6 μ. Die farbigen Blutkörperchen unserer einheimischen Säugethiere sind alle kleiner; die grössten sind diejenigen des Hundes (7,3 μ). Die farbigen Blutkörperchen bestehen aus einem Stroma (Protoplasma), welches mit Blutfarbstoff, dem Haemoglobin, gefüllte Lücken enthält. Das Haemo-

---

[1]) Ausserdem finden sich im menschlichen Blute noch kugelige, farbige Blutkörper-chen, Fig. 53, A, 7.; sie sind kleiner (5 μ) und nur in geringer Anzahl vorhanden.

globin verleiht den Blutkörperchen die gelbe oder gelblich grüne Farbe. Ein Kern, sowie eine eigentliche Zellenmembran fehlen. Die farbigen Blutkörperchen der Fische, Amphibien, Reptilien und Vögel unterscheiden sich von denen der Säugethiere durch ihre Gestalt, sie sind oval und bikonvex, durch ihre meist bedeutende Grösse (beim Frosch 22 μ lang, 15 μ breit), sowie durch das Vorhandensein eines runden oder ovalen Kernes; im Uebrigen zeigen sie die gleichen Eigenschaften wie diejenigen der Säugethiere.

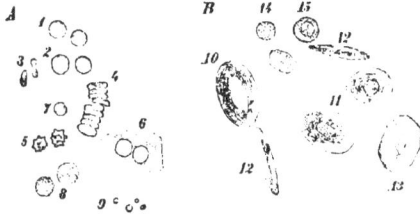

Fig. 53.

Blutkörperchen 560mal vergrössert. *A* des Menschen. *B* des Frosches. 1—6. Scheibenförmige, farbige Blutkörperchen. 1. tiefe Einstellung. 2. hohe Einstellung des Objektivs, 3. u. 4. von der Seite, 5. durch Verdunstung stechapfelförmig geworden, 6. nach Wasserzusatz, 7. kugeliges, farbiges Blutkörperchen, 8. farblose Blutkörperchen. 9. Blutplättchen. 10.—13. Farbige Blutkörperchen des Frosches. 10. Ganz frisch, Kern wenig deutlich. 11. Einige Minuten später, Kern deutlich sichtbar, 12. von der Seite gesehen, 13. nach Wasserzusatz. 14. Lebendes, 15. todtes, farbloses Blutkörperchen. Technik Nr. 38—41, pag. 108.

2. Die weissen (farblosen) Blutzellen (Leukocyten) kommen nicht nur im Blute, sondern auch im Lymphgefässystem vor, woselbst sie „Lymph- und Chyluskörperchen" genannt werden; auch ausserhalb des Gefässystems werden sie gefunden, so im Knochenmark als „Markzellen", ferner massenhaft im adenoiden Gewebe (s. pag. 60), zerstreut im fibrillären Bindegewebe, endlich zwischen Epithel- und Drüsenzellen, wohin sie vermöge ihrer amoeboiden Bewegungen gewandert sind; deshalb führen die Leukocyten auch den Namen „Wanderzellen" (s. pag. 40 und 58).

In allen Fällen sind es membranlose, aus einem Kern und einem klebrigen Protoplasma bestehende Zellen. Eine bestimmte Gestalt kann ihnen deshalb nicht zugeschrieben werden, weil sie während des Lebens in amoeboider Bewegung begriffen sind, im Zustande der Ruhe sind sie kugelig (Fig. 53).

Grösse und Eigenthümlichkeiten von Kern und Protoplasma lassen mehrere Arten unterscheiden: 1. Die kleinsten Leukocyten messen 4—7,5 μ. Ihr Protoplasma ist in so geringer Menge vorhanden, dass es bei den gewöhnlichen Methoden kaum wahrgenommen wird, es bildet nur eine dünne Schale um den verhältnissmässig grossen runden Kern (Fig. 54, *a*). Diese als jüngste Formen aufgefassten Elemente sind wenig beweglich und finden sich vorzugsweise im adenoiden Gewebe. 2. Die zweite Art hat einen Durchmesser von 7,5—10 μ; ihr Kern ist entweder rund, umgeben von einer grösseren Menge körnigen Protoplasmas, oder tief eingeschnitten, gelappt (Fig. 54, *b*), selten sind mehrere getrennte Kerne vorhanden [1]. Letztere Form ist sehr

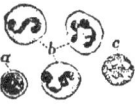

Fig. 54.

Farblose Blutzellen des Menschen, circa 600mal vergr. *c* Zelle mit neutrophilen Granulationen. Technik Nr. 39, p.108.

---

[1] Die Mehrkernigkeit wird oft vorgetäuscht, dadurch, dass die feinen Verbindungsfäden der tiefeingeschnittenen Kerne übersehen werden.

beweglich, die Lappung des Kernes gilt sogar als Ausdruck der Bewegung, und bildet die Hauptmasse aller Blutleukocyten (77 %). 3. Das Protoplasma der dritten Art (von 8—14 μ Grösse) ist durch den Besitz verschieden grosser Mengen von Körnchen, Granulationen, ausgezeichnet, welche sich Farbstoffen gegenüber sehr verschieden verhalten. Man unterscheidet oxyphile, basophile und neutrophile Leukocyten, je nachdem die Granulationen sich mit „sauren", „basischen" oder „neutralen" Farbstoffen imbibiren [1]).

Was die Mengenverhältnisse sowie das Zahlenverhältniss zwischen farblosen und farbigen Blutkörperchen betrifft, so unterliegt die Bestimmung beider bedeutenden Schwierigkeiten, die Angaben können deshalb keine grossen Ansprüche auf Sicherheit erheben. Beim Menschen sind in einem Kubikmillimeter Blut etwa 5 Millionen farbiger Blutkörperchen enthalten. Die farblosen Blutkörperchen sind in viel geringerer Menge im Blute vorhanden; man rechnet ein farbloses Blutkörperchen auf 300—500 farbige.

Die Blutplättchen sind sehr vergängliche, farblose, runde oder ovale Scheiben von drei- bis viermal geringerem Durchmesser als die farbigen Blutzellen (Fig. 53, 9) und sind zuweilen in grosser Anzahl im Blute vorhanden. Es wird ihnen eine Hauptrolle bei der Gerinnung des Blutes zugeschrieben.

Die Elementarkörnchen sind grösstentheils Fettpartikelchen, welche durch den Chylus ins Blut übergeführt wurden. Sie lassen sich bei saugenden Thieren und bei Pflanzenfressern leicht nachweisen; dem vom gesunden Menschen entnommenen Blute fehlen sie.

Nach dem Tode (oder in veränderter Gefässwand) gerinnt das Blut durch Verbindung zweier im Plasma gelöst vorkommenden Substanzen, der fibrinoplastischen und der fibrinogenen Substanz. Das Produkt dieser Verbindung ist der Faserstoff (Fibrin). Das geronnene Blut sondert sich in zwei Theile, in den Blutkuchen (Placenta s. Cruor sanguinis) und das Blutwasser (Serum). Der Blutkuchen ist roth und besteht aus allen farbigen, den meisten farblosen Blutkörperchen und dem Faserstoffe, der sich mikroskopisch als ein Filz feiner Fasern erweist; die Fasern verhalten sich chemisch ähnlich den Fasern des leimgebenden Bindegewebes. Das über dem Blutkuchen sich sammelnde Blutwasser ist farblos und enthält einige farblose Blutkörperchen.

Der in den farbigen Blutkörperchen enthaltene Farbstoff, das Haemoglobin, besitzt die Eigenschaft, unter bestimmten Verhältnissen zu krystallisiren und zwar bei fast allen Wirbelthieren im rhombischen Systeme; die Gestalt der Krystalle ist bei den verschiedenen Thieren eine sehr verschiedene, beim Menschen eine hauptsächlich prismatische. Das Haemoglobin geht

---

[1]) Ehrlich, der diese Eintheilung getroffen hat, geht dabei von anderen Gesichtspunkten aus, wie die Chemiker; saure Farbstoffe sind z. B. solche, bei denen die Säure das färbende Prinzip darstellt.

leicht in Zersetzung über. Eines dieser Zersetzungsprodukte ist das Haematin, welches weitere Umwaudlungen zu Haematoidin und Haemin erfahren kann. Die Krystalle des Haematoidin, welche sich innerhalb des Körpers in alten Blutextravasaten, z. B. im Corpus luteum finden, sind rhombische Prismen von orangerother Farbe. Die Krystalle des Haemin sind, wenn gut entwickelt, rhombische Täfelchen oder Bälkchen von mahagonibrauner Farbe; oft sind sie sehr unregelmässig gestaltet (Fig. 55, 1); sie sind in forensischer Beziehung von grosser Wichtigkeit (s. Technik Nr. 44 a, pag. 106).

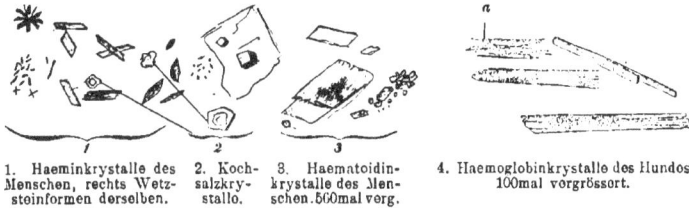

1. Haeminkrystalle des   2. Koch-   3. Haematoidin-   4. Haemoglobinkrystalle des Hundos
Menschen, rechts Wetz-   salzkry-   krystalle des Men-   100mal vergrössert.
steinformen derselben.   stallo.   schen. 560mal verg.

Fig. 55.
Technik Nr. 44, pag. 106.

Entwicklung der farbigen Blutkörperchen. Von der frühesten Zeit der embryonalen Entwicklung an durch das ganze Leben finden sich an bestimmten Orten kernhaltige gefärbte Blutzellen, Haematoblasten (siehe „Knochenmark"). Ihre Menge schwankt und geht parallel mit der Energie des Blutbildungsprozesses. Aus ihnen gehen durch indirekte Theilung die farbigen Blutkörperchen hervor, die anfangs noch kernhaltig sind, später aber ihren Kern verlieren. Als Ort der Blutbildung muss in embryonalen Perioden die Leber, später die Milz, beim Erwachsenen aber ausschliesslich das Knochenmark bezeichnet werden.

2. Lymphgefässystem.

Lymphgefässe.

Die Wandung der stärkeren Lymphgefässe (von 0,2—0,8 mm an) setzt sich, wie die der Blutgefässe, aus drei Schichten zusammen. Die Intima besteht aus Epithelzellen und feinen elastischen Längsfasernetzen. Die Media wird durch quer verlaufende glatte Muskelfasern und wenige elastische Fasern gebildet. Die Adventitia besteht aus längs verlaufenden Bindegewebsbündeln, elastischen Fasern und gleichfalls längsgerichteten Bündeln glatter Muskelfasern. Die Wand der feineren Lymphgefässe und der Lymphkapillaren wird nur durch sehr zarte, oft geschlängelt konturirte Epithelzellen hergestellt. Die Lymphkapillaren sind weiter als die Blutkapillaren, häufig mit Einschnürungen und Ausbuchtungen besetzt und an den Theilungsstellen oft bedeutend verbreitert; das von ihnen gebildete Netzwerk ist unregelmässiger.

Die Frage nach dem Ursprunge der Lymphgefässe ist noch nicht endgültig entschieden; während manche Autoren die Lymphkapillaren für allseitig geschlossen halten, sind nach der zweiten, weit verbreiteten Ansicht die Lymphgefässe peripheriewärts offen, indem sie mit dem im Stützgewebe befindlichen Saftkanalsystem [1]) (pag. 64) in direkter Verbindung stehen.

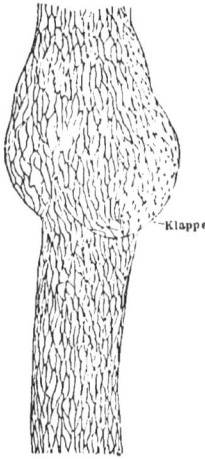

Nach der ersten Meinung würde der durch die Blutkapillarenwand in die Gewebe übergetretene Gewebsaft (Parenchymsaft), soweit er nicht zur Ernährung der Gewebe verbraucht wird, durch Endosmose in die geschlossenen Lymphkapillaren eindringen, nach der zweiten Ansicht dagegen direkt von den Geweben aus durch die offenen Lymphgefässanfänge seinen Abfluss finden.

Von Wichtigkeit ist, dass die Lymphgefässe mit der Pleura- und Peritonealhöhle in offener Verbindung stehen und zwar durch zwischen den Epithelzellen der Pleura resp. des Peritoneum befindliche Oeffnungen, die Stomata, welche in der Pleurahöhle an den Interkostalräumen, in der Peritonealhöhle am Centrum tendineum des Zwerchfelles sich finden.

Fig. 56.
Längsansicht
eines Lymphgefässes des
Mesenterium vom Kaninchen. 50mal vergrössert.
Grenzen d. Epithelzellen.
Technik Nr. 85. pag. 102.

Die Lymphknoten.

Die Lymphknoten (schlechter „Lymphdrüsen") sind makroskopische, n die Bahn der Lymphgefässe eingeschaltete Körper von meist rundlichovaler oder platter, bohnenförmiger Gestalt und sehr wechselnder Grösse. An der einen Seite haben sie meist eine narbige Einziehung, den Hilus, an welchem die abführenden Lymphgefässe austreten [2]). Ihr Bau wird verständlich, wenn wir von folgender Vorstellung ausgehen: An bestimmten Stellen theilen sich (3—6) Lymphgefässe mehrfach in mit einander anastomosirende Aeste, welche indessen sich bald wieder vereinen und zu ebenso viel oder weniger, meist engeren Lymphgefässen zusammenfliessen. So wird eine Art von Wundernetz [3]) gebildet. Die sich theilenden Lymphgefässe heissen

_____

1) Die Saftkanälchen werden als „Lymphbahnen" den mit zelligen Wandungen versehenen Lymphgefässen gegenübergestellt; andere Autoren setzen Lymphbahnen = Lymphgefässen + Saftkanalsystem.

2) Die zuführenden Lymphgefässe dringen an verschiedenen Stellen in den Knoten ein.

3) Wundernetze sind zuerst bei Blutgefässen beschrieben worden. Man versteht darunter ein Gefässnetzwerk, welches den Verlauf eines Gefässstammes plötzlich unterbricht. Man findet sie sowohl an Arterien als auch an Venen: arterielle — venöse Wundernetze. Exquisite Beispiele von (arteriellen) Wundernetzen sind die Glomeruli der Niere (vergl. Fig. 186): ein Arterienstämmchen theilt sich in Zweige, die wiederum zu einem Stämmchen sich vereinen, welches dann in gewöhnlicher Weise sich weiter verästelt.

Vasa afferentia, die zusammenfliessenden Vasa efferentia. Zwischen den Maschen dieses Netzes liegen theils kugelige, theils langgestreckts Körper, die aus adenoidem Gewebe bestehen. Die kugeligen Körper, die Sekundär-knötchen („Follikel", „Ampullen") nehmen die Peripherie, die ge-streckten Körper, die Markstränge, das Centrum des Lymphknotens ein. Faseriges Bindegewebe, die Kapsel, umhüllt den Lymphknoten und schickt Ausläufer, Trabekel, ins Innere des Knotens (Fig. 57). Von den Trabekeln gehen feine Fortsetzungen in Form retikulären Bindegewebes aus, welche die Wandung der Lymphgefässe durchsetzend bis in die Sekundärknötchen und Markstränge eindringen und eine Stütze für die daselbst befindlichen zahl-reichen Leukocyten bilden.

Der Lymphknoten besteht somit aus Rinden- (Kortikal-) substanz und Mark- (Medullar-) substanz, deren gegenseitige Mengenverhältnisse sehr wechseln. Die Rindensubstanz enthält die Sekundärknötchen, welche centralwärts direkt in die Markstränge übergehen (Fig. 57). Sekundärknöt-

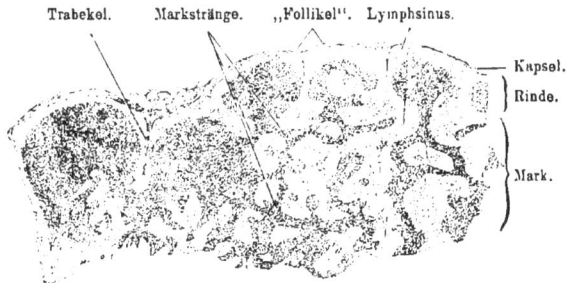

Fig. 57.
Senkrechter Durchschnitt eines Lymphknotens einer 9 Tage alten Katze, 30mal vergrössert.
Technik Nr. 47, pag. 107.

chen und Markstränge werden von den Fortsetzungen der eintretenden Lymphgefässe umgeben[1]). Diese hier sehr erweiterten Lymphgefässe heissen Lymphsinus; sie werden von retikulärem Bindegewebe durchzogen. Sekun-därknötchen und Markstränge bestehen aus adenoidem Gewebe, d. i. aus retikulärem Bindegewebe, in dessen Maschen zahlreiche Leukocyten liegen. In vielen Sekundärknötchen befindet sich ein heller, rundlicher Fleck, das Keimcentrum, dort findet man stets indirekte Kerntheilungsfiguren[2]). Die Sekundärknötchen sind somit Bildungsstätten von Leukocyten, welche in die Lymphsinus und von da in die Vasa efferentia gelangen. Die Kapsel be-steht aus faserigem Bindegewebe und glatten Muskelfasern, welche in den grossen Lymphknoten des Rindes zu grossen Zügen vereint sind. Die ebenso

---

[1]) In das Innere der Sekundärknötchen dringen niemals Lymphgefässe.

[2]) Auch in den Marksträngen erfolgt eine Vermehrung der Zellen, jedoch in viel geringerem Grade, als in dem Keimcentrum der Sekundärknötchen.

gebauten Trabekel schieben sich zwischen Sekundärknötchen und Mark-stränge, berühren dieselben aber nicht, sondern sind von ihnen durch die Lymphsinus getrennt. Die Wandung der Lymphsinus wird nur von einer einfachen Lage platter Zellen gebildet, welche sowohl der Oberfläche der Sekundärknötchen und Markstränge, wie auch der Oberfläche der Trabekel anliegen; auch das mit den Trabekeln zusammenhängende retikuläre Binde-gewebe ist mit platten Zellen überzogen (vergl. pag. 59).

Der hier geschilderte Bau der Lymphknoten ist aber insofern schwierig zu erkennen, als mancherlei Komplikationen sich vorfinden. Diese Kompli-kationen bestehen darin, 1. dass benachbarte Sekundärknötchen oft mitein-ander verschmelzen, 2. dass die Markstränge miteinander zu einem groben Netzwerke sich verbinden, 3. dass ebenso die Trabekel ein zusammenhängen-des Netzwerk bilden, 4. dass das Netz der Markstränge und dass der Trabekel ineinander greifen (Fig. 58), 5. dass die Lymph-sinus mit Leukocyten gefüllt sind, welche erst durch besondere Me-thoden entfernt werden müssen. Auf diese Weise bilden Sekun-därknötchen, Markstränge und die Leukocyten der Lymphsinus eine weiche Substanz, die „Pulpa" (Parenchym der Lymphknoten) genannt worden ist.

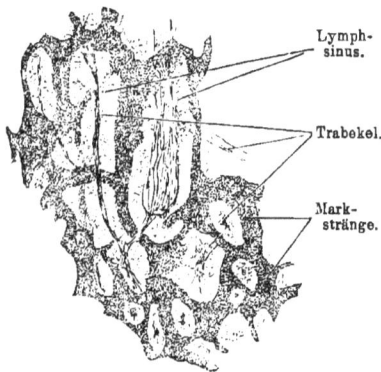

Fig. 58.
Aus einem senkrechten Schnitte eines Lymphknotens eines Rindes, 50mal vergr. Marksubstanz. In der oberen Hälfte sind die Trabekel und Markstränge der Länge, in der unteren Hälfte der Quere nach durchschnitten. Beide bilden ein zusammenhängendes Netzwerk. In den Lymphsinus sieht man die feinen Fasern des retikulären Bindegewebes, welches zum Theil noch Leukocyten ent-hält. Zeichnung bei abwechselnder Tubuseinstellung. Technik Nr. 48, pag. 107.

Die Blutgefässe der Lymph-knoten treten theils an verschie-denen Stellen der Oberfläche, grösstentheils aber am Hilus ein. Die von der Knotenoberfläche eintretenden feinen Blutgefässe vertheilen sich in der Kapsel und in den gröberen Trabekeln, in deren Achse sich verlaufen. Die am Hilus eintretende grössere Arterie theilt sich in mehrere Aeste, die daselbst von reichlicher entwickeltem Bindegewebe umgeben sind. Die Aeste treten zum geringeren Theile in die Trabekel, zum grösseren Theile gelangen sie, die Lymphsinus durchsetzend, in die Markstränge und von da in die Sekundärknötchen; an beiden Stellen lösen sich die Blutgefässe in ein wohlentwickeltes Kapillarnetz auf, welches die zur Bildung der Leukocyten nöthige Sauerstoffmenge liefert. Die Venen treten am Hilus aus.

Die Nerven der Lymphknoten sind spärliche, theils markhaltige, theils marklose Faserbündel, über deren Endigung nichts Näheres bekannt ist.

Die peripherischen Lymphknoten.

Das Leukocyten einschliessende retikuläre Bindegewebe ist nicht nur auf die Lymphknoten beschränkt; es findet sich auch in grosser Ausdehnung in vielen Schleimhäuten, und zwar in verschiedenen Entwicklungsgraden, bald als diffuse, bald als schärfer begrenzte Infiltration von Leukocyten. Diese Formationen werden nicht zum Lymphsystem gerechnet. Es giebt aber noch einen höheren Grad der Ausbildung, in welchem den Sekundärknötchen der Lymphknoten ganz ähnliche K n ö t c h e n ("Follikel") d e r S c h l e i m h a u t mit Keimcentrum bestehen. Diese hat man zum Lymphsystem gerechnet und p e r i p h e r i s c h e L y m p h k n o t e n genannt. Sie sind in vielen Schleimhäuten entweder vereinzelt: S o l i t ä r k n ö t c h e n ("solitäre F o l l i k e l"), oder in Gruppen: "P e y e r'sche H a u f e n", zu finden und liegen in stets einfacher Schicht in der Tunica propria (s. Verdauungsorgane) dicht unter dem Epithel. Verbreitung und Zahl der peripherischen Lymphknoten ist nicht nur bei den einzelnen Thierarten, sondern selbst bei einzelnen Individuen erheblichen Schwankungen unterworfen; da auch ihre Grösse bedeutend differirt und vielfache Uebergänge zu cirkumskripten und diffusen Infiltrationen bestehen, so ist es sehr wahrscheinlich, dass sie während des Lebens werden und vergehen, also nur temporär auftreten. Sie unterscheiden sich von den eigentlichen Lymphknoten vor allem durch ihre minder innigen Beziehungen zu den Lymphgefässen, welche hier keine die Knötchen (Follikel) umgreifende Sinus bilden [1]. Ihre Beizählung zum Lymphgefässsystem scheint insofern eine berechtigte, als auch sie (in dem Keimcentrum) Brutstätten junger Leukocyten sind. Dieselben gelangen jedoch nur zum Theil in die Lymphgefässe; viele wandern vielmehr durch das Epithel auf die Schleimhautoberfläche.

Die Lymphe.

Die Lymphe ist eine farblose Flüssigkeit, in welcher die Leukocyten (s. „weisse Blutzellen" pag. 91) und ausserdem noch Körnchen suspendirt sind. Die letzteren sind unmessbar klein, bestehen aus Fett und finden sich vorzugsweise in den Lymph (Chylus-)gefässen des Darmes; oft sind sie in kolossaler Menge vorhanden und sind dann die Ursache der weissen Farbe des Chylus. In anderen Lymphgefässen sind die Körnchen nur spärlich vorhanden. In den Lymphknoten findet man viele Leukocyten, deren Kern von so wenig Protoplasma umgeben ist, dass dessen Nachweis nur schwer zu liefern ist.

---

[1] Ausgenommen ist nur das Kaninchen, in dessen Peyer'schen Haufen Sinus vorkommen; die Solitärknötchen dieses Thieres entbehren dagegen ebenfalls der Sinus.

Milz.

Die M i l z ist eine Blutgefässdrüse und besteht aus einer bindegewebigen
Hülle, der K a p s e l, und einer rothen, weichen, aus adenoidem Gewebe und
Blutgefässen zusammengesetzten Masse, der M i l z p u l p a.

Die K a p s e l ist fest mit dem sie überziehenden Bauchfelle verwachsen
und besteht vorzugsweise aus derbfaserigem Bindegewebe und Netzen elastischer
Fasern. Bei einigen Thieren (H und, Katze, Schwein u. a.), nicht aber beim
Menschen, finden sich daselbst auch
glatte Muskelfasern. Von der Kapsel
ziehen zahlreiche blatt- oder strang-
förmige Fortsetzungen, die M i l z b a l -
k e n, in das Innere der Milz und
bilden dort ein zusammenhängendes
Netzwerk, in dessen Maschen die Milzpulpa gelegen ist. Auch die Balken
enthalten bei Thieren ausser Bindegewebe glatte Muskelfasern. Am Hilus
der Milz giebt die Kapsel an die Blutgefässe besondere Hüllen („a d v e n -
titielle Scheiden") ab, welche mit
der Adventitia verschmelzen und jene
auf weite Strecken begleiten. Diese
Hüllen sind an den Arterien der Sitz
zahlreicher Leukocyten, die entweder
als kontinuirlicher Beleg den ganzen
Verlauf der Arterien begleiten (z. B.
beim Meerschweinchen) oder nur auf
einzelne Stellen beschränkt sind. In
letzterem Falle bilden die Leukocyten
kugelige Ballen von 0,2—0,7 mm

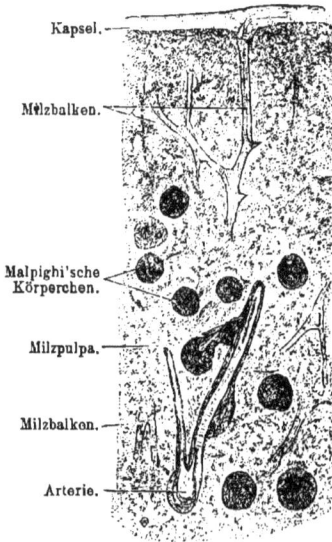

Kapsel.

Milzbalken.

Malpighi'sche
Körperchen.

Milzpulpa.

Milzbalken.

Arterie.

Fig. 59.

Aus einem Querschnitte der menschlichen Milz,
10mal vergrössert. Malpighi'sche Körperchen gut
entwickelt, alle seitlich von Arterien durchbohrt;
an dem rechten Aste der Arterie ist der Beleg der
Leukocyten ein kontinuirlicher.
Technik Nr. 50, pag. 107.

Grösse, die sogenannten M a l p i g h i 's c h e n K ö r p e r c h e n (Mensch, Katze etc.).
Zwischen beiden Formen giebt es viele Uebergänge (Kaninchen, Maus).

Die Malpighi'schen Körperchen sitzen mit Vorliebe in den Astwinkeln
der kleinen Arterien und zwar so, dass die Arterie entweder die Mitte oder
den Rand des Körperchens durchbohrt. Hinsichtlich ihres feineren Baues
stimmen die Körperchen vollkommen mit den Sekundärknötchen der Lymphknoten überein; sie enthalten zuweilen sogar Keimcentren. Auch die Malpighi'schen Körperchen gehören zu den temporären Gebilden; fortwährend
bilden sich solche zurück und entwickeln sich neue.

Die M i l z p u l p a bildet ein Netzwerk von Strängen, welche, ähnlich
denen der Lymphknoten, zwischen den Maschen des Milzbalkennetzes gelegen
sind. Die Stränge hängen zuweilen mit den Malpighi'schen Körperchen zu-

sammen. Die Milzpulpa besteht aus sehr feinem retikulärem Bindegewebe (pag. 59) und zahlreichen zelligen Elementen. Letztere sind theilweise Leukocyten, theils etwas grössere mehrkernige Zellen, ferner farbige Blutkörperchen enthaltende Zellen und freie farbige Blutkörperchen; endlich findet sich daselbst ein körniges Pigment.

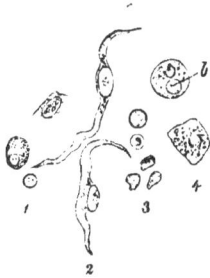

Fig. 60.	Fig. 61.	Fig. 62.
Elemente der menschlichen Milz, 560mal vergr. 1. Farblose Zellen. 2. Epithelzellen. 3. Farbige Blutkörperchen. 4. Körnchenhaltige Zellen; die obere schliesst auch ein farbiges Blutkörperchen *b* in sich. Technik Nr. 49, pag. 107.	Retikuläres Bindegewebe der menschlichen Milz, 560mal vergr. Rand eines Schüttelpräparates gezeichnet. Technik Nr. 51, pag. 108.	Drei Kerntheilungsbilder aus einem Schnitte durch die Milz eines Hundes, 560mal vergrössert. Die Fäden sind bei dieser Vergrösserung nicht zu sehen. Technik Nr. 52, pag. 108.

Blutgefässe. Die Arterien der Milz geben Aeste an die Balken und die Pulpastränge ab und speisen das dichte Kapillarnetz der Malpighischen Körperchen. Die Venen sammeln sich aus einem weiten Netze von Kapillaren („venöse Kapillaren") (Fig. 63), welches zwischen Balken und Pulpasträngen gelegen ist. Die grösseren Venen laufen neben den Arterien. Die Art und Weise des Zusammenhanges der Arterien und Venen ist noch nicht endgültig festgestellt. Die Arterien gehen in langgestreckte Kapillaren über, welche nicht mit einander anastomosiren. Diese (arteriellen) Kapillaren hängen nach der Meinung der Einen direkt mit den venösen Kapillaren zusammen; nach dieser Ansicht würde die Blutbahn der Milz allseitig geschlossen sein. Nach der Meinung anderer Autoren gehen die arteriellen Kapillaren in Räume ohne eigene Wandung, in „intermediäre Lakunen" über, welchen sich siebförmig durchbrochene Venen anschliessen. Letztere vermitteln den Zusammenhang mit geschlossene Wandung besitzenden Venen.

Die Lymphgefässe sind an der Oberfläche der Milz bei Thieren reich, beim Menschen dagegen nur spärlich entwickelt. Die tiefen im Innern der Milz verlaufenden Lymphgefässe sind ebenfalls nur spärlich vorhanden und in ihrem genaueren Verhalten noch nicht aufgeklärt.

Die aus spärlichen markhaltigen Fasern und vielen nackten Achsencylindern bestehenden Nerven treten mit den Arterien in die Milz und verzweigen sich mit diesen. Während ihres Verlaufes geben sie Aeste zur Muskulatur der Arterien (Fig. 64) und bei Thieren, deren Milzbalken glatte Muskel-

7*

fasern besitzen, auch an diese. Auch in der Milzpulpa finden sich Geflechte markloser Nervenfasern, die zum Theil sensibler Natur sind und vermuthlich von den Verästlungen der eben erwähnten markhaltigen Nervenfasern herrühren.

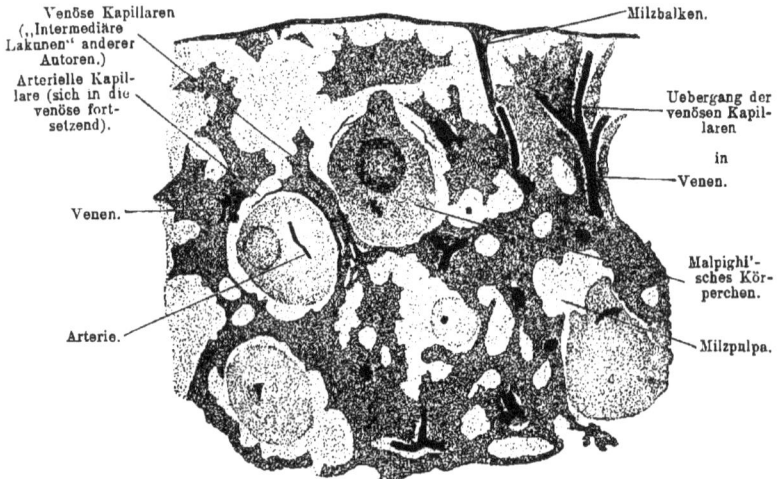

Fig. 63 A.
Schnitt durch eine injizirte Katzenmilz. Technik Nr. 53, pag. 108.

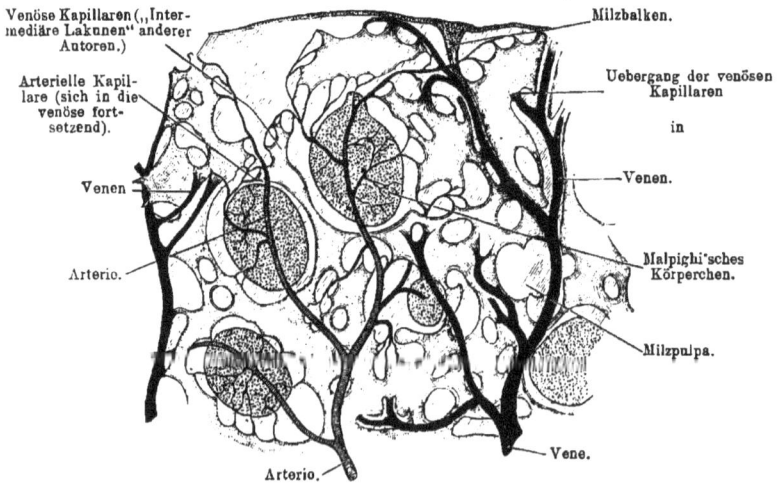

Fig. 63 B.
Schnitt 63 A schematisirt und ergänzt.

TECHNIK.

Nr. 33. Herz und grössere Blutgefässe. Man schneide einen Papillarmuskel aus einem menschlichen Herzen, ein Stück der Aorta von

2 cm Seite, ein 1—2 cm langes Stück der Arteria brachialis mitsammt Venen und umgebendem Bindegewebe und 1 cm langes Stück der Vena renalis aus und hänge die Theile an einem Faden in einem Glase mit ca. 40 ccm absolutem Alkohol auf. Nach 24—48 Stunden sind sämmtliche Objekte schnittfähig. Man klemme sie in Leber ein (Arterie und Vene können zusammen eingeklemmt werden und leiden selbst durch starke Kompression keinen Schaden) und fertige feine Querschnitte an, die man mit Böhmer'schem Haematoxylin 2—5 Min. lang färbt (pag. 18). Einschluss in Damarfirniss (pag. 27) (Fig. 45, 47, 49—51). Die elastischen Fasern bleiben ungefärbt, können jedoch oft erst mit starken Vergrösserungen deutlich erkannt werden.

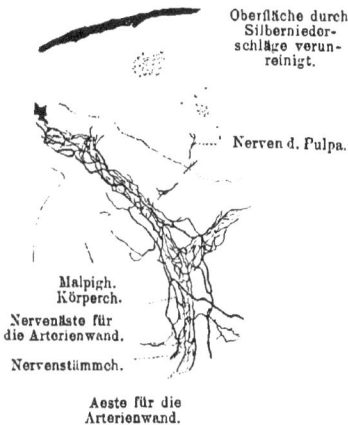

Oberfläche durch Silbernieder-schläge verunreinigt.

Nerven d. Pulpa.

Malpigh. Körperch.

Nervenäste für die Arterienwand.

Nervenstümmch.

Aeste für die Arterienwand.

Fig. 64.

Schnitt durch die Milz einer Maus 85 mal vergrössert. Die hier auf ihrer ganzen Länge mit Leukocyten infiltrirte Arterienscheide ist durch eine punktirte Linie gegen die Pulpa abgegrenzt. Technik Nr. 54, pag. 108.

Querschnitte geben über den Verlauf der Adventitiaelemente ungenügenden Aufschluss. Oft sieht es aus, als ob sämmtliche Adventitiaelemente cirkulär angeordnet seien [1]). Die wahre Anordnung kann erst mit Zuhilfenahme von Längsschnitten, welche auch die Muskelfasern der Adventitia deutlich zeigen, erkannt werden.

Nr. 34. Kleine Blutgefässe und Kapillaren. Man ziehe von einem menschlichen Gehirn an der Basis langsam Stückchen Pia von 1—3 cm Seite ab (dabei werden die senkrecht in das Gehirn eindringenden feinen Blutgefässe mit ausgezogen), befreie sie durch Schütteln in Müller'scher Flüssigkeit von den anhängenden Gehirnmassen und lege sie in 50 ccm Müller'sche Flüssigkeit auf 3—10 Tage; dann bringe man die Stückchen auf 1—3 Stunden in Wasser (in fliessendes 1 Stunde) und härte sie endlich in ca. 40 ccm allmählich verstärktem Alkohol (pag. 15). Betrachtet man ein solches Stückchen in einer Uhrschale auf schwarzem Grunde, so sieht man die feinen Gefässchen isolirt. a) Mit einer feinen Scheere werden kleine Gefässbäumchen abgeschnitten, 2—5 Min. in Böhmer'schem Haematoxylin gefärbt (pag. 18) und in Damarfirniss (pag. 27) eingeschlossen. Fig. 46. b) Von den grösseren Stämmchen der Hirngefässe schneide man ein ca. 5 mm langes Stückchen der Länge nach auf, färbe es in Böhmer'schem Haematoxylin und lege es so auf den Objektträger, dass die Adventitiaseite auf dem Glase aufliegt. Konserviren in Damarfirniss. Man kann durch wechselnde Einstellung des Tubus sehr schön die drei Schichten und deren Verlaufsrichtung sehen.

Kapillaren findet man auch bei der Untersuchung frischen Gehirns. Man erkennt sie an den parallel verlaufenden Konturen und den ovalen Epithelkernen; ferner auch an anderen Präparaten, wie z. B. an Nr. 9 (pag. 66).

---

[1]) Ein Theil derselben, z. B. die innersten Abschnitte der elastischen Haut der Adventitia, verläuft in der That cirkulär.

Nr. 35. Gefässepithel. Man tödte ein Kaninchen durch Halsab-
schneiden, öffne mit der Scheere den Bauch durch einen Kreuzschnitt und
schiebe unter das Mesenterium, ohne dasselbe mit dem Finger viel zu berühren, einen Korkrahmen von ca. 2 cm Seite, spanne dasselbe mit einigen
Igelstacheln glatt auf, schneide es rings um den Rahmen ab und lege das
aufgespannte Stück in 20—30 ccm der 1⁰/₀igen Silberlösung (pag. 6).
Nach ca. 30 Sekunden ist eine milchige Trübung der Lösung erfolgt; nun
nehme man den Rahmen heraus, spüle die aufgespannte Haut mit destillirtem
Wasser vorsichtig ab, und setze das Ganze in einer weissen Schale mit ca.
100 ccm dest. Wasser dem direkten Sonnenlichte aus. Nach wenigen Minuten
schon ist die Bräunung erfolgt. Nun wird das Ganze in ca. 50 ccm 70⁰/₀igen
Alkohol übertragen (die Haut muss in den Alkohol tauchen); nach einer
halben Stunde schneide man mit einer Scheere Stücke von 5—10 mm Seite
aus, und konservire in Damarfirniss (pag. 27). Hat man kein Sonnenlicht,
so wird das aus der Silberlösung genommene Präparat abgespült und ca.
20 Stunden in ca. 30 ccm 70⁰/₀igen Alkohol, dann in ebensoviel 90⁰/₀igen
Alkohol gebracht und in diesem beim ersten Sonnenblicke dem Lichte ausgesetzt. Man vergesse nicht, dass man keine Schnitte, sondern wie in Nr. 34,
das ganze Gefäss vor sich hat, so dass nur die richtige Einstellung auf die
Fläche des Gefässes ein Bild wie Fig. 48 ergiebt.

Nr. 36. Elastische gefensterte Membranen s. Technik Nr. 13,
pag. 63.

Nr. 37. Neubildung von Kapillaren. Man tödte ein 7 Tage
altes Kaninchen durch Chloroform, spanne es mit Nadeln auf (pag. 11), eröffne durch einen Kreuzschnitt die Bauchhöhle, nehme rasch Milz, Magen
und das daranhängende grosse Netz heraus und lege diese Theile in ca.
80 ccm gesättigte, wässerige Pikrinsäurelösung (pag. 5). Hier breitet sich
das sonst schwer abzulösende grosse Netz leicht aus. Nach 1 Stunde schneide
man nun dasselbe ab, übertrage es in 60 ccm destillirtes Wasser und theile
es mit der Scheere in ca. 1 qcm grosse Stücke. Ein solches Stück wird
auf einen trockenen Objektträger gebracht (das Wasser durch Fliesspapier
abgezogen), und dann mit Nadeln möglichst glatt ausgebreitet[1]), was um so
leichter gelingt, je weniger Flüssigkeit dem Präparate anhängt. Dann bringe
man 1—2 Tropfen Böhmer'sches Haematoxylin auf das Präparat. Nach
1—5 Minuten lasse man das Haematoxylin ablaufen und lege den Objektträger mit dem Präparate in eine flache Schale mit destillirtem Wasser;
das Präparat wird sich bald vom Objektträger abheben, bleibt aber glatt
und wird nun nach 5 Minuten mit dem Spatel in ein Uhrschälchen voll
Eosin (s. pag. 9) übertragen, wo es 3 Minuten verbleibt. Dann wird das
Präparat in destillirtem Wasser eine Minute lang ausgewaschen und auf
den Objektträger gebracht; das Wasser wird wieder mit Filtrirpapier abge-
sogen, etwaige Falten mit Nadeln ausgeglichen und endlich ein Deckglas,
an dessen Unterseite ein Tropfen verdünntes Glycerin angehängt ist, aufgesetzt. Man kann statt Glycerineinschluss auch Damarfirniss (d. h. Alkohol abs., Bergamottöl, Firniss) nehmen, doch gehen feinere Details leicht
verloren. Die rothen Blutkörperchen sind durch Eosin glänzend roth gefärbt. (Fig. 52.)

---

1) Die sehr zarten jungen Kapillaren können dabei durch Zerrung leicht von den
älteren Kapillaren losgerissen werden und imponiren dann als „isolirte blutkörperchen-
haltige Zellen"; man hat solche Kunstprodukte als „vasoformative Zellen" beschrieben.

Nr. 38. Farbige Blutkörperchen des Menschen. Man reinige einen Objektträger und ein kleines Deckglas sorgfältig (zuletzt mit Alkohol). Dann steche man sich mit einer gereinigten Nadel in die Seite der Fingerspitze; der zuerst hervortretende Blutstropfen wird durch leichtes Aufdrücken des Deckglases aufgefangen, das Deckglas selbst ohne weiteren Zusatz rasch auf den Objektträger gelegt. Man erblickt bei starker Vergrösserung oft viele mit den Flächen aneinander geklebte rothe Blutkörperchen, „Geldrollenformen" (Fig. 53, 4), sowie isolirte farbige und farblose Blutkörperchen. Die zackigen Ränder mancher Blutkörperchen sind durch Verdunstung entstanden. Setzt man an der einen Seite einen Tropfen Wasser an den Rand des Deckglases, so tritt alsbald eine Entfärbung der Blutkörperchen ein, während das Wasser gelblich wird [1]; dabei werden die Blutkörperchen kugelrund, erscheinen nur mehr als blasse Kreise, die schliesslich ganz verschwinden. Es empfiehlt sich, die Entfärbung an einem Blutkörperchen zu studiren.

Nr. 39. Für Dauerpräparate farbiger und farbloser Blutkörperchen bediene man sich der Trockenmethode Ehrlich's. Es muss vorausgeschickt werden, dass diese Methode bei genauer Berücksichtigung aller angegebenen Vorschriften und bei einiger Uebung gute Resultate ergiebt, dass aber bei ungeschickter Behandlung eine Menge von Zerrbildern entstehen, die dem Unerfahrenen mancherlei Täuschung vorspiegeln. Wer mit dieser Methode Neues entdecken will, muss sehr geübt und sehr vorsichtig im Urtheil sein.

Vorbehandlung. Vor der Blutabnahme wird die betreffende Hautstelle (Fingerspitze) mit Seife gereinigt. Die dünnen Deckgläschen, die nicht über 0,1 mm dick sein dürfen, werden zuerst ein paar Minuten in verdünnte Salzsäure, dann in destillirtes Wasser gelegt und schliesslich mit Alkohol gereinigt. Am besten nimmt man noch nie gebrauchte Deckgläser. Zu je einem Blutpräparat braucht man 2 Deckgläser. Dann bereite man eine Mischung von gleichen Theilen absoluten Alkohols und Schwefeläther (etwa je 5 ccm), befeuchte damit ein Bäuschchen reiner Watte und reinige die Fingerspitze nochmals. Nun mache man mit einer nicht zu anatomischen Zwecken benutzten, reinen Nadel einen Einstich in die durch Kompression etwas hyperaemisch gemachte Fingerspitze, auf den hervorquellenden kleinen Bluttropfen wird ein Deckgläschen leicht aufgedrückt, das mit einer Pincette (nicht mit den Fingern) gehalten wird und dann auf das zweite Deckgläschen gelegt. Zwischen den beiden Gläschen breitet sich der Bluttropfen in dünner Schicht aus; sofort werden die beiden Deckgläschen, die man so auf einander gelegt hat, dass der Rand des einen etwas überragt, mit zwei Pincetten aus einander gezogen. Durch diese Manipulation wird der Einfluss des verdunstenden Schweisses auf die Blutkörperchen verhindert, die sonst ihr Haemoglobin verlieren oder schrumpfen.

Sobald das Blut auf den Deckgläschen an der Luft eingetrocknet ist (nach wenigen Minuten), werden die Gläschen in die mit Alkoholäther gefüllte Schale zur Fixirung eingelegt. Nach $1/4$—2 Stunden nimmt man die Gläschen wieder heraus, lässt sie an der Luft wieder trocknen und beginnt nun (ca. 5 Minuten nach der Alkoholätherfixirung) entweder sofort oder beliebig später [2] die Weiterbehandlung.

---

1) In Fig. 53, 6 ist die gelbliche Umgebung der blassen Blutkörperchen etwas zu dunkel dargestellt.
2) Die fixirten Trockenpräparate können lange aufbewahrt werden.

Weiterbehandlung. a) Für oxyphile (eosinophile, α-) Granulationen. Man lege das Trockenpräparat auf 24 Stunden in ca.
4 ccm destillirtes Wasser, dem man etwa 10 Tropfen Eosinlösung (pag.
9) zugesetzt hat. Dann spüle man einige Minuten in destillirtem Wasser ab und färbe
1—5 Minuten in einer Uhrschale mit Haemalaun (pag. 19). Dann übertragen in destillirtes Wasser, nach 5 Minuten herausnehmen und an der
Luft unter einer Glasglocke trocknen lassen. Das trockne Präparat wird
nun direkt mit einem Tropfen Damarfirniss bedeckt und so konservirt. Die
farbigen Blutkörperchen und die oxyphilen Granulationen der farblosen
Blutkörperchen sind leuchtend roth, die Kerne blau gefärbt. Die oxyphilen
Granulationen finden sich zwar in den Leukocyten des normalen Blutes, der
Lymphe und in den Geweben, sind aber in normalem Blute selten; zum
Aufsuchen genügen meist mittlere Vergrösserungen ($\frac{4}{1}^{0}_{0}$).

b) Für basophile Granulationen; man unterscheidet hier zwei Gruppen:
für die γ- oder Mastzellen-Granulationen, welche sich nur in Leukocyten pathologischen Blutes finden, färbe man das Trockenpräparat nach der
Nr. 6, pag. 65 angegebenen Methode. Nach vollendeter Färbung verfahre
man wie bei a). Die blauvioletten Granulationen sind gröber wie die
δ-Granulationen, welche sich in den rundkernigen Leukocyten normalen und anderen Blutes finden. Das Trockenpräparat wird 5—10 Minuten in
5 ccm Methylenblaulösung (pag. 9) gebracht, dann abgewaschen [1]), getrocknet
und in Damarfirniss konservirt wie bei a). Diese Granulationen sind fein
und mit den gewöhnlichen starken Trockenlinsen kaum zu sehen, man be-
nutze eine Immersionslinse.

c) Für neutrophile (ε-) Granulationen. Man löse 1) 1 gr Orange-
gelb extra in 50 ccm destillirtem Wasser, 2) 1 gr Säurefuchsin extra in
50 ccm destillirtem Wasser, 3) 1 gr krystallisirtes Methylgrün in 50 ccm
destillirtem Wasser und lasse die 3 Lösungen durch Absetzen klar werden.
Dann mische man von Lösung 1) 11 ccm, von Lösung 2) 10 ccm, giesse
20 ccm destillirtes Wasser und 10 ccm destillirten Alkohol hinzu; dieser
Mischung werden zugesetzt eine Mischung von Lösung 3) 13 ccm +
Aqua destill. 10 ccm + Alk. absol. 3 ccm. Das Ganze bleibt bis zum
Gebrauche 1—2 Wochen stehen. In diese „Triacidlösung" wird das Trockenpräparat 15 Minuten eingelegt, dann abgewaschen, getrocknet und in Damarfirniss konservirt wie bei a). Die neutrophilen Granulationen, welche
sich in den gelappt-kernigen Leukocyten normalen und anderen Blutes finden,
sind von violetter Farbe und leicht mit den gewöhnlichen starken Trockenlinsen zu sehen, die oxyphilen Granulationen und die farbigen Blutkörperchen
sind gelbbraun bis chokoladebraun gefärbt, die Kerne sind leuchtend blau-
grün, doch sind ihre Umrisse nicht so scharf wie an den Haemalaun-
präparaten.

Nr. 40. Die Blutplättchen erhält man, indem man vor dem Stiche
in den Finger auf diesen einen Tropfen einer filtrirten Mischung von ca.
5 Tropfen wässerigem Methylviolett (pag. 9) mit ca. 5 ccm Kochsalzlösung
(pag. 4) bringt und durch den Tropfen in den Finger sticht. Das heraustretende Blut mischt sich mit dem Methylviolett, ein Tropfen davon wird
mit der Deckglasunterfläche aufgefangen und bei starker Vergrösserung

---

[1]) Bei der Methylenblaufärbung schwimmt beim Abwaschen nicht selten das ganze
Blutpräparat vom Deckglase; man kann, um das zu verhindern, das Trockenpräparat vor
der Färbung rasch durch eine Flamme ziehen.

untersucht. Die Plättchen sind intensiv blau gefärbt, von eigenthümlichem
Glanze, scheibenförmig (Fig. 53) und nicht zu verwechseln mit den gleichfalls gefärbten weissen Blutkörperchen. Ihre Menge ist individuell sehr
verschieden, im Blute des Einen sind sie in grosser Menge, im Blute des
Andern nur ganz vereinzelt zu finden. Man hüte sich vor Verwechslungen
mit körnigen Verunreinigungen, die auch in der filtrirten Farblösung vorkommen.

Nr. 41. Farbige Blutkörperchen von Thieren (Frosch) sind
dem frisch getödteten Thiere (pag. 10) zu entnehmen und in gleicher Weise
zu behandeln wie Nr. 38.

Nr. 42. Für forensische Zwecke, in denen es sich ja meistens
um Untersuchung schon eingetrockneten Blutes handelt, weiche man kleine
Partikelchen in 35 %iger Kalilauge auf dem Objektträger auf; blutbefleckte
Leinwandstückchen zerzupfe man in einem Tropfen Kalilauge. Obwohl die
farbigen Blutkörperchen unserer einheimischen Säugethiere kleiner sind,
als die des Menschen, so ist es doch unmöglich, aus der Grösse der Blutkörperchen die Frage zu entscheiden, ob das Blut vom Menschen oder
vom Säugethiere stamme. Leicht ist es dagegen, die ovalen Blutkörperchen der anderen Wirbelthiere von den scheibenförmigen der Säuger zu
unterscheiden.

Nr. 43. Farblose Blutkörperchen, Leukocyten in Bewegung.
Vorbereitung: Man reinige mit Spiritus sorgfältig einen Objektträger und
ein Deckglas. Man fasse einen Frosch an den Hinterbeinen, trockne die
untere Rückengegend mit einem Tuche etwas ab und mache mit einer feinen
Scheere einen ca. 1 cm langen Einschnitt parallel der Wirbelsäule, dicht
neben derselben. Nun führt man eine Pipette in die kleine Wunde (Spitze
der Pipette kopfwärts gerichtet) und saugt die Spitze voll. Ein kleiner
Tropfen genügt schon; er wird auf den Objektträger geblasen, rasch mit
dem Dekglase bedeckt und dieses mit heissem Paraffin (pag. 30) umrandet.
Ein solches Präparat zeigt farbige und farblose Blutkörperchen; anfangs
sind die Kerne der ersteren undeutlich. Die Kerne der lebenden farblosen
Blutkörperchen sind überhaupt nicht zu sehen. Zum Studium der Bewegung
wähle man solche Leukocyten, deren Protoplasma theilweise körnig ist und
die nicht rund sind. Die Bewegungen folgen langsam; man kann sich am
besten davon überzeugen, wenn man in Intervallen von 1 bis 2 Minuten
kleine Skizzen eines und desselben Leukocyten verfertigt. Starke Vergrösserung (Fig. 4).

Nr. 44. Blutkrystalle. a) Die Herstellung der Haeminkrystalle
ist leicht. Man schneide ein Läppchen (von ca. 3 mm Seite) einer blut-
getränkten, trockenen Leinwand aus und bringe es mit einem höchstens steck-
nadelkopfgrossen Stückchen Kochsalz auf einen reinen Objektträger. Dann
gebe man einen grossen Tropfen Eisessig hinzu und stosse mit einem
stumpfen Glasstabe Salz und Leinwand so lange, bis der Eisessig sich
bräunlich färbt. Das muss rasch geschehen, da sonst der Eisessig verdunstet.
Dann erhitze man den Objektträger über der Flamme bis zu einmaligem
Aufkochen der Flüssigkeit. (Man sieht dies am leichtesten in der nächsten
Umgebung des Läppchens.) Nun nehme man das Läppchen weg und
untersuche die trockenen braunen Stellen auf dem Objektträger mit starker
Vergrösserung (von 240 mal an). Man sieht zuweilen schon ohne Deckglas, ohne Konservirungsflüssigkeit die braunen Krystalle (Fig. 55, 1)

neben zahlreichen Fragmenten von weissen Kochsalzkrystallen. Zum Konserviren bedecke man den Objektträger direkt mit einem grossen Tropfen Damarfirniss und einem Deckglase. Form und Grösse der Haeminkrystalle sind sehr verschieden. Man erhält von demselben Blut gut ausgebildete Krystalle, theils einzeln, theils kreuzweise übereinanderliegend, theils zu Sternen vereint (Fig. 55), neben wetzsteinähnlichen Formen und kleinsten, kaum die Krystallform zeigenden Partikelchen. Der Nachweis der Haeminkrystalle ist in forensischer Hinsicht von grosser Wichtigkeit. So leicht es oft ist, aus grösseren Flecken an Kleidungsstücken die Krystalle herzustellen, so schwierig ist es, von kleinen Flecken, besonders an rostigem Eisen, den Nachweis zu liefern, dass sie von Blut stammen. Die bei solchen Untersuchungen zu verwendenden Instrumente und Reagentien müssen absolut rein sein.

b) Haematoidinkrystalle findet man beim Zerzupfen alter Blutextravasate, die schon makroskopisch durch ihre rothbraune Farbe kenntlich sind (z. B. in apoplektischen Cysten, im Corpus luteum).

c) Haemoglobinkrystalle stellt man her, indem man etwa 5 ccm Hundeblut in ein Reagirgläschen bringt, ein paar Tropfen Schwefeläther zufügt und dann so lange stark schüttelt, bis das Blut lackfarben wird. Dann breite man einige Tropfen auf dem Objektträger aus und lasse das Präparat in der Kälte trocknen. Nach erfolgter Krystallbildung setze man einen Tropfen Glycerin zu und lege ein Deckglas auf. Die grossen Krystalle zeigen oft Neigung, in Längsfasern zu zerfallen (Fig. 55, 4 a).

Nr. 45. Lymphgefässe. Zum Studium der Wandung grösserer Lymphgefässe wähle man die in die Inguinaldrüsen einmündenden Lymphgefässe, die gross genug sind, um mit Messer und Pincette herauspräparirt zu werden. Behandlung wie grössere Blutgefässe Nr. 33 oder Nr. 34 b.

Nr. 46. Bezüglich der Darstellung feiner Lymphgefässe, ihres Verlaufes und ihrer Anordnung bedient man sich oft der Injektion durch Einstich, d. h. man stösst die Nadel einer mit Berlinerblau gefüllten Pravaz'schen Spritze in das betreffende Gewebe und injizirt; eine rohe Methode, deren Resultate sehr zweifelhaften Werth besitzen. Wenn es auch hie und da gelingt, wirkliche Lymphgefässe dadurch zu füllen, wird in vielen anderen Fällen die Injektionsmasse mit dieser Methode einfach gewaltsam zwischen die Spalten des Bindegewebes getrieben. Daraus ergiebt sich von selbst, welche Beurtheilung die so dargestellten „Lymphräume" und „Lymphgefässwurzeln" verdienen.

Nr. 47. Zu Uebersichtsbildern der Lymphknoten sind die im Mesenterium gelegenen Lymphknoten junger Katzen am geeignetsten. Man fixire und härte dieselben in ca. 30 cm absolutem Alkohol; nach drei Tagen lassen sich leicht feine Schnitte anfertigen, die so gelegt sein müssen, dass sie den makroskopisch an einer Einsenkung leicht kenntlichen Hilus treffen. Längsgerichtete, beide Pole des Knotens treffende Schnitte sind die besten, doch sind auch Querschnitte brauchbar. 6—8 Schnitte werden in Böhmer'schem Haematoxylin (2—3 Min.), dann in Eosin (höchstens 1 Min.) gefärbt (pag. 19, 3 b), dann in ein zur Hälfte mit destillirtem Wasser gefülltes Reagenzgläschen gebracht und 3—5 Minuten lang geschüttelt. Giesst man die geschüttelten Schnitte in eine flache Schale, so kann man schon makroskopisch Rinde und Mark unterscheiden; erstere ist gleichmässig blau, letzteres ist gefleckt. Konserviren in Damarfirniss (pag. 27); bei schwachen

Vergrösserungen sieht man an günstigen Stellen Bilder ähnlich der Fig. 57. Die Trabekel sind nur wenig entwickelt. Man verwechsele nicht die den Knoten aufsitzenden Reste von Fett mit retikulärem Gewebe. Starke Vergrösserungen bieten keinerlei Vortheil; es verschwinden nur die scharfen Konturen, das Bild verliert an Deutlichkeit.

Nr. 48. Lymphknoten älterer Thiere und des Menschen sind schwer verständlich, da die ganze Rinde in eine zusammenhängende Masse, in die unregelmässig Keimcentra eingestreut sind, verwandelt ist. Durch Schütteln kommen die Lymphsinus der Follikel nur undeutlich zum Vorschein, die Keimcentra fallen gern aus und erscheinen, makroskopisch schon erkennbar, als runde Lücken. Dagegen eignen sich zur Darstellung des Netzes der Markstränge und Trabekel sehr gut die mesenterialen Lymphknoten des Rindes. Man legt 2 cm lange Stücke derselben in 200 ccm konzentrirte wässerige Pikrinsäurelösung und versuche nach 24 Stunden mit scharfem, mit Wasser benetztem Messer feine Schnitte anzufertigen. Das gelingt freilich nicht so gut wie nach Alkoholfixirung, allein selbst etwas dickere Schnitte sind noch brauchbar. Die Schnitte werden auf 1 Stunde in 100 ccm öfter zu wechselndes destill. Wasser gebracht, dann mit Böhmerschem Haematoxylin und Eosin gefärbt und geschüttelt (s. Nr. 47). Einschluss in Damarfirniss (pag. 27). Die Balken sind roth, die Markstränge blau; bei schwachen Vergrösserungen sieht man Bilder, wie Fig. 58, bei starken Vergrösserungen sehr schön das retikuläre Bindegewebe der Lymphsinus; die in dessen Maschen früher befindlichen Leukocyten sind durch die Pikrinsäurebehandlung gelockert und durch das Schütteln meist entfernt worden.

Nr. 49. Elemente der Milz. Man durchschneide eine frische Milz, streiche mit schräg aufgesetztem Skalpell über die Schnittfläche und untersuche die der Skalpellklinge anhaftende rothe Masse in einem Tropfen Kochsalzlösung. Starke Vergrösserung! Man findet (besonders bei Thieren) oft nur rothe und weisse Blutkörperchen, letztere enthalten zum Theile kleine Körnchen. Bei menschlichen Milzen sind neben zahlreichen, in ihrer Gestalt veränderten farbigen Blutkörperchen (Fig. 60, 3) stets die früher sog. Milzfasern, d. s. Epithelzellen der Blutgefässe (Fig. 60, 2) zu finden. Blutkörperchen haltige Zellen (Fig. 60, 4) und mehrkernige Zellen sucht man auch in vielen menschlichen Milzen oft vergebens.

Nr. 50. Milz. Man fixire die ganze Milz, ohne sie anzuschneiden, in Müller'scher Flüssigkeit. (Bei menschlicher Milz 1 Liter, bei Katzenmilz 200—300 ccm.) Nach 2 (bei Thieren) bis 5 (beim Menschen) Wochen wasche man die Milz 1—2 Stunden in womöglich fliessendem Wasser, schneide Stücke von ca. 2 cm Seite aus und härte sie in ca. 60 ccm allmählich verstärktem Alkohol (pag. 15). Man sieht auf der Schnittfläche die Malpighi'schen Körperchen schon mit unbewaffnetem Auge. Nicht zu feine Schnitte färbe man mit Böhmer'schem Haematoxylin (pag. 18) und konservire sie in Damarfirniss (pag. 27). Will man die Balken färben, so lege man die mit Haematoxylin gefärbten Schnitte 1/2 Minute[1]) in Eosin (pag. 19). Bei gelungenen Präparaten erscheinen die Pulpastränge und die Malpighi'schen Körperchen blau, die Balken rosa, die mit Blutkörperchen strotzend gefüllten

---

[1]) Färbt man länger, so werden die Blutkörperchen ziegelroth, die Balken dunkelroth; dadurch geht die leichte Unterscheidbarkeit verloren.

Gefässe braun. Möglichst schwache Vergrösserungen liefern die besten Bilder (Fig. 59), bei stärkeren Vergrösserungen sind die so scharf gewesenen Konturen oft undeutlich.

Nr. 51. Zur Darstellung des retikulären Bindegewebes der Milz schüttele man einen nach Nr. 50 fixirten und mit Böhmer'schem Haematoxylin und Eosin gefärbten feinen Schnitt ca. 5 Minuten lang in einem Reagenzgläschen, das zur Hälfte mit destillirtem Wasser gefüllt ist. Glycerineinschluss. Die Leukocyten fallen nur schwer heraus; man findet nur an den Rändern des Präparates kleine Stückchen des engmaschigen Netzwerkes (Fig. 61).

Nr. 52. Kerntheilungsbilder in Milz und Lymphknoten. Zu diesem Zwecke müssen Stückchen (von 5—10 mm Seite) von Milz und Lymphknoten lebenswarm in Chromosmium-Essigsäure fixirt (pag. 15), in Alkohol gehärtet und die feinen Schnitte mit Saffranin gefärbt werden (pag. 21). Einschluss in Damarfirniss (pag. 27). Die Kerntheilungsbilder der Leukocyten der Säugethiere sind aber so klein, dass sie nur von ganz Geübten mit den üblichen starken Vergrösserungen (560 mal) gefunden werden. Sie sind durch ihre tiefrothe Farbe zu erkennen (Fig. 62).

Nr. 53. Blutgefässe der Milz erhält man gelegentlich der Injektion des Magens und des Darmes, vergl. Nr. 110.

Nr. 54. Nerven der Milz. Am besten geeignet ist die Milz der Maus, die halbirt nach pag. 23, 12 behandelt wird; 3 Tage Aufenthalt in der osmiobichromischen Mischung (in der Wärme) und eben so lange in der Silberlösung genügt zuweilen; oft führt einmalige oder doppelte Wiederholung des ganzen Verfahrens zu guten Resultaten.

II. Organe des Skeletsystems.

Das Skeletsystem besteht hauptsächlich aus einer grossen Anzahl fester Körper, den Knochen, welche durch besondere Verbindungsmittel zu einem Ganzen, dem Skelet, vereint werden.

In embryonaler Zeit besteht das Skelet grösstentheils aus Knorpelgewebe, welches erst im weiteren Verlaufe der Entwicklung durch Knochengewebe verdrängt wird und bis auf wenige Reste verschwindet; solche Reste sind die knorpligen Rippen und die Gelenkknorpel, welche die Verbindungsflächen vieler Knochen überkleiden. Knorplige Skelettheile finden sich ferner an den Luftwegen und an den Blutorganen.

Die Knochen.

Durchsägt man einen frischen Röhrenknochen, so sieht man ohne Weiteres, dass dessen Gefüge nicht allenthalben das gleiche ist, das Knochengewebe tritt vielmehr hier in zwei Formen auf; die eine bildet die Hauptmasse der Peripherie und stellt eine sehr feste, harte, anscheinend gleichartige Substanz dar; wir nennen diese „Substantia compacta". Gegen die axiale Höhle des Knochens finden wir dagegen feine Knochenplättchen und -bälkchen, die unter den verschiedensten Richtungen zusammenstossend ein unregelmässiges Maschenwerk bilden; diese Form des Knochengewebes heisst S u b s t a n t i a s p o n g i o s a. Die Maschen der

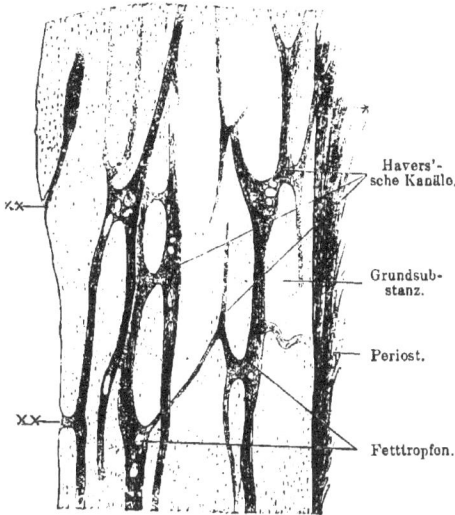

Fig. 65.

Stück eines Längsschnittes durch einen Metakarpusknochen des Menschen. 80mal vergrössert. Im Präparate sind in den Havers'-schen Kanälchen Fetttropfen zu sehen. Bei ✕ münden die Havers'-schen Kanäle auf die äussere, bei ✕ ✕ auf die innere Oberfläche des Knochens. Technik Nr. 57, pag. 123.

Substantia spongiosa sowie die axiale Höhle des Knochens sind mit einer weichen Masse, dem K n o c h e n-m a r k e, ausgefüllt; die Oberfläche des Knochens wird von einer faserigen Haut, dem P e r i o s t, überzogen. Das Verhältniss zwischen kompakter und spongiöser Substanz ist etwas anderes bei k u r z e n Knochen, indem dieselben vorwiegend aus spongiöser Substanz bestehen und die kompakte Substanz nur auf eine schmale Zone an der Peripherie beschränkt ist. P l a t t e Knochen haben bald dickere, bald dünnere Rinden kompakterSubstanz, während das Innere von spongiöser Substanz erfüllt wird. Die Epiphysen der Röhrenknochen verhalten sich in dieser Hinsicht wie kurze Knochen, bestehen also vorwiegend aus spongiöser Substanz.

Die S u b s t a n t i a s p o n g i o s a besteht nur aus Knochengewebe (pag. 62), die S u b s t a n t i a c o m p a c t a enthält dagegen ausser den bekannten Knochenkanälchen und -höhlen ein zweites System g r ö b e r e r, 22 bis 110 μ weiter Kanäle, welche sich ab und zu dichotomisch theilen und ein weitmaschiges Netzwerk bilden. Diese gröberen Kanäle enthalten die Blutgefässe und heissen die H a v e r s'schen K a n ä l e. Ihre Verlaufsrichtung ist in den Röhrenknochen, in den Rippen, im Schlüsselbeine und im Unterkiefer eine der Längsachse des Knochens parallele; in kurzen Knochen wiegt eine Richtung vor, z. B. bei Wirbelkörpern die senkrechte; in platten Knochen endlich verlaufen die Havers'schen Kanäle der Oberfläche der Knochen gleich, nicht selten in Linien, die von einem Punkte sternförmig ausstrahlen, z. B. am Tuber parietale. Die Havers'schen Kanäle münden an der äusseren (Fig. 65 ✕), wie inneren (Fig. 65 ✕✕), gegen die Substantia spongiosa gekehrten Fläche frei aus. Die Grundsubstanz des kompakten Knochengewebes ist zu Lamellen geschichtet, d. h. die Knochenfibrillen (pag. 62) sind zu Bündeln vereint und diese bilden, indem sie neben einander gelegen sind, dünne Platten oder Lamellen. Nach dem Verlaufe derselben lassen sich drei Systeme (Fig. 66) unterscheiden: ein System ringförmig um die Havers'schen Kanäle verlaufender Lamellen, sie erscheinen an Querschnitten als_eine_Anzahl (8—15) konzentrisch um den Havers'schen Kanal gelegter Ringe. Man nennt diese Lamellen die Havers'schen oder Spezial-Lamellen. Die Durchschnitte der Havers'schen Lamellensysteme stossen zum Theil aneinander, zum Theil aber werden sie von in anderer Richtung geschichteten Knochenlamellen auseinander gehalten.

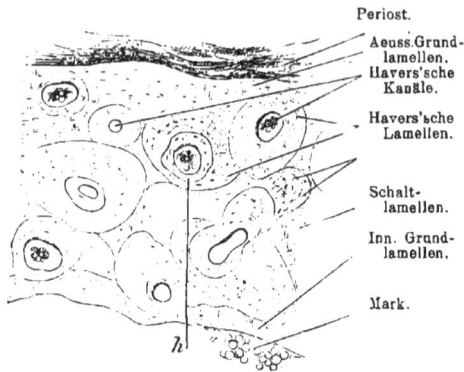

Periost.
Aeuss.Grundlamellen.
Havers'sche Kanäle.
Havers'sche Lamellen.
Schaltlamellen.
Inn. Grundlamellen.
Mark.

h

Fig. 66.
Stück eines Querschnittes eines Metakarpusknochens des Menschen 50 mal vergrössert. In den Havers'schen Kanälen findet sich noch zum Theile Mark (Fettzellen). h Havers'sche Räume (pag. 121). Technik Nr. 57, pag. 123.

Wir nennen diese mehr unregelmässig zwischen den Havers'schen Lamellensystemen verlaufenden Lamellen die interstitiellen oder Schalt-Lamellen; sie hängen mit einem dritten oberflächlichen Lamellensysteme zusammen, das der äusseren Oberfläche des Knochens gleich verläuft: das ist das System der äusseren Grundlamellen (General-Lamellen); an der inneren Oberfläche findet man zuweilen ähnlich verlaufende Lamellen, welche innere Grundlamellen heissen. — Die Grundlamellen enthalten in sehr wechselnder Anzahl noch eine andere Art von Gefässkanälen, welche nicht von ringförmig angeordneten Lamellen wie die Havers'schen Kanäle umgeben sind. Man nennt solche Kanäle die „Volkmann'schen Kanäle", die darin enthaltenen Gefässe die „perforirenden Gefässe". Sie hängen mit den Gefässen der Havers'schen Kanäle vielfach zusammen; der Uebergang der Volkmann'schen in die Haversschen Kanäle ist ein ganz allmählicher. Die Knochenhöhlen haben in der Substantia compacta ganz bestimmte Stellungen. In den Havers'schen Lamellensystemen stehen sie mit ihrer Längsachse der Längsachse der Havers'schen Kanäle parallel, der Fläche nach gebogen, so dass sie auf Querschnitten zum Querschnitte des Havers'schen Kanales konzentrisch gekrümmt erscheinen. In den interstitiellen Lamellen sind die Knochenhöhlen unregelmässig, in den Grundlamellen aber derart gestellt, dass sie mit ihren Flächen den Flächen dieser Lamellen gleich laufen. Die Knochenkanälchen münden sowohl in die Havers'schen Kanäle als auch frei an der Aussen- resp. Innenfläche der Knochen.

Das Knochenmark nimmt die axialen Höhlen der Röhrenknochen ein, füllt die Maschen der spongiösen Substanz aus und findet sich selbst noch in grösseren Havers'schen Kanälen. Es ist entweder von rother oder gelber Farbe, man unterscheidet deshalb r o t h e s und g e l b e s Mark. Das rothe Mark findet sich in den platten Knochen, in den Wirbelkörpern, in der Schädelbasis, im Brustbein und in den Rippen, sowie in allen jugendlichen Knochen (auch in den ganzen Röhrenknochen kleiner Thiere), das gelbe Mark in den kurzen und langen Knochen der Extremitäten. Bei alten und kranken Personen wird das Mark schleimig, röthlich gelb und wird dann g e l a t i n ö s e s Knochenmark genannt; es ist lediglich durch seine Armuth an Fett charakterisirt.

Die Elemente des r o t h e n Knochenmarkes sind: Eine geringe Menge fibrillären Bindegewebes, das in den grossen Markhöhlen zu einer diese auskleidenden Haut, dem E n d o s t, verdichtet ist, im spongiösen Markraume dagegen fast ganz fehlt, wenige Fettzellen, grössere und kleinere Markzellen und Riesenzellen („Myeloplaxen"). Die Markzellen zeigen vielfach mit den Leukocyten übereinstimmende Formen, auch die Riesenzellen stehen zu den Leukocyten in Beziehung, indem sie vergrösserte abgeänderte Formen, Bildungsanomalien von Leukocyten darstellen; die Riesenzellen sind grosse, äusserst unregelmässig gestaltete Gebilde, welche aus Protoplasma und einem oder mehreren Kernen bestehen. Die Form der Kerne ist sehr vielgestaltig, bald rund, bald gelappt, band-, ringförmig (Fig. 78, 2 r, pag. 124) oder ein Netzwerk bildend. Aus einkernigen Riesenzellen können durch Abschnürung einzelner Kernpartikel vielkernige Zellen werden (Fig. 78, 3 r) oder es schnürt sich mit einem Kerntheile auch eine entsprechende Partie Protoplasma ab („Knospung" s. pag. 44), woraus einkernige Zellen resultiren [1]). Endlich giebt es im rothen Knochenmarke kernhaltige Zellen mit gelb gefärbtem, den rothen Blutkörperchen gleichendem Protoplasma; sie sind die Mutterzellen („Haematoblasten") der rothen Blutkörperchen (Fig. 67). Gelbliche in verschiedenen Zellen vorkommende Pigmentkörnchen werden als Reste zu Grunde gegangener rother Blutkörperchen betrachtet.

Das g e l b e M a r k besteht aus viel Fett und aus Bindegewebe. Markzellen und Haematoblasten kommen hier nur im Humerus- und Femurkopf vor.

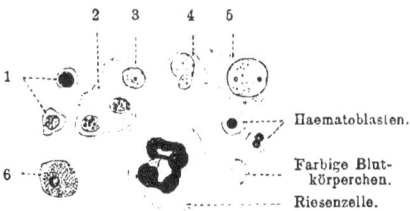

Fig. 67.

Elemente des menschlichen Knochenmarkes 600 mal vergrössert. 1.—5. verschiedene Formen von Markzellen, 6. eosinophile Zelle. Technik Nr. 58 b, pag. 124.

(labels within figure: Haematoblasten. — Farbige Blutkörperchen. — Riesenzelle.)

---

1) Die Auffassung, dass die als Theilung gedeuteten Vorgänge Erscheinungen eines in umgekehrter Reihenfolge verlaufenden Processes, also Verschmelzung mehrerer Zellen zu einer einzigen, seien, hat wenig Wahrscheinlichkeit für sich, seitdem der Abschnürungsvorgang an der lebenden Zelle beobachtet worden ist.

Das Periost (Beinhaut) ist eine aus derben Bindegewebsfasern bestehende Haut, an welcher wir zwei Lagen unterscheiden können. Die
äussere ist charakterisirt durch ihren Reichthum an Blutgefässen und stellt
die Verbindung mit Nachbargebilden (Sehnen, Fascien etc.) her; die innere
ist arm an Blutgefässen, dagegen sehr reich an elastischen Fasern und
rundlichen oder spindelförmigen Bindegewebszellen; an ihrer Innenfläche
findet sich stellenweise eine Lage kubischer Zellen, die für die Entwicklung
des Knochens von Bedeutung sind. Das Periost ist bald fester, bald lockerer

Fig. 68.
Stück eines Querschliffes des Femur eines erwachsenen Menschen, 80 mal vergr. Technik Nr. 56, pag. 123.
Die Lamellen sind an der Stellung der Knochenhöhlen zu erkennen.

mit dem Knochen verbunden; die Verbindung wird hergestellt durch die in
den Knochen ein- resp. austretenden Blutgefässe, sowie durch die Sharpey-
schen Fasern pag. 63, welche sich in die äusseren Grund- und in die an
diese anschliessenden Schalt-Lamellen einbohren und nach den verschiedensten
Richtungen verlaufen. Fig. 68.

Die Blutgefässe des Knochens, des Markes und der Beinhaut
stehen untereinander in ausgiebigster Verbindung, wie sie auch mit ihrer
Umgebung in Zusammenhang stehen. Von den zahlreichen venösen und
arteriellen Gefässen des Periosts treten überall in die Havers'schen und
Volkmann'schen Kanälchen kleine Aeste (keine Kapillaren), welche an der
Innenfläche des Knochens mit den Gefässen des Markes zusammenhängen.
Dieses bezieht sein Blut durch die Arteriae nutritiae, welche auf dem Wege
durch die Substantia compacta an dieselbe Aeste abgeben und sich im Marke
in ein reiches Blutgefässnetz auflösen. Die aus den Kapillaren des Markes
hervorgehenden Venen sind klappenlos. Wirkliche Lymphgefässe finden
sich nur in den oberflächlichsten Periostlagen.

Die zahlreichen Nerven sind theils im Periost gelegen, wo sie zuweilen in Vater'schen Körperchen endigen, theils treten sie in die Havers'schen
Kanäle und in das Knochenmark. Sie sind theils markhaltig, theils marklos.

Verbindungen der Knochen.

Wir unterscheiden 1. Verbindungen der Knochen ohne Gelenke, Synarthrosis, 2. Verbindungen der Knochen mit Gelenken, Diarthrosis.

ad 1. Bei Synarthrosis erfolgt die Verbindung der Knochen entweder a) durch Bänder — Bandverbindung, Syndesmosis — oder b) durch Knorpel — Knorpelhaft, Synchondrosis.

ad a) Die Bänder sind theils fibröse Bänder, welche den gleichen Bau wie die Sehnen zeigen, theils elastische Bänder. Diese letzteren sind durch zahlreiche, starke elastische Fasern ausgezeichnet, welche jedoch nie zu Bündeln oder Lamellen zusammentreten, sondern stets durch lockeres Bindegewebe auseinandergehalten werden (vergl. Fig. 21 C). Das Lig. nuchae, Lig. stylohyoideum und die Ligamenta flava zwischen den Wirbelbogen gehören zu den elastischen Bändern.

Auch die Nahtverbindung, Sutura, gehört zu den Syndesmosen, indem kurze fibröse Bänder von einem gezackten Knochenrande zum anderen ziehen.

ad b) Der Knorpel ist selten nur hyaliner Knorpel, gewöhnlich besteht er zum Theil aus Bindegewebsknorpel, zum Theil (besonders an der Grenze gegen den Knochen) aus hyalinem Knorpel, dessen Zellenkapseln oft verkalkt sind.

Die Ligamenta intervertebralia, welche gleichfalls zu den Synchondrosen gehören, besitzen in ihrem Centrum eine weiche gallertartige Masse, den Nucleus gelatinosus, der grosse Gruppen von Knorpelzellen enthält; er ist ein Rest der Chorda dorsalis, des embryonalen Vorläufers der Wirbelsäule. Die Peripherie der Lig. intervertebr. wird von einem sehnigen Ring hergestellt.

ad 2. Bei den Diarthrosen haben wir die Gelenkenden der Knochen, die Labra cartilaginea, die Zwischenknorpel (Menisci) und die Gelenkkapseln zu betrachten.

Die Gelenkenden der Knochen sind von einer 0,2—5 mm dicken, nach den Rändern hin sich verdünnenden Lage hyalinen Knorpels überzogen. Die Knorpelzellen sind an der Oberfläche des Gelenkknorpels parallel dieser gestellt und abgeplattet; in den mittleren Schichten des Knorpels sind die Knorpelzellen rundlich, oft zu Gruppen vereint; in den tiefsten Schichten endlich sind die Zellengruppen theilweise in Längsreihen, senkrecht zur Knochenoberfläche gestellt; daran schliesst sich durch einen Streifen getrennt eine schmale Schicht verkalkten Knorpels, welche die Verbindung zwischen hyalinem Knorpel und Knochen vermittelt (Fig. 69).

Nicht alle Gelenkknorpel zeigen den eben beschriebenen Bau; so ist der Knorpel der Rippenknorpelgelenke, des Sternoclavicular-, des Acromioclaviculargelenkes, des Kiefergelenkes und des Capitulum ulnae kein hyaliner, sondern Bindegewebsknorpel; die distale Gelenkfläche des Radius ist von straffem Bindegewebe überzogen.

Die Labra glenoidea und die Zwischenknorpel entbehren der charakteristischen knorpligen Grundsubstanz; sie bestehen aus einem derben Bindegewebe und aus z. Th. rundlichen Zellen [1]).

Nerven und Gefässe fehlen den Gelenkknorpeln Erwachsener: auch die Labra glenoidea und die Zwischenknorpel sind nerven- und gefässlos.

Die Gelenkkapseln bestehen aus einer äusseren Faserhaut der „fibrösen Gelenkkapsel", die von sehr verschiedener Dicke ist und den gleichen Bau wie die oben beschriebenen fibrösen Bänder besitzt, und aus einer inneren an der freien Innenfläche glänzend glatten Haut, der Synovialmembran. Diese besteht zunächst der fibrösen Kapsel aus lockerem, elastische Fasern und stellenweise Fettzellen enthaltendem Bindegewebe; weiter nach innen folgt eine dünne Schicht parallel verlaufender

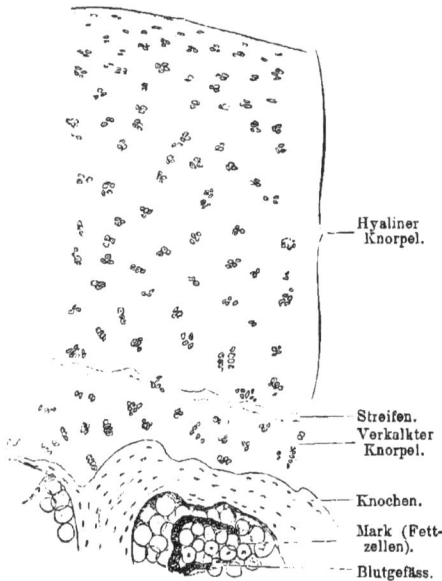

Hyaliner Knorpel.

Streifen.

Verkalkter Knorpel.

Knochen.

Mark (Fettzellen).

Blutgefäss.

Fig. 69.

Senkrechter Schnitt durch das Köpfchen eines Metakarpus des erwachsenen Menschen. 50mal vergrössert. Technik Nr. 59, pag. 124.

Bindegewebsbündel, welche in der gegen die Gelenkhöhle zugekehrten Schicht kleine (11—17 μ), rundlich oder sternförmige einen grossen Kern besitzende Zellen enthalten; letztere sind bald nur spärlich vorhanden — an Stellen wo ein grösserer Druck ausgeübt wird, bald sind sie sehr reichlich und bilden förmliche Epithel-(Endothel-)lagen, die in 3—4 facher Schicht die Innenfläche decken.

Die Synovialmembran bildet oft frei in die Gelenkhöhle hineinragende fetterfüllte Falten und trägt auf ihrer Oberfläche die Synovialzotten (Fig. 70); das sind nahr verschieden gestaltete Fortsätze von meist mikroskopischer Grösse, welche vorzugsweise dicht am Rande der Gelenkflächen sitzen und der Synovialhaut ein röthlich sammtartiges Aussehen verleihen. Sie bestehen aus Bindegewebe und werden von einer einfachen oder doppelten Lage von Epithelzellen überzogen.

Die grösseren Blutgefässe der Synovialmembran liegen in der lockeren Bindegewebsschicht; von da aus ziehen Kapillaren in die innere dünne

[1]) In die gleiche Kategorie gehören auch die sogen. Sesamknorpel; die Sehnenscheide am Os cuboideum enthält dagegen echten Knorpel.

Bindegewebslage und dringen auch in die Zotten ein. Doch giebt es auch gefässlose Zotten. Lymphgefässe liegen dicht unter dem Epithel.

Die Nerven liegen in der lockeren Bindegewebsschicht und enden zum Theil in Vaterschen Körperchen.

Die Synovia, Gelenkschmiere, enthält keine geformten Bestandtheile; sie besteht zum grössten Theile aus Wasser; nur 6 % feste Bestandtheile (Eiweiss, Schleim, Salze) finden sich darin.

Die Knorpel.

Die Rippenknorpel bestehen aus hyalinem Knorpel, dessen Grundsubstanz die (pag. 60) erwähnten Eigenthümlichkeiten zeigt, dessen Zellen häufig Fett enthalten. Die Oberfläche der Rippenknorpel ist von einer festen faserigen Haut, dem Perichondrium, überzogen, welches aus nach verschiedenen Richtungen verlaufenden Bindegewebsbündeln und elastischen Fasern besteht.

Fig. 70.

Synovialzotten mit Blutgefässen aus dem menschlichen Kniegelenke 60mal vergr. An der Spitze der linken Zotte ist das Epithel abgelöst, so dass das Bindegewebe zum Vorschein kommt. Technik Nr. 60, pag. 124.

Die Gelenkknorpel (siehe auch „Verbindungen der Knochen") sind nur an ihren Seitenflächen, nicht aber an ihren Berührungsflächen von Perichondrium überzogen.

Da, wo Knorpel und Perichondrium sich berühren, erfolgt ein allmählicher Uebergang der einen Gewebsart in die andere; in Folge dessen haftet das Perichondrium sehr fest am Knorpel. Das Perichondrium ist der Träger der Nerven und der Blutgefässe, welch letztere bei wachsenden Knorpeln auch in diesem selbst in eingegrabenen Kanälen liegen. Beim Erwachsenen sind die Knorpel gefässlos; die Ernährung erfolgt durch Diffusion von der Oberfläche her. Die Rippenknorpel erhalten bei ihrer im Alter häufig auftretenden Verknöcherung Blutgefässe.

Die Knorpel der Athmungsorgane und der Sinnesorgane siehe in den entsprechenden Kapiteln.

Entwicklung der Knochen.

Die Knochen sind verhältnissmässig spät auftretende Bildungen. Es giebt eine embryonale Zeit, in welcher Muskeln, Nerven, Gefässe, Hirn, Rückenmark etc. schon wohl ausgebildet sind, vom Knochen aber noch keine Spur vorhanden ist. In jener Zeit wird das Skelet des Körpers durch hyalinen Knorpel gebildet. Mit Ausnahme einiger Theile des Schädels und fast aller Theile des Gesichtes sind alle später knöchernen Theile des Skeletes erst durch Knorpel vertreten; so finden wir z. B. bei der oberen Extremität

8*

Humerus, Radius, Ulna, Carpus und die Skelettheile der Hand als Knorpelstücke, die aber nicht wie der spätere Knochen hohl, sondern durchaus solid
sind. An die Stelle dieses Knorpelskeletes tritt nun allmählich das knöcherne
Skelet: man nennt alle jene Knochen, die in embryonaler Zeit durch Knorpel
vertreten waren, k n o r p e l i g v o r g e b i l d e t e (oder p r i m ä r e) Knochen.
Die anderen Knochen, welche keine knorpeligen Vorläufer haben, heissen
B i n d e g e w e b s k n o c h e n (oder sekundäre Knochen).

Zu den k n o r p e l i g v o r g e b i l d e t e n Knochen gehören: sämmtliche
Knochen des Stammes, der Extremitäten, der grösste Theil der Schädelbasis
(Hinterhauptbein mit Ausnahme des oberen Theiles der Schuppe desselben,
Keilbein mit Ausnahme der inneren Lamelle des Proc. pterygoideus, Felsen-
bein und die Gehörknöchelchen, Siebbein und die untere Nasenmuschel)
und das Zungenbein.

Zu den B i n d e g e w e b s k n o c h e n gehören: die Seitentheile des Schädels,
das Schädeldach und fast alle Gesichtsknochen.

I. Erste Entwicklung der Knochen.

a) E n t w i c k l u n g d e r k n o r p e l i g v o r g e b i l d e t e n K n o c h e n.

Hier sind zwei Vorgänge zu betrachten: 1. Bildung von Knochensubstanz im I n n e r n des vorhandenen Knorpels, e n c h o n d r a l e (endochon-
d r a l e) O s s i f i k a t i o n und 2. Knochenbildung in der unmittelbaren Umgebung, also a u f dem Knorpel, p e r i o s t a l e oder besser p e r i c h o n d r a l e
O s s i f i k a t i o n. Die auch phylogenetisch ältere perichondrale Ossifikation
beginnt meist früher, soll aber aus didaktischen Gründen erst in zweiter
Linie beschrieben werden.

1. E n c h o n d r a l e O s s i f i k a t i o n. Die ersten Veränderungen bestehen
hier darin, dass an einer bestimmten Stelle des Knorpels die Zellen sich
vergrössern, sich theilen, so dass mehrere in einer Knorpelhöhle liegen; dann
wird die Grundsubstanz selbst durch Einlagerung von Kalksalzen feinkörnig
getrübt, sie verkalkt. Solche Stellen sind bald mit unbewaffnetem Auge zu
bemerken und heissen Ossifikationspunkte (oder besser Verkalkungspunkte,
Fig. 71). Die vom Verkalkungspunkte entfernteren Knorpelpartien wachsen
weiter in die Dicke und Länge, während am Verkalkungspunkte selbst kein
Wachsthum mehr stattfindet, dadurch erscheint jene Stelle des Sbelettstückes
wie eingeschnürt (Fig. 71). Unterdessen ist an der Oberfläche des Ver-
kalkungspunktes ein an jungen Zellen und Blutgefässen reiches Gewebe, das
o s t e o g e n e[1]) G e w e b e, aufgetreten. Dieses dringt in den Knorpel ein und
bringt die verkalkte Knorpelgrundsubstanz zum Zerfalle; die Knorpelzellen
werden frei und gehen zu Grunde; so ist eine kleine Höhle im Verkalkungspunkte entstanden, sie heisst der p r i m o r d i a l e M a r k r a u m.

---

[1]) Ein schlechter Name; denn das Gewebe ist nicht vom Knochen entstanden,
sondern soll erst zu Knochen werden.

Die nächste Umgebung desselben macht nun die gleichen Prozesse durch wie zu Beginn, d. h. die Knorpelgrundsubstanz verkalkt, die Knorpelzellen vergrössern sich. Allmählich erfolgt eine immer mehr vorschreitende Vergrösserung des Markraumes, indem neue Partien des Knorpels einschmelzen. Dabei werden die Kapseln vieler Knorpelzellen eröffnet, die Zellen gehen zu Grunde, während die zwischen diesen gelegene, verkalkte Knorpelgrundsubstanz sich noch in Form zackiger, in den Markraum ragender Fortsätze

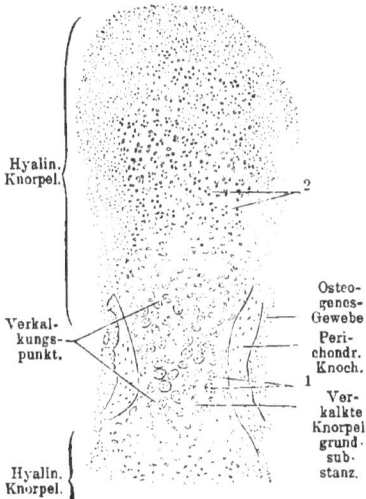

Fig. 71.

Aus einem dorsoplantaren Längsschnitte der grossen Zehe eines 4monatlichen menschlichen Embryo. Zwei Drittel der ersten Phalanx gezeichnet. 50 mal vergr. 1. Knorpelhöhlen vergrössert, viele mehrere Knorpelzellen enthaltend. Die Zellen selbst sind hier bei der schwachen Vergrösserung nicht zu erkennen, sondern nur deren punktförmige Kerne. Bei 2 wachsender Knorpel; man sieht die Knorpelzellen in Gruppen von 3–4 Zellen gelagert, jede Gruppe ist durch wiederholte Theilung einer Knorpelzelle hervorgegangen. Technik Nr. 61, pag. 125.

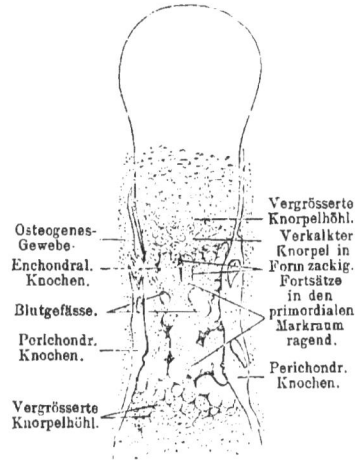

Fig. 72.

Aus einem dorsopulmaren Längsschnitte eines Fingers eines 4monatlichen menschlichen Embryo. Zwei Drittel der zweiten Phalanx gezeichnet. 50 mal vergrössert. Der enchondrale Knochen ist nur in Form feiner Blättchen gebildet. (Siehe starke Vergrösserung Fig. 73.) Technik Nr. 61, pag. 125.

(Fig. 72) erhält. Der Markraum ist jetzt eine buchtige Höhle, gefüllt mit Blutgefässen und Zellen, die Knorpelmarkzellen genannt werden. Das Schicksal dieser Zellen gestaltet sich nun im weiteren Verlaufe der Entwicklung sehr verschieden. Die Zellen werden entweder mit Beibehaltung ihrer Form zu Markzellen des Knochens, oder sie werden zu Fettzellen, oder — und das ist das Wichtigste — sie werden Knochenbildner, Osteoblasten, d. h. eine Anzahl Zellen legt sich nach Art eines einschichtigen Epithels an die Wände des Markraumes an und erzeugt daselbst Knochengrundsubstanz (s. pag. 63).

Bald ist nun der Markraum durch die Thätigkeit der Osteoblasten mit einer dünnen, allmählich dicker werdenden Knochentapete ausgekleidet;

die oben‹ erwähnten zackigen Blätter verkalkter Knorpelgrundsubstanz sind rings von jungem Knochen umgeben. So wird nach und nach das früher

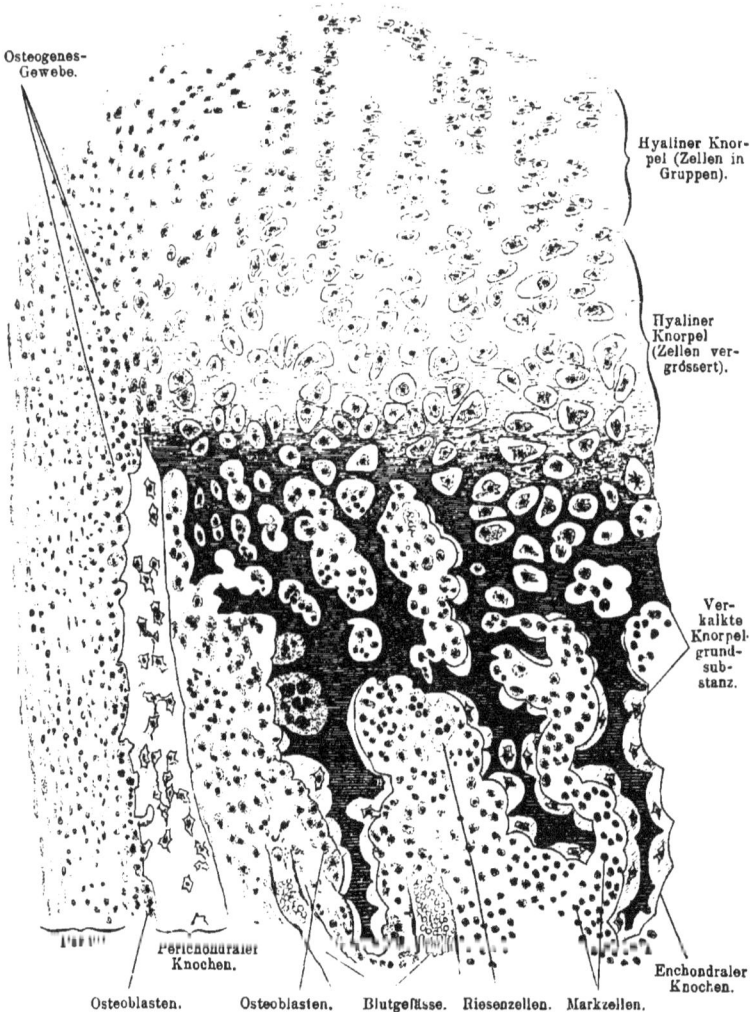

Fig. 73.

Aus einem Längsschnitte der ersten Fingerphalanx eines 4 monatlichen menschlichen Embryo; 220 mal vergr. Im onchondralen Knochen sieht man schon zackige Knochenhöhlen mit Knochenzellen. Technik Nr. 61, pag. 125.

solide Knorpelstück in spongiösen Knochen umgewandelt, dessen Bälkchen noch Reste verkalkter Knorpelgrundsubstanz enthalten (Fig. 74).

2. Perichondrale Ossifikation. Sie erfolgt ebenfalls durch Osteoblasten, welche aus dem oben erwähnten, an der Oberfläche des Verkal-

kungspunktes befindlichen osteogenen Gewebe hervorgegangen sind (Fig. 71). Durch die Thätigkeit der Osteoblasten werden Schichten von grobfaseriger

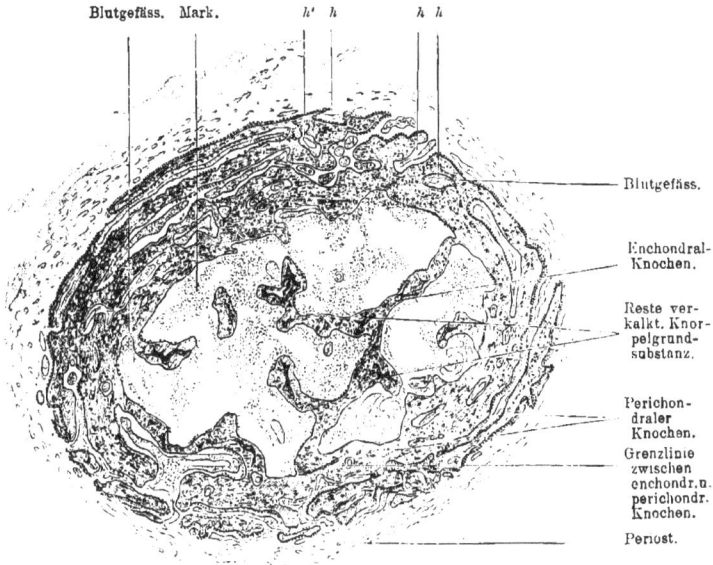

Fig. 74.

Querschnitt der oberen Hälfte der Humerusdiaphyse eines 4 monatlichen menschlichen Embryo. 85 mal vergrössert. Technik Nr. 61, pag. 125.

Knochensubstanz auch auf der Oberfläche des Knorpels gebildet (Fig. 71); diese Knochenmassen unterscheiden sich besonders dadurch von dem enchondral gebildeten Knochen, dass sie keine Reste verkalkter Knorpelgrundsubstanz enthalten, da ja die Knochenbildung hier nur im Umkreise, nicht im Innern des Knorpels erfolgt. Am peri-chondralen Knochen lässt sich auch die Bildung der ersten Havers'schen Kanälchen verfolgen (Fig. 74). Die perichondrale Knochenrinde entsteht nämlich nicht in fortlaufender, gleich-mässig dicker Schicht, sondern man bemerkt an vielen Stellen Vertiefungen der Knochenrinde (Fig. 74 *hh*), in denen Blutgefässe,

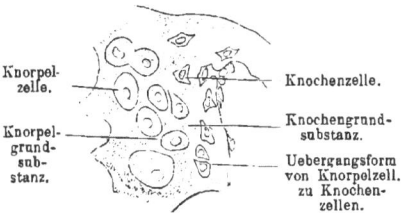

Fig. 75.

Aus einem Querschnitte des Unterkiefers eines neuge-borenen Hundes. 240 mal vergr. Metaplastischer Typus. Technik Nr. 61, pag. 125.

umgeben von Osteoblasten liegen; anfangs sind die Vertiefungen nur gegen die Peripherie offene Rinnen; mit immer vorschreitender Verdickung der

perichondralen Knochenschichten werden die Rinnen von aussen geschlossen
(*h'*), und stellen nun gefässhaltige Kanäle, Havers'sche Kanäle, dar. Durch
die Thätigkeit der in die Havers'schen Kanäle eingeschlossenen Osteoblasten
werden neue Knochenschichten (die späteren Havers'schen Lamellen) gebildet.

Aus dem Knorpelstücke ist durch Auflösung des Knorpels und durch
Ersatz desselben durch Knochen (enchondrale Ossifikation), sowie durch Auf-
lagerung neuer Knochenmassen von aussen (perichondrale Ossifikation) ein
Knochen geworden.

Das Wesen der vorstehend beschriebenen Prozesse besteht in einer
Auflösung des ursprünglichen Skeletstückes und in einer Neubildung desselben durch Entwicklung von Knochensubstanz. Man nennt diesen Modus
der Knochenbildung den neoplastischen Typus im Gegensatze zu einem
nur selten (z. B. am Unterkieferwinkel) vorkommenden Modus, nach welchem
der Knorpel nicht zerstört, sondern einfach zu Knochen wird, indem die
Knorpelgrundsubstanz zu Knochengrundsubstanz, die Knorpelzellen zu
Kochenzellen werden. Dieser Modus heisst metaplastischer Typus
(Fig. 75).

b) Entwicklung der Bindegewebsknochen.

Hier ist die Grundlage, auf welcher die Knochenbildung erfolgt, nicht
Knorpel, sondern Bindegewebe. Einzelne Bindegewebsbündel verkalken, an
diese legen sich aus embryonalen Zellen
hervorgegangene Osteoblasten (Fig. 76)
und bilden auf die oben beschriebene
Weise Knochen. Es gehört zum Begriff
„Bindegewebsknochen", dass derselbe
allseitig von Bindegewebe umgeben
ist; berührt Knochengewebe auf einer
Seite direkt ohne Zwischenlagerung
von Bindegewebe Knorpelgewebe, so hat
man keinen Bindegewebsknochen, sondern perichondralen Knochen vor sich.

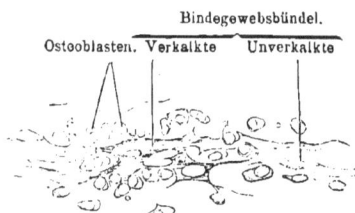

Fig. 76.

Aus einem Flächenschnitte des Scheitelbeines
eines menschlichen Embryo. 240 mal vergrössert.
Technik Nr. 61, pag. 125.

II. Weiteres Wachsthum der Knochen.

1. Knorpelig vorgebildete Knochen.

a) Röhrenknochen. Viel später als die Verknöcherung der Diaphyse beginnt diejenige der Epiphysen[1]; Blutgefässe wachsen in den ver-
kalkenden Knorpel, welcher anfangs nur auf dem Wege der enchondralen,
später auch der perichondralen Ossifikation zu Knochen umgewandelt wird.
Knorpelig bleiben nur: 1. immer, die Oberfläche als Gelenkknorpel, 2. vor-

---

[1] So entsteht im Humerus der Ossifikationspunkt in der Diaphyse in der 8. Foetal-
woche, in den Epiphysen im ersten Lebensjahre.

übergehend, bis zu vollendetem Wachsthum, eine zwischen Diaphyse und Epiphyse bestehende Zone, die Epiphysenfuge; hier findet ein lebhaftes Wachsthum des Knorpels statt, der durch Ausdehnung der primordialen Markräume der Diaphyse und der Epiphysen fortwährend in Knochen umgewandelt wird. Auf diese Weise wächst der Knochen in die Länge. Das Dickenwachsthum geschieht durch Auflagerung, „Apposition", immer neuer periostaler Knochenschichten.

b) Kurze Knochen ossifiziren wie die Epiphysen anfangs nur enchondral; erst nach Auflösung der letzten oberflächlichen Reste von Knorpelsubstanz wird eine perichondrale Knochenrinde gebildet.

c) Bei platten Knochen beginnt die Verknöcherung erst perichondral, dann enchondral.

2. Bindegewebsknochen.

Diese wachsen durch Bildung immer neuer Knochenmassen an den Rändern (flächenhaftes Wachsthum) und an den Oberflächen (Dickenwachsthum); die Folge reichlicher Knochenablagerung an den Oberflächen ist, dass aussen und innen kompakte Lagen und dazwischen spongiöse Knochensubstanz (hier Diploë genannt) sich findet. Die Knochenmassen bestehen anfangs aus grobfaseriger später (etwa vom ersten Lebensjahre ab) aus feinfaseriger Knochengrundsubstanz (pag. 62).

III. Resorption der Knochen.

Sofort mit der ersten Anlage von Knochengewebe macht sich ein entgegengesetzter Vorgang, die Resorption, bemerkbar, durch welche die verkalkte Knorpelgrundsubstanz so-

Riesenzellen in Lakunen liegend.

Knochen.

Leere Lakune.

Fig. 77.

Aus einem Querschnitte des Humerus einer neugeborenen Katze. 240mal vergrössert. *H* Havers'sches Kanälchen, zwei Gefässe und Markzellen enthaltend. Technik Nr. 61, pag. 125.

wie viele Theile des eben erst angelegten (knorpelig vorgebildeten, wie Bindegewebs-) Knochens wieder aufgelöst werden. Resorption findet im ausgedehntesten Masse in Röhrenknochen bei der Bildung der Markhöhle[1]), (in geringerem Grade in anderen Knochen) und an der Oberfläche von Knochen bis zur Ausbildung ihrer typischen Gestalt statt. Auch im Innern der Substantia compacta sieht man unregelmässige, durch Auflösung der inneren Havers'schen Lamellen entstandene Hohlräume, die sogen. Havers'schen Räume, welche indessen durch Ablagerung neuer Knochenmassen zum Theil wieder ausgefüllt werden können (s. Fig. 66 *h*, pag. 110).

---

1) Ein Femur eines dreijährigen Kindes enthält z. B. fast nichts mehr von dem Knochengewebe des Femur eines Neugeborenen.

Ueberall, wo eine Resorption von Knochensubstanz stattfindet, sieht man mehrkernige Riesenzellen in grubigen Vertiefungen („Howship'sche Lakunen") des Knochens gelegen. Die Riesenzellen führen hier den Namen „Ostoblasten", Knochenbrecher (Fig. 77).

Auch am völlig ausgebildeten Skelet bestehen noch an einzelnen Stellen die Prozesse der Apposition und der Resorption fort.

TECHNIK.

Nr. 55. Knochenschliffe. Die zu Schliffen zu verwendenden Knochen dürfen nicht vor der Maceration getrocknet sein, sondern müssen frisch auf mehrere Monate in Wasser, das mehrmals gewechselt wird, eingelegt werden. Dann werden sie getrocknet, ein Stück wird zwischen zwei Korkstücken oder zwischen Tuch in einen Schraubstock geklemmt und mit einer Laubsäge ein 1 – 2 mm dickes Blatt der Quere resp. der Länge nach abgeschnitten. Das Blatt wird mit Siegellack auf die Unterfläche eines Korkstöpsels fest angeklebt (der Siegellack muss das Blatt rings umgeben), das Ganze einen Moment in Wasser getaucht und dann zuerst mit einer flachen groben und nachher mit einer feinen Feile ganz eben gefeilt; dabei muss die Feile öfter in Wasser getaucht werden, um die ihr anhängenden Theile abzuspülen und um die Erwärmung des Siegellackes durch die Reibung zu verhindern.

Dann löst man durch Erwärmen des Siegellackes das Knochenblatt ab und klebt es mit der anderen, geebneten Seite auf den Stöpsel. Jetzt wird das Blatt mit der Feile so lange bearbeitet, bis es so dünn geworden ist, dass der Siegellack durchscheint. Alsdann bringt man das Ganze in 90%igen Alkohol, wo sich binnen wenigen Minuten das Knochenblatt leicht ablösen lässt. Nun nimmt man einen groben Schleifstein, befeuchtet ihn mit Wasser, stellt durch Reiben mit einem zweiten Schleifstein, etwas Schmirgel her, legt das Knochenblatt hinein und schleift es auf beiden Seiten in kreisförmiger Bewegung, indem man einen glatten (keine Risse tragenden) Korkstöpsel einfach auf das Knochenblatt aufsetzt; ein Ankleben des Blattes ist nicht nöthig. Hat der Schliff die nöthige Dünne erreicht — man überzeugt sich davon, indem man ihn zwischen Filtrirpapier abtrocknet und dann bei schwacher Vergrösserung betrachtet: der Schliff muss durchsichtig sein —, dann glättet man ihn auf einem feinen Schleifsteine (die Manier ist dieselbe wie das Schleifen auf dem groben Steine) auf beiden Seiten, trocknet ihn dann mit Filtrirpapier ab und polirt ihn. Zu letzterem Zwecke nagele man ein Stückchen Rehleder (Waschleder) glatt auf ein Brett, bestreiche das Leder mit Kreide, und reibe den mit etwas Speichel an die Fingerspitze geklebten Schliff auf und ab. Der bisher matte Schliff wird dadurch eine glänzende Oberfläche erhalten. Zuletzt entferne man die anhaftende Kreide durch Streichen auf reinem Waschleder. Der fertige Schliff wird trocken unter ein Deckglas gebracht, welches man mit Kitt (pag. 26) umrahmt (Fig. 29).

Betrachten zuerst mit schwachen, dann mit starken[1]) Vergrösserungen. Die Knochenhöhlen und Knochenkanälchen sind mit Luft erfüllt, welche bei der üblichen Beleuchtung der Objekte von unten her schwarz erscheint.

---

[1]) Ist der Schliff zu dick, so ist oft die Betrachtung mit starken Vergrösserungen unmöglich, da das Objektiv nicht nahe genug an das Präparat gebracht werden kann.

Nr. 56. Sharpey'sche Fasern. Man stelle nach der in Nr. 55 angegebenen Methode einen Knochenquerschliff von der Diaphysenmitte des Röhrenknochens, am Besten eines jungen Individuums, her. Der fertige, trockene Schliff wird auf 2—5 Minuten in 4 ccm Terpentinöl gelegt und dann in Damarfirniss konservirt. Die an nach anderen Methoden (Nr. 55 und 57) hergestellten Präparaten unsichtbaren Fasern treten hier schon bei schwachen Vergrösserungen deutlich hervor (Fig. 68).

Nr. 57. Für **Havers'sche Kanälchen** und **Knochenlamellen** mache man Längs- und Querschnitte durch Knochen, welche man nach vorhergegangener vierwöchentlicher Fixirung mit Müller'scher Flüssigkeit und Härtung mit Alkohol (s. pag. 14) in 3—9^0/$_0$iger Salpetersäure entkalkt (pag. 16) und dann wieder gehärtet hat. Man wählt dazu einen Metakarpusknochen eines völlig erwachsenen Individuum; kompakte Stücke grösserer Knochen (z. B. des Femur) erfordern zu lange Zeit (mehrere Wochen) zur Entkalkung. Das Periost lasse man am Knochen sitzen. Für Längsschnitte der Havers'schen Kanäle müssen sehr dicke (0,5 mm und mehr) Schnitte angefertigt werden, welche in verdünntem Glycerin zu konserviren sind (Fig. 65). Für Querschnitte und Lamellensysteme braucht man ebenfalls keine sehr dünnen Schnitte; die Lamellen sieht man am besten, wenn man den Schnitt in einigen Tropfen destillirten Wassers betrachtet und den Spiegel so dreht, dass das Objekt nur halb beleuchtet ist; dann sieht man auch die von den Knochenkanälchen herrührenden feinen Streifen, die senkrecht zu den Lamellen verlaufen (Fig. 66). Man konservire in verdünntem Glycerin, das indessen die Lamellensysteme theilweise undeutlich macht. Nicht jede Stelle des Knochens zeigt sämmtliche Lamellensysteme; so fehlen häufig die äusseren und auch die inneren Grundlamellen; macht man Schnitte nahe den Epiphysen, so sieht man, wie sich die kompakte Substanz in die Bälkchen der Substantia spongiosa fortsetzt. Die Knochenhöhlen und Knochenkanälchen sind an feuchten Präparaten viel weniger deutlich als an trockenen Schliffen, weil die Konservirungsflüssigkeit die in ihnen enthaltene Luft herausgedrängt hat. (Vergl. Fig. 29 und 30 (pag. 63) mit einander.)

Nicht selten findet man, dass die konzentrischen Ringe der Havers'schen Lamellen durch eine unregelmässige Linie unterbrochen werden. Bis zu dieser Linie war der schon gebildete Knochen wieder resorbirt worden (pag. 124). Alles, was innerhalb der Linie liegt, ist neuangesetzte Knochenmasse. Diese Bildungen sind also theilweise ausgefüllte **Havers'sche Räume** (Fig. 66 *h*).

Nr. 58. Rothes Knochenmark. a) Man quetsche einen aus dem Schlachthaus bezogenen halbirten Wirbel oder eine Rippe eines Kalbes[1] in einen Schraubstock oder mit einer Zange, sauge von der an der Schnittfläche herausgepressten Flüssigkeitsmenge mit einer Pipette einen kleinen Tropfen ab, der auf den Objektträger gebracht, ohne Zusatz mit einem kleinen Deckglase oder besser mit einem Bruchstückchen eines solchen bedeckt wird. Untersucht man dann mit starker Vergrösserung, so sieht man rothe Blutkörperchen, Haematoblasten, Markzellen in verschiedener Grösse und Riesenzellen, aber nicht immer deren Kerne (Fig. 78, 1). Nun lässt man einen Tropfen Pikrokarmin zufliessen (pag. 30); die Kerne werden schon nach 1—2 Minuten roth, sind aber noch blass (Fig. 78, 2). Ersetzt man

---

[1] Auch menschliche Rippen sind oft noch zu gebrauchen.

das Pikrokarmin erst durch Kochsalzlösung, und dann durch verdünntes, angesäuertes Glycerin (pag. 30), so werden die Kerne dunkel, scharf konturirt (Fig. 78, 3). Zuweilen sucht man vergeblich nach Riesenzellen.

b) Für Dauerpräparate verfahre man folgendermassen. Mit einem dünnen Deckglase wird ein Tropfen des aus einer Rippe ausgepressten Markes abgehoben und in der gleichen Weise wie Ehrlichs Bluttrockenpräparate behandelt. (Siehe pag. 103. Absatz Vorbehandlung). Die mit Pincetten auseinandergezogenen Deckgläschen[1]) werden aber nicht getrocknet, sondern sofort in eine konzentrirte wässrige Sublimatlösung (5 gr in 100 ccm dest. Wasser) auf 10 Minuten gelegt. Dann werden die Gläschen in ca. 20 ccm destillirtes Wasser gebracht, das nach ca. 5 Minuten zu wechseln ist. Nach

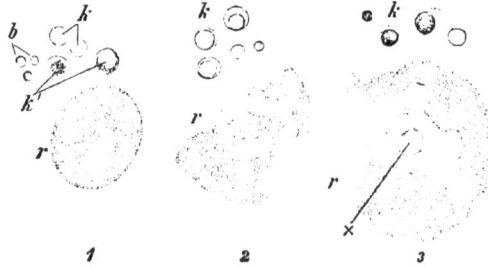

Fig. 78.

Elemente des Knochenmarkos frisch aus einem Kalbswirbel isolirt, 560mal vergr., 1. in Kochsalzlösung, 2. mit Pikrokarmin gefärbt, 3. nach Zusatz von angesäuertem Glycerin, k Knochenmarkzellen, k' zwei Knochenmarkzellen Pigmentkörnchenhaufen enthaltend, der rechte von der Seite, der linke von der Fläche gesehen, b farbige (kernlose) Blutkörperchen, r Riesenzellen. Die rechte zeigt zwei sich abschnürende Kerne von der Seite und einen ebensolchen von der Fläche ×.

weiteren 10 Minuten kommen die Gläschen in 5 ccm der verdünnten (pag. 19. 3. b) Eosinlösung auf 1—5 Minuten, werden dann kurz in dest. Wasser abgespült und in 5 ccm filtrirtes Böhmer'sches Haematoxylin übertragen; nach 1—2 Minuten werden die Gläschen für 5 Minuten in dest. Wasser gelegt, dann lässt man das Wasser durch Aufsetzen des Deckglasrandes auf Filtrirpapier abfliessen und bringt die Gläschen in Alkohol abs. (nicht länger als 1 Minute, damit das Eosin nicht extrahirt wird), dann in reines Bergamottöl (3 Minuten). Dann wird das auf der unbestrichenen Deckglasfläche befindliche Oel mit einem Tuche sorgfältig abgewischt, auf die bestrichene Fläche ein Tropfen Damarfirniss aufgesetzt und das Deckglas nun auf einen Objektträger gelegt. Farbige Blutkörperchen und das Protoplasma der Haematoblasten ist glänzend-rosa, das Protoplasma der übrigen Zellen grauviolett; alle Kerne sind blau. Oft findet man Zellen mit oxyphilen (eosinophilen) Granulationen (Fig. 67). Die farbigen Blutkörperchen zeigen sehr oft verunstaltete Formen.

Nr. 59. Zu Schnitten des Gelenkknorpels wähle man Metakarpusköpfchen erwachsener Individuen, die nach der Nr. 57 angegebenen Methode behandelt werden. Man fertige Längsschnitte, welche in verdünntem Glycerin konservirt werden (Fig. 69). Die im hyalinen Knorpel oft vorhandenen parallelen Streifen rühren vom Messer her. Die Körnchen des verkalkten Knorpels sind durch die Entkalkung verschwunden.

Nr. 60. Synovialzotten. Man schneide von einer möglichst frischen Leiche am Rande der Kniescheibe ein Stückchen Gelenkkapsel von ca.

---

1) Da sich das zähe Mark nicht so gleichmässig vertheilt wie ein Blutstropfen, übe man vor dem Auseinanderziehen der Deckgläser einen leichten Druck auf dieselben aus.

4 cm Seite aus, trage von der röthlich glänzenden sammtartigen Innenfläche desselben mit der Scheere einen 2—3 mm breiten Streifen ab, den man, mit einem Tropfen Kochsalzlösung befeuchtet, ohne Deckglas mit schwacher Vergrösserung betrachtet. Am Rande des Streifens bemerkt man die Zotten, deren Blutgefässe oft noch Blutkörperchen enthalten; die glänzenden Kerne der Epithelzellen liegen dicht bei einander (Fig. 70). Will man das Präparat konserviren, so färbe man unter dem Deckglase mit Pikrokarmin und konservire in verdünntem Glycerin (pag. 30), doch geht viel von der ursprünglichen Schönheit verloren.

Nr. 61. Zu Präparaten über Knochenentwicklung sind menschliche Embryonen aus dem 4.—5. Monat und thierische Embryonen, Schaf, Schwein oder Rind von 10—14 cm Länge[1]) geeignet. Letztere sind leicht aus Schlachthäusern zu beschaffen. Man bestelle sich die ganzen Uteri („Tragsäcke"). Man lege die ganzen Embryonen (2—3 Stück in 1 Liter) in Müller'sche Flüssigkeit auf 4 Wochen. Oefter wechseln (pag. 14). Dann lege man dieselben auf 1—6 Stunden in (womöglich fliessendes) Wasser und härte sie in 200—400 ccm allmählich verstärktem Alkohol (pag. 15). Nachdem die Embryonen 1 Woche oder länger in 90%igem Alkohol gelegen haben, schneide man den Kopf, die Extremitäten dicht am Rumpfe[2]) ab und lege sie zum Entkalken (pag. 16) in ca. 200 ccm destillirtes Wasser, welchem man 2—4 ccm reine Salpetersäure zugesetzt hat. Nach 2—5 Tagen, während welcher man die Entkalkungsflüssigkeit etwa 3 mal gewechselt hat, werden die Extremitäten herausgenommen (der Kopf wird noch nicht ganz entkalkt sein und muss noch einige Tage in der 2%igen Salpetersäure liegen bleiben), in (womöglich fliessendem) Wasser 1—6 Stunden ausgewaschen und abermals in allmählich verstärktem Alkohol (pag. 15) gehärtet. Nach etwa 5tägigem Liegen in 90%igem Alkohol schneide man die Extremitäten in ca. 1 cm lange Stücke, die man, wenn sie noch zu weich sein sollten, auf 1—2 Tage in ca. 30 ccm Alkohol absol. einlegen kann.

Zu Präparaten über die ersten Vorgänge der Knochenentwicklung (Fig. 71, 72, 73) mache man von der Beugeseite zur Streckseite gerichtete (sagittale) Längsschnitte durch die in Leber eingeklemmten Phalangen und die (bei den genannten Thieren sehr langen) Metakarpen; gute Schnitte müssen die Achse der Extremitäten treffen, Randschnitte geben unklare Bilder.

Für vorgeschrittenere Stadien mache man vorzugsweise Querschnitte durch Humerus und Femur. Schnitte durch die Diaphyse liefern mehr perichondralen, Schnitte durch die Epiphysen mehr enchondralen Knochen.

Die schönsten Osteoblasten erhält man an Unterkieferquerschnitten, die auch zu Präparaten über Zahnentwicklung zu verwerthen sind.

Für noch spätere Stadien sind Skeletstücke neugeborener Thiere zu verwenden, deren Phalangen zum Theile noch ziemlich frühe Vorgänge erkennen lassen[3]). Die Entkalkung nimmt hier etwas mehr Zeit (bis 8 Tage) in Anspruch.

---

[1]) Von der Schnauzenspitze bis zur Schwanzwurzel gemessen.
[2]) Stücke der Wirbelsäule, Rippen, geben ebenfalls instruktive Bilder.
[3]) Die Carpalknochen zeigen noch die ersten Anfänge.

Für Bindegewebsknochen mache man Flachschnitte durch Scheitel- und Stirnbein der Embryonen.

Sämmtliche Schnitte werden auf 2—10 Minuten in ca. 4 ccm Böhmer- sches Haematoxylin (pag. 18) eingelegt, auf 10 Minuten in ca. 10 ccm destillirtes Wasser übertragen, dann 10 Minuten lang in ca. 4 ccm Pikro- karmin (pag. 20) gefärbt, auf $^{1}/_{4}$—1 Stunde in ca. 20 ccm destillirtes Wasser gebracht und in Damarfirniss (pag. 27) konservirt.

Ist die Färbung gelungen, so sind Knorpel (besonders die verkalkten Partien) blau, Knochen roth. Zuweilen färbt sich der Knorpel nicht leb- haft blau, alsdann lege man die Schnitte anstatt in die gewöhnliche Haema- toxylinlösung in 5 ccm destill. Wasser $+$ 5 Tropfen der filtrirten Haema- toxylinlösung. Nach 6—14 Stunden wird der Knorpel blau sein. Die Pikrokarminfärbung des Knochens ist oft nicht gleichmässig, die jüngsten Knochenpartien, z. B. die Ränder der Knochenbälkchen sind oft am leb- haftesten gefärbt.

III. Organe des Muskelsystems.

Das Muskelsystem setzt sich zusammen aus einer grossen Anzahl kon- traktiler Organe, den Muskeln, welche, aus quer gestreiftem Muskelgewebe bestehend, meist durch Vermittlung besonderer bindegewebiger Forma- tionen, der Sehnen, mit dem Skelet, mit der Haut, mit den Eingeweiden etc. in Verbindung treten. Dazu kommen noch gleichfalls bindege- webige Hilfsapparate, wie die Fas- cien, Sehnenscheiden und Schleimbeutel.

Muskeln. Jeder Muskel be- steht aus quergestreiften Muskel- fasern (pag. 69), die in der Regel der Art mit einander verbunden sind, dass sie sich der Länge nach neben und hinter einander legen und durch lockeres Bindegewebe, das Peri- mysium, zusammengehalten wer- den; quere Durchflechtungen kom- men nur selten (z. B. in der Zunge) vor. Niemals berühren sich benach- barte Muskelfasern mit ihrem Sarko- lemm direkt, sondern jede einzelne Muskelfaser ist von einer zarten

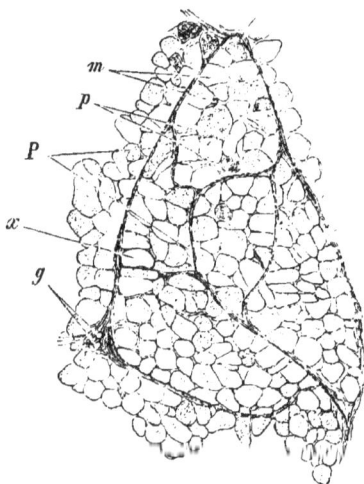

Fig. 79

Stück eines Querschnittes durch einen Schenkel- muskel (Adduktor) des Kaninchens, 60 mal vergr. P Perimysium intern., bei g zwei Blutgefässdurch- schnitte enthaltend. m Muskelfasern; sie sind an vielen Stellen auseinandergewichen, so dass man p das Perimysium der einzelnen Muskelfasern sehen kann. Bei x ist ein Muskelfaserquerschnitt heraus- gefallen. Technik Nr. 62, pag. 129.

bindegewebigen Hülle, dem Perimysium der einzelnen Muskelfaser (Fig. 79 p) umgeben, welche mit den Nachbarhüllen zusammenhängt.

Indem eine sehr verschieden grosse Anzahl von Fasern durch eine etwas dickere Bindegewebshülle (Perimysium intern. *P*) umfasst wird, kommt es zur Bildung eines Muskelbündels. Eine Summe von Muskelbündeln [1]) bildet alsdann einen Muskel, der an seiner Oberfläche von einer noch dickeren Bindegewebshülle, dem Perimysium externum umgeben wird. Sämmtliche Perimysien hängen unter sich zusammen.

Das Perimysium besteht aus fibrillärem Bindegewebe, feinen elastischen Fasern [2]), enthält zuweilen Fettzellen und ist der Träger der Nerven, Blut- und Lymphgefässe. Im Perimysium der einzelnen Muskelfaser sind nur Kapillaren und die Endäste der Nerven enthalten.

Das postembryonale Dickenwachsthum der Muskeln wird weniger durch Theilung als vielmehr durch Dickenzunahme der schon vorhandenen Muskelfasern herbeigeführt.

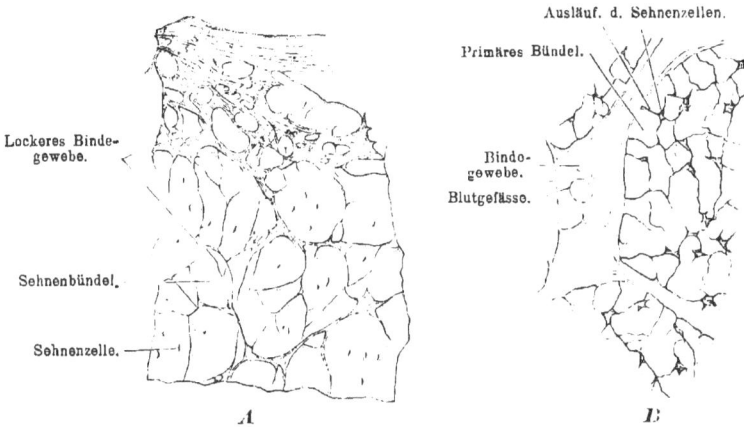

Fig. 80.

A Stück eines Querschnittes einer getrockneten Sehne eines erwachsenen Menschen, 50 mal vergr. Technik Nr. 63, pag. 129. — *B* Stück eines Querschnittes einer mit Chromsäure fixirten Sehne eines erwachsenen Menschen. — Technik Nr. 64, pag. 130.

Die Sehnen sind durch den parallelen Verlauf ihrer Fasern, durch ihre feste Vereinigung, sowie durch die Armuth an elastischen Fasern charakterisirt. Sie bestehen aus straff-faserigen Bindegewebsbündeln, den „Sehnenbündeln", welche von lockerem Bindegewebe zusammengehalten werden. Jedes dieser (sogen. sekundären) Sehnenbündel besteht aus einer Anzahl ganz gerade verlaufender Fibrillen, die durch eine geringe Menge von Kittsubstanz zu kleineren (sogen. primären) Bündeln vereinigt werden. Zwischen den pri-

---

1) Die Eintheilung in sekundäre Bündel, die in einer gewissen Anzahl tertiäre Bündel bilden, aus deren Vereinigung endlich ein Muskel sich aufbauen soll, ist eine durchaus willkürliche und lässt sich an vielen Präparaten gar nicht erkennen.

2) Im Perimysium externum sind sie besonders reichlich vorhanden.

mären Bündeln sind die zelligen Elemente der Sehnen gelegen, das sind
bald spindel- oder sternförmige, bald vierseitige, platte, reihenweise hinter
einander gestellte Bindegewebszellen, welche hohlziegelartig gekrümmt die
primären Bündel unvollkommen umfassen und sich durch Ausläufer mit
Nachbarzellen verbinden. Elastische Fasern sind nur im lockeren Bindegewebe in grösserer Menge vorhanden, in den straffen Sehnenbündeln selbst
sind sie nur sehr spärlich in Form feiner, weitmaschiger Netze zu finden.

Die Verbindung der Muskeln mit Sehnen und fibrösen Häuten (Periost,
Fascien) erfolgt so, dass das Perimysium der einzelnen Muskelfaser in das
Gewebe der Sehne (resp. des Periostes etc.) übergeht; das Sarkolemm hat

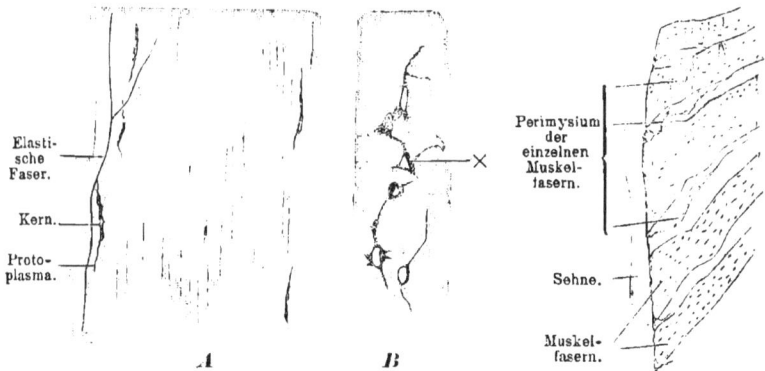

Elasti-
sche
Faser.

Kern.

Proto-
plasma.

Perimysium
der
einzelnen
Muskel-
fasern.

Sehne.

Muskel-
fasern.

A   *B*

Fig. 81.   Fig. 82.

Stücke von Sehnen aus dem Schwanze einer Ratte. 240 mal vergr. *A* Sehnenzellen von der Kante, *B* von der Fläche gesehen; bei × ist der Kern so gebogen, dass man ihn theils von der Kante (die dunkle Partie), theils von der Fläche (die helle Partie) sieht. Technik Nr. 65, pag. 130.

Stück eines sagittalen Längs- schnittes des Musc. gastrocnemius des Frosches 50 mal vergrössert. Der oberste Strich deutet auf Perimysium von der Fläche (als quere Linien) gesehen. Technik Nr. 66, pag. 130.

dabei keinen Antheil, sondern endet, der Muskelfaser eng anliegend, als ein
geschlossener, schräg abgestutzter (Fig. 82) oder zugespitzter Schlauch. Beim
Ausstrahlen quergestreifter Muskelfasern in die Haut setzen sich diese mit
zugespitzten oder getheilten Enden an das Bindegewebe der Haut.

Die Fascien zeigen zum Theil den gleichen Bau wie die Sehnen,
zum Theil sind sie mit elastischen Fasern reichlich versehene bindegewebige
Häute; letzteres ist der Fall da, wo die Fascien nur Hüllen um die Muskeln,
nicht aber Ansatzflächen für Muskelfasern bilden.

Die Sehnenscheiden und die Schleimbeutel bestehen aus einer
verschieden dicken Lage von Bindegewebe mit elastischen Fasern, dessen
Innenfläche stellenweise von einem „Endothel", das ist eine meist einfache Lage polygonaler Zellen, überkleidet wird. Wo das Endothel fehlt,
ist das Bindegewebe derb und reich an rundlichen den Knorpelzellen ähn-

lichen Elementen. In den meisten Sehnenscheiden kommen kleine, den Synovialzotten vollkommen gleichende, blutgefässführende Fortsätze vor.

Die Blutgefässe der quergestreiften Muskeln sind sehr zahlreich und gleichmässig vertheilt, die Kapillaren gehören zu den feinsten des menschlichen Körpers und bilden ein den Fasern dicht anliegendes Netz langgestreckt rechteckiger Maschen; die Venen sind bis in die feinsten Aestchen mit Klappen versehen. Die spärlichen Lymphgefässe verlaufen mit den Verästlungen der kleineren Blutgefässe.

Ueber die theils sensiblen, theils motorischen Nerven der quergestreiften Muskeln s. bei Nervenendigungen.

Die Blutgefässe der Sehnen und der schwächeren Fascien sind sehr spärlich und nur in dem lockeren, die Sehnenbündel umhüllenden Bindegewebe enthalten; die Sehnenscheiden dagegen und die Schleimbeutel sind reich an Blutgefässen. Lymphgefässe finden sich nur an der Oberfläche der Sehnen.

Die markhaltigen Nerven der Sehnen laufen zum Theil in ein dichtes Netz markloser Nervenfasern aus, zum Theil aber gehen sie in spindelförmige Auftreibungen der Sehnen, in die sog. „Sehnenspindeln" über, woselbst sie in einer den motorischen Endplatten (pag. 160) ähnlichen Bildung enden. Auch Endkolben und Vater'sche Körperchen (s. pag. 157) finden sich in Sehnen, Fascien und Sehnenscheiden.

TECHNIK.

Nr. 62. Bündel quergestreifter Muskeln. Man mache mit einem scharfen Rasirmesser in einen parallelfaserigen Muskel (z. B. in einen Adduktor des Kaninchens) einen tiefen, quer zum Faserverlauf gerichteten Einschnitt und 2—3 cm abwärts von diesem einen zweiten Schnitt, verbinde beide durch Längsschnitte und präparire, ohne zu zerren, das so umschriebene Stück vorsichtig heraus. Fixiren in 100 ccm 0,1 %/oiger Chromsäure (pag. 5), nach 14 Tagen 2—3 St. in fliessendem Wasser auswaschen, und in 50 ccm allmählich verstärktem Alkohol härten (pag. 15). Querschnitte ungefärbt in verdünntem Glycerin betrachten (Fig. 79). Man sieht sehr verschieden dicke Muskelfasern, die ganz dünnen sind querdurchschnittene Enden. Obwohl die Muskelfasern cylindrisch sind, also im Durchschnitte rund sein sollen, erscheinen sie hier durch gegenseitigen Druck unregelmässig polygonal. Die Farbe der Querschnitte ist sehr verschieden, einzelne ganz dunkel, andere ganz hell; der Grund dieser Erscheinung ist mir unbekannt. Das Perimysium der einzelnen Muskelfasern ist besser bei starken Vergrösserungen (240 mal) zu sehen.

Nr. 63. Sehnen. Man schneide ein 5—10 cm langes Stück einer Sehne aus und lasse dasselbe an der Luft (nicht an der Sonne) trocknen. Dünne Sehnen (z. B. die des M. flexor. digit. pedis) sind bei Zimmertemperatur schon nach 24 Stunden hinreichend trocken, dickere bedürfen mehrere Tage. Dann stelle man mit dem Skalpell (nicht mit dem Rasirmesser) eine glatte Querschnittfläche dar, und schnitzle feine Spähne von der Sehne, indem man den Daumen der rechten Hand an die eine Seite, das von den übrigen Fingern gehaltene Skalpell an die andere Seite der Sehne ansetzt. Die meist sehr kleinen Spähne werden in ein Schälchen mit destillirtem Wasser geworfen und nach 2 Minuten in einem Tropfen destillirten Wassers betrachtet (Fig. 80, *A*); will man konserviren, so färbe man in 3 ccm Pikrokarmin (5 Minuten lang) und schliesse in verdünntem Glycerin (pag. 6) ein. Sehr häufig sieht man auf dem Querschnitte eine das ganze Präparat durchziehende Streifung, welche durch die Messerführung entstanden ist.

Einen zweiten Schnitt bringe man ungefärbt in einem Tropfen Wasser auf den Objektträger und lasse dann unter dem Deckglase einen Tropfen Essigsäure zufliessen. Die Randpartien des Querschnittes werden alsbald zu gewundenen Bändern aufquellen, (Essigsäure-Reaktion des Bindegewebes).

Nr. 64. Zum Studium des feineren Baues der Sehne, der Zellen und ihrer Ausläufer lege man möglichst frische, dünne Sehnen (z. B. die des M. palmar. long.) in ca. 3 cm langen Stücken in 100 ccm 0,5 %ige Chromsäure auf mindestens 4 Wochen. Mehrmaliger Wechsel der Chromsäure während dieser Zeit zu empfehlen. Dann werden die Stücke 1—2 Stunden in (womöglich fliessendem) Wasser ausgewaschen und in ca. 40 ccm allmählich verstärktem Alkohol gehärtet (pag. 15). Die Querschnitte sind mit sehr scharfem Messer anzufertigen, denn oft sind die Sehnen noch sehr spröde und blättern beim Schneiden. Die Schnitte selbst brauchen nicht sehr dünn zu sein. Man konservire sie ungefärbt in verdünntem Glycerin. Schon schwache Vergrösserung ergiebt zierliche Bilder, die bei auffallendem Lichte (bei verhülltem Spiegel) viel schöner sind, als die nach Nr. 63 hergestellten Präparate. Starke Vergrösserungen zeigen Bilder, wie Fig. 80, *B*. Die schwarzen zackigen Hohlräume (*z*) sind theilweise von den Sehnenzellen eingenommen.

Nr. 65. Sehnenzellen. Man schneide aus dem Schwanze einer Ratte oder einer Maus Sehnenstückchen von 0,5—1 cm Länge und lege sie in ca. 5 ccm Alaunkarmin. Am nächsten Tage (oder später) bringe man die aufgequollenen Stückchen auf einen trockenen Objektträger und zerfasere sie rasch (pag. 11). Man braucht keine sehr feinen Sehnenbündel herzustellen, man achte nur darauf, dass die Bündel gestreckt liegen. Dann bedecke man das Präparat mit einem Tropfen destillirtem Wasser und einem Deckglase. Bei schwachen Vergrösserungen sieht man die Reihen von Zellen meist nur als dunkle Striche, das sind die Zellenkerne von der Kante gesehen ; andere Stellen zeigen die Kerne mattroth : Flächenbilder. Den Körper der Zellen, das Protoplasma, sieht man erst bei Anwendung der starken Vergrösserung als scharfen, dunklen Strich in der Seitenansicht (Fig. 81, *A*), dagegen mehr blass und zart in der Flächenansicht (Fig. 81, *B*). Nicht selten sieht man die Zellen geknickt, so dass die Zelle theils von der Kante, theils von der Fläche sichtbar ist. Die Bindegewebsfasern sind als feine parallel laufende Striche zuweilen zu sehen ; stets sieht man die feinen, scharf konturirten elastischen Fasern. Man versäume nicht, mit Hilfe der Mikrometerschraube die ganze Dicke des Präparates zu durchmustern. Sind die Zellen nicht deutlich, so lasse man einen Tropfen Essigsäure zufliessen (pag. 30). Will man konserviren, so ersetze man das Wasser durch verdünntes Glycerin (pag. 6).

Nr. 66. Muskel und Sehne. Man präparire einem soeben getödteten Frosch die Haut des Unterschenkels ab, schneide mit einer Scheere das Bein über dem Kniegelenke (dem Ursprung des M. gastrocnemius) ab und fixire Unterschenkel und Fuss in 50 ccm Kleinenberg'scher Pikrinschwefelsäure (pag. 14). Nach ca. 24 Stunden direkt in 50 ccm 70 %oigen Alkohol zur allmählichen Härtung (pag. 15); nach ca. 6 Tagen schneide man den M. gastrocnemius mit einem Stücke der Achillessehne ab und bringe ihn zum Durchfärben in Boraxkarmin (pag. 20); dann abermaliges Härten mit 90 %oigem Alkohol. Beim Schneiden (sagittale, dicke Längsschnitte) setze man das Rasirmesser zuerst an die auf der Hinterfläche des Muskels befindliche Sehne. Konserviren in Damarfirniss (pag. 27). Die Querstreifung ist an den Muskelfasern oft spurlos verschwunden (Fig. 82).

IV. Organe des Nervensystems.

1. Centrales Nervensystem [1]).

Rückenmark.

A. Topographie. Das Rückenmark besteht aus zwei, schon mit unbewaffnetem Auge unterscheidbaren Substanzen, einer weissen und einer grauen, deren Lagerungsbeziehungen am besten an Querschnitten des Rückenmarks erkannt werden können.

Die weisse Substanz schliesst die graue Substanz rings ein und wird durch einen tiefen vorderen Längsspalt, die Fissura longitudinalis anterior, und ein hinteres Septum (früher „Fiss. long. post.") unvollständig in eine rechte und linke Hälfte getrennt. Jede Hälfte zerfällt durch die Austrittsstellen der vorderen und hinteren Nervenwurzeln in einen grossen Seitenstrang, in einen Vorder- und einen Hinterstrang. Im unteren Hals- und oberen Brusttheile des Rückenmarkes lässt jeder Hinterstrang zwei Abtheilungen unterscheiden, von denen die mediale zarter Strang (Goll'scher Str., Funic. gracil.), die laterale Keil-Strang (Burdach'scher Str., Funiculus cuneatus) heisst. Die Vorderstränge hängen im Grunde des vorderen Längsspaltes durch die weisse Kommissur mit einander zusammen.

Die graue Substanz erscheint auf dem Querschnitte in Form eines H, besteht also im Ganzen aus zwei seitlichen Säulen, welche durch ein frontal gestelltes Blatt, die graue Kommissur, mit einander verbunden werden. An jeder Säule unterscheiden wir ein dickeres Vorderhorn und

---

[1]) Ich beschränke mich hier nur auf eine kurze Topographie, sowie auf die Histologie des Rückenmarks und des Gehirnes. Von einer eingehenden Darstellung des gesammten Baues des Centralnervensystems, des Faserverlaufs und der durch die „Kerne" der Hirnnerven bedingten komplizirten Gestaltungen im verlängerten Mark etc. muss hier deswegen Abstand genommen werden, weil damit der Umfang dieser „Histologie" über Gebühr ausgedehnt würde. Derartige Darstellungen sind längst das Objekt spezieller Lehrbücher geworden, von denen Edinger's „Vorlesungen über den Bau der nervösen Centralorgane", 4. Aufl. Leipzig 1893, den Studirenden besonders empfohlen sein soll.

9*

ein schlankeres Hinterhorn. Am lateralen Theile des Vorderhorns in gleicher Frontalebene mit dem Centralkanale findet sich das besonders im oberen Theile des Brustmarkes deutlich ausgeprägte Seitenhorn. Vom vorderen Umfange der Vorderhörner entspringen in mehreren Bündeln die vorderen Wurzeln, während an der hinteren und medialen Seite der Hinter-hörner die hinteren Wurzeln der Spinalnerven eintreten. An der lateralen Seite der Hinterhornbasis findet sich eine aus netzartig verbundenen Balken grauer Substanz gefügte Masse, der Processus reticularis; an der medialen Seite des Hinterhorns, nahe der grauen Kommissur liegt der gut abgegrenzte

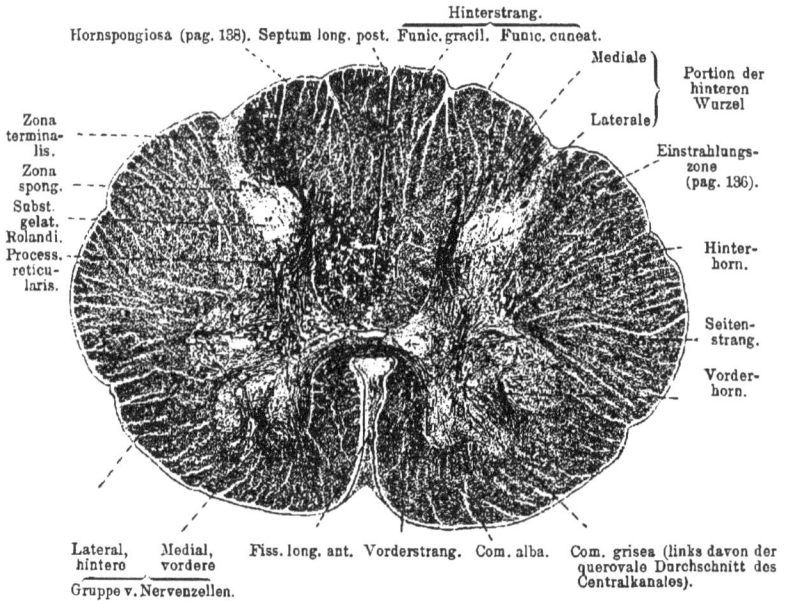

Fig. 83.

Querschnitt der Halsanschwellung des menschlichen Rückenmarkes 7 mal vergr. Technik Nr. 68, pag. 162.

Dorsalkern (Clarke'sche Säule) der in der ganzen Länge des Brust-markes und im obern Theil des Lendenmarkes sichtbar ist. An der Spitze des Hinterhorns unterscheidet man eine, besonders makroskopisch gut wahr-nehmbare, gallertig scheinende Masse, die Substantia gelatinosa Rolandi, dorsalwärts von dieser die schmale Zona spongiosa an deren dorsalem Rande endlich die Randzone (Zona terminalis), ein Feld quer durchschnittener feiner Nervenfasern sich befindet. In der grauen Kommissur liegt der Querschnitt des das ganze Rückenmark durchziehenden Central-kanales, welcher von der Substantia gelatinosa centralis umgeben ist. Der Centralkanal ist 0,5—1 mm weit und nicht selten obliterirt. Der vor dem Centralkanale liegende Abschnitt der grauen Kommissur wird vordere, der hinter dem Kanale befindliche hintere graue Kommissur genannt. Von der ganzen Peripherie der grauen Substanz strahlen gröbere oder feinere Fortsätze, die Septula medullaria, in die weisse Substanz. Die graue Substanz ist im Hals- und Lendentheile des Rückenmarkes mächtiger als im Brusttheile entwickelt; dem entsprechen Formvariationen der H-Figur. Das Ende des Conus medullaris besteht fast nur aus grauer Substanz.

B. Feinerer Bau. Wir beginnen hier mit der grauen Substanz von deren Kenntniss das Verständniss der weissen Substanz abhängt. Die graue Substanz besteht aus multipolaren Nerven(Ganglien)-zellen, die mit ihren Dendriten und Nervenfortsätzen, ein dichtes Gewirr, den Nervenfilz,

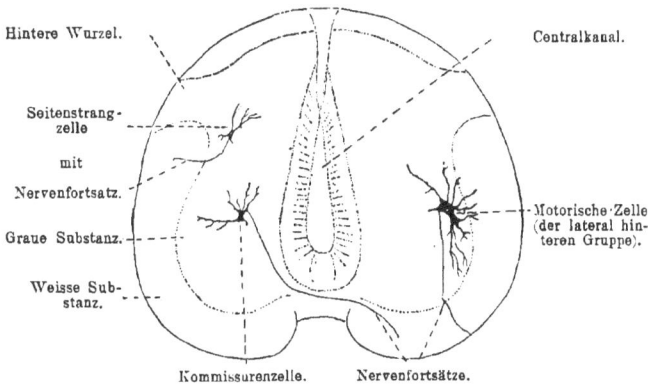

Hintere Wurzel.

Centralkanal.

Seitenstrang-
zelle

mit

Nervenfortsatz.

Graue Substanz.

Motorische·Zelle
(der lateral hin-
teren Gruppe).

Weisse Sub-
stanz.

Kommissurenzelle.   Nervenfortsätze.

Fig. 84.
Querschnitt durch das Rückenmark eines 7 Tage bebrüteten Hühnerembryo. 80 mal vergrössert. Die weisse Substanz ist noch wenig entwickelt, der Centralkanal noch sehr gross. Technik Nr. 70, pag. 163.

bilden. In diesen Filz treten noch Nervenfasern die zum Theil von den weissen Strängen, zum Theil von den Hinterwurzeln herkommen; ein Stützgerüst, die Neuroglia, trägt das Ganze.

Wir haben also zuerst die Nervenzellen, dann die Nervenfasern zu betrachten; die Neuroglia, welche auch in der weissen Substanz vorkommt, soll am Schlusse der ganzen Darstellung geschildert werden.

1. Die Nervenzellen werden nach dem Verhalten ihres Nervenfortsatzes eingetheilt in:

a) die motorischen Nervenzellen liegen in zwei Gruppen [1]) im Vorderhorn. Sie besitzen einen grossen (67—135 μ) Zellkörper und ausge-

---

[1]) Man unterscheidet an der Hals- und Lendenanschwellung zwei Gruppen, eine medial-vordere und eine lateral-hintere (vergl. Fig. 83), sie sind im obersten Halsmark und im Brustmark zu einer Kolonie vereint. Auf Längsschnitten (besonders gut bei Amphibien) zeigt sich, dass die Zellgruppen den Ursprungsgebieten der einzelnen Wurzeln entsprechend segmental angeordnet sind.

dehnte, weit in die Nachbarschaft reichende Dendriten; ihr Nervenfortsatz tritt, zuweilen nach Abgabe unbedeutender Seitenzweige („Collateralen") gewöhnlich aber ohne solche, an der Spitze des Vorderhorns in die weisse Substanz, durchsetzt diese in schräg absteigendem Verlaufe und wird dabei, indem er eine Markscheide erhält, zum Achsencylinder einer markhaltigen Nervenfaser. Er verlässt als Bestandtheil eines vorderen (ventralen) Wurzelfaserbündels das Rückenmark. Alle vorderen Wurzelfasern entspringen aus den motorischen Vorderhornzellen und zwar aus denen derselben, nicht der entgegengesetzten Seite.

b) die Strangzellen bilden die Hauptmasse der Nervenzellen der grauen Substanz und liegen theils zerstreut, theils in Gruppen (im Seitenhorn und im Dorsalkern). Sie sind meist kleiner, wie die motorischen Nervenzellen und besitzen wenige, schwach verästelte, aber weit ausgestreckte Dendriten. Ihr Nervenfortsatz tritt, nachdem er noch in der grauen

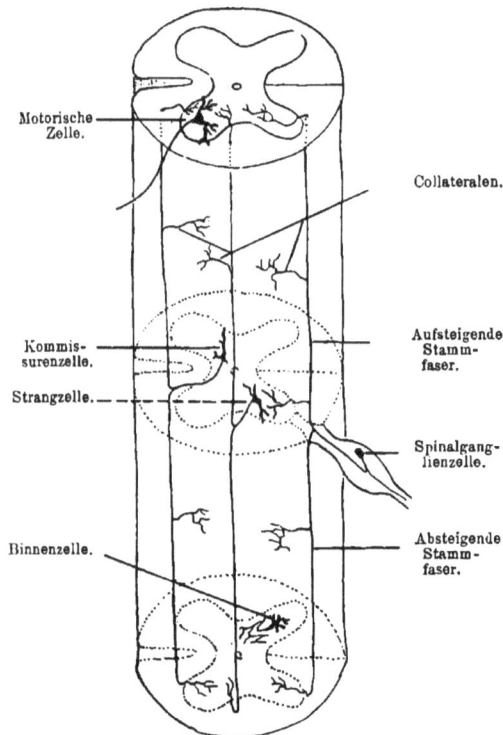

Fig. 85.

Schema der Lage und Verästlung der Nervenzellen, sowie der hinteren Wurzeln des Rückenmarks.

Labels in figure: Motorische Zelle. — Collateralen. — Kommissurenzelle. — Strangzelle. — Aufsteigende Stammfaser. — Spinalganglienzelle. — Binnenzelle. — Absteigende Stammfaser.

Substanz viele Collateralen abgegeben hat, in die weisse Substanz (in den Vorder- oder Seitenstrang, sehr selten in den Hinterstrang) und zwar entweder derselben oder der entgegengesetzten Seite. Zellen der letzteren Art hat man auch Kommissurenzellen[1]) genannt, weil ihr Nervenfortsatz die vordere graue Kommissur durchsetzt ehe er in die weisse Substanz eintritt. In der weissen Substanz angelangt theilt sich der Nervenfortsatz der meisten Strangzellen[2])

---

[1]) Die Kommissurenzellen nehmen ein Feld ein, welches den Centralkanal von der ventralen Seite her bogenförmig umfasst.

[2]) Ausgenommen sind die aus dem Dorsalkern kommenden Nervenfortsätze, welche cranialwärts umbiegend zum Kleinhirn ziehen. Es giebt auch noch andere Strangzellen,

in eine vertikal auf- und absteigende „Stammfaser", die während ihres parallel der Rückenmarklängsachse gerichteten Verlaufes Seitenäste (Collateralen) abgiebt, welche wieder in die graue Substanz einbiegen und hier frei verästelt enden; auch die Stammfasern selbst enden schliesslich wie eine Collaterale. Die am Vorderstrang eintretenden Collateralen sind ziemlich stark und dringen einzeln oder bündelweise in das Vorderhorn, wo sie die grossen motorischen Zellen umspinnen, besonders stark sind sie im antero-lateralen Bezirk des Vorderhorns; weniger zahlreich sind die vom Seitenstrang her kommenden Collateralen, die hauptsächlich gegen die Substantia gelatinosa centralis ziehen, nur ventral von der Substantia gelatinosa Rolandi sind sie gut entwickelt und bilden auf die entgegengesetzte Seite hinübertretend die „dorsale (hintere) Kommissur". Beim Erwachsenen sind die Nervenfortsätze aller Strangzellen mit einer Markscheide umgeben.

Die bisher geschilderten Zellen gehörten dem (Deiters'schen) Typus mit langem Nervenfortsatz (pag. 76) an, es giebt aber auch noch eine Zellenart, deren Nervenfortsatz sich rasch verästelt. Man hat solche Zellen

c) Binnenzellen genannt, weil sie die graue Substanz nicht überschreiten, sie kommen in den Hinterhörnern vor (Fig. 85).

2. Die Nervenfasern stammen, soweit sie aus den Vorder- und Seitensträngen hereintreten, zum einen Theil von den markhaltigen Collateralen und Enden der Strangzellen-Nervenfortsätze, zum andern Theil von (ebenfalls eine Markscheide besitzenden) Nervenfortsätzen, die vom Gehirn kommen[1]. Dazu kommen noch die markhaltigen Nervenfasern der hinteren (dorsalen) Wurzeln, welche von den centripetalen Fortsätzen der Spinalganglienzellen (pag. 154) abstammen. Diese hinteren Wurzelfasern treten in das Rückenmark in zwei Gruppen ein, eine laterale — sie verläuft in der Randzone — und eine mediale, welche im Hinterstrang verläuft. Jede dieser Fasern senkt sich von da nicht direkt in die graue Substanz, sondern theilt sich zuerst Y-förmig in eine aufsteigende und absteigende Stammfaser (Fig. 86), von welchen unter rechtem Winkel viele Collateralen entspringen

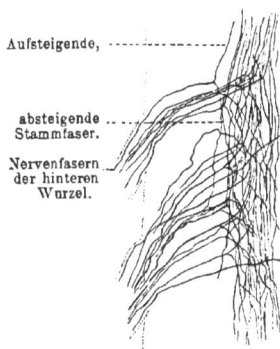

Aufsteigende,

absteigende Stammfaser.

Nervenfasern der hinteren Wurzel.

Fig. 86.
Stück eines Längsschnitts des Rückenmarkes einer neugeborenen Ratte. 110 mal vergr. Der Schnitt hat 2 hintere Wurzeln getroffen. Collateralen sind nicht zu sehen. Technik Nr. 70, pag. 163.

deren Nervenfortsatz in die weisse Substanz tritt und dort ohne Theilung auf- oder abwärts umbiegt. Unter dem Namen pluricordonale Zellen sind Strangzellen beschrieben worden, deren Nervenfortsatz in der grauen Substanz sich in 2 oder 3 Aeste theilt, die sich in ebensoviele Fasern verschiedener Stränge fortsetzen.

[1] Bezüglich des genaueren Verlaufs dieser Partie sei auf die speziellen Lehrbücher verwiesen.

(Fig. 85). Erst diese treten in die graue Substanz ein und vertheilen sich mit ihren Endverästelungen fast über alle Punkte der grauen Substanz. Ein Theil von ihnen endet grösstentheils in der Hinterhornspitze; diese Portion entstammt der lateralen Wurzelfasergruppe und bildet einen sehr feinen faserigen dichten Plexus, der auch zum Theil in der Substantia gelatinosa Rolandi liegt (Fig. 87 c), ein zweiter Theil endet im Dorsalkern (Fig. 87 a), er entstammt der medialen Wurzelfasergruppe ebenso wie ein dritter Theil, welcher den medialen Theil der Substantia gelatinosa Rolandi durchsetzend ventralwärts bis ins Vorder-

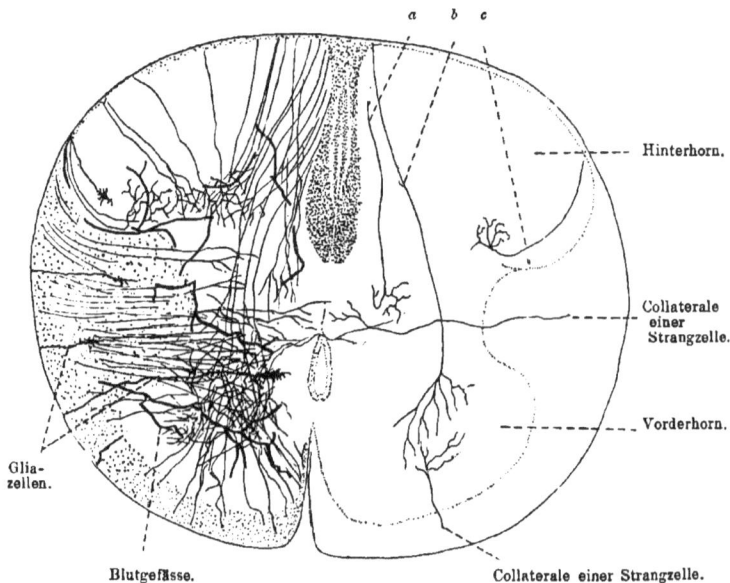

Fig. 87.

Querschnitt durch das Rückenmark einer neugeborenen Ratte, Collateralen. 75 mal vergr. Auf der rechten Hälfte ist nur je ein Repräsentant jeder Art eingezeichnet. Technik Nr. 70, pag. 163.

horn zieht und dort fächerförmig ausstrahlend die motorischen Vorderhornzellen umspinnt (Fig. 87 b), diese letzteren Collateralen bilden das Reflexbündel [1]) Wie die Collateralen, verhalten sich auch die Enden der Stamm fasern, die wahrscheinlich erst nach langem (einige Centimeter) Verlaufe in die graue Substanz umbiegend endigen.

Die Eigenthümlichkeiten der Subst. gelat. centralis und Rolandi, welche

---

1) Reflexbündel und Dorsalkerncollateralen senken sich in lateralwärts konkavem Bogen in die graue Substanz und sind in ihrer ansehnlichen Masse leicht wahrzunehmen (Fig. 83). Man hat ihre Einsenkungsstelle „Einstrahlungszone", „Wurzeleintrittszone" genannt. — Ausser den auf derselben Rückenmarkshälfte sich ausbreitenden Collateralen giebt es auch solche, die durch die hintere graue Kommissur auf die Fasern der andern (sogen. „gekreuzten") Rückenmarkshälfte hinübertreten.

auch zur grauen Substanz gehören, werden durch die Menge der Neuroglia bedingt und sollen mit dieser beschrieben werden.

Was den feineren Bau der weissen Substanz betrifft, so besteht dieselbe nur aus markhaltigen Nervenfasern (pag. 78), bei denen die Schwann'sche Scheide jedoch nicht vorhanden ist. Die Dicke der Fasern ist sehr verschieden; die dicksten Fasern finden sich in den Vordersträngen und an den lateralen Theilen der Hinterstränge, die feinsten in den medialen Theilen der Hinterstränge und in den Seitensträngen da, wo die weisse Substanz an die graue stösst. In den übrigen Partien sind dicke und dünne Fasern gemischt vorhanden. Die meisten Nervenfasern verlaufen der Längsachse des Rückenmarkes parallel, sind also im Querschnitte quer getroffen. Ausserdem kommen schräg verlaufende Fasern vor. Soche liegen in grösserer Anzahl vor der grauen Kommissur und bilden, sich spitzwinkelig kreuzend, die weisse Kommissur (Fig. 83).

Versuchen wir eine Eintheilung der Fasern nach ihrer Herkunft, so giebt es 1. Fasern, welche Fortsetzungen der hinteren Wurzeln sind; die g a n z e n Hinterstränge bestehen aus hinteren Wurzelfasern, da die im Bereich des Lendenmarks eingetretenen Wurzelfasern (resp. deren Stammfasern) von den weiter oben eintretenden Fasern gegen die Mittellinie gedrängt werden. 2. Fortsetzungen der Strangzellen (Fig. 85 u. 87). 3. Fasern, die Fortsetzungen von Nervenzellen des Gehirns sind. Die beiden Letzteren nehmen die Vorder- und die Seitenstränge ein und verlaufen keineswegs regellos durcheinander, sondern sind vielmehr zu kompakten Strängen vereint.

Das S t ü t z g e r ü s t des Rückenmarkes wird durch zwei genetisch scharf getrennte Bildungen hergestellt: 1. durch Fortsetzungen der b i n d e g e w e b i g e n Pia mater, welche als Hüllen von Gefässen in die weisse Substanz eindringen. Dieses bindegewebige Stützgerüst wird gegen die graue Substanz zu immer dünner und erstreckt sich nicht in diese hinein. 2. Durch die N e u r o g l i a (Nervenkitt), welche aus der gleichen embryonalen Anlage wie das Centralnervensystem stammt. Die Neuroglia besteht hauptsächlich aus kernhaltigen Zellen, den G l i a z e l l e n (Fig. 88) und (vielleicht) aus einer geringen Menge einer gleichartigen Grundsubstanz. Es giebt zwei Arten von Gliazellen: 1. die E p e n d y m z e l l e n, welche in einfacher Lage das Lumen des Centralkanals auskleiden. Sie sind in der Jugend mit Flimmerhaaren besetzt, ihr cylindrischer Körper läuft in einen langen Fortsatz aus (Fig. 88), der in embryonaler Zeit bis zur Oberfläche des Rückenmarkes reicht und dort einfach oder mehrfach getheilt endet. Die Ependymzellen sind die phylogenetisch ältesten Zellen; sie entstehen auch ontogenetisch zuerst, bilden sich aber im weiteren Verlaufe der Entwicklung wieder in verschiedenem Grade zurück, wobei es nicht selten zu einer völligen Obliteration des Centralkanals kommt; 2. die D e i t e r s'schen Zellen liegen im Beginn ihrer Entwicklung alle in der grauen Substanz, später rücken sie auch in die weisse Substanz und sind dann sehr verschieden gestaltet. Von den zahlreichen

Fortsätzen der Deiters'schen Zellen entsteht einer, der „Hauptfortsatz", zuerst (Fig. 88), die anderen theils feineren, theils gröberen „sekundären" Fortsätze erst später. Vieler dieser Zellen reichen mit mehrfach getheilten Fortsätzen bis zur Rückenmarksoberfläche, wo sie mit verbreitertem Fusse enden und so einen ansehnlichen Theil der an der Oberfläche befind-

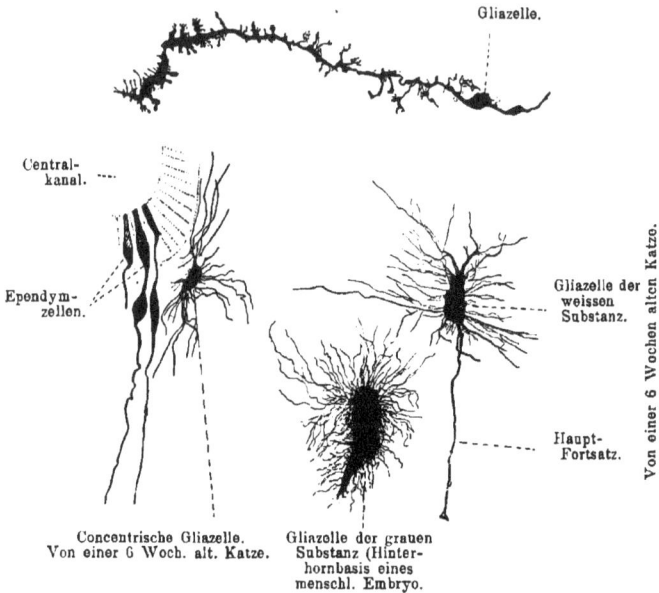

Aus der Subst. gel. e. neugeb. Ratte.

Gliazelle.

Central-kanal.

Ependym-zellen.

Gliazelle der weissen Substanz.

Von einer 6 Wochen alten Katze.

Haupt-Fortsatz.

Concentrische Gliazelle. Von einer 6 Woch. alt. Katze.

Gliazelle der grauen Substanz (Hinter-hornbasis eines menschl. Embryo.

Fig. 88.

Gliazellen aus dem Rückenmark. 280 mal vergr. Technik Nr. 70, pag. 163.

lichen Gliaschicht („gelatinöse Rindenschicht", „Hornspongiosa") darstellen. Die Form der ausgebildeten Deiters'schen Zellen lässt zwei durch Uebergänge verbundene Varietäten unterscheiden: a) Kurzstrahler mit kürzeren, stark verästelten Fortsätzen, die sich nicht selten an Blutgefässe ansetzen; sie kommen vorzugsweise in der grauen Substanz vor; b) Langstrahler, von deren kleinem Zellkörper ausser kurzen, auch viele längere, starre, wenig verästelte Fortsätze ausgehen. Sie finden sich hauptsächlich in der weissen Substanz und sind nicht leicht mit Ganglienzellen zu verwechseln. Indem ihre vielen feinen Fortsätze zwischen jene benachbarter Gliazellen eingreifen (nicht anastomosiren), wird ein dichtes, jede einzelne Nervenfaser umspinnendes Flechtwerk hergestellt.

Ganz besonders gestaltet sich die Neuroglia in den „gelatinösen" Substanzen des Centralkanals und dem Hinterhorn. In Ersterer bilden die Deiters-schen Zellen mit ihren dort sehr langen, steifen und ungetheilten Fortsätzen einen dichten, konzentrisch angeordneten Faserkranz (Fig. 88). Dieser und die

Ependymzellen werden zusammen auch „centraler Ependymfaden" genannt.
Die Substantia gelatinosa Rolandi besteht, abgesehen von den kleinen Ganglienzellen und durchtretenden
Nervenfasern (Collateralen) aus
einer körnigen Substanz, welche
aus einer Umwandlung von zahlreichen und sehr zarten Fortsätzen der dort befindlichen Deiters'schen Zellen hervorgegangen
ist (Fig. 88).

Weisse Substanz. Hornspongiosa.

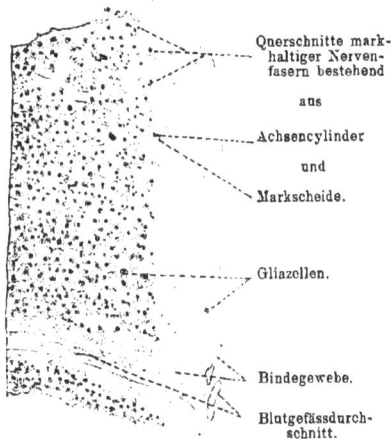

Querschnitte mark-
haltiger Nerven-
fasern bestehend

aus

Achsencylinder

und

Markscheide.

Gliazellen.

Bindegewebe.

Blutgefässdurch-
schnitt.

Fig. 89.

Stück eines Querschnittes des menschlichen Rückenmarkes (Seitenstranggegend) 180 mal vergrössert.
Technik Nr. 69, pag. 162.
Die Anastomose der beiden Gliazellen ist nur eine durch
diese Methode bedingte Täuschung.

Gehirn.

Das Gehirn besteht wie das
Rückenmark aus weisser und
grauer Substanz, welche hinsichtlich ihres feineren Baues im
Ganzen mit jenen des Rückenmarkes übereinstimmen. Die Vertheilung der beiden Substanzen
aber ist im Gehirn eine viel man-
nigfaltigere, als im Rückenmarke.
Die graue Substanz kommt im
Gehirn in vier Anhäufungen vor:

a) Als eine die gesammte Oberfläche der Grosshirnhemisphären überziehende
Ausbreitung, die Grosshirnrinde,

b) in Form diskreter Herde, welche in den Grosshirnganglien (Streifen-
hügel, Sehhügel und Vierhügel) ihren Sitz haben,

c) als Auskleidung der Hirnhöhlen: Grau der centralen Höhlen
(„centrales Höhlengrau"); dasselbe ist die direkte Fortsetzung der grauen
Substanz des Rückenmarkes,

d) als eine die Kleinhirnoberfläche überziehende Ausbreitung, die Kleinhirnrinde.

Auch im Innern des Kleinhirns finden sich diskrete Herde.

Alle diese Anhäufungen stehen durch Faserzüge weisser Substanz mit
einander in vielfacher Verbindung.

ad a) Grosshirnrinde.

Auf senkrechten Durchschnitten unterscheidet man vier, nicht scharf
von einander abgrenzbare Schichten.

1. Die Molekularschicht (Neurogliaschicht), die oberflächlichste,
erscheint an gewöhnlichen Präparaten sehr fein punktirt oder retikulirt und
enthält ausser einzelnen Zellen ein Geflecht horizontal verlaufender, mark-

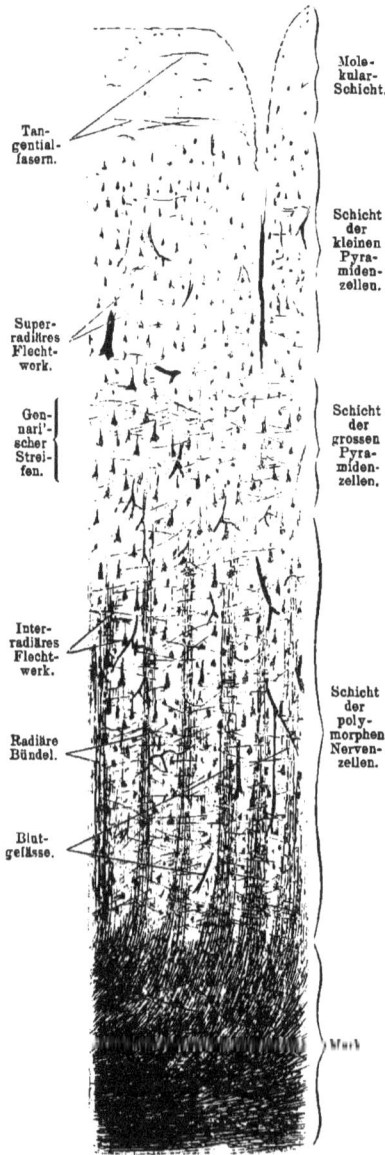

Fig. 90.
Stück eines senkrechten Schnittes der Grosshirnrinde
des Menschen. 60mal vergr. Technik Nr. 71, pag. 163.

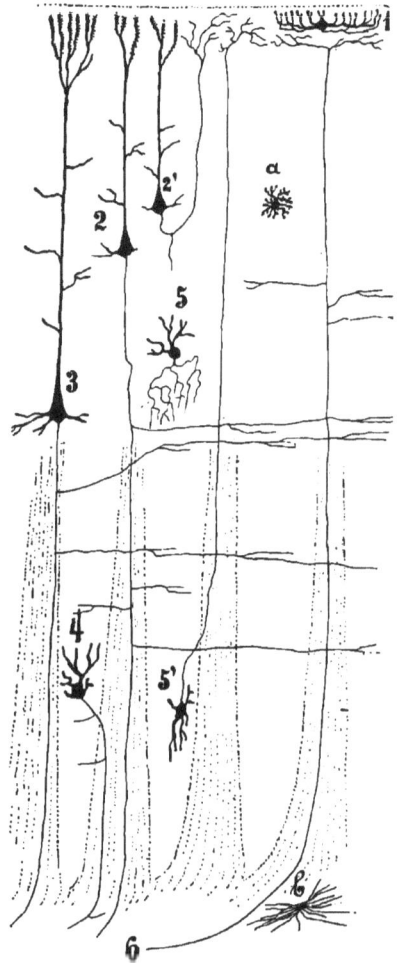

Fig. 91.
Schema der Grosshirnrinde nach Präparaten
entworfen, die nach Technik Nr. 73b, pag. 164
hergestellt worden waren. 1. Cajal'sche Zelle.
2,2' kleine Pyramidenzelle. 3. grosse Pyramidenzelle. 4. polymorphe Zelle. 5,5' Zellen
von Golgi'schem Typus. 6. In der Hirnober-
fläche endende Nervenfaser, a Kurzstrahler,
b Langstrahler (Gliazellen). Die Ependymzellen sind nicht eingezeichnet.

haltiger Nervenfasern, die Tangentialfasern (Fig. 90). Mit Hilfe der Golgi'schen Methode ergiebt sich, dass das Reticulum gebildet wird zum Theil durch die Dendriten der Pyramidenzellen (siehe sub 2 und 3), zum Theil durch die Fortsätze von Gliazellen. Ausser letzteren kommen noch in der Molekularschicht die Cajal'schen Zellen vor; ihr unregelmässig gestalteter Zellkörper sendet parallel der Oberfläche verlaufende Fortsätze aus, von den senkrecht zur Oberfläche aufsteigende Seitenzweige entspringen [1]) (Fig. 91, 1).

2. Die Schicht der kleinen Pyramidenzellen (Fig. 90, 91); sie ist charakterisirt durch 10—12 μ grosse Ganglienzellen von pyramiden- förmiger Gestalt; die Spitze der Pyramidenzelle läuft in einen langen Proto- plasmafortsatz (Dendriten)[2]) aus, der nach Abgabe kleiner Seitenzweige in die Molekularschicht tritt, wo er in viele (oft mit kleinen Zacken besetzte) Aeste zerfällt (Fig. 91, 2); von den Seitenflächen und von der Grundfläche der Pyramidenzelle ent- springen nur kleinere Dendriten. Der Nervenfort- satz entspringt stets von der Grundfläche und zieht nach Abgabe verzweigter Seitenäste („Collateralen") in der Regel der weissen Substanz, (dem Marke) zu, um dort in eine oder sich theilend in zwei Nervenfasern überzugehen; zuweilen aber verläuft er umbiegend in die Molekularschicht, wo er sich theilend in das Geflecht der Tangentialfasern tritt. (Fig. 91, 2') Nervenfortsatz wie Collateralen sind von einer Markscheide umhüllt.

3. Die Schicht der grossen Pyramiden- zellen ist durch die bedeutendere Grösse der Nervenzellen 20—30 μ von der vorhergehenden Schicht unterschieden, der sehr starke Nervenfort-

Nervenfortsatz.
Fig. 92.
Pyramidenzelle aus einem senkrechten Schnitte der Grosshirnrinde des erwachsenen Menschen.
120mal vergr. Die Endveräst-
lungen der gegen die Molekularschicht verlaufenden Dendriten
sind hier nicht zu sehen.
Technik Nr. 73b, pag. 164.

satz läuft stets dem Marke zu (Fig. 91, 3) nachdem er noch in der grauen Rinde mehrere Collateralen abgegeben hat.

4. Die Schicht der polymorphen Nervenzellen; die meisten Zellen sind oval oder vieleckig, ein gegen die Oberfläche strebender Dendrite fehlt, der feine Nervenfortsatz tritt nach Abgabe einiger Collateralen in die weisse Substanz (Fig. 91, 4), wo er in eine oder, T-förmig sich theilend, in zwei Nervenfasern übergeht.

---

[1]) Bei Thieren sind mehrere (4 und noch mehr) Nervenfortsätze der Cajal'schen Zellen beschrieben worden, beim Menschen sind diese Zellen nur aus embryonaler Zeit bekannt, der Nachweis von Nervenfortsätzen war hier nicht zu erbringen. Es ist also die nervöse Natur der Cajal'schen Zellen noch nicht völlig sicher gestellt.

[2]) Deswegen ist auch die Grösse der Pyramidenzellen schwer zu bestimmen, die bedeutenden Differenzen in den Grössenangaben sind auf diesen allmählichen Uebergang des Zellkörpers in den Fortsatz zurückzuführen.

In den drei letztgenannten Schichten finden sich noch Ganglienzellen vom Golgi'schen Typus (pag. 76). Ihr verästelter Nervenfortsatz ist bald nur auf die Umgebung der Zelle beschränkt (Fig. 91, 5), bald reicht er bis in die Molekularschicht, wo er reich verästelt endet (Fig. 91, 5').

Beide letztere Schichten enthalten zahlreiche markhaltige Nervenfasern. Dieselben sind zum Theil zu dicken „radiären" Bündeln geordnet, welche erst gegen die Schicht der kleinen Pyramidenzellen sich ein einzelne Fasern (Fig. 90) auflösen. Diese Bündel werden gebildet 1. durch die mit einer Markscheide umhüllten absteigenden Nervenfortsätze der kleinen und grossen Pyramidenzellen; 2. durch dicke markhaltige Nervenfasern unbekannter Herkunft, die aus der weissen Substanz gegen die Hirnrinde emporsteigen (Fig. 91, 6); dort theilen sie sich wiederholt und bilden das superradiäre und das tangentiale Flechtwerk (Fig. 91) und enden zuletzt frei verästelt. Ein anderer Theil der markhaltigen Nervenfasern verläuft senkrecht zu den radiären Bündeln und bildet das „interradiäre" Flechtwerk; dasselbe ist gegen das superradiäre Flechtwerk etwas verdichtet und stellt so den Gennari'schen (oder Baillarger'schen) Streifen dar (Fig. 90). Dieser und das interradiäre Flechtwerk selbst wird von den mit einer Markscheide umhüllten Collateralen der Pyramidenzellen-Nervenfortsätze gebildet.

Der Bau der Grosshirnrinde erfährt an bestimmten Stellen gewisse Modifikationen. So sind am Gyrus hippocampi und G. uncinatus die Tangentialfasern in grösserer Menge vorhanden und bilden eine netzförmig ausgebreitete, weisse Lage (Substantia reticularis alba). In der Umgebung der Fissura calcarina ist der Gennari'sche Streifen zu dem schon mit unbewaffnetem Auge wahrnehmbaren Vicq d'Azyr-schen Streifen entwickelt. Ausserdem finden sich an vielen Stellen geringere und bedeutendere Abweichungen, welche eine Eintheilung nach der oben gegebenen Schilderung sehr erschweren können.

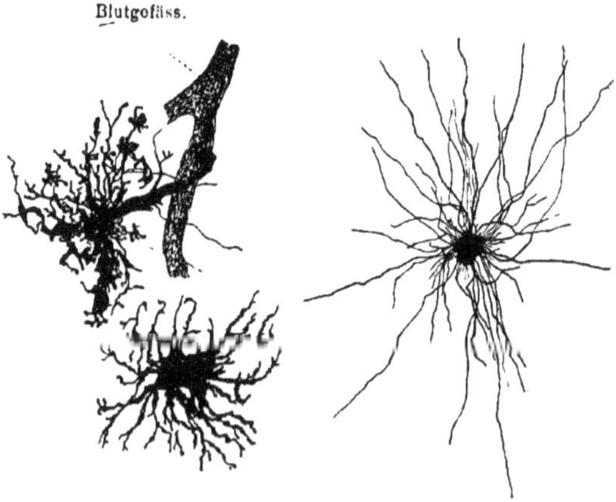

Endlich betheiligen sich an dem Aufbau der Grosshirnrinde noch die von der Pia her eindringenden, Blutgefässe führenden bindegewebigen Fortsetzungen, sowie die Neuroglia; diese besteht ähnlich jener des Rückenmarkes aus Epen-

Blutgofäss.

Fig. 93.
Kurzstrahler   Langstrahler
aus Schnitten des Gehirns erwachsener Menschen. 280 mal vergr.
Technik Nr. 73 b, pag. 164.

dymzellen und aus Deiters'schen Zellen. Erstere reichen in embryonaler Zeit mit ihren peripherischen Fortsätzen bis zur freien Oberfläche. Letztere lassen sich hinsichtlich ihrer Form in zwei Arten unterscheiden. Die einen sind durch ihren kleinen Zellkörper, ihre langen, starren, feinen, wenig verästelten Fortsätze charakterisirt, von denen die feinsten wie ein kurzer Rasen dem Zellkörper aufsitzen, sie heissen L a n g s t r a h l e r (Fig. 93) und finden sich vorzugsweise in der weissen Substanz. Die anderen haben kurze knorrige, reich verästelte Fortsätze, sie heissen K u r z s t r a h l e r (Fig 93) und kommen hauptsächlich in der grauen Substanz vor; dort stehen sie in innigen Beziehungen zu den Blutgefässen, deren Wandung sie oft mit einem stärkeren Fortsatze anhaften (Fig. 93). An der Oberfläche der Hirnrinde wird durch die dahin strebenden Enden der Gliazellenfortsätze eine gliareiche Zone hergestellt.

ad b) Grosshirnganglien.

Die graue Substanz der Grosshirnganglien besteht aus Ganglienzellen von verschiedener Grösse, markhaltigen Nervenfasern und Neuroglia. Die makroskopisch zu Tage tretenden Farbenunterschiede beruhen auf verschiedenen Mischungsverhältnissen von multipolaren Ganglienzellen und Nervenfasern; Reichthum an Ganglienzellen macht sich durch eine dunkle, rothbraune, Reichthum an Nervenfasern durch eine helle, gelbgraue Farbe bemerklich.

ad c) Grau der centralen Höhlen.

Dasselbe erstreckt sich vom Boden der Rautengrube durch den Aquaeductus Sylvii bis in die mittlere Gehirnkammer und bis zu dem Tuber cinereum und dem Infundibulum. Das Grau ist als die Ursprungsstätte der Hirnnerven besonders bemerkenswerth. Es besteht aus Neuroglia, Nervenfasern und Ganglienzellen, die meist multipolar sind, an einzelnen Stellen aber durch ihre Grösse (z. B. im Hypoglossuskerne) oder durch ihre eigenartige Gestalt (kugelige Ganglienzellen im oberen Vierhügelpaare) ausgezeichnet sind.

Wie der Centralkanal des Rückenmarkes von Neuroglia und Cylinderzellen ausgekleidet wird, so wird auch die Fortsetzung desselben (Boden der Rautengrube, Aquaeductus Sylvii, innere Oberfläche der mittleren und der seitlichen Gehirnkammer) von dem ebenso zusammengesetzten E p e n d y m der Ventrikel ausgekleidet, dessen cylindrische oder kubische Zellen bei Neugeborenen und z. Th. auch noch bei Erwachsenen Flimmerhaare tragen.

ad d) Kleinhirnrinde.

Sie besteht aus drei gut getrennten Schichten, von denen die äusserste und innerste schon makroskopisch, die mittlere dagegen nur mikroskopisch erkennbar ist.

1. Die innerste „granulirte" Schicht (rostfarbene Sch.) besteht aus vielen Lagen kleiner Zellen, die bei den gewöhnlichen Methoden einen ver-

hältnissmässig grossen Kern und ein sehr gering entwickeltes Protoplasma erkennen lassen.

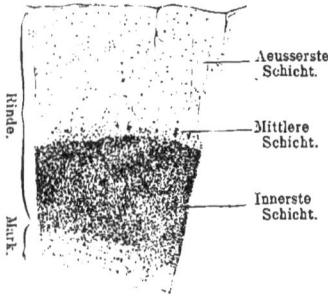

Mit Hilfe der Golgi'schen Methode zeigt sich aber, dass hier, abgesehen von Gliazellen, zwei Arten von Ganglienzellen vorliegen: a) die kleinen Körnerzellen (Fig. 95 u. 97, 1) multipolare Ganglienzellen mit kurzen, krallenförmig endenden Protoplasmafortsätzen und einem feinen, von keiner Markscheide umhüllten Nervenfortsatz, der senkrecht in die äusserste Schicht zieht und dort T-förmig in zwei Aeste sich theilt, welche längs der Windungen parallel der Oberfläche derselben verlaufen und unverästelt frei enden. Die kleinen

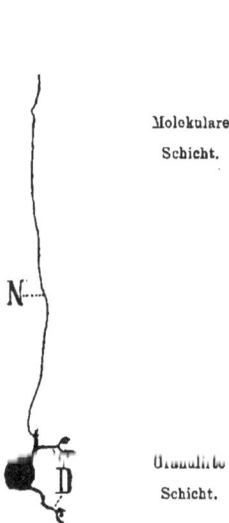

Aeusserste Schicht.

Mittlere Schicht.

Innerste Schicht.

Fig. 94.

Stück eines senkrechten Schnittes durch die Kleinhirnrinde des erwachsenen Menschen. 50 mal vergr. Technik Nr. 72, pag. 163.

Molekulare Schicht.

Granulirte Schicht.

Nervenfort-satz.

Fig. 95.

Kleine Körnerzelle mit einem Stück des Nervenfortsatzes N und kurzen Dendriten D. Aus einem Schnitt durch die Kleinhirn-rinde einer 6 Wochen alten Katze. 400 mal vergrössert. Technik Nr. 74, pag. 164.

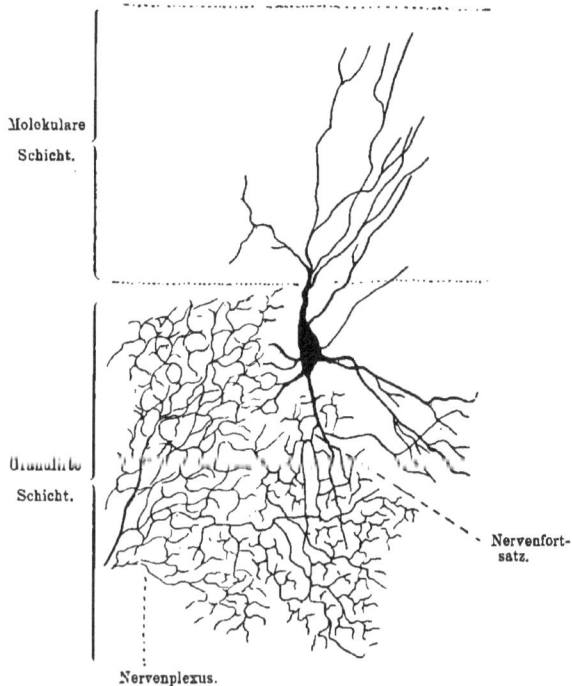

Nervenplexus.

Fig. 96.

Grosse Körnerzelle aus einem Schnitt durch die Kleinhirnrinde einer 6 Wochen alten Katze. 200 mal vergr. Technik Nr. 74, pag. 164.

Körnerzellen bilden die Hauptmasse der zelligen Elemente der granulirten Schicht. Spärlicher sind b) die grossen Körnerzellen, mehr als doppelt so grosse multipolare Ganglienzellen, deren verästelte Protoplasmafortsätze bis in die äusserste Schicht hineinreichen, deren in umgekehrter Richtung verlaufender Nervenfortsatz sich rasch in ein sehr reiches, die granulirte Schicht durchsetzendes Astwerk auflöst (Fig. 96 u. 97, 2).

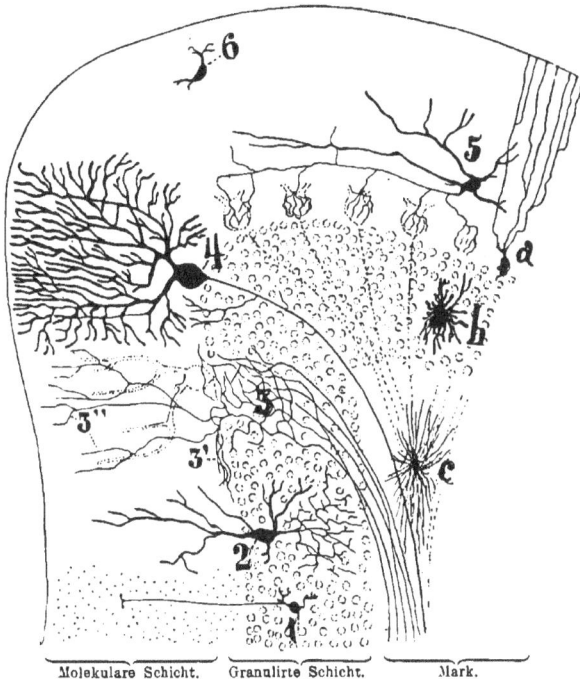

Molekulare Schicht. Granulirte Schicht. Mark.

Fig. 97.

Schema der Kleinhirnrinde nach Präparaten entworfen, die nach Technik Nr. 74, pag. 164 hergestellt worden waren.
1 Kleine Körnerzelle. 2 grosse Körnerzelle. 3 Nervenfasergeflecht. 3' horizontale Bündel. 3'' Fasern der molekularen Schicht. 4 Purkinje'sche Zelle. 5 Korbzelle. 6 Kleine Rindenzelle; a Gliazelle der molekularen Schicht; b Kurzstrahlern ähnliche Gliazelle; c Langstrahler.

In der granulirten Schicht findet sich ein dichtes Geflecht markhaltiger Nervenfasern (Fig. 97, 3), dieselben stammen zum grössten Theil aus der weissen Substanz des Kleinhirns und bilden an der Grenze zwischen granulirter und mittlerer Schicht eine Lage horizontal, quer zur Längsrichtung der Windungen verlaufender Bündel (3), von denen Fasern in die äusserste Schicht aufsteigen (3''). Ein geringerer Theil des Geflechtes wird durch die mit einer Markscheide umhüllten Nervenfortsätze der Purkinje'schen Zellen geliefert.

2. Die mittlere Schicht besteht nur aus einer einfachen Lage sehr grosser multipolarer Ganglienzellen, der „Purkinje'schen Zellen". Ihr

etwa birnförmiger Körper schickt zwei starke Protoplasmafortsätze in die äusserste Schicht, welche sich dortselbst in ein ungemein reiches Astwerk auflösen und bis zur freien Oberfläche reichen (Fig. 97, 4). Die Ausbreitung des Astwerkes ist keine allseitige, sondern erfolgt nur in Ebenen, die quer zur Längsrichtung der Windungen gestellt sind; die ganze Verästelung ist also nur auf Querschnitten der Windungen zu sehen. Von der entgegengesetzten Seite entspringt der Nervenfortsatz, der alsbald von einer Markscheide umhüllt wird und durch die granulirte Schicht in die weisse Substanz des Kleinhirns tritt; noch innerhalb der granulirten Schicht entsendet der Nervenfortsatz Seitenäste, Collateralen, die sich dort verästeln und zum Theil wieder zwischen die Purkinje'schen Zellen zurücklaufen (Fig. 97).

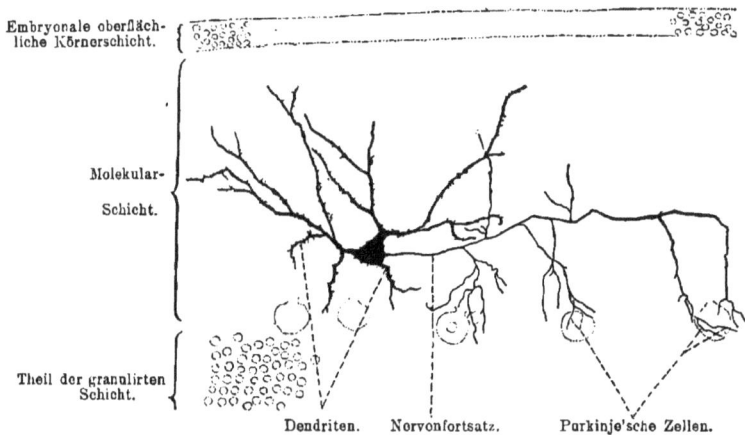

Embryonale oberfläch-
liche Körnerschicht.

Molekular-

Schicht.

Theil der granulirten
Schicht.

Dendriten.   Nervenfortsatz.   Purkinje'sche Zellen.

Fig. 98.

Korbzelle; aus einem Schnitt durch die Kleinhirnrinde einer 6 Wochen alten Katze. 240 mal vergrössert. Die 5 Purkinje'schen Zellen waren nicht geschwärzt, aber gut sichtbar; es sind nur ihre Körper in Umrissen eingezeichnet. Technik Nr. 74, pag. 161.

3. Die äusserste „molekulare" Schicht ist durch ihre graue Farbe gekennzeichnet und enthält zwei Arten von Ganglienzellen: a) die grossen Rindenzellen oder die Korbzellen, multipolare, in der tieferen Hälfte der molekularen Schicht liegende Ganglienzellen, deren Protoplasmafortsätze hauptsächlich gegen die Oberfläche streben. Ihr langer Nervenfortsatz verläuft horizontal in der Querrichtung der Windungen und schickt gegen die Oberfläche einzelne Collateralen, in die Tiefe dagegen von Strecke zu Strecke feine Aeste, die mit ihren Endverzweigungen den Körper der Purkinje-Zellen korbartig umfassen (Fig. 98). Oft umfasst der Korb auch noch den Anfang des Nervenfortsatzes der Purkinje-Zellen. Der Oberfläche näher liegen b) die kleinen Rindenzellen, kleine multipolare Ganglienzellen (Fig. 99), deren Nervenfortsatz nur schwer zu sehen und in Folge dessen auch wenig untersucht ist.

Die in der molekularen Schicht befindlichen markhaltigen Nervenfasern sind Fortsetzungen des Geflechtes der granulirten Schicht und ziehen

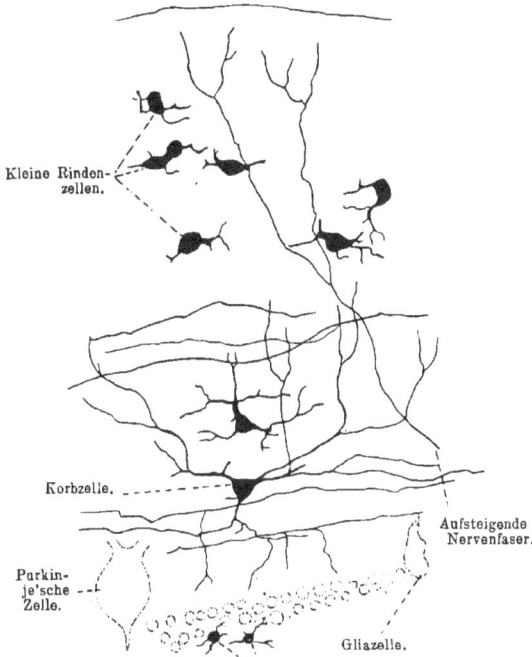

Fig. 99.

Stück eines Schnittes durch die Kleinhirnrinde des erwachsenen Menschen.
240 mal vergr. Die quer verlaufenden Linien sind Fortsätze von Korbzellen. Die
Purkinje-Zelle und die Gliazelle sind von anderen Stellen des Präparates entnommen und zum Zweck der Demonstration der Grössenunterschiede eingezeichnet.
Technik Nr. 74, pag. 164.

Fig. 100.

Zwei Gliazellen, aus
einem Schnitt durch
die Kleinhirnrinde
eines erwachsenen
Menschen. 90 mal
vergr. Rechts ist der
Körper P und Den-
driten P' einer Pur-
kinje'schen Zelle ein-
gezeichnet, um den
Unterschied dieser
von den Gliazellen
zu demonstriren.
\Technik Nr. 74,
pag. 164.

theils gegen die Oberfläche, wo sie nach Verlust der Markscheide zwischen
den Protoplasmaverzweigungen der Purkinje'schen Zellen frei verästelt enden,
theils verlaufen sie horizontal zwischen den Körpern der Purkinje-Zellen
längs der Windungen.

Die Neuroglia der Kleinhirnrinde besteht aus 1. Zellen, deren kleiner
Körper an der Grenze der granulirten Schicht gelegen ist; er schickt nur
ganz vereinzelte kurze Fortsätze in die Tiefe, dagegen verlaufen viele lange
Fortsätze in gerader Richtung gegen die freie Oberfläche und enden dort mit
einer dreieckigen Verbreiterung (Fig. 100 links). Auf diese Weise wird eine
relativ dicke peripherische Gliaschicht hergestellt. 2. Sternförmige, den Kurzstrahlern der Grosshirnrinde ähnelnde Zellen (Fig. 100 rechts), sie kommen in
allen Schichten vor. In der weissen Substanz finden sich typische Langstrahler.

10*

So lange die Kleinhirnrinde noch nicht völlig entwickelt ist, bestehen eine Reihe von Eigenthümlichkeiten, die dem Erwachsenen fehlen. So findet sich bei Embryonen und jungen Thieren über der noch wenig ausgebildeten molekularen Schicht eine oberflächliche Körnerlage; die unter dem Namen „Moosfasern" beschriebenen Bildungen in der granulirten Schicht sind Entwicklungsformen der markhaltigen Nerven, die gleiche Bedeutung haben die „kletternden Plexus", welche in der Umgebung der Purkinje'schen Protoplasmafortsätze gefunden werden.

Die Verbindung der Elemente der Kleinhirnrinde besteht — wie überall — nur durch Kontakt, nie durch direkten Zusammenhang.

Die weisse Substanz des Gross- wie des Kleinhirns, das „Mark", besteht abgesehen von den Elementen des Stützgerüstes (Bindegewebe und Neuroglia), durchaus aus markhaltigen Nervenfasern, deren Dicke zwischen 2,5 und 7 μ schwankt und denen die Schwann'sche Scheide fehlt.

Die Hypophysis cerebri besteht aus zwei genetisch verschiedenen Theilen: 1. einem hinteren, kleineren Lappen, der dem Gehirn (Fortsetzung des Infundibulum) angehört; derselbe enthält aber nur wenig Nervenfasern, sondern meist Bindegewebe, viele Blutgefässe und Zellen, die bipolaren oder multipolaren Ganglienzellen sehr ähnlich sind; 2. einem vorderen grösseren

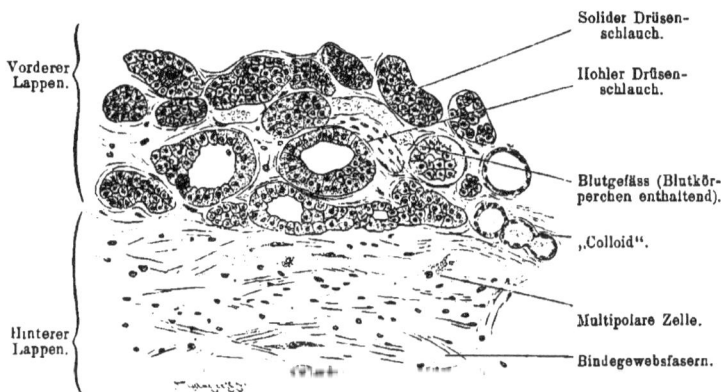

Fig. 101.

Stück eines Horizontalschnittes der Hypophysis cerebri des Menschen. 220mal vergrössert. Es ist die Grenze zwischen vorderem und hinterem Lappen getroffen. Links enthalten zwei Drüsenschläuche je eine dunklere Epithelzelle. Technik Nr. 75, pag. 164.

Lappen, welcher einer Ausstülpung der embryonalen Mundbucht sein Dasein verdankt. Dieser Lappen enthält eingebettet in lockeres, Gefässe tragendes Bindegewebe Drüsenschläuche, die meist solid sind und von kubischen bald helleren, bald dunkleren Epithelzellen ausgefüllt werden (Fig. 101).

Nur wenige (an der Grenze gegen den kleineren Lappen befindliche) Schläuche sind hohl und enthalten zuweilen eine dem Colloid (siehe Schilddrüse) ähnliche Masse.

Die Zirbel (Epiphysis) ist aus einer Falte der primitiven Hirnwand hervorgegangen und besteht aus (Epithel-) Zellen, die theilweise mit zarten Ausläufern versehen sind, und einer bindegewebigen Hülle, von welcher Fortsetzungen in's Innere der Zirbel gehen. In der Zirbel finden wir fast regelmässig den Hirnsand, Acervulus cerebri, sehr verschieden grosse, rundliche Konkretionen mit unebener maulbeerartiger Oberfläche (Fig. 102.) Sie bestehen aus einer organischen Grundlage und kohlensaurem Kalk nebst phosphorsaurer Magnesia.

Nicht selten (besonders im Alter) finden sich in der Hirnsubstanz runde oder biskuitförmige Körper (Fig. 103 *a*) mit deutlicher Schichtung, welche sich mit Jodtinktur und Schwefelsäure violett färben, also dem Amylum verwandt sind. Diese Corpuscula amylacea sind fast regelmässig an den Wänden der Hirnhöhlen, aber auch noch an vielen anderen Orten, sowohl in der grauen, wie in der weissen Substanz vorhanden.

Fig. 102.
Hirnsand aus der Zirbel einer 70jährigen Frau, 50 mal vergr. Technik Nr. 76, pag. 161.

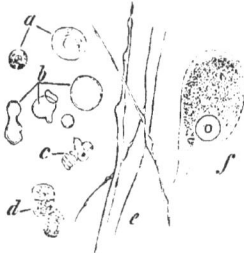

Fig. 103.
Aus einem Zupfpräparate der grauen Höhlenschicht des Menschen, 240 mal vergrössert. *a* Corpuscula amylacea. *b* Myelintropfen. *c* Rothe Blutkörperchen. *d* Ependymzellen. *e* Markhaltige Nervenfasern. *f* Ganglienzelle. Technik Nr. 77, pag. 161.

Hüllen des Centralnervensystems.

Zwei bindegewebige Häute umschliessen Hirn und Rückenmark: die harte und die weiche Hirn- (resp. Rückenmarks-) Haut.

Die harte Rückenmarkshaut (Dura mater spinalis) besteht aus straffaserigem Bindegewebe und vielen elastischen Fasern, dazu kommen platte Bindegewebs- und Plasmazellen (s. pag. 57 und Figur 106). Ihre innere Oberfläche ist mit einer einfachen Lage platter Epithelzellen überzogen. Sie ist arm an Blutgefässen und Nerven.

Die harte Hirnhaut (Dura mater cerebralis) ist zugleich Periost der inneren Schädelfläche und besteht aus zwei Schichten: 1. aus einer inneren, welche der Dura mater spinalis entspricht und ebenso gebaut ist wie diese und 2. aus einer äusseren Schicht, welche dem Periost des Wirbelkanals entspricht. Sie besteht aus den gleichen Elementen wie die innere Schicht, nur verlaufen die äusseren Fasern in einer die inneren Fasern

kreuzenden Richtung. Die äussere Schicht ist reich an Blutgefässen, welche
von da in die Schädelknochen eindringen.

Die weiche Hirn- (resp. Rückenmarks-) Haut ist ein zweiblätteriger
Sack. Die äussere Blatt („Arachnoidea" der Autoren) ist an seiner freien
Oberfläche mit einer einfachen Epithelzellenschicht bekleidet und steht mit
der Dura mater in keiner festen Verbindung. Das innere Blatt („Pia
mater") liegt der Hirn- (resp. Rückenmarks-) oberfläche fest auf und schickt
gefässhaltige Fortsätze in die Substanz dieser. Arachnoidea und Pia sind
durch zahlreiche von der Innenfläche der Arachnoidea zur Aussenfläche der
Pia ziehende Bälkchen und Plättchen miteinander verbunden. Von der
Aussenfläche der Arachnoidea erheben sich an bestimmten Stellen (zu Seiten
des Sinus longitud. sup.) hernienartige Ausbuchtungen, welche die verdünnte
Dura mater vor sich herstülpend in die venösen Sinus der letzteren hinein-
ragen. Das sind die sogenannten Arachnoidealzotten, welche unter
dem Namen „Pacchioni'sche Granulationen" lange Zeit für patho-
logisch gehalten wurden. Die weiche Hirnhaut besteht aus feinen Bindegewebsbündeln und platten Zellen, welche die Innenfläche der Arachnoidea
und die oben erwähnten Bälkchen überkleiden.

Die Telae chorioideae und Plexus chorioidei bestehen aus
Bindegewebe und zahlreichen Blutgefässen, deren feine Verästelungen zu
Läppchen vereint in die Hirnhöhlen hinabhängen. Sie sind von einer einfachen Lage kubischer, beim Neugeborenen flimmernder Epithelzellen überzogen, welche Pigmentkörnchen oder auch Fettropfen einschliessen.

Gefässe des Centralnervensystems.

Die Blutgefässe des Centralnervensystems bilden ein in der grauen
Substanz engmaschiges, in der weissen Substanz weites Netz von Kapillaren,
welche überall mit einander zusammenhängen. Sämmtliche Blutgefässe besitzen noch eine zweite sog. adventitielle Scheide, welche oft nur aus einer
einfachen Schicht platter Epithelzellen hergestellt wird (s. ferner unten).
Die Wand der venösen Sinus durae matris wird nur durch eine aus platten
Epithelzellen gebildete Haut hergestellt.

Lymphbahnen des Centralnervensystems:

1. Zwischen Dura und Arachnoidea findet sich ein kapillarer Spalt,
der Subduralraum, welcher mit den tiefen Lymphgefässen und Lymphknoten des Halses (wenigstens bei Kaninchen und Hund), ferner mit den
Lymphbahnen der peripherischen Nerven, mit den Lymphgefässen der Nasenschleimhaut, mit feinen Spalten (Saftbahnen) in der Dura und endlich um
die Arachnoidealzotten mit den venösen Durasinus zusammenhängt. Die
im Subduralraum befindliche Flüssigkeit ist eine sehr spärliche.

2. Der Subarachnoidealraum, das ist der von Balken und Blättchen durchzogene Raum zwischen beiden Blättern der weichen Hirnhaut.

Er hängt zusammen mit den Saftbahnen der peripherischen Nerven, mit den Lymphgefässen der Nasenschleimhaut, mit dem Binnenraume der Hirnventrikel und des Centralkanales. Die im Subarachnoidealraume befindliche Flüssigkeit ist eine sehr reichliche, sie heisst Liquor cerebrospinalis.

3. Vom Subarachnoidealraume aus lassen sich noch die innerhalb der adventitiellen Scheide der Blutgefässe befindlichen Räume injiziren. Sie heissen adventitielle Lymphräume.

Dem Lymphgefässsystem können nicht direkt zugezählt werden Räume, welche nur durch Injektion in die Hirnsubstanz selbst gefüllt werden. Diese Räume finden sich 1. in der Umgebung der grösseren Ganglienzellen der Grosshirnrinde, sowie vieler Gliazellen, pericelluläre Räume, 2. ausserhalb der adventitiellen Blutgefässscheiden, perivasculäre R., 3. zwischen Pia und Hirnsubstanz, epicerebrale R. Sie können als ein eigenes Saftbahnsystem bezeichnet werden.

2. Peripherisches Nervensystem.

Nerven.

Die cerebrospinalen Nerven bestehen zumeist aus markhaltigen Nervenfasern von verschiedener Dicke und nur vereinzelten marklosen Nervenfasern; sie erscheinen deshalb bei auffallendem Lichte weiss. Die Art und Weise ihrer Vereinigung zeigt viele Uebereinstimmung mit derjenigen der

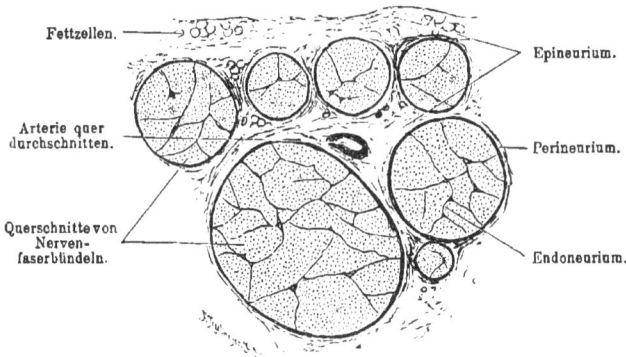

Fig. 104.
Stück eines Querschnittes des Nervus medianus des Menschen. 20 mal vergröss. Technik Nr. 79, pag. 164.

quergestreiften Muskelfasern. Dem entsprechend umgiebt eine aus lockerem Bindegewebe und elastischen Fasern gebildete, oft Fettzellengruppen enthaltende Hülle, das Epineurium (Fig. 104) den ganzen Nerven. In's Innere des Nerven ziehende, bindegewebige Fortsetzungen des Epineurium umhüllen die (sogen. sekundären) Nervenfaserbündel, deren jeder von konzentrischen Binde-

gewebslamellen, dem Perineurium, umfasst wird. Von diesem ausgehende
Septa dringen ins Innere des (sekundären) Nervenfaserbündels; man hat sie
Endoneurium genannt. Endlich zweigen sich von diesen wiederum feine
Blätter, die „Fibrillenscheiden" ab, welche (entsprechend dem Perimysium
der einzelnen Muskelfaser) jede einzelne Nervenfaser umgeben. Die genannten
Hüllen stehen mit Fortsetzungen der harten und weichen Hirnhaut in direkter
Verbindung. Perineurium und Endoneurium bestehen nicht nur aus Binde-
gewebsfasern, sondern auch aus elastischen Fasern und aus einer variablen
Zahl konzentrischer Häutchen. Jedes derselben wird durch eine einfache
Lage platter Bindegewebszellen gebildet, deren Grenzen durch Höllensteinlösungen sichtbar gemacht werden können. Auch die Fibrillenscheide besteht
neben feinen Bindegewebsbündeln aus solchen platten Zellen. Theilungen

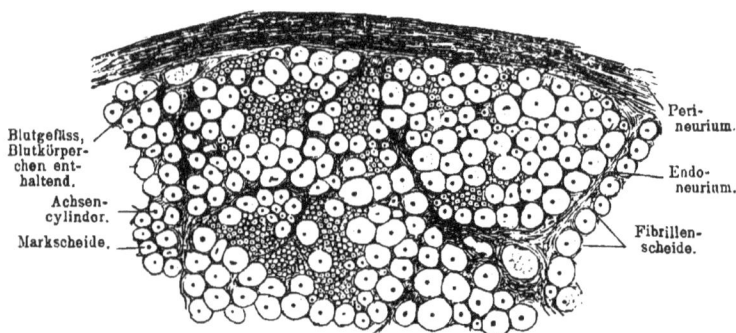

Fig. 105.

Stück eines Querschnittes des Nervus medianus des Menschen. 220mal vergr. Technik Nr. 79, pag. 164.

der Nervenfasern kommen während des Verlaufes nicht vor (erst an der
Peripherie); dagegen zweigt sich nicht selten eine verschieden grosse Anzahl
von Nervenfasern von einem Nervenfaserbündel ab, um sich einem anderen
Nervenfaserbündel anzuschliessen. Daraus resultirt ein spitzwinkeliges Geflecht von Faserbündeln.

Die sympathischen Nerven sind theils von mehr weisser, theils
von mehr grauer Farbe, welche von der mehr oder weniger grossen Anzahl
feiner markhaltiger Nervenfasern herrührt, so enthalten z. B. die Nn. splanch-
nici viele markhaltige Nervenfasern; in den grauen Sympathicusnerven, z. B.
in den Zweigen der Bauch- und Beckengeflechte sind sehr wenige feinste
markhaltige, dagegen viele marklose Nervenfasern vorhanden. Ihre Vereinigung
geschieht durch Bindegewebe, durch welches sie zu Bündeln zusammengehalten werden.

Die Blutgefässe verlaufen innerhalb des Epineurium in longitudinaler Richtung und bilden langgestreckte Kapillarnetze, deren Träger das
Peri- und Endoneurium sind.

Die Lymphbahnen finden sich in den kapillaren Spalten zwischen den Lamellen des Perineurium und zwischen den einzelnen Nervenfasern, so dass jede Nervenfaser von Lymphe umspült ist. Sie stehen nur in Zusammenhang mit dem Subdural- und Subarachnoidealraum; gegen die die Nerven umgebenden Lymphgefässe sind sie geschlossen.

Ganglien.

Unter Ganglien verstehen wir im Verlaufe der peripherischen Nerven eingeschaltete Ganglienzellengruppen, die meist makroskopisch sichtbar sind. Alle Ganglien bestehen aus Nervenfasern, die zu kleinen Bündeln vereint sind und zwischen sich die theils in Längsreihen, theils in rundlichen Gruppen gelagerten Ganglienzellen fassen. Eine bindegewebige Hülle, die Fortsetzung des Perineurium, umgiebt die äussere Oberfläche des Ganglion und sendet Nerven und Ganglienzellen umfassende Fortsetzungen in's Innere des Ganglion. Die Ganglien sind sehr reich an Blutgefässen, deren Kapillaren die einzelnen Zellen umspinnen. Hinsichtlich des feineren Baues bestehen Unterschiede zwischen den Spinalganglien und den sympathischen Ganglien.

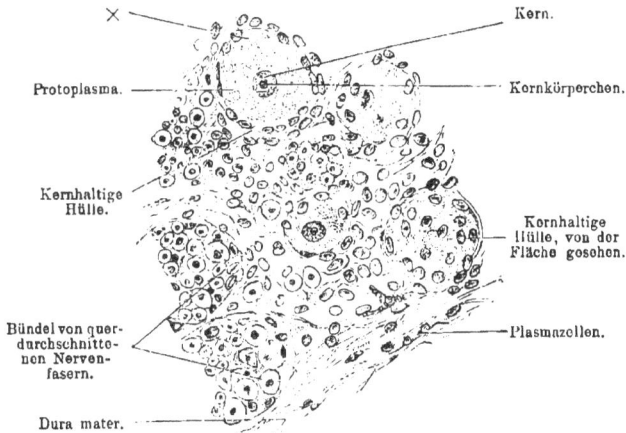

Fig. 106.

Stück eines Querschnittes des Ganglion Gasseri des Menschen, 240 mal vergrössert. Fortsätze sind an solchen Schnitten nicht zu sehen. Bei ✕ hat sich das Protoplasma der Ganglienzelle rotrahirt und täuscht einen Fortsatz vor. In der Achse der querdurchschnittenen Nervenfasern sieht man den Achsencylinderquerschnitt. Technik Nr. 80, pag. 165.

Die Zellen der Spinalganglien sind in embryonaler Zeit bipolar, die Fortsätze entspringen an den entgegengesetzten Polen der Zelle. Im Verlaufe der Entwicklung verdünnt sich der Zellkörperabschnitt, von dem die Fortsätze ausgehen, stielförmig und wird zu einer Faser, einem Fortsatz, von dem die ursprünglichen beiden Fortsätze ausgehen, so wird die Zelle unipolar[1]).

---

1) Bei Amphibien und Vögeln kommen — ganz vereinzelt — multipolare Ganglienzellen vor, doch sind ihre Dendriten nur kurz und wenig verästelt.

Der Fortsatz der erwachsenen Zelle erhält sehr nah an seinem Austritt
aus der Zelle eine Markscheide und ein Neurilemm und theilt sich regelmässig nach kurzem Verlaufe im Niveau eines Schnürringes T- oder Y-förmig
(pag. 75) in zwei Aeste. Der eine derselben (der cellulipetale Ast) zieht als
Achsencylinder einer sensitiven Faser in die Peripherie des Körpers, der
andere (cellulifugale), gewöhnlich schwächere Ast, verläuft als Bestandtheil
einer hinteren Rückenmarkwurzel zum Rückenmark, in dessen grauer Substanz er frei verästelt endet (pag. 135). Es ist also gewissermassen jede
Spinalganglienzelle mit dem noch ungetheilten Fortsatze in den Verlauf einer
sensiblen Nervenfaser eingeschaltet. Die Spinalganglienzellen sind gross, rund,
oft pigmentirt, ihr bläschenförmiger Kern enthält ein grosses Kernkörperchen.
Jede Zelle ist von einer kernhaltigen Hülle (Fig. 106) umgeben, welche aus
platten konzentrisch geschichteten Bindegewebszellen besteht und als Fibrillenscheide auf den Fortsatz der Ganglienzellen übergeht[1]). In den Spinalganglien
finden sich ferner marklose aus den sympathischen Ganglien kommende
Nervenfasern, welche sich innerhalb der bindegewebigen Hülle um die Spinalganglienzellen plexusartig verzweigen.

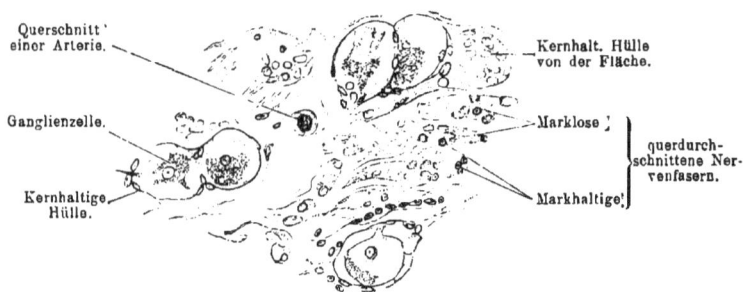

Fig. 107.

Stück eines Querschnittes des Gangl. cervic. supr. des Menschen, 240 mal vergr, Technik Nr. 81, pag. 165.

Den gleichen Bau wie die Spinalganglien besitzen: Das Gangl. Gasseri,
Gangl. jugul. und Plexus nodosus n. vagi, Gangl. petros. n. glossopharyngei,
und das Gangl. geniculi n. facialis; die Ganglien des N. acusticus (G. nervi
cochleae et nervi vestibuli) dagegen enthalten bipolare Ganglienzellen.
Die sympathischen Ganglien bestehen aus kleineren, oft pigmentirten, ebenfalls mit einer kernhaltigen Hülle umgebenen Ganglienzellen,
die mit einem oder zwei (Kaninchen, Meerschweinchen) Kernen ausgestattet
sind und aus Nervenfasern. Die Ganglienzellen der sympathischen Ganglien

---

1) Ob es auch Nerveufasern giebt, welche das Spinalganglion durchsetzen, ohne mit
dessen Zellen in Beziehung zu treten, ist unsicher. Bei jungen Hühnerembryonen sind
solche von Vorderhornzellen kommende Fasern nachgewiesen worden; sie konnten aber
bei keinem Säugethier wieder gefunden werden.

sind multipolar[1]), der Achsencylinderfortsatz geht direkt in eine Nervenfaser über, die Protoplasmafortsätze umspinnen mit knotigen Verästelungen
die benachbarten Ganglienzellen. Die theils feinen, markhaltigen, theils
marklosen Nervenfasern umspinnen zum Theil mit ihren Endverästelungen
die Ganglienzellen.

Peripherische Nervenendigungen.

Endigungen der sensitiven Nerven.

Die peripherischen Endäste der sensitiven Nerven laufen entweder nackt
aus — freie Nervenendigungen — oder sie werden von Epithel- oder Bindegewebszellen umfasst, die mit der Nervenendigung zusammen das Terminalkörperchen bilden[2]).

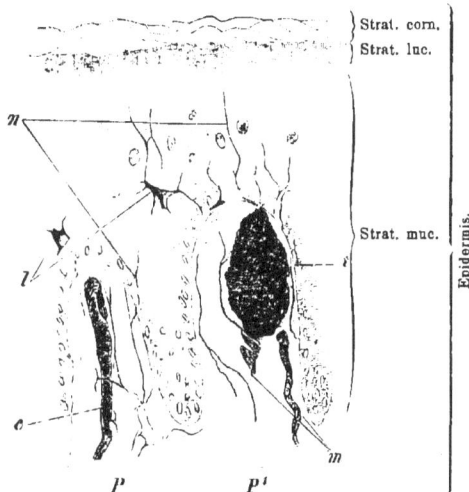

Fig. 108.

Senkrechter Schnitt durch die Haut der grossen Zehe eines 25jähr.
Mannes, 200 mal vergrössert. Zellenkerne des Strat. muc. nur in der
tiefsten Schicht deutlich. *l* Langerhans'sche Zellen. *n* Intraepitheliale Nervenfasern. *PP¹* Zwei Coriumpapillen. *P* enthält eine
Kapillarschlinge *c*, von der nur ein Schenkel sichtbar ist. *P¹* enthält ein Tastkörperchen *t*, an welches zwei markhaltige Nervenfasern *m* herantreten. Ausserdem sind in beiden Papillen marklose
Nervenfasern gelegen. Technik Nr. 82, pag. 166.

Die freien Nerven-
endigungen finden in
der Weise statt, dass die
Nervenfasern nach Verlust
ihrer Markscheide sich wiederholt theilend und ein
Geflecht bildend in feine
Spitzen auslaufen oder mit
einer knopfförmigen An-
schwellung enden. Derar-
tige Endigungen kommen
vorzugsweise im geschichteten Epithel vor. Sie sind
mit Sicherheit im Hornhautepithel (s. Fig. 240) gefunden worden, ferner in der
Schleimhaut der Mundhöhle
(s. Fig. 258) und in den
tieferen Schichten der Epidermis. In letzteren sieht
man auch mit langen, ver-
ästelten Ausläufern ver-
sehene Zellen, die Lan-
gerhans'schen Zellen (Fig. 108); dieselben wurden bisher für aus dem
Corium eingedrungene Wanderzellen (pag. 58) gehalten und es ist möglich,
dass einzelne derselben wirklich einen derartigen Ursprung haben; die Mehrzahl

---

[1]) Die sympathischen Ganglienzellen der Fische sind bipolar; bei den Amphibien
finden sich Ganglienzellen, deren einziger, weiterhin T förmig getheilter Fortsatz von einer
„Spiralfaser" umfasst wird, die sich frei verästelnd die Ganglienzelle in ähnlicher Weise,
wie bei den Spinalganglienzellen, umspinnt.

[2]) Ueber Nervenendigung an Sinneszellen siehe bei den Sinnesorganen.

aber ist aus gewöhnlichen Epithelzellen hervorgegangen, denn man findet alle Uebergangsformen von typischen Epithelzellen zu jenen Sternformen.

Auch in den Muskeln hat man sensible Nerven gefunden, die baumförmig sich verästelnd in viele marklose kernhaltige Fasern übergehen und fein langgestreckt zwischen den Muskelfasern frei enden.

Die Terminalkörperchen zerfallen in 2 Hauptarten, in Tastzellen und Endkolben. Bei den Tastzellen findet die Nervenendigung an einer oder zwischen zwei Zellen statt, bei den Endkolben dagegen im Innern eines feinkörnigen Körpers, des sog. Innenkolbens.

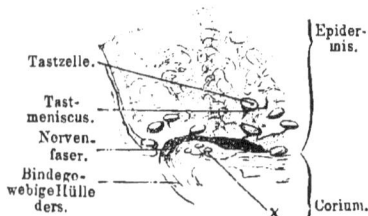

Tastzelle.
Tastmeniscus.
Nerven-faser.
BindegewebigeHülle ders.

Epidermis.

Corium.

Fig. 109.
Aus einem senkrechten Schnitte durch die Haut der grossen Zehe eines 25jährigen Mannes, 240 mal vergr. Grenzkonturen der Zellen und Kerne der Epidermis (Strat. muc.) nur undeutlich zu sehen. ✕ Tastzellen im Corium, den Verästelungen einer feinen Nervenfaser aufsitzend. Technik Nr. 82, pag. 166.

1. Tastzellen.

Wir unterscheiden: a) einfache Tastzellen, das sind ovale, kernhaltige, 6—12 μ grosse Zellen (Fig. 109), welche entweder in den tiefsten Schichten der Epidermis oder in den angrenzenden Partien des Corium gelegen sind. Marklose Nervenfasern legen sich mit einer schalenförmigen Verbreiterung, dem Tastmeniscus, an die Unterfläche der Tastzellen.

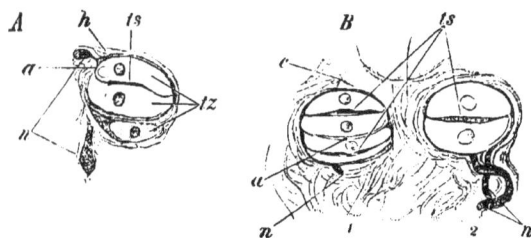

b) Zusammengesetzte Tastzellen (Grandry'sche, Merkel'sche Körperchen); sie bestehen aus zwei oder mehreren kuchenförmigen Zellen, deren jede, grösser wie die einfachen Tastzellen, 15 μ hoch und 50 μ breit ist und einen bläschenförmigen Kern enthält. Eine markhaltige Nervenfaser (Fig. 110) tritt an

Fig. 110.
Aus senkrechten Schnitten durch die Wachshaut des Oberschnabels einer Gans, 240 mal vergr. A Zusammengesetzte Tastzelle (einfaches Tastkörperchen) parallel der Nerveneintrittsstelle durchschnitten. n Markhaltiger Nerv nur stückweise vom Schnitte getroffen. a Achsencylinder; die Theilung desselben ist hier im Profil nicht zu sehen. ts Tastscheibe senkrecht durchschnitten. h Bindegewebige Hülle. tz Tastzellen, die unterste nur wenig angeschnitten. B Zwei zusammengesetzte Tastzellen quer zur Nerveneintrittsstelle durchschnitten. 1. Aus 4 Tastzellen bestehendes „einfaches Tastkörperchen". 2. Zwillingstastzelle. ts Tastscheiben. a Achsencylinderquerschnitt, vor der Theilung. n Markhaltige Nerven. c Corium. Technik Nr. 83, pag. 166.

die zusammengesetzte Tastzelle und umfasst mit dem gablig getheilten Achsencylinder eine flache Scheibe (ts), die Tastscheibe, die zwischen zwei gegen einander abgeplatteten Tastzellen (tz) gelegen ist. Das Nervenmark hört an der Eintrittstelle der Faser auf, das Perineurium setzt sich in die bindegewebige Umhüllung (h) der zusammengesetzten Tastzelle fort. Die aus zwei Tastzellen bestehenden Gebilde heissen Zwillings-tastzellen (B. 2), die aus mehreren, drei und vier Tastzellen aufgebauten wurden „einfache Tastkörperchen" genannt (A, B 1). Die zusammengesetzten Tastzellen sind bis jetzt nur in der Haut des Schnabels, sowie in der Zunge der Vögel, besonders der Schwimmvögel, gefunden worden; sie haben ihren Sitz fast ausschliesslich in den höchsten Schichten des Corium.

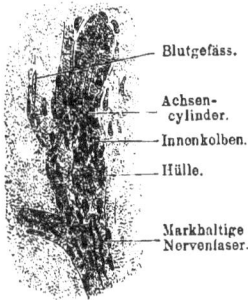

Fig. 111.
Cylindrischer Endkolben aus der Con-junctiva bulbi eines Kalbes, 240 mal vergr. Technik Nr. 84, pag. 167.

(Bildbeschriftungen: Blutgefäss. — Achsen-cylinder. — Innenkolben. — Hülle. — Markhaltige Nervenfaser.)

2. Endkolben.

Die Endkolben sind rundliche oder ovale Körper, in deren Inneres sich Nervenfasern ein-senken und dort bald einfach bald verästelt enden. Es giebt verschiedene Formen von Endkolben:

a) Die sog. cylindrischen Endkol-ben, die einfachste Form, bestehen zum grossen Theil aus einer modifizir-ten Fortsetzung der eintretenden Nervenfaser: 1. Aus einer durch platte Bindegewebszellen hergestellten Hülle, der Fortsetzung des Perineurium; 2. aus dem Innenkolben, einer feinkörnigen Masse, welche konzentrische Schichtung zeigt und an der Peripherie spärliche Kerne aufweist; 3. aus dem Achsencylinder; die Ner-venfaser verliert beim Eintritte in den Innenkolben ihr Mark, ihr Achsencylin-der steigt jedoch als ein plattes Band in demselben in die Höhe und endet nahe dessen oberem Pole frei abgerundet oder mit einer knopfförmigen Verdickung. Die cylindrischen Endkolben finden sich in der Tunica propria von Schleimhäuten, z. B. in der Conjunctiva bulbi von Säugethieren, in der Schleimhaut der Mundhöhle.

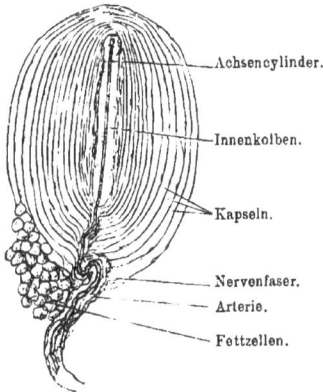

Fig. 112.
Kleines Vater'sches Körperchen aus dem Mesenterium einer Katze, 50 mal vergr. Die zwischen den Kapseln gelegenen Zellen sind an ihren dunkelgezeichneten Kernen zu er-kennen. Man sieht das Nervenmark bis zum Innenkolben reichen. Technik Nr. 85, pag. 167.

(Bildbeschriftungen: Achsencylinder. — Innenkolben. — Kapseln. — Nervenfaser. — Arterie. — Fettzellen.)

b) die Vater'schen oder Pacini-schen Körperchen; das sind elliptische, 2—3 mm lange, 1—2 mm dicke, durch-scheinende Gebilde und bestehen wie die cylindrischen Endkolben aus Hülle, Innenkolben und Achsencylinder. Letztere sind von gleichem Baue, wie die der cylindrischen Endkolben [1]), die Hülle dagegen ist anders gebildet; sie besteht nämlich aus einer grossen Anzahl ineinander geschachtelter Kapseln, deren jede

---

[1]) In den Vater'schen Körperchen ist der Achsencylinder nicht selten am Ende getheilt oder zerfällt schliesslich in mehrere durcheinander gewundene Aestchen.

von ihrer Nachbarin durch eine einfache Lage platter Bindegewebszellen geschieden ist. Jede Kapsel enthält Flüssigkeit und theils längs-, theils quer-
verlaufende Bindegewebsfasern. Wie die Hülle des cylindrischen Endkolbens,
so gehen auch die Kapseln aus der Bindegewebsscheide (Perineurium) der
eintretenden Nervenfaser hervor. Die Kapseln sind um so schmäler, je näher
sie dem Innenkolben liegen. An dem dem Nerveneintritte entgegengesetzten
Pole hängen sie nicht selten durch einen in der Richtung des Innenkolbens
verlaufenden Strang, das Ligamentum interlamellare, zusammen. Mit
der Nervenfaser tritt auch eine kleine Arterie in das Vater'sche Körperchen,
welche sich in ein zwischen den peripherischen Kapseln gelegenes Kapillar-
netzt auflöst.

Die Vater'schen Körperchen finden sich theils oberflächlich (im subcutanen Bindegewebe der Vola manus und der Fusssohle, am N. dorsal. penis
et clitoridis), theils in der Tiefe (in der Umgebung der Gelenke), endlich in
der Nachbarschaft des Pankreas, im Mesenterium und an anderen Orten.

Die bei den Vögeln vorkommenden Key-Retzius'schen und Herbst-
schen Körperchen sind ebenfalls Vater'sche Körperchen, die sich nur
durch ihre viel geringere Grösse und durch eine dem Innenkolben entlang
ziehende doppelte Kernreihe auszeichnen.

c) Die Genitalnervenkörperchen der Säugethiere und des
Menschen sind ovale oder rundliche, 0,06—0,4 mm lange Gebilde und bestehen aus einem feinkörnigen, kernlosen Innenkolben, der von einer bindegewebigen, mit protoplasmareichen Zellen versehenen Kapsel umfasst wird.
Die herantretenden markhaltigen Nervenfasern machen eine Anzahl Windungen
um das Körperchen, verlieren, sich theilend, ihre Markscheide, während Fibrillenscheide und Neurilemm in die Kapsel übergehen, die nackten Achsencylinder dringen an verschiedenen Punkten in den Innenkolben und bilden
dort sich vielfach theilend ein dichtes Geflecht mit varikösen Anschwellungen [1]).
Jedes Geflecht ist mit Geflechten benachbarter Körperchen durch feine Nerven-
fäden verbunden.

Die Genitalnervenkörperchen liegen in der Tiefe des Corium in verschiedener Entfernung von der Pars papillaris der Haut, in den Papillen
selbst kommen nur kleinere, den „kugligen Endkolben" gleichende Endapparate vor. In grösster Anzahl (1—4 auf 1 qmm) finden sich die Genitalnervenkörperchen in der Glans penis und in der Clitoris. Einen ähnlichen
Bau haben die sogen. „kugligen" (in Wirklichkeit theils runden, theils ovalen)
Endkolben, welche in der Conjunctiva und den angrenzenden Theilen
der Hornhaut des Menschen gelegen sind und einen grössten Durchmesser
von 0,02—0,1 mm besitzen. Auch die Gelenknervenkörperchen gehören in die gleiche Kategorie.

----

[1]) Bei unvollkommenen Färbungen täuschen diese Anschwellungen Endknöpfchen vor.

d) Die Tastkörperchen (Wagner'sche, Meissner'sche Körperchen) sind elliptische 40—100 μ lange, 30—60 μ breite Gebilde, welche durch eine quere Streifung charakterisirt sind. Sie besitzen eine bindegewebige Hülle (Fig. 113 h) mit abgeplatteten Zellen, deren Grenzen ebenso wie deren quergestellte Kerne die erwähnte Querstreifung bedingen. An jedes Tastkörperchen treten eine oder zwei markhaltige Nervenfasern (Fig. 113 n), welche in quergestellten Touren den unteren Pol des Tastkörperchens umkreisen, dann ihre Fibrillenscheide und Neurilemm an die Hülle abgeben, ihr Mark verlieren und als nackte Achsencylinder in eine einem Innenkolben entsprechende körnige Substanz eintreten; dort bilden sie ein mit varikösen Anschwellungen (e) versehenes komplizirtes Geflecht[1]). Die Tastkörperchen liegen in den Cutispapillen und werden vorzugsweise (23 auf 1 qmm) an der Hohlhand, an den Fingerspitzen und an der Fusssohle gefunden.

Fig. 113.

Tastkörperchen aus einem senkrechten Schnitte der grossen Zehe eines 25 jähr. Mannes, 660 mal vergrössert. n Markhaltige Nervenfasern. e Anschwellungen. h Bindegewebige Hülle. Kerne nicht sichtbar. Technik Nr. 82, pag. 166.

Endigung der motorischen Nerven.

Die an die quergestreiften Muskeln herantretenden Nervenstämmchen zerfallen in Aeste, diese wieder in Zweige, die mit einander anastomosirend ein Geflecht, den intermuskulären Nervenplexus, bilden. Im Bereich dieses Plexus finden viele Theilungen der markhaltigen Nervenfasern statt, so dass die Summe der Nervenfasern hier beträchtlich vermehrt wird. Von den Zweigen (Nervenfaserbündeln) ent-

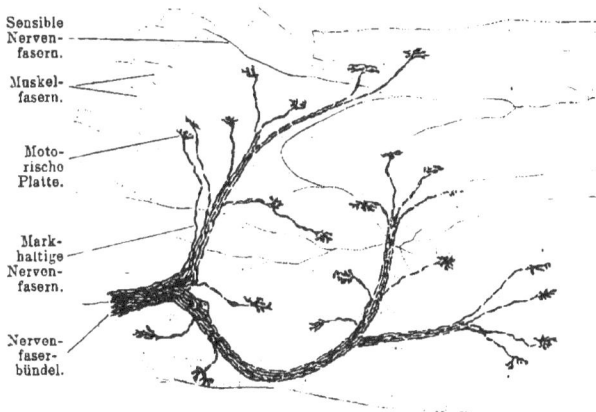

Sensible Nervenfasern.

Muskelfasern.

Motorische Platte.

Markhaltige Nervenfasern.

Nervenfaserbündel.

Fig. 114.

Motorische Nervenendigungen an Interkostalmuskelfasern eines Kaninchens, 150 mal vergrössert. Technik Nr. 86 a, pag. 168.

Fig. 115.

Motorische Nervenendigung an einer Augenmuskelfaser des Kaninchens, 240 mal vergr. N Markhaltige Nervenfaser. K Kerne der Scheibe. Die Querstreifung der Muskelfaser ist nur in der unteren Hälfte deutlich. Technik Nr. 86 b, pag. 168.

---

1) Bei unvollkommenen Färbungen täuschen diese Anschwellungen Endknöpfchen vor.

springen feine, aus einer Nervenfaser bestehende Aestchen, die sich endlich
mit je einer Muskelfaser verbinden. Dies geschieht in der Weise, dass
die bis dahin noch markhaltige Nervenfaser sich zuspitzt und unter Verlust ihrer Markscheide sich auf die Muskelfaser auflegt; dabei zerfällt der
Achsencylinder in leicht gewundene, kolbig angeschwollene Endästchen
(Fig. 114), welche die sogen. motorische (End-)Platte bilden und auf
einer rundlichen, feinkörnigen, zahlreiche bläschenförmige Kerne enthaltenden Scheibe gelegen sind. Jede Muskelfaser besitzt mindestens eine motorische Platte; ob dieselben auf oder unter dem Sarkolemm liegen, ist noch
nicht mit Sicherheit entschieden.

Die an die glatten Muskeln tretenden Nerven bilden ein Geflecht, aus
dem marklose Nervenfaserbündel hervorgehen; letztere theilen sich wiederholt
und bilden mehrfache Netze, aus denen endlich feinste Nervenfäserchen entspringen. Diese legen sich an die glatten Muskelfasern an und sind dort
oft mit einer kleinen Verdickung versehen.

Anhang. Die Nebennieren.

Der Reichthum der Nebennieren an nervösen Elementen, die auf ex-
perimentellem Wege festgestellten Beziehungen zum Centralnervensystem, sowie vergleichend anatomische Thatsachen rechtfertigen die Beschreibung der
Nebennieren im Kapitel „Nervensystem".

Jede Nebenniere besteht aus einem zelligen Parenchym und einer bindegewebigen Kapsel, welche keine Fortsetzungen in's Innere des Organes entsendet. Das Parenchym selbst besteht aus einer äusseren Schicht, der
Rindensubstanz, welche die innere Masse, die Marksubstanz, rings umschliesst
(Fig. 116, A). Die Rindensubstanz ist von faserigem Bruche, frisch von
gelber Farbe und ist aus Zellen zusammengesetzt, die, ca. 15 μ gross, von
rundlicher Gestalt sind und ein grobkörniges, zuweilen Fettkörnchen enthaltendes Protoplasma und einen hellen Kern besitzen. Diese Zellen sind
in der äussersten Zone der Rindensubstanz (Fig. 116, B) zu rundlichen Ballen,
in der mittleren Zone zu cylindrischen Säulen geordnet, während die Zellen
der innersten Zone regellos in einem netzförmigen Bindegewebe zerstreut
liegen; die Zellen der innersten Zone sind durch Pigmentirung ausgezeichnet.
Aus genannter Anordnung ergiebt sich die Eintheilung der Rindensubstanz
in: 1. Zona glomerulosa, 2. Zona fasciculata und 3. Zona reticularis. Die Marksubstanz ist frisch bald heller, bald dunkler als
die Rindensubstanz und besteht aus vieleckigen, feinkörniges Protoplasma
und einen hellen Kern besitzenden Zellen. Diese sind zu rundlichen oder
länglich ovalen Strängen angeordnet, welche netzartig unter sich verbunden sind.

Die Arterien der Nebenniere theilen sich schon in der bindegewebigen
Kapsel in viele kleine Aeste, welche in die Rindensubstanz eindringen und

dort ein langmaschiges Kapillarnetz bilden. In der Marksubstanz angelangt wird das Kapillarnetz rundmaschig, aus diesem sammeln sich die V e n e n, von denen die grösseren von Längszügen glatter Muskelfasern begleitet werden.

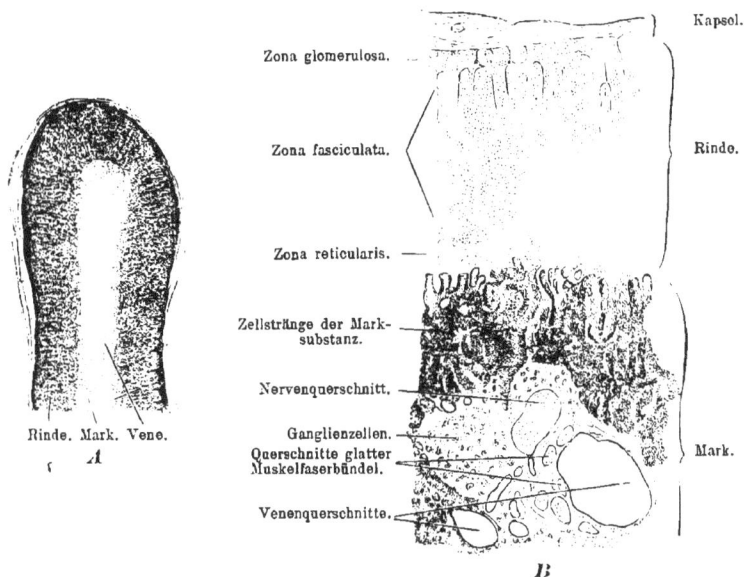

Fig. 116.

A Stück eines Querschnittes der Nebenniere eines Kindes, 15mal vergrössert. Technik Nr. 87, pag. 169.
B Stück eines Querschnittes der menschlichen Nebenniere, 50mal vergrössert. Technik Nr. 89, pag. 169.

Noch innerhalb der Marksubstanz vereinen sich die Venen zur Hauptvene, der Vena suprarenalis.

Die zahlreichen N e r v e n (beim Menschen ca. 33 Stämmchen) dringen mit den Arterien in die Rinde ein und gelangen bis zur Marksubstanz, woselbst sie ein dichtes Geflecht bilden. Es sind marklose, vorzugsweise dem Plexus coeliacus entstammende Fasern, denen Gruppen von Ganglienzellen beigemengt sind, die auch noch in der Marksubstanz gefunden werden.

TECHNIK.

Nr. 67. R ü c k e n m a r k. Zum Studium der Vertheilung w e i s s e r und g r a u e r S u b s t a n z fixire man das Rückenmark eines Kindes in toto in etwa einem Liter Müller'scher Flüssigkeit, die öfters gewechselt werden muss. Nach 4—5 Monaten kann man ohne weitere Behandlung dicke Querschnitte von Hals, Brust und Lendenmark etc. anfertigen, die in verdünntem Glycerin (pag. 6) oder auch nach der üblichen Vorbehandlung (pag. 27) in Damarfirniss eingeschlossen werden.

S t ö h r, Histologie. 6. Aufl.   11

Nr. 68. Rückenmark, Färbung der markhaltigen Fasern.
Das Gelingen des Präparates hängt von dem Erhaltungszustande dieses Organs ganz besonders ab; je frischer dasselbe eingelegt wird, um so besser ist es. Das ganze Rückenmark wird in grosse Quanten Müller'scher Flüssigkeit gelegt, die häufig (in der ersten Woche täglich) gewechselt werden muss. Will man nur Theile des Rückenmarkes untersuchen, so legt man ca. 2 cm lange Stücke des frischen Rückenmarkes aus 1. der unteren Halsgegend, 2. der mittleren Brustgegend, 3. der Lendengegend in 200—500 ccm Müllersche Flüssigkeit ein (noch besser ist aufhängen). Nach 4—6 Wochen, während welcher Zeit die Flüssigkeit mehrmals gewechselt werden muss, kommen die Stücke direkt, ohne vorher ausgewässert zu werden, in ca. 150 ccm 70%oigen und am nächsten Tage in ebensoviel 90%oigen Alkohol. Das Glas ist im Dunkeln zu halten (pag. 15), der Alkohol während der ersten 8 Tage mehrmals zu wechseln. Dann kann das Rückenmark geschnitten werden. Die Schnitte werden in eine Schale mit ca. 20 ccm 70%oigen Alkohol gebracht, und aus diesem möglichst bald in ca. 30 ccm Weigert'sches Haematoxylin, denen man 1 ccm der Lithionlösung (pag. 8, 33) zugesetzt hat, übertragen. Nach 5—6 Stunden kommen die nun tief dunkeln, undurchsichtigen Schnitte in 50 ccm destillirtes Wasser + 1 ccm der Lithionlösung. Nach einer halben Stunde, während welcher die Flüssigkeit mehrmals gewechselt werden muss, geben die Schnitte keine Farbe mehr ab, und werden zum Differenziren in 30 ccm übermangansaure Kalilösung (35) gebracht. Nach ½—3 Minuten werden die Schnitte in destillirtem Wasser kurz (1 Min.) abgespült und dann in 20 ccm Säuremischung[1]) (36) übertragen. Hier erfolgt in 10—50 Sekunden die Entfärbung, die graue Substanz wird hellgelb, fast weiss, die weisse Substanz (die markhaltigen Nervenfasern) erscheinen tief dunkel[2]). Nun werden die Schnitte in eine erste und nach 5 Minuten in eine zweite Schale mit ca. 30 ccm destillirtem Wasser gebracht und kommen nach weiteren 10 Minuten dann in 10 ccm Alaunkarmin, woselbst sie 3—15 Stunden verweilen können. Konserviren in Damarfirniss (pag. 27). Die Alaunkarminfärbung kann auch wegbleiben.
Vorstehende Regeln sind unter der Voraussetzung nicht zu dicker Schnitte gut fixirter Präparate gegeben. Bei dicken Schnitten, bei Präparaten, die lange in Spiritus gelegen waren, färbe und reduzire man länger. Gelingt die Färbung nicht, so führt oft Einlegen der ungefärbten Schnitte in Müller'sche Flüssigkeit (24 Stunden), dann 1 Minute in Aq. dest. abspülen, dann färben, zum Ziele.

Nr. 69. Rückenmark, Färbung der Achsencylinder und der Zellen. Stücke von 1 höchstens 2 cm Länge werden in ca. 200 ccm Müller'scher Flüssigkeit, die in den ersten 8 Tagen täglich, später wöchentlich einmal zu wechseln ist, fixirt. Nach 4 Wochen werden die Stücke direkt aus der Müller'schen Flüssigkeit in ca. 50 ccm karminsaures Natron (1 %o wässerige Lösung) auf 3 Tage übertragen. Während dieser Zeit muss

---

1) Die Schale mit der Säuremischung ist zuzudecken!
2) Erfolgt die Entfärbung nicht ausreichend, wird die graue Substanz nicht gelblichweiss, so kann man die Procedur wiederholen, d. h. die Schnitte kommen wieder in destill. Wasser (1 Min.), dann in übermangansaures Kali (1—3 Min.), dann in destill. Wasser (1 Min.) und endlich wieder in die Säuremischung. Die angegebene Menge der Kalilösung, sowie der Säuremischung reicht nur für eine geringe (ca. 20) Anzahl von Schnitten hin; will man mehr Schnitte behandeln, so müssen neue Quanten dieser Flüssigkeiten verwendet werden.

d a s   G l a s   m i t   d e n   S t ü c k e n   ö f t e r   g e s c h ü t t e l t   w e r d e n.   Die so gefärbten Stücke werden 24 Stunden in (womöglich fliessendem) Wasser ausgewaschen, dann 5 Stunden in ca. 150 ccm 70%oigen Alkohol und von da in ebensoviel 96%oigen Alkohol übertragen. Die Querschnitte werden in Damarfirniss (pag. 27) konservirt (Fig. 89).

Nr. 70. R ü c k e n m a r k   n a c h   G o l g i. Man präparire bei neugeborenen Ratten oder Mäusen das Rückenmark m i t s a m m t der (noch knorpligen) Wirbelsäule heraus und behandle sie nach der pag. 23 angegebenen Methode. Der Aufenthalt der Stückchen in der Golgi'schen Mischung beträgt

2—3 Tage, wenn man N e u r o g l i a z e l l e n,

3—5 Tage, wenn man N e r v e n z e l l e n,

5—7 Tage, wenn man N e r v e n f a s e r n (Collateralen)

erhalten will[1]). Da die Stückchen nach dem Herausnehmen aus der Silberlösung sofort weiter verarbeitet werden müssen, bringe man immer nur je e i n Stückchen in den absoluten Alkohol. Die Schnitte werden durch Rückenmark u n d Wirbelsäule geführt.

Noch bessere Resultate liefert das Rückenmark von 3—7 Tage alten Hühnerembryonen, doch ist für die Herstellung solcher Präparate Einbetten in Celloidin (siehe Anhang „Mikrotomtechnik") nothwendig. Auch das Rückenmark junger Katzen giebt sehr brauchbare Bilder.

Nr. 71. G e h i r n,   F ä r b u n g   d e r   m a r k h a l t i g e n   N e r v e n f a s e r n. Man wende die Nr. 68 angegebene Methode an. Legt man ein ganzes Gehirn des Menschen ein, so müssen viele tiefe Einschnitte gemacht und entsprechend mehr (bis 3 Liter) Müller'sche Flüssigkeit verwendet werden.

Nr. 72. G e h i r n,   Z e l l e n. Man behandle Stücke (von 1—2 cm Seite) der Grosshirnrinde (Centralwindung) und der Kleinhirnrinde wie Nr. 69.

In der Grosshirnrinde findet man ausser den beschriebenen Zellenformen auch blasige Hohlräume (Fig. 117 z) in sehr verschiedener Menge, welche Reste von Zellen (Protoplasma und Kern) enthalten: wahrscheinlich pericelluläre Lymphräume, welche durch postmortale Veränderung der Hirnsubstanz und die Einwirkung der Fixirungsflüssigkeit unnatürlich erweitert sind.

Die Schnitte durch die Kleinhirnrinde müssen quer zur Längsrichtung der Windungen gemacht werden, da die Ausläufer der Purkinje'schen Zellen nur in den Querschnittsebenen der Windungen verlaufen. In den Tiefen der Windungen liegen nur wenige Purkinje'sche Zellen.

Fig. 117.
Stückchen eines Schnittes der menschlichen Grosshirnrinde. 240 mal vergrössert. p Kleine Pyramidenzellen. a Nervenfortsatz einer solchen.

Nr. 73. G r o s s h i r n   n a c h   G o l g i. a) Für topographische Uebersicht behandle man das Gehirn neugeborener Ratten und Mäuse in der uneröffneten Schädelkapsel nach der Nr. 70 angegebenen Methode. Der Schädel kann mitgeschnitten werden.

---

[1]) Lässt man die Mischung z u   k u r z einwirken, so erscheinen die Schnitte in ihren centralen Theilen undurchsichtig und durchsetzt mit zahlreichen Niederschlägen; lässt man die Mischung z u   l a n g wirken, so erfolgt keine genügende Schwärzung der Elemente.

11*

b) Für Rindenstückchen sind am Besten geeignet 8—30 Tage alte Mäuse (Einwirkungsdauer der Golgimischung 2—3 Tage) oder 1—15 Tage alte Kaninchen und junge, bis zu 6 Wochen alte Katzen (Einwirkungsdauer der Golgimischung 5 Tage). Gehirnstückchen Erwachsener müssen 8—15 Tage in der Golgimischung verweilen. Im Uebrigen wie Nr. 70.

Nr. 74. Kleinhirnrinde nach Golgi. Das aus dem Schädel genommene Kleinhirn neugeborener Meerschweinchen und junger bis 6 Wochen alter Katzen wird nach der in Nr. 70 angegebenen Weise behandelt. Die Färbung der Kleinhirnelemente erfolgt schwieriger als diejenige des Grosshirns und des Rückenmarks, Misserfolge sind hier häufiger. Die Schnitte sind hauptsächlich senkrecht zur Längsrichtung der Windungen zu führen. Für Einbettung siehe Anhang „Mikrotomtechnik".

Nr. 75. Hypophysis cerebri behandeln wie Nr. 80.

Nr. 76. Hirnsand. Man zerzupfe die Epiphysis in einem Tropfen Kochsalzlösung. Ist viel Hirnsand vorhanden, so kann man beim Zupfen schon das Knirschen der Körnchen hören und die grössten auch mit unbewaffnetem Auge wahrnehmen. Betrachten mit schwacher Vergrösserung ohne Deckglas (Fig. 102); oft ist die Unebenheit der Oberfläche sehr wenig deutlich. Dann streife man die grössten Körnchen mit der Nadel zur Seite, bedecke einige kleine mit dem Deckglas und lasse 2—3 Tropfen Salzsäure zufliessen (pag. 30). Die scharfen Konturen der Körnchen verschwinden alsbald unter Entwicklung von Blasen.

Nr. 77. Corpuscula amylacea. Gehirn älterer Personen. Man streiche mit einem Skalpell über die mediale, dem 3. Ventrikel zugekehrte Fläche des Sehhügels und zertheile den so gewonnenen Brei mit der Nadel in einigen Tropfen Kochsalzlösung. Deckglas! Die Corpuscula sind, wenn vorhanden, leicht zu finden und durch ihre bläulichgrüne Farbe und die Schichtung erkennbar. Fig. 103 a. Man verwechsele sie nicht mit Tropfen ausgetretenen Nervenmarkes (b), die stets hell und nur doppelt konturirt sind. Ausserdem finden sich in solchen Präparaten zahlreiche rothe Blutkörperchen, Ependymzellen (d), markhaltige Nervenfasern von verschiedener Dicke (c) und Ganglienzellen, letztere sind oft sehr blass und nur durch ihre Pigmentirung aufzufinden (f). Selbst nicht mehr ganz frische, menschliche Gehirne sind noch tauglich.

Nr. 78. Ein ca. 1 cm langes Stück des Plexus chorioideus wird in einem Tropfen Kochsalzlösung ausgebreitet, mit einem Deckglase bedeckt. Man sieht die gewundenen rothen Blutgefässe und das Epithel des Plexus.

Nr. 79. Querschnitte der Nervenfaserbündel. Ein Stück eines Nerven z. B. des N. ischiadicus, womöglich vom Menschen der ein gut entwickeltes Endoneurium besitzt, ward nach der Nr. 30 (pag. 81) angegebenen Methode auf 6 Tage in 0,1 %ige Chromsäurelösung (pag. 5) eingelegt. Dann wird das Stück in (womöglich fliessendem) Wasser 3—4 Stunden ausgewaschen und dann in allmählich verstärktem Alkohol (pag. 15) gehärtet. Ist die Härtung vollendet, so fertige man mit scharfem Messer feine Querschnitte an[1]). Der Schnitt wird in Pikrokarmin gefärbt (Zeitdauer

---

[1]) Einbetten in Leber ist rathsam, noch besser aber ist Einbetten in Hollundermark (oder in das Mark der Sonnenblume). Man bohrt zu diesem Zwecke in das trockene Hollundermark mit der Nadel ein Loch und fügt den Nerven vorsichtig ein; legt man nun das Ganze ca. ½ Stunde in Wasser, so quillt das Hollundermark und umschliesst fest den Nerven.

der Färbung sehr verschieden) und in Glycerin konservirt. Die Schnitte müssen sehr sorgfältig behandelt werden, besonders ist jeder Druck mit dem Deckglase zu vermeiden, denn sonst legen sich alle querdurchschnittenen Fasern, die ja keine Scheiben, sondern kurze Säulen sind, auf die Seite und man erblickt keinen einzigen Faserquerdurchschnitt(vergl. Fig. 118). Ist der Schnitt gelungen, so sieht man den meist etwas zackig geschrumpften Achsencylinder, ähnlich einem rothen Kern, umge-

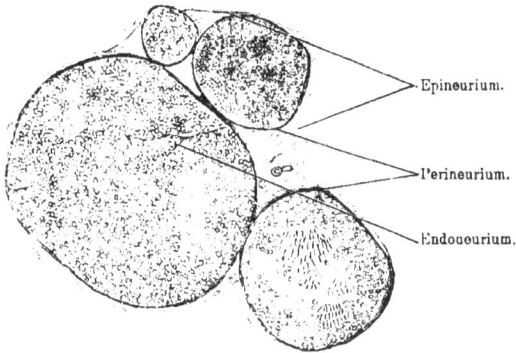

Fig. 118.

Stück eines Querschnittes eines peripherischen (Spinal-) Nerven des Kaninchens, 50mal vergr. Im rechten unteren Nervenfaserbündel sind die Nervenfaserquerschnitte theils herausgefallen, theils durch Druck auf die Seite gelegt. Das Kaninchen besitzt ein nur gering entwickeltes Endoneurium.

Epineurium.

Perineurium.

Endoneurium.

ben von dem gelblichen Marke, das seinerseits wieder von einer röthlichen Hülle (Schwann'sche Scheide und Fibrillenscheide) umfasst wird. Die Querschnitte der Nervenfasern hat man „Sonnenbildchenfigur" genannt (Fig. 105).

Nr. 80. Spinalganglien sind schwer erreichbar; man schneide deshalb das lateral von der Spitze der Felsenbeinpyramide gelegene Ganglion Gasseri aus und fixire es in ca. 100 ccm Müller'scher Flüssigkeit[1]); nach 4 Wochen wasche man dasselbe ca. 3 Stunden in fliessendem Wasser aus und härte es dann in 50 ccm allmählich verstärktem Alkohol (pag. 15). Möglichst feine Quer- und Längsschnitte färbe man 30 Sekunden in Haematoxylin und dann 2—5 Minuten in Eosin (pag. 19, 3, b) und konservire sie in Damarfirniss. Die Ganglienzellen sind blassroth, die Achsencylinder tiefroth, die Markscheide bräunlich, die Kerne blau (Fig. 106). War der Schnitt nicht hinreichend fein, so lässt die grosse Menge der dunkelgefärbten Kerne nur schwer ein deutliches Bild erkennen. Dicke Schnitte färbt man deshalb besser mit Pikrokarmin (pag. 20) 2—3 Tage und konservirt sie in Damarfirniss. Die Kerne sind alsdann nicht so intensiv gefärbt. Zuweilen kontrahirt sich das Protoplasma der Ganglienzellen und erhält dadurch eine sternförmige Gestalt (Fig. 106 ✕), die den Ungeübten leicht zu einer Verwechslung mit einer multipolaren Ganglienzelle veranlassen könnte. Die T-förmige Theilung sieht man an Rückenmarkspräparaten die nach Nr. 70 behandelt sind. Bei den jungen Hühnerembryonen sind die Spinalganglienzellen noch bipolar; unipolare Zellen findet man am Besten bei ca. 17 Tage alten Hühnerembryonen. Uebergänge zwischen 9 und 14 Tage, und bei Kaninchenembryonen von 5—12 cm Länge.

Nr. 81. Sympathische Ganglien. Das grosse Gangl. cervicale supremum n. sympath. wird fixirt und erhärtet wie Nr. 80. Auch hier ist

[1]) Auch Fixirung in Kleinenberg's Pikrinschwefelsäure (pag. 14) giebt sehr gute Resultate.

wegen des grossen Kernreichthums ein Kernfärbemittel nur bei sehr feinen
Schnitten anwendbar. Nach den für Nr. 80 angegebenen Methoden treten
die Fortsätze der multipolaren Ganglienzellen nur wenig hervor. Man lege
deshalb die möglichst feinen Schnitte auf 24 Stunden in 5 ccm Nigrosin-
lösung (Lösung wie Methylviolett [pag. 9]), bringe sie dann für 5 Minuten
in 5 ccm Alkoh. absol. und konservire sie in Damarfirniss. Schon bei
schwacher Vergrösserung erkennt man als Charakteristicum die vielen Schräg-
und Querschnitte markloser Nervenfaserbündel; die Ganglienzellen sind zwar
deutlich zu sehen, ihre Fortsätze treten aber erst mit Anwendung starker
Vergrösserung und bei genauem Zusehen zu Tage (Fig. 107). An vielen
Ganglienzellen sucht man in den Schnitten vergeblich nach Fortsätzen.
Letztere werden am Besten nach Methode Nr. 70 dargestellt, man wähle als
Objekt den Halstheil 10—15 tägiger Hühnerembryonen.

Nr. 82. Einfache Tastzellen, intraepitheliale Nervenfasern,
Langerhans'sche Zellen, Tastkörperchen. Zuerst bereite man sich
eine Mischung von Goldchlorid und Ameisensäure (pag. 24), koche sie und
lasse sie erkalten. Dann schneide man von der Volarseite eines frisch am-
putirten Fingers (einer Zehe) mit flach aufgesetzter Scheere mehrere kleine
ca. 5 mm lange und breite, ca. 1 mm dicke Stückchen der Epidermis und
der obersten Schichten des Corium ab (etwa anhaftendes Fett der unteren
Coriumschichten muss sorgfältig entfernt werden) und lege sie in die Gold-
ameisensäure auf eine Stunde. Im Dunkeln zu halten! Dann bringe man
die Stückchen mit Glasnadeln in ca. 10 ccm destill. Wasser und nach einigen
Minuten in destill. Wasser, dem man Ameisensäure zugesetzt hat (pag. 24)
und setzt das Ganze dem Tageslichte (Sonne unnöthig) aus. Nach 24 bis
48 Stunden sind die Stückchen dunkelviolett geworden; sie werden nun in
ca. 30 ccm allmählich verstärkten Alkohol (pag. 15) gehärtet. Nach acht
Tagen können die Stückchen in Leber eingeklemmt und geschnitten werden.
Konserviren in Damarfirniss (pag. 27). Die Epidermis ist rothviolett in verschiedenen Nuancen, die Kerne sind nur stellenweise deutlich, oft gar nicht
wahrzunehmen; das Corium ist weiss, die Kapillaren, die Ausführungsgänge
der Knäueldrüsen und die Nerven sind dunkelviolett bis schwarz. Für die
einfachen Tastzellen sind möglichst feine Schnitte anzufertigen. Man
findet sie oft in der Nähe der Knäueldrüsenausführungsgänge. Man hüte
sich vor Verwechselungen mit geschrumpften Epithelzellenkernen (Fig. 109).

Die intraepithelialen Nervenfasern erscheinen als feine Fäden;
ihr Zusammenhang mit den in der Cutis verlaufenden Nervenfasern ist nur
schwer zu finden. Ausläufer von Langerhans'schen Zellen können an feinen
Schnitten zur Verwechslung mit intraepithelialen Nervenfasern führen (Fig. 108).

Langerhans'sche Zellen und Tastkörperchen sind leicht zu
sehen; an dicken Schnitten sind die Tastkörperchen tief schwarz (Fig. 108),
an dünnen Schnitten rothviolett (Fig. 113).

Nr. 83. Zusammengesetzte Tastzellen. Man schneide vom
Schnabel einer frisch getödteten Ente oder Gans die gelbe, den Seitenrand
des Oberschnabels überziehende Haut ab und lege 1—2 mm dicke, ca. 1 cm
lange Stückchen in 3 ccm der 2 %igen Osmiumlösung + 3 ccm destill.
Wasser und stelle das Ganze auf 18—24 Stunden ins Dunkele. Dann
wasche man die Stückchen in (womöglich fliessendem) Wasser 1 Stunde lang
aus und übertrage sie in ca. 20 ccm 90 %igen Alkohol. Schon nach 6 Stunden
sind die Objekte schneidbar. Man klemme die Stückchen in Leber und

schneide in der Richtung vom Corium gegen das Epithel (nicht umgekehrt!). Die Schnitte können ungefärbt in Damarfirniss konservirt werden. Die olivgrünen Tastzellen sind leicht, selten ist dagegen die Eintrittsstelle der Nervenfasern zu sehen (Fig. 110). Ausserdem finden sich in den Schnitten Herbstsche Körperchen (pag. 158). Will man färben, so nehme man Kernfärbungsmittel (pag. 18).

Nr. 84. Cylindrische Endkolben. Man präparire mit Scheere und Pincette von dem frisch aus dem Schlachthause bezogenen Auge eines Kalbes ein ca. 1 qcm grosses Stück der Conjunctiva sclerae bis dicht an den Cornealrand ab. Dabei hüte man sich, das abpräparirte Stück zu verwickeln, man lasse vielmehr selbst die schon von der Sklera getrennten Theile auf dieser glatt liegen. Ist die Präparation vollendet, so wird das Stück vorsichtig, die Epithelseite nach oben gekehrt, auf eine Korkplatte hinübergezogen und dort mit Nadeln aufgespannt. Nachdem man die Oberfläche des Stückchens mit ein Paar Tropfen Glaskörperflüssigkeit, die man aus dem Kalbsauge entnimmt, befeuchtet hat, präparire man mit feiner Scheere und Pincette ein dünnes Häutchen, welches aus der obersten dünnen Lage Bindegewebes und dem aufsitzenden Epithel besteht, ab. Diese Operation ist sehr sorgfältig zu vollziehen: dabei suche man Faltungen und Verdrehungen des Häutchens möglichst zu vermeiden. Das Häutchen wird jetzt (die Epithelseite nach oben) auf einen trockenen Objektträger hinübergezogen und ausgebreitet. Anfangs zieht es sich immer wieder zusammen, nach 1—2 Minuten aber trocknen die Ränder etwas an das Glas und nun macht die Ausbreitung keine grosse Schwierigkeiten mehr. Jetzt wird der Objektträger mit dem Präparat in eine Schale mit 65 ccm destill. Wasser, dem 2 ccm Essigsäure zugesetzt sind, gelegt. Nach etwa einer Stunde (oder später), während dessen das Häutchen zu einem dicken Kuchen aufgequollen ist und sich vom Objektträger abgelöst hat, suche man durch vorsichtiges[1]) Berühren mit einer reinen Nadelspitze das Epithel zu entfernen, das sich ohne Mühe in feinen weissen Fetzen ablösen lässt. Je vollkommener das Epithel entfernt ist, um so besser. Nachdem das Häutchen im Ganzen 4—5 Stunden in der verdünnten Essigsäure gelegen hat, bringe man es in einigen Tropfen der gleichen Flüssigkeit auf einen Objektträger, bedecke es mit einem Deckglase und drücke dasselbe mit den gespreizten Branchen einer Pincette auf das gequollene Häutchen. Die Untersuchung mit schwachen Vergrösserungen zeigt die durch die scharf hervortretenden Kerne deutlichen Blutgefässe, sowie die markhaltigen Nervenfasern[2]). Einer solchen Faser folgt man, bis das Mark aufhört; derartige Stellen untersuche man jetzt mit starken Vergrösserungen, indem dort am ehesten Endkolben gefunden werden. In vielen Fällen wird man nichts wie zahlreiche Kerne erblicken, auch dann, wenn wirklich eine günstige Stelle getroffen ist (Fig. 111), ist die Wahrnehmung der Endkolben wegen ihrer Blässe sehr schwierig; auch der Achsencylinder ist oft schwer zu sehen. Nur dem Geübten wird das Auffinden gelingen; Anfängern ist die Anfertigung solcher Präparate nicht zu rathen.

Nr. 85. Die Vater'schen Körperchen entnimmt man am besten dem Mesenterium einer frisch getödteten Katze. Sie sind dort mit unbe-

---

[1]) Zu rohe Berührung, sowie unvorsichtiges Abpinseln des Epithels reisst die dicht unter diesem liegenden Endkolben mit ab.

[2]) Beim Kalbe ist ein Theil der Nervenfasern noch marklos, diese empfehlen sich nicht zur Benützung.

waffnetem Auge meist leicht als milchglasartig durchscheinende, ovale Flecke zu erkennen, die zwischen den Fettsträngen des Mesenterium liegen. Ihre Anzahl wechselt sehr, zuweilen sind sie nur spärlich vorhanden und von so geringer Grösse[1]), dass ihr Auffinden schon genaues Zusehen erfordert. Man schneide mit der Scheere das das Körperchen enthaltende Stückchen Mesenterium heraus, breite es in einem Tropfen Kochsalzlösung auf dem Objektträger (schwarze Unterlage!) aus und suche es mit Nadeln von den anhaftenden Fettträubchen zu befreien. Man hüte sich, dabei das Körperchen selbst anzustechen. Bei schwacher Vergrösserung (ohne Deckglas) überzeuge man sich, ob das Körperchen hinreichend isolirt ist und bedecke es dann nochmals mit einem Tropfen Kochsalzlösung und einem Deckglase. Druck muss sorgfältig vermieden werden (Fig. 112).

Bei starken Vergrösserungen sieht man deutlich die Kerne der zwischen den Kapseln gelegenen Zellen; undeutlich blass, oft gar nicht dagegen die im Innenkolben befindlichen, länglichen Kerne. Will man konserviren, so lasse man 1—2 Tropfen der 1%igen Osmiumsäure unter dem Deckglase zufliessen (pag. 30) und ersetze die Säure, nachdem das Nervenmark schwarz, der Innenkolben braun geworden ist, durch sehr verdünntes Glycerin. Auch die pag. 21 angegebene Methylenblaufärbung ist zu empfehlen.

Nr. 86. Motorische Nervenendigungen. a) Endverästelungen. Man bereite sich eine Mischung von 24 ccm 1%iger Goldchloridlösung + 6 ccm Ameisensäure, koche sie und lasse sie erkalten. Dann schneide man 3—4 cm lange, 2—3 Interkostalräume umfassende Stücke der Thoraxwand eines Kaninchens aus und behandele sie in der Nr. 82 angegebenen Weise. Nachdem die dunkelvioletten Stückchen 3—6 Tage in 70%igem Alkohol gelegen haben, breite man ca. 5 mm breite Bündel der Muskelfasern in einem Tropfen verdünntem Glycerin aus, dem man einen ganz kleinen Tropfen Ameisensäure zugesetzt hat. Ein auf das Deckglas ausgeübter leichter Druck ist oft von Vortheil. Zum Aufsuchen der Endverästelungen verfolge man die schon bei schwacher Vergrösserung kenntlichen, tiefschwarzen Nervenfasern. (Fig. 114.) Zusatz eines weiteren Tropfens Ameisen- oder Essigsäure macht das Bild oft deutlicher.

b) Kerne der motorischen Platte. Man lege die vorderen Hälften der Augenmuskeln eines frisch getödteten Kaninchens in 97 ccm destill. Wassers + 3 ccm Essigsäure. Nach 6 Stunden übertrage man die Muskeln in destill. Wasser, schneide ein flaches Stückchen mit der Scheere ab und breite es auf dem Objektträger aus. Schon mit unbewaffnetem Auge sieht man die Verästelungen der weiss aussehenden Nerven deutlich; bei schwachen Vergrösserungen (50 mal) erblickt man die Anastomosen der Nervenbündel, sowie die durch ihre quergestellten Kerne (der glatten Muskelfasern) leicht kenntlichen Blutgefässe. Das Auffinden der Endplatten ist wegen der grossen Anzahl der scharf konturirten Kerne, welche den Muskeln, dem intermuskulären Bindegewebe etc. angehören, nicht leicht. Verfolgt man eine Nervenfaser, so sieht man bald, dass deren doppelt konturirte Markscheide plötzlich aufhört und sich in eine Gruppe von Kernen verliert. Das sind die Kerne der motorischen Platte, deren übrige Details nicht deutlich sichtbar sind. Die Querstreifung der Muskelfasern, die sehr blass ist, ist oft sehr wenig deutlich. (Fig. 115.)

---

1) Dieser Fall lag bei der Anfertigung des Fig. 112 abgebildeten Präparats vor; das Körperchen ist sehr klein.

Nr. 87. Nebenniere, Uebersichtsbild. Man fixire die ganze kindliche Nebenniere in ca. 200 ccm 0,1 %iger Chromsäure und härte sie nach acht Tagen in ca. 150 ccm allmählich verstärktem Alkohol (pag. 15). Ungefärbte Querschnitte in verdünntem Glycerin konserviren (Fig. 116, *A*).

Nr. 88. Zur Herstellung der Elemente der Nebenniere mache man Zupfpräparate des frischen Organs in einem Tropfen Kochsalzlösung. Die Elemente sind sehr zart, verletzte Zellen deshalb sehr häufig.

Nr. 89. Zum Studium des feineren Baues der Nebenniere werden Stücke (von 1—2 cm Seite) des möglichst frischen Organs in ca. 100 ccm Kleinenberg'scher Pikrinsäure fixirt und nach 12—14 Stunden in ebensoviel allmählich verstärktem Alkohol gehärtet (pag. 15). Die feinen Schnitte werden mit Böhmer'schem Haematoxylin gefärbt (pag. 18) und in Damarfirniss eingeschlossen (pag. 27). (Fig. 116, *B*.)

V. Verdauungsorgane.

Schleimhaut.

Die innere Oberfläche des gesammten Darmtraktus, der Respirationsorgane, sowie gewisser Bezirke des Urogenitalsystems und einzelner Sinnesorgane ist von einer weichen, feuchten Haut, der Schleimhaut, Tunica mucosa, überzogen. Dieselbe besteht aus einem weichen Epithel und aus Bindegewebe. Letzteres ist gewöhnlich dicht unter dem Epithel zu einer strukturlosen Haut, der Membrana propria (pag. 59), verdichtet; darauf folgt die Tunica propria (Stroma), welche allmählich in die locker gewebte Tunica submucosa übergeht, die ihrerseits die Verbindung mit den unterliegenden Theilen z. B. Muskeln oder Knochen vermittelt. Von dem Epithel der Schleimhaut aus sind die Drüsen hervorgegangen (s. pag. 50).

Die Schleimhaut der Mundhöhle.

Die Schleimhaut der Mundhöhle besteht 1. aus Epithel, 2. einer Tunica propria und 3. einer Submucosa (Fig. 119). Das Epithel ist typisches geschichtetes Pflasterepithel (s. pag. 48). Die Tunica propria wird von reichlich mit elastischen Fasern untermengten Bindegewebsbündeln gebildet, welche sich in den verschiedensten Richtungen durchflechten. Die Bündel der obersten Lagen sind sehr fein und bilden ein dichtes, fast homogen aussehendes Filzwerk. Auf der Oberfläche der Tunica propria stehen zahlreiche, meist einfache Papillen (Fig. 119, 1), deren Höhe in den einzelnen Bezirken der Mundhöhle sehr verschieden ist. Die höchsten (0,5 mm hohen) Papillen finden sich am Lippenrande und am Zahnfleische. Die Tunica propria geht ohne scharfe Grenze in die Submucosa über, welche aus etwas breiteren Bindegewebsbündeln besteht; elastische Fasern sind hier spärlicher vertreten. Die Submucosa ist meist locker an die Wandungen der Mundhöhle angeheftet, nur am harten Gaumen und am Zahnfleische ist sie fester und hier innig mit dem Periost verbunden. Die Submucosa is die Trägerin der Drüsen; dieselben sind, mit Ausnahme der am Lippenrande zuweilen vorkommenden Talgdrüsen, verästelte, tubulöse Schleimdrüsen von 1—5 mm Grösse. Ihr Hauptausführungsgang (Fig. 119, 2) ist an seinem unteren Ende etwas erweitert und im grössten Theile seiner Länge mit geschichtetem Pflasterepithel ausgekleidet; die aus ihm hervorgehenden Aeste und Zweige tragen geschichtetes (die grösseren) oder einfaches (die kleineren Aeste) Cylinderepithel. Nicht selten nimmt der Hauptausführungsgang die Ausführungsgänge kleiner accessorischer Schleimdrüschen auf (3). Der feinere Bau der Tubuli wird mit den Schleimdrüsen der Zunge erörtert werden. Die reichlichen Blutgefässe der Mundschleimhaut sind in zwei flächenhaft ausgebreiteten Netzen angeordnet, von denen das eine gröbere in der Submucosa, das andere feinere in der Tunica propria liegt. Von letzterem steigen kapillare Schlingen in die Papillen. Die Lymphgefässe bilden gleichfalls in die Submucosa eingebettete (weite) und in der Tunica propria gelegene (enge) Netze. Die (markhaltigen) Nerven bilden in der Submucosa ein weitmaschiges Netz, von dem aus viele sich verästelnde Fasern in die Tunica propria emporsteigen. Hier enden dieselben entweder in Endkolben (a. pag. 157) oder sie dringen unter Verlust ihrer Markscheide als marklose Fasern in das Epithel ein, wo sie nach wiederholten Theilungen frei aufhören.

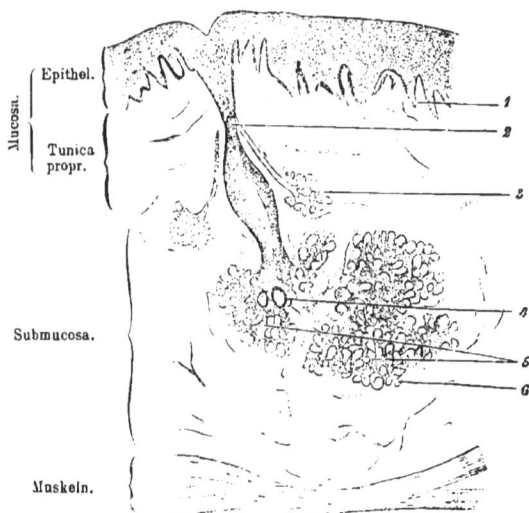

Fig. 119.

Senkrechter Durchschnitt durch die Lippenschleimhaut eines erwachsenen Menschen, 30 mal vergrössert. 1. Papillen. 2. Drüsenausführungsgang, dessen Lumen nur an einer Stelle angeschnitten ist. 3. Accessorische Drüse. 4. Querschnitt eines Zweiges des Ausführungsganges. 5. Durch Bindegewebe in mehrere Lappen getheilter Drüsenkörper. 6. Ein Tubulusquerschnitt. Technik Nr. 91, pag. 212.

(Figure labels: Epithel. / Mucosa. / Tunica propr. / Submucosa. / Muskeln.)

Die Zähne.

Die Zähne des Menschen und der höheren Thiere sind Hartgebilde, welche in ihrem Innern eine mit weicher Masse, der Zahnpulpa, gefüllte Höhle, die Pulpahöhle, einschliessen. Der in der Alveole steckende Zahnabschnitt heisst Wurzel, der freiliegende Theil Krone; da, wo Wurzel und Krone aneinander grenzen, befindet sich der **Hals** des Zahnes, der noch vom Zahnfleische bedeckt wird. Die **Hartgebilde** bestehen aus drei verschiedenen Theilen: 1. dem Zahnbeine, 2. dem Schmelze mit dem Schmelzoberhäutchen, 3. dem Zement. Die Anordnung dieser Theile ist folgende: Das Zahnbein, welches die Hauptmasse jedes Zahnes bildet und dessen Form bestimmt, umschliesst allein die Pulpahöhle, bis auf einen kleinen an der Wurzel befindlichen Kanal, durch welchen Nerven und Gefässe zur Pulpa treten. Das Zahnbein wird an der Krone vom Schmelze, an der Wurzel vom Zement überzogen, sodass seine Oberfläche nirgends frei zu Tage liegt (Fig. 120).

ad 1. Das **Zahnbein** (Dentin) ist eine weisse, undurchsichtige Masse, härter als Knochen. Es besteht aus einer scheinbar homogenen, in Wirklichkeit sehr feine Fibrillen enthaltenden Grundsubstanz, welche von zahlreichen Kanälchen, den **Zahnkanälchen**, durchzogen wird (Fig. 121). Dieselben beginnen mit einer Weite von ca. 2,5 μ an der der Pulpahöhle zugewendeten Fläche des Zahnbeines, beschreiben alsbald eine S-förmige Krümmung und ziehen dann, immer mehr an Kaliber abnehmend, leicht geschlängelt in radiärer Richtung gegen die Zahnbeinoberfläche; dort enden sie entweder fein auslaufend an der Schmelzgrenze oder biegen schlingenförmig in Nachbarkanälchen um. Während ihres ganzen Verlaufes geben sie zahlreiche Seitenäste ab, welche Verbindungen mit Nachbarkanälchen herstellen. Die die Zahnkanälchen begrenzende Grundsubstanz ist besonders fest und bildet die sog. „**Zahnscheiden**"; das Lumen der Zahnkanälchen wird von weichen „**Zahnfasern**" (s. Pulpa) ausgefüllt. In den peripherischen Gegenden des Zahnbeines liegen die **Interglobularräume** (Fig. 121 und 122), sehr verschieden grosse, mit einer weichen Substanz erfüllte Lücken, gegen welche das Dentin in Form meist halbkugeliger Vorragungen, die „**Zahnbeinkugeln**" heissen, vorspringt. Am Hals und an der Wurzel des Zahnes sind viele Interglobular-

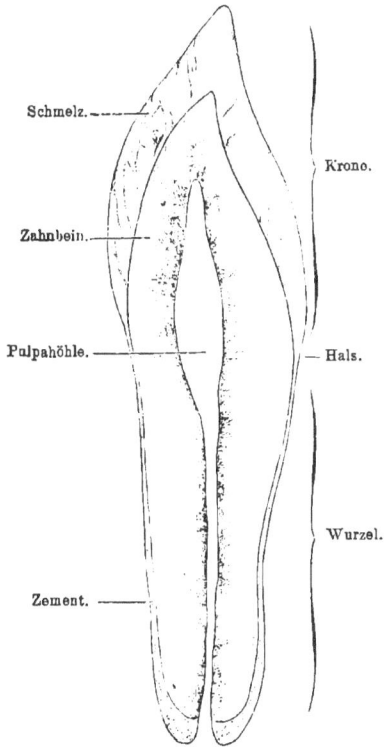

Schmelz.

Krone.

Zahnbein.

Pulpahöhle.

Hals.

Wurzel.

Zement.

Fig. 120.

Längsschliff eines menschlichen Scheidezahnes, 4 mal vergrössert. Technik Nr. 92, pag. 212.

räume, sehr klein, und bilden die dicht unter dem Zement liegende sogen. Körnerschicht.

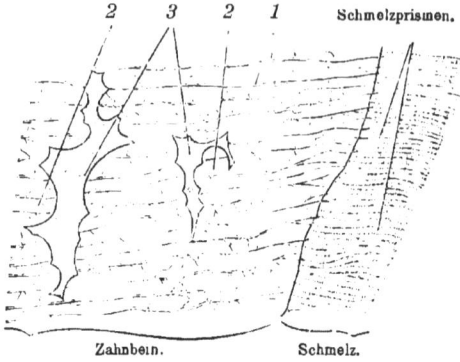

Zahnbein.   Schmelz.
Fig. 121.
Aus einem Längsschliffe des Seitentheiles der Krone eines
menschlichen Backzahnes, 240 mal vergrössert. 1. Zahn-
kanälchen, theilweise bis in den Schmelz hineinlaufend. 2.
Zahnbeinkugeln gegen 3. die Interglobularräume vorspringend.
Technik Nr. 92, pag. 212.

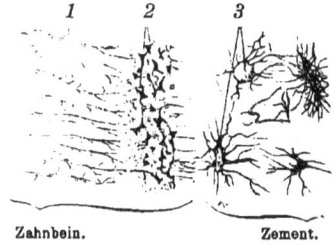

Zahnbein.   Zement.
Fig. 122.
Aus einem Längsschliffe der Wurzel eines
menschlichen Backzahnes, 240mal vergr.
1. Zahnkanälchen unterbrochen durch eine
kürnige Schicht mit vielen 2. kleinen Inter-
globularräumen, 3. Knochenkörperchen mit
vielen Ausläufern. Technik Nr. 92, pag. 212.

ad 2. Der Schmelz (Email) ist noch härter, wie das Zahnbein; er besteht durchaus aus langen sechsseitigen 3—6 μ dicken homogenen[1]) Fasern (Fig. 123), den Schmelzprismen, welche durch eine spärliche

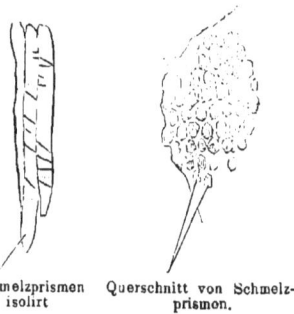

Schmelzprismen   Querschnitt von Schmelz-
isolirt   prismon.
Fig. 123.
Vom Neugeborenen. Technik Nr. 93, pag. 212.

Fig. 124.
Sechs Odontoblasten in Zahnfasern f auslaufend; p Pulpa-
fortsätze, 240mal vergrössert. Aus der Pulpa eines neugeborenen Knaben. Technik Nr. 94, pag. 212.

wasserreiche Kittsubstanz fest mit einander verbunden sind. Sie verlaufen unter mehrfachen Biegungen radiär von der Zahnbeinoberfläche bis zur freien Schmelzfläche; diese wird von einem sehr dünnen, aber sehr wider-standsfähigen Häutchen, dem Schmelzoberhäutchen, bedeckt.

---

[1]) Erst nach Behandlung mit Reagentien erscheinen sie quergebändert.

ad 3. Das Zement stimmt in seinem Baue mit dem des Knochens überein; es enthält viele Sharpey'sche Fasern. Havers'sche Kanälchen kommen nur im Zement älterer Individuen vor; Schichtung in Lamellen ist selten ausgeprägt. In der Nähe des Halses fehlen die Knochenkörperchen. Der Raum zwischen Zahnwurzel und Alveole wird durch das an Nerven reiche Periost der Alveole ausgefüllt, das mit dem Zement dadurch fest verbunden ist, dass die Sharpey'schen Fasern des Unterkiefers das Periost durchsetzend bis in das Zement eindringen. Der oberste Theil des Alveolarperiostes heisst Ligamentum circulare dentis. Die Zahnpulpa wird durch ein weiches, feinfaseriges, nicht zu Bündeln vereintes Bindegewebe hergestellt, dessen zellige Elemente an der Oberfläche zu einer Schicht länglicher, kernhaltiger Zellen, „Odontoblasten", ausgebildet sind; dieselben schicken ausser kleinen Fortsätzen, Pulpafortsätzen (Fig. 124, *p*), die mit anderen Elementen der Pulpa in Verbindung stehen, lange Ausläufer in die Zahnkanälchen hinein, die oben genannten Zahnfasern (Fig. 124 *f*). Gefässe und Nerven des Zahnes sind nur auf die Pulpa beschränkt.

Entwicklung der Zähne.

Die Entwicklung der Zähne hebt beim Menschen gegen Ende[1]) des 2. Foetalmonates an und äussert sich zuerst durch eine Wucherung des Epithels der Kieferränder, welches auch in Form eines fortlaufenden Streifens schräg in

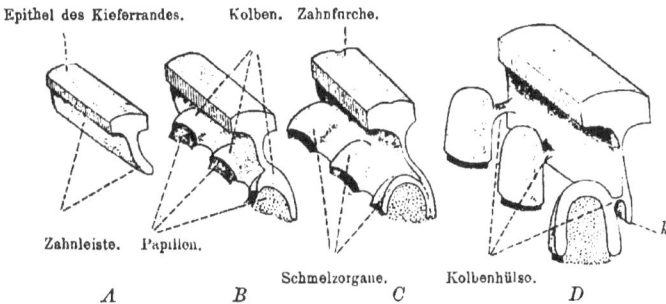

Epithel des Kieferrandes.   Kolben.   Zahnfurche.

Zahnleiste.   Papillen.

Schmelzorgane.   Kolbenhülse.

A   *B*   *C*   *D*

Fig. 125.

Schematische Darstellung der ersten Vorgänge der Zahnentwicklung, die Bildung dreier Zähne darstellend; jede vorderste (im Bilde rechte) Zahnanlage ist durchschnitten — die Schnittfläche punktirt — gezeichnet. *k* freie Kante der Zahnleiste.

das unterliegende Bindegewebe hineinwächst. Dieser Streifen, die Zahnleiste („Schmelzkeim") (Fig. 125 *A*), treibt an seiner lateralen (labialen) Fläche eine der Zahl der Milchzähne entsprechende Anzahl kolbiger Verdickungen (Fig. 125 *B*), während in der Tunica propria ebensoviel Haufen von dicht-

---

1) Was in früheren Zeiten (40er Tag) als erste Zahnanlage beschrieben worden ist, ist nicht diese allein, sondern die mit ihr verbundene Lippenfurchenanlage.

gedrängten Bindegewebszellen, die jungen **Zahnpapillen** (Fig. 125 *B*) entstehen (10. Woche). Letztere dringen schräg von der Aussenseite (d. i. labial)

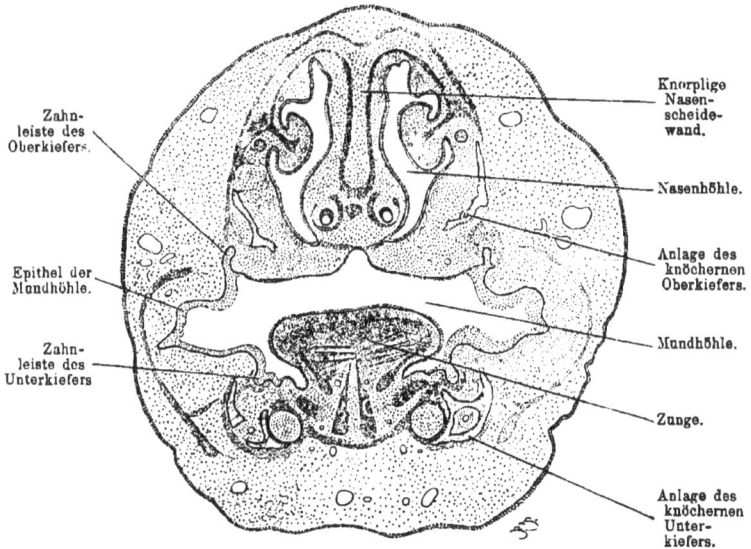

Fig. 126.

Frontalschnitt des Kopfes eines 4 cm langen Schafembryo. 15mal vergrössert. Technik Nr. 95, pag. 213.

aus der Tiefe nach innen (d. i. lingual) gegen die Oberfläche gerichtet vor und werden von den Kolben derart umfasst, dass diese wie ein Hut auf den Papillen aufsitzen. So wird jeder Kolben zu einem „**Schmelzorgan**". Dabei hat die Zahnleiste eine mehr senkrechte Stellung eingenommen (Fig. 125 *C*). Um diese Zeit ist auch auf den Kieferrändern eine der Länge nach verlaufende Rinne, die **Zahnfurche**, sichtbar, welche äusserlich die Stelle andeutet, an welcher sich die Zahnleiste in die Tiefe gesenkt hat[1]). Sie verschwindet später wieder. Die anfangs breite Verbindung zwischen Zahnleiste und Schmelzorgan wird durch theilweise Abschnürung (im Schema C durch eine punctirte Linie angedeutet) schmaler und ist schliesslich nur mehr auf einen dünnen Strang, den **Kolbenhals**, reduzirt. Während dessen wachsen Schmelzorgan und Papille weiter in die Tiefe, so dass die freie Kante der Zahnleiste nicht einmal mehr bis zur Hälfte des Schmelzorgans herabreicht (Fig. 125 und Fig. 128).

Unterdessen erfahren die Elemente des Schmelzorganes weitere Ausbildung und zwar werden die der Papille aufsitzendem inneren Zellen hohe

---

1) Die Zeit des Auftretens der Zahnfurche variirt, oft ist sie schon in den ersten Anfangsstadien vorhanden (vergl. Fig. 126).

Cylinder; sie heissen innere Schmelzzellen (Fig. 128), ihre innere Oberfläche ist mit einem Cuticularraum versehen; die peripherischen Zellen

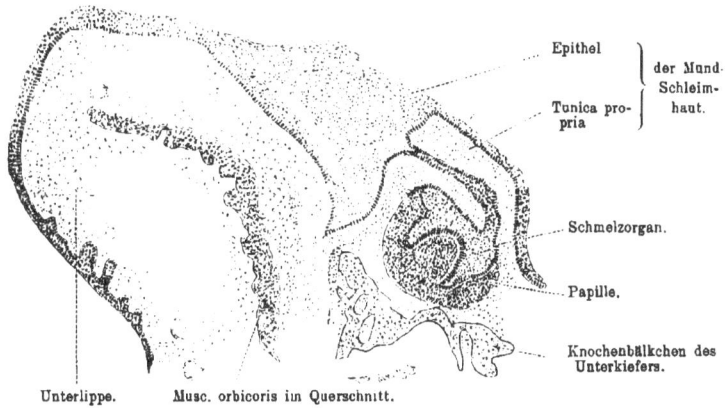

Epithel ⎫
        ⎬ der Mund-
Tunica pro- ⎰ Schleim-
pria   ⎱ haut.

Schmelzorgan.

Papille.

Knochenbälkchen des Unterkiefers.

Unterlippe.   Musc. orbicoris im Querschnitt.

Fig. 127.

Querschnitt des Unterkiefers eines 4 monatl. menschl. Embryo. 42mal vergr. Technik Nr. 95, pag. 213.

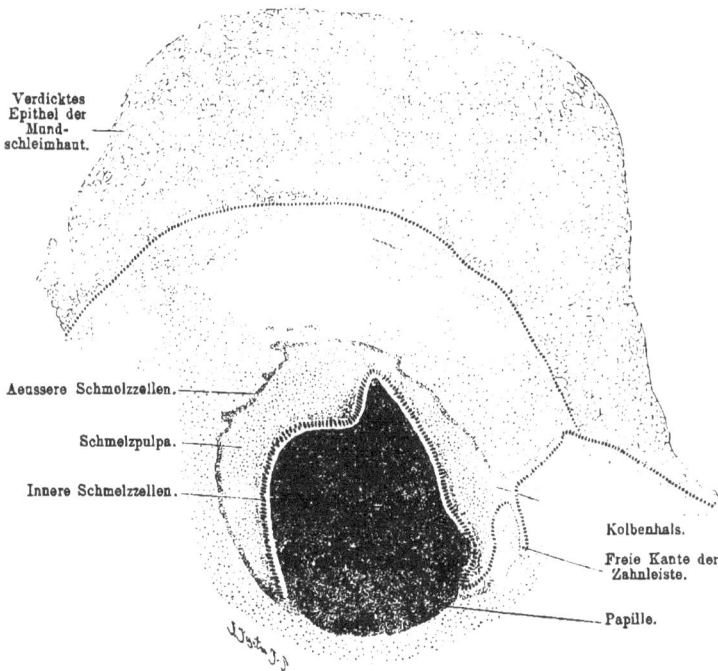

Verdicktes
Epithel der
Mund-
schleimhaut.

Aeussere Schmelzzellen.

Schmelzpulpa.

Innere Schmelzzellen.

Kolbenhals.

Freie Kante der Zahnleiste.

Papille.

Fig. 128.

Stück eines Querschnittes des Oberkiefers eines 5 monatlichen menschlichen Embryo. 42 mal vergrössert. Technik Nr. 95, pag. 213.

(Fig. 128) werden dagegen immer niedriger (Fig. 129) und gestalten sich schliesslich zu abgeplatteten Elementen: äussere Schmelzzellen; die zwischen
beiden liegenden Zellen (Fig. 128, 129) werden durch reichliche Vermehrung
der Intercellularsubstanz zu sternförmigen, mit einander anastomosirenden
Zellen und bilden die Schmelzpulpa. Vom Umschlagsrande des Schmelzorgans, d. h. von der Stelle, an welcher die innere Schmelzzellenlage in die
äussere umbiegt, findet ein weiter in die Tiefe schreitendes Wachsthum statt,
bis der Umschlagsrand das unterste Ende der Zahnanlage erreicht hat. Das
Schmelzorgan bildet so gewissermassen die Gussform, die Matrize, in der
sich der Zahn entwickelt; die Formbestimmung des späteren Zahnes ist die
erste Funktion des Schmelzorgans, die zweite ist die Schmelzbildung. Schmelz-
bildner ist nur die obere, die Zahnkrone umhüllende Partie der inneren
Schmelzzellen. Jede derselben liefert eine nachträglich verkalkende Substanz,
welche zu je einem Schmelzprisma wird. Diese Partie kann man Schmelzmembran heissen. Die untere, die Zahnwurzel umfassende Partie der
inneren Schmelzzellen hat nichts mit der Schmelzbildung zu thun; diese
Zellen werden niedriger und legen sich, da auch dort die Schmelzpulpa
bald fehlt, direkt an die äusseren Schmelzzellen an. Die beiden Lagen
heisst man Epithelscheide der Zahnwurzel (Fig. 130).

Ehe die Bildung des Schmelzes begonnen hat, hat sich das erste
Zahnbein angelegt (etwa 20. Woche). Die oberflächlichen Zellen der Zahnpapille wachsen zu langen Gebilden, den Odontoblasten heran, welche
das anfangs unverkalkte Zahnbein bilden (Fig. 130). Nur so weit die Epithelscheide reicht, kommt es zur Entwicklung von Odontoblasten. Sobald das
erste Zahnbein gebildet ist, erfolgt an dieser Stelle eine Rückbildung der
Epithelscheide, indem Bindegewebe des Alveolarperiostes zwischen die Epithelzellen eindringt. Diese Rückbildung beginnt zuerst an der unteren Schmelzgrenze, sodass der tiefste Theil der Epithelscheide seinen Zusammenhang mit
dem Schmelzorgan verliert. Mit vollendetem Wachsthum des Zahnes ist
auch der letzte Rest der Epithelscheide verschwunden.

Schon vor der Bildung von Schmelz und Zahnbein hat sich die Verbindung der Zahnleiste mit der Oberfläche gelöst[1]) (in Schema Fig. 125 D angedeutet); das in der Umgebung der ganzen Zahnanlage befindliche Bindegewebe ordnet sich (etwa in der 20. Woche) zu einer dichteren Haut,
dem Zahnsäckchen, an dem man späterhin eine innere, mehr lockere
und äussere, dickere Lage unterscheiden kann (Fig. 130). Schmelzoberhäutchen und Zement entstehen erst nach der Geburt, kurz vor Durch-
bruch des Zahnes; das Schmelzoberhäutchen dadurch, dass die Cuticular-

---

[1]) Die Zahnleiste ist schon vorher zu einer vielfach durchlöcherten Platte geworden,
von der nach allen Seiten kurze zackige Auswüchse entstehen. Reste der Zahnleiste sind
noch im Zahnfleisch neugeborener Kinder zu finden und irrthümlicher Weise für Drüsen
(„Glandulae tartaricae") gehalten worden.

säume der Schmelzzellen zu einer festen, homogenen Haut zusammenfliessen; das Zement ist ein Produkt des Periostes der Alveole.

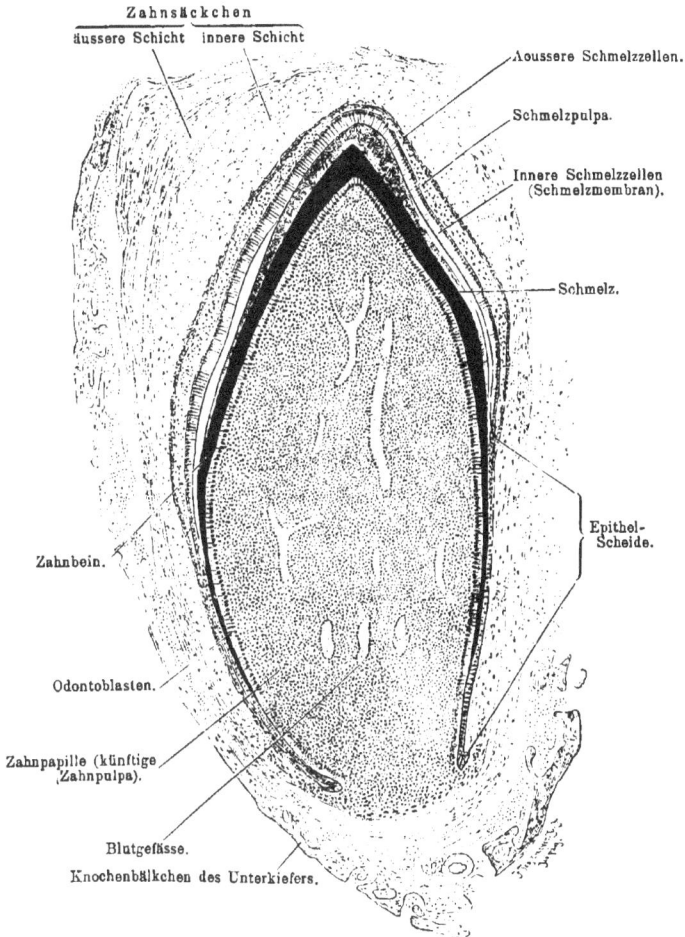

Zahnsäckchen
äussere Schicht   innere Schicht

Aoussere Schmelzzellen.

Schmelzpulpa.

Innere Schmelzzellen
(Schmelzmembran).

Schmelz.

Epithel-
Scheide.

Zahnbein.

Odontoblasten.

Zahnpapille (künftige
Zahnpulpa).

Blutgefässe.
Knochenbälkchen des Unterkiefers.

Fig. 129.
Längsschnitt durch einen jungen Milchzahn eines neugeborenen Hundes. 42 mal vergrössert. Technik
Nr. 95, pag. 213.

In gleicher Weise wie die Milchzähne entwickeln sich die bleibenden Zähne, indem in der 24. Woche an der Kante der weiter in die Tiefe wachsende Zahnleiste neue Kolben entstehen, die von der Seite her eindringende Papillen umwachsen. Die Anlage des bleibenden Zahnes liegt anfangs in der gleichen Alveole mit der Milchzahnanlage und wird erst

Stöhr, Histologie. 6. Aufl.   12 später von einer eignen Alveole umgeben. Der fertige Zahn ist somit theils epithelialer Herkunft (Schmelz), theils stammt er von der bindegewebigen Zahnpapille (Zahnbein), deren Rest als Zahnpulpa beim Erwachsenen fortbesteht. Das Zement ist gewissermassen eine accessorische, von Nachbargeweben gelieferte Bildung.

Die Zunge.

Die Zunge wird in ihrer Hauptmasse von quergestreiften Muskeln gebildet, die, in Bündeln und Fasern aufgelöst, sich vielfach durchflechten und am grössten Theile ihres Umfanges von einer Fortsetzung der Mundschleimhaut überzogen werden. Die Verlaufsrichtung der Muskeln ist theils eine senkrecht aufsteigende (Mm. geniogloss., lingual. und hyogloss.), theils eine transversale (M. transversus linguae), theils eine longitudinale (M. lingual. und styloglossus). Indem die Muskelbündel sich (meist rechtwinklig) durchkreuzen, entsteht ein zierliches, auf Durchschnitten sichtbares Flechtwerk. Eine mediane Scheidewand, das Septum linguae, trennt die Muskelmassen der Zunge in eine rechte und eine linke Hälfte. Das Septum beginnt niedrig am Zungenbeinkörper, erreicht seine grösste Höhe in der Mitte der Zunge und verliert sich nach vorn allmählich wieder niedriger werdend; es durchsetzt nicht die ganze Hälfte der Zunge, sondern hört ca. 3 mm vom Zungenrücken entfernt auf. Das Septum besteht aus derben Bindegewebsfasern.

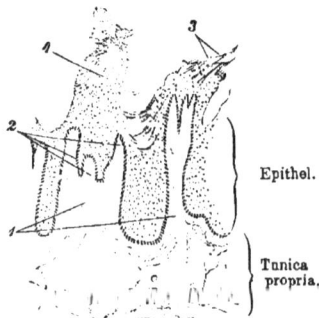

Fig. 130.

Längsschnitt der Schleimhaut des menschlichen Zungenrückens, 30 mal vergrössert. 1. Durchschnitte zweier Papillae filiformes, deren jede drei sekundäre Papillen (2) trägt. 3. Doppelter, 4. einfacher Fortsatz des Epithels, an der Oberfläche mit Massen lose anhaftender Plattenepithelzellen bedeckt. Technik Nr. 96, pag. 213.

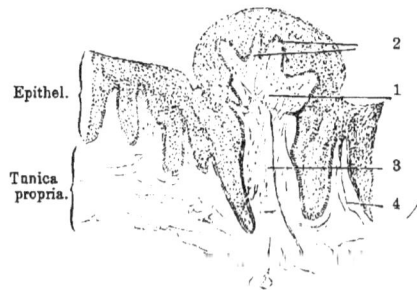

Fig. 131.

Längsschnitt der Zungenschleimhaut des Menschen, 30 mal vergrössert. 1. Papilla fungiformis mit 2. sekundären Papillen. 3. Stiel der P. fungiformis. 4. Kleine P. filiformis. Technik Nr. 96, pag. 213.

Die Schleimhaut der Zunge besteht, wie diejenige der Mundhöhle, aus Epithel, Tunica propria und Submucosa, ist aber durch ansehnliche

Entwicklung und komplizirte Gestaltung der Papillen ausgezeichnet. Man unterscheidet drei Formen von Papillen: 1. P. filiformes (conicae), 2. P. fungiformes (clavatae), 3. P. circumvallatae. Die **Papillae filiformes** (Fig. 130) sind cylindrische oder konische Erhebungen der Tunica propria, deren oberes Ende 5—20 kleine sekundäre Papillen (2) trägt. Sie bestehen aus deutlich faserigem Bindegewebe, sowie aus zahlreichen elastischen Fasern und werden von einer mächtigen Lage geschichteten Plattenepithels überzogen, das nicht selten über den sekundären Papillen eine Anzahl fadenförmiger, verhornter Fortsätze (3) bildet. Die P. filiformes sind in grosser Menge über die ganze Zungenoberfläche verbreitet; ihre Länge schwankt zwischen 0,7—3,0 mm. Die **Papillae fungiformes** (Fig. 131) sind kugelige, mit etwas einge-

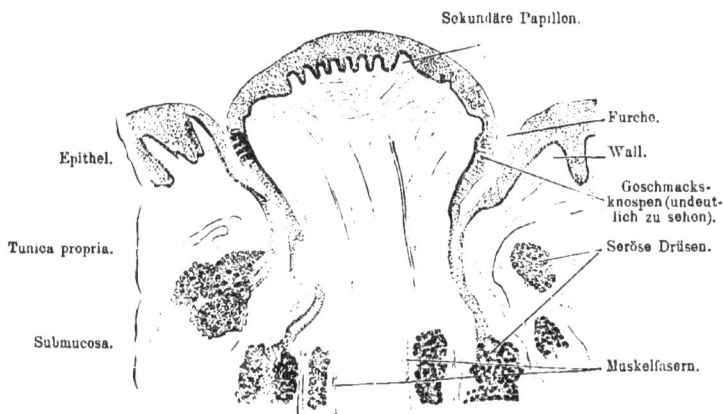

Fig. 132.
Senkrechter Schnitt durch eine Papilla circumvallata des Menschen, 30mal vergr. Technik Nr. 96, pag. 213.

schnürtem Stiele der Tunica propria aufsitzende Gebilde, deren ganze Oberfläche mit sekundären Papillen (2) besetzt ist. Sie bestehen aus einem deutlichen Flechtwerke von Bindegewebsbündeln, die nur wenige elastische Fasern enthalten. Das sie überziehende Epithel ist etwas dünner und an der Oberfläche nicht verhornt. Die P. fungiformes sind, nicht so zahlreich wie die P. filiformes, über die ganze Zungenoberfläche verbreitet und am Lebenden wegen ihrer rothen Farbe (die von den durch das Epithel durchschimmernden Blutgefässen herrührt) meist leicht sichtbar. Ihre Höhe schwankt zwischen 0,5—1,5 mm. Die **Papillae circumvallatae** (Fig. 132) gleichen breiten, plattgedrückten P. fungiformes und sind von einer verschieden tiefen, kreisförmigen Furche von der übrigen Schleimhaut abgesetzt; den jenseits der Furche liegenden Schleimhauttheil bezeichnet man als Wall. Die Papille besteht aus demselben Bindegewebe wie die P. fungiformes; sekundäre Papillen finden sich nur auf der oberen, nicht an der seitlichen Fläche. Im Epithel der Seitenfläche der Papillae circumvallatae und zuweilen auch des

12*

Walles liegen die Endapparate des Geschmacksnerven, die Geschmacksknospen (s. Geschmacksorgane). Die P. circumvallatae finden sich in beschränkter Zahl (8—15) nur am hinteren Ende der Zungenoberfläche. Ihre Höhe beträgt 1—1,5 mm bei 1—3 mm Breite. Papilla foliata wird eine jederseits am hinteren Seitenrande der Zunge gelegene Gruppe von parallelen Schleimhautfalten genannt, die durch ihren Reichthum an Geschmacksknospen ausgezeichnet sind. Die P. foliata ist besonders beim Kaninchen entwickelt.

Die Submucosa ist an der Spitze und an dem Rücken der Zunge fest und derb („Fascia linguae") und innig mit den unterliegenden Theilen verbunden.

Zungenbälge. Eine besondere Beschaffenheit gewinnt die Schleimhaut der Zungenwurzel von den P. circumvallatae an bis zum Kehldeckel

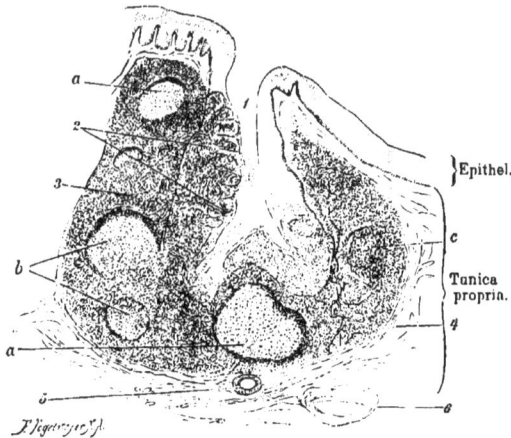

Fig. 133.

Senkrechter Schnitt durch die Mitte eines Zungenbalges des erwachsenen Menschen, ¦20 mal vergrössert. 1. Balghöhle, ausgewanderte Leukocyten enthaltend. 2. Epithel der Balghöhle, links und unten von durchwandernden Leukocyten durchsetzt, rechts grossentheils intakt. 3. Adenoides Gewebe Knötchen mit Keimcentren enthaltend; *a* Knötchen in der Mitte durchschnitten, *b* Knötchen seitlich getroffen, *c* Knötchen am äussersten Umfange angeschnitten. 4. Faserhülle. 5. Querschnitt eines Schleimdrüsenausführungsganges. 6. Blutgefäss. Technik Nr. 96, pag. 213.

durch die Entwicklung der Zungenbälge. Das sind kugelige, 1—4 mm grosse Anhäufungen adenoiden Gewebes, die, in der obersten Schichte der T. propria gelegen, makroskopisch leicht wahrnehmbare Erhabenheiten bilden. In der Mitte derselben sieht man eine punktförmige Oeffnung[1]), den Eingang in die Balghöhle, welche von einer Fortsetzung des geschichteten Epithels der Mundschleimhaut ausgekleidet wird. Rings um das Epithel liegt adenoides Gewebe, welches eine verschieden grosse Anzahl von Knötchen mit Keimcentren (pag. 95) enthält und scharf gegen das fibrilläre Bindegewebe der Tunica

---

[1]) Dieselbe wurde früher für den Ausführungsgang des Zungenbalges, dieser selbst für eine Drüse gehalten, daher der noch gebräuchliche Name „Balgdrüse".

propria abgegrenzt ist; dieses ordnet sich bei gut ausgeprägten Bälgen in kreisförmigen Faserzügen um das adenoide Gewebe und bildet so die **Faser-hülle** (Fig. 133, 4). Unter normalen Verhältnissen wandern fortwährend zahlreiche Leukocyten des adenoiden Gewebes durch das Epithel in die Balg-höhle und gelangen von da in die Mundhöhle, in deren Sekret sie als „Schleim-" und Speichel-Körperchen" leicht gefunden werden. Das

Epithel wird dabei oft in grosser Ausdehnung zerstört oder ist derart mit Leukocyten infiltrirt, dass seine Grenzen nicht mehr mit Sicherheit nachgewiesen werden können.

Drüsen. Zwei Arten tubulöser verästelter Drüsen (pag. 50) sind in der Zungenschleimhaut und in den ober-flächlichen Schichten der Zungenmuskulatur gelegen. Die Drüsenzellen der einen Art liefern ein schleim(mucin-)-haltiges Sekret; wir heissen solche Drüsen **Schleim-drüsen.** Das Sekret der zweiten Art ist eine wässerige,

Fig. 134.
Aus einem Schnitt
durch die Zungen-
wurzel der Maus. ca.
90 mal vergr. Seröse
Drüse, deren Gang-
system durch die
Golgi'sche Reaktion
geschwärzt ist; man
erkennt deutlich den
tubulösen Charakter.
Technik Nr. 119,
pag. 221.

seröse Flüssigkeit, welche sich durch ihren hohen Eiweiss-gehalt auszeichnet; solche Drüsen heissen **seröse** oder **Ei-weissdrüsen.**

Die **Schleimdrüsen** sind von gleichem Bau wie die-jenigen der Mundhöhle und finden sich entlang der Zungen-ränder und in grösserer Menge an der Zungenwurzel, wo ihre mit einem (zuweilen Flimmerhaare tragenden) Cylinderepithel ausgekleideten Ausführungsgänge nicht selten in die Balg-höhle münden. Die Wandung der Tubuli besteht aus einer strukturlosen

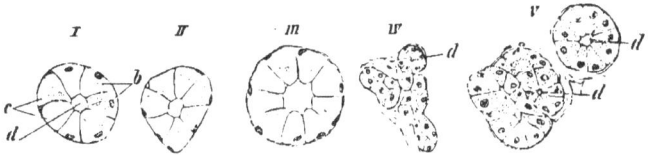

Fig. 135.

I, II. Aus einem Durchschnitte einer Schleimdrüse der menschlichen Zungenwurzel. I. Tubulusquer-schnitt mit *b* sekretleeren Drüsenzellen, *c* sekretgefüllten Drüsenzellen, *d* Lumen. II. Tubulusquerschnitt, nur sekretgefüllte Zellen enthaltend. III und IV. Aus der Zungenschleimhaut eines Kaninchens. III. Quer-schnitt eines Schleimdrüsentubulus. IV. Mehrere Tubuli einer Eiweissdrüse, bei *d* das sehr kleine Lumen. V. Mehrere Tubuli einer Eiweissdrüse des Menschen mit grösserem (*d'*) und kleinerem (*d*) Lumen. Sämmt-liche Schnitte 240 mal vergrössert. Technik Nr. 96, pag. 213.

Membrana propria und cylindrischen, mit einer derben Zellenmembran aus-gestatteten Drüsenzellen, deren Aussehen nach ihrem jeweiligen Funktions-zustande verschieden ist. Im sekretleeren Zustande ist die Zelle schmäler, der an der Basis befindliche Kern queroval (Fig. 135, I*b*); im sekretgefüllten Zustande ist die Zelle breiter, der Kern platt an die Wand gedrückt (Fig. 135, I*c*, II). Meist zeigt ein und dieselbe Schleimdrüse, ja oft ein und der-selbe Tubulus Drüsenzellen in verschiedenen Sekretionsphasen (I), trotzdem kommt es hier nicht zur Bildung von „Halbmonden" (s. pag. 54), weil die starre Membran der Drüsenzellen ein Abdrängen vom Lumen nicht gestattet[1]). Die in der Zungenspitze befindliche Nuhn'sche Drüse ist gleichfalls eine Schleimdrüse. Die Eiweissdrüsen sind nur auf die Gegend der P. circumvall. und foliat. beschränkt; ihre in die Furchen zwischen Papille und Wall einmündenden Ausführungsgänge (s. Fig. 132) sind mit einem ein- oder mehrschichtigen (nicht selten flimmernden) Cylinderepithel ausgekleidet; die kleinen Tubuli bestehen aus einer zarten Membrana propria und kurzcylindrischen oder konischen, membranlosen Zellen, deren trübes, körniges Protoplasma einen in der Mitte gelegenen kugeligen Kern einschliesst (Fig. 135 IV und V), Das Lumen der Tubuli (d d') ist (besonders bei Thieren) sehr eng.

Die Blutgefässe der Zungenschleimhaut bilden der Fläche nach ausgebreitete Netze, von welchen Zweige von sämmtlichen Papillen bis in die sekundären Papillen hinein sich erstrecken. An der Zungenwurzel durchbohren kleine Arterien die Faserhülle der Zungenbälge und lösen sich in Kapillaren auf, welche bis in's Innere der Knötchen hineinreichen. Die Blutgefässe der Drüsen bilden ein die Tubuli umspinnendes Kapillarnetz.

Die Lymphgefässe der Zunge sind in zwei Netzen angeordnet: ein tieferes, aus gröberen Gefässen bestehendes. und ein oberflächliches Netzwerk, welches letztere Lymphgefässe der Papillen aufnimmt. Sehr reichlich sind die Lymphgefässe der Zungenwurzel entwickelt, welche an den Balgdrüsen ein die Knötchen umspinnendes Netz bilden.

Die Nerven der Zungenschleimhaut (N. glossopharyngeus und N. lingualis) sind in ihrem Verlaufe mit kleinen Gruppen von Ganglienzellen ausgestattet; ihre Enden verhalten sich theils wie die der übrigen Mundschleimhaut, theils treten sie zu den Geschmacksknospen in enge Beziehung (s. Geschmacksorgan).

Der Pharynx.

Die Wand des Pharynx besteht aus drei Häuten: Schleimhaut, Muskelhaut und Faserhaut. Die Schleimhaut besitzt wie die Mundhöhlenschleimhaut ein geschichtetes Pflasterepithel, eine papillentragende Tunica propria, ferner reichliche Schleimdrüsen. Im Cavum pharyngonasale dagegen ist das Epithel geschichtetes, flimmerndes Cylinderepithel, dessen untere Grenze ziemlichen Schwankungen unterliegt. Sehr reichlich ist die Entwickelung des adenoiden Gewebes. Dasselbe bildet zwischen beiden Gaumenbögen jederseits eine unter dem Namen Tonsille bekannte, ansehnliche Anhäufung, die hinsichtlich ihres Baues beim Menschen und bei vielen Thieren einer

---

[1]) Nur die Zungenschleimdrüsen der Katze, sowie die Schleimdrüsen der menschlichen Uvula enthalten Halbmonde.

Summe grosser Zungenbälge entspricht (s. pag. 180): hier wandern so zahlreiche Leukocyten durch das Epithel in die Balghöhlen, dass die Tonsillen
als die ausgiebigste Quelle der Speichelkörperchen zu betrachten sind. In
der Nachbarschaft der Tonsille sind viele Schleimdrüsen gelegen. Auch im
Cavum pharyngonasale ist das adenoide Gewebe stark vertreten; es bildet am
Dache des Schlundkopfes eine ansehnliche, als „Pharynxtonsille" bekannte Masse, die hinsichtlich ihres Baues mit dem der Gaumentonsillen
übereinstimmt, nur ist das adenoide Gewebe weniger scharf von der übrigen
Tunica propria abgegrenzt. Auch hier wandern viele Leukocyten durch das
Epithel. Die Entwicklung des gesammten adenoiden Gewebes der Mundhöhle und des Pharynx ist bedeutenden Schwankungen unterworfen.

Die Muskelhaut (Mm. constrictores pharyngis) besteht aus quergestreiften Fasern, deren Anordnung in das Gebiet der makroskopischen Anatomie gehört. Die Faserhaut ist ein derbfaseriges, mit zahlreichen elastischen Fasern durchsetztes Bindegewebe. Blut-, Lymphgefässe und Nerven
verhalten sich wie in der Mundhöhle.

Die Speiseröhre.

Die Wandung der Speiseröhre setzt sich aus Schleimhaut, Muskelhaut
und Faserhaut zusammen. Die Schleimhaut besteht aus geschichtetem
Plasterepithel (Fig. 136, 1),
einer papillentragenden Tunica propria (2), welcher
eine Schichte längsverlaufender glatter Muskelfasern,
die Muscularis mucosae (3),
folgt; unter dieser ist die
aus lockeren Bindegewebs-
bündeln gewebte Submucosa
(4) gelegen, welche (in der
oberen Hälfte der Speise-
röhre) kleine Schleimdrüsen
einschliesst. Die Muskel-
haut besteht im Halstheile
der Speiseröhre aus quer-
gestreiften Muskelfasern, an
deren Stelle weiter unten

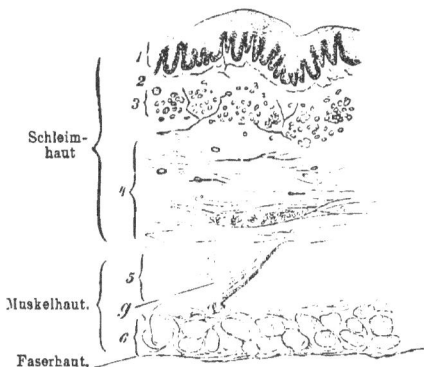

Fig. 136.

Stück eines Querschnittes des Mittelstückes der menschlichen
Speiseröhre, 10 mal vergrössert. 1. Pflasterepithel. 2. Tunica
propria. 3. Muscularis mucosae. 4. Submucosa. 5. Ringmuskeln.
6. Längsmuskeln. g Blutgefäss. Technik Nr. 98, pag. 214.

Schleim-
haut

Muskelhaut.

Faserhaut.

glatte Muskelfasern treten. Sie sind dort in zwei Lagen, einer inneren Ring-
(5) und einer äusseren Längsfaserlage (6) geordnet. Die Faserhaut besteht aus derbem, mit zahlreichen elastischen Elementen untermischtem Bindegewebe. Blut-, Lymphgefässe und Nerven verhalten sich wie die des Pharynx. Zwischen Ring- und Längsfaserlage bilden die Nervenstämmchen,

denen kleine Gruppen von Ganglienzellen beigegeben sind, ein netzförmiges
Geflecht (s. Auerbach's Plexus pag. 196).

Der Magen.

Die 2—3 mm dicke Wand des Magens setzt sich aus drei Häuten
zusammen: 1. der Schleimhaut, 2 der Muskelhaut und 3. der Serosa.

ad. 1. Schleimhaut. Die durch ihre röthlichgraue Farbe von der
weissen Speiseröhrenschleimhaut sich scharf absetzende Magenschleimhaut
besteht aus Epithel, einer Tu-
nica propria, einer Muscularis
mucosae und einer Submucosa
(Fig. 137).

Das Epithel ist einfaches
Cylinderepithel, dessen Elemente Schleim produziren. Man
kann an ihnen meist zwei Abschnitte unterscheiden, einen
oberen schleimigen (Fig. 13 c)
und einen unteren, proto-
plasmatischen (p) Abschnitt,
welch' letzterer den ovalen
oder runden oder selbst platten Kern enthält. Die Ausdehnung des schleimigen Abschnittes ist je nach dem
Funktionsstadium eine sehr
verschiedene (vergl. Fig. 13).
Epithelzellen, deren schleimiger
Inhalt ausgetreten ist, sehen
Becherzellen sehr ähnlich
(pag. 190).

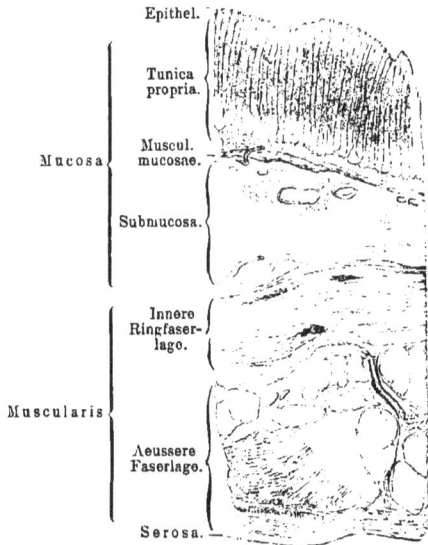

Fig. 137.
Senkrechter Schnitt quer durch die Magenwand des Menschen.
15mal vorgrössert. Die T. propria enthält so dicht nebeneinander stehende Drüsen, dass ihr Gewebe nur am Grunde
der Drüsen gegen die Muscularis mucosae sichtbar ist.
Technik Nr. 99, pag. 214.

Die Tunica propria besteht aus einer Mischung von fibrillärem
und retikulärem Bindegewebe und aus einer sehr wechselnden Menge von
Leukocyten, die, zuweilen in dichten Haufen beisammenliegend, Solitärknötchen
bilden. Die T. propria enthält so zahlreiche Drüsen, dass ihr Gewebe
nur auf schmale Scheidewände zwischen und eine dünne Schichte unter den
Drüsen beschränkt ist. Im Pylorustheile stehen die Drüsen weiter auseinander; die dort ansehnlich entwickelte Tunica propria erhebt sich nicht selten
zu faden- oder blattförmigen Zotten.

Man unterscheidet zwei Arten von Magendrüsen; die eine Art ist vorzugsweise im Körper und im Fundus des Magens gelegen, man nennt sie

Fundusdrüsen[1]), die andere Art ist nur auf die schmale Regio pylorica beschränkt, diese Drüsen beissen Pylorusdrüsen. Beide sind einfache

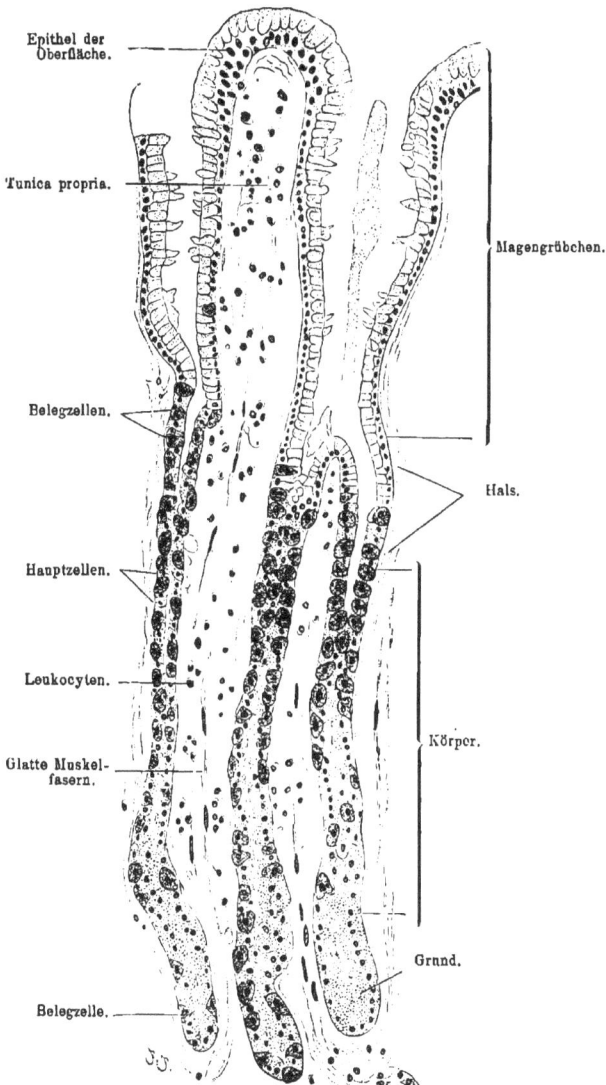

Epithel der
Oberfläche.

Tunica propria.

Magengrübchen.

Belegzellen.

Hals.

Hauptzellen.

Leukocyten.

Körper.

Glatte Muskel-
fasern.

Grund.

Belegzelle.

Fig. 138.

Senkrechter Schnitt durch die Magenschleimhaut des Menschen. Fundusgegend. 220 mal vergrössert.
Technik Nr. 102, pag. 215.

1) In den älteren Lehrbüchern heissen die Fundusdrüsen Labdrüsen oder Pepsin-drüsen, ein Name, der sich auf eine jetzt in Frage gezogene Funktion dieser Drüsen gründet.

oder mehrfach (besonders die Pylorusdrüsen) getheilte tubulöse Einzeldrüsen,
welche allein oder zu mehreren in grubige Vertiefungen der Schleimhautoberfläche, in die M a g e n g r ü b c h e n, münden; der in diese sich einsenkende Theil
der Drüse wird H a l s, der darauffolgende Theil K ö r p e r, das blinde Ende
G r u n d genannt (Fig. 138). Jede Drüse besteht aus einer Membrana propria
und aus Drüsenzellen.

Die F u n d u s d r ü s e n haben zweierlei Zellen: Hauptzellen und Belegzellen [1]). Erstere sind helle, kubische oder kurzcylindrische Zellen, deren
körniges Protoplasma einen kugeligen Kern umgiebt. Die Hauptzellen sind
sehr vergänglich. Die Belegzellen sind meist bedeutend grösser, dunkler, von
rundlich eckiger Gestalt; ihr feinkörniges Protoplasma umgiebt einen rundlichen Kern. Die Belegzellen sind besonders durch die Fähigkeit, sich mit

Stück einer Belegzelle.

Hauptzelle.

Belegzelle
an d. Seiten-
zweig des
Lumens
stossend.

Drüsenlumen.

Fig. 139.
Querschnitt einer Fundusdrüse des Menschen.
210mal vergrössert.
Technik Nr. 102, pag. 215.

Anilinfarben intensiv zu färben, ausgezeichnet. Die Vertheilung beider Zellenarten ist keine gleichmässige; die
Hauptzellen bilden die Hauptmasse der
Drüsenschläuche, die Belegzellen sind un-
regelmäsig vertheilt; in besonders reichlicher Menge finden sie sich in Hals
und Körper. Hier liegen sie in einer
Reihe mit den Hauptzellen, gegen den Drüsengrund zu jedoch sind die
Belegzellen aus der Reihe der Hauptzellen gegen die Peripherie gedrängt
ohne indessen vom Lumen ganz abgerückt zu sein, denn ein kurzer Seitenzweig des Letzteren reicht zwischen den Hauptzellen bis zur Belegzelle. (Fig. 139).
Dieser Seitenzweig ist das einzige, das bei gewöhnlichen Präparaten von dem
feinen Kanalsystem zu sehen ist, das jede Belegzelle (nicht aber die Hauptzellen) umspinnt. Mit Hülfe der Reaktion Golgi's, welche auch Sekrete
schwärzt, erkennt man, dass von dem axialen (Haupt-) Lumen der Fundusdrüsen Querkanälchen ausgehen, die sich theilend und mit einander anastomosirend ein feinmaschiges Netzwerk von „Sekretcapillaren" bilden, das je
eine Belegzelle korbartig umfasst (Fig. 17 und Fig. 140). Das von dieser
allseitig ausgeschiedene Sekret gelangt also zuerst in die Sekretcapillaren,
von da durch ein oder mehrere kurze Stämmchen (die oben erwähnten
Seitenzweige) in das Hauptlumen.

Die P y l o r u s d r ü s e n haben fast durchaus [2]) cylindrische, mit rund-
lichem, der Zellenbasis nahegerücktem Kerne versehene Zellen, welche in der

---

[1]) Die von verschiedenen Seiten aufgestellte Behauptung, dass Haupt- und Belegzellen verschiedene Funktionsbilder e i n e r Zellenart seien, sowie die Angabe, dass bei
der Verdauung Belegzellen sich vermehren, nach langem Hungern aber verschwinden, sind
einer eingehenden Begründung noch sehr bedürftig. Selbst der Magen nach langem Winter-
schlafe getödteter Thiere enthält noch Belegzellen.

[2]) Beim Menschen finden sich auch hier vereinzelte Belegzellen, bei Thieren,
z. B. beim Hunde, einzelne dunklere, kegelförmige Zellen, welche durch Nachbarzellen
bewirkte Kompressionserscheinungen sind.

intermediären Zone (d. i. die Grenzzone zwischen Pylorus- und Fundusschleimhaut) so sehr den Hauptzellen gleichen, dass sie mit diesen verglichen
worden sind.

Obige Beschreibung bezieht sich auf den hungernden Magen; im Zustande der Verdauung sind die Belegzellen grösser, Hauptzellen sowohl wie
Pylorusdrüsenzellen sind dunkler, der Kern letzterer ist mehr in die Mitte
der Zelle gerückt, die „Sekretkapillaren" sind praller gefüllt, breiter als im
hungernden Magen.

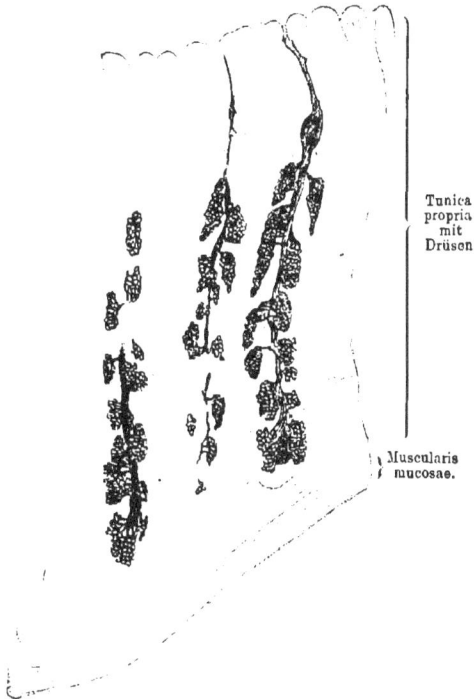

Die Muscularis
mucosae besteht aus
zwei oder drei in ver-
schiedener Richtung sich
durchflechtenden Lagen
glatter Muskelfasern, von
denen einzelne Züge sich
abzweigen, um in senk-
rechter Richtung zwischen
den Drüsenschläuchen
emporzusteigen (Fig. 138).

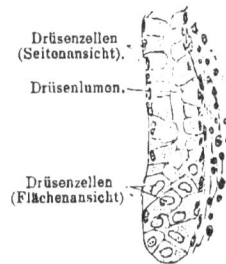

Tunica
propria
mit
Drüsen.

Muscularis
mucosae.

Drüsenzellen
(Seitenansicht).

Drüsenlumen.

Drüsenzellen
(Flächenansicht)

Fig. 140.

Querschnitt durch die Fundusschleimhaut des Magens der Maus
(Verdauungszustand). 234 mal vergr. In der Drüse rechts ist das
ganze Kanalsystem, in zwei andern Drüsen ein Theil desselben
geschwärzt; man erkennt die von den Sekretkapillaren gebildeten
Körbe. Technik Nr. 119, pag. 221.

Fig. 141.

Unteres Stück einer Pylorusdrüse.
(Aus einem senkrechten Schnitt
durch die menschliche Magenschleimhaut) 240 mal vergrössert.
Technik Nr. 102b, pag. 215.

Die Submucosa besteht aus lockeren Bindegewebsbündeln, elastischen
Fasern und zuweilen kleinen Anhäufungen von Fettzellen.

ad. 2. Muskelhaut. Nur am Pylorustheile lassen sich zwei deutlich
gesonderte Schichten, eine stark innere Ringschicht und eine schwächere
äussere Längsschicht glatter Muskelfasern unterscheiden; in den anderen
Regionen des Magens wird der Verlauf durch Uebertreten der Muskelschichten des Oesophagus auf den Magen, sowie durch die im Verlaufe der

Entwicklung erfolgende Drehung des Magens sehr komplizirt; Durchschnitte ergeben dann in allen möglichen Richtungen getroffene Faserbündel.

ad 3. Serosa s. Bauchfell (pag. 210).

Gefässe und Nerven s. pag. 194 u. f.

Der Darm.

Die Darmwand wird, wie die des Magens, aus 1. Schleimhaut, 2. Muskelhaut und 3. Serosa gebildet.

ad. 1.   Die Schleimhaut ist bekanntlich in (die Kerkring'schen) Falten gelegt, die besonders im oberen Abschnitt des Dünndarmes gut aus-

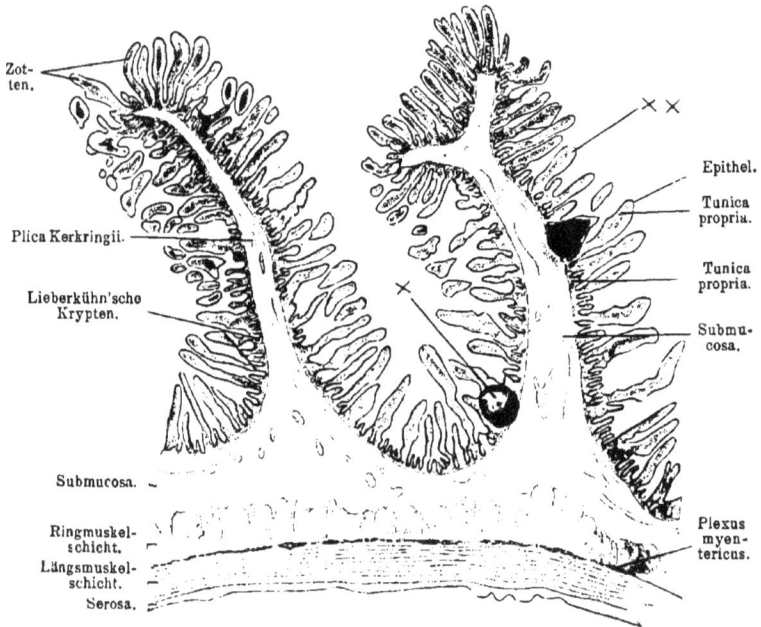

Zot-
ten.

Plica Kerkringii.

Lieberkühn'sche
Krypten.

Epithel.

Tunica
propria.

Tunica
propria.

Submu-
cosa.

Submucosa.

Ringmuskel-
schicht.

Längsmuskel-
schicht.

Serosa.

Plexus
myen-
tericus.

Fig. 142.

Senkrechter Längsschnitt durch das Jejunum des erwachsenen Menschen. 16 mal vergrössert. Die rechte Kerkring'sche Falte trägt zwei kleine, nicht in die Submucosa herabreichende solitärknötchen, von denen das linke ein Keilhcentrum ✕ zeigt. An vielen Zotten hat sich das Epithel vam eingeweidigen Zottenkörper etwas abgehoben, so dass ein heller Raum zwischen beiden besteht ✕ ✕. Die einzelnen mit den Zotten nicht zusammenhängenden Körper (besonders zahlreich links neben „Plica Kerkringii") sind Stücke von Zotten, die gebogen waren und deshalb nicht in ihrer ganzen Länge durchschnitten sind. Techn. Nr. 105, pag. 216.

gebildet sind; abgesehen von diesen ohne Weiteres wahrnehmbaren Gebilden, welche die Oberflächenvergrösserung der Schleimhaut bezwecken, sind noch andere, den gleichen Zwecken dienende Einrichtungen vorhanden, die an der Grenze des makroskopisch Wahrnehmbaren stehen. Es sind die Erhebungen und Vertiefungen der Schleimhaut; erstere, die Zotten, sind nur im Dünndarm vorhanden, während sie im Dickdarm des Menschen fehlen; sie sind

ca. 1 mm hoch und im Duodenum von blattförmiger, im übrigen Dünndarm
von cylindrischer Gestalt. Die Vertiefungen sind vom Pylorus abwärts in
der ganzen Länge des Darmes zu finden. In der ursprünglichsten Form
bestehen sie noch bei Fischen, wo sie dadurch zu Stande kommen, dass der
Länge des Darmes parallel verlaufende Schleimhautfalten durch kleine
Querfalten mit einander verbunden werden. Senkrechte Durchschnitte dieser
seichten Vertiefungen geben das Bild eines kurzen weiten Schlauches, den
wir „Krypte" nennen. Bei den Säugethieren sind die Krypten tiefer, ihr
Lumen ist enger; dicht neben einander gereiht erscheinen sie unter dem
Bilde einfacher tubulöser Drüsen. Als solche könnten sie aber nur be-
trachtet werden, wenn ihre epitheliale Auskleidung ein specifisches Sekret
lieferte, was nicht der Fall ist[1]). Die Krypten sind unter dem Namen
„Lieberkühn'sche Krypten" (schlechter — Drüsen) bekannt.

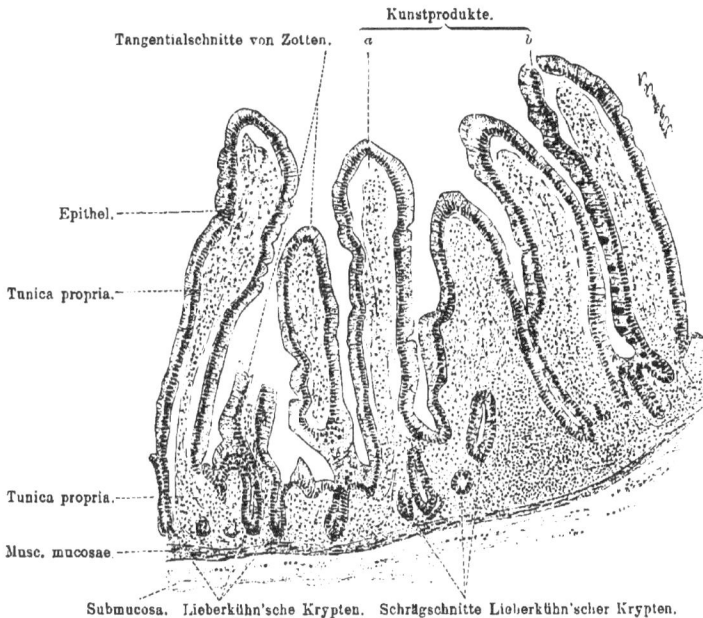

Kunstprodukte.

Tangentialschnitte von Zotten.

Epithel.

Tunica propria.

Tunica propria.

Musc. mucosae

Submucosa. Lieberkühn'sche Krypten. Schrägschnitte Lieberkühn'scher Krypten.

Fig. 143.

Senkrechter Schnitt durch die Schleimhaut des Jejunum eines erwachsenen Menschen. 80mal vergr.
Durch die Fixirung ist die Tunica propria der Zotten geschrumpft und hat sich vom Epithel zurückgezogen, es ist dadurch ein Hohlraum a entstanden, in dem nicht selten aus der Tunica propria heraus-
gepresste Zellen liegen. Oft reisst bei dessen Retraktion das Epithel b, so dass es aussieht, als hätte
die Spitze der Zotte eine Oeffnung. An der einen Seite der rechten Zotte sind die Becherzellen als
dunkle Flecke eingezeichnet. Technik Nr. 105, pag. 216.

[1]) Es ist fraglich, ob die einzelnen im Grunde der Krypten vorkommenden körn-
chenhaltigen Zellen Drüsenzellen sind.

Die Schleimhaut besteht aus Epithel, einer Tunica propria, einer
Muscularis mucosae und einer Submucosa. Das Epithel, welches die
ganze freie Oberfläche der Schleimhaut überzieht, die Zotten umhüllt und
sich auch in die Tiefe der Krypten einsenkt, ist ein einfaches Cylinderepithel
(Fig. 10), dessen Elemente in ausgebildetem Zustande bestehen aus: a) einem
körnigen Protoplasma, das bei Fettresorption zahlreiche Fettpartikelchen enthält, b) einem meist ovalen Kern und c) einer Membran. Die freie Oberfläche trägt einen für die Darmepithelzelle charakteristischen, bald homogenen,
bald feinstreifigen Basalsaum [1]).

Die Regeneration des Epithels findet nur in den Lieberkühn'schen
Krypten statt, wo (durch mitotische Theilung) fortwährend neue Zellen gebildet werden, welche zum Ersatz der auf der freien Schleimhautoberfläche
zu Grunde gehenden Epithelzellen allmählig in die Höhe rücken. Es finden
sich somit die jüngsten Generationen von Epithelzellen in den Krypten, die
ältesten auf der freien Schleimhautfläche, im Dünndarm auf den Zottenspitzen. Im Darmepithel
finden sich in sehr wechselnden Mengen Becherzel-
len; dieselben haben eine
rundlich ovale, nicht selten
kelchglasähnliche Form, ihr
oberer, der Darmoberfläche
zugekehrter Theil wird in
verschieden grosser Aus-
dehnung von dem zu Schleim
umgewandelten Protoplasma
eingenommen, der Kern mit

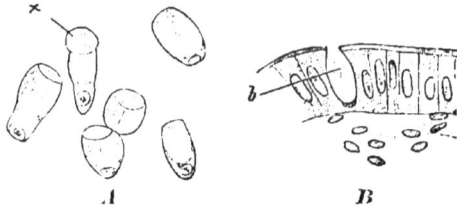

Fig. 144.

Darmepithel 560 mal vergrösert. *A* Becherzellen des Kaninchens,
isolirt nach Technik Nr. 104*b*, pag. 216. × Hervorquellender
Schleim. *B* aus einem Schnitte der Dünndarmschleimhaut des
Menschen; nach Technik Nr. 102, pag. 215. *b* Eine Becherzelle
zwischen Cylinderzellen.

dem übrigen Protoplasma liegt an der Basis der Zelle; ein Basalsaum fehlt
den Becherzellen, an dessen Stelle befindet sich eine scharf begrenzte kreis-
förmige Oeffnung (Fig. 144, *A*), durch welche der Schleim auf die Darmoberfläche sich ergiesst. Die Becherzellen sind aus gewöhnlichen Darm-
epithelzellen hervorgegangen; unter geeigneten Umständen kann jede junge
Darmepithelzelle zu einer Becherzelle werden, indem sie Schleim produzirt [2]).
Die einzelnen Stadien der Sekretion liegen in gesetzmässiger Reihenfolge und zwar so, dass die älteren Stadien stets höher (den Zottenspitzen
resp. der Schleimhautoberfläche näher) gelegen sind, als die jüngsten Stadien,
die in den Lieberkühn'schen Krypten gefunden werden. (Fig. 145) [3]).

---

1) vergl. pag. 46.

2) Ueber den Modus der Sekretbildung und -ausstossung bei den Becherzellen
siehe pag. 49.

3) In den Krypten des Dünndarms ist die Zahl der Becherzellen verhältnissmässig
geringer als in denjenigen des Dickdarms. Der Grund liegt darin, dass die in den Dünndarmkrypten entstandenen jungen Epithelzellen rascher gegen die Oberfläche rücken; denn

Zwischen den Epithelzellen findet man in verschiedenen Mengen ein-
wandernde Leukocyten, welche aus der unterliegenden Tunica propria stammen.
Die Tunica propria besteht vorwiegend aus retikulärem und fibrillärem Bindegewebe, das sehr wechselnde Mengen von Leukocyten enthält

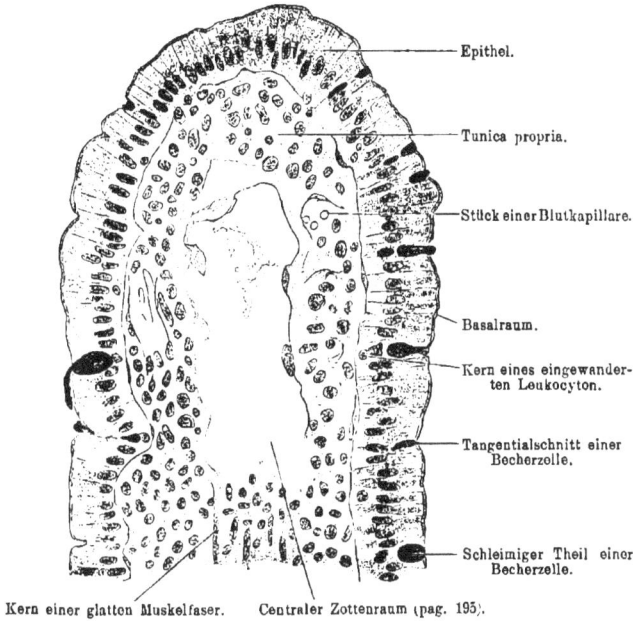

Kern einer glatten Muskelfaser.   Centraler Zottenraum (pag. 195).

Fig. 145.

Längsschnitt durch die Zottenspitze eines jungen Hundes 360 mal vergr.; die Becherzellen enthalten
umsoweniger Schleim (schwarz gefärbt), je näher sie der Zottenspitze liegen. Technik Nr. 106, pag. 217.

(s. pag. 97). Durch die Einlagerung der zahlreichen Krypten ist sie nur
auf die Zwischenräume zwischen den Krypten und auf eine schmale Schicht
am Grunde der Krypten beschränkt und zeigt so, wenigstens im Bereiche des
Dickdarmes, vollkommene Uebereinstimmung mit jener des Magens; im
ganzen Dünndarm jedoch erhebt sich die Tunica propria zu den oben geschilderten Zotten.

die durch die Zotten bedeutend vergrösserte Dünndarmoberfläche bedarf eines grossen Er-
satzmaterials für die dort zu Grunde gehenden Epithelzellen; die Schleimbildung erfolgt
also oft nicht mehr im Bereich der Krypten, sondern erst an den Zotten. Im Dickdarm,
wo die Zotten fehlen, geht der Schub gegen die Oberfläche langsam vor sich, die Zellen
haben Zeit, Schleim noch während ihrer Lage in den Krypten zu bilden. Daraus ent-
stand die irrthümliche Vorstellung, dass die Dünndarmkrypten seröse Flüssigkeit, die
Dickdarmkrypten Schleim lieferten.

Die Muscularis mucosae besteht aus einer inneren, cirkulären und einer äusseren, longitudinalen Lage glatter Muskelfasern. Senkrecht von ihr aufsteigende Fasern reichen bis nahe zur Spitze der Zotte; ihre Kontraktion bewirkte eine Verkürzung der Zotte [1]).

Die Submucosa besteht aus lockerem fibrillärem Bindegewebe; sie enthält im Gebiete des Duodenum (in dessen oberer Hälfte) verästelte tubulöse Einzeldrüsen, die Brunner'schen Drüsen. Ihr mit

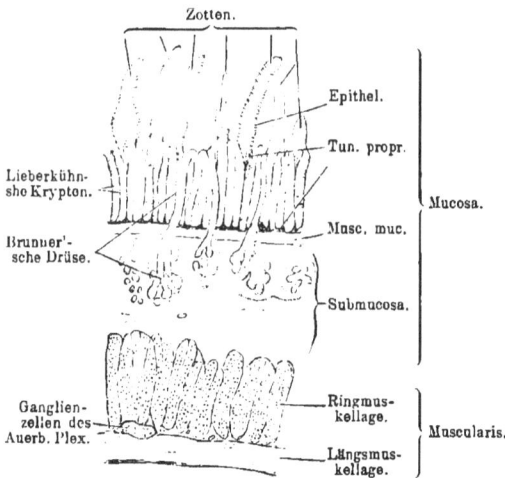

Fig. 146.

Senkrechter (Längs-) Schnitt durch das Duodenum einer Katze, 30 mal vergr. Von der ersten Zotte links hat sich das Epithel vom Bindegewebe abgehoben. Die beiden äussersten Zotten rechts sind schräg angeschnitten. Von der mittelsten Zotte ist das Epithel oben abgefallen, so dass der Bindegewebskörper der Zotte frei liegt. Die Serosa ist nur als Linie unterhalb der Längsmuskellage zu sehen. Technik Nr. 103, pag. 216.

cylindrischen Zellen ausgekleideter Ausführungsgang durchbricht die Muscul. mucosae und verläuft in der Tunica propria parallel mit den Lieberkühn'schen Krypten. Cylindrische Drüsenzellen und eine strukturlose Membrana propria bilden die Wandung der Tubuli.

Lymphknötchen.

Es ist oben (pag. 97) schon erwähnt worden, dass die Tunica propria der Schleimhäute wechselnde Mengen von Leukocyten enthält, die entweder diffus vertheilt oder zu umschriebenen Massen zusammengeballt sind. In letzterem Falle bilden sie 0,5 bis 2 mm grosse Knötchen, welche entweder einzeln stehen, Solitärknötchen („Solitäre Follikel"), oder zu Gruppen von Knötchen, Peyer'schen Haufen („Plaques"), vereint sind.

Die Solitärknötchen finden sich in sehr wechselnder Menge in der Magenschleimhaut, in grösserer Anzahl noch im Darme. Sie haben meist eine länglich runde Form und liegen zu Beginn ihrer Entwicklung stets in der Tunica propria; ihre Kuppe reicht bis dicht unter das Epithel, die Basis ist gegen die Muscularis mucosae gerichtet. Mit vorschreitendem Wachsthume (bei Katzen schon um die Zeit der Geburt) durchbrechen sie die Muscularis muscosae und breiten sich in der Submucosa, deren lockeres Gewebe ihnen wenig Widerstand entgegensetzt, aus. Der in der Submucosa gelegene Theil des Knötchens hat eine kugelige Gestalt und wird bald bedeutend grösser als der in der Tunica propria gelegene Abschnitt. Die Gesammtform des fertigen Solitärknötchens gleicht also einer Birne; der schmale

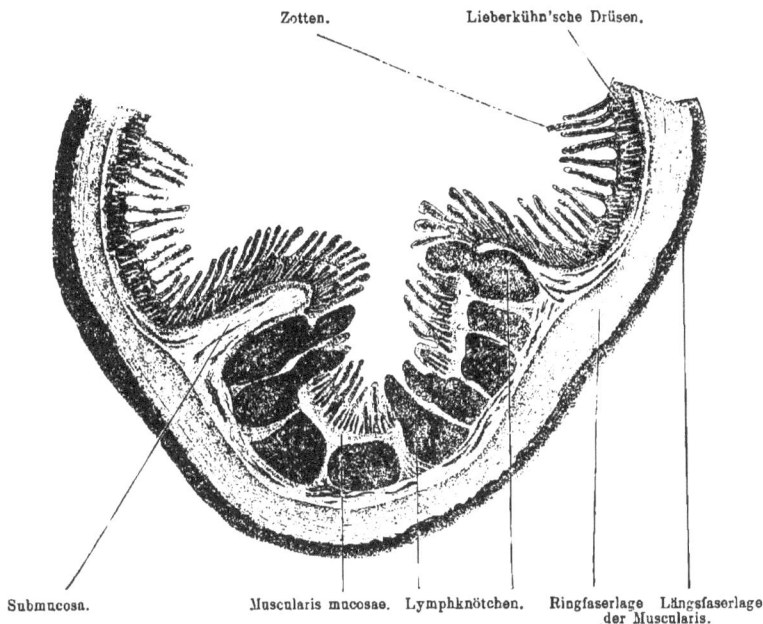

Fig. 147.
Querschnitt eines Peyer'schen Haufens des Dünndarms der Katze, 10 mal vergrössert. Die Kuppen von vier Knötchen sind nicht vom Schnitt getroffen. Technik Nr. 107, pag. 217.

Theil der Birne ist gegen das Epithel gekehrt. Wo die Knötchen stehen, da fehlen die Zotten und sind die Drüsenschläuche zur Seite gedrängt.

Hinsichtlich ihres feineren Baues bestehen die Solitärknötchen aus adenoidem Gewebe; sie enthalten meist ein Keimcentrum (pag. 95). Die daselbst gebildeten Leukocyten gelangen zum Theil in die benachbarten Lymphgefässe, zum Theil wandern sie durch das Epithel in die Darmhöhle. Das die Kuppen der Solitärknötchen überziehende Cylinderepithel enthält stets in Durchwanderung begriffene Leukocyten (Fig. 148).

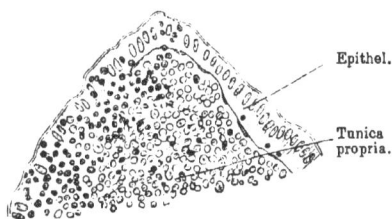

Fig. 148.
Aus einem senkrechten Schnitte des Dünndarmes einer 7 Tage alten Katze, 250 mal vergr. Kuppe eines Solitärknötchens. Links viele in Durchwanderung durch das Epithel begriffene Leukocyten. Rechts ist das Epithel bis auf drei Leukocyten noch ganz frei. Technik Nr. 107, pag. 217.

Die Peyer'schen Haufen sind Gruppen von 10—60 Knötchen, die nebeneinander, nie übereinander gelegen sind und deren jedes wie ein

Solitärknötchen beschaffen ist. Nur die Form der einzelnen Knötchen erfährt in sofern zuweilen eine Aenderung, als sich die Knötchen an den
Seiten durch Druck abplatten (Fig. 147). Sie sind vorzugsweise im unteren
Theile des Dünndarmes gelegen, entweder gut von einander isolirt oder auch
in eine diffuse Masse von Leukocyten verwandelt, in welcher nur die einzelnen
Keimcentra sichtbar sind. Letzteres findet sich nicht selten im Proc. vermiformis des Menschen.

ad 2. Die Muskelhaut des Darmes besteht aus einer inneren,
stärkeren cirkulären und einer äusseren, schwächeren longitudinalen Schicht
glatter Muskelfasern. Am Dickdarme ist die Längenmuskelschicht nur an den
Taenien wohl entwickelt, dazwischen jedoch äusserst dünn.

ad 3. Serosa s. Bauchfell (pag. 210).

Die Blutgefässe des Magens und des Darmes.

Die Blutgefässe des Magens und des Darmes verhalten sich hinsichtlich
ihrer Vertheilung bei Magen und Dickdarm ganz gleich, während beim Dünndarme durch die Anwesenheit der Zotten eine Modifikation des Verlaufes

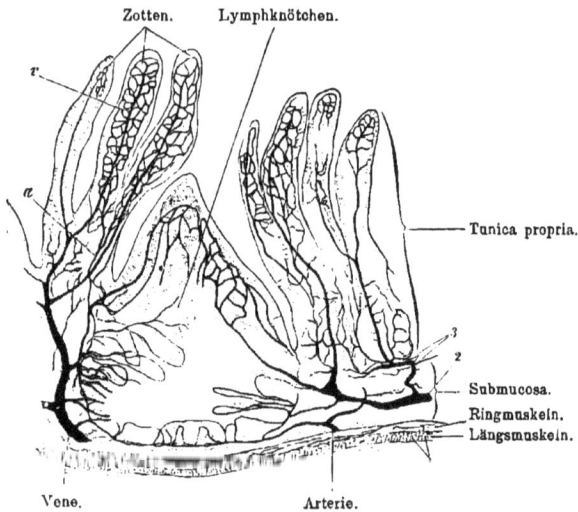

Fig. 149.

Stück eines Querschnittes eines injizirten Dünndarmes des Kaninchens, 60mal vergr. Das Lymphknötchen
ist so durchschnitten, dass in seiner oberen Hälfte das oberflächliche Kapillarnetz, in der unteren Hälfte
die im Innern des Knötchens befindlichen Kapillarschlingen sichtbar sind. Die Lieberkühn'schen Krypten
sind an dem sehr dicken, ungefärbten Schnitte nicht zu sehen. 1 Blutgefässnetz der Muscularis, 2 der
Submucosa, 3 der Tunica propria. Technik Nr. 110, pag. 218.

eintritt. In Magen und Dickdarm geben die herantretenden Arterien zuerst
feine Aestchen an die Serosa ab, durchsetzen alsdann die Muscularis, welche
sie ebenfalls versorgen und bilden dann in der Submucosa eine der Fläche

nach ausgebreitetes Netz. Von diesem steigen feine Zweige durch die Muscularis mucosae auf, um, in der Tunica propria angelangt, am Grunde der Drüsenschläuche abermals ein der Fläche nach ausgebreitetes Netz zu bilden. Aus diesem Netzwerke entwickeln sich feine (4,5—9 μ weite) Kapillaren, welche die Drüsenschläuche (resp. die Krypten) umspinnen und an der Schleimhautoberfläche in noch einmal so weite (9—18 μ) Kapillaren übergehen, welch' letztere kranzförmig um die Mündungen der Drüsen gelegen sind. Aus den weiten Kapillaren gehen Venenstämmchen hervor, welche senkrecht zwischen den Drüsenschläuchen hinabsteigend in ein der Fläche nach ausgebreitetes venöses Netz münden, das in der Tunica propria gelegen ist. Weiterhin verlaufen die Venen neben den Arterien; die von dem submucösen Venennetze ausgehenden Venen sind bis zu ihren Mündungen in die dem Darm annähernd parallel laufenden Sammelvenen mit Klappen versehen. Die weiteren Aeste und der Stamm der Pfortader sind klappenlos.

Im Dünndarme verhalten sich nur die für die Lieberkühn'schen Krypten bestimmten Arterien wie diejenigen des Dickdarmes, in die Zotten gelangt eine (bei breiten Zotten mehrere) Arterie, die dort der Vene gegenüberliegt; von ersterer entspringen dicht unter dem Epithel gelegene Kapillaren, die senkrecht oder schräg zur Zottenlängsachse verlaufend in die Venen übergehen [1]). Weiterhin verhalten sich die Venen wie die des Dickdarmes.

Die Brunner'schen Drüsen werden von einem Kapillarnetze umgeben, welches von den submukösen Blutgefässen gespeist wird.

Die Lymphknötchen („Follikel") sind von einem oberflächlichen Blutkapillarnetze umgeben, aus welchem feine Fortsetzungen ins Innere des Knötchens dringen (Fig. 149). Oft erreichen diese das Centrum des Knötchens nicht, dann besteht ein gefässloser Fleck in Mitten des Knötchens.

Die Lymphgefässe des Magens und des Darmes.

Die Lymph(Chylus-)gefässe des Magens und des Darmes beginnen in der Schleimhaut des Magens und des Dickdarmes als oben blinde, zwischen den Drüsenschläuchen herabsteigende, ca. 30 μ weite Kapillaren; in der Schleimhaut des Dünndarmes sind die Anfänge der Lymphgefässe in der Achse der Zotten gelegen und stellen daselbst bei cylindrischen Zotten ein-fache, bei blattförmigen Zotten mehrfache, 27—36 μ weite, am oberen Ende geschlossene Gänge („centrale Zottenräume") dar. Alle diese Gefässe senken sich in ein am Grunde der Drüsenschläuche gelegenes, der Fläche nach aus-

---

[1]) So ist es auch beim Hund; bei Kaninchen aber und bei Meerschweinchen verlaufen die zu den Zotten ziehenden Arterien als feine Aestchen (Fig. 149, a) bis zur Basis der Zotte und lösen sich dann in ein Kapillarnetz auf, das dicht unter dem Epithel gelegen ist. An der Spitze der Zotte münden die Kapillaren in ein Venenstämmchen (Fig. 149, v), welches in seinem senkrecht absteigenden Verlaufe die die Kryptenmündungen umspinnenden Kapillaren aufnimmt.

gebreitetes, engmaschiges Kapillarnetz, das durch viele Anastomosen mit einem
in der Submucosa befindlichen, weitmaschigen Flächennetze zusammenhängt;
die daraus entspringenden, Klappen führenden Lymphgefässe durchsetzen die
Muscularis und nehmen hier die abführenden Gefässe eines Netzes auf,
welches zwischen Ring- und Längsmuskelschicht gelegen ist. Dieses Netz
heisst interlamiuäres Lymphgefässnetz und nimmt die vielen, in beiden Muskelschichten befindlichen Lymphkapillaren auf. Unter der Serosa laufen die
Lymphgefässe („subseröse Lymphgefässe") bis zum Ansatze des Mesenterium,
zwischen dessen Platten sie dann weiter ziehen.

Der eben geschilderte Verlauf erfährt in der Schleimhaut an einzelnen
Stellen eine Modifikation. Diese Stellen sind die Peyer'scheu Haufen; durch
die Knötchen, welche niemals Lymphgefässe enthalten, werden die Kapillaren zur Seite gedrückt und verlaufen zwischen den Interstitien der Knötchen als an Zahl verminderte, an Weite jedoch vergrösserte Kanäle. Es
ist wahrscheinlich, dass die Lymphsinus des Kaninchens (pag. 97 Anmer-
kung) nichts anderes, als solche kolossal erweiterte, breit gequetschte Kapillaren sind.

Nerven des Magens und des Darmes.

Die zumeist aus marklosen Fasern bestehenden, zahlreichen Nerven
bilden unter der Serosa ein Flechtwerk, durchsetzen dann die Längsmuskel-

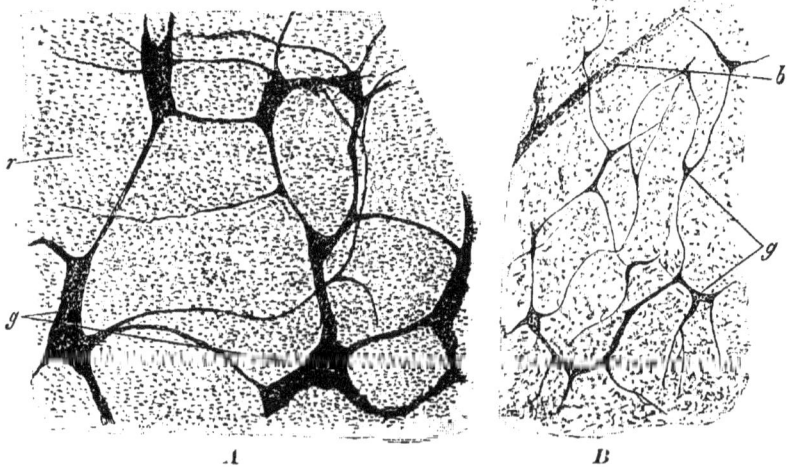

Fig. 150.

A Flächenbild des Auerbach'schen Plexus eines neugeborenen Kindes, 50mal vergrössert. *g* Gruppen von
Ganglienzellen. *r* Ringmuskelschicht, an den gestreckten Kernen kenntlich. Technik Nr. 111a.
B Flächenbild des Meissner'schen Plexus desselben Kindes, 50mal vergrössert. *g* Ganglienzellengruppen.
b Durchschimmerndes Blutgefäss. Technik Nr. 111 b, pag. 219.

schicht und breiten sich zwischen dieser und der Ringmuskelschicht zu einem
ansehnlichen Geflechte, dem Plexus myentericus (Auerbach'scher Plexus)

aus, das mit zahlreichen, meist an den Knotenpunkten des Netzes befindlichen Gruppen multipolarer Ganglienzellen ausgestattet ist. Die Maschen
des Geflechtes sind rundlich eckig. Aus diesem Geflechte entspringen gewöhnlich rechtwinklig Bündel markloser Nervenfasern, die theils für Längs-
und Ringmuskulatur bestimmt sind, theils letztere durchsetzend in die Submucosa eintreten. Die Muskelnerven bilden in der Muskulatur selbst ein
reiches Geflecht rechteckiger Maschen, aus welchen Nervenfasern abschwenken
und nach wiederholter Theilung an die Muskelfasern herantreten, an (nicht in)
denen sie frei mit einer kleinen Anschwellung enden. Die in die Submucosa
gelangten Nerven bilden dort einen zweiten feinen Plexus, den Meissner'schen
Plexus, dessen Ganglienzellengruppen kleiner, dessen Maschen enger sind.
Von da entspringen zahlreiche Fasern, welche in die Tunica propria eintreten
und hier theils die Krypten umspinnen, theils bis in die Zotten verlaufen; sie
enden entweder frei im Parenchym der Zotte oder dicht unter dem Epithel
ohne sich mit den Epithelzellen zu verbinden.

Auch zwischen den Muskelschichten des
Oesophagus kommt ein dem Plexus myentericus entsprechendes Geflecht vor.

Die Speicheldrüsen.

Die Speicheldrüsen — Gland. submaxillaris, sublingualis, parotis und das Pankreas
— sind tubulöse, zusammengesetzte Drüsen,
welche entweder Schleim oder eiweissreiche,
seröse Flüssigkeit, oder auch beides absondern. Wir unterscheiden demnach: 1.
Schleim(speichel)drüsen (Gl. sublingual.
bei Mensch, Kaninchen, Hund, Katze, Gl.
submaxill. bei Hund und Katze), 2. seröse
(Speichel-)Drüsen (Parotis bei Mensch,
Kaninchen, Hund und Katze, Gl. submaxill,
bei Kaninchen, Pankreas) und 3. gemischte
(Speichel-) Drüsen (Gl. submaxillaris bei
Mensch, Affe, Meerschweinchen, Maus).

Gl. sublingualis. Der Ausführungsgang (Ductus Bartholini) wird von zwei-
schichtigem Cylinderepithel und Bindegewebe
mit elastischen Fasern gebildet. Er setzt

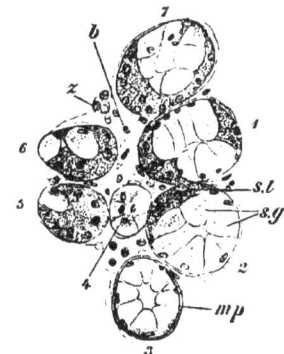

Fig. 151.

Aus einem feinen Durchschnitte der Gl.
sublingualis des Menschen, 210 mal vergrössert. Von den sieben gezeichneten
Tubulusdurchschnitten sind nur drei (1,
2, 3) so glücklich getroffen, dass sie sich
zu Studien eignen. In 2 sieht man sechs
sekretgefüllte Zellen c s.g); zwei sekretleere
Zellen (s.l) sind vom Lumen abgedrängt
und bilden einen „Halbmond". In 3 sind
nur sekretgefüllte Zellen, deren Inhalt
sich dunkel gefärbt hat. 4. Tangential-
schnitt eines solchen Tubulus. 5, 6, 7
Schrägschnitte von Tubuli welche 1 und 2,
welche die Halbmonde, nicht aber das
Drüsenlumen getroffen haben. mp Membrana propria. b Bindegewebe mit zahlreichen Leukocyten z.
Technik Nr. 112, pag. 219.

sich fort in die Schleimröhren (s. pag. 54), deren niedrige, cylindrische
Zellen nur an wenigen Stellen jene charakteristische Streifung (Fig. 153, A)
zeigen. Schaltstücke sind nicht mit Sicherheit nachzuweisen, es ist vielmehr
wahrscheinlich, dass sich die Schleimröhren direkt in die Endstücke fort-

setzen. Diese letzteren bestehen aus einer Membrana propria und aus
Schleimzellen. Die Membr. propria wird durch sternförmige Bindegewebszellen
hergestellt (s. pag. 59, Anmerk. 1); die sekretleeren Schleimzellen stehen in
Gruppen beisammen (Fig. 151, 1, 2), die „Halbmonde" (s. pag. 53) sind
deshalb sehr gross. Das zwischen den Tubuli und Läppchen liegende Bindegewebe ist reich an Leukocyten (Fig. 151).

Gl. parotis. Der Ausführungsgang (Duct. Stenonianus) ist
durch eine breite dicht unter dem Epithel gelegene Membrana propria
ausgezeichnet, verhält sich aber sonst wie derjenige der Gl. sublingualis.
Er geht sich theilend in die Speichelröhren über, deren cylindrische Epithelzellen an den Basen deutlich längs gestreift sind. An diese schliessen sich
die Schaltstücke (Fig. 152, s) an, welche mit lang ausgezogenen, oft spindelförmigen Zellen ausgekleidet sind. Die Schaltstücke endlich setzen sich fort

Fig. 152.

Aus einem feinen Schnitte durch
die Parotis des Menschen, 240mal
vergrössert. s Schaltstück. Das
sehr enge Lumen der Tubuli ist
nur bei l getroffen, die übrigen
Tubuli sind schräg durchschnitten. Die Form der Zellen der
Schaltstücke ist nicht zu erkennen. Technik Nr. 112, pag. 219.

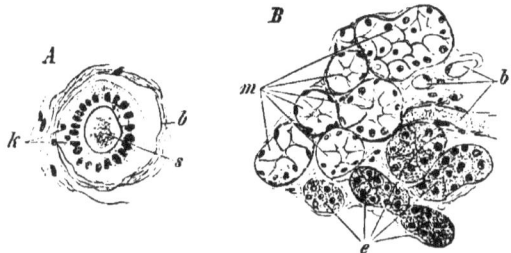

Fig. 153.

Aus einem feinen Schnitte durch die Gl. submaxillaris des Menschen,
240 mal vergrössert. A Speichelröhre (Querschnitt). Die Epithelzellen desselben haben sich rechts von dem umgebenden Bindegewebe
b etwas abgelöst; gerade hier sieht man am besten die Streifung
derselben. k Kerne durchwandernder Leukocyten. s Sekret. B, m Tubuli mit Schleimdrüsenzellen. e Tubuli mit Eiweissdrüsenzellen. Von
ersteren sind vier Lumina, von letzteren nur eines sichtbar. b Blutgefässe, von denen das unterste, der Länge nach getroffen, mit farbigen Blutkörperchen gefüllt ist. Technik Nr. 112, pag. 219.

bis zu den Endstücken, welche aus einer zarten Membrana propria mit sternförmigen Bindegewebszellen und aus kubischen Eiweissdrüsenzellen bestehen;
diese sind im sekretleeren Zustande klein, trübkörnig, im sekreten Zustande
grösser und etwas heller.

Gl. submaxillaris. Der Ausführungsgang (Duct. Whartonianus)
besitzt ebenfalls zweischichtiges Cylinderepithel, eine zellenreiche Bindegewebslage und nach aussen von dieser eine dünne Lage längsverlaufender Muskelfasern; er setzt sich in Schleimspeichelröhren mit charakteristischem Epithel
(Fig. 153, A) fort, welche in mit kubischen Zellen ausgekleidete, kurze
Schaltstücke übergehen. Diese führen in Endstücke, die entweder von serösen
Drüsenzellen (wie die der Parotis) oder von Schleimdrüsenzellen mit Halbmonden ausgekleidet werden.

Pankreas. Die Ausführungsgänge (Duct. Wirsungianus und
Santorini) werden von einem einfachen Cylinderepithel und von Bindegewebe

gebildet, welch' letzteres unter dem Epithel fester, nach der Peripherie hin
dagegen lockerer ist. Der Hauptausführungsgang und seine grösseren Aeste

tragen in ihrer Wand kleine
Schleimdrüschen. Speichelröhren mit den charakte-
ristisch gestreiften Zellen
fehlen. Die Aeste des Ausführungsganges setzen sich
direkt in die Schaltstücke
fort, indem ihre cylindrischen Epithelzellen immer
niedriger werden und end-
lich in die platten, parallel
der Längsachse der Schaltstücke gestellten Zellen
übergehen. Die Schalt-
stücke sind sehr lang und

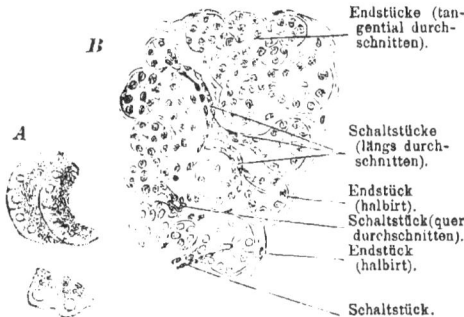

Endstücke (tan-
gential durch-
schnitten).

Schaltstücke
(längs durch-
schnitten).

Endstück
(halbirt).
Schaltstück(quer
durchschnitten).
Endstück
(halbirt).

Schaltstück.

Fig. 154.

A Drüsenzellen des Pankreas der Katze, 560mal vergrössert. Oben
Gruppen von Zellen, wie sie meistens zur Anschauung kommen,
unten zwei isolirte Zellen. *B* Aus einem Querschnitte des Pankreas eines neugeborenen Kindes, 240mal vergrössert.
Technik Nr. 113, pag. 220.

dünn; gegen die Endstücke theilen sie sich und enden dann plötzlich am
Epithel der Endstücke. Dieses besteht aus kurzcylindrischen oder kegel-
förmigen Zellen, welche vor allen anderen Drüsenzellen dadurch charakterisirt sind, dass ihr dem Lumen zugekehrter Abschnitt zahlreiche, stark
lichtbrechende Körnchen „Zymogenkörnchen" enthält (Fig. 154, *A*).
Der hellere peripherische Abschnitt der Zelle enthält den runden Kern.
Körniger und heller Abschnitt der Zelle wechseln in ihren Grössenverhält-
nissen je nach den Funktionszuständen der Zelle. Im Beginne der Verdauung schwinden die Körnchen, während der helle Zellenabschnitt grösser
wird. Dann vergrössert sich der körnige Abschnitt so, dass er fast die ganze
Zelle einnimmt. Im Hungerzustande sind beide Abtheilungen gleich gross.

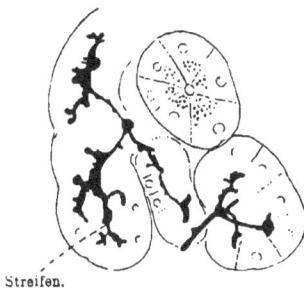

Centrales Lumen.

Streifen.

„Halbmond".

Streifen.

Fig. 155.

Aus einem Durchschnitt durch das Pankreas des
erwachsenen Menschen, 320mal vergrössert.
Technik Nr. 119, pag. 221.

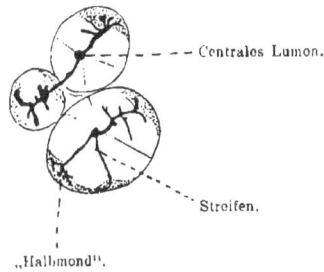

Fig. 156.

Aus einem Durchschnitt durch die Gl. submaxillaris
eines Hundes, 320mal vergrössert.
Technik Nr. 119, pag. 221.

Behandelt man Speicheldrüsen mit der Golgi'schen Methode, so färbt sich oft
das Sekret und lässt die ganze Ausdehnung des Gangsystems geschwärzt erscheinen.

Dann sieht man vom Grunde des centralen Lumens der Endstücke ausgehende Streifen (Fig. 155 und 156), die nicht ganz bis zur Membrana propria reichen und dort frei verästelt ohne Anastomosen enden. Sie dürfen nicht ohne Weiteres mit den Sekretkapillaren der Belegzellen verglichen werden, denn diese bilden ein die Belegzelle umfassendes Netz, während hier höchstens die Streifen, nicht aber deren Verästlungen den Drüsenzellen aufliegen; letztere liegen vielmehr innerhalb der Drüsenzellen selbst und sind meiner Meinung nach als Reste fertigen Sekretes, die in den sonst entleerten Zellen (also in der Submaxillaris in den „Halbmonden") noch übrig geblieben sind, zu deuten.

Die Blutgefässe der Speicheldrüsen sind sehr ansehnlich entwickelt. Die arteriellen Stämmchen laufen in der Regel neben dem Hauptausführungsgange her und geben von da sich theilend zahlreiche Aeste ab, welche, zwischen den Drüsenläppchen verlaufend, endlich in die Läppchen selbst eindringen und mit einem dichten Kapillarnetze die Tubuli umspinnen. Die Kapillaren liegen dicht an den Drüsenzellen (s. auch pag. 52). Die grösseren Venen verlaufen mit den Arterien.

Ueber die Lymphgefässe fehlen noch sichere Angaben. Spalträume zwischen den Läppchen und den Tubuli sind als Lymphbahnen beschrieben worden.

Die Speicheldrüsen sind reich an Geflechten markhaltiger und markloser Nerven, welche in ihrem Verlaufe mikroskopische Gruppen von Ganglienzellen enthalten. Die feinen marklosen Nervenfasern umspinnen entweder die Drüsenröhrchen, ohne in diese einzudringen, oder sie verzweigen sich in den Wandungen der Blutgefässe.

Die Leber.

Die Leber ist eine tubulöse zusammengesetzte Drüse. Durchschneidet man eine Leber oder betrachtet deren Oberfläche, so bemerkt man eine Eintheilung in unregelmässige polygonale Felder, die bald deutlich (Schwein), bald undeutlich (Mensch und die meisten Säugethiere) von einander abgegrenzt sind. Diese Felder sind die Leberläppchen (Leberinseln, fälschlich auch Acini genannt). Ihre wahre Gestalt ist etwa die eines oben abgerundeten, unten quer abgestutzten Prisma, dessen Höhe 2 mm, dessen Breite 1 mm beträgt (Fig. 157). Dicht unter der Leberoberfläche stehen die Läppchen oft so, dass sie ihre Spitze jener zukehren, ein parallel der Oberfläche gerichteter Schnitt die Läppchen also der Quere nach trifft (vergl. die Fig. 159) im Innern der Leber aber stehen die Läppchen nach verschiedenen Richtungen. Jedes Läppchen besteht aus Drüsenzellen und Blutgefässen und ist von seinen Nachbarn durch das „interlobuläre" Bindegewebe geschieden[1]), welches der Träger der Verzweigungen des Ausführungsganges (des Ductus

---

[1]) Von der Menge desselben hängt die Schärfe der Abgrenzung der Läppchen ab.

hepaticus) sowie der Aeste der Pfortader und der Leberarterie, der Lymphgefässe und der Nerven ist.

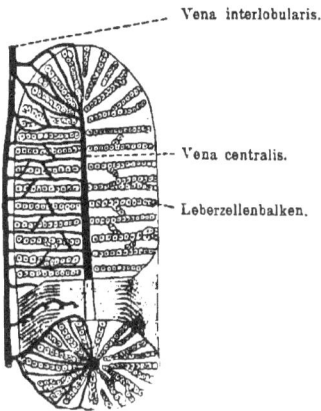

Fig. 157.

Schema eines Leberläppchens, 20 mal vergr.
Unten ist das Querschnittsbild in der oberen
Hälfte durch theilweise Abtragung, das Längs-
schnittbild zu sehen. In der linken Hälfte
sind die Gefässe eingezeichnet, rechts nur die
Zellenstränge.

Der Hauptausführungsgang, Ductus
hepaticus und seine grösseren Aeste
bestehen aus einem einschichtigen zuweilen Becherzellen enthaltenden Cylinderepithel und einem in Tunica propria
und Submucosa geschiedenen Bindegewebe.
Die Tunica propria ist hier die Trägerin
der Gallengangdrüsen, meist kurzer, birnförmiger mit Schleimzellen ausgekleideter
Schläuche, sowie vereinzelter longitudinal
und quer verlaufender glatter Muskelfasern. Den gleichen Bau zeigen Ductus
cysticus und Ductus choledochus,
ebenso die Gallenblase, deren Tunica
propria sich zu anastomirenden Falten
erhebt; auch besteht hier noch eine dünne
zusammenhängende Lage sich kreuzender
glatter Muskelfasern. Die Cylinderepithel-
zellen der Gallenblase sind durch ihre

Höhe (0,05 mm) vor denen des Ductus choledochus (0,024 mm) ausgezeichnet [1]). Die aus der weiteren Verzweigung des Ductus hepaticus entstehenden Aeste, die interlobularen Gal-

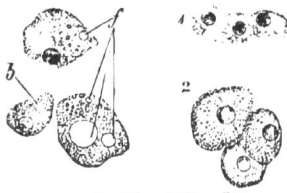

A Fig. 158. B

Leberzellen des Menschen, 560 mal vergr.
A Isolirte Leberzellen, kleinere u. grössere
Fettropfen f enthaltend. Bei b Eindruck
von einem Blutgefäss berührend.
Technik Nr. 114, pag. 220.
B Aus einem Schnitte. 1. Sekretleere
Zellen. 2. Sekretgefüllte Zellen.
Technik Nr. 116, pag. 220.

lengänge, zeigen eine mit der Abnahme
des Kalibers sich vermindernde Wanddicke,
die grösseren bestehen noch aus einfachem
Cylinderepithel und Bindegewebe und elastischen Fasern, die feinsten besitzen nur mehr
eine strukturlose Membrana propria und eine
einfache Lage niedriger, oft mit einem Kutikularsaum versehener Epithelzellen, welche
an das Läppchen herantretend sich direkt an
die eigentlichen Drüsenzellen anfügen [2]).

Die Drüsenzellen der Leber, die Leberzellen, sind unregelmässig vieleckige
Gebilde, welche aus einem körnigen Protoplasma und einem oder mehreren

---

[1]) Als Vasa aberrantia bezeichnet man ausserhalb des Leberparenchyms verlaufende, blind endende Gallengänge. Sie finden sich vorzugsweise am linken Leberrande
(Lig. triangul. sinistr.), an der Leberpforte und in der Umgebung der Vena cava. Sie
stellen die letzten Reste früher (in embryonaler Zeit) daselbst befindlicher Lebersubstanz dar.

[2]) Dieser Uebergang ist sehr schwer zu sehen und kann erst an injicirten oder
nach Golgi geschwärzten Gallengängen deutlich erkannt werden.

Kernen bestehen; eine Membran fehlt. Das Protoplasma enthält Pigmentkörnchen und verschieden grosse Fetttropfen, welch' letztere bei saugenden Thieren und gut genährten Personen regelmässig gefunden werden.
Die Grösse der Zellen beträgt 18—26 μ. Auch bei den Leberzellen bestehen sichtbare Funktionsunterschiede (Fig. 158, *B*). Sie sind entweder
klein, trüb, undeutlich konturirt — solche Zustände finden sich vorzugsweise im nüchternen Zustande — oder grösser, im Centrum hell, in der
Peripherie mit einem grobkörnigen Ringe versehen, solche Bilder sind hauptsächlich während der Verdauung zu konstatiren. Beim Menschen trifft man
oft beide Zustände in einer Leber.

Die Anordnung der Leberzellen ist bei den höheren Wirbelthieren[1])
eine ganz eigenartige. Zunächst ist keine Spur von einer etwaigen Vereinigung der Zellen zu Röhren, wie es doch bei dem tubulösen Charakter

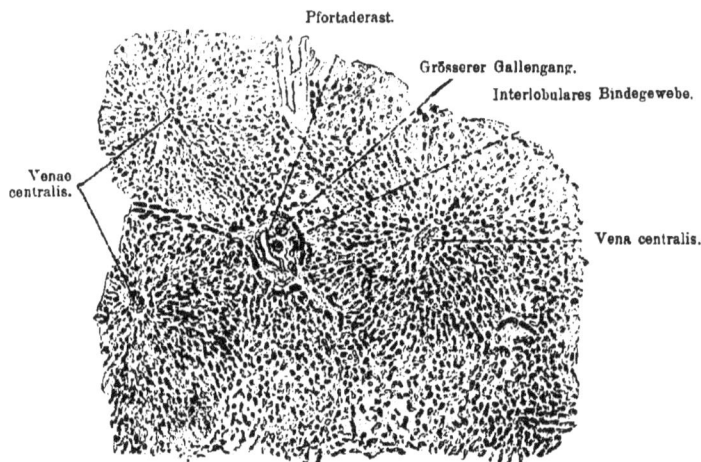

Fig. 159.

Stück eines Flächenschnittes der menschlichen Leber, 40 mal vergrössert. Drei Venae centrales (quer
durchschnitten) stellen je einen Mittelpunkt ebenso vieler Läppchen dar, die in der Peripherie wenig von
ihren Nachbarn abgegrenzt sind. Unten und rechts sind schräg durchschnittene Läppchen, deren Grenzen
gar nicht erkannt werden können. Technik Nr. 116, pag. 220.

der Leber vorauszusetzen wäre, zu sehen. Die Leberzellen sind zu Strängen
und schmalen Blättern, den sogen. Leberzellenbalken verbunden, die
in radiärer Richtung von einer in der Achse des Leberläppchens gelegenen
kleinen Vene (Vena centralis) gegen die Peripherie ausstrahlen (Fig. 157 u. 159)
und durch Seitenäste mit Nachbarbalken sich verbinden. Ein Lumen ist
an solchen Balken mit den gewöhnlichen Methoden nicht zu sehen, erst

---

[1]) Bei niederen Wirbelthieren (Amphibien, Reptilien) bilden die Leberzellen
typische Röhren.

durch Injektion des Kanalsystems vom Ductus hepaticus aus oder durch Golgi's Methode, welche die Galle schwärzt, gelingt dessen Nachweis. Es zeigt sich, dass das Kanalsystem (Lumen) der feinsten interlobularen Gallengänge sich direkt in die Leberläppchen fortsetzt und dort scheinbar ein Netz

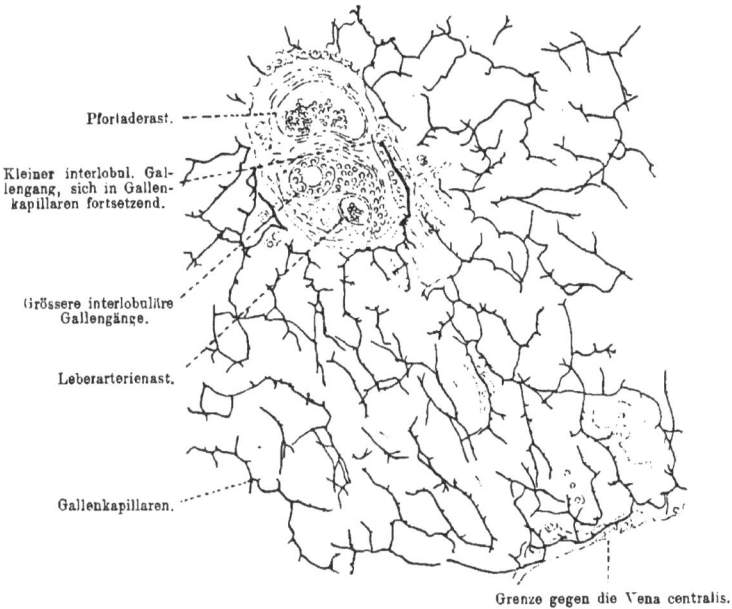

Pforladerast.

Kleiner interlobul. Gallengang, sich in Gallenkapillaren fortsetzend.

Grössere interlobuläre Gallengänge.

Leberarterienast.

Gallenkapillaren.

Grenze gegen die Vena centralis.

Fig. 160.

Stück eines Durchschnittes durch die Leber eines Hundes, 240mal vergrössert. Gallenkapillaren nach Golgi's Methode geschwärzt. Technik Nr. 119, pag. 221

mit polygonalen Maschen bildet. In Wirklichkeit bestehen jedoch nur wenige ächte Maschen, das Netzwerk wird vorgetäuscht dadurch, dass die vielfach im Zickzack verlaufenden und mit blinden Seitenästen versehenen Kanälchen sich in verschiedenen Ebenen überkreuzen (Fig. 160).

Das ganze intralobulare Kanalsystem scheint in seinen Verzweigungen wenig an die Verästelung der Leberzellenbalken gebunden, letztere ist viel spärlicher als die ersteren und so gewinnt es den Anschein, als wenn dieses Kanalsystem einen gewissen Grad von Selbständigkeit erlangt hätte; dem giebt der Name „Gallenkapillaren", womit man das in den Läppchen (intralobular) befindliche Kanalsystem bezeichnete, Ausdruck[1]). Feinere

---

[1]) Dem entspricht auch das bisher immer vergeblich gewesene Streben, für die Gallenkapillaren eine besondere Wandung nachzuweisen. Von einer solchen kann nur insofern die Rede sein, als die Exoplasmaschicht (pag. 37) der Leberzellen an den Stellen, wo die Gallenkapillarrinnen sich befinden, etwas modificirt ist.

Schnitte ergeben freilich, dass die „Kapillaren" in demselben Verhältniss zu
den Leberzellen stehen, wie andere Drüsenlumina zu den sie begrenzenden
Drüsenzellen, wenigstens in der Hauptsache. Aber es bestehen doch gewisse
Differenzen. Die erste Differenz ist die, dass nur wenige, gewöhnlich zwei
Leberzellen zur Begrenzung der Gallenkapillare hinreichen (Fig. 167), während
bei andern Drüsen mehrere Drüsenzellen das Lumen begrenzen (vergl. z. B.
Fig. 151 [3]). Der Grund hiefür dürfte in dem bedeutenden Unterschied zwischen
dem Durchmesser des Lumens (der Gallenkapillare) und demjenigen der Leberzellen liegen, es reichen eben zwei Zellen zur Lumenbegrenzung vollkommen aus.
Die Kapillare kommt also dadurch zu Stand, dass die rinnenförmigen Vertiefungen zweier einander berührenden Leberzellen aufeinander passen. Eine zweite
Differenz besteht darin, dass die Leberzelle nicht nur mit e i n e r, sondern
mit m e h r e r e n Flächen an Gallenkapillaren stösst. Diese im ersten Moment
verblüffende Thatsache ist — wenn auch nicht häufig — so doch keine absolut
vereinzelte Erscheinung. Man berücksichtige nur die Verhältnisse in den
Fundusdrüsen (Fig. 17, pag. 53), dort gehen von dem Hauptlumen Seitenzweige ab, welche sich verästelnd je eine Belegzelle mit einem ganzen Korb
feiner Kanälchen umspinnen. Jede Belegzelle stösst nicht nur mit einer,
sondern mit allen Flächen an Drüsenlumina. Aber dort war die Erscheinung
doch nicht so auffallend, weil man die Abzweigung des feineren Seitenzweiges
vom weiteren Hauptlumen leicht erkennen konnte, hier aber, in der Leber,
sind die Seitenzweige der Gallenkapillaren erstens von demselben Durchmesser
wie das Hauptlumen und zweitens sind sie nicht so kurz, sondern oft von
bedeutender Länge und theilen sich selbst wieder, ja sie können sogar mit
benachbarten Gallenkapillaren direkt anastomosiren — wenn das auch nicht
häufig ist. So schwindet jede Möglichkeit, bei Gallenkapillaren Hauptlumen
und Seitenzweig zu unterscheiden. Die Thatsache, dass eine Leberzelle nicht
nur mit einer, sondern mit mehreren Flächen an Gallenkapillaren stösst,
macht die üppige Verzweigung der Gallenkapillaren trotz der verhältnissmässig wenigen zu ihrer Begrenzung nöthigen Leberzellen verständlich[1]).

---

[1]) Nicht selten sieht man von den Gallenkapillaren kurze feine Seitenästchen abgehen, die mit einer kleinen knopfförmigen
Verdickung enden. Der Knopf entspricht
einer kleinen, in der Leberzelle befindlichen
Vakuole, welche durch einen dünnen Kanal
(das feine Seitenästchen) mit der Gallenkapillare in Verbindung steht. Es handelt
sich hier zweifellos um vorübergehende, nur
an gewisse Funktionsstadien gebundene Bildungen; den Beweis hiefür erblicke ich darin,
dass ganze Strecken des Kanalsystems frei von
jenen Knöpfchen sind, während dicht daneben
jedes Kanälchen damit besetzt ist (Fig. 161).

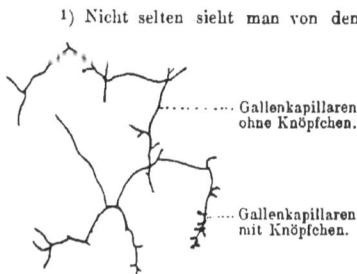

..... Gallenkapillaren
ohne Knöpfchen.

.... Gallenkapillaren
mit Knöpfchen.

Fig. 161.
Stück eines Schnittes durch die Leber eines
Hundes, 490 mal vergr. Technik Nr. 119, pag. 221.

Von den Blutgefässen der Leber kommt der Pfortader dieselbe Rolle zu, welche in anderen Drüsen die Arterie spielt, während die Leberarterie nur die untergeordnetere Aufgabe der Ernährung der interlobularen Verästelungen der Gallengänge, der Pfortader und der Lebervenen zufällt.

Von den Pfortaderästen, die wegen ihrer Lage zwischen den Läppchen Venae interlobulares heissen, entspringen zahlreiche Kapillaren, welche

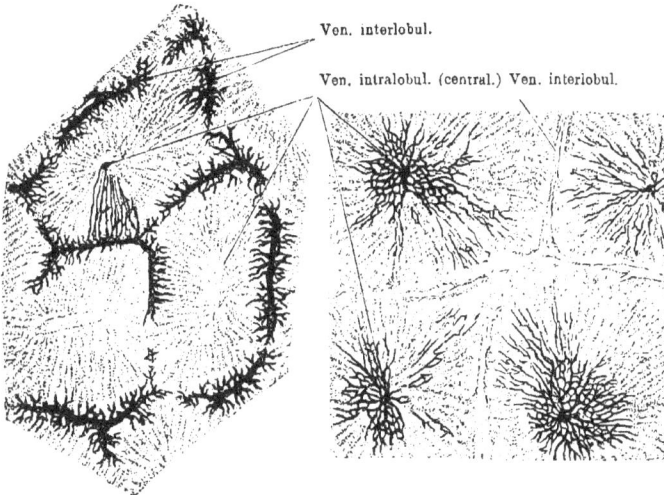

Ven. interlobul.

Ven. intralobul. (central.) Ven. interlobul.

Fig. 162.   Fig. 163.

Stück eines Flächenschnittes einer Kaninchenleber. Injektion von der Pfortader aus. 40mal vergr. Man sieht drei Leberläppchen. Die Injektionsmasse hat nur die Pfortaderäste (Vv. interlobul.) gefüllt, im oberen Läppchen ist sie bis zur Ven. centr. vorgedrungen. Technik Nr. 118.

Stück eines Flächenschnittes einer Katzenleber. Injektion von der V. cava inf. aus, 40mal vergr. Man sieht vier Leberläppchen. Die Injektionsmasse hat die Ven. centr. und die in sie einmündenden Kapillaren gefüllt, ist aber nicht bis zu den Pfortaderästen (Vv. interlobul.) vorgedrungen. Technik Nr. 118, pag. 221.

die ansehnliche Weite von 10—14 μ besitzen. Sie dringen in die Läppchen ein, anastomosiren während ihres Verlaufes vielfach miteinander und münden schliesslich in eine kleine, in der Achse des Läppchens gelegene Vene, die Vena centralis (intralobularis), deren Quer- und Längsschnitt auch an nicht injizirten Lebern sichtbar ist (Fig. 159). Die Venae centrales stellen die Wurzeln der Lebervenen dar und münden in die Venae sublobulares, welche an der einen etwas abgeplatteten Seite des Leberläppchens, der sog. Basis, verlaufen (Fig. 164).

Das Verhältniss zwischen Pfortaderkapillaren einerseits und Leberzellen und Gallenkapillaren andererseits bedarf noch einer besonderen Betrachtung. Zwischen das Netz der Pfortaderkapillaren sind die Leberzellenbalken geschoben, die Berührung von Blutgefässen und Drüsenzellen wird dadurch eine sehr innige, Durchschnitte lehren, dass eine Leberzelle nicht mit einer,

sondern mit mehreren Seiten Blutgefässe berührt (Fig. 165). Das ist eine
ganz eigenartige Erscheinung, die in anderen Drüsen nicht vorkommt, indem

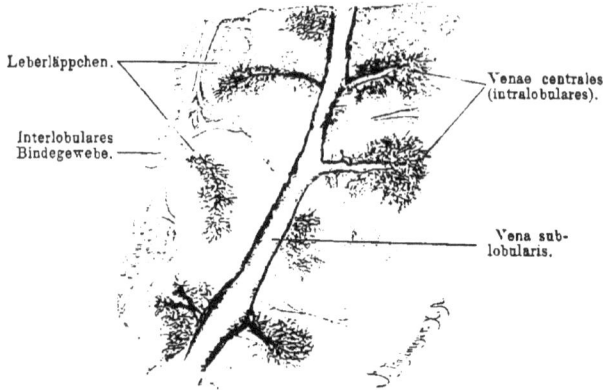

Fig. 164.

Stück eines senkrechten Schnittes durch eine Katzenleber. Injektion von der V. cava infer. aus, 15mal
vergr. Eine Vena sublobularis, der Länge nach getroffen, nimmt Venae centrales auf. Die Injektionsmasse ist aus den weiten Gefässen grösstentheils ausgefallen. Technik Nr. 118, pag. 221.

dort die Blutgefässe nur an einer Seite der Drüsenzellen grenzen, eine Erscheinung, die nur verständlich ist, wenn wir berücksichtigen, dass im Querschnitt das Lumen (die Gallenkapil-
lare) nur von zwei Leberzellen begrenzt wird, während in anderen
tubulösen Drüsen im Querschnitt
das Lumen von vielen (6 und mehr)
Zellen umgeben ist. (Vergl. Schema Fig. 166.) Aber wie in anderen
Drüsen zwischen Blutgefäss und
Drüsenlumen eine Drüsenzelle eingeschaltet ist, so ist es auch in
der Leber. An keiner Stelle
liegen Blutkapillaren und Gallenkapillaren dicht neben einander,
sondern immer ist zwischen beiden
eine Drüsenzelle — aber hier keine
ganze Zelle, sondern nur ein Theil
einer solchen eingeschaltet. Man
überzeugt sich am besten davon an
feinen Schnitten durch Kaninchen-

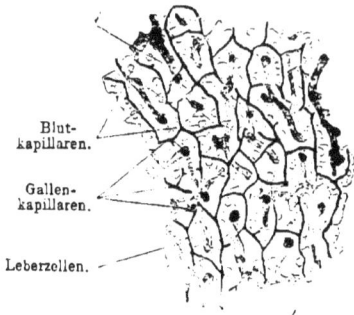

Fig. 165.

Aus einem Schnitte durch eine Kaninchenleber, deren
Pfortaderkapillaren roth, deren Gallenkapillaren blau
injizirt worden waren. 240mal vergr. Die Leberzellen stehen auf dem Schnitte an beiden Seiten mit
Blutkapillaren in Berührung. (An einzelnen Stellen
hat sich die rothe Leimmasse retrahirt, so dass
Lücken l zwischen Leberzellen und Blutkapillaren
entstanden sind.) Die Gallenkapillaren berühren nirgends die Blutkapillaren, sondern sind immer durch
eine halbe Zellenbreite von ihnen getrennt. Die
etwas dunkleren Flecke der Blutkapillaren sind op-
tische Querschnitte von Blutkapillaren, welche vertikal durch die Dicke des Schnittes verlaufen.

lebern, welche die Blutkapillaren der Quere nach getroffen haben (Fig. 167),
dort sieht man auch deutlich, dass die Gallenkapillaren auf den Flächen,

die Blutkapillaren an den Kanten der Leberzellen verlaufen; doch ist das nicht ausnahmslose Regel, man findet auch an den Kanten verlaufende Gallenkapillaren (✕), ein Verhalten, das auch besonders für den Menschen gilt.

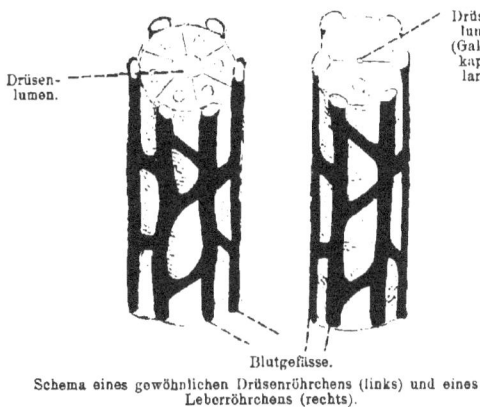

Die Aeste der Leberarterie verlaufen mit denen der Pfortader und verzweigen sich nur in dem interlobularen Gewebe, woselbst sie die grösseren Gallengänge, Pfortader- und Lebervenenäste umspinnen. Die aus der Arterie resp. deren Kapillaren hervorgehenden Venen münden in Pfortaderzweige (Venae interlobulares) oder auch in die Anfänge der Pfortaderkapillaren. In der Leberkapsel (s. unten) bildet die Leberarterie ein weitmaschiges

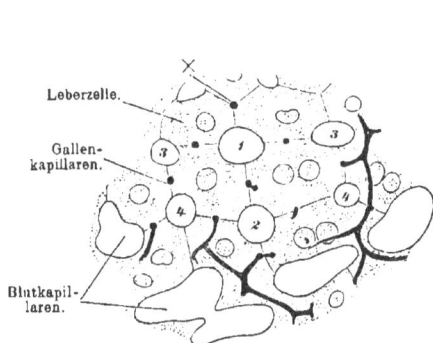

Drüsen-lumen.

Drüsen-lumen

(Gallen-kapil-lare).

Blutgefässe.

Schema eines gewöhnlichen Drüsenröhrchens (links) und eines Leberröhrchens (rechts).

Fig. 166.

Leberzelle.

Gallen-kapillaren.

Blutkapil-laren.

Fig. 167.

Feiner Durchschnitt durch eine Kaninchenleber mit injizirten Gallenkapillaren, 560 mal vergrössert. Die Zeichnung ist nicht schematisirt. Die Zelle rechts von der bezeichneten Gallenkapillare steht ebenso wie deren rechte Nachbarin mit vier Blutkapillaren (1, 2, 3, 4) in Berührung. ✕ Gallenkapillare an der Kante einer Leberzelle.

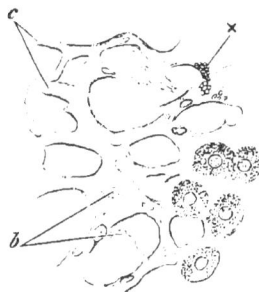

Fig. 168.

Stück eines geschüttelten Schnittes der menschlichen Leber, 240 mal vergrössert. c Blutkapillaren, bei ✕ noch Blutkörperchen enthaltend, b intralobulares Bindegewebe. Die meisten Leberzellen sind aus den Maschen des Kapillarnetzes herausgefallen, nur rechts sitzen noch fünf Zellen.
Technik Nr. 117, pag. 221.

Kapillarnetz. Der Verlauf der Blutgefässe ist somit folgender: an der Leberpforte tritt die Pfortader ein, theilt sich wiederholt in immer feiner werdende Aeste, welche zwischen den Leberläppchen verlaufen (Venae interlobulares). Aus ihnen gehen Kapillaren hervor, welche gegen die Achse des Leberläppchens ziehen und in die hier befindliche Vena centralis (V. intralobul.) münden. Mehrere solcher Venen treten zusammen zur Bildung einer Vena sublobularis, welche wie die aus ihrer Vereinigung hervorgehenden grösseren Lebervenen, interlobular verläuft.

Die Leber ist mit einer aus Bindegewebe und elastischen Fasern bestehenden Hülle, der L e b e r k a p s e l, versehen, welche an der Leberpforte besonders reichlich entwickelt ist (sie heisst da C a p s u l a   G l i s s o n i i) und als besondere Scheide der verschiedenen Gefässe [1]) ins Innere der Leber eindringt; hier findet sich das Bindegewebe zwischen den Leberläppchen (interlobulares Bindegewebe) in meist geringer Menge, so dass die Abgrenzung der Läppchen eine sehr unvollkommene ist (s. Technik Nr. 115 u. 116). Vom interlobularen Bindegewebe dringen auch feine Fasern ins Innere der Läppchen ein; sie bilden das intralobulare Bindegewebe; ein grosser Theil desselben ist in Form eines feinen vorzugsweise radiär gestellten Gitterwerkes (G i t t e r f a s e r n) angeordnet.

Die L y m p h g e f ä s s e begleiten die Pfortaderäste, indem sie dieselben netzartig umspinnen; mit den Pfortaderkapillaren treten sie ins Innere der Leberläppchen, welche sie angeschmiegt an die Venae centrales wieder verlassen. Diese t i e f e n Lymphgefässe stehen mit einem engmaschigen Lymphgefässnetze in vielfacher Verbindung, welches sich in der Leberkapsel befindet.

Die N e r v e n bestehen vorzugsweise aus marklosen Nervenfasern, denen nur wenige markhaltige Nervenfasern beigemischt sind; sie treten ins Innere der Leber mit der Leberarterie und folgen deren Verästelungen; ihre Endigung ist unbekannt. Im Verlaufe der Nerven finden sich Ganglienzellen.

Das Sekret der Leber, die G a l l e, enthält häufig Fettropfen, sowie körnige Haufen von Gallenfarbstoff. Cylinderzellen aus den Gallengängen sind als zufällige Beimengung zu betrachten.

Vorstehende Betrachtungen haben ergeben, dass die Leber wirklich nach dem Typus einer tubulösen Drüse gebaut ist und dass die Leberzellenbalken — wenn auch mit einigen Modifikationen — den Endstücken anderer Drüsen vergleichbar sind. Die Leberläppchen lassen sich dagegen nicht ohne weiteres mit anderen Drüsenläppchen vergleichen, denn letztere bestehen in der Regel aus einem Gangsystem, dessen Ausführungsgang an e i n e r Stelle des Läppchens heraustretend sich einem grösseren Ausführungsgange anfügt. Bei den Leberläppchen treten dagegen die Ausführungsgänge (die interlobularen Gallengänge) an v i e l e n Stellen der Läppchenoberfläche heraus. Zum Verständniss der Leberläppchen mögen folgende schematische

---

[1]) Die Wandungen der Lebervenen werden durch dieses Bindegewebe fest an die Lebersubstanz geheftet; deswegen fallen die durchschnittenen Lebervenen nicht zusammen, sondern bleiben klaffend.

Vorstellungen dienen. Man denke sich ein Gangsystem (Fig. 169); an der Seite des Ausführungsganges verläuft eine Arterie, die daraus hervorgehenden Kapillaren umspinnen die Endstücke und münden in eine am Grunde der Endstücke verlaufende Vene. Jedes der vielen Gangsysteme, aus denen die Leber besteht, verhält sich im Prinzip ebenso, aber eine Eigenthümlichkeit besteht: die wenig gewundenen Endstücke verlaufen nach verschiedenen, bestimmten Richtungen (Fig. 170). Am Grunde der Endstücke verläuft wie oben die Vene. Aber — eine weitere Abänderung — die Vene nimmt nicht nur diese Kapillaren auf, sondern auch von anderer Seite her[1]), denn auch dort liegt ein Gangsystem, dessen Endstücke mit ihrem Grunde dieselbe Vene berühren. Die

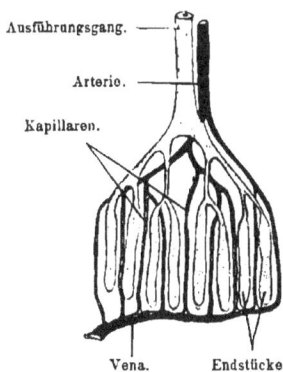

Ausführungsgang.

Arterie.

Kapillaren.

Vena. Endstücke

Fig. 169.

Schema eines Gangsystems.

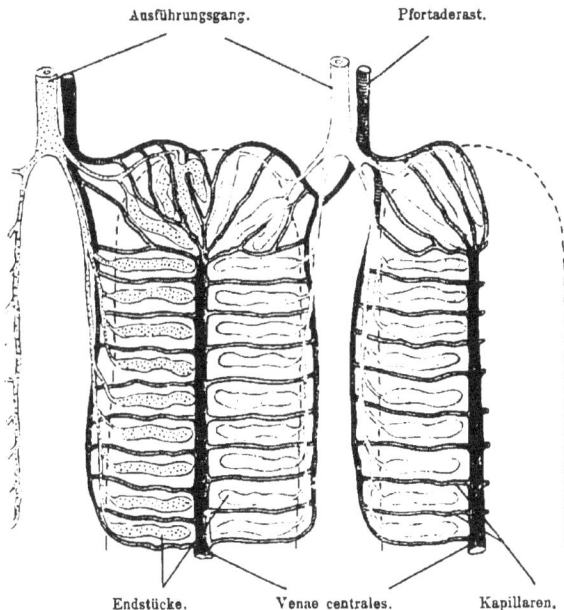

Ausführungsgang. Pfortaderast.

Endstücke. Venae centrales. Kapillaren.

Fig. 170.

Schema der Leber. Man erblickt zwei Läppchen, von denen das rechte nur zur Hälfte ausgeführt ist. Weggelassen, weil die Klarheit des Bildes beeinträchtigend, sind die Verästelungen und Anastomosen der Endstücke und der Kapillaren.

───────

1) Das ist übrigens nicht immer der Fall, in der Kaninchenleber liegen dicht unter der Oberfläche Venae centrales, welche dann nur von einer Seite her Kapillaren aufnehmen können.

Vene kommt somit in die Achse eines Komplexes von Endstücken zu
liegen und einen solchen Komplex nennen wir ein Leberläppchen. Führen
wir jetzt einen Vergleich mit dem Schema Fig. 169, so entspricht die

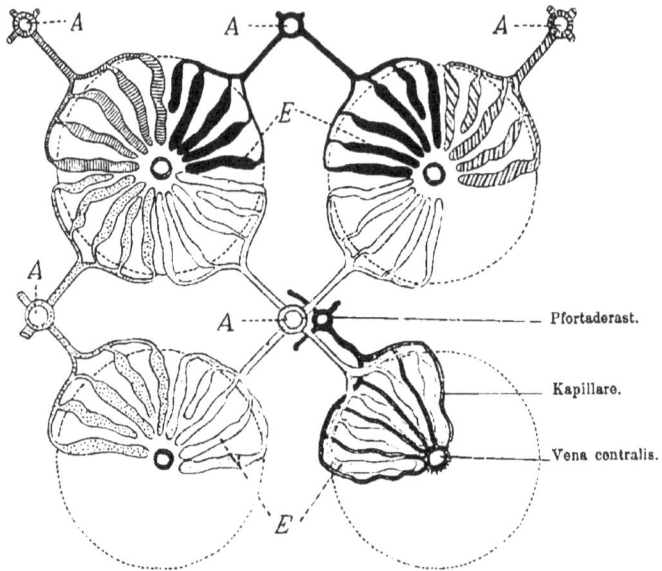

Fig. 171.
Schema. Querschnitt der Leber. Vier Leberläppchen sind gezeichnet. Die verschiedenen Gangsysteme
sind durch verschiedene Abtönung gekennzeichnet. *A* Ausführrungsgänge, *E* Endstücke.

Arterie dort dem Pfortaderast hier, denn die Pfortader spielt der Leber
gegenüber dieselbe Rolle wie Arterienäste bei anderen Drüsen, die Vene in
Fig. 169 ist der Vena centralis der Fig. 170 gleichwerthig; ein Leberläppchen
entspricht also nicht einem Gangsystem, sondern Theilen mehrerer
Gangsysteme Fig. 171. Diese schematische Darstellung geht der Einfach-
heit halber von der Vorstellung völlig getrennter Leberläppchen, wie sie
beim Schwein bestehen, aus. Bei anderen Thieren ist die Vertheilung der
Endverästelungen keine so regelmässige, letztere biegen auch in benachbarte
Läppchen um, dadurch kommt zum Theil die minder deutliche Abgrenzung
zu Stande. Jedes Gangsystem trägt zur Bildung mehrerer Läppchen bei.

Das Bauchfell.

Das Bauchfell besteht hauptsächlich aus Bindegewebsbündeln und aus
zahlreichen elastischen Fasernetzen; die freie Oberfläche des Bauchfelles wird
von einer einfachen Lage platter, polygonaler Epithelzellen überzogen, die
Vereinigung mit den unterliegenden Theilen (Bauchwand, Eingeweide etc.)
erfolgt durch lockeres („subseröses") Bindegewebe.

Die Bindegewebsbündel sind in dünnerer (im visceralen Bauchfelle) oder dickerer (im parietalen Bauchfelle im Gekröse) Schicht vorzugsweise der Fläche nach
angeordnet und durch-
kreuzen sich in verschie-
denen Richtungen; an
einzelnen Stellen (am
Omentum majus, in der
Mitte des Omentum mi-
nus) bilden die Bündel
ein zierliches Netz mit
polygonalen oder recht-
eckigen Maschen. Die
Fäden des Netzes wer-
den ebenso von platten
Epithelzellen überkleidet
(Fig. 172).

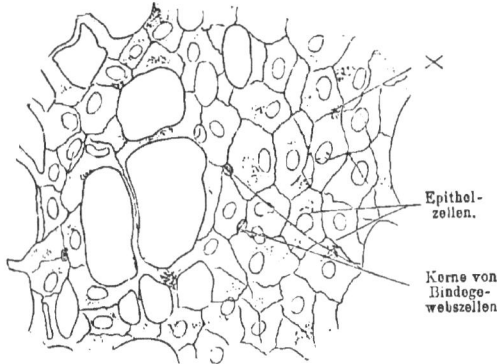

Epithel-
zellen.

Kerne von
Bindege-
webszellen

Fig. 172.
Stück des Omentum majus eines Kaninchens, 240mal vergrössert. Dicke
und dünne Bindegewebsbündel bilden Maschen. Die wellige Streifung
der Bündel ist an dem Damarfirnisspräparat nur undeutlich zu sehen.
Bei ✕ schimmern die Epithelzellen der anderen Seite durch.
Technik Nr. 120, pag. 221.

Die Zahl der den
Bündel beigemengten
Bindegewebszellen ist im Ganzen keine grosse; nur bei jungen Thieren findet
man grössere Gruppen von Plasmazellen ähnlichen Zellen, die wahrscheinlich
alle in näherer Beziehung zur Gefässbildung stehen (s. pag. 89).

Die elastischen Fasern sind in den tieferen Lagen des Bauchfelles, besonders am parietalen Blatte reichlich und stark entwickelt.

Das subseröse Gewebe besteht aus lockerem Bindegewebe, vielen
elastischen Fasern und Fett in sehr verschiedenen Mengen; es ist da wo
das Bauchfell leicht verschieblich ist, reichlich vorhanden, auf der Leber
und dem Darme aber derartig reduzirt, dass es nicht mehr als eine besondere
Schicht nachweisbar ist. An einzelnen Stellen z. B. im Lig. uteri latum
finden sich reichlich Züge glatter Muskelfasern.

Blutgefässe und Nerven sind spärlich vorhanden, letztere enden
zum Theil in Vater'schen Körperchen (pag. 157). Lymphgefässe finden
sich in den oberflächlichen und tiefen Schichten des Bauchfelles (vergl. ferner
pag. 94).

TECHNIK.

Nr. 90. Isolirte Plattenzellen des Mundhöhlenepithels.
Man kratze mit einem Skalpell von der Oberfläche der eigenen Zunge etwas
Schleim ab und mische denselben auf dem Objektträger mit einem Tropfen
Kochsalzlösung. Deckglas. Ausser den isolirten blassen Plattenepithelzellen
(Fig. 7 pag. 46) findet man noch Leukocyten („Speichelkörperchen") sowie (bei starkem Abkratzen) abgerissene Spitzen der Papillae filiformes, die
nicht selten von einer feinkörnigen, dunklen Masse (Mikrokokken) umgeben
sind; Pilzfäden, Leptothrix buccalis, haften in ganzen Büscheln auf
den Mikrokokkenhaufen. Man kann unter dem Deckglase mit Pikrokarmin

14*

färben (pag. 30) und dann verdünntes, angesäuertes Glycerin zufliessen lassen, wenn nicht zu viel Luftblasen die Konservirung des Präparates unmöglich machen.

Nr. 91. Die Schleimdrüsen der Lippen sind als etwa hirsekorngrosse Knötchen durchzufühlen und makroskopischer Präparation zugänglich. Für mikroskopische Präparate schneide man aus der Schleimhaut der menschlichen Unterlippe (nicht des Lippenrandes) Stückchen von ca. 1 cm Seite, fixire sie in 50 ccm Kleinenberg's Pikrinschwefelsäure (pag. 14) und härte sie nach 24 Stunden in 50 ccm allmählich verstärktem Alkohol (pag. 15). Nach drei Tagen sind die Stückchen schnittfähig. Man mache viele, nicht zu dünne Schnitte und färbe dieselben mit Böhmer'schem Haematoxylin (pag. 18). Mit unbewaffnetem Auge suche man von den in Wasser gebrachten Schnitten diejenigen aus, welche den Ausführungsgang getroffen haben und konservire sie nach den üblichen Vorbereitungen (pag. 27) in Damarfirniss. Schwache Vergrösserung (Fig. 119).

Nr. 92. Zahnschliffe. Die womöglich frisch ausgezogenen Zähne werden, wenn sie zu Querschliffen verarbeitet werden sollen, in (ca. 2 mm dicke) Querscheiben zersägt, oder wenn Längsschliffe hergestellt werden sollen, im Ganzen auf Kork und Siegellack geklebt und behandelt wie Nr. 55 (pag. 122). Längsschliffe sind mehr zu empfehlen, da sie an einem Präparate alle Theile zeigen (Figg. 120, 121, 122). Will man Zähne Erwachsener entkalken, so verfahre man wie in Nr. 57 (pag. 123). Der nur $3-5^0/0$ organische Substanz enthaltende, sonst aus Erdsalzen bestehende Schmelz löst sich bei dieser Methode vollkommen auf, so dass nur Zahnbein und Zement übrig bleiben.

Nr. 93. Odontoblasten. Man lege die aus den Kiefern neugeborener Kinder herausgebrochenen Zähne in 60 ccm Müller'scher Flüssigkeit. Nach 6 Tagen kann man mit einer Pincette leicht die Pulpa in toto herauszichen; nun schneide man mit der Scheere ein linsengrosses Stückchen der Pulpaoberfläche ab und zerzupfe das ziemlich zähe Gewebe ein wenig in einem Tropfen Müller'scher Flüssigkeit. Deckglas, leichter Druck, starke Vergrösserung, man sieht an den Rändern der Stückchen die langen Fortsätze der Odontoblasten wie Haare herausstehen; dort liegen auch vereinzelt vollkommen isolirte Odontoblasten (Fig. 124). Will man konserviren, so lasse man erst dest. Wasser unter dem Deckglase durchfliessen (2 Min.), dann Pikrokarmin (pag. 30); nach vollendeter Färbung setze man verdünntes angesäuertes Glycerin zu.

Nr. 94. Schmelzprismen erhält man, wenn man die Oberfläche des Seitentheiles der Zähne von Nr. 93 in einem Tropfen Müller'scher Flüssigkeit zerzupft und mit starker Vergrösserung betrachtet. Man wird Gruppen von drei und mehr Schmelzprismen erhalten, die sich durch ihre dunklen Umrisse und eine meist wenig deutliche Querstreifung auszeichnen (Fig. 123). Konserviren in Glycerin (pag. 26).

Die prismatische Gestalt der Schmelzprismen erkennt man, wenn man der Oberfläche solcher Zähne parallel gerichtete feine Schnitte anfertigt[1]). Nur einzelne Theile des Schnittes zeigen regelmässige Sechsecke, d. h. die Querschnitte der Schmelzprismen (Fig. 123).

---

[1]) Der Schmelz junger Zähne ist ohne vorhergegangene Entkalkung schneidbar.

Nr. 95. Zu Präparaten über Zahnentwicklung wähle man für die ersten Stadien Schwein- oder Schafembryonen, die am leichtesten aus Schlachthäusern zu beziehen sind (vergl. pag. 125). Für das erste Stadium (Fig. 126) sollen die Schweinembryonen eine Grösse von ca. 6 cm haben[1]), für das zweite Stadium ist eine Grösse von 10—11 cm zu empfehlen. Für spätere Stadien (Fig. 129) sind die Unterkiefer neugeborener Hunde oder Katzen sehr geeignet. Man fixire die Köpfe (resp. die Unterl kiefer) in 100 ccm Kleinenberg'scher Pikrinschwefelsäure[2]) (12—24 Stunden pag. 14) und härte sie in 80—120 ccm allmählich verstärktem Alkoho- (pag. 15). Nachdem die Köpfe 6—8 Tage im 90%oigen Alkohol gelegen haben, werden sie in 100 ccm destill. Wasser + 1 oder 2 ccm Salpeter- säure entkalkt (pag. 16). Nach vollendeter Entkalkung (nach 3—8 Tagen) abermalige Härtung mit Alkohol. Nach weiteren 5—6 Tagen schneide man die Unterkiefer ab, theile sie vorn in der Mitte (grössere Unterkiefer schneide man der Quere nach in 1—2 cm lange Stücke) und färbe die Stücke mit Boraxkarmin durch[3]) (pag. 20). Nach vollendeter Durchfärbung und Ent- färbung müssen die Stücke mehrere Tage in (womöglich absolutem) Alkohol verweilen; dann werden sie endlich, in Leber eingeklemmt, in Querschnitte zerlegt. Es ist die Anfertigung vieler (20—40) dicker Schnitte nothwendig, da nur diejenigen Schnitte, welche die Mitte des Zahnes resp. der Zahn- anlage getroffen haben, brauchbar sind. Konserviren in Damarfirniss (pag. 27). Nicht selten hebt sich an den Schnitten das Schmelzorgan von der Papille, so dass zwischen beiden ein freier Raum besteht. Das Zahnbein ist oft in verschiedenen Tönen roth gefärbt; die Ursache ist das verschiedene Alter (verkalkte und unverkalkte Schichten) des Zahnbeins.

Nr. 96. Papillae filiformes, fungiformes, circumvallatae, Zungenbälge. Man schneide Stückchen (von ca. 2 cm Seite) der mensch- lichen Zungenschleimhaut von der Oberfläche der Zunge heraus (etwas Muskulatur soll der Unterfläche des ausgeschnittenen Stückes noch anhaften) und zwar für Papillae fungiformes von der Zungenspitze, für P. filif. von der Mitte des Zungenrückens, für P. circumvall. von der Zungenwurzel, end- lich Zungenbälge, deren punktförmige Höhleneingänge mit unbewaffnetem Auge zu sehen sind, von der Zungenwurzel und lege sie in 100 bis 200 ccm Müller'sche Flüssigkeit ein; mehrmaliger Wechsel der Flüssigkeit; nach 14 Tagen werden die Stücke ausgewaschen und in 50—100 ccm allmählich verstärktem Alkohol (pag. 15) gehärtet. Für Pap. filiform. mache man dicke sagittale Schnitte der Zunge, die man nicht färbt; sonst Färbung der Schnitte mit Böhmer'schem Haematoxylin (pag. 18), Einschluss in Damarfirniss (pag. 27) Fig. 130 bis 132. Zu Fig. 133 und 135 waren die Zungenstücke in 50 ccm absolutem Alkohol fixirt und gehärtet worden. Kaninchenzungen können in toto in 200 ccm Müller'sche Flüssigkeit eingelegt werden. Die Weiterbe- handlung ist dieselbe. Dicke Querschnitte durch die vordere Hälfte der ganzen Zunge geben guten Aufschluss über die Anordnung der Muskulatur, feine Schnitte der Zungenwurzel zeigen schöne Schleim- und auch Eiweissdrüsen.

---

[1]) Von der Schnauzenspitze bis zur Schwanzwurzel gemessen.

[2]) Auch in Müller'scher Flüssigkeit fixirte Objecte (pag. 14) sind brauchbar.

[3]) Die Durchfärbung ist trotz der Länge der Procedur der Einzelfärbung (mit Haematoxylin) vorzuziehen, da man sonst zu viele Schnitte färben muss, die bei genauer Betrachtung unbrauchbar sind.

Nr. 97. Tonsille. Die Tonsille des erwachsenen Menschen giebt nur wenig instruktive Bilder. Die Vorbereitung ist dieselbe wie für Nr. 96. Dagegen sind die Tonsillen des Kaninchens, der Katze, zu empfehlen. Um dieselben aufzufinden, verfahre man folgendermassen. Man präparire die Vorderfläche des Halses frei, schneide Trachea und Oesophagus über dem Sternum mit einer starken Scheere durch, fasse das durchschnittene Ende der Trachea mit der Pincette, präparire mit der Scheere beide Röhren nach aufwärts heraus (dabei werden die Hörner des Zungenbeines durchschnitten) und dringe, immer sich dicht auf der Wirbelsäulenvorderfläche haltend, bis zum Schlundkopfe hinauf. Hier wird die Rachenwand durchgeschnitten; dann durchschneide man die Muskulatur dicht an den medialen Rändern der Unterkiefer bis vor zum Winkel, ebenso das Zungenbändchen. (Beim Kaninchen empfiehlt es sich, beide Mundwinkel einzuschneiden und das Zungenbändchen, sowie den M. geniogloss. mit in die Mundspalte eingeführter Scheere zu lösen.) Nun ziehe man die Trachea etc. nach abwärts, dränge die Zunge zwischen den Unterkieferästen durch und schneide die letzten Verbindungen (Gaumensegel) dicht am Knochen ab. Die Zunge wird nun so hingelegt, dass ihre freie Oberfläche nach oben sieht; dann schneide man mit einer feinen Scheere die hintere Rachenwand in der Medianlinie bis hinab zum Kehlkopfe durch und klappe die Wände auseinander; die Tonsillen erscheinen alsdann als ein paar ovale ca. 5 mm lange Prominenzen der seitlichen Rachenwand. Man kann sie in 60 ccm Kleinenberg'scher Pikrinschwefelsäure (pag. 14) fixiren und in ca. 50 ccm allmählich verstärktem Alkohol (pag. 15) härten. Färben mit Böhmer'schem Haematoxylin (pag. 18) oder mit Eosin (pag. 19) und mit Haematoxylin. Einschluss in Damarfirniss (pag. 27).

Nr. 98. Oesophagus. Vom Menschen sind Stückchen von ca. 2 cm Seite, von Kaninchen, Katze etc. unaufgeschnittene, ca. 2 cm lange Stückchen des ganzen Rohres in 60 ccm Müller'scher Flüssigkeit zu fixiren und nach 14 Tagen in ca. 50 ccm allmählich verstärktem Alkohol (pag. 15) zu härten. Färbung mit Böhmer'schem Haematoxylin (pag. 18). Einschluss in Damarfirniss (Fig. 136).

Nr. 99. Für topographische Präparate des Magens, Magenhäute, lege man Stücke von 2—5 cm Seite auf 6 Stunden in 100 cbm 3 %ige Salpetersäure[1]) (pag. 4), die nach einer halben Stunde durch neue zu ersetzen ist, und härte sie dann in ca. 60 ccm allmählich verstärktem Alkohol; dicke ungefärbte Schnitte konservire man in Damarfirniss (pag. 27) (Fig. 137).

Nr. 100. Magendrüsen frisch. Man schneide aus dem Fundus ventriculi eines frisch getödteten Kaninchens ein Stückchen von ca. 2 cm Seite, entferne die nur locker anhaftende Muskellhaut von der Schleimhaut, fasse letztere mit einer Pincette am linken Rande und schneide mit einer feinen Scheere einen möglichst schmalen Streifen (0,5—1 mm dick) ab, der in einem Tropfen 0,5 %iger Kochsalzlösung fein zerzupft wird. Es gelingt ohne grosse Mühe, Körper und Grund der Fundusdrüsen zu isoliren. Die Körper der Belegzellen (Fig. 173 B) treten deutlich hervor, die Hauptzellen sind nicht sichtbar; die Kerne kann man mit Pikrokarmin (pag. 30) färben, das Präparat in verdünntem Glycerin (pag. 6) konserviren. Die Isolation von Pylorusdrüsen ist nur durch sorgfältiges Zerzupfen möglich.

---

[1]) An der Schleimhaut anklebender Mageninhalt ist durch langsames Schwenken in der Salpetersäurelösung zu entfernen.

Nr. 101. Isolirte Magenepithelien. Man lege ein 1 qcm grosses Stückchen der Magenschleimhaut auf ca. 5 Stunden in ca. 30 ccm Ranvier's Alkohol (s. weiter pag. 12a). An den meisten Zellen nimmt der schleimige Theil einen grossen Abschnitt ein; man sieht demnach Bilder ähnlich der Fig. 13 c. Man kann unter dem Deckglase mit Pikrokarmin färben und in verdünntem, angesäuertem Glycerin konserviren (pag. 30).

Nr. 102. Drüsen. Magen von Hund oder Katze, die womöglich 1 bis 2 Tage gehungert haben, ist am meisten zu empfehlen. Kaninchenmagen ist wegen der sehr geringen Grösse der Hauptzellen weniger geeignet. Man präparire die der Muskelhaut nur lose aufsitzende Schleimhaut ab und lege Stückchen von ca. 1 cm Seite in ca. 10 ccm Alkohol absol.; nach einer halben Stunde wird der Alkohol durch neuen (ca. 20 ccm) ersetzt (pag. 13). Die Form der Drüsen lässt sich schon an mittelfeinen Schnitten erkennen, erschwerend ist nur der Umstand, dass die Drüsenschläuche sehr nahe bei einander stehen. Es begegnet dem Anfänger leicht, dass er die Drüsen gar nicht erkennt und die von hellem Epithel ausgekleideten Magengrübchen für Drüsen ansieht. Der Magen des Menschen, der indessen nur wenige Stunden nach dem Tode noch brauchbar ist, zeigt diesen Uebelstand weniger. Zur Feststellung des feineren Baues der Drüsen, sowie des Oberflächenepithels sind möglichst feine, in Klemmleber (pag. 17) eingebettete Schnitte nöthig.

Fig. 173.

Untere Hälfte einer isolirten Fundusdrüse des Kaninchens, 210 mal vergrössert. B Belegzellen.

a) Für Fundusdrüsen, Haupt- und Belegzellen färbe man senkrechte oder noch besser Flächenschnitte der Schleimhaut mit Böhmerschem Haematoxylin (s. pag. 18) 2—4 Minuten; die gut ausgewaschenen Schnitte[1]) werden in 5 ccm $^1/_{30}$ %oige Lösung von Kongoroth (s. pag. 9) 3—6 Minuten gebracht, in dest. Wasser 2 Minuten ausgewaschen und dann in Damarfirniss eingeschlossen (s. pag. 27). Zu dicke Schnitte zeigen alles roth gefärbt, die grossen, rothen Belegzellen verdecken die kleinen Hauptzellen. Man untersuche die feinsten Stellen des Schnittes, besonders den Drüsengrund, wo die Belegzellen nicht so übermässig reichlich sind. Man erkennt die Belegzellen dann schon bei schwachen Vergrösserungen als rothe Flecke diskontinuirlich auf rosarothem Grunde. Bei starken Vergrösserungen sieht man auch die leicht blau gefärbten kleineren Hauptzellen. Das sehr enge Lumen der Fundusdrüsen ist auf Querschnitten der Schläuche (Flächenschnitten der Schleimhaut) noch am besten zu sehen. Die Seitenzweige des Hauptlumens sind nur an glücklichen Schnitten wahrzunehmen (Fig. 139). Fig. 138 ist aus mehreren feinen Längsschnitten kombinirt.

b) Für Pylorusdrüsen sind senkrechte und Flächenschnitte der Schleimhaut mit Böhmer'schem Haematoxylin (s. pag. 18) zu färben und in Damarfirniss zu konserviren (pag. 27). Das Lumen der Pylorusdrüsen ist weiter (Fig. 141).

---

[1]) Die Schnitte müssen eine halbe Stunde in 30 ccm destill. Wasser, das so oft es noch bläulich wird, gewechselt werden muss (1—2 mal), verbleiben.

Nr. 103. Brunner'sche Drüsen. Man schneide Magen- und Duodenum einer Katze etwa 1 Stunde nach dem Tode[1]) heraus, öffne beide der Länge nach, entferne den Inhalt durch sanftes Bewegen in Kochsalzlösung (pag. 4) und lege den Pylustheil und die obere Hälfte des Duodenum, also im Ganzen ein 5—6 cm langes Stück auf 6 Stunden in 100 ccm 3⁰/oige Salpetersäure ein. Weiterbehandlung wie Nr. 99. Man mache Längsschnitte, welche gleichzeitig Pylorus und Duodenum treffen. Färbung mit Böhmer'schem Haematoxylin (pag. 18). Konserviren in Glycerin oder in Damarfirniss (Fig. 146).

Nr. 104. Dünndarm-Epithel und Zotten. Man nehme vom Dünndarme eines soeben getödteten Kaninchens ein ca. 1 cm langes Stückchen, schneide dasselbe der Länge nach auf und entferne durch vorsichtiges Uebergiessen mit 0,75⁰/oiger Kochsalzlösung etwa aufliegenden Darminhalt. Dann fasse man das Stückchen am linken Rande mit der Pincette und trenne mit einer feinen Scheere einen schmalen Streifen ab, den man in einem Tropfen Kochsalzlösung auf einen Objektträger bringt und auf schwarzer Unterlage ausbreitet. Mit unbewaffnetem Auge schon sieht man die Zotten über den Rand des Streifens herausragen. Das Präparat wird zunächst ohne Deckglas bei schwacher Vergrösserung betrachtet. Man erblickt die Zotten theils gestreckt, theils kontrahirt; letzterer Zustand ist an quer über die Zotten verlaufenden Falten zu erkennen (Fig. 174). Einzelheiten sind zunächst nicht zu bemerken. Nun lege man ein Deckglas auf, die

Fig. 174.
Darmzotte eines Kaninchens. 70 mal vergrössert.

dadurch breit gequetschten Zotten werden heller, man erkennt deutlich das Cylinderepithel und dicht unter diesem die Blutgefässschlingen. Enthält das Epithel Becherzellen, so erscheinen diese als hellgläuzende, rundliche Flecken.

Zur Untersuchung des Epithels kann man

a) das Stückchen etwas zerzupfen, dabei lösen sich einzelne und Gruppen von Cylinderzellen, welche mit starken Vergrösserungen zu betrachten sind. Nicht selten findet man einzelne Cylinderzellen kugelig aufgebläht; der Basalsaum ist manchmal in sehr deutliche Stäbchen zerfallen. Becherzellen sind, wenn vorhanden, durch ihren gleichartigen Glanz kenntlich, ihre Oeffnung ist bei guter Einstellung scharf konturirt wahrzunehmen. Zuweilen lösen sich die Epithelzellen schwer von ihrer Unterlage; in solchen Fällen stelle man nach einer Stunde eine zweite Untersuchung an, bis dahin ist das Epithel hinreichend macerirt, um abgestreift werden zu können.

b) Zur Herstellung von Dauerpräparaten lege man ein ca. 1 cm grosses der Länge nach geöffnetes Darmstückchen in 30 ccm Muller'sche Flüssigkeit, nach 3—5 Tagen nehme man das Stückchen heraus, streiche mit der Spitze eines Skalpells über die Oberfläche und zertheile ein Wenig des Abgestrichenen in einem Tropfen verdünntem Glycerin. Deckglas. Starke Vergrösserung (Fig. 144 A).

Nr. 105. Zu Schnitten des Dünndarmes lege man 2—4 cm lange Stücke des Darmes eines Kaninchen (besser eines jungen Hundes

---

[1]) Geschieht das Einlegen sofort nach dem Tode, so kontrahirt sich die glatte Muskulatur des Darmes derart, dass eine förmliche Verkrümmung der Darmwände eintritt.

oder einer jungen Katze) in 100—200 ccm 3 %ige Salpetersäure. Nach 6 Stunden werden die Stücke in ca. 100 ccm allmählich verstärktem Alkohol gehärtet (pag. 15). Man kann Querschnitte durch das ganze Darmrohr machen; in den meisten Fällen erhält man dabei nur Stücke von Zotten; will man ganze Zotten erhalten, so schneide man das gehärtete Darmstück mit einem Rasirmesser der Länge nach auf, stecke es mit Nadeln auf eine Korkplatte, die Schleimhautfläche nach oben gerichtet. Man sieht alsdann schon mit unbewaffnetem Auge die Zotten sich ausspreizen. Nun mache man von dem aufgesteckten Stücke dicke Querschnitte, welche man etwa 1 Minute lang mit Böhmer'schem Haematoxylin[1] färbt (pag. 18) und in Damarfirniss konservirt (pag. 27). Sehr häufig findet man Becherzellen im Epithel (Fig. 144, B). Menschlicher Darm muss vor dem Einlegen in die Salpetersäure aufgeschnitten und mit derselben Flüssigkeit abgespült werden. Es empfiehlt sich, Stücke von ca. 5 cm Seite sofort auf Kork aufzuspannen und so zu fixiren und zu härten. Wenn der Darm nicht ganz frisch ist, löst sich das gesammte Oberflächenepithel ab, so dass die nackten bindegewebigen Zotten vorliegen.

Flächenschnitte des Darmes liefern sehr zierliche Bilder. Nicht selten fallen die Drüsenquerschnitte heraus, so dass alsdann nur die (bindegewebige) Tunica propria zur Anschauung gelangt.

Derart hergestellte Präparate lassen alle Becherzellen als helle, überall gleich grosse Körper erscheinen, geben also über die Topographie der Becherzellenstadien keinen Aufschluss. Zu letzterem Zwecke empfiehlt sich

Nr. 106. Dreifachfärbung des Darmes. K l e i n e in Chromosmium-Essigsäure fixirte (pag. 15) und in allmählich verstärktem Alkohol gehärtete Darmstückchen werden nach pag. 22, 10 behandelt.

Nr. 107. P e y e r'sche H a u f e n (Plaques) sieht man schon durch die unverletzte frische Darmwand des Kaninchens durchschimmern, bei Hunden und bei Katzen sind sie jedoch oft (wegen der dicken Muscularis) gar nicht wahrzunehmen. Letztere Thiere haben konstant Plaques an der Einmündungsstelle des Dünndarmes in den Dickdarm. Bei Kaninchen schneide man Peyer'sche Haufen enthaltende Darmstücke aus und verfahre in gleicher Weise wie in Nr. 105. Bei Katzen schneide man das unterste Stück des Ileum (ca. 2 cm lang) mit einem ebenso langen Stücke des Coecum ab, schneide beide Stücke der Länge nach auf und spanne sie auf eine Korkplatte, die Schleimhautseite nach oben. Meist liegt hier ein zäher Koth, der nur sehr schwer durch Spülen zu entfernen ist und die Zotten aufeinander klebt, so dass man nur Schrägschnitte der Zotten enthält. Im Uebrigen ist die Behandlung wie Nr. 105.

Der Processus vermiformis des Kaninchens enthält in seiner blinden Hälfte dicht beisammenstehende Knötchen, welche die Schleimhaut auf so schmale Bezirke zusammendrängen, dass das Durchschnittsbild sehr komplizirt und für Anfänger kaum verständlich wird.

Fixiren in 0,1 %iger Chromsäure (pag. 14) und Härten in allmählich verstärktem Alkohol (pag. 15) macht die Keimcentra sehr deutlich, ist jedoch für die übrigen Elemente nicht so gut wie die Salpetersäure.

---

[1] Auch Durchfärben mit Boraxkarmin (pag. 20) ist sehr zu empfehlen.

Nr. 108. Dickdarm. Leere Stücke werden behandelt wie Nr. 105 oder wie 106 (vergl. Fig. 14 pag. 50). Mit Koth gefüllte Stücke müssen aufgeschnitten, abgespült und auf Kork gespannt werden.

Nr. 109. Dickdarmkrypten des Kaninchens frisch. Man schneide ein ca. 1 cm langes Stückchen des untersten Theiles des Dickdarmes (zwischen zwei der rundlichen Kothballen) heraus, lege es auf den trockenen Objektträger, öffne es mit der Scheere und breite es so aus, dass die Schleimhautfläche nach oben sieht; nun gebe man einen Tropfen der 0,75%igen Kochsalzlösung darauf, fasse das Stück mit einer feinen Pincette am linken Rande und schneide mit einer feinen Scheere einen möglichst dünnen Streifen ab. Diesen übertrage man mit einem Tropfen Kochsalzlösung auf einen neuen Objektträger, löse mit Nadeln die Muscularis von der Mucosa und zerzupfe letztere ganz wenig. Deckglas, leichter Druck. Man sieht bei schwachen Vergrösserungen die Kryptenschläuche sehr gut (Fig. 175), die Mündungen dagegen nur schwer. Die Epithelzellen sind oft an der dem Lumen zugewendeten Seite körnig. Bei starken Vergrösserungen sieht man das Cylinderepithel der Oberfläche, sowohl von der Seite, wie von der Fläche, sehr schön. Der Inhalt der Becherzellen ist oft nicht hell, wie bei Schnittpräparaten, sondern dunkelkörnig.

Fig. 175.
e Epithel, *l* Lieberkühn'sche Krypton. 80mal vergrössert.

Nr. 110. Blutgefässe des Magens und des Darmes. Von der Aorta descend. aus injizirte, in 50—200 ccm Müller'scher Flüssigkeit fixirte und in allmählich verstärktem Alkohol gehärtete (pag. 15) Magen- und Darmstücke werden theils in dicke (bis 1 mm) Schnitte zerlegt und ungefärbt in Damarfirniss konservirt (Fig. 149), theils aber auch zu Flächenpräparaten verwendet, die bei wechselnder Tubuseinstellung und schwacher Vergrösserung sehr instruktiv sind. Zu dem Zwecke kann man Dickdarmstücke von 1 qcm Grösse aus absolutem Alkohol zum starken Aufhellen in 5 ccm Terpentinöl (statt Bergamott) einlegen und in Damarfirniss konserviren. Es ist auch leicht, die Muscularis von der Mucosa abzuziehen und die einzelnen Häute in Damarfirniss zu konserviren.

Nr. 111. Auerbach'scher und Meissner'scher Plexus. Hierzu eignen sich vorzugsweise Därme mit dünner Muscularis, also von Kaninchen und Meerschweinchen, nicht von Katzen; es ist nicht nothwendig, dass das Objekt ganz frisch sei, auch Dünndärme seit mehreren Tagen verstorbener Kinder sind noch vollkommen brauchbar. Zunächst bereite man sich 200 ccm verdünnte Essigsäure: 10 Tropfen Eisessig (oder 25 Tropfen gewöhnlicher Essigsäure) zu 200 ccm destill. Wasser. Dann präparire man ein 10—30 cm langes Dünndarmstück vom Mesenterium, schneide das Stück ab und streiche den Darminhalt mit leicht aufgesetztem Finger heraus. Dann binde man das untere Ende des Darmes zu, fülle vom oberen Ende aus mit der verdünnten Essigsäure prall den Darm, binde ihn oben auch zu und lege nun das ganze Stück in den nicht zur Füllung verwendeten Rest der Essigsäure. Nach 1 Stunde wechsele man die Flüssigkeit. Nach 24 Stunden übertrage man den Darm in destill. Wasser, öffne mit der Scheere den Darm seitlich vom Mesenterialansatze und schneide ein ca. 1 cm langes Darmstückchen ab. Es gelingt leicht, mit zwei spitzen Pincetten die Muscularis von der Mucosa zu trennen; beide haften nur am Mesenterialansatze fester.

a) Auerbach'scher Plexus. Legt man schwarzes Papier unter die Glasschale, so sieht man jetzt schon mit unbewaffnetem Auge die weissen Knotenpunkte des Auerbach'schen Plexus. Ein Stückchen der Muscularis von ca. 1 cm Seite in einem Tropfen der verdünnten Essigsäure auf den Objektträger gebracht, giebt bei schwachen Vergrösserungen ein sehr hübsches Bild (Fig. 150, *A*). Will man konserviren, so lege man die Stückchen auf 1 Stunde in ca. 30 ccm destill. Wasser, das man mehrmals wechselt, und bringe sie dann auf 8—16 Stunden in 5—10 ccm einer 1%igen Osmiumsäurelösung, die ins Dunkle gestellt wird. Dann wasche man das Stückchen mit destill. Wasser kurz ab und konservire in verdünntem Glycerin. So schön wie die frisch aus der Essigsäure genommenen Präparate sind die Osmiumpräparate nicht. Beim Meerschweinchen lassen sich leicht beide Schichten der Muscularis von einander abziehen[1]; an einer haftet dann der Plexus; solche Stückchen kann man 1 Stunde in destill. Wasser legen, dann vergolden (pag. 24) und in Damarfirniss konserviren. Für menschlichen Darm ist die Vergoldung weniger geeignet, da die beiden Muskelschichten, sich gleichfalls roth färbend, den Plexus theilweise verdecken.

b) Meissner'scher Plexus. Man kratze mit einem Skalpell das Epithel von der isolirten Mucosa, bringe ein Stückchen von ca. 1 cm Seite auf den Objektträger, bedecke es mit einem Deckglase, das man etwas aufdrücken darf, und untersuche mit schwachen Vergrösserungen (Fig. 150 *B*).

Zum Konserviren kann man wie bei Nr. 111a verfahren; nur empfiehlt es sich, das Stückchen aufzuspannen und vor dem Einlegen aus dem absol. Alkohol in das Bergamottöl etwas zu pressen, damit der Alkohol aus der schwammigen Mucosa vollkommen heraustritt.

Ausser Nerven sieht man auch viele Blutgefässe, die an der Struktur ihrer Wandlung, z. Th. schon an den quergestellten Musculariskernen leicht erkennbar sind.

Nr. 112. Gl. parotis, submaxillaris und sublingualis. Man schneide von den genannten Drüsen des Menschen (im Winter noch nach 3—4 Tagen tauglich) mehrere Stückchen von 0,5—1 cm Seite und bringe sie in 30 ccm absoluten Alkohol, der nach 5—20 Stunden gewechselt wird; nach weiteren 3 Tagen sind die Stückchen schon schnittfähig und können jetzt oder beliebig später verarbeitet werden. Eines der Stückchen färbe man mit Boraxkarmin durch, das andere zerlege man, ungefärbt in Leber eingeklemmt, in möglichst feine Schnitte; es genügen schon ganz kleine Fragmente von ca. 2 mm Seite. Färben in Böhmer'schem Haematoxylin 2—3 Minuten (pag. 18); das Uebertragen der Schnitte in die Farblösung muss langsam geschehen, sonst zerfahren die feinsten Schnitte in kleinste Läppchen. Dann Färbung mit Eosin (pag. 19), Einschluss im Damarfirniss (pag. 27). (Ganz feine Schnitte betrachte man nach der Haematoxylinfärbung in Wasser, da die Zellengrenzen hier viel deutlicher sind.) Sind die Färbungen gelungen, so erscheinen die Speichelröhren und die Halbmonde roth. An der Gl. sublingual. und an den Schleimzellen der Gl. submaxillaris färbt sich auch die Membr. propria roth; man verwechsle sie nicht mit Randschnitten von Halbmonden, welche letztere granulirt sind, während die

---

[1] Jedoch nur dann, wenn die Füllung des Darmes sofort nach dem Tode vorgenommen war. Möglicherweise ist beim Menschen der Grund des festen Zusammenhängens beider Muskelschichten nur im Alter des Objektes gelegen.

M. propria homogen glänzt (Fig. 151). Die Schleimzellen erscheinen bei den Boraxkarminpräparaten durchweg hell; mit Haematoxylin gefärbt sind sie bald hell, bald verwaschen blau in verschiedenen Nuancen (Fig. 151, tab. 3); was sich färbt ist ein Reticulum, welches sich in einem gewissen Funktionsstadium in jeder Schleimzelle findet. Die sehr kurzen Schaltstücke der Gl. submaxillaris sind nur schwer zu finden; leicht dagegen sind sie an der Parotis (auch an der des Kaninchens) zu sehen. Von den Endstücken sind nur diejenigen zum Studium tauglich, welche genau halbirt sind (Fig. 151, 1, 2, 3), deren Lumen sichtbar ist, die zahllosen Schräg- und Tangential-schnitte (Fig. 151, 4, 5, 6, 7) sind oft sehr schwer zu verstehen.

Nr. 113. Pankreas. Vom Menschen meist schon untauglich. Be-handlung wie Parotis Nr. 112. Die charakteristische Körnung der dem Lumen zugewendeten Abschnitte der Drüsenzellen ist bei dieser Methode nicht zu sehen (Fig. 154, B). Zerzupft man dagegen ein stecknadelkopf-grosses Stückchen eines frischen Pankreas der Katze in einem Tropfen Kochsalzlösung (0,75%), so sehen bei schwachen Vergrösserungen die End-stücke wie gefleckt aus; das sind die theils hellen, theils körnigen Abschnitte der Zellen. Stärkere Vergrösserungen ergeben dann Bilder wie Fig. 154, A.

Nr. 114. Leberzellen. Man schneide eine frische Leber durch und streiche mit schräg aufgesetzter Skalpellklinge über die Schnittfläche. Die der Klinge anhaftende braune Lebermasse übertrage man in einen auf den Objektträger gesetzten Tropfen Kochsalzlösung. Deckglas. Erst schwache, dann starke Vergrösserung (Fig. 158, A). Das Präparat enthält ausserdem zahlreiche farbige und farblose Blutkörperchen.

Nr. 115. Leberläppchen. Kleine Stücke (von ca. 2 cm Seite) einer Schweinsleber werfe man in 30—50 ccm absoluten Alkohol. Die Ein-theilung in meist sechseckige Läppchen, die mit unbewaffnetem Auge schon gut an der Leberoberfläche zu sehen war, tritt schon nach einer Minute scharf an den Schnittflächen hervor; auch der Durchschnitt der Venae cen-trales wird sichtbar. Nach ca. 3 Tagen angefertigte, mit Böhmer'schem Haematoxylin gefärbte (pag. 18) Schnitte zeigen zwar die Eintheilung in Läppchen auch bei schwacher Vergrösserung gut, die Leberzellen aber, sowie die Gallengänge sind zum Studium weniger zu empfehlen. Besser eignet sich hierzu die

Nr. 116. Leber des Menschen[1]), von der man möglichst frische Stücke von ca. 2 cm Seite ca. 4 Wochen in 200 ccm Müller'scher Flüssig-keit fixirt und ·in 100 ccm allmählich verstärktem Alkohol (pag. 15) ge-härtet hat. Man betrachte ungefärbte a) parallel, b) senkrecht zur Ober-fläche angelegte Schnitte und färbe andere mit Böhmer'schem Haematoxylin (oder auch noch dazu mit Eosin pag. 19), Einschluss in Damarfirniss (pag. 27). Die Läppchen sind wegen des geringer entwickelten interlobularen Binde-gewebes nicht so deutlich abgegrenzt. Makroskopische Betrachtung ermöglicht viel eher die Unterscheidung der Läppchen, als die Untersuchung mit dem Mikroskop. Zur Orientirung möge der Anfänger berücksichtigen, dass die

---

1) Zum Studium des Baues der Gallenblase, sowie der grossen Gallengänge ist nur ganze frische Leber zu gebrauchen, da die alkalisch reagirende Galle bald nach dem Tode die Wandung der Gallenblase durchtränkt, gelb färbt und zu mikroskopischen Unter-suchungen untauglich macht.

einzelnen Gefässdurchschnitte Lebervenen, mehrere beisammen dagegen Verästelungen der Pfortader, der Arterie und der Gallengänge, also stets interlobularen Gebilden entsprechen. Genau quer durchschnittene Venae centrales sind auch durch die radiär zu ihnen gestellten Leberzellen kenntlich (Fig. 159).

Nr. 117. Zur Sichtbarmachung der Kapillaren und des an gewöhnlichen Schnitten kaum sichtbaren intralobularen Bindegewebes schüttele man einige feine, doppeltgefärbte Schnitte der menschlichen Leber (Nr. 116) 2—3 Minuten in einem zur Hälfte mit destill. Wasser gefüllten Reagenzgläschen. Dadurch fallen die Leberzellen theilweise aus; die Ränder des Präparates werden in einem Tropfen Wasser untersucht (Fig. 168). Man kann solche Schüttelpräparate auch in Damarfirniss konserviren; nur verschwinden darin die feineren Bindegewebsfasern.

Nr. 118. Blutgefässe der Leber. a) Man lege ein Leberstück (von ca. 2 cm Seite) eines mit Chloroform getödteten Kaninchens schnell, ohne es viel ausbluten zu lassen, in 50 ccm absoluten Alkohol. Nach 2 Tagen sieht man schon auf der Oberfläche die natürliche Injektion durch braune, im Centrum der Läppchen befindliche Flecke markirt. Der Oberfläche parallel geführte, dicke Schnitte werden ungefärbt in Damarfirniss eingeschlossen. Schwache Vergrösserung. Oft enthalten nur die oberflächlichen Schichten der Leber gefüllte Blutgefässe.

b) Von allen Injektionen gelingen diejenigen der Leber am leichtesten. Man injizire (pag. 25) Berlinerblau entweder von der Pfortader aus oder von der Vena cava inferior aus. In letzterem Falle empfiehlt es sich, das Thier über dem Zwerchfelle zu durchschneiden, das Herz auf dem Zwerchfelle sitzen zu lassen und vom rechten Vorhofe aus die Kanüle in die Cava inferior einzubinden. Die injizirte Leber wird zunächst in toto in circa 500 ccm Müller'sche Flüssigkeit eingelegt; nach ca. 6 Tagen werden Stücke von ca. 2 cm Seite von den bestinjizirten Stellen ausgeschnitten, abermals auf 2—3 Wochen in ca. 150 ccm Müller'sche Flüssigkeit gebracht und endlich in ca. 100 ccm allmählich verstärktem Alkohol gehärtet (pag. 15). Dicke Schnitte der Leber konservire man ungefärbt in Damarfirniss (Fig. 162, 163, 164).

Nr. 119. Darstellung der Drüsenlumina durch Golgi's schwarze Reaktion. Kleine Stückchen des Magens, der Speicheldrüsen und der Leber werden 3 Tage in die osmiobichromische Mischung (im Winter in der Wärme pag. 23) und ebenso lange in Silberlösung gelegt. Näheres siehe pag. 23. Oft gelingt die Färbung erst nach ein- oder zweimaliger Wiederholung der Procedur. Nachfärben (pag. 24) sehr zu empfehlen. In der Leber färben sich zuweilen die Gitterfasern.

Nr. 120. Bauchfellepithel. Man verfahre wie Nr. 35 pag. 102, nehme aber statt des Mesenterium, das übrigens auch brauchbare Bilder liefert, das Omentum majus. Die Stücke können in Böhmer'schem Haematoxylin (pag. 18) gefärbt und in Damarfirniss (pag. 27) konservirt werden (Fig. 172).

Nr. 121. Netz der Bindegewebsbündel erhält man durch Ausbreiten des frischen menschlichen Netzes in einigen Tropfen Pikrokarmin. Konserviren in (nicht angesäuertem) verdünntem Glycerin (pag. 6).

VI. Athmungsorgane.

Der Kehlkopf.

Die Schleimhaut des Kehlkopfes ist eine Fortsetzung der Rachen-
schleimhaut und besteht, wie diese, aus Epithel, einer Tunica propria und
einer Submucosa, welche letztere die Verbindung der Schleimhaut mit den
unterliegenden Theilen vermittelt. Das Epithel ist fast überall ein geschichtetes Flimmerepithel; die durch die Wimperhaare erzeugte Strömung
ist gegen die Rachenhöhle gerichtet; an den wahren Stimmbändern, an der
Vorderfläche der Giessbeckenknorpel und an der Hinterfläche der Epiglottis[1])
ist dagegen das Epithel ein geschichtetes Pflasterepithel. Die Tunica
propria besteht aus zahlreichen elastischen Fasern und aus fibrillärem
Bindegewebe, welches sich bei Thieren an der Epithelgrenze zu einer Membrana
propria verdichtet. Die T. propria ist Sitz einer wechselnden Menge von
Leukocyten; bei Hunden und Katzen finden sich in der Schleimhaut des
Ventr. Morgagni sogar Solitärknötchen (pag. 97). Papillen besitzt die Schleimhaut hauptsächlich im Bereiche des geschichteten Pflasterepithels. Die Submucosa enthält verästelte tubulöse Schleimdrüsen von 0,2—1 mm Grösse.

Die Knorpel des Kehlkopfes bestehen meist aus hyalinem Knorpel,
welcher zum Theil die Eigenthümlichkeiten des Rippenknorpels (s. pag. 60)
zeigt. Dahin gehören der Schildknorpel, Ringknorpel, der grösste Theil der
Giessbeckenknorpel und oft die Cartilagines triticeae. Aus elastischem Netz-
knorpel bestehen dagegen der Kehldeckel, die Wrisberg'schen, die Santorini-
schen Knorpel und der mediane Theil des Schildknorpels; ferner Spitze und
Processus vocales der Giessbeckenknorpel. Faserknorpelig sind zuweilen die
Cartilagines triticeae. Zwischen dem 20. und 30. Lebensjahr beginnt eine
(vorwiegend enchondrale) Verknöcherung des Schild- und Ringknorpels.

Der Kehlkopf ist reich an Blutgefässen und Nerven. Erstere
bilden mehrere (2—3) der Fläche nach ausgebreitete Netze, welchen ein
dicht unter dem Epithel gelegenes Kapillarnetz folgt. Auch die Lymphgefässe bilden zwei der Fläche nach ausgebreitete, mit einander zusammenhängende Netze, von denen das oberflächliche aus engeren Gefässen besteht,
und unter dem Blutkapillarnetze liegt.

Die Nerven enthalten in ihrem Verlaufe mikroskopische Ganglien. Sie
enden zum Theil in Endkolben und in Geschmacksknospen (s. Geschmacksorgan).

Die Luftröhre.

Die flimmernde Schleimhaut der Luftröhre ist ebenso gebaut, wie diejenige des Kehlkopfes; ein Unterschied besteht nur insofern, als die elastischen

---

[1]) Hier liegen auch Geschmacksknospen (s. Geschmacksorgan).

Fasern sich zu einem dichten Netzwerke mit vorwiegend longitudinaler Faserrichtung ausbilden. Dieses Netz ist dicht unter dem Epithel über den Drüsen
gelegen. Die Knorpel sind hyalin; die Hinterwand der Luftröhre wird durch
eine Lage quer verlaufender glatter Muskelfasern, die ihrerseits noch meistens von
einer längsverlaufenden Lage Muskelfasern gedeckt ist, gebildet. Die Schleimdrüsen der Hinterwand sind durch ihre Grösse (2 mm) ausgezeichnet; sie
durchbohren nicht selten die Muskeln, so dass sie zum Theil hinter diesen
gelegen sind.

Blut-, Lymphgefässe und Nerven verhalten sich wie im Kehlkopfe.

Die Bronchen und die Lungen.

Die Lungen können als alveoläre zusammengesetzte Drüsen betrachtet
werden, an denen wir, wie bei allen Drüsen, ausführende und sekretorische
(d. h. hier respiratorische) Abschnitte unterscheiden. Die ausführenden
Abschnitte werden durch Kehlkopf, Luftröhre und deren Aeste, die Bronchen,
dargestellt. Jeder Bronchus theilt sich beim Eintritte in die Lunge wiederholt und erfährt auch innerhalb derselben eine fortwährende Theilung, die
durch direkte Abgabe kleiner Seitenäste und durch spitzwinkelige Theilung
und allmähliche Abnahme des Kalibers der grossen Aeste stattfindet; so löst
sich jeder Bronchus in feinste Aestchen auf, die nirgends mit einander anastomosiren und bis zu einem Durchmesser von 0,5 mm den Charakter der
Ausführungsgänge beibehalten.

Von da an beginnt der respiratorische Abschnitt. An der Wand
der kleinen Bronchen treten halbkugelige Ausbuchtungen auf, die Alveolen,
die vereinzelt und unregelmässig stehen. Solche Bronchen heissen Bronchioli respiratorii. Diese theilen sich und gehen in Alveolengänge
über, welche sich von den Bronchioli nur durch eine grössere Anzahl wand-
ständiger Alveolen unterscheiden. Die Alveolengänge theilen sich unter
rechtem oder spitzem Winkel und gehen ohne scharfe Grenze in die etwas
erweiterten blinden Endbläschen (schlechter „Infundibula") über, deren
Wandung dicht mit Alveolen besetzt ist.

Der ganze respiratorische Abschnitt wird durch Bindegewebe in
0,3—3 cm grosse Läppchen getheilt. Sämmtliche ausführenden Abschnitte
liegen bis zu einem Durchmesser von 1,5—1 mm herab zwischen den
Läppchen, interlobular.

Der feinere Bau der Bronchen unterscheidet sich in den grössten
Bronchialästen nicht von jenem der Luftröhre. Allmählich aber treten Modifikationen auf, welche sich zuerst an den Knorpeln und an der Muskulatur
äussern. Die Knorpel bilden bald keine C-förmigen Ringe mehr, sondern
sind unregelmässige, an allen Seiten der Bronchialwand gelegene Plättchen
geworden. Sie nehmen mit der Abnahme des Durchmessers der Bronchen

an Grösse und Dicke ab und hören an den feineren Bronchen (von 1 mm Durchmesser) ganz auf.

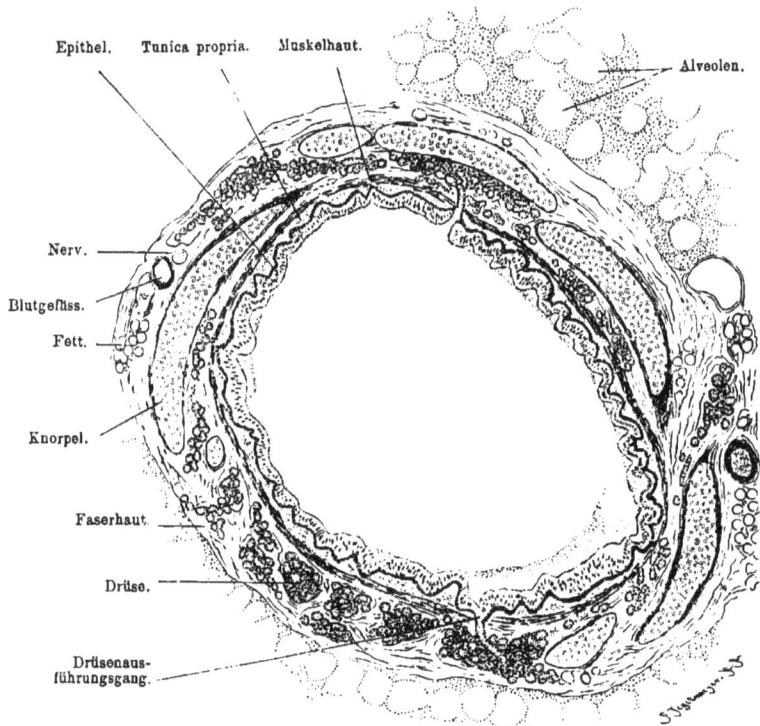

Fig. 176.
Querschnitt eines 2 mm dicken Bronchus eines Kindes, 30 mal vergrössert. Technik Nr. 123, pag. 229.

Die glatten Muskeln bilden eine den ganzen Umfang des Rohres umgreifende Ringfaserlage, welche nach innen von den Knorpeln gelegen ist. Die Dicke der Muskellage nimmt mit dem Durchmesser der Bronchen ab; es sind jedoch selbst an den Alveolengängen noch Muskelfasern vorhanden. Dagegen fehlen sie an den Infundibula.

Die Schleimhaut ist in Längsfalten gelegt und besteht aus einem geschichteten, mit Becherzellen untermischten Flimmerepithel, das in den feineren Bronchen allmählich einschichtig wird, und einer bindegewebigen Tunica propria. Letztere enthält zahlreiche, längs verlaufende Netze elastischer Fasern und Leukocyten in sehr wechselnder Menge. Zuweilen kommt es auch hier zur Bildung von Solitärknötchen, von deren Kuppe aus Leukocyten durch das Epithel in das Bronchialrohr wandern.

Soweit die Knorpel reichen, finden sich verästelte, tubulöse Schleimdrüsen, die unter der Muskelhaut ihren Sitz haben (Fig. 176). Sie sind in
grosser Menge vorhanden und hören
erst bei Beginn der respiratorischen
Bronchiolen auf.

Nach aussen von den Knorpeln
befindet sich eine aus faserigem
Bindegewebe und elastischen Fasern
bestehende Faserhaut, welche
den ganzen Bronchus und die mit
diesem verlaufenden Gefässe und
Nerven umhüllt.

Der feinere Bau der respiratorischen Abschnitte unterscheidet sich, nachdem Knorpel und
Drüsen sich allmählich verloren
haben, vorzugsweise durch die Beschaffenheit des Epithels.

Die den ausführenden kleinsten
Bronchen folgenden Bronchioli
respiratorii tragen anfangs noch ein
einschichtiges Flimmerepithel, im weiteren Verlaufe verlieren sich die Flimmerhaare, die Zellen werden kubisch und es tritt zwischen diesen eine zweite

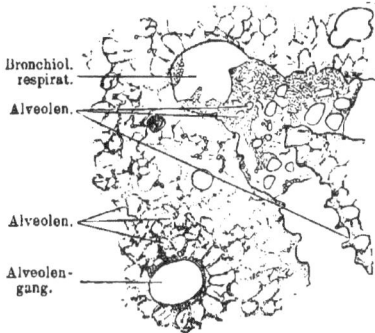

Fig. 177.

Stück eines Schnittes durch die Lunge eines erwachsenen Menschen. 50mal vergr. Der Bronchiolus respiratorius theilt sich nach rechts in zwei Aeste. Eine Strecke
weit ist auch seine untere Wand in den Schnitt gefallen. Man sieht hier die Eingänge in die Alveolen
von oben her; in dem unteren Aste sieht man die Alveolen von der Seite. Das Epithel des Bronchiolus ist
ein gemischtes. Die epitheliale Auskleidung der Alveolen ist bei dieser Vergrösserung nur zum Theil
sichtbar. Technik Nr. 124, pag. 229.

Bronchiol.
respirat.
Alveolen.
Alveolen.
Alveolen-
gang.

Kubische, platte Epithelzellen.   Kubische,   platte Epithelzellen.

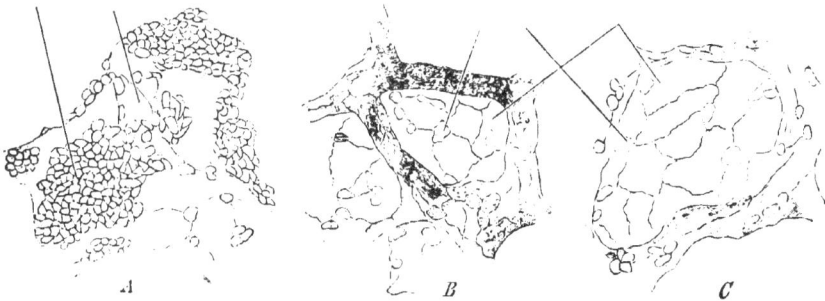

.1   B   C

Fig. 178.

Stücke von Schnitten durch die Lunge A und B des Menschen, C einer 9 Tage alten Katze, 240mal ver-
grössert. A Gemischtes Epithel eines Bronchiolus respiratorius. B und C Alveolen bei verschiedener
Einstellung gezeichnet. Der Rand der Alveole ist dunkel gehalten; man sieht, dass er von demselben
Epithel überzogen ist wie der (helle) Grund der Alveole, die Kerne der Zellen sind nicht sichtbar.
Technik Nr. 124, pag. 229.

Art von Epithelzellen in Form von verschieden grossen, dünnen, kernlosen Platten
auf. Ein solches von Platten und kleinen Gruppen (oder einzelnen) kubischer
Zellen gebildetes Epithel heisst respiratorisches Epithel. Dabei erfolgt
der Uebergang des kubischen Epithels in das respiratorische Epithel nicht

mit scharfer Grenze, sondern in der Art, dass an der einen Seite des
Bronchiolus kubisches, an der anderen Seite respiratorisches Epithel sich
befindet, oder dass Gruppen kubischer Zellen von respiratorischem Epithel
umgeben werden und umgekehrt. Die Brouchioli respiratorii enthalten somit
gemischtes Epithel (Fig. 177 und 178, *A*). Indem das respiratorische Epithel
immer mehr an Ausdehnung gewinnt und die Gruppen kubischer Zellen
immer seltener werden, geht das Epithel der Bronchiolen in dasjenige der
Alveolengänge über.

Das Epithel der Alveolengänge und der Alveolen ist dasselbe,
wie das respiratorische Epithel der Bronchiolen. Wie die Entwicklungsgeschichte lehrt, gehen die kleineren kernlosen Platten aus ebenfalls kubischen
Epithelzellen hervor und zwar nehmen diese die platte Gestalt durch die
Athmung, d. h. durch die dabei sich vollziehende Ausdehnung der Alveolen-
wand, an. Die grösseren Platten sind durch nachträgliche Verschmelzung
mehrerer kleiner entstanden. Die Alveolen älterer Embryonen und todt-
geborener Kinder sind nur von kubischen Zellen ausgekleidet. Die Wandung
der Alveolengänge und der Alveolen besteht ausser den schon erwähnten
Muskelfasern der Alveolengänge noch aus einer leichtstreifigen Grundlage
und vielen elastischen Fasern. Diese sind an den Alveolengängen zirkulär
angeordnet; an der Eingangsstelle („Basis") der Alveole bilden die elastischen
Fasern einen Ring, von welchem feine, die ganze Wandung der Alveole
stützende Fäserchen ausgehen. Indem die elastischen Ringe benachbarter
Alveolen an den Berührungspunkten mit einander verwachsen, bilden sie die
Alveolensepta.

Das zwischen den Lungenläppchen befindliche interlobulare Bindegewebe enthält ausser feinen elastischen Fasern und einzelnen Bindegewebszellen beim Erwachsenen schwarze Pigmentkörnchen und kleinste Kohlen-
theilchen, die durch Inhalation dahin gelangt sind. Bei Kindern ist das
interlobulare Bindegewebe reichlicher entwickelt, die Abgrenzung in Läppchen
also deutlicher.

Die Oberfläche der Lungen wird von der Pleura visceralis überzogen; diese besteht aus Bindegewebe, zahlreichen, feinen elastischen Fasern
und ist an der freien Oberfläche von einer einfachen Schicht platter, polygonaler Epithelzellen überkleidet. Die gleich gebaute Pleura parietalis
ist nur ärmer an elastischen Fasern.

Blutgefässe der Lungen. Die Aeste der Art. plum on. dringen
in den Lungenhilus ein, und laufen an der Seite der Bronchen, Bronchiolen
und Alveolengänge zwischen die Infundibula, wo sie sich in ein sehr engmaschiges Kapillarnetz auflösen, das dicht unter dem respiratorischen Epithel
der Bronchioli respiratorii, der Alveolengänge und der Alveolen gelegen ist.
Die Venen entstehen am Grunde je eines Alveolus (Fig. 179) und sammeln
sich zu Stämmchen, die neben Bronchen und Arterien herlaufen. Die Wandung der Bronchen wird durch eigene Blutgefässe, die Art. bronchiales,

versorgt, welche ein tiefes, für Drüsen und Muskeln und ein oberflächliches für die Tunica propria bestimmtes Kapillarnetz speisen. Der Abfluss erfolgt theils durch eigene Venae bronchiales, theils in die Ven. pulmonales.

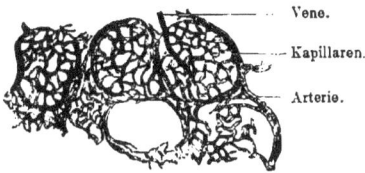

Von Lymphgefässen kennen wir ein gut entwickeltes, unter der Pleura gelegenes, oberflächliches Netz und ein in dem interlobularen Bindegewebe befindliches, weitmaschiges tiefes Netz. Aus diesem gehen klappenführende Stämmchen hervor, welche mit den Bronchen verlaufend am Hilus austreten, wo sie sich mit den Bronchiallymphknoten verbinden (siehe auch pag. 94).

— Vene.

— Kapillaren.

— Arterie.

Fig. 179.

Aus einem Schnitte durch die von der Art. pulmonalis aus injizirte Lunge eines Kindes, 80 mal vergrössert. Von den fünf gezeichneten Alveolen sind die drei oberen vollkommen injizirt. Technik Nr. 126, pag. 230.

Die zahlreichen, von Sympathicus und Vagus stammenden Nerven der Lungen enthalten theils markhaltige, theils marklose Nervenfasern und kleine Gruppen von Ganglienzellen. Die Nervenenden stehen vorzugsweise in Beziehung zu den Blutgefässwänden.

Anhang.

Die Schilddrüse.

Die Schilddrüse ist eine tubulöse zusammengesetzte Drüse, deren am Foramen coecum der Zunge mündender Ausführungsgang (Ductus thyreo-

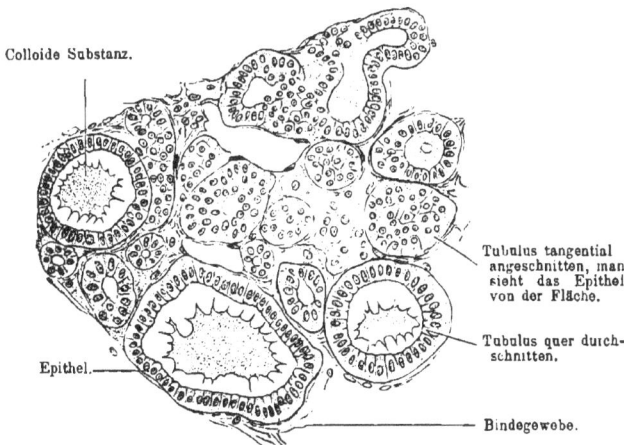

Colloide Substanz.

Tubulus tangential angeschnitten, man sieht das Epithel von der Fläche.

Tubulus quer durchschnitten.

Epithel.

Bindegewebe.

Fig. 180.

Ein Läppchen aus einem feinen Durchschnitte der Schilddrüse eines erwachsenen Menschen, 220 mal vergrössert. Man beachte den verschiedenen Durchmesser der Tubuli. Technik Nr. 127, pag. 230.

15*

glossus) jedoch schon in embryonaler Zeit obliterirt und sich bis auf einzelne Reste zurückbildet. Sie besteht dann nur aus vollkommen geschlossenen Tubuli, welche durch lockeres Bindegewebe zu Läppchen mit einander verbunden werden. Die Tubuli sind sehr verschieden gross (40—120 μ im Durchmesser) und mit einer einfachen Lage kubischer Epithelzellen ausgekleidet. Der Inhalt der Tubuli ist eine homogene zähe Masse, die colloide Substanz, welche auch in den Lymphgefässen der Schilddrüse gefunden wird. Die colloide Substanz ist charakteristisch für die Schilddrüse. Die sehr zahlreichen Blutgefässe lösen sich in ein die Tubuli umspinnendes Netz von Kapillaren auf, welche dicht unter dem Epithel liegen. Die ebenfalls zahlreichen Lymphgefässe bilden ein zwischen den Tubuli gelegenes Netzwerk. Die Nerven verlaufen mit den Blutgefässverzweigungen und bilden vorzugsweise diese, zum Theil auch die Drüsenröhrchen umspinnende Geflechte. Ein Eindringen von Endzweigen in das Epithel ist nicht beobachtet.

Thymus.

Die Thymus, ein in der ersten Anlage epitheliales Organ, besteht im Kindesalter aus 4—11 mm grossen Lappen, welche von faserigem, mit feinen elastischen Fasern vermengtem Bindegewebe umhüllt werden. Dieses Bindegewebe schickt in jeden einzelnen Lappen Septa, wodurch eine Unterabtheilung in kleinere, 1 mm grosse („sekundäre") Läppchen erzielt wird. Jedes dieser Läppchen besteht durchaus aus adenoidem Gewebe, welches in der Peripherie dichter als im Centrum entwickelt ist, so dass man einen dunkleren Rindentheil (Fig. 181) von einer helleren Marksubstanz unterscheiden kann. In der Marksubstanz finden sich in sehr wechselnder Anzahl konzentrisch gestreifte Körperchen von 15—180 μ Durchmesser, welche veränderte Ballen von Epithelzellen sind. Sie werden Hassal'sche Körperchen genannt (Fig. 182).

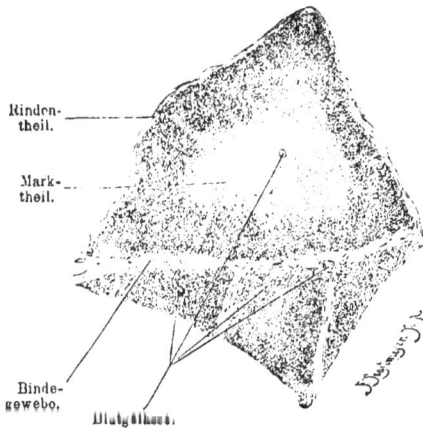

Rinden-theil.

Mark-theil.

Binde-gewebe,

Blutgefässe.

Fig. 181.

Durchschnitt einiger sekundären Läppchen der Thymus eines 7 Tage alten Kaninchens, 50 mal vergr. Die unteren Läppchen sind nur tangential angeschnitten, so dass meist nur Rinde sichtbar ist. Technik Nr. 128, pag. 280.

Die Blutgefässe sind sehr reichlich entwickelt und speisen ein in Mark und Rinde gelegenes Kapillarsystem. Die Lymphgefässe sind ebenfalls in grosser Anzahl vorhanden; die grösseren Stämmchen liegen an des Oberfläche der Thymus, ihre Aeste verlaufen in den bindegewebigen Septen und dringen von da in die Marksubstanz ein.

Kerne der Epithelzellen.

Leukocyten.

Hassal'sches Körperchen.

Fig. 182.

Hassal'sches Körperchen aus einem Schnitte durch die Thymus eines jungen Hundos. 50 mal vergrössert. Technik Nr. 128, pag. 230.

Später treten gewebliche Umbildungen der Thymus ein und zwar in der Weise, dass der grösste Theil des adenoiden Gewebes vergeht und Fett an dessen Stelle tritt.

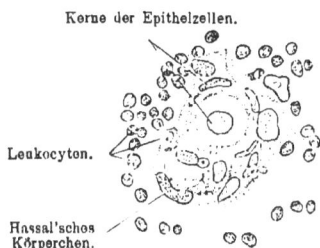

TECHNIK.

Nr. 122. Kehlkopf, Luftröhre und Schilddrüse. Man präparire die Luftröhre[1]) über dem Manubrium sterni frei, schneide sie und den Oesophagus quer durch und präparire beide nach aufwärts los (s. Nr. 97). Die Zunge kann gleichfalls mit herausgenommen werden. Die Schilddrüse lässt man am Kehlkopf hängen. Das Ganze wird auf 2—6 Wochen in 200—400 ccm Müller'sche Flüssigkeit eingelegt, dann eine Stunde lang in (womöglich fliessendem) Wasser ausgewaschen und in ca. 200 ccm allmählich verstärktem Alkohol (pag. 15) gehärtet. Nach ca. 8 Tagen fertige man Quer- und Längsschnitte durch die Stimmbänder und durch Stücke der Trachea an, färbe sie ca. 5 Minuten mit Böhmer'schem Haematoxylin (pag. 18) und konservire sie in Damarfirniss (pag. 27). Besonders instruktiv sind Schnitte quer durch die Stimmbänder, auf denen Schleimhaut, Drüsen, Muskeln, Gefässe, Nerven und Knorpel Stoff zu den verschiedensten Studien geben.

Nr. 123. Bronchus. Die dem soeben getödteten Thiere (Kaninchen[2]) entnommenen Lungen werden wie Nr. 122 in Müller'scher Flüssigkeit fixirt und in allmählich verstärktem Alkohol gehärtet. Nach 8 Tagen schneide man ein ca. 1 ccm grosses Stück Lunge heraus, das ein längsverlaufendes Stück Bronchus enthält, entferne mit einer Scheere den grössten Theil des anhängenden Lungengewebes, klemme den Bronchus in Leber und mache feine Querschnitte, welche man mit Böhmer'schem Haematoxylin (pag. 18) färbt und in Damarfirniss (pag. 27) konservirt (Fig. 176). Die Methode ist auch zur Darstellung der Alveolen und Alveolengänge zu verwenden.

Nr. 124. Lungenepithel. Zur Darstellung desselben können nur ganz frisch getödtete Thiere verwendet werden; zu empfehlen sind junge (nicht neugeborene) Katzen, die durch Kopfabschneiden getödtet werden. Trachea und Lunge werden sorgfältig herausgenommen und mit einer vorher bereiteten verdünnten Lösung von Argent. nitr.[3]) vermittelst einer Glasspritze prall gefüllt. Die Trachea wird dann fest zugebunden und das Ganze auf 1—12 Stunden in den Rest der nicht zum Injiziren verwendeten Silberlösung eingelegt und ins Dunkle gestellt. Alsdann werden die Lungen mit destill. Wasser kurz abgespült und in ca. 150 ccm allmählich verstärkten

---

1) Von Thieren ist die erwachsene Katze sehr zu empfehlen.
2) Katzenlungen sind wegen der oft ansehnlichen, die Bronchen begleitenden Fettmassen weniger zu empfehlen.
3) 50 ccm der 1%igen Lösung zu 200 ccm destill. Wasser.

Alkohol übertragen, woselbst sie beliebig lange im Dunkeln aufbewahrt werden können. Die Reduktion kann eine Stunde oder beliebig später nach der Silberinjektion vorgenommen werden. Zu dem Zwecke werden die Lungen in Alkohol dem Sonnenlichte ausgesetzt, woselbst sie sich in wenigen Minuten tief bräunen. Dann mache man mit sehr scharfem Messer Schnitte (man vermeide dabei, das Präparat zu drücken). Das Lungengewebe ist trotz der Alkoholhärtung noch sehr weich und erlaubt nur dicke Schnitte anzufertigen; am leichtesten gelingen parallel der Oberfläche gerichtete Schnitte. Die Schnitte werden 10—60 Minuten lang in 5—10 ccm destillirtes Wasser, dem man ein linsengrosses Stückchen Kochsalz zugefügt hat, gelegt und ungefärbt in Damarfirniss (pag. 27) konservirt[1]). Es ist nicht gerade leicht, sich an solchen Durchschnitten zu orientiren; man beginne die Untersuchung mit schwachen Vergrösserungen. Die kleinen Alveolen sind leicht kenntlich, die etwas grösseren Lücken entsprechen Alveolengängen. Die Epithelzeichnung ist im Ganzen zierlicher bei mittelstarken (80 : 1) Vergrösserungen und durchaus nicht an allen Stellen gleich gut ausgeprägt. Die kubischen Epithelzellen sind meist etwas dunkler braun gefärbt. Man suche sich eine gute Stelle aus und betrachte sie mit starker Vergrösserung (240 : 1), wobei man nicht zu vergessen hat, durch verschiedene Einstellung (Heben und Senken des Tubus) sich über das Relief des Präparates zu orientiren. Man sieht nämlich bei starker Vergrösserung entweder nur den Grund oder nur den Rand einer Alveole deutlich. Fig. 178 ist bei wechselnder Einstellung gezeichnet.

Nr. 125. Elastische Fasern der Lunge erhält man, wenn man mit einer Scheere von einer frisch angefertigten Schnittfläche einer Lunge (die Lunge kann schon alt sein) ein ca. 1 qcm grosses flaches Stückchen abschneidet, mit Nadeln auf dem trockenen Objektträger ausbreitet, mit dem Deckglase bedeckt und ein paar Tropfen zur Hälfte mit Wasser verdünnter Kalilauge (pag. 6) zufliessen lässt (pag. 30). Die verdünnte Lauge zerstört die übrigen Theile, nur die elastischen Fasern bleiben erhalten, deren Dicke und Anordnung bei starker Vergrösserung (240 : 1) leicht zu untersuchen sind.

Nr. 126. Blutgefässe der Lungen. Man injizire die Lungen von der Arterie pulmonalis aus mit Berliner Blau, fixire sie dann in Müllerscher Flüssigkeit und härte sie in Alkohol. Man mache dicke, vorzugsweise parallel den Flächen der Lungen geführte Schnitte (Fig. 179).

Nr. 127. Schilddrüse. Feine Schnitte der in toto gehärteten Drüse (s. Nr. 122) werden mit Pikrokarmin gefärbt (pag. 20) und in Damarfirniss konservirt (Fig. 180). Die retrahirten Colloidmassen färben sich intensiv gelb. Dicke Schnitte betrachte man in Glycerin, woselbst die mit Colloid gefüllten Lymphgefässe oft deutlich hervortreten.

Nr. 128. Thymus. Man fixire die Thymus eines jungen Thieres 2—5 Wochen in Müller'scher Flüssigkeit und härte in allmählich verstärktem Alkohol (pag. 15), färbe mit Böhmer'schem Haematoxylin (pag. 18) und konservire in Damarfirniss (pag. 27) (Fig. 181). Man verwechsle die Gefässquerschnitte, deren Lumina beim Heben und Senken des Tubus sich verrücken (wenn sie nicht genau quergeschnitten sind), nicht mit den kon-

---

[1]) Kernfärbungen sind nicht zu empfehlen, da sich nicht nur die Kerne der Epithelzellen, sondern auch die der Kapillaren etc. färben, wodurch das Bild sehr komplizirt wird.

zentrisch gestreiften Hassal'schen Körpern. Das Fig. 182 abgebildete Präparat stammt von einer in Chromosmium-Essigsäure fixirten und mit Saffranin gefärbten Thymus.

VII. Harnorgane.

Die Nieren.

Die Nieren sind zusammengesetzte tubulöse Drüsen, welche ganz aus
Röhrchen, den Harnkanälchen, bestehen; die schon makroskopisch be-
merkbaren Unterschiede zwischen peripherischen und centralen Schichten der

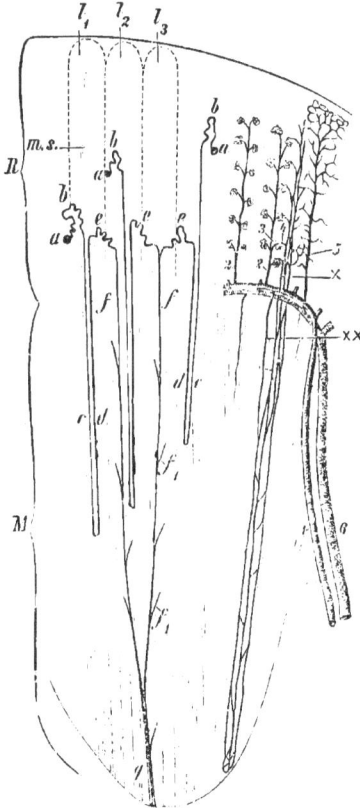

Fig. 183.

Fig. 184.

Schema des Verlaufes der Harnkanälchen (links) und der
Nierengefässe (rechts). *R* Rindensubstanz. *M* Marksubstanz.
m.s. Markstrahlen. l_1, l_2, l_3 drei Nierenläppchen. *a* Malpighi'sches Körperchen, *b* Tubul. contort., *c* absteigender, *d* aufsteigender Schenkel der Henle'schen Schleife, *e* Schaltstück,
f Sammelröhrchen, f_1 Stücke von Sammelröhrchen, *g* Duct.
papillar. 1 Ast der Nierenarterie, 2 Art. interlobul., 3 Vas
afferens, 4 V. efferens, 5 Ven. interlobul., 6 Ast der Nieren-
vene, ✓, ✗ ✗ s. pag. 235. Nach einem Querschnitte der Niere
eines 7wöchentl. Kindes bei 10mal. Vergrösserung entworfen.

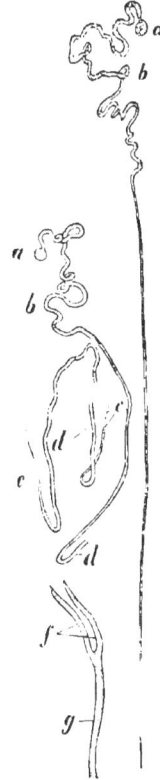

Harnkanälchen eines 4 Wochen alten
Kaninchens isolirt, 30mal vergr. *a* Malpighi'sches Körperchen. *b* Tubul. contort.,
c Henle'sche Schleife, absteigender Schenkel, *d* aufsteigender Schenkel, *f* Sammelröhren, *g* Ductus papillaris.
Technik Nr. 129, pag. 238.

Nieren, der sog. Rinden- und Marksubstanz, werden hauptsächlich bedingt
durch den Verlauf der Harnkanälchen, indem die in der Rinde gelegenen
Abschnitte der Kanälchen einen gewundenen, die in der Marksubstanz
befindlichen aber einen gestreckten Verlauf nehmen.

Jedes Harnkanälchen beginnt in der Rindensubstanz mit einer kugeligen
Auftreibung, dem Malpighi'schen Körperchen (Fig. 183, *a*), welches
mit einer Einschnürung, dem Hals, von dem nächsten, vielfach gewundenen
Abschnitt, dem gewundenen Kanälchen, Tubulus contortus (*b*), abgesetzt
ist. Dieses geht in einen gestreckten Theil über, der anfangs centralwärts

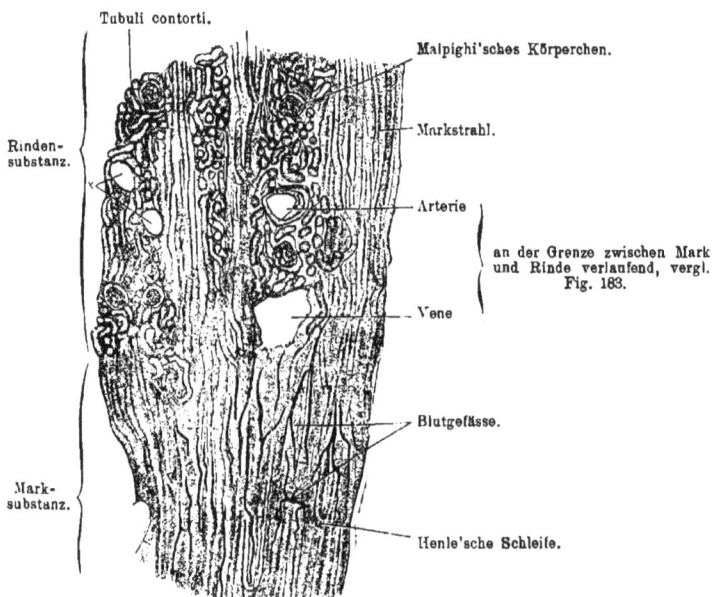

Fig. 185.

Stück eines Schnittes der menschlichen Niere in der Richtung von der Rinde gegen das Mark geführt.
20 mal Vergr. Bei ✕ sind zwei Malpighi'sche Körperchen herausgefallen. Technik Nr. 130, pag. 239.

gerichtet ist, alsbald aber wieder umbiegt und so eine Schleife, die Henle-
sche Schleife, bildet, an welcher wir einen absteigenden (*c*) und einen
aufsteigenden Schenkel (*d*) unterscheiden können. Letzterer geht in
ein gewundenes Stück, das Schaltstück (*e*), über, das weiterhin einen gestreckten Verlauf annimmt und dann Sammelröhrchen (*f*) heisst. Diese
Sammelröhrchen nehmen während ihres centralwärts gerichteten Verlaufes
noch andere Schaltstücke auf, vereinigen sich weiterhin unter spitzen Winkeln mit benachbarten Sammelröhrchen (*f*$_1$) und streben gegen die Spitze
der Nierenpapillen zu, wo sie, an Zahl verringert, im Kaliber dagegen bedeutend verstärkt, als Ductus papillares (*g*) münden. Henle'sche Schlei-

fen und Sammelröhrchen werden Tubuli recti genannt. Jedes Harnkanäl-
chen hat somit bis zum Sammelröhrchen einen völlig isolirten Verlauf.
Indem die Henle'schen Schleifen und die peripherischen Abschnitte der
Sammelröhrchen zu Bündeln vereint gegen die Marksubstanz ziehen, be-
dingen sie die als Markstrahlen (Ferrëin'sche Pyramiden) (m. s.) bekannten
Bildungen.

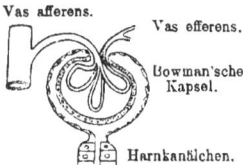

Vas afferens. Vas efferens. Bowman'sche Kapsel. Harnkanälchen.

Fig. 186.
Schema. Links Arterie, die nach rechts
ein Vas afferens abgiebt; dasselbe löst
sich in Aeste auf, welche in die Wurzeln
des Vas efferens (nach rechts gerichtet)
einbiegen. Die drei Schleifen sollen den
Glomerulus darstellen; dieser steckt in
der Bowman'schen Kapsel, deren beide
Blätter sichtbar sind; unten geht dieselbe
in das Harnkanälchen über.

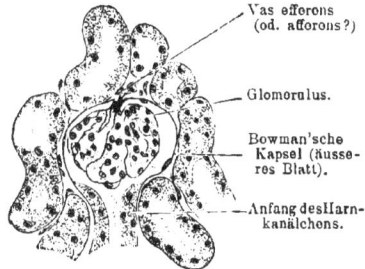

Vas efferens (od. afferens?). Glomerulus. Bowman'sche Kapsel (äusseres Blatt). Anfang des Harn-
kanälchens.

Fig. 187.
Aus einem Schnitte durch eine Mausniere, 240mal vergr.
Das den Glomerulus überkleidende Epithel (d. i. das innere
Blatt der Bowman'schen Kapsel) ist nicht zu erkennen.
Technik Nr. 132, pag. 239.

Der feinere Bau der Harnkanälchen ist in den verschiedenen Abtheilungen ein sehr differenter, so dass eine gesonderte Betrachtung jedes Abschnittes nöthig ist. Das Malpighi'sche Körperchen, 0,13—0,22 mm
gross, besteht aus einem kugeligen Blutgefässplexus, dem Glomerulus, der
in das sackförmig er-
weiterte blinde Anfangs-
stück des Harnkanäl-
chens, die Bowman-
sche Kapsel, der Art
eingestülpt ist, dass er
von der Kapsel grössten-
theils umfasst wird. Die
Einstülpung ist etwa so,
wie im Grossen das Herz
in den Herzbeutel ein-
gestülpt ist. Demnach
können wir an der
Bowman'schen Kapsel
zwei Blätter unterschei-

Fig. 188.
A Isolirte Zelle eines
Tubul. contortus. Auf-
laserung der Basis in
feine Stäbchen.
B Querschnitt eines Tu-
bul. contortus; man sieht
die Stäbchen als feine
Striche. Beides aus einer
Katzenniere. 240mal ver-
grössert.
Technik Nr. 130, pag. 239.

Fig. 189.
Aus einem Querschnitte der Marksubstanz
der menschlichen Niere, 240mal vergr.
Der Schnitt ist durch die Basis der Papille geführt. 1 absteigende, 2 aufsteigende Schenkel Henle'scher Schleifen.
3 Sammelröhrchen. 4 Mit Blutkörperchen
gefüllte Blutgefässe. Technik Nr. 130, p.239.

den, ein inneres (quasi viscerales) dem Glomerulus dicht anliegendes — es
besteht bei jungen Thieren aus kubischen, später sich immer mehr abplatten-
den Zellen — und ein äusseres (quasi parietales) Blatt, welches aus platten,
polygonalen Zellen aufgebaut wird (Fig. 186).

Das äussere Blatt der Kapsel geht am Halse in die Wandung des
Tubulus contortus über, welcher 40—60 μ dick ist. Die Zellen dieses Abschnittes sind im sekretgefüllten Zustande hoch und zeigen einen hellen,
den Kern einschliessenden centralen Abschnitt, während ihre nach aussen
stehende Basis in radiär zum engen Lumen gestellte Stäbchen zerfasert
(Fig. 188, *A B*) ist; im sekretleeren Zustande sind die Zellen niedriger,
dunkel, ohne scharfe Zellgrenzen, ihre freie Oberfläche ist mit einem Bürstenbesatz (pag. 46) versehen. Beiderlei Zustände finden sich gleichzeitig in der
Niere. Der absteigende Schenkel ist 9—15 μ dick, das Lumen sehr
weit. Die Epithelzellen sind platte Zellen, deren Kerne oft gegen das Lumen
vorspringen (Fig. 189, 1). Der aufsteigende Schenkel ist 23—28 μ
dick, das Lumen relativ enger. Die Epithelzellen gleichen denjenigen der
gewundenen Harnkanälchen, sind jedoch etwas niedriger (Fig. 189, 2). Der
Uebergang des dünnen Abschnittes der Henle'schen Schleife in den
dicken Abschnitt erfolgt nicht immer an der Umbiegungsstelle. Die Schaltstücke sind 39—46 μ dick, ihre Epithelzellen cylindrische oder kegelförmige Zellen von eigenthümlichem Glanze. Die Sammelröhrchen
werden um so dicker, je näher sie der Spitze der Papille kommen, die
dünnsten haben einen Durchmesser von 45 μ, die dicksten (Ductus papillares)
einen solchen von 200—300 μ. Ihre Epithelzellen sind theils helle, theils
dunkle Cylinderzellen (Fig. 189, 3), deren Höhe mit dem Kaliber der
Sammelröhren zunimmt.

Die Harnkanälchen sind in ihrer ganzen Länge nach aussen vom
Epithel mit einer strukturlosen Membrana propria überzogen, welche am absteigenden Schleifenschenkel am dicksten ist. Die Harnkanälchen werden
von einer geringen Menge lockeren Bindegewebes („interstitielles Bindegewebe") umhüllt, welches an der Nierenoberfläche zu einer fibrösen, glatte
Muskelfasern enthaltenden Membran, der Tunica albuginea, verdichtet ist.
Das interstitielle Bindegewebe ist der Träger der Gefässe.

Blutgefässe der Nieren. Die Arteria renalis theilt sich im Nieren-
hilus in Aeste, welche nach Abgabe kleiner Zweige für die Tunica albuginea
und für die Nierenkelche sich im Umkreise der Papillen in das Parenchym
der Niere (Fig. 183, 1) einsenken und astlos bis zur Grenze zwischen Mark-
und Rindensubstanz vordringen. Hier biegen die Arterien unter rechtem
Winkel um und verlaufen in peripherisch konvexem Bogen der Grenze entlang. Von der konvexen Seite der Bogen entspringen in regelmässigen
Abständen peripherisch verlaufende Aeste, die Arteriae interlobulares [1]),

---

1) Als Nierenläppchen bezeichnet man mikroskopisch nicht scharf begrenzbare
Bezirke der Rindensubstanz, in deren Achse ein Markstrahl gelegen ist, entlang deren
Peripherie die Arter. interlobulares aufsteigen. In Fig. 183 sind drei Läppchen l_1 l_2 l_3
durch Strichelung angedeutet. Diese Läppchen haben zu den in der Entwicklungsgeschichte
bekannten Läppchen keinerlei Beziehungen.

(Fig. 183, 2, 190), welche nach den Seiten hin kleine Zweige abgeben, deren jeder einen Glomerulus speist. Dieser entsteht durch rasche Theilung in eine Anzahl kleiner Zweige, die alsbald wieder zu einem (arteriellen) Gefässe zusammentreten[1]); man nennt dieses letztere das **Vas efferens** (Fig. 183, 4, 190), es ist etwas schwächer, als das den Glomerulus speisende Gefäss, welches **Vas afferens** heisst (Fig. 183, 3, 190). Das Vas efferens löst sich in ein Kapillarnetz auf, welches im Bereiche der Markstrahlen gestreckte Maschen, im Bereiche der gewundenen Harnkanälchen runde Maschen bildet; aus letzteren entstehen Venen, **Venae interlobulares** (Fig. 183, 5, 190), welche dicht neben den Arter. interlobulares liegen und auch im weiteren

Rundl. Kapillarmaschen der Rinde.

Vena interlobularis

Arteria. interlobul.

Vas afferens.

Vas efferens.

Längl. Kapillarmaschen eines Markstrahles.

Malpighi'sches Körperchen.

Nervengeflecht um eine Arter. interlob.

Geschwärzte Harnkanälchen.

Fig. 190.
Aus einem Längsschnitte einer injizirten Meerschweinchenniere, 30mal vergr. Technik Nr. 133, pag. 239.

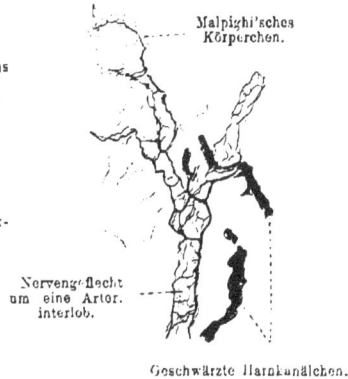

Fig. 191.
Schnitt durch die Niere einer Maus 150mal vergrössert.
Technik Nr. 131, pag. 240.

Verlaufe sich stets an der Seite der Arterien halten. Die Venen der äussersten Rinde vereinigen sich zu sternförmig gestellten Wurzeln (**Stellulae Verheynii**), welche mit den Venae interlobulares zusammenhängen. Die vorstehend beschriebene Gefässausbreitung ist lediglich in der Rindensubstanz und in den Markstrahlen gelegen; die Marksubstanz bezieht ihr Blut durch die **Arteriolae rectae**, welche theils aus den Vasa efferentia der tiefstgelegenen (und auch grössten) Glomeruli (Fig. 183, ✕, 190) theils direkt aus centralverlaufenden Aestchen der Art. interlobulares oder der bogenförmigen Arterien (Fig. 183 ✕ ✕) kommen. Die Venen der Marksubstanz wurzeln in einem weitmaschigen, die Ductus papillares umspinnenden Netze

---

[1]) Jeder Glomerulus ist somit ein arterielles Wundernetz (s. pag. 94).

und münden in die an der Grenze zwischen Mark- und Rindensubstanz verlaufenden bogenförmigen Venen.

Die Lymphgefässe liegen theils oberflächlich in den Hüllen der Niere, theils begleiten sie die im Parenchym verlaufenden Arterienstämmchen; die Nerven bilden Geflechte, welche die Arterien bis zu den Malpighi'schen Körperchen umstricken (Fig. 191). An den Harnkanälchen selbst sind noch keine Nerven gefunden worden.

Die ableitenden Harnwege.

Nierenkelche, Nierenbecken und Ureter bestehen aus 3 Schichten. Zu innerst liegt 1. die Schleimhaut, dann folgt 2. die Muskelhaut, welche 3. von einer Faserhaut bedeckt wird (Fig. 192).

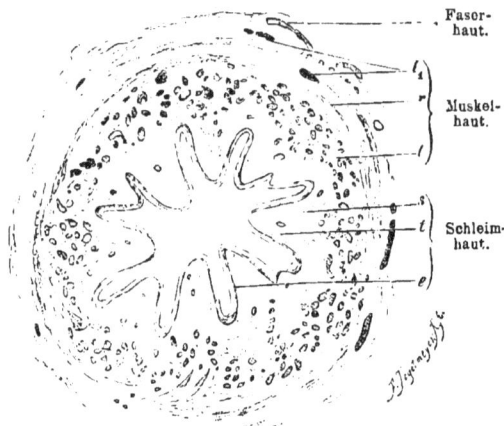

Fig. 192.
Quorschnitt der untoren Hälfte des menschlichen Ureter, 15mal vergr.
e Epithel, t Tunica propria, s Submucosa, l innere Längsmuskeln,
r Ringmuskeln, l accessorische äussere Längsmuskeln.
Technik Nr. 135, pag. 210.

ad 1. Die Tunica propria der Schleimhaut (t) besteht aus feinen Bindegewebsfasern, welche, reichlich untermengt mit zelligen Elementen, ohne scharfe Grenze in die Submucosa (s) übergehen. Das die Tunica propria überziehende Epithel (e) ist sog. Uebergangsepithel, d. h. ein geschichtetes, aus wenigen Lagen bestehendes Pflasterepithel, dessen oberste Zellenlage aus cylindrischen oder kubischen, nur wenig abgeplatteten Elementen besteht (Fig. 193). Zuweilen sind statt dieser grosse platte Zellen vorhanden, die mehrere, durch amitotische Theilung (pag. 41, Anmerk. 3) entstandene Kerne enthalten.

ad 2. Die Muskelhaut besteht aus einer inneren Längslage (l) und einer äusseren cirkulären Lage (r) glatter Muskelfasern, welchen in der unteren Hälfte des Ureter noch eine diskontinuirliche Lage äusserer longitudinaler Muskelbündel (l₁) aufliegt.

ad 3. Die Faserhaut besteht aus lockeren Bindegewebsbündeln.

Die Schleimhaut der Nierenkelche setzt sich auf die Oberfläche der Nierenpapillen fort, die cirkulären Muskelfasern bilden einen Ringmuskel um die Papille.

Blut- und Lymphgefässe finden sich besonders reichlich in der Schleimhaut; die Nerven verbreiten sich vorzugsweise in der Muskelschicht; einzelne Fasern gehen bis ans Epithel.

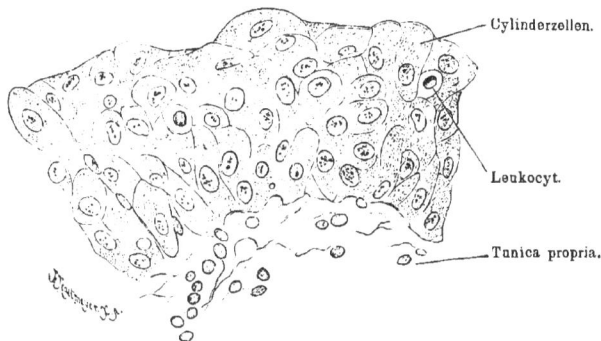

Cylinderzellen.

Leukocyt.

Tunica propria.

Fig. 193.

Stück eines senkrechten Durchschnittes der menschlichen Blasenschleimhaut, 560mal vergrössert.
Technik Nr. 136, pag. 240.

Die Harnblase besteht ebenfalls aus Schleimhaut, Muskelhaut und Faserhaut. Das Epithel gleicht vollkommen demjenigen des Nierenbeckens und des Ureter, eine Unterscheidung von diesen ist unmöglich. Die Tunica propria enthält zuweilen Solitärknötchen. Die Muskelschicht besteht aus glatten Muskelfaserlagen, einer inneren und einer äusseren Längslage, welche eine Ringlage zwischen sich fassen. Die Lagen sind derartig miteinander verflochten, dass eine strenge Abgrenzung derselben nicht möglich ist. Am Blasengrunde verstärkt sich die innere Längsmuskellage, die Ringmuskelschicht bildet den nicht immer deutlichen M. sphincter vesicae internus. Blut- und Lymphgefässe verhalten sich wie am Ureter; die Nerven sind mit Einlagerungen kleiner Gruppen von Ganglienzellen versehen.

In der Tunica propria des unteren Nierenbeckenabschnittes, des oberen Uretertheils und der Harnblase finden sich runde oder längliche Körper, die man irrthümlicher Weise für Drüsen gehalten hat. Es sind Sprossen des Oberflächenepithels, von gleichem Bau wie dieses, ohne Lumen, welche zuweilen sogar den Zusammenhang mit dem Epithel der Oberfläche eingebüsst haben.

Die Harnröhre des Weibes besteht aus Schleimhaut und einer mächtigen Muskelhaut. Die Tunica propria mucosae wird durch ein feinfaseriges, mit Zellen reich untermischtes Bindegewebe hergestellt, das sich an der Oberfläche zu zahlreichen, an der äusseren Harnröhren-Mündung besonders wohl entwickelten Papillen erhebt. Das Epithel ist individuell verschieden, entweder ein geschichtetes Plattenepithel oder häufiger einschichtiges Cylinderepithel; verästelte, tubulöse Einzeldrüsen sind nur in geringer Anzahl vorhanden. Kleine Gruppen solcher finden sich an der Harnröhrenmündung, sie werden „periurethrale" Drüsen genannt. Die Muskelhaut besteht aus einer inneren Längs- und einer äusseren Kreislage glatter Muskelfasern, zwischen denen ein mit vielen elastischen Fasern vermischtes, derbes Bindegewebe sich ausbreitet. Die Schleimhaut ist reich an venösen Blutgefässen.

Die Harnröhre des Mannes (besser der „männliche Sinus urogenitalis") besteht, wie die des Weibes, aus Schleimhaut und Muskelhaut; jedoch gestaltet sich in den einzelnen Bezirken ihr Bau verschieden. In der Pars prostatica ist das Epithel ähnlich dem der Harnblase; es geht in der Pars membranacea allmählich in geschichtetes Cylinderepithel über, welches sich endlich in der Pars cavernosa zu einem einfachen Cylinderepithel umgestaltet. Von der Fossa navicularis an ist das Epithel geschichtetes Plattenepithel. Die an elastischen Fasern reiche Tunica propria trägt besonders in der Fossa navicularis wohl entwickelte Papillen. Verästelte, tubulöse Einzeldrüsen („Littre'sche Drüsen") finden sich vereinzelt in der ganzen Harnröhre. Die Muskelhaut besteht in der Pars prostatica innen aus einer glatten Längs- und aussen aus einer eben solchen Ringfaserschicht. Beide sind noch in der Pars membranacea gut ausgebildet, hören aber in der Pars cavernosa allmählich auf, indem zuerst die im Bulbus urethrae noch ansehnliche Ringfaserlage ganz verschwindet; in den vorderen Partien der Pars cavernosa finden sich nur einige schräg- und längsverlaufende Bündel (Fig. 201). Die Schleimhaut der männlichen Harnröhre ist reich an Blutgefässen (s. Corp. cavernos. urethrae pag. 248). Die Lymphgefässe liegen unter den Blutgefässen.

TECHNIK.

Nr. 129. Harnkanälchen isolirt. Am besten eignen sich Nieren junger Thiere, z. B. neugeborener Katzen. Die Niere wird halbirt, die eine Hälfte a) zur frischen Untersuchung zurückgestellt, b) die andere in mehrere, Rinden- und Marksubstanz umfassende Stückchen zerschnitten und in ca. 30 ccm reine Salzsäure eingelegt.

ad a) Erbsengrosse Stückchen werden in einem Tropfen der 0,75%igen Kochsalzlösung zerzupft; man sieht bei schwacher Vergrösserung die rothen Glomeruli, die gewundenen und geraden Harnkanälchen; die Tubul. contorti sind dunkel, körnig, die anderen Abtheilungen hell. Bei starker Vergrösserung sieht man deutlich die Kerne der hellen Abschnitte der Harnkanälchen, die Zellengrenzen sind am besten in den Sammelröhrchen erkennbar. In den Tubul. contort. sieht man nur die feine Strichelung der Basen der Drüsenzellen; Zellengrenzen und Kerne dagegen sind nicht sichtbar.

ad b) Nach ca. 2 Stunden werden die roth aussehenden Nierenstückchen in eine Schale mit ca. 50 ccm destillirtem Wasser gebracht, woselbst sie rasch schmutzig grau werden, mit schmieriger Oberfläche. Wasser wechseln! Nach wenigen Minuten kann man mit Nadeln kleine Stücke ablösen, die sich leicht in Wasser auf dem Objektträger in Kanälchen auflösen lassen. Will man Harnkanälchen in grösserem Zusammenhange erhalten, so übertrage man ein ca. 2 cmm grosses Nierenstückchen in ein Uhrschälchen, in welches man ein grosses Deckglas und so viel destillirtes Wasser gebracht hat, dass dieses das Deckgläschen oben überspült. Nun sucht man mit Nadeln die Kanälchen zu isoliren. Ist die Isolation gelungen — man kann sich davon mit Lupe oder schwacher Vergrösserung überzeugen — so saugt man vorsichtig mit einer Pipette oder mit Filtrirpapier das Wasser aus dem Uhrschälchen und zuletzt vom Deckgläschen, nimmt dieses heraus, reinigt dessen freie Fläche und setzt es mit den anhaftenden Harnkanälchen leise auf einen Objektträger, auf welchen man vorher einen Tropfen verdünntes Glycerin gebracht hat. Man kann nachher mit Pikrokarmin unter dem Deckglase färben (pag. 30). (Fig. 184).

Nr. 130. Rinden- und Marksubstanz. Zu Schnitten kann man die andere Katzenniere, oder andere Nierenstücke von 2—3 cm Seite in 200 bis 300 ccm Müller'scher Flüssigkeit fixiren und nach 4 Wochen in ca. 100 ccm allmählich verstärktem Alkohol härten (pag. 15). Dicke Quer- und Längsschnitte durch Rinden- und ebensolche durch Marksubstanz betrachte man ungefärbt in verdünntem Glycerin mit Lupe und schwachen Vergrösserungen. Feine Schnitte a) quer durch die Spitze der Papille für Ductus papillares[1], b) quer durch die Basis der Papille (Fig. 189), c) durch die Rindensubstanz werden mit Böhmer'schem Haematoxylin gefärbt (pag. 18) und in Damarfirniss (pag. 27) eingeschlossen.

Geübtere wollen versuchen, grosse, dicke Schnitte, welche Rinde und Mark zusammen treffen, anzufertigen, also von der Grenze zwischen Mark und Rinde (Fig. 185), die gleichfalls ungefärbt in Glycerin unter schwachen Vergrösserungen gute Uebersichtsbilder gewähren. Oft sind die Blutgefässe noch mit Blutkörperchen gefüllt und lassen sich auf weite Strecken übersehen.

Nr. 131. Markstrahlen und Henle'sche Schleifen sind besonders schön an gefärbten, senkrechten Schnitten von Nieren junger Thiere (Methode Nr. 130) zu sehen.

Nr. 132. Zum Studium des Glomerulus und der Bowman'schen Kapsel, sowie des Zusammenhanges der letzteren mit dem Harnkanälchen ist die Niere der Maus am besten geeignet. Man fixire und härte die halbirte Niere in 15 ccm absolutem Alkohol, der nach einigen Stunden gewechselt wird. Nach drei Tagen oder später werden feine Schnitte der Rinde angefertigt, die 2—3 Minuten in Böhmer'schem Haematoxylin (pag. 18) gefärbt und in Damarfirniss eingeschlossen werden (Fig. 187). Das innere Blatt der Kapsel ist wegen der gleichfalls gefärbten Kerne der Gefässwände nicht zu unterscheiden. Sekretionsunterschiede der Zellen sind nur an absolut frischen sofort nach dem Tode entnommenen Objekten sichtbar, die in Chromosmium-Essigsäure fixirt (pag. 15) und in sehr feine Schnitte zerlegt worden sind.

Nr. 133. Nierengefässe. Man kann eine Niere isolirt injiziren (pag. 25), in ca. 300 ccm Müller'scher Flüssigkeit (pag. 14) fixiren und nach 4 Wochen in ca. 150 ccm allmählich verstärktem Alkohol (pag. 15) härten. Makroskopisch sind die Stellulae Verheynii zu beobachten. Un-

---

[1] Fixirung mit absolutem Alkohol (nach Nr. 132) ist hierfür noch mehr zu empfehlen.

gefärbte dicke Längs- und Querschnitte sind mit Lupe (s. pag. 33) und schwachen Vergrösserungen zu studiren (Fig. 190).

Nr. 134. Nerven der Niere. Kleine Stückchen sind nach der pag. 23 angegebenen Methode (3—6 Tage Aufenthalt in der osmiobichromischen Mischung) zu behandeln.

Nr. 135. Nierenbecken und Ureter. Von ersterem sind ca. 1 qcm grosse, von letzterem 1—2 cm lange Stücke in 100 ccm Müllerscher Flüssigkeit zu fixiren und nach ca. 14 Tagen in 100 ccm allmählich verstärktem Alkohol zu härten (pag. 15); Schnitte sind mit Böhmer'schem Haematoxylin zu färben (pag. 18) und in Damarfirniss (pag. 27) aufzuheben (Fig. 192).

Nr. 136. Blase wie Nr. 135.

Nr. 137. Epithelzellen des Nierenbeckens, des Ureter und der Blase. Von jedem dieser Theile ist ein ca. 1 qcm grosses Stückchen (Ureter aufschneiden) in ca. 30 ccm Ranvier'schen Alkohol einzulegen. Isolation und Färbung mit Pikrokarmin (pag. 12). Konserviren in verdünntem, angesäuertem Glycerin (pag. 30).

Nr. 138. Weibliche Harnröhre. Man schneide ein ca. 2 cm langes Stück der weiblichen Harnröhre zusammen mit der anhängenden vorderen Vaginalwand aus, fixire dasselbe in 100—200 ccm Müller'scher Flüssigkeit und härte es nach 2—3 Wochen in ca. 100 ccm allmählich verstärktem Alkohol (pag. 15). Querschnitte färben mit Böhmer'schem Haematoxylin (pag. 18) und konserviren in Damarfirniss (pag. 27).

Nr. 139. Männliche Harnröhre. 1—3 cm lange Stücke der Pars prostatica, Pars membranaca, Pars cavernosa und der Fossa navicularis behandeln wie Nr. 138. Man verwechsle Querschnitte der Morgagni'schen Lacunen (d. s. blinde Ausbuchtungen der Harnröhrenschleimhaut) nicht mit Drüsendurchschnitten.

VIII. Geschlechtsorgane.

A. Die männlichen Geschlechtsorgane.

Die Hoden.

Die Hoden (Testes) sind aus verästelten schlauchförmigen Kanälchen, den Hodenkanälchen (Samenkanälchen), bestehende Drüsen, welche von einer bindegewebigen Hülle umgeben werden. Diese Hülle, die Tunica albuginea s. fibrosa (Fig. 194) ist eine derbe Haut, welche das Hodenparenchym rings einschliesst und hinten oben einen dickeren, in das Innere des Hodens vorspringenden Wulst, das Corpus Highmori, entwickelt. Von diesem entstehen eine Anzahl Blätter, die Septula testis, welche divergirend gegen die Tunica albuginea ziehen und so das Hodenparenchym in pyramidale Läppchen abtheilen, deren Basis gegen die Tunica albuginea, deren Spitze gegen das Corpus Highmori gerichtet ist. Die Tunica albuginea besteht aus strafffaserigem Bindegewebe, welches an seiner freien Oberfläche

von einer einfachen Lage platter Epithelzellen[1]) überzogen wird, nach innen
aber an eine lockere Bindegewebslage stösst; diese ist die Trägerin vieler
Gefässe und heisst Tunica vasculosa; sie hängt mit den Septula testis
zusammen. Das aus derbem Bindegewebe aufgebaute Corpus Highmori
schliesst ein aus vielfach mit einander anastomosirenden Kanälen gebildetes
Netzwerk, das Rete testis (Rete vasculosum Halleri) in sich. Die Septula
testis bestehen aus Bindegewebsbündeln, welche mit dem die einzelnen Hodenkanälchen umstrickenden Bindegewebe zusammenhängen. Dieses „interstitielle"
Bindegewebe ist reich an zelligen Elementen, die theils in Form platter Bindegewebszellen, theils als rundliche, Pigment- oder Fettkörnchen führende Zellen
(sog. „Zwischenzellen") auftreten.

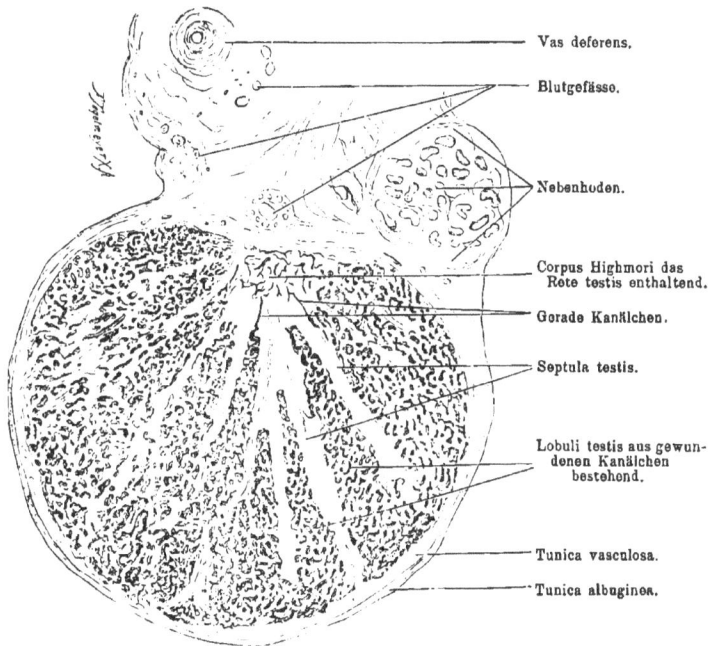

Fig. 194.
Querschnitt des Hodens eines neugeborenen Knaben, 10mal vergrössert. Technik Nr. 140, pag. 255.

Die Hodenkanälchen lassen während ihres Verlaufes drei Abschnitte
unterscheiden: sie beginnen 1. als Tubuli contorti, werden dann 2. zu Tubuli
recti, welche sich 3. in das Rete testis fortsetzen. Die Tubuli contorti sind
drehrunde, ca. 140 μ dicke Röhrchen, über deren Anfang man noch nicht
hinreichend orientirt ist; wahrscheinlich hängen sie an der Peripherie unter

---

[1]) D. i. das viscerale Blatt der Tunica vaginalis propria.

der Tunica vasculosa mit einander vielfach zusammen und bilden so ein Netzwerk[1]), aus welchem zahlreiche Kanälchen abbiegen und unter vielfachen Windungen gegen das Corpus Highmori ziehen. Während dieses Verlaufes tritt eine Verminderung der Zahl der Kanälchen ein, indem dieselben fortgesetzt unter spitzem Winkel sich miteinander vereinigen. Nicht weit vom Corpus Highmori entfernt gehen die gewundenen Kanälchen in die Tubuli recti über (Fig. 194), welche bedeutend verschmälert, 20—25 μ dick, nach kurzem Verlaufe in das Corpus Highmori eindringen und hier das Rete testis bilden, dessen Kanäle 24—180 μ messen.

Die Wandung der Tubuli contorti besteht von aussen nach innen gezählt 1. aus einer mehrfachen Lage platter Bindegewebszellen, 2. einer feinen Membrana propria, 3. aus einem geschichteten Epithel, dessen Aussehen in den einzelnen Abschnitten der Kanälchen ein sehr verschiedenes ist.

Fig. 195.

Aus einem Querschnitte eines Stierhodens, 50mal vergrössert. Das Epithel hat sich durch Fixirung und Härtung etwas zurückgezogen, so dass zwischen ihm und dem interstiellen Bindegewebe Lücken entstanden sind. Technik Nr. 141, pag. 266.

Entweder befindet sich das Epithel im Zustande der Ruhe, dann erscheinen die Kanälchen ausgekleidet von einer mehrfachen Schicht rundlicher Zellen, deren Kerne bald mehr, bald minder intensiv sich färben (Fig. 195). Oder das Epithel zeigt Zustände der Thätigkeit, d. h. eine Reihe von Bildern, die sich auf die Samenbildung, die Spermatogenese, beziehen. Die der Membrana propria zunächst liegende „Wandschicht" von Epithelzellen besteht aus zwei Arten; die eine — die Sertoli'schen Zellen (Fig. 196) haben mit der Erzeugung der Samenfäden direkt nichts zu thun; die andern dagegen, die Spermatogonien (Stammzellen) sind die eigentlichen Samenbildner. Sie vermehren sich durch indirekte Theilung und wachsen zu grossen Zellen heran, die in der nächstinneren Schicht liegen. Das sind die Mutterzellen, welche durch zweimalige Theilung je vier in den weiter centralwärts befindlichen Schichten gelegene Zellen, die Spermatiden (Samen-

---

[1]) Auch blinde Enden der Samenkanälchen sind beobachtet worden.

zellen) hervorgehen lassen. Letztere werden nun zu Samenfäden („Spermatosomen"), indem der Kern jeder Spermatide zum Kopfe, ein kleiner Theil
des Protoplasma zum Schwanze des Samenfadens wird[1]). Während dieser Vorgänge hat sich eine grosse Anzahl von Spermatiden mit je einer unterdessen
centralwärts in die Länge gewachsenen Sertoli'schen Zelle[2]) verbunden; durch
diese „Kopulation" empfangen die Spermatiden höchst wahrscheinlich Er-
nährungsmaterial.

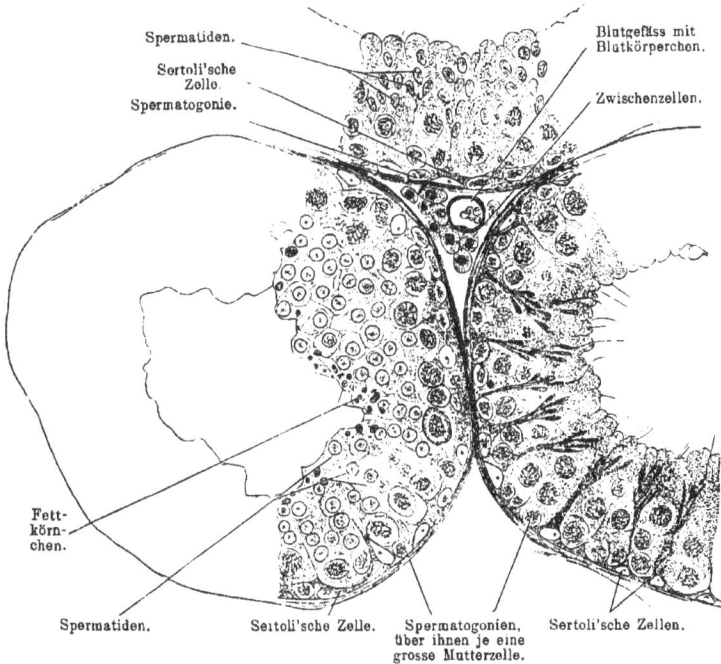

Fig. 196.

Durchschnitte von Hodenkanälchen einer Maus, 360mal vergrössert. Man beachte, wie die anfangs runden
Kerne der Spermatiden (links unten) oval werden (oben) und sich zu Samenfädenköpfen umbilden (rechts
unten). Technik Nr. 142, pag. 256.

Die Wandung der Tubuli recti besteht aus einer Membrana propria
und nach Innen von dieser aus einer einfachen Lage niedriger Cylinderzellen.

Die Kanäle des Rete testis werden von einer einfachen Lage kubischer oder platter Epithelzellen ausgekleidet.

Die Arterien des Hodens sind Aeste der A. spermatica interna, welche
theils vom Corpus Highmori, theils von der Tunica vasculosa in die Septula

---

[1]) Wahrscheinlich geht das Verbindungsstück (pag. 244), welches die Reaktion des
Paranucleins (pag. 38) zeigt, aus dem Centrosoma hervor.

[2]) Dadurch entsteht der „Spermatoblast" der Autoren s. Technik Nr. 143, p. 256.

16*

testis eindringen und sich von hier aus in ein die Hodenkanälchen umspinnendes Kapillarnetz auflösen. Die daraus entspringenden V e n e n verlaufen mit den Arterien. Die L y m p h g e f ä s s e bilden ein unter der Tunica albuginea gelegenes Netzwerk, welches mit den die Samenkanälchen umstrickenden Lymphkapillaren in Zusammenhang steht. Die N e r v e n bilden Geflechte um die Blutgefässe, einzelne davon abzweigende Fasern sollen die Membrana propria durchbohren und zwischen den Epithelzellen knopfförmig verdickt enden.

Der Samen.

Das Sekret der Hoden, der Samen (Sperma) besteht fast allein aus den S a m e n f ä d e n (S p e r m a t o f i l a, Spermatosomen), stecknadelähnlichen

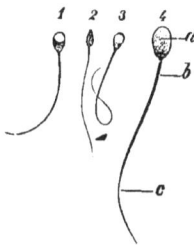

Gebilden, an denen wir Kopf und Schwanz unterscheiden (Fig. 197). Beim Menschen ist der K o p f 3—5 μ lang, 2—3 μ breit, abgeplattet, von der Seite gesehen birnförmig, das spitze Ende nach vorn gerichtet, von der Fläche gesehen dagegen oval, vorn abgerundet. Der S c h w a n z zeigt bei sehr starken Vergrösserungen einen seine ganze Länge durchsetzenden Faden, den A c h s e n f a d e n, der aus feinen Fibrillen zusammengesetzt ist. Man unterscheidet am

Fig. 197.
1. 2. 3. Samenfäden des Menschen, 300mal vergr. 1. Von der Fläche, 2. von der Kante gesehen. 3. Oesenartig eingerollter Samenfaden. 4. Samenfaden des Stieres. a Kopf, b Verbindungsstück. c Hauptstück. Das Endstück, sowie die Grenzen dieser Theile sind bei dieser Vergrösserung noch nicht wahrzunehmen.·
Technik Nr. 144, pag. 256.

Schwanze verschiedene Abschnitte: zunächst dem Kopfe liegt das drehrunde V e r b i n d u n g s s t ü c k ("Mittelstück"), welches 6 μ lang und kaum 1 μ breit ist; dann folgt das 40—60 μ lange, sich nach hinten allmählich verschmälernde H a u p t s t ü c k. Die Spitze des Schwanzes, das E n d s t ü c k, wird durch den etwa 10 μ frei hervorragenden Achsenfaden gebildet[1]. Die Samenfäden sind (wahrscheinlich wegen ihres Kalkgehaltes) durch ihre grosse Widerstandsfähigkeit ausgezeichnet. Die schlängelnden Bewegungen der Samenfäden kommen nur dem Schwanze zu, welcher den Kopf vor sich her schiebt; sie fehlen meist im reinen Sekret des Hodens und stellen sich erst ein bei Verdünnung des Samens, wie es bei der Entleerung auf natürlichem Wege durch Beimengung des Sekretes der Samenleiterampullen, der Samenbläschen, der Prostata und der Cowper'schen Drüsen geschieht. In dieser Flüssigkeitsmischung erhält sich die Bewegung selbst noch einige Zeit nach dem Tode (24—48 Stunden), wie auch länger Zeit im Sekrete der weiblichen Genitalien. Wasser sistirt die Bewegung, welche

---

1) Auf die verschiedenen Formen der Thiersamenfäden kann hier nicht eingegangen werden. Ein bei Vögeln und geschwänzten Amphibien zuerst entdeckter S p i r a l f a d e n, der durch eine glashelle Membran mit dem Achsenfaden verbunden ist, ist zwar auch bei einzelnen Säugethieren, z. B. bei der Ratte, gefunden worden, konnte aber beim Menschen bis jetzt noch nicht mit Sicherheit nachgewiesen werden.

jedoch durch Zusatz mässig konzentrirter, alkalisch reagirender thierischer Flüssigkeiten auf's Neue angefacht werden kann; überhaupt sind die genannten Flüssigkeiten, ferner 1%oige Kochsalzlösung, den Bewegungen der Samenfäden günstig, während Säuren und Metallsalze die Bewegung aufheben. Bewegungslose Samenfäden sind häufig ösenartig eingerollt (Fig. 197, 3).

Die ableitenden Samenwege.

Die ableitenden Samenwege werden gebildet durch den Nebenhoden (Epididymis), den Samenleiter (Vas deferens), das Samenbläschen und den Ductus ejaculatorius[1]). Aus dem oberen Ende des Rete testis treten etwa 15 Vasa efferentia testis hervor, die immer stärker sich schlängelnd ebenso viele konische Läppchen, Coni vasculosi, bilden. Die Summe der Coni stellt den Kopf des Nebenhodens dar. Aus der Vereinigung der Vasa efferentia geht das

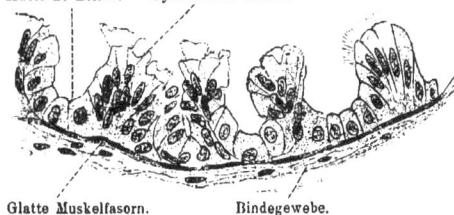

Kubische Zellen.   Cylindrische Zellen.

Glatte Muskelfasorn.   Bindegewebe.

Fig. 198.

Querschnitt durch ein Vas efferens testis des erwachsenen Menschen. Die rechte Ecke der Abbildung ist schematisirt. 360mal vergrössert. Von Flimmerhaaren war hier nichts zu sehen, obwohl diejenigen des Epithels des Vas epididymidis gut erhalten waren. Technik Nr. 147, pag. 257.

Vas epididymidis hervor, welches, vielfach gewunden, Körper und Schwanz des Nebenhodens bildet und sich in das Vas deferens fortsetzt.

Die Vasa efferentia sind von einem ganz ungleichen Epithel ausgekleidet; es wechseln Gruppen einfachen cylindrischen Flimmerepithels mit solchen kubischer, nicht flimmernder Zellen ab; letztere gewähren so das Bild alveolärer Einzeldrüschen, die indessen keine Ausbuchtungen der Membrana propria bedingen (Fig. 198). Eine streifige Membrana propria und eine aus mehreren Lagen glatter Muskelfasern gebildete Ringfaserschicht vervollständigt die Wandung der Vasa efferentia.

Das Vas epididymidis besitzt geschichtetes Flimmerepithel; (Fig.

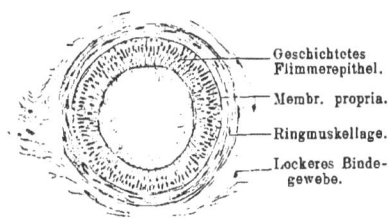

Geschichtetes Flimmerepithel.

Membr. propria.

Ringmuskellage.

Lockeres Bindegewebe.

Fig. 199.

Querschnitt des Vas epididymidis vom Menschen , 80mal vergrössert. Technik Nr. 147, pag. 257.

199) seine Windungen werden durch lockeres, blutgefässreiches Bindegewebe zusammengehalten; gegen den Samenleiter zu verdickt sich die Ringmuskellage.

---

1) Tubuli recti und Rete testis gehören auch zu den ableitenden Samenwegen, sind aber wegen des innigen Anschlusses an die Drüse mit dieser beschrieben worden.

Der Samenleiter besteht entweder aus einem doppelschichtigen Cylinderepithel, oder aus einem mehrschichtigen (dem Uebergangsepithel) (pag. 236)
ähnlichen Pflasterepithel, einer in Tunica propria und Submucosa geschiedenen
Bindegewebslage, ferner aus
einer inneren Ringlage und
einer äusseren Längslage
glatter Muskelfasern (Fig.
200). Im Anfangstheile des
Samenleiters findet sich in
der Submucosa auch eine
dünne Schicht longitudinaler
glatter Muskelfasern. Der
Endtheil des Samenleiters
schwillt zur Ampulla
an, deren Wandungen nur
dünner sind, sonst aber
einen ähnlichen Bau zeigen.
In der Schleimhaut der
Ampulle finden sich ver-
zweigte Drüsenschläuche; das aus Cylinderzellen bestehende Epithel enthält zahlreiche Pigmentkörnchen. Ebenso sind die Samenblasen gebaut. Die Ductus ejaculatorii bestehen aus einer einfachen Lage Cylinderepithels und dünnen, inneren cirkulären und äusseren longitudinalen
Lagen glatter Muskelfasern.

Die Nerven bilden in der Muscularis des Nebenhodens, mehr noch aber
in derjenigen des Samenleiters ein dichtes Geflecht, den Plexus myosper-
maticus, von welchem feine Fasern in die Schleimhaut sich fortsetzen.

Das zwischen den Elementen des Samenstranges gelegene Organ von
Giraldès (Paradidymis) ist ebenso wie das Vas aberrans Halleri ein
Rest der (embryonalen) Urniere. Beide bestehen aus einem mit kubischem
Flimmerepithel ausgekleideten Kanälchen, welches von blutgefässhaltigem
Bindegewebe umhüllt wird. Die „ungestielte Hydatide" (Morgagni'sche
11.) ist ein mit einem kurzen Stiele versehenes, aus gefässarmem Bindegewebe aufgebautes, solides Läppchen, welches von flimmerndem Cylinderepithel
überzogen wird. Der Stiel enthält ein mit Cylinderepithel ausgekleidetes
Kanälchen. Die inkonstante gestielte Hydatide ist ein mit kubischen
Zellen ausgekleidetes, klare Flüssigkeit enthaltendes Bläschen. Die Bedeutung der Hydatiden — sie werden vielfach als Reste des oberen Endes des
beim Weibe zur Tube werdenden (embryonalen) Müller'schen Ganges betrachtet — ist noch nicht völlig aufgeklärt.

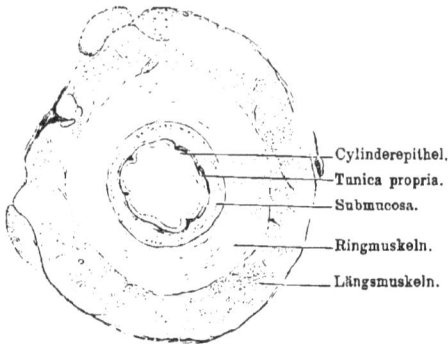

Fig. 200.

Querschnitt des Anfangstheiles des Samenleiters vom Menschen,
20mal vergrössert. Die quer durchschnittenen Längsmuskeln der
Submucosa sind als kleine Ringe und Punkte zu sehen.
Technik Nr. 147, pag. 257.

Cylinderepithel.
Tunica propria.
Submucosa.
Ringmuskeln.
Längsmuskeln.

Anhangsdrüsen der männlichen Geschlechtsorgane.

Die Prostata besteht zum kleineren Theile aus Drüsensubstanz, zum grösseren Theile aus glatten Muskelfasern. Die Drüsensubstanz setzt sich zusammen aus 30—50 verästelten tubulösen, serösen Einzeldrüsen, welche durch ihren lockeren Bau ausgezeichnet sind. Die Drüsen münden mit zwei grösseren und einer Anzahl kleinerer Ausführungsgänge in die Harnröhre Die Drüsenzellen sind niedrige Cylinderzellen, welche in einfacher Lage die Röhrchen auskleiden. In den grösseren Ausführungsgängen ist Uebergangsepithel (pag. 236), wie in der Pars prostatica urethrae, vorhanden. In den Endstücken finden sich bei älteren Leuten die sog. Prostatasteine, runde, bis 0,7 mm grosse, geschichtete Sekretklumpen. Die glatten Muskelfasern, welche überall in grosser Menge zwischen den Drüsenläppchen gelegen sind, verdicken sich gegen die Harnröhre zu einer stärkeren Ringmuskellage (M. sphincter vesicae intern.); auch an der äusseren Oberfläche der Prostata finden sich reichlich glatte Muskelfasern, die an Bündel quergestreifter Muskelfasern (M. sphincter vesicae extern., d. i. ein Theil des M. urethralis) angrenzen. Die Prostata und der Colliculus seminalis sind mit vielen Blutgefässen versehen; über Nerven ist nichts Näheres bekannt.

Die Cowper'schen Drüsen sind tubulöse zusammengesetzte Drüsen, deren weite Röhrchen mit einer einfachen Schicht heller Cylinderzellen, deren Ausführungsgänge mit 2—3 Schichten kubischer Zellen ausgekleidet sind.

Der Penis.

Der Penis besteht aus drei cylindrischen Schwellkörpern: den beiden Corpora cavernosa penis und dem Corpus cavernosum urethrae, welche von Fascie und Haut eingehüllt werden.

Jedes Corpus cavernosum penis besteht aus einer Tunica albuginea und einem Schwammgewebe. Die Tunica albuginea ist eine feste, durchschnittlich 1 mm dicke, bindegewebige, mit vielen feinen elastischen Fasern untermischte Haut, an der eine äussere Längslage und eine innere Ringlage zu unterscheiden ist. Das Schwammgewebe wird durch Bündel glatter Muskelfasern enthaltende Bindegewebsbalken und -blätter hergestellt, die vielfach mit einander zusammenhängend ein Netzwerk bilden, dessen Lücken mit einer einfachen Lage platter Epithelzellen ausgekleidet werden. Diese Lücken sind mit venösem Blute erfüllt. Die dickwandigen Arterien gehen theils in Kapillaren über, theils münden sie direkt in das tiefere Rindennetz. Die Kapillaren bilden ein unter der Tunica albuginea gelegenes Netz, das oberflächliche (feine) Rindennetz, welches mit einem mehrschichtigen Netze weiterer venöser Gefässe, dem tiefen (groben) Rindennetze, zusammenhängt. Letzteres ist in den oberflächlichen Schichten des Schwammgewebes gelegen und geht allmählich in die venösen Räume des

Schwammgewebes über. Die sogen. Rankenarterien (A. helicinae) sind
in dünnen Bindegewebssträngen gelagerte Aestchen, welche bei kollabirtem
Gliede schlingenförmig umgebogen sind
und bei unvollkommener Injektion
blind zu endigen scheinen. Die das
Blut aus den Corpora cavernosa penis
zurückführenden Venen (Venae emis-
sariae) entstehen meist aus dem groben
Rindennetze, theils aus der Tiefe des
Schwammgewebes. Sie münden, nachdem sie die Tunica albuginea durchbohrt haben, in die Vena dorsalis penis.

Das Corpus cavernosum urethrae besteht aus zwei differenten
Abschnitten; die centrale Partie wird
durch ein Netz der ansehnlich entwickelten Venen der Submucosa der Harnröhrenschleimhaut gebildet; die peripherische
Partie gleicht im Baue dem Corpus
cavernosum penis, nur fehlt hier eine
direkte Kommunikation der Arterien
mit den Venenräumen. Die Tunica albuginea wird nur durch eine Ringfaser-
lage gebildet. Die Glans penis besteht aus vielfach gewundenen Venen, die
durch ein sehr ansehnlich entwickeltes Bindegewebe, dem Träger der feinen
Arterien, sowie der Kapillaren zusammengehalten werden.

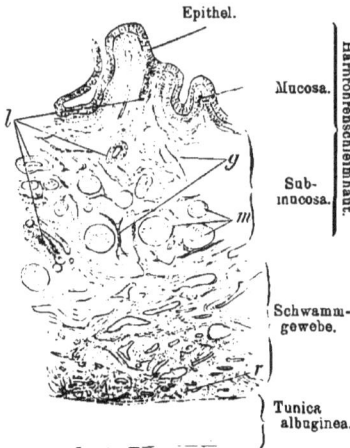

Fig. 201.
Stück eines Querschnittes der Pars cavernosa
urethrae des Menschen, 20mal vergr. *l* Littre'sche
Drüsen (pag. 238). Der unterste Strich deutet auf
den Drüsenkörper, die oberen auf Stücke des
Ausführungsganges. *g* Blutgefässe. *m* Querschnitte
von Längsmuskelfasern. *r* Oberflächliches Rindennetz. Technik Nr. 148, pag. 257.

Labels in figure: Epithel. — Mucosa. — Submucosa. — Harnröhrenschleimhaut. — Schwammgewebe. — Tunica albuginea.

B. Die weiblichen Geschlechtsorgane.

Die Eierstöcke.

Die Eierstöcke bestehen aus Bindegewebe und Drüsensubstanz. Das
derbe Bindegewebe, Stroma ovarii, ist in verschiedenen Schichten angeordnet; zu äusserst liegt 1. die Tunica albuginea (Fig. 202), eine
aus zwei oder mehr in sich kreuzenden Richtungen verlaufenden Bindege-
webslamellen zusammengesetzte Bildung, welche ganz allmählich 2. in die
Rindensubstanz (Fig. 202) übergeht; diese schliesst die Drüsensubstanz in sich und hängt 3. mit der Marksubstanz zusammen, welche
die Trägerin zahlreicher, geschlängelter, von Zügen glatter Muskelfasern be-
gleiteter Gefässe ist. Die Drüsensubstanz wird gebildet durch zahlreiche
(beim Menschen ca. 36,000) kugelige Epithelsäckchen, die Eifollikel,
deren jedes ein Ei einschliesst. Die meisten Follikel sind mikroskopisch
klein (40 μ) und bilden in den äusseren Schichten der Rindensubstanz
liegend eine bogenförmige Zone (Fig. 202), die nur am Hilus des Eier-

stockes, der Eintrittsstelle der Gefässe, fehlt. Die grösseren Follikel liegen etwas tiefer. Die grössten, mit unbewaffnetem Auge leicht wahrnehmbaren Follikel reichen im höchsten Grade der Ausbildung von der Marksubstanz

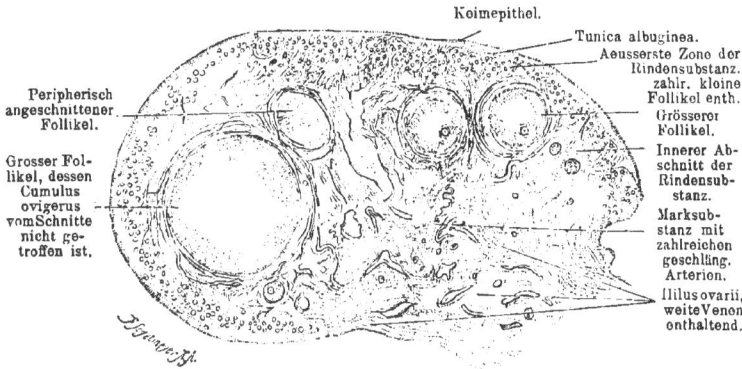

Fig. 202.

Querschnitt des Ovarium eines 8 Jahre alten Mädchens. 10mal vergrössert. Tunica albuginea noch schwach entwickelt. Technik Nr. 149, pag. 257.

bis zur Tunica albuginea. Die Oberfläche des Eierstockes ist vom Keim-epithel, d. i. einer einfachen Lage sehr kleiner, kurzcylindrischer Zellen überzogen.

Nur die erste Entwicklung der Eier vollzieht sich in embryonaler Zeit; die weitere Ausbildung der Eier bis zur vollendeten Reife ist in jedem zeugungsfähigen Ovarium in allen Stadien zu beobachten. In der Foetalperiode und selbst noch nach der Geburt findet man zwischen den Cylinderzellen des Keimepithels grössere mit Kern und Kernkörperchen versehene, rundliche Zellen, die Primordialeier (Ureier, Fig. 203), die durch besondere Ausbildung einzelner Zellen des Keimepithels entstanden sind. Im Verlaufe der Entwicklung

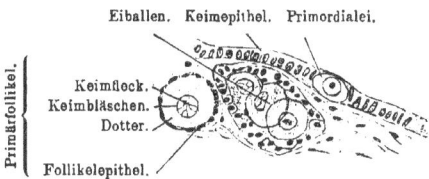

Fig. 203.

Aus einem senkrechten Durchschnitte des Eierstockes eines vier Wochen alten Mädchens, 240mal vergr. Das Primordialei hat einen grossen Kern mit Kernkörperchen. Der Eiballen enthält drei Eier. umgeben von Cylinderzellen.
Technik Nr. 149, pag. 257.

wachsen Gruppen von Cylinderzellen, welche mehrere Primordialeier einschliessen, in das Ovarialstroma hinein. Diese Gruppen heissen Eiballen. (Eischläuche, Einester). Indem sich nun jedes Ei mit den kleinen Cylinderzellen umgiebt und sich von den übrigen Eiern abschnürt, entsteht ein kugeliger Körper, der Primärfollikel, der somit aus dem Ei und den dieses einschliessenden Epithelzellen, dem sog. Follikelepithel, besteht. So-

weit sind es vorzugsweise foetale Vorgänge. Nun werden die Follikelepithelzellen erst höher (Fig. 204, 2), dann mehrschichtig, das Ei wird grösser,
gewinnt eine excentrische Lage und
erhält eine allmählich sich verdickende,
fein radiär gestreifte Randschicht, die
Zona pellucida (Oolemma). Mit
der Vergrösserung des Eies vollzieht
sich auch eine Sonderung seines Protoplasma; der grösste Theil desselben
verwandelt sich in eine krümelige Masse,
das Deutoplasma, von dem ursprünglichen Protoplasma, dem „Ei-
protoplasma", bleibt nur eine um
den excentrisch gelegenen Kern befindliche Zone, sowie eine die Oberfläche
des Eies überziehende schmale Schicht
erhalten. Deutoplasma und Eiproto-
plasma nennen wir zusammen Dotter, den Kern Keimbläschen (Vesi-
cula germinativa), welcher den Keimfleck[1] (Macula germinativa) enthält.
An letzterem sind amoeboide Bewegungen beobachtet worden. Zwischen
Dotter und Zona pellucida ist ein schmaler 1,3 μ breiter Spalt, der perivitelline Spaltraum beschrieben worden.

Nun wächst der Follikel weiter; unter fortwährender Vermehrung der
Follikelepithelzellen entsteht zwischen ihnen eine Lücke, die von einer
wässerigen Flüssigkeit, dem Liquor folliculi, ausgefüllt wird. Der Liquor
ist theils ein Transsudat aus den den Follikel umspinnenden Blutgefässen,
theils ist er durch Verflüssigung einzelner Follikelepithelzellen entstanden;
er erfährt eine immer fortschreitende Vermehrung, so dass der Follikel
bald ein mit Flüssigkeit erfülltes Bläschen, den Graaf'schen Follikel,
dessen Durchmesser 0,5—12 mm beträgt, darstellt. Um grössere Follikel
ordnet sich das Bindegewebe des Stroma zu kreisförmigen Zügen, die wir
Theca folliculi (Fig. 204) nennen. Der Graaf'sche Follikel besteht somit 1. aus einer bindegewebigen Hülle, der Theca folliculi, welche zwei
Schichten, a) eine äussere, faserige Tunica fibrosa (Fig. 205) und b) eine
innere, an Zellen und Blutgefässen reiche Tunica propria unterscheiden lässt;
2. aus dem mehrschichtigen Follikelepithel, dass sich beim Zerzupfen frischer
Follikel in grossen Fetzen darstellen lässt und seit langer Zeit als Membrana granulosa bekannt ist. Eine verdickte Stelle des Follikelepithels,
der Cumulus ovigerus (Discus proligerus), schliesst das Ei ein; die

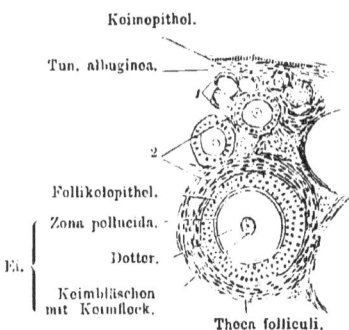

Koimepithel.

Tun. albuginea.

2

Follikelepithel.

Zona pellucida.

Dotter.

Keimbläschen
mit Keimfleck.

Ei.

Theca folliculi.

Fig. 204.

Aus einem Durchschnitte durch die Rinde eines
Kanincheneierstockes, 90mal vergr. 1. Primärfollikel. 2. Follikel mit einschichtigem Cylinderepithel. Technik Nr. 149, pag. 257.

[1] Derselbe kann nicht ohne Weiteres als Kernkörperchen gedeutet werden, da er
sich in chemischer Beziehung von diesem unterscheidet. Er besteht nämlich nicht, wie
dieses, aus Paranuclein (pag. 38), sondern scheint dem Nuclein ähnlich zu sein.

der Zona pellucida zunächst liegenden Epithelzellen sind radiär zum Ei gestellt und bilden die Corona radiata (Fig. 206). Der grösste Theil des Binnenraumes des Follikels wird vom Liquor folliculi eingenommen.

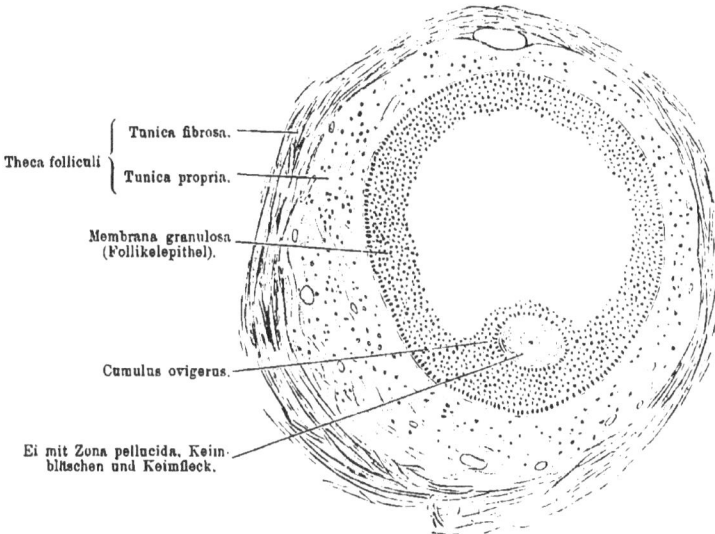

Theca folliculi
 Tunica fibrosa.
 Tunica propria.

Membrana granulosa
(Follikelepithel).

Cumulus ovigerus.

Ei mit Zona pellucida, Keimbläschen und Keimfleck.

Fig. 205.

Durchschnitt eines Graaf'schen Follikels eines 8jährigen Mädchens, 90mal vergr. Der helle Raum in der Mitte enthielt den Liquor folliculi. Technik Nr. 149, pag. 257.

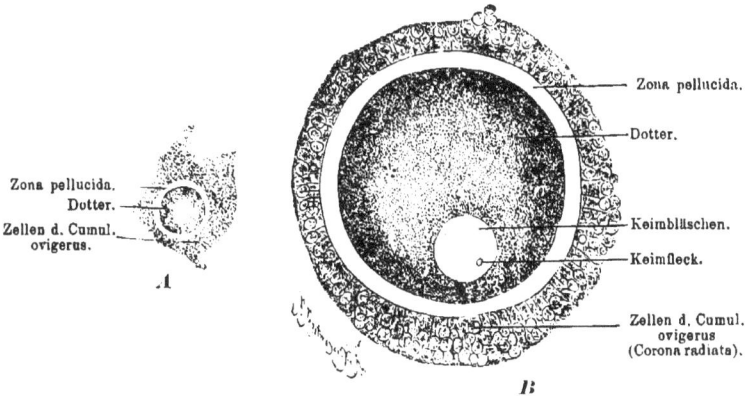

Zona pellucida.
Dotter.
Keimbläschen.
Keimfleck.
Zellen d. Cumul.
ovigerus
(Corona radiata).

Zona pellucida.
Dotter.
Zellen d. Cumul.
ovigerus.

Fig. 206.

Ei aus einem Graaf'schen Follikel der Kuh. A 50mal, B 240mal vergrössert. Die Streifung der Zona und der perivitelline Spaltraum sind hier nicht zu sehen. Technik Nr. 150, pag. 257.

Hat der Graaf'sche Follikel seine völlige Reife erreicht, so platzt er an der der Eierstockoberfläche zugekehrten Seite, die schon vorher durch

Vorwölbung und starke Verdünnung kenntlich war; das Ei gelangt in die
Beckenhöhle, der leere Follikel bildet sich zum gelben Körper (C o r p u s
l u t e u m) zurück. Erfolgt keine Befruchtung des ausgestossenen Eies, so
verschwindet das Corpus luteum nach wenigen Wochen; wir nennen solche
Gebilde f a l s c h e gelbe Körper; tritt dagegen Schwangerschaft ein, so entwickelt sich der geborstene Follikel zum w a h r e n gelben Körper, der einen
Durchmesser von ca. 1 cm besitzt und sich Jahre lang erhält. Er besteht
anfangs aus einer Faserhaut (der ehemaligen Tunica fibrosa) und aus einer
gelben Masse, die vorzugsweise durch Wucherung der Zellen der Tunica
propria, sowie durch die Reste des verfetteten Follikelepithels entstanden ist
und in ihrem Centrum eine mit Blut gefüllte Höhle enthält. Das Blut
stammt aus den zerrissenen Gefässen der Tunica propria. Späterhin wird ein
Theil der Zellen zu jungem Bindegewebe, das Centrum entfärbt sich und an
Stelle des Blutes tritt eine krümelige, zuweilen Haematoidinkrystalle (pag. 93)
enthaltende Masse.

Nicht alle Primärfollikel entwickeln sich bis zu völliger Reife. Ein
Theil bildet sich zurück; auch Rückbildung grösserer Follikel kommt vor [1]).

Die A r t e r i e n des Eierstockes, Aeste der A. spermatica intern. und
der A. uterina, treten am Hilus ein, theilen sich in der Marksubstanz und
sind durch ihren geschlängelten Verlauf charakterisirt (Fig. 202). Von da
verlaufen sie in die Rindensubstanz, wo sie vorzugsweise in der Tunica
propria der Follikel ausgebreitete Kapillarnetze speisen. Die V e n e n bilden
am Hilus ovarii einen dichten Plexus. Die zahlreichen L y m p h g e f ä s s e
lassen sich bis zur Tunica propria der Follikel verfolgen. Marklose und
markhaltige N e r v e n treten in grosser Zahl mit den Blutgefässen vom Hilus
aus in die Marksubstanz, woselbst sie grösstentheils in der Wand der
Blutgefässe enden. Ein kleiner Theil geht bis zur Rindenschicht; dieser
bildet dort ein dichtes Geflecht feiner, meist markloser Fasern, welches die
Follikel umspinnt und feine Aestchen theils zur Wand der Blutgefässe, theils
(bei der Katze) zwischen das Epithel der grösseren Follikel entsendet.

Das Epoophoron (Parovarium) und das P a r o o p h o r o n sind Reste
embryonaler Bildungen. Ersteres, im lateralen Abschnitte des Fledermausflügels am (bei Katze, Maus u. A. im) Hilus ovarii gelegen, besteht aus
blind endigenden, geschlängelten Kanälchen, die mit flimmernden Cylinder-
epithelzellen ausgekleidet sind. Das Epoophoron ist ein Rest des Sexual-
theiles des Wolff'schen Körpers. Das Paroophoron liegt im medialen Abschnitte des Fledermausflügels und besteht aus verästelten, mit Cylinderzellen
ausgekleideten Kanälchen; es stellt einen Rest des Urnierentheiles des
Wolff'schen Körpers dar.

---

[1]) Dieser Prozess vollzieht sich in der Weise, dass zuerst das Ei abstirbt und dann
Zellen, theils Elemente der Membrana granulosa, theils Leukocyten, in das Ei einwandern
und die Stoffe desselben aufnehmen und erweichen. Die eingewanderten Zellen gehen
nach vollzogener Auflösung und Resorption des Dottermaterials zu Grunde.

Eileiter und Uterus.

Die Wandung des Eileiters, der Tuba Fallopiae, besteht aus drei Häuten: 1. einer Schleimhaut, 2. einer Muskelhaut und 3. einem serösen Ueberzuge. Die Schleimhaut ist in zahlreiche Längsfalten gelegt, so dass der Querschnitt des Eileiterlumens ein sternförmiger ist. Am höchsten sind die Falten in der Eileiterampulle, woselbst dieselben auch durch schräge kleine Falten unter einander verbunden sind. Die dicke Schleimhaut besteht a) aus einer einfachen Schicht flimmernden Cylinderepithels; der Flimmerstrom ist gegen den Uterus gerichtet, b) aus einer an Bindesubstanzzellen reichen Tunica propria, c) aus einer sehr dünnen Muscularis mucosae: glatten längs verlaufenden Muskelfasern und d) aus einer Submucosa, welche durch eine dünne Lage fibrillären Bindegewebes gebildet wird. Die Muskelhaut besteht aus einer inneren dickeren Lage cirkulärer und einer äusseren, nur dünnen Lage longitudinaler glatter Muskelfasern. Der seröse Ueberzug wird durch eine ansehnliche Lage lockeren Bindegewebes und durch das Bauchfell gebildet. Die Blutgefässe sind besonders in der Schleimhaut reichlich vertreten, woselbst sie ein eugmaschiges Kapillarnetz bilden. Die grösseren Venen verlaufen längs den Schleimhautfalten. Die Kenntniss des genaueren Verhaltens der Lymphgefässe und Nerven fehlt noch.

Die Wandung des Uterus besteht, wie diejenige des Eileiters, aus Schleimhaut, Muscularis und Serosa. (Fig. 207.) Die 1,5—2 mm dicke Schleimhaut trägt auf ihrer Oberfläche ein einschichtiges, flimmerndes, im Mittel 30 μ hohes Cylinderepithel (a); der Flimmerstrom ist gegen die Cervix uteri gerichtet. Die Tunica propria (b) besteht aus feinfaserigem, zahlreiche Bindesubstanzzellen und Leukocyten, sowie eine geringe Menge homogener Zwischensubstanz enthaltendem Gewebe und ist die Trägerin vieler einfacher, oder gabelig getheilter Drüsenschläuche (c), die aus einer zarten Membrana propria und einer einfachen Lage kurze Flimmerhaare tragender Cylinderzellen bestehen. Eine Submucosa fehlt; das Gewebe der Tunica propria geht unmerklich in das interstitielle Bindegewebe der Mus-

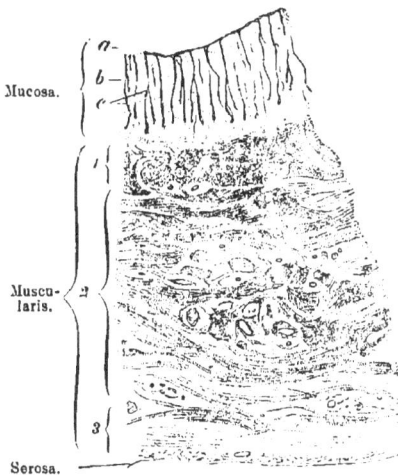

Mucosa. {
a—
b—
c—
}

Muscu-
laris.

Serosa.

Fig. 207.

Stück eines Querschnittes durch die Mitte des Uterus eines 15jährigen Mädchens. 10mal vergrössert. a Epithel, b Tunica propria, c Drüsen. 1. Stratum submucosum. 2. Str. vasculare, 3. Str. supravasculare. Technik Nr. 153, pag. 258.

c u l a r i s über. Diese besteht aus glatten Muskelfasern, welche, zu Bündeln vereint, in den verschiedensten Richtungen sich durchflechten, so dass eine scharfe Abgrenzung einzelner Lagen nicht möglich ist. Man kann im Allgemeinen drei Schichten unterscheiden: 1. eine i n n e r e, S t r a t u m s u b - m u c o s u m, aus längsverlaufenden Bündeln zusammengesetzte, 2. eine m i t t l e r e, die mächtigste, die vorwiegend aus cirkulären Muskelbündeln besteht und weite Venen enthält (daher „Stratum v a s c u l a r e") und 3. eine ä u s s e r e, theils von cirkulär, theils von längs verlaufenden Bündeln (letztere dicht unter der Serosa) gebildet: „Stratum s u p r a v a s c u l a r e" (Fig. 207). Die Se r o s a zeigt keine besonderen Eigenthümlichkeiten.

In der Cervix uteri ist die Schleimhaut dicker und trägt in den oberen zwei Dritteln eine einfache Lage grosser, im Mittel 60 μ hoher Flimmerzellen [1]), während gegen das Orificium uteri extern. Papillen mit geschichtetem Plattenepithel überzogen auftreten. Ausser vereinzelten Schlauchdrüsen kommen noch 1 mm weite, mit vielen Ausbuchtungen versehene Schleimdrüsen sog. Schleimbälge, vor, die durch Retention ihres Sekretes sich zu Cysten, den O v u l a N a b o t h i, umgestalten können. Die M u s c u l a r i s zeigt eine deutlich ausgesprochene Schichtung in eine innere und äussere longitudinale und eine mittlere cirkuläre Muskellage.

Die B l u t g e f ä s s e lösen sich in der Muscularis in Aeste auf, die besonders im Stratum vasculare stark entwickelt sind. Die Endäste treten in die Schleimhaut, wo sie ein die Drüsen umspinnendes Kapillarnetz bilden. Die L y m p h g e f ä s s e bilden in der Schleimhaut ein weitmaschiges mit blinden Ausläufern versehenes Netzwerk. Von diesem treten durch die Muscularis Stämmchen, welche mit einem dichten subserösen Netze grösserer Lymphgefässe zusammenhängen. Die zahlreichen theils markhaltigen, theils marklosen N e r v e n verästeln sich — nachdem die markhaltigen ihre Markscheide verloren haben — zum grössten Theile in der Muscularis. Ihr Verhalten zur Schleimhaut ist noch unbekannt.

Zur Zeit der Menstruation wird die Schleimhaut dicker (bis 6 mm) in Folge von Vermehrung der homogenen Zwischensubstanz, sowie der Leukocyten. Die Drüsen werden ebenfalls länger. Die Blutgefässe der Uterusschleimhaut, aus denen vorzugsweise das Menstrualblut stammt, sind erweitert. Das Epithel wird grossentheils abgestossen (aber nicht in grösseren Fetzen). Die Veränderungen in der Schwangerschaft beruhen neben einer Verdickung der Schleimhaut auf einer Zunahme der Muscularis, welche durch bedeutende Vergrösserung der vorhandenen Muskelfasern (pag. 67) und Bildung neuer Muskelfasern erfolgt.

---

1) Auch Umwandlung dieser Zellen in Becherzellen kommt vor.

Scheide und äussere weibliche Genitalien.

Die Scheide, Vagina, wird gebildet durch eine Schleimhaut, eine Muskelhaut und eine Faserhaut. Die Schleimhaut besteht: 1. aus einem geschichteten Plattenepithel, 2. einer papillentragenden Tunica propria, die, von einem Geflechte feiner Bindegewebsbündel aufgebaut, spärliche elastische Fasern, sowie Leukocyten in wechselnder Menge enthält. Letztere treten zuweilen in Form von Solitärknötchen auf; in diesem Falle findet man an der betreffenden Stelle zahlreiche Leukocyten auf der Durchwanderung durch das Epithel begriffen. Die tiefste Schicht der Schleimhaut wird hergestellt: 3. durch eine Submucosa, welche aus lockeren Bindegewebsbündeln und starken elastischen Fasern zusammengesetzt ist. Drüsen fehlen der Scheidenschleimhaut. Die Muskelhaut wird von einer inneren cirkulären und äusseren longitudinalen Schicht glatter Muskeln gebildet. Die äussere Faserhaut ist ein festes, mit elastischen Fasern reichlich versehenes Bindegewebe. Blutgefässe und Lymphgefässe sind in der Tunica propria und in der Submucosa zu flächenhaft ausgebreiteten Netzen angeordnet. Zwischen den Bündeln der Muskelhaut liegt ein dichtes Netz weiter Venen. Die Nerven bilden in der äusseren Faserhaut ein mit vielen kleinen Ganglien besetztes Geflecht.

Die Schleimhaut der äusseren weiblichen Genitalien ist insofern von der Scheidenschleimhaut verschieden, als in der Umgebung der Clitoris und der Harnröhrenmündung zahlreiche 0,5—3 mm grosse Schleimdrüsen und an den Labia minora Talgdrüsen (von 0,2 — 2,0 mm Grösse) ohne Haarbälge sich finden. Die Clitoris wiederholt im Kleinen den Bau des Penis; an der Glans clitoridis kommen Tastkörperchen, sowie Endkolben vor. Die Bartholini'schen Drüsen gleichen den Cowper'schen Drüsen des Mannes. Die Labia majora sind wie die äussere Haut gebaut.

Der saure Vaginalschleim enthält abgestossene Plattenepithelzellen und Leukocyten, sowie nicht selten ein Infusorium, Trichomonas vaginalis.

TECHNIK.

Nr. 140. Zu Uebersichtspräparaten des Hodens schneide man den Hoden und Nebenhoden neugeborener Knaben[1] quer durch[2]), fixire die beiden Stücke in ca. 50 ccm Kleinenberg'scher Pikrinsäure (pag. 14) und härte sie in ca. 30 ccm allmählich verstärktem Alkohol (pag. 15). Dicke, vollständige Querschnitte färbe man mit verdünntem Karmin (pag. 19) und mit Böhmer'schem Haematoxylin (pag. 18) und konservire sie in Damarfirniss (pag. 27). Zu betrachten mit Lupe (pag. 33) oder mit ganz schwachen Vergrösserungen (Fig. 194).

---

[1]) Hoden von Kaninchen, Katzen und Hunden haben das Corpus Highmori nicht am Rande, sondern in der Mitte des Hodens.
[2]) Unangeschnittene Hoden lassen sich wegen der festen Tunica albuginea nicht hinreichend härten.

Nr. 141. Für den feineren Bau der Hodenkanälchen fixire man Stückchen (von ca. 2 cm Seite) des frisch aus dem Schlachthause bezogenen Stierhodens in ca. 200 ccm Müller'scher Flüssigkeit (pag. 14) und härte sie nach ca. 14 Tagen in ca. 50 ccm allmählich verstärktem Alkohol (pag. 15). Möglichst feine Schnitte sind mit Böhmer'schem Haematoxylin zu färben (pag. 18) und in Damarfirniss zu konserviren (pag. 27). Schon bei schwachen Vergrösserungen (50 mal) kann man die Kanälchen im Zustande der Thätigkeit von den ruhenden Kanälchen unterscheiden. Die thätigen Kanälchen erkennt man an den sich intensiv blau färbenden Köpfen der jungen Spermatofilen (Fig. 195).

Nr. 142. Noch bessere Präparate erhält man, wenn man den ganzen Hoden einer Maus [1] in 10 ccm Platinchlorid-Osmium-Essigsäure (pag. 15) 24 Stunden fixirt, dann die Stücke mehrere Stunden lang in (womöglich fliessendem) Wasser auswäscht und sie in ca. 20 ccm allmählich verstärktem Alkohol (pag. 15) härtet. Die ungefärbten Schnitte konservire man in Damarfirniss (pag. 27) (Fig. 196).

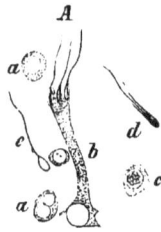

Fig. 208.

Isolirte Elemente des Stierhodens. *a, c* Mutterzellen, *b* „Spermatoblast", *d* unfertiger, *e* fertiger Samenfaden. 240mal vergrössert.

Nr. 143. Zur Isolation der Hodenelemente lege man ca. 1 ccm grosse Stückchen des frischen Stierhodens in ca. 20 ccm Ranvier's Alkohol (pag. 12) und zerzupfe nach ca. 5—6 Stunden in einem Tropfen desselben Alkohols den Inhalt der Kanälchen. Färben mit Pikrokarmin unter dem Deckglase (pag. 30) und konserviren in verdünntem Glycerin. Man versäume nicht, mehrere Präparate von verschiedenen Stellen anzufertigen. Man erhält dann nicht selten Sertolische Zellen, die mit den Spermatocyten oder mit den aus ihnen hervorgegangenen Samenfäden zusammenhängen (Fig. 208 b), Bildungen, die früher als „Spermatoblasten" beschrieben worden sind.

Nr. 144. Elemente des Samens. Man bringe einen Tropfen von der aus der Schnittfläche eines frischen Nebenhodens [2]) hervortretenden milchweissen Flüssigkeit auf einen reinen Objektträger, setze einen Tropfen Kochsalzlösung zu, lege ein Deckglas auf und betrachte mit starken Vergrösserungen. Nach einiger Zeit lasse man einen Tropfen destillirtes Wasser unter das Deckglas fliessen (pag. 30). Die Bewegung der Samenfäden wird alsbald aufhören; die Köpfe der meisten Samenfäden präsentiren sich dann von der Fläche, der Schwanz krümmt sich ösenförmig (Fig. 197, 3). Nicht vollkommen reife Samenfäden tragen noch Protoplasmareste. Man kann die Samenfäden konserviren, indem man mit Wasser verdünnten Samen auf dem Objektträger eintrocknen lasst, ein Deckglas auflegt und dieses mit Kitt festklebt (pag. 26 ad 2). Zu starke Beleuchtung giebt bei solchen Präparaten störende Reflexe.

Nr. 145. Die Haltbarkeit der Samenfäden gestattet auch Untersuchungen zu forensischen Zwecken. Es handele sich z. B. um

---

[1] Bei Hoden grösserer Thiere dringt die Platinchlorid-Mischung nicht vollkommen durch; nur die Randschichten sind dann brauchbar.
[2] Zur Beobachtung des oben (pag. 244 Anmerk.) erwähnten Spiralfadens, der nur mit sehr starken Objektiven (Immersionssystemen) gesehen werden kann, empfehle ich Samenfäden der Ratte in Wasser zu untersuchen.

die Frage, ob die an einem leinenen Hemd befindlichen Flecken von Samen herrühren. Man schneide von den verdächtigen steifen Flecken Stückchen von 5—10 mm Seite aus, weiche sie in einem Uhrschälchen mit destillirtem Wasser 5—10 Minuten lang auf und zerzupfe einige Fasern des Stückchens auf dem Deckglase. Bei starken Vergrösserungen (500 : 1) untersuche man hauptsächlich die Ränder der einzelnen Leinenfasern, an denen die Samenfäden ankleben. Nicht selten brechen die Köpfe ab; sie sind durch ihren eigenthümlichen Glanz, ihre Gestalt und ihre (beim Menschen geringe) Grösse kenntlich.

Nr. 146. Samenfäden vom Frosch. Der männliche Frosch ist durch gut ausgebildete Warzen am Daumenballen kenntlich. Man öffne die Bauchhöhle; die Hoden sind ein paar (Säugethiernieren ähnliche) ovale Körper, die zu Seiten der Wirbelsäule liegen. Dem querdurchschnittenen Hoden entnommene Flüssigkeit zeigt, mit einem Tropfen Kochsalzlösung verdünnt, die grossen Samenfäden, deren Kopf dünn und langgestreckt, deren Schwanz so fein ist, dass er im ersten Augenblick übersehen wird. Unreife Samenfäden liegen zu ganzen Büscheln vereint beisammen.

Nr. 147. Zu Schnitten für Nebenhoden, Vas deferens, sowie für Samenbläschen, fixire man 1—2 cm grosse Stücke in ca. 200 ccm Müller'scher Flüssigkeit (pag. 14) 14 Tage und härte sie in ca. 60 ccm allmählich verstärktem Alkohol (pag. 15). Die Schnitte färbe man mit Böhmer'schem Haematoxylin (pag. 18) und konservire sie in Damarfirniss (pag. 27) (Fig. 129 und 200).

Nr. 148. Prostata und die verschiedenen Abtheilungen der männlichen Harnröhre behandle man in 2—3 cm grossen Stücken wie Nr. 147 (Fig. 201).

Nr. 149. Eierstöcke kleiner Thiere fixire man im Ganzen, solche grösserer Thiere und die des Menschen mit einigen quer zur Längsache gerichteten Einschnitten versehen, in 100—200 ccm Kleinenberg'scher Pikrinsäure (pag. 14) und härte sie in ca. 100 ccm allmählich verstärktem Alkohol (pag. 15). Zu Uebersichtsbildern (Fig. 202) müssen dicke Schnitte angefertigt werden, weil sonst der Inhalt grosser Follikel leicht ausfällt. Nicht jeder Schnitt trifft grössere Follikel; man muss oft viele Schnitte machen, bis man eine günstige Stelle trifft. Man färbe mit Böhmer'schem Haematoxylin (pag. 18) oder färbe die Stücke mit Boraxkarmin durch (pag. 20). Konserviren in Damarfirniss (pag. 27).

Nr. 150. Frische Eier erhält man auf folgende Weise. Man verschaffe sich aus dem Schlachthause ein paar frische Eierstöcke einer Kuh. Die grossen Graaf'schen Follikel sind durchscheinende Bläschen von Erbsengrösse, welche sich mit einer Scheere leicht in toto herausschälen lassen. Nun übertrage man den isolirten Follikel auf einen Objektträger und steche ihn mit der Nadel vorsichtig an [1]). In dem ausfliessenden Liquor folliculi findet sich, umgeben von Zellen des Cumulus ovigerus, das Ei (Fig. 206, A), welches, ohne dass das Präparat mit einem Deckglase bedeckt wird, mit schwacher Vergrösserung aufgesucht werden muss. Will man mit starken

---

1) Das Anstechen muss an der auf dem Objektträger liegenden Seite des Follikels vorgenommen werden, sonst spritzt der Liquor im Bogen heraus und mit ihm das Ei.

Vergrösserungen untersuchen, so bringe man zu Seiten des Eies ein paar feine Papierstreifen und lege dann ein Deckglas vorsichtig auf. Der Anfänger wird manchen Follikel opfern, ehe es ihm gelingt, ein Ei zu finden. Oft tritt das Ei nicht sofort beim Anstechen heraus und wird erst nach wiederholtem Zerzupfen des Follikels gefunden.

Nr. 151. Froscheier. Man bringe ein etwa linsengrosses Stückchen des frischen Froscheierstockes auf einen Objektträger und steche alle grossen schwarzen Eier an, so dass deren Inhalt ausfliesst. Den Rest lege man nun in eine Uhrschale mit destillirtem Wasser und wasche ihn da durch Bewegen mit Nadeln aus. Stellt man die Schale auf eine schwarze Unterlage, so sieht man die kleineren, noch unpigmentirten Eifollikel. Nun bringe man das gewaschene Objekt auf einen reinen Objektträger, bedecke es mit einem Deckglas und untersuche. Die Eier haben ein sehr grosses Keimbläschen, der Keimfleck verschwindet frühzeitig und ist meist nicht zu sehen. Dagegen findet sich im Dotter ein dunkler Fleck, der Dotterkern. Im Umkreise des Eies sieht man eine feinstreifige Haut mit, ihrer Innenseite anliegenden, flachen Zellen: die Theca folliculi mit dem einschichtigen Follikelepithel.

Nr. 152. Für Tubenpräparate fixire man 1—2 cm lange Stücke in ca. 50 ccm 3 %iger Salpetersäure (pag. 14) und härte sie nach 5 Stunden in ca. 60 ccm allmählich verstärktem Alkohol (pag. 15). Färben mit Böhmer'schem Haematoxylin (pag. 18) und konserviren in Damarfirniss (pag. 27).

Nr. 153. Der Uterus des Menschen ist in sehr vielen Fällen zur Herstellung übersichtlicher Präparate nicht geeignet. Besonders stösst die Sichtbarmachung der Drüsenschläuche oft auf unüberwindliche Schwierigkeiten [1]). Die (zweihörnigen) Uteri vieler Thiere lassen die oft stark gewundenen Drüsenschläuche besser erkennen; die Anordnung der Muskelschichten ist eine andere, regelmässigere, wie beim Menschen. Behandlung wie Nr. 152.

IX. Die Haut.

Die äussere Haut (Integumentum commune, Cutis) besteht in ihrer Hauptmasse aus Bindegewebe, welches jedoch nirgends frei zu Tage liegt, sondern mit einem zusammenhängenden epithelialen Ueberzuge versehen ist. Der bindegewebige Antheil der Haut heisst Lederhaut (Corium, Derma), der epitheliale Antheil Oberhaut (Epidermis). Die Anhänge der äusseren Haut, die Nagel und die Haare, sind, ebenso wie die in der Tiefe der Lederhaut eingegrabenen Haarwurzelscheiden und Drüsen, Produkte der Epidermis.

Die äussere Haut.

Lederhaut. Die Oberfläche der Lederhaut ist von vielen feinen Furchen durchzogen, welche entweder sich kreuzend rautenförmige Felder

[1]) Die Fig. 207 ist nach einem ungefärbten Präparate gezeichnet. Die Drüsen waren nicht so deutlich, wie sie sich auf der Abbildung finden.

abgrenzen oder auf längere Strecken parallel laufend schmale Leistchen zwischen sich fassen. Die rautenförmigen Felder sind am grössten Theile der Körperoberfläche zu sehen, während die Leistchen auf die Beugeseite der Hand und des Fusses beschränkt sind. Auf den Feldern und Leistchen stehen zahlreiche kegelförmige Wärzchen, die Papillen, deren Zahl und Grösse an den verschiedenen Stellen des Körpers bedeutenden Schwankungen unterworfen ist. Die meisten und grössten (bis zu 0,2 mm hohen) Papillen finden sich an der Hohlhand und an der Fusssohle; sehr gering entwickelt sind sie in der Haut des Gesichtes.

Die Lederhaut besteht vorzugsweise aus netzartig sich durchflechtenden Bindegewebsbündeln, welchen elastische Fasern, Zellen und glatte Muskel-

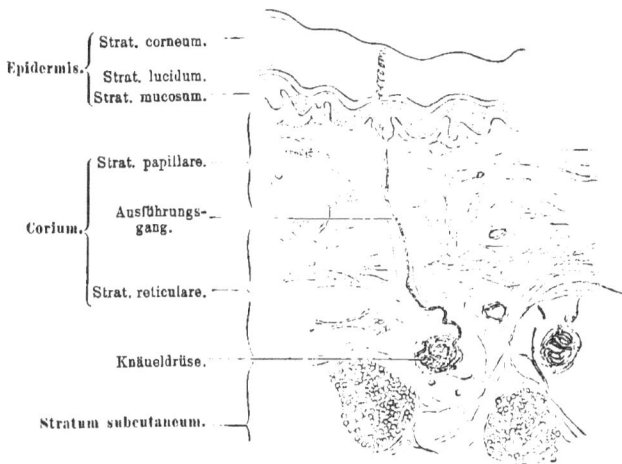

Fig. 209.

Senkrechter Schnitt durch die Haut des Fingers eines erwachsenen Menschen, 25mal vergrössert. Das Stratum granulosum ist bei dieser Vergrösserung nicht sichtbar. Technik Nr. 154, pag. 272.

fasern beigemengt sind. Die Bindegewebsbündel sind in den oberflächlicheren Schichten der Lederhaut fein und zu einem dichten Flechtwerke vereinigt, in den tieferen Schichten dagegen gröber; hier bilden sie, indem sie sich unter spitzen Winkeln überkreuzen, ein grobmaschiges Netzwerk. Man unterscheidet deshalb an der Lederhaut zwei Schichten: eine oberflächliche papillentragende Schicht, Stratum papillare, und eine tiefe Schicht, Stratum reticulare. Beide Schichten sind nicht scharf von einander getrennt, sondern gehen ganz allmählich in einander über (Fig. 209). Das Stratum reticulare hängt in der Tiefe mit einem Netze lockerer Bindegewebsbündel zusammen, in dessen weiten Maschen Fetträubchen gelegen sind. Diese Schicht heisst Stratum subcutaneum; massenhafte Fettablagerung

17*

in den Maschen dieser Schicht führt zur Bildung des Panniculus adi-
posus. Die Bündel des Stratum subcutaneum endlich hängen fester oder
lockerer mit den bindegewebigen Umhüllungen der Muskeln (den Fascien) oder
der Knochen (dem Periost) zusammen. Die elastischen Fasern, welche
im Stratum papillare feiner, im Stratum reticulare dicker sind, bilden gleichmässig im Corium vertheilte Netze. Die Zellen sind theils platte, theils
spindelförmige Bindegewebszellen, theils Leukocyten, theils Fettzellen. Die
Anzahl der zelligen Elemente ist eine sehr wechselnde. Die Muskelfasern
gehören fast durchweg der glatten Muskulatur an, sie sind meist an die
Haarbälge gebunden (pag. 263), nur an wenigen Körperstellen finden sie
sich als häutige Ausbreitung (Tunica dartos, Brustwarze). Quergestreifte
Muskelfasern finden sich als Ausstrahlung der mimischen Muskeln in der
Haut des Gesichtes.

　　　Die Oberhaut. Die Oberhaut besteht aus geschichtetem Pflasterepithel, welches mindestens zwei scharf von einander getrennte Lagen unterscheiden lässt: eine tiefe, weichere, die sogen. Schleimschicht, Stratum mucosum (Str. Malpighii), welches die zwischen den Coriumpapillen befindlichen
Vertiefungen ausfüllt, und eine oberflächliche, festere, die Hornschicht, Stratum corneum. Beide Schichten bestehen durchaus aus Epithelzellen, welche
in den einzelnen Lagen ein verschiedenes Aussehen zeigen. Die Zellen der
tiefsten Lage der Schleimschicht sind cylindrisch mit oblongem Kerne;
darauf folgen mehrere Lagen rundlicher Zellen, die mit zahlreichen feinen
Stacheln besetzt sind (Stachelzellen). Diese Stacheln sind feine, fadenförmige
Fortsätze, welche die zwischen den Zellen befindliche geringe Menge von Kittsubstanz durchsetzen und die Verbindung benachbarter Zellen unter einander
vermitteln. Deshalb nennt man sie Intercellularbrücken oder Riffelfortsätze
(Fig. 8). In der Schleimschicht findet eine fortwährende Neubildung zelliger
Elemente durch indirekte Kerntheilung statt; sie wird deshalb ganz passend
auch Keimschicht genannt. Die Hornschicht ist nicht überall gleich
gebaut, man kann vielmehr zweierlei Typen unterscheiden: 1. An Stellen mit
dicker Epidermis (Beugefläche der Hand und des Fusses) ist die der
Keimschicht zunächst gelegene Zellenschicht durch stark glänzende Körnchen
(Keratohyalinkörnchen[1]) ausgezeichnet, welche durch Verhornung einzelner
Thuile des Zellprotoplasma entstanden sind. Diese Schicht heisst Stratum
granulosum. Indem diese Körnchen mit einander verschmelzen, bilden
sie zusammen mit den nicht verhornten Theilen des Protoplasma eine zweite,
gleichmässig glänzende Schicht: das Stratum lucidum. Diese wird bedeckt
von dem breiten eigentlichen Stratum corneum. Hier sind alle nicht
verhornten Theile der Zellen unter dem Einflusse der Luft vertrocknet; so
kommt es, dass jede Zelle ein feines Hornmaschenwerk enthält und — indem

---

[1]) Aus Keratin können die Körnchen nicht bestehen, da dieses in Liq. kali caustic.
unlöslich ist, während die Keratohyalinkörnchen in dem genannten Reagens gelöst werden.

zuletzt auch die Intercellularbrücken verhornen — sich mit einer Hornmembran umgiebt. Der Kern vertrocknet; die Höhle, in welcher er gelegen war, erhält sich aber noch lange. Die so theilweise verhornten, theilweise ausgetrockneten Zellen sind wenig abgeplattet. 2. An Stellen mit dünner Epidermis (übrige Hautoberfläche) ist das Stratum granulosum dünn und von Lücken unterbrochen. Ein Stratum lucidum fehlt vollkommen. Die verhornten Zellen des Stratum corneum sind stark abgeplattet und verbinden sich zu Lamellen. Vom Kern geht auch die letzte Spur verloren. Die Oberfläche der Hornschicht unterliegt einer beständigen Abschilferung, der hierdurch entstehende Verlust wird durch Nachrücken der Elemente der Schleimschicht ausgeglichen.

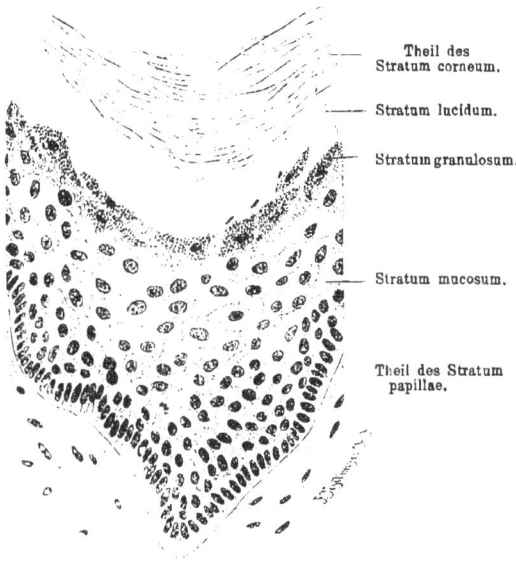

Theil des Stratum corneum.

Stratum lucidum.

Stratum granulosum.

Stratum mucosum.

Theil des Stratum papillae.

Fig. 210.

Aus einem Schnitt durch die Haut der Fusssohle eines erwachsenen Menschen. 360mal vergr. Technik Nr. 154, pag. 272.

Die Färbung der Haut hat ihren Grund in der Einlagerung feiner Pigmentkörnchen zwischen und in den Zellen der tieferen Lagen der Epidermis; nur an einzelnen Stellen, z. B. in der Umgebung des Anus, finden sich auch in dem benachbarten Corium pigmentirte Bindegewebszellen.

Ueber die Herkunft des Epidermispigmentes bestehen zweierlei Meinungen, von denen die eine die Entstehung des Pigments in das Bindegewebe, die andere in das Epithel verlegt. Nach der ersteren, bisher vielfach angenommenen Meinung — der sog. Uebertragungstheorie — wird den Epidermiszellen das Pigment durch pigmentirte Bindegewebszellen zugeführt, die aus dem Corium in die Epidermis wandern und sich dort auflösen sollen. Man findet nun wirklich z. B. in der menschlichen Haarzwiebel sehr verschieden gestaltete Pigmentfiguren zwischen den Epithelzellen des Haares; ein Theil dieser Figuren sind Zellen, ob es Bindegewebszellen sind, ist nicht mit Sicherheit erwiesen, ein anderer Theil sind keine Zellen, sondern Füllungen der intercellularen Spalten mit Pigment. Zu Gunsten der zweiten Meinung spricht die Entwicklungsgeschichte, welche lehrt, dass das Pigment zuerst im Epithel der Haare, ohne Vermittlung von Bindegewebszellen entsteht; auch das Pigment der Netzhaut ist sicher rein epithelialer Abkunft.

Die Nägel.

Die Nägel sind Hornplatten, welche auf einer besonderen Modifikation der Haut, dem Nagelbette, aufliegen. Das Nagelbett wird seitlich von ein paar sich nach vorn abflachenden Wülsten, den Nagelwällen begrenzt. Nagelbett und Nagelwall umfassen eine Rinne, den Nagelfalz, in welchen der Seitenrand des Nagels eingefügt ist (Fig. 211). Der hintere Rand des

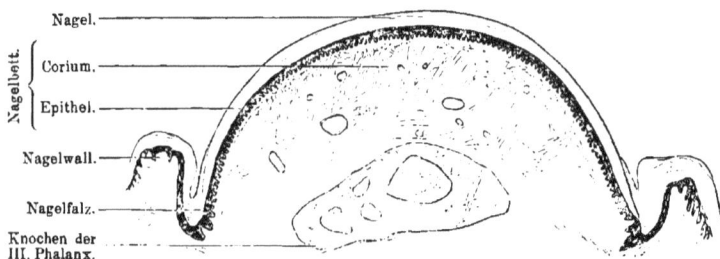

Fig. 211.

Dorsale Hälfte eines Querschnittes des dritten Fingergliedes eines Kindes. 15mal vergrössert. Die Leist-chen des Nagelbettes sehen im Querschnitte wie Papillen aus. Technik Nr. 155, pag. 273.

Nagels, die Nagelwurzel, steckt in einer ähnlichen, nur noch tieferen Rinne; hier findet das hauptsächlichste Wachsthum des Nagels statt; die Stelle heisst Matrix[1]). Der vordere, freie Nagelrand überragt den Nagelsaum, einen schmalen, saumartigen Vorsprung am Vorderende des Nagelbettes.

Das Nagelbett besteht aus Corium und aus Epithel. Die viele elastischen Fasern enthaltenden Bindegewebsbündel des Corium verlaufen theils der Länge nach, parallel der Längsachse des Fingers, theils senkrecht vom Periost der Phalange zur Oberfläche. Die Oberfläche des Corium besitzt keine Papillen, sondern feine, longitudinal ziehende Leistchen. Dieselben beginnen niedrig an der Matrix, nehmen nach vorn an Höhe zu und enden plötzlich an der Stelle, wo der Nagel sich von seiner Unterlage abhebt. Das Epithel ist ein mehrschichtiges Pflasterepithel, von gleichem Baue wie das Stratum mucosum der Epidermis. Es bedeckt die Leistchen, füllt die zwischen denselben befindlichen Furchen aus und ist gegen die Substanz des Nagels scharf abgesetzt. Die Matrix besteht ebenfalls aus Corium und Epithel; das Corium ist durch hohe Papillen ausgezeichnet, das mehrschich-tige Pflasterepithel ist sehr dick und ist von der Nagelsubstanz nicht scharf

---

[1]) Andere Autoren nennen das ganze Nagelbett Matrix, was insofern berechtigt ist, als auch hier ein Wachsthum des Nagels, in die Dicke, stattfindet.

abgesetzt, sondern geht allmählich in diese über. Hier ist die Stelle, wo durch fortwährende Theilung der Epithelzellen das Material zum Wachsthume des Nagels geliefert wird. Deswegen heisst das Epithel auch Keimschicht des Nagels. Die Ausdehnung der Matrix ist durch die mit unbewaffnetem Auge sichtbare Lunula, ein weisses nach vorn konvexes Feld gekennzeichnet; sie wird bedingt durch die dicke, gleichmässig ausgebreitete Keimschicht. Der Nagelwall zeigt den gewöhnlichen Bau der äusseren Haut. Das Stratum mucosum desselben geht allmählich in das Epithel des Nagelbettes über. Seine Hornschicht reicht bis in den Nagelfalz und überzieht als „Eponychium" noch einen kleinen Theil des Nagelrandes, hört aber bald sich verdünnend auf (Fig. 211).

Fig. 212.
Elemente des menschlichen Nagels, 240 mal vergrössort.
Technik Nr. 156, pag 273.

Der Nagel selbst besteht aus verhornten Epidermisschüppchen, die sehr fest mit einander verbunden sind und sich von den Schüppchen des Stratum corneum der Epidermis dadurch unterscheiden, dass sie einen Kern besitzen (Fig. 212).

Haare und Haarbälge.

Die Haare sind biegsame, elastische Hornfäden, welche fast über die ganze Körperoberfläche verbreitet und im Bereich der Kopfhaut zu kleinen Gruppen vereint sind. Man nennt den frei über die Haut hervorragenden Theil des Haares Schaft, Scapus; der in die Haut schräg eingesenkte Theil wird Haarwurzel, Radix pili genannt, diese ist an ihrem unteren Ende zu einem hohlen Knopf, der Haarzwiebel, Bulbus pili, aufgetrieben, welcher von einer Coriumbildung, der Haarpapille, ausgefüllt wird (Fig. 213).

Jede Haarwurzel steckt in einer Modifikation der Haut, dem Haarbalge, an dessen Aufbau sich Corium und Epidermis betheiligen; die von letzterer gelieferten Theile werden Wurzelscheiden genannt; was vom Corium abstammt, wird bindegewebiger Haarbalg genannt. In den Haarbalg münden seitlich oben zwei bis fünf Drüsen, die Haarbalgdrüsen, Glandulae sebaceae. Schräg von der Coriumoberfläche herabziehende Bündel glatter Muskelfasern, M. arrector pili, setzen sich unterhalb einer Haarbalgdrüse an den bindegewebigen Haarbalg; die Insertionsstelle dieser Fasern findet sich stets an der Seite, an welcher das Haar mit der freien Oberfläche einen spitzen Winkel bildet; ihre Kontraktion wird also eine Aufrichtung von Haarbalg und Haar zur Folge haben.

Das Haar besteht durchaus aus Epithelzellen, welche in drei scharf unterscheidbare Schichten geordnet sind:

1. das Oberhäutchen des Haares, Haarcuticula, welches die Oberfläche des Haares überzieht,

2. die **Rindensubstanz**, welche die Hauptmasse des Haares bildet,
3. die **Marksubstanz**, welche in der Achse des Haares gelegen ist.
Das Oberhäutchen besteht aus dachziegelförmig übereinander gelegten durchsichtigen Schüppchen: verhornten, kernlosen Epithelzellen. Die Rindensubstanz besteht am Haarschaft aus langgestreckten, verhornten, mit einem linienförmigen Kerne versehenen Epithelzellen, welche sehr innig mit einander verbunden sind; an der Haarwurzel werden die Zellen um so weicher und runder, ihr Kern wird um so rundlicher, je näher sie der Haarzwiebel gelegen sind. Die Marksubstanz fehlt vielen Haaren; auch da, wo sie vorhanden ist (an dickeren Haaren), erstreckt sie sich nicht durch die ganze Länge des Haares. Sie besteht aus kubischen, feinkörnigen Epithelzellen, welche meist in doppelter Reihe neben einander gelegen sind und einen rudimentären Kern enthalten. Die gefärbten Haare enthalten Pigment und zwar sowohl gelöst, als auch in Form von Körnchen, welche theils zwischen, theils in den Zellen der Rindensubstanz gelegen sind[1]). Ferner befinden sich in jedem Haare, welches seine volle Entwicklung erreicht hat, kleinste Luftbläschen; sie finden sich sowohl in der Rindensubstanz, als auch in der Marksubstanz und zwar intercellular.

Der **Haarbalg** feinerer (Woll-) Haare wird nur durch die epidermoidalen Wurzelscheiden gebildet, bei stärkeren Haaren dagegen betheiligt sich auch das Corium am Aufbau desselben. Wir unterscheiden am Haarbalge stärkerer Haare folgende Schichten: Zu äusserst eine gefäss- und nervenreiche, aus lockeren Bindegewebsbündeln gebildete **Längsfaserlage**[2]); darauf folgt eine dickere Lage ringförmig geordneter, feiner Bindegewebsbündel, die **Ringfaserlage**, welcher sich eine den elastischen Häuten nahe-

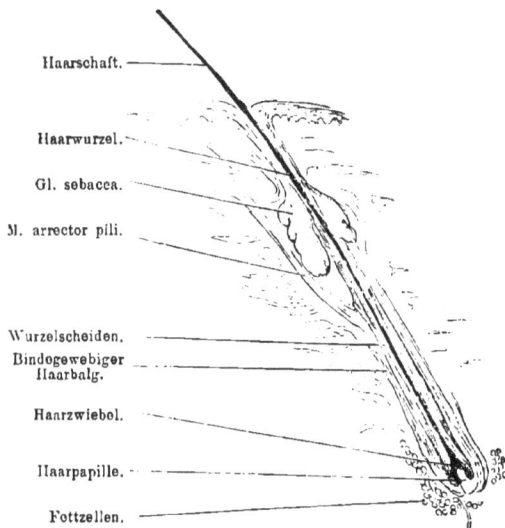

Haarschaft.
Haarwurzel.
Gl. sebacea.
M. arrector pili.
Wurzelscheiden.
Bindegewebiger Haarbalg.
Haarzwiebel.
Haarpapille.
Fettzellen.

Fig. 213.
Aus einem dicken Durchschnitte der menschlichen Kopfhaut, 20mal vergrössert. Technik Nr. 160, pag. 274.

---

1) Ueber die Herkunft des Pigments s. pag. 261.
2) Elastische Fasern kommen nur in der Längsfaserlage vor, fehlen dagegen in der Ringfaserlage und in der Papille.

stehende, glashelle Membran, die G l a s h a u t, anschliesst. Diese drei Schichten
sind Abkömmlinge des Corium und werden zusammen b i n d c g e w e b i g e r

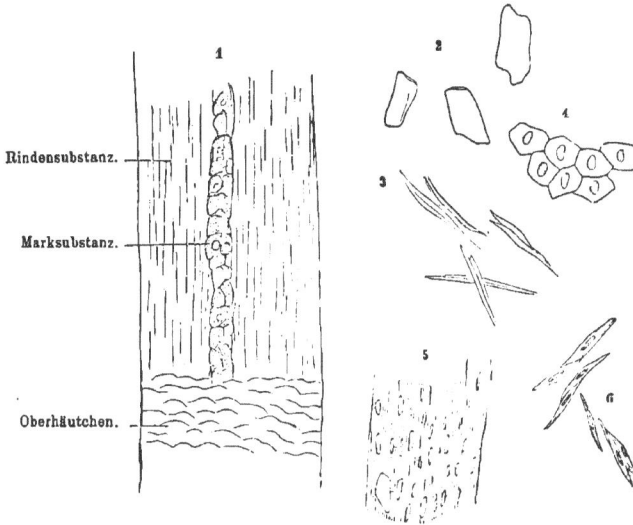

Fig. 214.

Elemente des menschlichen Haares und Haarbalges, 240mal vergr. 1 Weisses Haar, 2 Schüppchen des
Haaroberhäutchens, 3 Zellen der Rindensubstanz des Schaftes, 4 Zellen der Huxley'schen Schicht, 5 Zellen
der Henle'schen Schicht, wie eine gefensterte Membran aussehend. 6 Zellen der Rindensubstanz der Wurzel.
Technik Nr. 159, pag. 274.

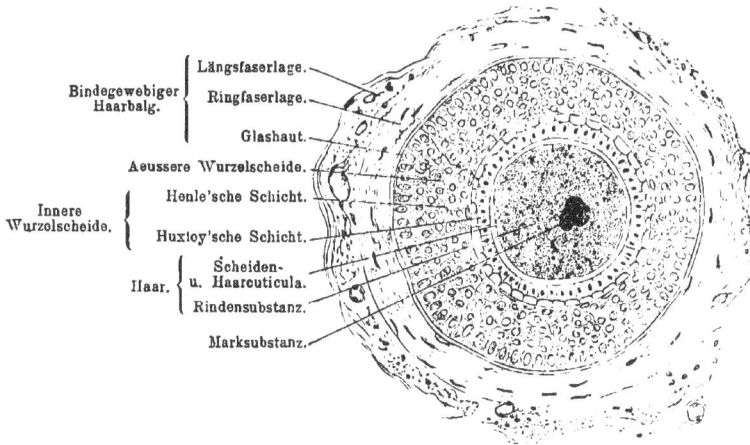

Fig. 215.

Aus einem Flächenschnitte der menschlichen Kopfhaut. 240 mal vergrössert. Querschnitt eines Haares
und Haarbalges in der unteren Hälfte der Wurzel. Technik Nr. 160, pag. 274.

H a a r b a l g genannt. Nach innen von der Glashaut liegt die ä u s s e r e W u r-
z e l s c h e i d e, welche als Fortsetzung der Schleimschicht der Epidermis aus

geschichtetem Pflasterepithel besteht; einwärts von dieser liegen Fortsetzungen des Stratum corneum und Stratum granulosum, welche bis zur Mündung der Talgdrüsen reichen; dicht darunter (papillenwärts) beginnt ohne Uebergang die innere Wurzelscheide, welche sich in dem unteren Theile des Haarbalges in zwei scharf getrennte Schichten differenzirt. Die äussere derselben, die Henle'sche Schicht, besteht aus einer einfachen oder doppelten Lage kernloser Epithelzellen, während die innere, die Huxley'sche Schicht, sich aus einer einfachen Lage kernhaltiger Zellen aufbaut. Die Innenfläche dieser Schicht endlich wird von einem Häutchen, der Scheidencuticula, ausgekleidet, welches den gleichen Bau wie die Haarcuticula zeigt. Gegen den Grund des Haarbalges hört die äussere Wurzelscheide sich verschmälernd auf, die Schichten der inneren Wurzelscheide verlieren ihre scharfe Abgrenzung und gehen allmählich in die rundlichen Zellen des Bulbus pili über.

Entwicklung der Haare.

Die erste Anlage des Haares und des Haarbalges tritt Ende des dritten Embryonalmonats auf und zwar in Form einer Epidermisverdickung, welche vorzugsweise durch Verlängerung der tiefst gelegenen (cylindrischen) Zellen des Stratum mucosum bedingt wird. Die Verdickung wächst sich verlängernd (Fig. 216 I) in das Corium hinab und stellt dort einen soliden Epidermiszapfen, den Haarkeim (I, II, hk) dar, der sich kolbig an seinem unteren Ende (III) verdickt. Unterdessen entwickelt sich aus dem Bindegewebe des Corium die Papille (III, p) und der bindegewebige Haarbalg (III, hb). Dann sondert sich der Haarkeim in eine äussere Schicht und in einen in der Achse

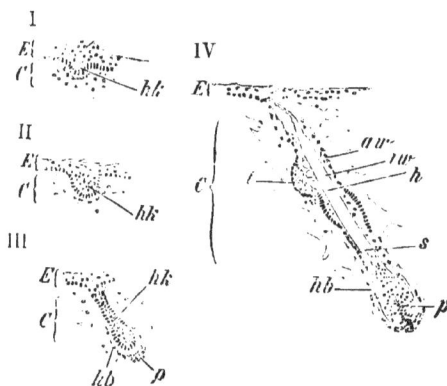

Fig. 216.

Aus senkrechten Schnitten 1 der Wangenhaut eines 4 monatl., II, III, IV der Stirnhaut eines 5½ monatl. menschl. Embryo, 80mal vergr. E Epidermis, noch durchaus aus kernhaltigen Epithelzellen bestehend, C Corium, × Verdickung, kk Haarkeim, hl Bindegewebe, Haarbalg, p Papille, aw äussere Wurzelscheide, s axialer Strang, in dessen oberem Abschnitte schon die Sonderung in iw innere Wurzelscheide und h Haar sichtbar ist t Haarbalgdrüsenanlage. Technik Nr. 161, pag. 274.

des Haarkeimes gelegenen Strang (IV, s). Die äussere Schicht wird zur äusseren Wurzelscheide (aw), der axiale Strang wird in seinem peripherischen Abschnitte zur inneren Wurzelscheide (iw), in seinem innersten Theile zum Haar (h). Die Haarbalgdrüsen (t) entstehen durch lokales Auswachsen aus der äusseren Wurzelscheide.

Auch nach der Geburt bis in das spätere Alter können Haare in der eben beschriebenen Weise entstehen.

Wachsthum der Haare.

Das Wachsthum vollzieht sich durch fortgesetzte mitotische Theilung der am Bulbus pili befindlichen Epithelzellen, die verhornend sich den früher verhornten Zellen von unten her anfügen. Somit ist die Spitze der älteste, der unmittelbar über dem Bulbus liegende Abschnitt der jüngste Haartheil.

Haarwechsel.

Nach der Geburt vollzieht sich ein totaler Haarwechsel, aber auch beim erwachsenen Menschen findet ein beständiger, nicht periodischer, Ersatz für die ausfallenden Kopf- und Barthaare statt[1]).

Die feineren Vorgänge bestehen darin, dass die Haarzwiebel verhornt und zu einem besenartig aufgefaserten Kolben umgestaitet wird. Solche Haare heissen deshalb **Kolbenhaare** (Fig. 217). Sie rücken über die Papille herauf[2]), während die nun leeren Wurzelscheiden sich zu einem schmäleren Strang umbilden, an dessen unterem Ende die nun atrophische, in ihrer

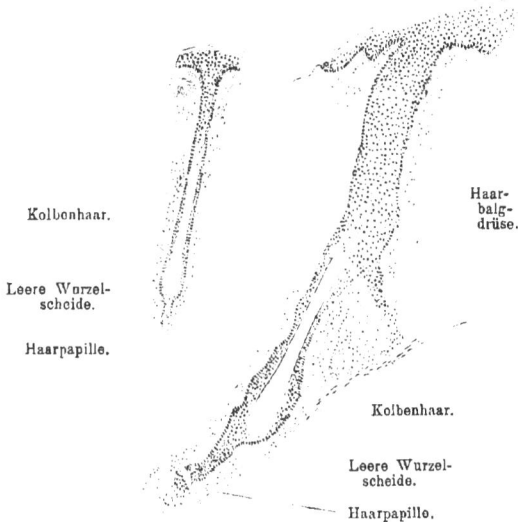

Kolbenhaar.

Leere Wurzelscheide.

Haarpapille.

Haarbalgdrüse.

Kolbenhaar.

Leere Wurzelscheide.

Haarpapille.

Fig. 217.

Aus einem senkrechten Durchschnitt der dichtbehaarten Kopfhaut eines erwachsenon Mannes 40mal vergr. Technik Nr. 162, pag. 274.

Gestalt veränderte Haarpapille sitzt. Nach einiger (oft längerer) Zeit beginnen die epithelialen Elemente der leeren Wurzelscheiden zu wachsen und bilden einen neuen Haarkeim, an welchem sich nunmehr die gleichen Vorgänge abspielen, wie im embryonalen Haarkeim. Das hieraus entstehende neue Haar schiebt sich unter und neben dem Kolbenhaar in die Höhe, während letzteres nach kürzerer oder längerer Zeit ausfällt.

---

[1]) Bezüglich des Wechsels der übrigen Haare fehlen bestimmte Angaben.

[2]) Ein Wachsthum des Kolbenhaares findet nicht mehr statt; das Heraufrücken ist ein passives, bedingt durch Vermehrung der unter dem Kolben befindlichen, nicht verhornten Epithelzellen.

Drüsen der Haut.

Die Haarbalgdrüsen (Talgdrüsen, Glandul. sebaceae) sind entweder unverästelte oder verästelte alveoläre Einzeldrüsen. Wir unterscheiden einen kurzen Ausführungsgang (Fig. 218 *A a*) und den von einer verschieden grossen Anzahl von Säckchen (*t*) gebildeten Drüsenkörper. Der Ausführungsgang wird von einer Fortsetzung der äusseren Wurzelscheide, also von geschichtetem Plattenepithel ausgekleidet, welches unter allmählicher Verminderung seiner Lagen in die epitheliale Auskleidung des Drüsenkörpers übergeht. Dieser besteht zu äusserst aus niedrigen kubischen

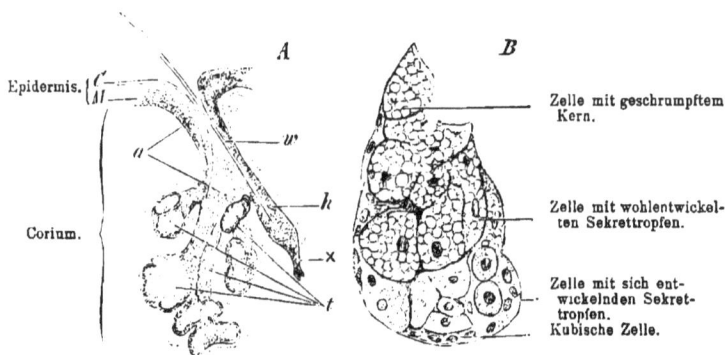

Fig. 218.

A Aus einem vertikalen Schnitte durch den Nasenflügel eines Kindes, 40mal vergrössert, *C* Stratum corneum, *M* Stratum mucosum, *t* aus 4 Säckchen bestehende Talgdrüse, *a* Ausführungsgang derselben, *w* Wollhaar, im Ausfallen begriffen, *h* Haarbalg desselben, an der Basis zur Bildung eines neuen Haares ansetzend ✕.
B Aus einem vertikalen Schnitte der Nasenflügelhaut eines neugeborenen Kindes, 240mal vergrössert, Säckchen einer Talgdrüse, Drüsenzellen in verschieden Stadien der Sekretbildung enthaltend.
Technik Nr. 163, pag. 275.

Zellen (*B* 1); nach innen davon liegen verschieden grosse, rundliche oder polygonale Zellen (2, 3, 4), welche den ganzen Drüsensack erfüllen und alle Uebergänge bis zur Umbildung in das Sekret erkennen lassen. Das Sekret, der Hauttalg (Sebum), ist ein im Leben halbflüssiger Stoff, der aus Fett und zerfallenen Zellen besteht. Während die Talgdrüsen der gröberen Haare als Anhänge der Haarbälge auftreten (Fig. 219), waltet bei den Wollhaaren das umgekehrte Verhältniss, indem nämlich die Wollhaarbälge wie Anhänge der mächtig entwickelten Talgdrüsen erscheinen (Fig. 218) *A*). Mit den Haaren sind die Talgdrüsen über den ganzen Körper verbreitet und fehlen nur wie jene am Handteller und an der Fusssohle. Indessen giebt es auch Talgdrüsen, die mit keinem Haarbalge verbunden sind, z. B. am rothen Lippenrande, an den Labia minora, an Glans und an Praeputium penis, an welch' letzterem Orte sie unter dem Namen der Tyson'schen Drüsen bekannt sind. Die Talgdrüsen sind stets in den oberflächlichen Schichten des Corium, im Stratum papillare gelegen. Ihre Grösse schwankt von 0,2 mm bis zu 2,2 mm; letztere finden sich in der Haut der Nase, wo ihre Ausführungsgänge schon mit unbewaffnetem Auge sichtbar sind.

Die K n ä u e l - (Schweiss-) d r ü s e n (Glandul. sudoriparae) sind lange, unverästelte Röhren, die an ihrem unteren Ende zu einem rundlichen Knäuel von 0,3—7 mm (in der Achselhöhle) Durchmesser zusammengeballt sind. Wir unterscheiden den Ausführungsgang (Fig. 209) vom Knäuel. Der A u s - f ü h r u n g s g a n g verläuft gerade oder geschlängelt durch das Corium, tritt zwischen zwei Papillen in die Epidermis, in deren Stratum corneum er spiralig gewunden ist, und mündet mit einem rundlichen, mit unbewaffnetem Auge eben noch sichtbaren Lumen, der S c h w e i s s p o r e, auf die Hautoberfläche. Die Wandung des Ausführungsganges besteht aus einer mehrfachen Schicht kubischer Zellen; nach aussen von diesen verlaufen der Länge nach ange- ordnete Bindegewebsbündel. Der K n ä u e l ist ein einziger[1]), vielfach gewun- dener Kanal, dessen Wandung von einer einfachen Lage kubischer Zellen, die Pigment- und Fettkörnchen enthalten, gebildet wird; nach aussen davon liegt eine zarte Membrana propria. Bei stark entwickelten Knäueldrüsen finden sich zwischen Membr. propr. und Drüsenzellen longitudinale glatte Muskelfasern. Das Sekret ist gewöhnlich eine fettige, zum Einölen der Haut bestimmte Flüssigkeit; nur unter dem Einflusse veränderter Innervation kommt es in den Knäueldrüsen zur Absonderung jener wässerigen Flüssigkeit, die wir Schweiss nennen. Die Knäueldrüsen sind über die ganze Oberfläche der Haut verbreitet und fehlen nur an der Glans penis und an der Innenfläche der Vorhaut. Am reichlichsten sind sie an Handteller und Fusssohle zu finden.

Die Blutgefässe, Lymphgefässe und Nerven der Haut.

Die arteriellen B l u t g e f ä s s e der Haut entspringen aus einem über den Fascien gelegenen Gefässnetze und ziehen gegen die Oberfläche der Haut empor. Auf diesem Wege versorgen sie drei von einander unabhängige Kapillargebiete; das tiefste ist für das Fettgewebe bestimmt (Fig. 219, a'), das nächste tritt in Form korbartiger, die Knäueldrüsen umspinnender Ge- flechte auf (a''). Das Dritte entsteht aus den Endverästelungen der Arterie (a'''). Diese letzteren bilden ein in dem Stratum papillare corii der Fläche nach ausgebreitetes Netz, aus welchem sowohl kapillare Schlingen in die Papillen emporsteigen, als auch die für Haarbälge und Talgdrüsen be- stimmten Aestchen hervorgehen. Die V e n e n wurzeln in einem gleichfalls in dem Strat. papill. cor. gelegenen, zuweilen doppelten Flächennetze, welches die Enden der Kapillarschlingen und die von den Haarbälgen und Talg- drüsen herkommenden Blutgefässe aufnimmt. Das neben der Arterie herab-

---

[1]) Nur an den axillaren und circumanalen Knäueldrüsen sind Verästelungen be- obachtet worden.

steigende. Venenstämmchen nimmt im weiteren Verlaufe die von den Schweissdrüsen und dann die von den Fettläppchen herkommenden Venen auf.
Bemerkenswerth ist noch, dass von den Venen der Schweissdrüsen ein Ast
längs des Ausführungsganges zum
venösen Netze des Stratum papillare zieht (Fig. 219 $v \times$), und
dass die Haarpapille ein selb-
ständiges arterielles Aestchen erhält.

Die **Lymphgefässe** bilden
zwei kapillare Flächennetze, von
denen das aus feineren Röhrchen
und engeren Maschen bestehende
in dem Strat. papill. corii unterhalb des Blutgefässnetzes liegt,
das andere, weitmaschigere im
Stratum subcutaneum seinen Sitz
hat. Auch in der Umgebung der
Haarbälge, der Talg- und der
Knäueldrüsen befinden sich besondere Lymphkapillarnetze.

Die (an der Handfläche und
an der Fusssohle sehr reichlich
vorhandenen) **Nerven** enden
theils im Stratum subcutaneum
in Vater'schen Körperchen (pag.
157), theils finden sie in Tastkörperchen, in Tastzellen und als
intraepitheliale Fasern (Fig. 108)
ihre Endigung. Auch an die

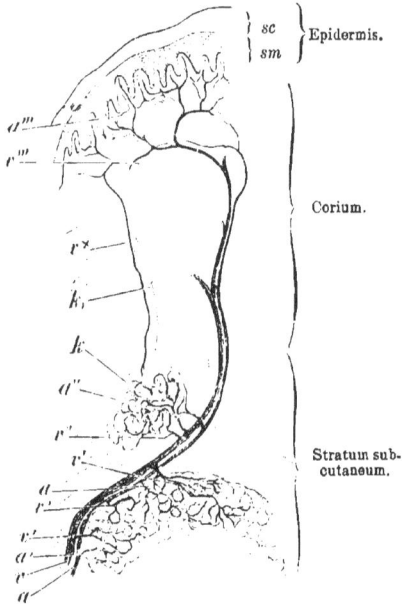

Fig. 219.

Stück eines senkrechten Schnittes der Haut der menschlichen Fusssohle, 50mal vergr. *sc* Strat. corn., *sm* Strat.
muc., *a* Arterie, *v* Vene, *a'* *v'* deren Aeste für die Fett-
schicht, *a''* *v''* deren Aeste für die Knäueldrüsen, *a'''* *v'''*
deren Aeste für die Papillen, *k* Knäueldrüse, *k₁* Ausführungsgang derselben, *v* × längs diesem verlaufende Vene.
Technik Nr. 164, pag. 275.

Haare treten markhaltige Nervenfasern, welche bis unterhalb der Einmün-
dungsstelle der Haarbalgdrüsen verlaufen; hier theilen sie sich, verlieren ihr
Mark und senken sich als nackte Achsencylinder durch die Glashaut des
Haarbalges in die äussere Wurzelscheide. Die Haarpapille besitzt keine
Nerven.

Anhang.   Die Milchdrüse.

Die Milchdrüse besteht zur Zeit der Schwangerschaft und des Stillens
aus 15—20 tubulösen Drüsen, welche durch lockeres, fettzellenhaltiges Bindegewebe zu einem gemeinschaftlichen Körper verbunden werden. Jede dieser
Drüsen hat einen eigenen, auf der Brustwarze mündenden Ausführungsgang,
der kurz vor seiner Mündung mit einer ansehnlichen spindelförmigen Erweiterung, dem **Milchsäckchen** (Sinus lactiferus), versehen ist und durch

baumförmige Verästelungen mit den Endstücken zusammenhängt. Letztere bilden, dicht bei einander liegend, durch Bindegewebe umfasste kleine Läppchen.

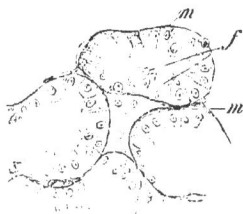

Was den feineren Bau betrifft, so bestehen die Ausführungsgänge aus einem cylindrischen Epithel[1]), dem nach aussen eine Membrana propria und meist cirkulär verlaufende Bindegewebsbündel folgen. Die Endstücke sind von einer einfachen Lage von Epithelzellen ausgekleidet, deren Höhe sehr wechselt; sie sind niedrig bei gefüllten Endstücken, kubisch bis cylindrisch bei leeren Endstücken. Die Zellen selbst enthalten in letzterem Falle Fetttropfen. Die Drüsenzellen sitzen einer aus Zellen bestehenden Membr. propria (pag. 59) auf, jenseits welcher mit einer wechselnden Anzahl von Leukocyten und Plasmazellen vermischtes, lockeres Bindegewebe sich befindet.

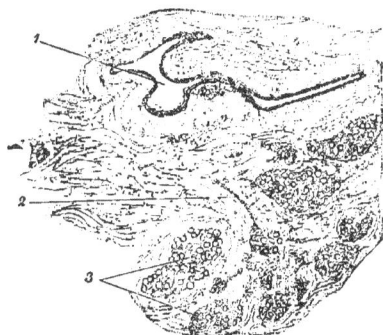

Fig. 220.

Stück eines feinen Querschnittes der Milchdrüse eines trächtigen Kaninchens, 240 mal vergr. *f* Fett in den Drüsenzellen, *m* Membrana propria. Technik Nr. 166, pag. 275.

Ist das Säugegeschäft beendet, so findet eine allmähliche Rückbildung statt, die sich zunächst durch reichliche Entwicklung des zwischen den Drüsenläppchen gelegenen Bindegewebes äussert (Fig. 221). Die Läppchen werden kleiner, die Endstücke beginnen zu schwinden. Bei älteren Personen sind alle Endstücke und Läppchen verschwunden und nur mehr die Ausführungsgänge vorhanden.

Fig. 221.

Stück eines dicken Schnittes durch die Milchdrüse einer Frau, die vor 2 Jahren zum letzten Mal geboren hat. 50 mal vergr. 1 grober, 2 feiner Ausführungsgang, 3 Drüsenläppchen, durch Bindegewebe von einander getrennt. Technik Nr. 165, pag. 275.

Bei Kindern beiderlei Geschlechtes besteht die Milchdrüse vorzugsweise aus Bindegewebe, welches die verästelten, an ihren Enden kolbig angeschwollenen Drüsenausführungsgänge einschliesst. Endstücke fehlen. Ebenso verhält sich die Brustdrüse des erwachsenen Mannes.

Beim erwachsenen Weibe ist die Milchdrüse bis zum Eintritte der Schwangerschaft ein scheibenförmiger Körper, der vorwiegend aus Bindegewebe und aus den Drüsenausführungsgängen besteht. Endstücke sind nur in beschränkter Anzahl an den feinsten Enden der Ausführungsgänge vorhanden.

---

[1]) Nicht selten trifft man in den Stämmen der Ausführungsgänge statt des Cylinderepithels ein geschichtetes Plattenepithel.

Die Haut der Brustwarze und des Warzenhofes ist durch starke Pigmentirung, — Pigmentkörnchen in den tiefsten Schichten der Epidermis — durch hohe Papillen und durch glatte Muskelfasern ausgezeichnet, welch' letztere theils cirkulär um die Mündungen der Ausführungsgänge, theils senkrecht zur Warzenspitze aufsteigend angeordnet sind. In der Haut des Warzenhofes finden sich bei Schwangeren und Stillenden accessorische Milchdrüsen, die sogen. Montgomery'schen Drüsen.

Die Blutgefässe treten von allen Seiten an die Milchdrüse heran und bilden ein die Alveolen umspinnendes Kapillarnetz. Die Lymphgefässe bilden zwischen und in den Drüsenläppchen kapillare Netze. Auch in der Umgebung der Milchsäckchen und im Warzenhofe finden sich Lymphgefässnetze. Die Nerven stehen ebensowenig wie in anderen Drüsen mit den Drüsenzellen in direktem Zusammenhang, sondern sind wahrscheinlich insgesammt Gefässnerven.

Die Milch besteht mikroskopisch aus einer klaren Flüssigkeit, in welcher 2—5 μ grosse Fettröpfchen, die Milchkügelchen suspendirt sind. Aus der Thatsache, dass die Fettröpfchen nicht zusammenfliessen, hat man auf das Vorhandensein einer feinen (Caseïn-) Membran geschlossen. Ausserdem finden sich vereinzelte, Fettropfen einschliessende Zellen (Leukocyten?) in der Milch.

Etwas anders sehen die Elemente der vor und in den ersten Tagen nach der Geburt abgesonderten Milch aus. Hier finden sich ausser den Milchkügelchen die sog. Kolostrumkörperchen, kernhaltige Zellen, welche theils kleine, gelblich gefärbte und grössere, ungefärbte Fettröpfchen, theils nur ungefärbte Fettröpfchen enthalten.

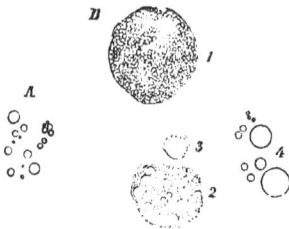

Fig. 222.
A Milchkügelchen aus der Milch einer Stillenden, 560mal vergr. Technik Nr. 167. *B* Elemente des Kolostrum einerSchwangeren, 560mal vergr. 1 ungefärbte Fetttröpfchen enthaltende Zelle. 2 gefärbte kleine Fetttröpfchen enthaltende Zelle, 3 Leukocyt. 4 Milchkügelchen. Technik Nr. 168, pag. 275.

In welcher Weise das Drüsenepithel bei der Bildung der Milchkügelchen und der Kolostrumkörperchen sich betheiligt, ist noch nicht ganz klar. Sicher ist nur soviel, dass die Drüsenzellen bei der Sekretion nicht zu Grunde gehen. Es ist fraglich, ob das in den Drüsenzellen enthaltene Fett allein oder mit dem dem Drüsenlumen zugewendeten Abschnitte der Zelle ausgestossen wird.

TECHNIK.

Nr. 154. Schichten der Haut, Knäueldrüsen. Man schneide von der möglichst frischen Haut der Fingerbeere oder des Handtellers oder der Fusssohle Stückchen (von 1—2 cm Seite) mitsammt einer dünnen Schicht des darunter liegenden Fettes aus und lege sie in ca. 30 ccm absoluten Alkohol. Will man das Einrollen vermeiden, so stecke man die Stückchen auf kleine Korktafeln, die Epidermisseite gegen die Korkfläche gekehrt und lege das Ganze in absoluten Alkohol. Am nächsten Tage nehme man die Stückchen von den Korkplatten und lege sie auf 3—4 Wochen in 50 ccm 90 %igen Alkohol. Man mache feinere und dickere Schnitte. Letztere sind unerlässlich, wenn man die Ausführungsgänge der Knäueldrüsen in ihrer ganzen Länge erhalten will [1]). (Fig. 209.) Färben mit Alaunkarmin 10 Min. (pag. 19). Man sieht die rothen Knäuel schon mit unbewaffnetem Auge. Konserviren in Damarfirniss (pag. 27). Schwache Vergrösserung. An dicken Schnitten sind die Papillen oft undeutlich, weil sie von dem rothgefärbten Stratum mucosum rings umgeben sind; die schraubenförmig gewundenen Enden der Ausführungsgänge treten erst dann scharf hervor, wenn man das Objekt nur wenig beleuchtet oder den Spiegel zur seitlichen Beleuchtung einstellt (pag. 32 Anmerk.).

Zur Sichtbarmachung des Stratum granulosum ist Durchfärben mit Boraxkarmin (2—3 Tage) (pag. 20) zu empfehlen; die Körnchen dieses Stratum sind dann intensiv roth gefärbt.

Nr. 155. Für Nagelpräparate fixire man das letzte Fingerglied von 8—12jährigen Kindern, bei Erwachsenen dasjenige des kleinen Fingers (womöglich von Frauen), 2—4 Wochen lang in 100—200 ccm Müller'scher Flüssigkeit (pag. 14), härte es dann in ca. 100 ccm allmählich verstärktem Alkohol (pag. 15), entkalke (pag. 16), härte abermals und färbe die dicken Querschnitte [2]) mit Alaunkarmin (10 Min.) (pag. 19). Konserviren in Damarfirniss (pag. 27) (Fig. 211). Die Substanz des Nagels zeigt oft verschieden gefärbte Schichten. An Nägeln von älteren Leichen löst sich oft die Keimschicht von den Leistchen.

Nr. 156. Nagelelemente erhält man, wenn man ein 1—2 mm breites Stückchen des abgeschnittenen Nagels in einem Reagenzgläschen mit ca. 5 ccm konzentrirter Kalilauge über der Flamme bis zu einmaligem Aufwallen erhitzt. Man übertrage dann den Nagel mit einem Tropfen der Lauge auf den Objektträger und schabe etwas von der weich gewordenen Oberfläche desselben ab. Deckglas! Bei starker Vergrösserung findet man Zellen, wie sie Fig. 212 zeigt. Zum Vergleich untersuche man die verhornten Zellen des Stratum corneum, welche man durch leichtes Abschaben die Fingerbeere mit einem steil aufgesetzten Skalpell erhält. Man betrachte die polygonalen Schüppchen in einem Tropfen destill. Wasser mit starker Vergrösserung.

Nr. 157. Haare lege man in einen Tropfen Kochsalzlösung auf einen Objektträger und betrachte sie mit schwachen und starken Vergrösserungen. Am besten sind weisse Haare und Barthaare. Die Haarcuticula des Menschen ist sehr fein und lässt die dachziegelartige Zeichnung oft nur sehr unvollkommen erkennen; meist sind nur feingewellte Linien sichtbar. Viele thierische Haare zeigen dagegen die Cuticula sehr schön; z. B. Schafwolle.

Nr. 158. Zur Darstellung der Haarelemente bringe man ein 1—2 cm langes Stück eines Haares in einem Tropfen reiner Schwefelsäure auf den Objektträger und lege ein Deckglas auf. Drückt man nun leicht

---

[1]) Am besten ist hierfür die Fusssohlenhaut von Kindern, weil die Knäueldrüsengänge hier ganz senkrecht stehen.

[2]) Beim Schneiden setze man das Messer an die Volarseite, nicht an die Nagelseite des Fingergliedes an.

mit einer Nadel auf das Glas, so lösen sich Fasern von der Rindensubstanz ab, welche aus verklebten Rindenzellen bestehen. Nun erwärme man den Objektträger leicht, drücke dann abermals mit der Nadel, so dass sich das Deckglas etwas verschiebt; man wird alsdann zahlreiche freie Elemente, Oberhautschüppchen und Rindenzellen, wahrnehmen.

Nr. 159. Zur Darstellung der Elemente des Haarbalges (und des Haares) schneide man von einer schnurrbarttragenden menschlichen Oberlippe ein Stück von 2 cm Seite aus und lege es in verdünnte Essigsäure (5 ccm Essigsäure zu 100 ccm destill. Wasser). Nach zwei Tagen lassen sich einzelne Haare sammt den Scheiden leicht ausziehen und durch Zerzupfen in einem Tropfen destill. Wasser in ihre Elemente zerlegen. (Fig. 214.) Die Zellen der Henle'schen Schicht schwimmen in kleinen Komplexen im Präparate und sehen gefensterten Membranen oft täuschend ähnlich (Fig. 214, 5). Nicht selten erhält man Haarbälge, an deren Grund ein Ersatzhaar sich bildet (ähnlich Fig. 217).

Nr. 160. Zu Studien über Haar und Haarbalg fixire man Stückchen (von 2—3 cm Seite) der möglichst frischen Kopfhaut in ca. 200 ccm 2,5 %iger Lösung von Kali bichrom. (Nr. 9 pag. 5) 4—8 Wochen lang, wasche sie 1—3 Stunden in (womöglich fliessendem) Wasser aus und härte sie unter Lichtausschluss in ca. 100 ccm allmählich verstärktem Alkohol (pag. 15). Längsschnitte, welche bei genügender Feinheit die ganze Länge des Haarbalges treffen, sind sehr schwer anzufertigen. Man orientire sich zuerst makroskopisch über die Richtung der Haare. Zu Präparaten, wie Fig. 213, sind dicke Schnitte ungefärbt in Glycerin einzuschliessen. Feine Schnitte treffen fast regelmässig nur Stücke des Haarbalges. Leichter ist es, feine Querschnitte zu erzielen; man muss nur darauf achten, genau senkrecht zur Längsrichtung der Haare, nicht parallel zur Oberfläche der Haut zu schneiden. Man erhält dann auf einem Schnitte Durchschnitte in verschiedenen Höhen der Haare und Haarbälge. Solche Schnitte färbe man mit dünnem Karmin (pag. 19) und Böhmer'schem Haematoxylin (pag. 18) oder noch besser, zuerst mit Haematoxylin und dann mit Pikrokarmin (10 Min.) (pag. 20) und konservire sie in Damarfirniss (pag. 27). Besonders schön sind die Stellen, an denen die Haarbälge nahe über dem Bulbus durchschnitten sind (Fig. 215).

Nr. 161. Für Haarentwicklung schneide man Stücke (von ca. 2 cm Seite) der Stirnhaut (nicht der behaarten Kopfhaut) eines 5—6 Monate alten menschlichen Embryo aus, spanne sie auf (Nr. 154), fixire sie 14 Tage in 100—200 ccm Müller'scher Flüssigkeit (pag. 14) und härte sie in ca. 100 ccm allmählich verstärktem Alkohol (pag. 15). Durchfärben der Stücke mit Boraxkarmin (pag. 20) ist zu empfehlen[1]). Man klemme das Stück in Leber und suche möglichst genau die Richtung der Haarbälge zu schneiden, was viel leichter gelingt, als bei der Kopfhaut Erwachsener. Konserviren in Damarfirniss (pag. 27). Die Schnitte zeigen alle Entwicklungsstadien (Fig. 216). Die Höcker (Fig. 216, I) sind nur bei ganz gut erhaltener Epidermis (die bei Embryonen ja oft etwas macerirt ist) zu sehen; man findet sie leichter bei thierischen Embryonen (z. B. beim Rind).

Nr. 162. Für Haarwechsel sind sagittale Durchschnitte der Augen-

---

[1]) Man kann auch die Schnitte mit Böhmer'schem Haematoxylin färben.

lider neugeborener Kinder geeignet. Behandlung wie Nr. 182. Auch senkrechte Durchschnitte der Kopfhaut liefern oft gute Bilder (Fig. 217).

Nr. 163. Talgdrüsen. Man fixire und härte Nasenflügel neugeborener Kinder in 100 ccm 2,5 %/oiger Lösung von Kali bichrom. (wie Nr. 160); dickere (Fig. 218 A) und feinere (Fig. 218 B) Schnitte färbe man mit dünnem Karmin (pag. 19) und mit Böhmer'schem Haematoxylin (pag. 18) und konservire sie in Damarfirniss (pag. 27). Längs dem Nasenrücken geführte Schnitte treffen öfter Talgdrüse und Haarbalg zugleich, nur müssen die Schnitte genau senkrecht geführt sein. Nasenflügel Erwachsener geben wegen der sehr grossen, mit weiten Ausführungsgängen versehenen Talgdrüsen keine schönen mikroskopischen Bilder. Kleine Talgdrüsen mit Haarbälgen sieht man mit unbewaffnetem Auge beim Abziehen macerirter Epidermis von älteren ˙ Leichen.

Nr. 164. Blutgefässe der Haut. Man injizire von der Art. ulnaris (resp. A. tibial. postic.) aus mit Berliner Blau eine ganze Hand (resp. einen Fuss) eines Kindes, fixire sie in 1—2 Liter Müller'scher Flüssigkeit (pag. 14), schneide nach einigen Tagen Stücke (von 2—3 cm Seite) des Handtellers (resp. der Sohle) aus, welche man 2—4 Wochen in ca. 100—200 ccm Müllerscher Flüssigkeit fixirt und dann in ca. 100 ccm allmählich verstärktem Alkohol (pag. 15) härtet. Es müssen dicke Schnitte angefertigt werden, die man ungefärbt in Damarfirniss konservirt (pag. 27). Die Papillen sind an solchen Schnitten nur an den Kapillarschlingen kenntlich. Dem Ungeübten scheint es, als ob die Schlingen sich bis in die Schleimschicht hinein erstreckten.

Nr. 165. Zu Uebersichtspräparaten der Milchdrüse fixire und härte man die Brustwarze und einen Theil (von 3—4 cm Seite) der Drüse in 60—100 ccm absolutem Alkohol. Womöglich nehme man Drüsen von Individuen, die vor nicht zu langer Zeit geboren haben, ferner jungfräuliche Drüsen etc. Senkrecht durch die Warze und in beliebiger Richtung durch die Drüsensubstanz gelegte Schnitte färbe man mit Böhmer'schem Haematoxylin (pag. 18) und konservire sie in Damarfirniss (pag. 27).

Nr. 166. Für den feineren Bau der Milchdrüse lege man lebenswarme Stückchen der Milchdrüse (von 3—5 mm Seite) eines trächtigen oder säugenden Thieres in 5 ccm der Chromosmium-Essigsäure (pag. 15) und härte nach 1—2 Tagen dieselben in ca. 30 ccm allmählich verstärktem Alkohol (pag. 15). Die sehr feinen Schnitte färbe man mit Saffranin (pag. 21, 4), konservire sie in Damarfirniss (pag. 27). (Fig. 220.) Die Bilder sind wegen der kleinen Drüsenzellen (beim Kaninchen) oft schwer verständlich.

Nr. 167. Elemente der Milch. Man bringe einen Tropfen Kochsalzlösung auf einen reinen Objektträger, fange mit einem auf die Brustwarze einer Stillenden aufgelegten Deckglas einen Tropfen herausgedrückter Milch auf und setze das Deckglas auf die Kochsalzlösung. Starke Vergrösserung! (Fig. 222 A).

Nr. 168. Elemente des Kolostrum. Man verfahre wie bei Nr. 167 an der Brust einer Schwangeren kurz vor der Geburt. Man vermeide auf das Deckglas zu drücken. Die Kerne der Kolostrumkörperchen sind selten ohne Weiteres deutlich zu sehen; auf Zusatz eines Tropfen Pikrokarmin (pag. 30) erscheinen sie als mattrothe Flecke.

18*

X. Sehorgan.

Das Sehorgan besteht aus dem **Augapfel** (Bulbus oculi), dem Sehnerven, aus den Augenlidern und dem Thränenapparate.

Der Augapfel.

Der Augapfel ist eine Hohlkugel, welche theils geformten, theils flüssigen Inhalt einschliesst. Die Wandung der Hohlkugel besteht aus drei Häuten : 1. der Tunica externa, einer bindegewebigen Haut, welche einen vorderen durchsichtigen Abschnitt, die **Hornhaut** (Cornea), von der übrigen undurchsichtigen **Lederhaut** (Sklera) unterscheiden lässt ; 2. der Tunica media, die, reich an Gefässen, in drei Abschnitte: die **Aderhaut** (Chorioidea), den **Strahlenkörper** (Corpus ciliare) und die **Regenbogenhaut** (Iris) zerfällt und 3. der Tunica interna, **Netzhaut** (Retina), welche die Endapparate des Sehnerven enthält. Der geformte Inhalt des Augapfels besteht aus der **Linse** und dem **Glaskörper**.

Tunica externa.

Die **Cornea** besteht aus fünf Schichten, welche von vorn nach hinten gezählt, folgende Lagen bilden (Fig. 223): 1. das Hornhautepithel, 2. die vordere Basalmembran, 3. die Substantia propria corneae, 4. die hintere Basalmembran, 5. das „Hornhautendothel".

ad 1. Das **Hornhautepithel** ist ein geschichtetes Pflasterepithel und besteht zu unterst aus einer Lage cylindrischer, scharf konturirter Zellen, welchen drei bis vier (bei Thieren mehr) Lagen rundlicher Zellen folgen, die ihrerseits von mehreren Schichten abgeplatteter, aber noch kernhaltiger Zellen überdeckt werden. Die Dicke des Epithels beträgt beim Menschen 0,03 mm. Am Rande der Hornhaut setzt sich das Epithel in dasjenige der Conjunctiva sclerae fort.

ad 2. Die **vordere Basalmembran** (Lamina elastica anterior, Bowman'sche Membran) ist eine beim Menschen deutlich sichtbare, bis zu 0,01 mm dicke Schicht von fast homogenem Aussehen. Sie ist an ihrer Oberfläche mit feinen Zacken und Leisten zur Verbindung mit den Cylinder-

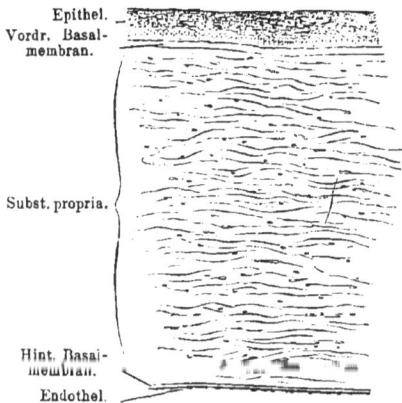

Epithel.
Vordr. Basalmembran.
Subst. propria.
Hint. Basalmembran.
Endothel.

Fig. 223.
Senkrechter Durchschnitt der Hornhaut des Menschen
100mal vergrössert. Technik Nr. 169b, pag. 300.

zellen des Hornhautepithels versehen ; an ihrer Unterfläche geht sie allmählich in die Substantia propria corneae über, als deren Modifikation die vordere Basalmembran gilt.

ad 3. Die Substantia propria corneae bildet die Hauptmasse der Cornea. Sie besteht aus feinen, gerade verlaufenden Fibrillen, welche durch eine interfibrilläre Kittsubstanz zu fast gleich dicken Bündeln vereinigt sind ; die Bündel werden ihrerseits durch eine interfascikuläre Kittsubstanz zu platten Lamellen verbunden, die in vielen Schichten übereinander gelegen sind und durch eine interlamelläre Kittsubstanz zusammengehalten werden. Die Lamellen sind parallel der Hornhautoberfläche gelagert und verlaufen in senkrecht aufeinander stehenden Meridianen, so dass ein vertikal durch die Mitte der Hornhaut geführter Schnitt abwechselnd längs und quer ge-

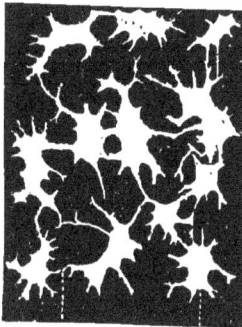

Saftkanälchon. Saftlücken.

Fig. 224.

Flächenschnitt der Cornea des Ochson. Negatives Silberbild, das Kanalsystem ist hell auf dunklem Grunde. ca. 240mal vergrössert. Technik Nr. 173, pag. 301.

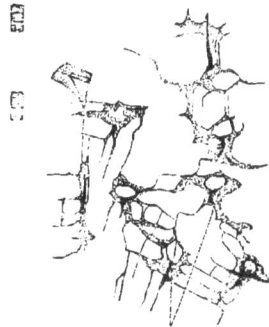

Hornhautzellen.

Fig. 225.

Flächenschnitt der Cornea des Kaninchens. Fixe Hornhautzellen. ca. 240mal vergrössert. Technik Nr. 174, pag. 903.

troffene Bündel zeigt. Einzelne schräg verlaufende Bündel (sogen. Fibrae arcuatae) verbinden die einzelnen Lagen mit ihren nächstoberen resp. nächstunteren Nachbarn ; besonders ausgeprägt finden sich solche Bündel in den vorderen Schichten der Substantia propria. In die Kittsubstanz ist ein vielfach (bei manchen Thieren [z. B. beim Frosch] rechtwinkelig) verzweigtes Kanalsystem eingegraben, die Saftkanälchen ("Hornhautkanälchen"), welche an vielen Stellen zu breiteren, ovalen Lücken, den Saftlücken ("Hornhautkörperchen") (Fig. 224) erweitert sind. Letztere liegen zwischen den Lamellen, während die Saftkanälchen ausserdem noch zwischen den Bündeln verlaufen. Saftlücken und Saftkanälchen enthalten eine seröse Flüssigkeit ; ausserdem finden sich daselbst auch Zellen und zwar: a) fixe Hornhautzellen ; das sind abgeplattete, der einen Wand des Kanalsystems angeschmiegte, mit einem grossen Kerne versehene Bindesubstanzzellen (Fig. 225) und b) Wanderzellen (Leukocyten).

ad 4. Die hintere Basalmembran (Membrana Descemetii, Lamin. elast. poster.) ist eine glashelle, elastische Haut von nur 0,006 mm Dicke. Ihre Hinterfläche ist bei erwachsenen Menschen an der Peripherie der Hornhaut mit halbkugeligen Erhabenheiten, sog. Warzen, besetzt.

ad 5. Das „Hornhautendothel" wird durch eine einschichtige Lage polygonaler, platter, mit leicht prominirenden Kernen versehener Zellen hergestellt.

Die Sklera besteht vorzugsweise aus Bindegewebsbündeln, welche sich in verschiedenen, hauptsächlich in meridionalen und äquatorialen Richtungen durchflechten. Ausserdem befinden sich daselbst feine elastische Fasern in Netzen angeordnet, sowie platte Bindesubstanzzellen, welche, wie die fixen Hornhautzellen, in Saftlücken liegen, die in der Sklera nur unregelmässiger gestaltet sind. Zwischen Sklera und Chorioidea befindet sich ein lockeres, reichlich mit elastischen Fasern und verästelten Pigment- und platten pigmentfreien Zellen („Endothelzellen") versehenes Gewebe, welches beim Lösen der Sklera von der Chorioidea theils ersterer, theils letzterer anhaftet und Lamina fusca sclerae oder Lamina suprachorioidea heisst. Die Dicke der Sklera ist hinten am mächtigsten (1 mm) und nimmt nach vorn zu allmählich ab.

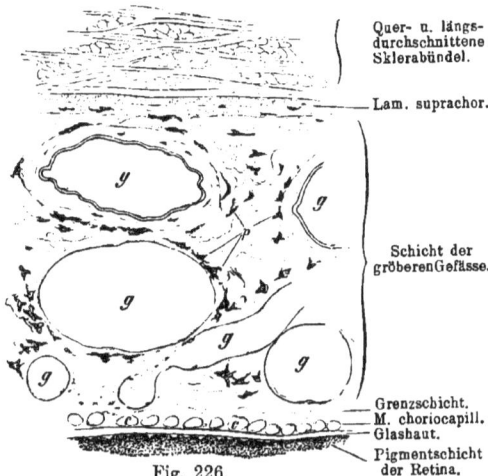

Quer- u. längsdurchschnittene Sklerabündel.

Lam. suprachor.

Schicht der gröberenGefässe.

Grenzschicht.
M. choriocapill.
Glashaut.
Pigmentschicht
der Retina.

Fig. 226.

Senkrechter Schnitt durch einen Theil der Sklera und die ganze Chorioidea des Menschen, 100mal vergr. g Gröbere Gefässe, p Pigmentzellen, c Querschnitte von Kapillaren. Technik Nr. 109c, pag.300.

Tunica media.

Die Chorioidea ist durch ihren grossen Reichthum an Blutgefässen ausgezeichnet, welche in zwei Schichten geordnet sind. Die oberfläch- liche, nach Innen von der Lamina suprachorioidea befindliche Lage, die „Schicht der gröberen Gefässe" (Fig. 226), enthält die Verästelungen der arteriellen und venösen Gefässe, die in eine aus feinen elastischen Faser- netzen und zahlreichen verästelten Pigmentzellen bestehende Grundsubstanz (Stroma) eingebettet sind. Das Stroma enthält ausserdem als Begleiter der grösseren Arterien fibrilläres Bindegewebe, glatte Muskelfasern und platte, nicht pigmentirte Zellen, die zu feinen Häutchen („Endothelhäutchen") verbunden sind. Die tiefere Schicht, Membrana choriocapillaris wird durch ein engmaschiges Netz weiter Kapillaren, zwischen denen keinerlei geformte Elemente gelegen sind, gebildet. Zwischen beiden Gefässschichten liegt die meist pigmentlose, aus feinen elastischen Fasernetzen bestehende Grenzschicht der Grundsubstanz; an ihre Stelle treten bei Wiederkäuern und Pferden wellig verlaufende Bindegewebsbündel, welche dem Auge dieser Thiere einen metallischen Glanz verleihen. Diese glänzende Haut

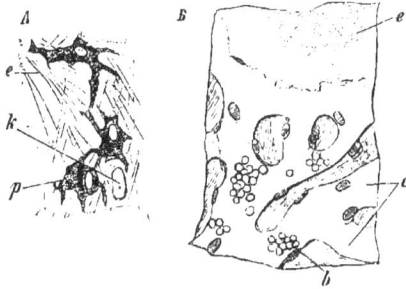

Fig. 227.

A Aus einem Zupfpräparate der menschlichen Chorioidea, 240mal vergr. *p* Pigmentzellen, *e* elastische Fasern, *k* Kern einer platten, nicht pigmentirten Zelle; der Zellenkörper ist hier nicht sichtbar. *B* Stückchen der menschlichen Choriocapillaris und der anhaftenden Glashaut, 240mal vergr. *c* weite Kapillaren, theilweise noch Blutkörperchen (*b*) enthaltend, *e* Glashaut, eine feine Gitterung zeigend. Technik Nr. 170a, pag. 301.

ist unter dem Namen Tapetum fibrosum bekannt. Das gleichfalls irisirende Tapetum cellulosum der Raubthiere wird hingegen durch mehrere Lagen platter Zellen, die zahlreiche, feine Krystalle enthalten, hergestellt. An die

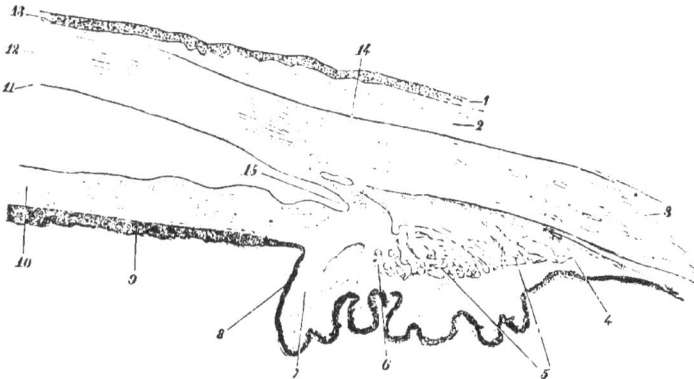

Fig. 228.

Meridionalschnitt durch den rechten Cornealfalz (s. pag. 281) des Menschen. 30mal vergrössert. 1 Epithel, 2 Bindegewebe der Conjunctiva, 3 Sklera, 4, 5, 6, 7 und 8 Corpus ciliare, 4 meridionale, 5 radiäre, 6 circuläre Fasern des M. ciliaris, 7 Processus ciliaris, 8 Pars ciliaris retinae, 9 Pars iridica retinae, 10 Stroma der Iris, 11, 12, 13 Cornea, 11 hintere Basalmembran, 12 Substantia propria, 13 Epithel, 14 Schlemm'scher Kanal, 15 Iriswinkel. Technik Nr. 169a, pag. 300.

Membrana choriocapillaris schliesst sich die Glashaut, eine strukturlose, bis 2 μ dicke Lamelle, welche auf ihrer äusseren Oberfläche mit einer feinen, gitterförmigen Zeichnung versehen ist. Eine auf der inneren Oberfläche bemerkbare polygonale Felderung wird durch Abdrücke des Retinalpigmentes hervorgerufen. Die Glashaut steht den elastischen Häuten nahe.

Das Corpus ciliare wird gebildet von den Proc. ciliares und einem diesen aufliegenden muskulösen Ringe, dem Musc. ciliaris. Die Processus ciliares sind 70 — 80 meridional gestellte Falten, welche von der Ora serrata (pag. 282) an niedrig beginnend sich allmählich bis zu einer Höhe von 1 mm erheben und nahe dem Linsenrande plötzlich abfallend enden. Jeder Ciliarfortsatz besteht aus fibrillärem Bindegewebe, das zahlreiche Blutgefässe enthält und einwärts durch eine Fortsetzung der Glashaut, die hier durch sich kreuzende Fältchen gekennzeichnet ist, abgegrenzt wird. Der Musculus ciliaris ist ein ca. 3 mm breiter, vorn 0,8 mm dicker Ring, der an der inneren Wand des Schlemm'schen Kanals entspringt. Seine glatten Elemente verlaufen nach drei verschiedenen Richtungen. Wir unterscheiden: 1. meridionale Fasern (Fig. 228, 4); es sind dies die der Sklera zunächst gelegenen zahlreichen Muskelbündel, welche bis zum glatten Theile der Chorioidea reichen; sie sind unter dem Namen Tensor chorioideae bekannt, 2. radiäre Fasern, den meridionalen zunächst gelegene Bündel, welche von Aussen nach Innen eine immer mehr radiäre (zum Mittelpunkte des Bulbus orientirt) Richtung annehmen und hinten, noch im Bereiche des Ciliarkörpers, in cirkuläre Richtung umbiegen (5), 3. cirkuläre (äquatoriale) Fasern, den sogenannten Müller'schen Ringmuskel (6).

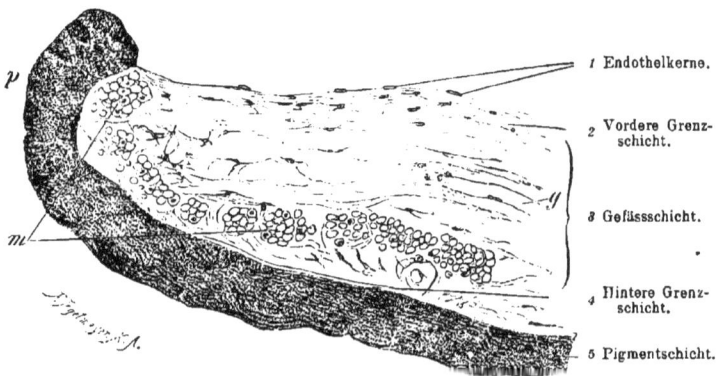

1 Endothelkerne.

2 Vordere Grenz-schicht.

3 Gefässschicht.

4 Hintere Grenz-schicht.

5 Pigmentschicht.

Fig. 229.

Senkrechter Schnitt durch den pupillaren Theil der menschlichen Iris. 100 mal vergr. Es ist etwa ein Fünftel der ganzen Irisbreite gezeichnet. *g* Blutgefäss mit dicker Bindegewebsscheide, *m* Musc. sphincter pupillae, quer durchschnitten, *p* Pupillarrand der Iris. Technik Nr. 170c, pag. 301.

Die Regenbogenhaut, Iris, besteht aus einem in drei Schichten gesonderten Stroma, das vorn von einer Fortsetzung des Hornhautendothels, hinten von einer modifizirten Fortsetzung der Retina überzogen wird. Wir unterscheiden demnach in der Iris fünf Lagen:

1. Das „Endothel" der vorderen Irisfläche; es besteht, wie das der Hornhaut, aus einer einfachen Lage abgeplatteter, polygonaler Zellen.

2. Die vordere Grenzschicht (retikuläre Schicht); sie besteht aus 3—4 Lagen von Netzen, welche durch sternförmige Bindesubstanzzellen gebildet werden. Dieses dem Reticulum des adenoiden Gewebes ähnliche Netzwerk geht an seiner hinteren Fläche allmählich über in

3. Die Gefässschicht der Iris, welche in einem lockeren, von feinen Bindegewebsbündeln gebildeten Stroma zahlreiche radiär (zur Pupille) verlaufende Gefässe enthält. Blutgefässe und Nerven sind mit besonders dicken Bindegewebsscheiden umhüllt. In der Gefässschicht sind glatte Muskelfasern gelegen und zwar a) ringförmig um den Pupillarrand der Iris angeordnete Faserbündel: der bis zu 1 mm breite Musc. sphincter pupillae und b) von diesem in radiärer Richtung ausstrahlende, spärliche Fasern, welche keine zusammenhängende Schicht bilden; der Musc. dilatator pupillae. In der vorderen Grenzschicht und in der Gefässschicht sind in sehr wechselnden Mengen pigmentirte Zellen gelegen, die jedoch bei blauen Augen fehlen.

4. Die hintere Grenzschicht, eine glashelle Membran, welche elastischer Natur ist.

5. Die Pigmentschicht der Iris (Pars iridica retinae); sie wird durch zwei Lagen gebildet; die vordere enthält spindelförmige, die hintere polygonale Pigmentzellen. Beide Lagen sind derart von Pigmentkörnchen durchsetzt, dass ein Erkennen der einzelnen Elemente meist unmöglich ist. Das Pigment fehlt hier nur bei Albinos. Die hintere Fläche der Pigmentschicht wird von einem sehr feinen Häutchen, der Limitans iridis, einer Fortsetzung der Membrana limitans interna retinae (pag. 288) überzogen.

Cornealfalz. So nennt man die Uebergangsstelle der Sklera in die Cornea, die insofern von besonderem Interesse ist, als daselbst Iris, Cornea und Corpus ciliare an einander stossen. Der Uebergang der Sklera in die Cornea erfolgt ganz direkt; die mehr wellig verlaufenden Sklerabündel gehen kontinuirlich in die gestreckten Fibrillenbündel der Hornhaut über, das Saftkanalsystem der Sklera kommunizirt mit dem der Cornea. Die mikroskopisch nicht scharf nachzuweisende Uebergangslinie ist eine schräge, indem die Umwandlung der Sklera in das Corneagewebe in den hinteren Partien der Tunica externa früher erfolgt, als vorn. Der hinterste Abschnitt der Substantia propria corneae, sowie die hintere Basalmembran stossen in der Peripherie mit dem Ciliarrande der Iris zusammen, die Stelle heisst der Iriswinkel (Fig. 228, 15). Hier sendet die Iris gegen die Hinterfläche der hinteren Basalmembran bindegewebige Fortsätze, die Irisfortsätze, die, bei Thieren (Rind, Pferd) mächtig entwickelt, das sogen. Ligamentum iridis pectinatum darstellen. Beim Menschen sind diese Fortsätze kaum ausgebildet. Mit den Irisfortsätzen vereinigt sich die hintere Basalmembran, indem dieselbe sich in ihrer ganzen Peripherie in Fasern auflöst, die mit den Irisfortsätzen verschmelzen; diese Fasern erhalten noch Verstärkungen von Seiten der elastischen Sehnen und des intermuskulären Bindegewebes des Ciliarmuskels, sowie in geringerem Grade Zuwachs von Seiten der Sklera. Somit

betheiligen sich am Aufbaue der im Iriswinkel ausgespannten Fasern sämmtliche am Cornealfalz auf einander treffende Gewebe: Cornea, Sklera, Iris
und M. ciliaris; das von der Hinterfläche der hinteren Basalmembran auf die
Irisoberfläche sich fortsetzende Endothel hüllt die Fasern ein. Die zwischen
den Fasern befindlichen Räume, die, in offener Verbindung mit der vorderen
Augenkammer stehend, dieselbe Flüssigkeit wie diese enthalten, werden die
F o n t a n a'schen R ä u m e genannt. Sie sind beim Menschen kaum entwickelt.

Tunica interna.

Die N e t z h a u t, R e t i n a, erstreckt sich von der Eintrittsstelle des
Sehnerven bis zum Pupillarrande der Iris und lässt in diesem Bereiche drei
Zonen unterscheiden: 1. Die P a r s o p t i c a r e t i n a e, das eigentliche Aus-
breitungsgebiet des Nerv. opticus. Dieser allein lichtempfindende Theil der
Netzhaut erstreckt sich, den ganzen Augenhintergrund auskleidend, bis nahe
an den Ciliarkörper und hört dort mit einer scharfen, gezackten, makroskopisch schon wahrnehmbaren Linie, der Ora s e r r a t a, auf. 2. Die P a r s
c i l i a r i s r e t i n a e, von der Ora serrata bis zum Ciliarrande der Iris reichend.
3. Die P a r s i r i d i c a r e t i n a e, welche die Hinterfläche der Iris vom Ciliarrande bis zum Pupillarrande überzieht.

ad 1. Die P a r s o p t i c a r e t i n a e zerfällt in zwei Abtheilungen,
eine äussere, die Schicht der Sehzellen (Neuroepithelschicht) und eine innere,
die Gehirnschicht; jede dieser Abtheilungen lässt wieder mehrere Lagen
unterscheiden und zwar die Neuroepithelschicht vier, die Gehirnschicht fünf;
rechnen wir dazu noch die genetisch zur Retina gehörende Pigmentschicht
(Pigmentepithel), welche dicht unter der Chorioidea gelegen ist, so ergeben
sich zehn Schichten, die von aussen nach innen gezählt in folgender Weise
angeordnet sind:

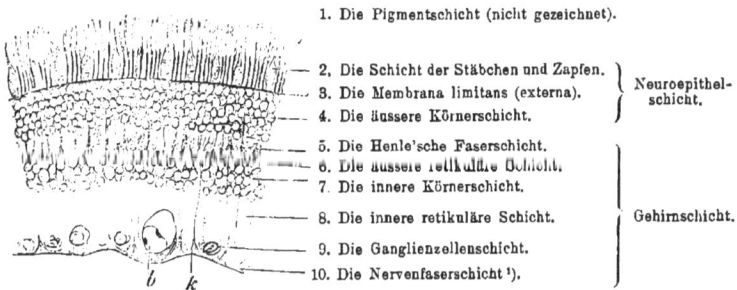

1. Die Pigmentschicht (nicht gezeichnet).

2, Die Schicht der Stäbchen und Zapfen. ⎫
3. Die Membrana limitans (externa).   ⎬ Neuroepithel-
4. Die äussere Körnerschicht.   ⎭ schicht.

5. Die Henle'sche Faserschicht.
6. Die aussere retikuläre Schicht.
7. Die innere Körnerschicht.
8. Die innere retikuläre Schicht.   ⎫ Gehirnschicht.
9. Die Ganglienzellenschicht.   ⎬
10. Die Nervenfaserschicht [1]).   ⎭

Fig. 230.

Senkrechter Schnitt der Retina des Menschen, 240mal vergrössert. Die Nervenfaserschicht ist quer-
durchschnitten und nur sehr dünn, da der Schnitt nicht vom Augenhintergrunde stammt. b Blutgefässe,
k Radiärfaserkegel. Technik Nr. 170 d, pag. 301.

_____

[1]) Dazu wird noch die Membr. limitans interna als 11. Lage gezählt, die indessen
keine selbständige Haut darstellt (siehe Müller'sche Stützfasern).

Die Elemente vorstehender Schichten sind nur zum Theil nervöser resp. epithelialer Natur; der andere Theil wird durch S t ü t z s u b s t a n z, die indessen nicht bindegewebiger Natur ist (s. Rückenmark pag. 137), gebildet. Die hervorragendsten Elemente der Stützsubstanz sind die R a d i ä r f a s e r n (Müller'sche Stützfasern), langgestreckte Zellen, welche von der Innenfläche der Retina durch sämmtliche Schichten bis zu den Stäbchen und Zapfen hinaufreichen. Ihr inneres Ende ist durch einen kugelförmigen Fuss, den R a d i ä r f a s e r k e g e l (*b*), charakterisirt; indem die verdickten Basen dieser Kegel sich dicht aneinanderfügen, täuschen sie eine an der inneren Oberfläche der Retina liegende Membran, die sog. Membrana limitans interna (Fig. 231, *l*) vor. Von der Spitze des Kegels an sich immer mehr verschmälernd, ziehen die Stützfasern durch die innere retikuläre Schicht in die innere Körnerschicht; hier sind sie mit einem Kerne versehen (Fig. 231, *n*); von da ziehen die Fasern durch äussere retikuläre und äussere Körnerschicht bis zur Membrana limitans (externa), mit welcher sie sich verbinden. Während ihres ganzen Verlaufes geben die Radiärfasern seitliche Fortsätze und Blätter

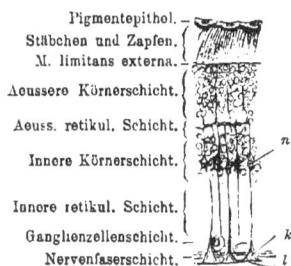

Pigmentepithel.
Stäbchen und Zapfen.
M. limitans externa.
Aeussere Körnerschicht.
Aeuss. retikul. Schicht.
Innere Körnerschicht.
Innere retikul. Schicht.
Ganglienzellenschicht.
Nervenfaserschicht.

Fig. 231.

Senkrechter Schnitt der Netzhaut eines Kaninchens, 240mal vergr. *k* Kegelförmiger Fuss der Radiärfasern, *n* kernhaltiger Theil derselben, *l* „Membrana limitans interna". Technik Nr. 170 d, pag. 301.

zur Stütze der nervösen Elemente ab. Ausser diesen radiären Stützzellen kommen in der äusseren retikulären Schicht k o n z e n t r i s c h e Stützzellen vor; sie sind der Fläche nach ausgebreitete, mit langen Ausläufern versehene Zellen, die theils kernhaltig, theils kernlos sind. Von der Oberfläche der Membrana limitans ext. erheben sich noch feine Fasern, welche hürdenförmig die Basen der Stäbchen und Zapfen umfassen, die sog. F a s e r k ö r b e (Fig. 232). Zur Stützsubstanz gehört endlich ein Theil der beiden retikulären Schichten, sowie die geringen Mengen der Kittsubstanz in der Ganglienzellenschicht.

Die genauere Schilderung der einzelnen Retinaschichten geschieht aus praktischen Gründen in umgekehrter, von Innen nach Aussen zählender Reihenfolge.

Gehirnschicht.

Die N e r v e n f a s e r s c h i c h t besteht aus nackten Achsencylindern, welche zu Bündeln angeordnet, sich plexusartig verbinden. An der Eintrittsstelle des N. opticus am dicksten gelagert, breiten sich die Fasern in radiärer Richtung bis zur Ora serrata aus. Die radiäre Anordnung der Fasern erleidet eine Störung im Bereiche der Macula lutea (pag. 287). Die Achsencylinder sind zum grössten Theile centripetale Fasern, welche von den in der Retina gelegenen Ganglienzellen herstammen; zum andern Theil aber sind die Achsencylinder Fortsätze von Ganglienzellen des Gehirns, centrifugale Fasern, welche in der inneren Körnerschicht frei verästelt enden. Fig. 232.

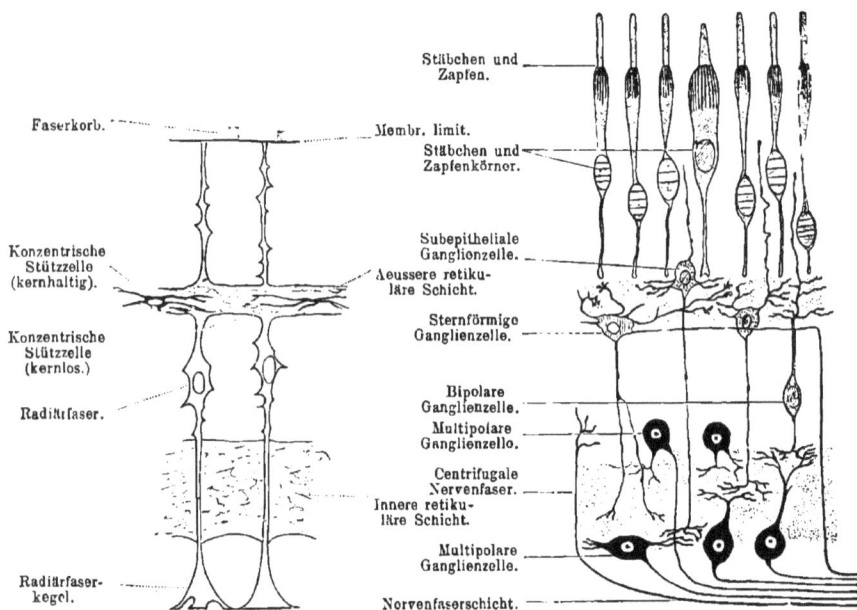

Fig. 232.
Schema, links Stützelemente, rechts nervöse u. epitheliale Elemente der Netzhaut.

Die Ganglienzellenschicht („Ganglion nervi optici") besteht aus einer einfachen Lage grosser multipolarer Ganglienzellen, welche einen ungetheilten Fortsatz (Nervenfortsatz) centralwärts, gegen die Nervenfaserschicht, einen oder mehrere verästelte Fortsätze (Protoplasmafortsätze) peripheriewärts, gegen die innere retikuläre Schicht entsenden; dort bilden die Fortsätze sich theilend feine der Fläche nach ausgebreitete Flechtwerke, welche mit Fortsätzen anderer Ganglienzellen ein dichtes Gewirr herstellen (Fig. 232).

Die innere retikuläre Schicht (granulirte Schicht", „Neurospongium") besteht aus einem sehr feinen Netzwerke der Stützsubstanz, welches ein dichtes, von Fortsätzen sämmtlicher Ganglienzellen der Retina gebildetes, z. Th. nervöses Gewirr trägt.

Die innere Körnerschicht; ihre „Körner" benannten Elemente sind sehr verschiedener Natur. Die innerste Lage wird durch grosse Ganglien zellen[1]) hergestellt, welche verästelte Fortsätze in die innere retikuläre Schicht senden. Von vielen — nicht von allen — dieser Zellen geht ein Nervenfortsatz in die Optikusfaserschicht über (Fig. 232). Die übrigen Lagen bestehen grösstentheils aus kleinen bipolaren Ganglienzellen („Ganglion retinae"), deren centraler Fortsatz bis in die innere retikuläre Schicht reicht und sich dort in feine varicöse Aeste auflöst, während der peripherische Fortsatz bis zur äussersten retikulären Schicht zieht; dort theilt er sich gabelig, breitet sich der Fläche nach aus und geht in feinste Fibrillen zerfallend in ein subepitheliales Gewirr über, das durch die Verfilzung mit Fortsätzen benachbarter Ganglienzellen gebildet wird. Alle bipolaren Ganglienzellen schicken einen Fortsatz zwischen die Sehzellen in die Höhe, der nahe der Membrana limitans mit einer kleinen Verdickung endet (Fig. 232). Endlich finden sich in dieser Schicht die Kerne der Radiärfasern.

An der Grenze gegen die nächstäussere Schicht liegen kleinere und grössere sternförmige Zellen; dieselben nehmen mit vielen Fortsätzen Theil an der Bildung des subepithelialen Gewirres, ein Fortsatz verläuft gegen die innere retikuläre Schicht, wo er feinverästelt endet und ein Fortsatz — der Achsencylinderfortsatz — biegt nach längerem horizontalem Verlaufe in vertikale Richtung um und geht in die Nervenfaserschicht über[2]) (Fig. 232).

Die äussere retikuläre Schicht („Zwischenkörnerschicht", „subepitheliale Schicht") ist ebenfalls ein feines Netzwerk der Stützsubstanz, welches das eben erwähnte nervöse Gewirr trägt. Von Zellen finden sich hier die konzentrischen Stützzellen (s. pag. 283), sowie „subepitheliale Ganglienzellen"; letztere sind nichts anderes, als dislocirte Elemente des Ganglion retinae, die sich von den bipolaren Ganglienzellen nur durch ihre gedrungene Gestalt unterscheiden, hinsichtlich ihrer Endverästelung aber vollkommen mit diesen übereinstimmen (Fig. 232).

Neuroepithelschicht.

Die Neuroepithelschicht besteht aus zweierlei Elementen: den Stäbchen-Sehzellen und den Zapfen-Sehzellen, die beide dadurch ausgezeichnet sind, dass' ihr Kern in der unteren Hälfte der Zelle gelegen ist, während der obere kernlose Abschnitt durch eine durchlöcherte Membran (die Membrana limitans extern.) von dem unteren Theile scharf abgegrenzt wird. Dadurch wird das Bild verschiedener Schichten hervorgerufen; die innere, aus den kernhaltigen Theilen der Sehzellen bestehende Schicht ist als äussere

---

[1]) Diese Zellen wurden früher Spongioblasten genannt, weil man sie irriger Weise für die Erzeuger des Neurospongium hielt; sie sind als Elemente des Ganglion n. optici zu betrachten, welche nicht, wie die anderen, durch die innere retikuläre Schicht durchgewandert sind.

[2]) Nach anderen Autoren endet dieser Fortsatz in der äusseren retikulären Schicht indem er mit seinen Verzweigungen die Basen der Sehzellen umfasst.

Körnerschicht, die äussere, kernlose Abtheilung als Schicht der Stäbchen und Zapfen bekannt. Zwischen beiden liegt die Membrana limitans.

1. **Stäbchenzellen.** Die äusseren Hälften derselben sind die **Stäbchen**, langgestreckte Cylinder (60 μ lang, 2 μ dick), welche aus einem homogenen **Aussengliede** und einem feinkörnigen **Innengliede** bestehen. Die Aussenglieder sind der ausschliessliche Sitz des Sehpurpurs. Das Innenglied besitzt in seinem äusseren Ende einen ellipsoiden, faserigen Körper, den **Fadenapparat**. Die inneren Hälften der Stäbchensehzellen werden **Stäbchenfasern** genannt; sie sind sehr feine Fäden, weiche mit einer kernhaltigen Anschwellung, dem **Stäbchenkorne** versehen sind. Der Kern ist durch 1—3 helle Querbänder ausgezeichnet. Das basale Ende der Zelle ist zu einer kleinen, fortsatzfreien Keule aufgetrieben (Fig. 232).

2. **Zapfensehzellen.** Die äusseren Hälften derselben, die **Zapfen**, bestehen gleichfalls aus einem Aussengliede und einem Innengliede. Die

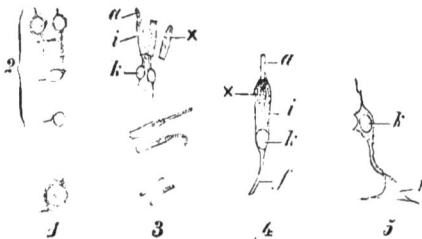

Aussenglieder sind konisch und kürzer als diejenigen der Stäbchen. Die Innenglieder sind dick, bauchig aufgetrieben; die Gesammtgestalt der Zapfen ist somit eine flaschenförmige. Auch das Innenglied der Zapfen enthält einen Fadenapparat. Die inneren Hälften der Zapfensehzellen sind die **Zapfenfasern**; diese sind breit und sitzen mit kegelförmig verbreitertem Fusse auf der äusseren retikulären Schicht. Die kernhaltige Anschwellung, das **Zapfenkorn**, liegt gewöhnlich dicht nach Innen von der Membr. limitans.

Fig. 233.
Elemente der Retina des Affen isolirt, 240mal vergr.
1 Verstümmelte Ganglionzelle des Gangl. nerv. optic.
2 Elemente der inneren Körnerschicht.
3 Stäbchenzellen und Fragmente derselben, unten zwei Aussenglieder, von denen das eine eine quere Streifung, den Beginn des Zerfalles in quere Plättchen, zeigt; darüber zwei Stäbchen; Aussenglied des unteren im Zerfalle begriffen. Oben vollständigere Stäbchenzellen, *a* Aussenglied, *i* Innenglied, *k* Stäbchenkorn, ✕ Fadenapparat.
4 Zapfenzelle, *a* Aussenglied, *i* Innenglied, *k* Zapfenkorn, *f* Zapfenfaser, am unteren Ende abgerissen, ✕ Fadenapparat.
5 Müller'sche Stützfaser (Radiärfaser), *k* Kern derselben, *r* Radiärfaserkegel. Technik Nr. 172, pag. 302.

Die Zahl der Stäbchen ist eine viel grössere, als die der Zapfen. Letztere stehen in regelmässigen Abständen, so dass immer je drei bis vier Stäbchen zwischen je zwei Zapfen liegen (Fig. 230).

Die der äusseren retikulären Schicht aufsitzenden Basaltheile der Sehzellen sind meist deutlich als eine besondere radiär gestreifte Schicht zu erkennen (Fig. 230); diese „**Henle'sche Faserschicht**" ist im Bereich der Macula lutea (siehe unten) von besonderer Breite und nimmt allmählich — oft sehr ungleichmässig — gegen die Ora serrata ab.

Das **Pigmentepithel** besteht aus einer einfachen Lage sechsseitiger Zellen, welche an ihrer äusseren, der Chorioidea zugewendeten Fläche pigmentfrei sind (hier liegt auch der Kern (Fig. 231), während der innere Abschnitt derselben zahlreiche stabförmige, 1—5 μ lange Pigmentkörnchen enthält; von diesem Theil ziehen zahlreiche feine Fortsätze zwischen die Stäbchen und Zapfen. Bei Albinos und am Tapetum (s. o. pag. 279) ist das Epithel pigmentfrei.

Der vorstehend geschilderte Bau der Retina erleidet an der Macula lutea und Fovea centralis, sowie an der Ora serrata bemerkenswerthe Modifikationen.

Macula lutea und Fovea centralis. Im Bereiche der Macula erfahren die Retinaschichten folgende Veränderungen. Feine Optikusfasern verlaufen von der Eintrittsstelle der Sehnerven gerade zum nächstgelegenen, medialen Theile der Macula; die über und unter diesen Fasern aus der Eintrittsstelle kommenden dickeren Nervenfasern verlaufen dagegen in aufwärts resp. abwärts konvexen Bogen und vereinigen sich am lateralen Rande der Macula. Die Ganglienzellenschicht wird bedeutend dicker, indem die hier bipolaren Ganglienzellen statt in ein-

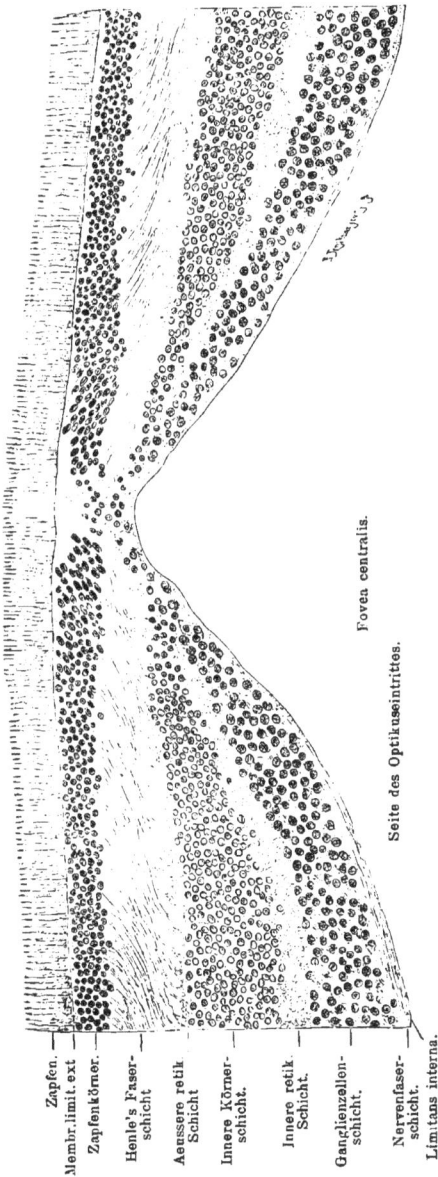

Fig. 234.

Horizontalschnitt durch die Macula lutea und die Mitte der Fovea centralis eines 60 Jahre alten Mannes. Nach einem Präparat von Haab, gezeichnet von Schaper. 135mal vergr. Die Nervenfaserschicht ist, wie überhaupt alle Schichten auf der Seite des Optikuseintrittes dicker, als auf der entgegengesetzten Seite, dort sieht man die Nervenfasern quer durchschnitten als feine Punkto.

Zapfen.
Membr. limit. ext.
Zapfenkörner.
Henle's Faserschicht.
Aeussere retik. Schicht.
Innere Körnerschicht.
Innere retik. Schicht.
Ganglienzellenschicht.
Nervenfaserschicht.
Limitans interna.

Seite des Optikuseintrittes.
Fovea centralis.

facher Lage in vielen (bis 9) Lagen übereinander angeordnet sind; auch die innere Körnerschicht ist durch Vermehrung ihrer Elemente fast um das Doppelte verbreitert. Die innere und äussere retikuläre Schicht erleiden keine wesentlichen Veränderungen. Die Neuroepithelschicht wird einzig allein durch hier etwas schmalere Zapfensehzellen hergestellt. Schon am Rande der Macula vermindert sich die Zahl der Stäbchensehzellen, in der Macula selbst fehlen sie vollkommen: in Folge dessen sind die Zapfenfasern in grosser Ausdehnung sichtbar; sie bilden hier die Henle'sche Faserschicht. Die Zapfenkörner liegen wegen ihrer grossen Menge in mehreren Lagen übereinander.

Gegen die in der Mitte der Macula lutea gelegene Fovea centralis verdünnen sich allmählich die Retinaschichten und hören zum Theil gänzlich auf. Zuerst verschwindet bis auf einige Fasern die Nervenfaserschicht, dann fliessen die Gehirnschichten zuerst unter sich und im eigentlichen Centrum der Fovea mit den Zapfenkörnern zu einer dünnen Lage zusammen, in welcher die Grenzen der einzelnen Schichten nicht mehr zu erkennen sind. Im Centrum der Fovea („Fundus foveae") ist also eigentlich nur die Neuroepithelschicht (Zapfenzellen) vorhanden.

Ein diffuser, gelber Farbstoff durchtränkt die Gehirnschicht, fehlt aber in der Neuroepithelschicht, der Fundus foveae ist somit farblos.

Im Gebiete der Ora serrata erfolgt sehr rasch eine Abnahme der Retinaschichten. Optikusfasern und Ganglienzellen sind schon vor der Ora verschwunden. Von den Sehzellen verschwinden zuerst die Stäbchensehzellen; die Zapfensehzellen sind noch erhalten, scheinen aber der Aussenglieder zu entbehren. Dann verliert sich die äussere retikuläre Schicht, so dass äussere und innere Körnerschicht konfluiren, endlich hört die innere retikuläre Schicht auf. Dagegen persistiren und sind stark entwickelt die Müller'schen Stütz-

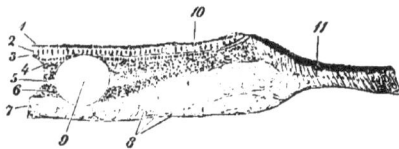

Fig. 235.

Meridionalschnitt der Ora serrata und des angrenzenden Theiles der Pars ciliar. retinae einer 78 Jahre alten Frau, 70 mal vergrössert. 1 Pigmentepithel, 2 Zapfen. der Aussenglieder entbehrend, 3 Membr. limit. extern., 4 äussero Körnerschicht, 5 äussere retikuläre Schicht, 6 innero Körnerschicht. 7 innere retikuläre Schicht, 8 Müller'sche Stützfasern, 9 Lücke in der Netzhaut, bei 10 konfluiren äussere und innere Körnerschicht und gehen in 11 die Zellen der Pars ciliar. retinae über.
Technik Nr. 170d, pag. 301.

fasern. Die Ora serrata ist häufig der Sitz seniler Veränderungen. Am häufigsten sind Lücken, die zuerst in der äusseren Körnerschicht auftreten und sich auch weiter auf centrale Schichten ausdehnen können (Fig. 235).

ad 2. Die Pars ciliaris retinae besteht aus einer einfachen Lage gestreckter Cylinderzellen (Fig. 235, 11), welche allmählich aus der zu einer Schicht vereinten äusseren und inneren Körnerschicht hervorgehen. Diese Zellen werden an ihrer centralen Oberfläche von einer Cuticularmembran, einer echten Membrana limitans interna, welche in der Pars optica der Retina nicht vorhanden ist, überzogen; ihre peripherische Oberfläche hängt mit pigmentirten Zellen, einer Fortsetzung des Pigmentepithels, zusammen.

ad 3. Pars iridica retinae s. Pigmentschicht der Iris (pag. 281). Was den Zusammenhang der nervösen Netzhautelemente betrifft, so ergiebt sich aus dem Geschilderten, dass die Achsencylinderfortsätze der Ganglienzellen des Ganglion nervi optici, sowie die sternförmigen Zellen der inneren Körnerschicht die centripetalen Optikusfasern liefern, während die centrifugalen Nervenfasern frei in der inneren Körnerschicht enden. Die Ganglienzellen des Ganglion retinae scheinen keine Achsencylinderfortsätze zu besitzen, ihre Verbindung mit den andern nervösen Elementen geschieht nur vermittelst der nervösen Gewirre in den beiden retikulären Schichten (Fig. 232) [1]). Die Verbindung mit den Sehzellen geschieht vermittelst der intraepithelialen Fortsätze der Zellen des Ganglion retinae, die zwischen (nicht in) den Sehzellen enden. Physiologische Untersuchungen machen im hohen Grade wahrscheinlich, dass die Sehzellen die lichtempfindenden Theile der Netzhaut sind.

Der Sehnerv.

Der Nervus opticus ist in seinem ganzen intraorbitalen Verlaufe von Scheiden, welche Fortsetzungen der Gehirnhäute sind, eingehüllt. Zu äusserst befindet sich die aus derben longitudinalen Bindegewebsbündeln bestehende Duralscheide (Fig. 236); ihr folgt nach innen die sehr zarte Arach-

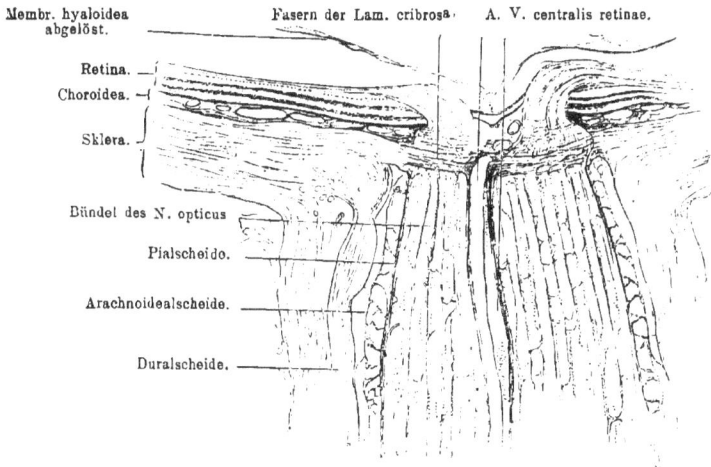

Fig. 236.

Längsschnitt der Eintrittsstelle des N. opticus vom Menschen, 15 mal vergr. Oberhalb der Lam. cribr. ist die Verschmälerung des N. opticus sichtbar; Arteria und Vena centralis sind grösstentheils der Länge nach, weiter oben aber mehrfach der Quere nach durchschnitten. Technik Nr. 169 d, pag. 300.

---

1) In letzter Zeit ist mit Bestimmtheit behauptet worden, dass zwischen Nervenzellen der Netzhaut ein direkter Zusammenhang bestehe, theils durch dicke Anastomosen, theils durch ein wahres Netz vermittelt.

Stöhr, Histologie. 6. Aufl.   19

noidealscheide, welche zahlreiche, verhältnissmässig dicke Bindegewebsbalken nach einwärts zur Pialscheide sendet, während die Verbindung mit der Dural-scheide nur durch wenige feine Fasern hergestellt wird. Zu Innerst endlich liegt die Pialscheide, welche den Sehnerven eng umschliesst und zahlreiche, die einzelnen Nervenfaserbündel einhüllende bindegewebige Blätter abgiebt. Diese Blätter stehen durch quere Bälkchen mit einander in Verbindung, woraus ein queres Gitterwerk resultirt.

Das Gewebe der Pialscheide dringt nicht in die Nervenfaserbündel ein, sondern umhüllt sie nur von aussen. Die Nervenfaserbündel bestehen aus feinen, markhaltigen, der Schwann'schen Scheide entbehrenden Fasern ; sie werden durch viele Neurogliazellen (Langstrahler) zusammengehalten. An der Eintrittsstelle des Sehnerven in den Bulbus geht die Duralscheide in die Sklera über, die Arachnoidealscheide löst sich an ihrem vorderen Ende in Fasern auf, so dass der nach aussen von der Arachnoidealscheide gelegene Subduralraum mit dem nach innen von der Arachnoidealscheide gelegenen Subarachnoidealraum kommunizirt. Die Pialscheide verschmilzt mit der Sklera, die dort von vielen Löchern für die durchtretenden Nervenfasern durchbohrt ist; diese Stelle heisst Lamina cribrosa. Auch die Chorioidea betheiligt sich, wenn auch in geringerem Maasse, an der Bildung der Lamina cribrosa. Die Nervenfasern verlieren an der Eintrittsstelle ihr Mark, wo-durch eine bedeutende Verschmälerung des ganzen Nerven bewirkt wird.

In der distalen Hälfte des N. opticus ist in dessen Achse die Arteria und die Vena centralis retinae gelegen ; das diese Gefässe umhüllende Binde-gewebe steht in vielfacher Verbindung mit der Pialscheide sowohl, wie mit der Lamina cribrosa.

Die Linse.

Die Linse besteht aus einer Substantia propria, die an ihrer Vorder-fläche vom Linsenepithel bedeckt ist; das Ganze wird von der Linsenkapsel umgeben. Die Substantia propria lässt eine weichere Rindensubstanz und einen festeren Kern unterscheiden und besteht durchaus aus kolossal in die Länge gezogenen Epithelzellen, den Linsenfasern. Diese haben die Gestalt sechsseitiger, prismatischer Bänder, die an ihrem hinteren Ende kolbig verdickt sind. Die Linsenfasern der Rindensubstanz haben glatte Ränder und in der Nähe des Aequators einen ovalen Kern. Die Linsenfasern der centralen Linsenpartie haben gezähnelte Ränder und sind kernlos. Sämmt-liche Fasern werden durch eine geringe Menge von Kittsubstanz mit ein-ander verbunden, die am vorderen und hinteren Pole der Linse stärker an-gehäuft ist und bei Macerationsversuchen zur Bildung des sog. vorderen und hinteren Linsensternes Veranlassung giebt. Alle Linsenfasern verlaufen in meridionaler Richtung vom vorderen Linsenstern beginnend bis zum hinteren Linsenstern; jedoch umgreift keine Linsenfaser die ganze Hälfte der Linse;

je näher dem vorderen Pole eine Faser entspringt, desto weiter vom hinteren Pole entfernt findet sie ihr Ende. Das Linsenepithel wird durch eine einfache Lage kubischer Zellen gebildet, welche, die vordere Linsenfläche überziehend, bis zum Aequator reicht; hier geht das Epithel unter allmäh-

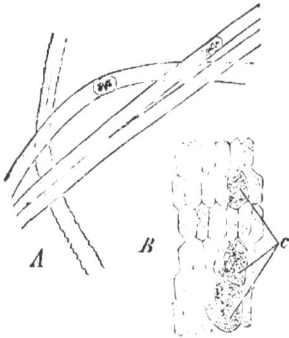

Fig. 237.

Linsenfasern eines neugeborenen Kindes. *A* Isolirte Linsenfasern, drei haben glatte, eine hat gezähnelte Ränder, 240 mal vergr. Technik Nr. 178, pag. 304. *B* Querdurchschnittene Linsenfasern des Menschen, *c* Durchschnitte kolbiger Enden, 560 mal vergr. Technik Nr. 179, pag. 305.

Fig. 238.

Linsenkapsel und Linsenepithel des erwachsenen Menschen. *C* von der Innenfläche, 240 mal vergr. Technik Nr. 180 a. *D* von der Seite gesehen, aus einem Meridionalschnitt durch den Linsenäquator. 1 Kapsel, 2 Epithel, 3 Linsenfasern, 240 mal vergr. Technik Nr. 180 b, pag. 305.

licher Verlängerung seiner Elemente in Linsenfasern über (Fig. 238, *D*). Die Linsenkapsel ist eine vorne 11—15 μ, hinten nur 5— 7 μ dicke, glashelle elastische Membran, die genetisch theils Cuticularbildung (von den Linsenepithelzellen ausgeschieden), theils bindegewebiger Natur (Umwandlungsprodukt embryonaler Bindegewebshüllen) ist.

Der Glaskörper.

Der Glaskörper (Corpus vitreum) besteht aus einer flüssigen Substanz, Humor vitreus, und Fasern, welche nach allen Richtungen durch die Flüssigkeit ausgespannt sind. Die Oberfläche des Glaskörpers ist von einer stärkeren Haut, der Membrana hyaloidea, überzogen und enthält auf bestimmte Stellen beschränkte Fibrillen sowie spärliche Zellen. Von letzteren können zwei Formen unterschieden werden: 1. runde, den Leukocyten gleichende Zellen, 2. stern- und spindelförmige Zellen. Helle Blasen (Vacuolen) enthaltende Zellen sind wahrscheinlich Untergangsformen.

Die Zonula ciliaris.

Von der Oberfläche der Membrana hyaloidea erheben sich in der Gegend der Ora serrata feine, homogene Fasern, welche in meridionaler

19*

Richtung gegen die Linse ziehen. Sie hängen an der Innenfläche der Ciliarfortsätze und springen von den Spitzen derselben hinüber zum Aequator der
Linse, wo sie vor, hinter und an dem Aequator selbst an der Linsenkapsel
ihre Anheftung finden. Die Fasern bilden in ihrer Gesammtheit eine nirgends
vollkommen geschlossene Membran, die Zonula ciliaris, das Strahlenbändchen, das Befestigungsmittel der Linse. Als Canalis Petiti wird
der zwischen hinteren Zonulafasern und vorderer Glaskörperfläche befindliche
Raum bezeichnet[1]). Der Kanal ist gegen die hintere Augenkammer nicht
vollkommen geschlossen.

Blutgefässe des Augapfels.

Die Blutgefässe des Augapfels sind in zwei scharf getrennte Gebiete
gesondert, welche nur an der Sehnerveneintrittsstelle mit einander in Verbindung stehen.

I. Gebiet der Vasa centralia retinae. (Fig. 239). Die A. centralis retinae (a) tritt, 15—20 mm vom Augapfel entfernt, in die Achse
des Sehnerven und verläuft daselbst bis zur Oberfläche des Sehnerveneintrittes. Hier zerfällt sie in zwei Hauptäste, von denen der eine aufwärts,
der andere abwärts gerichtet ist, und deren jeder, sich weiter verzweigend,
die ganze Pars optica retinae bis zur Ora serrata versorgt. Während des
Verlaufes im Sehnerven giebt die Arterie zahlreiche kleine Aeste ab, welche
eingeschlossen in die Fortsetzungen der Pialscheide zwischen den Nervenfaserbündeln verlaufen und sowohl mit kleinen, aus dem umliegenden Fettgewebe in die Optikusscheiden eingetretenen Arterien (b) als auch mit Zweigen
der Aa. ciliares posticae breves (Fig. 239 bei c) anastomosiren. In der Netzhaut selbst löst sich die Arterie in Kapillaren auf, welche bis in die äussere
retikuläre Schicht hineinreichen[2]). Die aus den Kapillaren hervorgehenden
Venen laufen parallel mit den Zweigen der Arterie und sammeln sich endlich
zu einer gleichfalls in der Achse des Sehnerven eingeschlossenen Vena
centralis retinae (Fig. 239, a').

Beim Embryo geht ein Zweig der A. centr. retin., die Arterie hyaloidea, durch den Glaskörper bis zur hinteren Linsenfläche. Diese Arterie
bildet sich schon vor der Geburt zurück, der ein einschliessende Kanal jedoch
lässt sich noch im Glaskörper des Erwachsenen nachweisen, er heisst der
Cloquet'sche Kanal oder der Canalis hyaloideus.

II. Gebiet der Vasa ciliaria. Dasselbe ist dadurch charakterisirt,
dass die Venen ganz anders verlaufen wie die Arterien.

---

1) Von anderen Autoren wird der zwischen den an die Vorderfläche und den an
die Hinterfläche der Linsenkapsel tretenden Zonulafasern befindliche dreieckige Raum
Petit'scher Kanal genannt.

2) Es ist also nur die Gehirnschicht der Netzhaut gefässhaltig, im Fundus foveae
centralis fehlen mit der Gehirnschicht auch die Gefässe.

1. Von den **Arterien** versorgen a) die Arteriae ciliares posticae breves (Fig. 239, röm. Zahlen) den glatten Theil der Chorioidea, während b) die

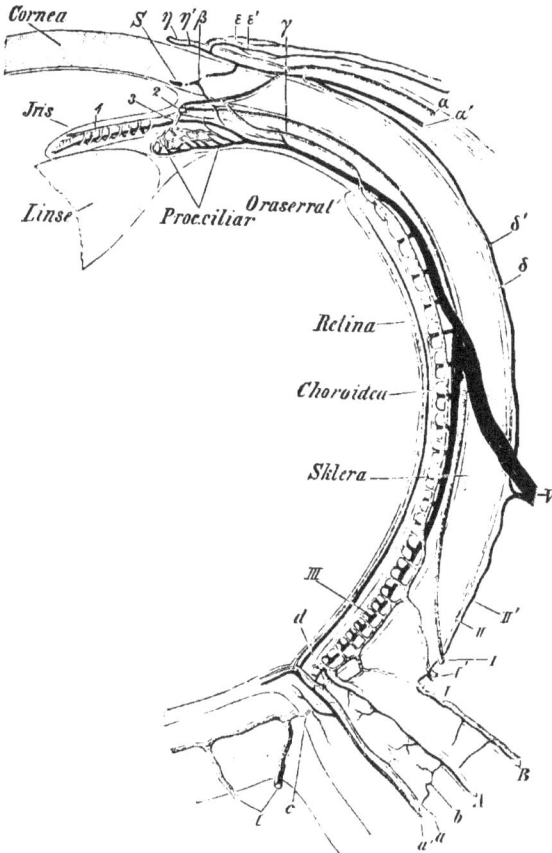

Fig. 239.

Gefässe des Auges Schema mit Benützung der Darstellung Leber's. Tunica externa gekörnt, Tunica media weiss, Tunica interna u. N. opticus gekreuzt gekörnt. Arterien hell. Venen schwarz. Gebiet der Vasa centralia retinae (kleine lateinische Buchstaben). *a* Arteria, *a'* Vena central. retin. *b* Anastomose mit Scheidengefässen. *c* Anastomose mit Aesten der Aa. ciliar. postic brev. *d* Anastomose mit Chorioidealgefässen. Gebiet der Scheidengefässe (grosse lateinische Buchstaben). *A* Innere, *B* äussere Scheidengefässe. Gebiet der Vasa ciliar. postic. brev. (römische Ziffern). *I* Arteriae, *I'* Venae ciliar. postic. breves. *II* Arterielle episklerale, *II'* venöse episklerale Aeste derselben. *III* Kapillaren der Membrana choriocapillaris Gebiet der Vasa ciliar. post. long. (arabische Ziffern). 1 A. ciliar. post. longa. 2 Circulus iridis major, quer durchschnitten. 3 Aeste zum Corpus ciliare. 4. Aeste für die Iris. Gebiet der Vasa ciliar. ant. (griechische Buchstaben). α Arteria, α' Vena ciliaris antic. β Verbindung mit dem Circulus iridis major, γ Verbindung mit der Membrana choriocapill. δ arterielle, δ' venöse episklerale Aeste, ε arterielle, ε' venöse Aeste zur Conjunctiva sclerae, η arterielle, η' venöse Aeste zum Cornealrande, *V* Vena vorticosa, *S* Querschnitt des Schlemm'schen Kanals.

Arteriae ciliares posticae longae (Fig. 239, arab. Zahlen) und c) die Arteriae ciliares anticae (Fig. 239, griech. Buchstaben) vornehmlich für Corpus ciliare und Iris bestimmt sind.

ad a) Die etwa 20 Aeste der Aa. ciliares posticae breves (I) durchbohren in der Umgebung des Sehnerveneintrittes die Sklera; nach Abgabe von Zweigen (II), welche die hintere Hälfte der Skleraoberfläche versorgen, lösen sich die Arterien in ein engmaschiges Kapillarnetz auf, die Membrana choriocapillaris (III). Am Optikuseintritte anastomosiren die Arterien mit Aesten der Arter. centralis retin. (Fig. 239, c) und bilden hierdurch den Circulus arteriosus nervi optici; an der Ora serrata bestehen Anastomosen mit rücklaufenden Zweigen der A. ciliar. postic. longa und der Aa. ciliar. anticae (letztere Anastomose s. Fig. 239, γ).

ad b) Die beiden Aa. ciliares anticae longae (1) durchbohren die Sklera gleichfalls in der Nähe des Sehnerveneintrittes; die eine Arterie zieht an der nasalen, die andere an der temporalen Seite des Augapfels zwischen Chorioidea und Sklera bis zum Corpus ciliare, wo jede Arterie in zwei divergirende, längs dem Ciliarrande der Iris verlaufende Aeste sich spaltet; indem diese Aeste mit den Aesten der anderen langen Ciliararterie anastomosiren, wird ein Gefässring, der Circulus iridis major (2) gebildet, aus welchem zahlreiche Zweige für den Ciliarkörper (resp. für die Proc. ciliares) (3), sowie für die Iris (4) hervorgehen. Nahe am Pupillarrande der Iris bilden die Arterien einen unvollkommen geschlossenen Ring, den Circulus iridis minor.

ad c) Die Aa. ciliaris anticae kommen von den die geraden Augenmuskeln versorgenden Arterien, durchbohren in der Nähe des Cornealrandes die Sklera und senken sich theils in den Circulus iridis major ein (β), theils versorgen sie den Ciliarmuskel, theils geben sie rücklaufende Aeste zur Verbindung mit der M. choriocapillaris ab (γ). Ehe die vorderen Ciliararterien die Sklera durchbohren, geben sie nach hinten Zweige für die vordere Hälfte der Sklera (δ), nach vorn Zweige zur Conjunctiva sclerae (s) und zum Cornealrande (η) ab. Die Cornea selbst ist gefässlos, nur am Rande besteht ein in den vorderen Lamellen der Substantia propria gelegenes Randschlingennetz.

2. Sämmtliche Venen verlaufen gegen den Aequator, woselbst sie zu vier (seltener fünf oder sechs) Stämmchen, den Wirtelvenen, Venae vorticosae zusammentreten, welche sofort die Sklera durchbohren (Fig. 239) und in eine der Venae ophthalminae münden. Ausgenommen von diesem Verlaufe sind kleine den Arteriae ciliar. postic. breves und den Art. ciliares antic. parallel ziehende Venae ciliares postic. breves (Fig. 239, I') und Venae ciliares anticae (Fig. 239, a'); letztere erhalten Zweige aus dem Ciliarmuskel, von dem episkleralen Gefässnetze (Fig. 239, δ'), von der Conjunctiva sclerae (ε') und von dem Randschlingennetze der Hornhaut (η'). Die episkleralen Venen stehen am Aequator auch mit den Ven. vorticosae in Verbindung (bei V). Die vorderen Ciliarvenen verbinden sich endlich auch mit dem Schlemm'schen Kanal (S). Dieser Kanal ist ein ringförmig um die Hornhaut verlaufender Spalt, der noch in der Sklera gelegen ist. Er wird bald

als ein Lymphraum betrachtet, der mit der vorderen Augenkammer in offener Kommunikation steht, bald zu den Venen gerechnet.

Die Lymphbahnen des Augapfels.

Das Auge besitzt keine eigentlichen Lymphgefässe, sondern eine Reihe von untereinander zusammenhängenden Spalträumen; man kann am Auge zwei Komplexe solcher Räume unterscheiden, ein vorderes und ein hinteres Gebiet. Zum vorderen Gebiete gehören 1. die Saftkanälchen der Cornea und Sklera; 2. die vordere Augenkammer, welche mit dem Schlemm'schen Kanal und durch die kapillare Spalte zwischen Iris und Linse mit 3. der hinteren Augenkammer kommunizirt. Diese letztere steht in offener Verbindung mit 4. dem Petit'schen Kanal. Diese drei letzteren Räume hängen zusammen und lassen sich durch Injektion von der vorderen Augenkammer aus füllen. Zum hinteren Gebiete gehören: der Canalis hyaloideus (pag. 292), ferner die zwischen den Optikusscheiden gelegenen Spalten: der Subduralraum und der Subarachnoidealraum, dann der enge Spalt zwischen Chorioidea und Sklera: der Perichorioidealraum, und endlich der Tenon'sche Raum, der sich auf die Duralscheide des N. opticus bis zum For. opticum fortsetzt. Diese Räume lassen sich vom Subarachnoidealraume des Gehirns aus füllen. Der Inhalt der Räume ist ein von den Gefässen geliefertes Filtrat, welches auch den Glaskörper durchtränkt. Die Menge dieser Flüssigkeit ist im Perichorioidealraume, sowie im Tenon'schen Raume normalerweise eine ganz minimale. Diese beiden Räume dienen zur Ermöglichung der Bewegung der Aderhaut resp. des Augapfels und können als Gelenkräume aufgefasst werden.

Die Nerven des Augapfels.

Die Nerven des Augapfels durchbohren im Umkreise des Sehnerveneintrittes die Sklera und verlaufen zwischen Sklera und Chorioidea nach vorne; nachdem sie mit Ganglienzellen versehene Bündel an die Chorioidea abgegeben haben, bilden sie einen auf dem Corpus ciliare gelegenen, mit Ganglienzellen untermischten Ringplexus, den Orbiculus gangliosus (ciliaris), von welchem Aeste für den Ciliarkörper, die Iris und die Hornhaut entspringen. Die Ciliarkörpernerven enden fein zugespitzt z. Th. an den Blutgefässen und am Ciliarmuskel, z. Th. zwischen den Muskelbündeln des Ciliarkörpers in Form verästelter Endbäumchen, die vielleicht das Muskelgefühl vermitteln, z. Th. an der skleralen Oberfläche des Ciliarkörpers in Form eines feinen Netzwerkes. Die markhaltigen Irisnerven bilden Geflechte und verlieren im Verlauf gegen den Pupillarrand ihre Markscheide, ihre Endäste treten theils zur glatten Muskulatur, zur Gefässwand, während ein anderer Theil ein dicht unter der vorderen Irisfläche gelegenes sensibles Netz bildet. Die Hornhautnerven treten zuerst in die Sklera über und bilden hier ein ringförmig den Cornealrand umgebendes Geflecht, den Plexus annularis, aus welchem Aeste für die Bindehaut und für die Cornea hervorgehen. Erstere enden beim Menschen in den kugeligen Endkolben (pag. 158) die dicht unter dem Epithel der Bindehaut gelegen sind, die aber auch noch in der Substantia propria corneae 1—2 mm nach Innen vom Cornealrande gefunden werden. Letztere verlieren nach dem Eintritte in die Substantia propria corneae ihre Markscheide und durchsetzen als nackte Achsencylinder die ganze Hornhaut. Dabei bilden sie Netze, die nach

Epithel.

Vordere Basalm.

Stück der Subst.
propria.

Fig. 240.

Aus einem senkrechten Schnitte durch die menschliche Cornea, 240mal vergrössert. *n* sich theilender Nerv, die vordere Basalmembran durchbohrend, *s* subepithelialer Plexus unter den Cylinderzellen liegend, *a* zwischen den Epithelzellen aufsteigende Fasern, zum intraepithelialen Plexus gehörig. Technik Nr. 177, pag. 304.

ihrer Lage als Stromaplexus in den tieferen Schichten der Hornhaut, subbasaler Plexus unter der vorderen Basalmembran, subepithelialer Plexus dicht unter dem Epithel beschrieben werden. Von letzterem Plexus erheben sich feinste Nervenfibrillen, die zwischen den Epithelzellen abermals ein sehr feines Geflecht, den intraepithelialen Plexus, bilden, dessen Ausläufer endlich frei zwischen den Epithelzellen enden.

Die Augenlider.

Die Augenlider, Palpebrae, sind Falten der äusseren Haut, welche Muskeln, lockeres und festes Bindegewebe, sowie Drüsen einschliessen. Die äussere Platte des Augenlides behält den Charakter der gewöhnlichen äusseren Haut bei, die innere, dem Augapfel zugekehrte Platte ist dagegen in erheblicher Weise modifizirt und heisst Conjunctiva palpebralis. Die äussere Haut des Augenlides überzieht noch den unteren freien Lidrand und geht erst an dessen hinterer Kante, der Lidkante, in die Conjunctiva palpebralis über. Man studirt die Zusammensetzung des Augenlides am besten an Sagittalschnitten (Fig. 841). Wir treffen von vorn nach hinten gezählt, folgende Schichten: 1. Die äussere Haut; sie ist dünn, mit feinen Wollhaaren besetzt, deren Bälge sie einschliesst; im Corium finden sich ferner kleine Schweissdrüsen, sowie pigmentirte Bindesubstanzzellen, die bekanntlich an anderen Stellen des Corium selten zukommen. Das subcutane Gewebe ist sehr locker, reich an feinen elastischen Fasern, dagegen arm an Fettzellen, die selbst vollkommen fehlen können. Gegen den Lidrand zu ist das Corium derber und mit höheren Papillen besetzt. Schräg in den vorderen Lidrand sind in 2—3 Reihen die grossen Wimperhaare Cilien (W), eingepflanzt, deren Bälge bis tief in das Corium reichen. Die Cilien sind einem raschen Wechsel unterworfen, ihre Lebensdauer wird auf 100—150 Tage geschätzt; dem entsprechend findet man häufig Ersatzhaare in verschiedenen Entwicklungsstadien (s. pag. 266). Die Haarbälge der Cilien sind mit kleinen Talgdrüsen ausgestattet, ausserdem nehmen sie die Ausführungsgänge der sog. Moll'schen Drüsen (M) auf, welche in ihrem feineren Baue den Knäueldrüsen gleichen und sich von diesen nur dadurch unterscheiden, dass ihr unteres Ende zu keinem so entwickelten Knäuel verschlungen ist.

2. Hinter dem subcutanen Gewebe liegen die transversalen Bündel des quergestreiften M. orbicularis palpebrarum; die hinter den Cilien liegende Abtheilung dieses Muskels wird Lidrandmuskel, M. ciliaris Riolani (McR), genannt.

3. Hinter dem Muskel trifft man auf die Ausstrahlung der Sehne des M. levator palpebrae; ein Theil derselben verliert sich in dem dort befindlichen Bindegewebe (der sog. Fascia palpebralis), ein anderer Theil, welcher auch glatte Muskelfasern, den Müller'schen Augenlidmuskel, Musc. palpebral. super. (mps), einschliesst, setzt sich an den oberen Rand des Tarsus [1].

4. Der Tarsus ist eine derbfaserige bindegewebige Platte, welche dem Augenlide Festigkeit und Stütze verleiht. Er liegt

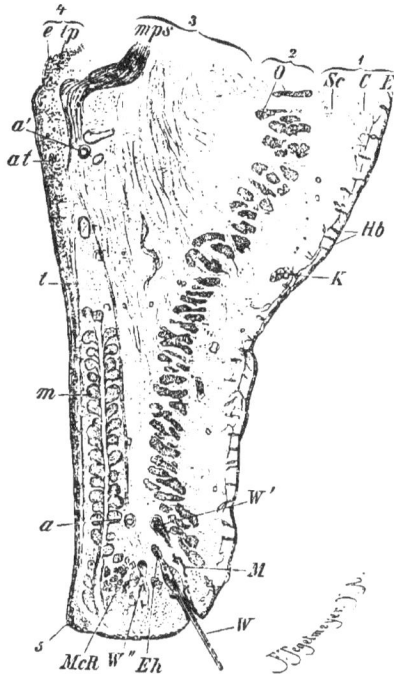

Fig. 241.

Sagittaler Durchschnitt des oberen Augenlides eines halbjährigen Kindes, 10mal vergr. 1 Hauttheil, E Epidermis, C Corium, Sc subcutanes Gewebe, Hb Haarbälge der Wollhaare, K Knäueldrüse, W Wimperhaar mit Anlage eines Ersatzhaares (Eh), W', W'' Stücke von Wimperhaarbälgen, M Stück einer Moll'schen Drüse. 2 Gebiet des M. orbicul. palpebr., O Querdurchschnittene Bündel dieses Muskels, McR M. ciliaris Riolani. 3 Ausstrahl. der Sehne des M. levator palp. sup., mps M. palp. sup. 4 Conjunctivaltheil, e Conjunctivaepithel, tp Tunica propria, at accessorische Thränendrüse, t Tarsus, m Meibom'sche Drüse, deren Abführungsgang an der Mündung nicht getroffen ist. a Querschnitt des Arcus tarseus. a' Querschnitt des Arcus tarseus externus. 5 Lidkante. Technik Nr. 182, pag. 306.

dicht vor der Conjunctiva palpebr., welcher er auch zugezählt wird und nimmt die zwei unteren Drittel der Höhe des ganzen Augenlides ein. In seiner Substanz sind die Meibom'schen Drüsen (m) eingebettet, langgestreckte Körper, welche aus einem weiten, vor der Lidkante sich öffnenden Ausführungsgang

---

[1] Im unteren Augenlide enthält die Ausstrahlung des M. rect. inf. gleichfalls glatte Muskelfasern: M. palpebr. inferior.

und rings in diesen mündenden, kurz gestielten Bläschen bestehen. Hinsichtlich des feineren Baues stimmen die Meibom'schen Drüsen mit den Talgdrüsen überein. Am oberen Ende des Tarsus, zum Theil noch von dessen Substanz umschlossen, liegen verästelte tubulöse Drüsen, die im feineren Bau mit der Thränendrüse übereinstimmen und deshalb accessorische Thränendrüsen (Fig. 297 *at*) genannt werden; sie finden sich vorzugsweise in der inneren (nasalen) Hälfte des Augenlides.

Hinter dem Tarsus liegt die eigentliche Conjunctiva, welche aus Epithel (*c*) und einer Tunica propria (*tp*) besteht. Das Epithel ist geschichtetes Cylinderepithel, mit mehreren Lagen rundlicher Zellen in der Tiefe und einer Lage meist kurzer, cylindrischer Zellen an der Oberfläche. Letztere tragen einen schmalen hyalinen Cuticularsaum. Auch Becherzellen finden sich in wechselnder Anzahl. An der Lidkante geht das Epithel allmählich in das geschichtete Pflasterepithel über, das sich zuweilen weit auf die Conjunctiva palpebr. erstreckt. Der untere Theil der Conjunctiva palpebr. ist glatt. Im oberen Theile dagegen bildet das Epithel unregelmässig buchtige Einsenkungen, die „Conjunctivabuchten", die, individuell sehr verschieden entwickelt, in höheren Graden der Ausbildung auf Durchschnitten das Bild von Drüsen gewähren können. Die Tunica propria conjunctivae besteht aus Bindegewebe, Plasmazellen in verschiedener Menge und aus lymphoiden Zellen, deren Anzahl gleichfalls sehr wechselnd ist. Bei Thieren, besonders bei Wiederkäuern bilden die letzteren wahre Knötchen, sog. Trachomdrüsen, von deren Kuppe aus Leukocyten durch das Epithel auf die Oberfläche wandern; auch beim Menschen ist die Durchwanderung von Leukocyten, jedoch nur in geringerem Grade, nachweisbar. Im Gebiete der Conjunctivabuchten wird die Tunica propria durch die oben erwähnten Epithelsenkungen in Papillen abgetheilt, daher auch der Name „Papillarkörper".

Die Conjunctiva palpebralis springt oben (am unteren Augenlide unten) auf den Augapfel über, dessen Vorderfläche sie überzieht. An der Umschlagsstelle, dem Fornix conjunctivae, findet sich unter der Tunica propria ein aus Bindegewebsbündeln bestehendes lockeres subconjunctivales Gewebe. Das Epithel ist dasselbe wie am Lidtheile der Conjunctiva; die Tunica propria ist ärmer an Leukocyten, enthält jedoch auch beim Menschen normaler Weise kleine Knötchen in verschiedener Anzahl (bis zu 20) und einzelne Schleimdrüsen. Die Conjunctiva sclerae ändert sich insofern, als ihr Epithel in einiger Entfernung vom Hornhautrande geschichtetes Pflasterepithel wird, das sich in jenes der Cornea fortsetzt (s. auch Fig. 228).

Das rudimentäre dritte Augenlid (Plica semilunaris) besteht aus Bindegewebe und einem geschichteten Pflasterepithel. Die Caruncula lacrymalis gleicht im feineren Baue der äusseren Haut (nur das Stratum corneum fehlt) und enthält feine Haare, Talg- und accessorische Thränendrüsen.

Die Blutgefässe der Augenlider gehen von Stämmchen aus, welche vom äusseren und inneren Augenwinkel aus herantretend einen Bogen am Lidrande, Arcus tarseus (Fig. 241 *a*), und einen zweiten Bogen am oberen Ende des Tarsus, den Arcus tarseus externus (*a'*) bilden. Sie verbreiten sich im Hauttheile, umspinnen die Meibom'schen Drüsen, durchsetzen den Tarsus, um ein unter dem Conjunctivaepithel liegendes Kapillarnetz zu speisen; sie versorgen ferner den Fornix conjunctivae, die Conjunctiva bulbi und anastomosiren mit den Art. ciliar. anticae.

Die Lymphgefässe bilden in der Conjunctiva tarsi ein sehr dichtes, an der Vorderseite des Tarsus dagegen ein sehr dünnes Netz. Die Lymphgefässe der Conjunctiva bulbi enden nach den Angaben der einen Autoren am Hornhautrande geschlossen, nach anderen Angaben reichen sie mit feinen Ausläufern in das Gewebe der Hornhaut und stehen durch diese mit dem Saftkanalsystem in Zusammenhang.

Die Nerven bilden am Lidrande einen reichen Plexus, in der Conjunctiva bulbi enden die Nerven in Endkolben (s. pag. 1ð8 u. 296), die dicht unter dem Epithel liegen.

Das Thränenorgan.

Die Thränendrüse ist eine mit mehreren Ausführungsgängen versehene, zusammengesetzte tubulöse Drüse. Die Ausführungsgänge (Fig. 242, *B*) sind mit einem zweischichtigen cylindrischen Epithel ausgekleidet und setzen sich in lange Schaltstücke, enge mit niedrigem Epithel ausgekleidete Gänge fort (*A s, s'*). Diese endlich gehen in Tubuli über, die mit Eiweissdrüsenzellen ausgekleidet sind.

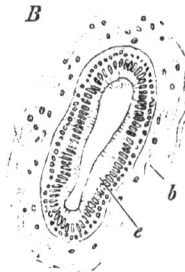

Die Wandung der Thränenkanälchen besteht aus geschichtetem Pflasterepithel, aus einer Tunica propria, die reich an elastischen Fasern und unter dem Epithel auch reich an zelligen Elementen ist, und aus grösstentheils longitudinal verlaufenden, quergestreiften Muskelfasern.

Fig. 242.

Aus einem feinen Durchschnitte der Thränendrüse des Menschen, 240mal vergr. A Drüsenkörper, *a* Tubulus rein quer durchschnitten, *a'* Gruppe von grösstentheils schräg durchschnittenen Tubulis, das Lumen eines Tubulus nur unten sichtbar, *s* Schaltstück mit (oben links) kubischen, (unten rechts) platten Epithelzellen, *s'* Schaltstück im Querschnitt, mit ziemlich hohen Cylinderzellen ausgekleidet, *b* Bindegewebe. B Querschnitt des Ausführungsganges, *e* zweischichtiges Cylinderepithel, *b* Bindegewebe. Technik Nr. 1S3, pag. 306.

Thränensack und Thränennasengang bestehen aus einem zweischichtigen Cylinderepithel, einer Tunica propria, welche vorzugsweise adenoiden Charakters ist und von dem darunter befindlichen Periost durch ein dichtes Geflecht von Venen getrennt wird.

TECHNIK.

Nr. 169. Der frische Augapfel wird vorsichtig aus der Augenhöhle geschnitten, wobei der N. opticus in möglichster Länge zu erhalten ist; dann wird mit der Scheere die anhängende Muskulatur und das Fett entfernt und am Aequator mit einem scharfen Rasirmesser ein alle Augenhäute durchdringender, ca. 1 cm langer Einschnitt gemacht. Nun lege man den Bulbus in ca. 150 ccm 0,05%ige Chromsäurelösung (pag. 5) ein; nach 12—20 Stunden wird der Bulbus von dem bereits gemachten Einschnitte aus mit einer Scheere vollkommen in eine vordere und hintere Hälfte getrennt und die Flüssigkeit gewechselt. Nach weiteren 12—20 Stunden wasche man aus und härte die Stücke in ca. 100 ccm allmählich verstärktem Alkohol (pag. 15).

Nr. 169 a. Von der vorderen Bulbushälfte wird die Linse vorsichtig herausgehoben und zu Schnitten verwendet (Nr. 179); dann wird ein Quadrant ausgeschnitten und sammt dem daranhängenden Corpus ciliare und der Iris in Leber eingeklemmt und zu Präparaten über Cornealfalz geschnitten. Die dicken Schnitte färbe man mit Böhmer'schem Haematoxylin (pag. 18) und konservire sie in Damarfirniss (pag. 27, Fig. 228).

Nr. 169 b. Aus den übrigen drei Vierteln der vorderen Bulbushälfte wird ein Stück Cornea von 5—10 mm Seite herausgeschnitten und dieses, in Leber eingeklemmt, zu Präparaten über die Schichten der Hornhaut verarbeitet (Fig. 223). Die abwechselnden Lamellen der Substantia propria sind nur gut an ungefärbten, in verdünntem Glycerin konservirten Schnitten zu sehen.

Nr. 169 c. Aus der hinteren Augenhälfte schneide man ein alle drei Häute umfassendes Stückchen von 5—10 mm Seite und fertige davon nicht zu feine Schnitte zum Studium der Schichten der Sklera und Chorioidea (Fig. 226) an. Färben mit Böhmer'schem Haematoxylin (pag. 18) und konserviren in Damarfirniss (pag. 27). Beim Schneiden löst sich die Retina meist ab.

Nr. 169 d. Zur Darstellung von Präparaten über die Eintrittsstelle des N. opticus schneide man im Umkreise der Eintrittsstelle, etwa 5 mm von derselben entfernt, alle Augenhäute durch, klemme sie mit dem ca. 1 cm langen N. opticus in Leber und fertige nicht zu dünne Schnitte an. Dabei setze man das Messer so an, dass dasselbe zuerst Retina, dann Chorioidea, Sklera und N. opticus der Länge nach trifft. Färben mit dünnem Karmin und mit Böhmer'schem Haematoxylin (pag. 18) und konserviren in Damarfirniss (pag. 27). Möglichst schwache Vergrösserung (Fig. 236).

Nr. 170. Der frische Bulbus wird nach der in Nr. 169 angegebenen Weise herausgenommen, am Aequator eingeschnitten[1]) und in 100—200 ccm Müller'sche Flüssigkeit eingelegt; nach 12—20 Stunden zerlege man ihn mit der Scheere in eine vordere und hintere Hälfte. Nach 2—3 Wochen werden

---

[1]) Man kann auch den uneröffneten Bulbus 2—3 Wochen in der Müller'schen Flüssigkeit liegen lassen und erst dann nach dem Auswaschen vor dem Einlegen in Alkohol die Halbirung vornehmen.

beide Hälften vorsichtig in (langsam fliessendem) Wasser 1—2 Stunden ausgewaschen. Dann schneide man ein alle Häute umfassendes Stückchen von
ca. 8 mm Seite heraus, welches man zu

Nr. 170a. Zupfpräparaten der Chorioidea verwendet. In einem
Tropfen verdünnten Glycerin konservirte Fetzen der Chorioidea zeigen bald
grössere Gefässe, bald die Kapillaren der Choriocapillaris, bald verästelte
Pigmentzellen und elastische Fasern, bald die Glashaut, deren Gitterung oft
nur wenig deutlich zu sehen ist. Man kann isolirte Häutchen mit Böhmerschem Haematoxylin färben (pag. 18), (Fig. 227) und in Damarfirniss konserviren (pag. 27), doch werden dabei die feinen Strukturen undeutlich.

Nr. 170b. Ferner wird das Stückchen zur Darstellung der Retinaelemente verwendet; man zerzupfe ein Stückchen der Retina in einem
Tropfen der Müller'schen Flüssigkeit vorsichtig mit Nadeln. Neben vielen
Bruchstücken der Elemente wird man auch mehr oder weniger gut erhaltene
Theile finden. Die Augen des Menschen haben sehr schöne, grosse Zapfen,
während diejenigen vieler Säugethiere nur klein sind [1]). Leider sind die menschlichen Augen, wenn sie zur Untersuchung gelangen, meist nicht mehr in genügend frischem Zustande; die Aussenglieder sowohl der Zapfen, als der
Stäbchen sind äusserst zart und zerfallen rasch nach dem Tode in quere
Plättchen, dabei krümmen sie sich hirtenstabförmig; später gehen sie ganz
verloren. Wer schöne Zapfen sehen will, untersuche nach der eben angegebenen Methode Augen von Fischen. (S. ferner Nr. 171 und 172).

Nr. 170c. Die übrigen Theile des Bulbus werden aus dem Wasser in
ca. 80 ccm allmählich verstärkten Alkohol (pag. 15) gebracht. Nach vollendeter
Härtung schneide man die Iris aus, klemme sie in Leber und mache meridionale Durchschnitte, welche man mit Böhmer'schem Haematoxylin färbt
(pag. 18) und in Damarfirniss (pag. 27) konservirt (Fig. 229).

Nr. 170d. Ferner schneide man ein ca. 1 cm langes Stück der Retina,
welches die makroskopisch als eine gewellte Linie sichtbare Ora serrata
in sich fasst, aus, klemme es in Leber ein und mache meridionale Schnitte,
die man gleichfalls mit Böhmer'schem Haematoxylin färbt (pag. 18) und in
Damarfirniss (pag. 27) konservirt (Fig. 235).

Nr. 170e. Ebenso verfahre man mit einem Stücke Retina, welches
man am Besten aus dem Augenhintergrunde nimmt, weil daselbst die Optikusfaserschicht am dicksten ist. Die Müller'schen Stützfasern sieht man in ihrer
ganzen Länge nur auf genau senkrechten Schnitten (Fig. 230 und Fig. 231).

Nr. 170f. Auf gleiche Weise werden Meridionalschnitte durch die
Macula und Fovea [2]) behandelt. Es ist nicht schwer, Schnitte der Macula,
dagegen sehr schwer, genügende Schnitte durch die sehr zarte Fovea anzufertigen. Man löse die an jener Stelle der Chorioidea fester anhaftende
Retina nicht von der Chorioidea, sondern schneide Chorioidea und Retina
zusammen.

---

[1]) Ganz ungeeignet sind in dieser Hinsicht die Augen von Kaninchen.

[2]) Von Säugethieren besitzen nur Affen eine gelbe Macula und eine Fovea centralis.
Dagegen kommt eine nicht gelb pigmentirte, ähnlich der Macula gebaute Stelle, die „Area
centralis", den meisten Säugethieren, Insectivoren und gewisse Nager ausgenommen, zu;
Vögel und Reptilien haben stets eine einfache oder mehrfache Fovea; auch bei Knochenfischen ist eine Fovea gefunden worden.

Nr. 171. Will man Elemente der Retina frisch untersuchen, so wähle man noch warme Augen soeben getödteter Thiere. Der Bulbus wird am Aequator halbirt, der Glaskörper aus der hinteren Augenhälfte sorgfältig herausgenommen; von der ganz durchsichtigen Retina werden kleine Stückchen von ca. 3 mm Seite ausgeschnitten und in einem Tropfen der Glaskörperflüssigkeit auf dem Objektträger leicht zerzupft. Dann bringe man zwei dünne Papierstreifchen zu Seiten des Präparates (pag. 29) und setze ein Deckglas auf. Isolirte Elemente wird man nur sehr vereinzelt finden, dagegen erhält man nicht selten recht hübsche Flächenbilder, an denen Stäbchen und Zapfen im optischen Querschnitte, erstere als kleinere, letztere als grössere Kreise wahrzunehmen sind. Hat man gleichzeitig ein Stückchen Pigmentepithel auf den Objektträger gebracht, so treten die regelmässig sechseckigen Zellen desselben schon bei schwacher Vergrösserung deutlich hervor. Die hellen Flecke in den Zellen sind deren Kerne (Fig. 9). Auch diese Zellen sind sehr vergänglich und verlieren bald ihre scharfen Konturen; Molekularbewegung der Pigmentkörnchen ist hier sehr häufig zu beobachten.

Nr. 172. Die beste Methode zur Isolirung der Retinaelemente ist folgende: Man lege das uneröffnete, von Fett und Muskeln befreite Auge[1]) in 1 %ige Osmiumlösung; nach 24 Stunden durchschneide man dasselbe am Aequator und lege es zur Maceration auf 2—3 Tage in destillirtes Wasser. Dann schneide man ein Stückchen Retina von ca. 2 mm Seite mit der Scheere aus und zerzupfe es in einem Tropfen Wasser. Man kann auch mit Pikrokarmin unter dem Deckglase färben (pag. 30) und in verdünntem Glycerin konserviren (pag. 6). Mit starken Vergrösserungen findet man ausser vielen Bruchstücken, deren Zugehörigkeit nicht immer mit Sicherheit zu erkennen ist, Elemente, wie sie in Fig. 233 abgebildet sind.

Nr. 173. Saftlücken und -kanälchen der Hornhaut. Man nehme ein möglichst frisches Auge; von thierischen Augen sind Ochsenaugen (aus dem Schlachthause zu beziehen) am meisten zu empfehlen. Man kratze mit einem steil aufgesetzten Skalpell das Epithel der Hornhaut weg, spüle alsdann mit einem Strahle destillirten Wassers die Hornhautoberfläche ab, durchschneide das Auge vor den Ansätzen der Augenmuskeln und lege die vordere, die ganze Hornhaut enthaltende Hälfte auf die Epithelseite; dann entferne man mit Pincette und Skapell das Corpus ciliare, Linse, Iris, so dass nur mehr der vordere Theil der Sklera und die Cornea übrig bleiben, welche in ca. 40 ccm einer 1 %igen Lösung von Argent. nitr. eingelegt werden. Das Ganze wird auf 3—6 Stunden in's Dunkle gestellt und nach Ablauf derselben in ca. 50 ccm destill. Wasser dem Sonnenlichte ausgesetzt (siehe weiter pag. 22). Von dem in ca. 50 ccm allmählich verstärktem Alkohol (pag. 15) gehärteten Objekte werden Flächenschnitte angefertigt, die am leichtesten gelingen, wenn man die Cornea über den linken Zeigefinger stülpt. Es empfiehlt sich, die Schnitte von der hinteren Hornhautfläche zu nehmen, da die Lücken und Kanälchen daselbst regelmässiger sind. Die Schnitte können mit Böhmer'schem Haematoxylin gefärbt (pag. 18) und in Damarfirniss konservirt (pag. 27) werden. Die Bilder sind negativ, die

---

[1]) Es empfiehlt sich, das Auge kleiner Thiere zu nehmen, z. B. eines kleinen Molches (Triton taeniatus), dessen Sklera dünn ist und die Osmiumlösung leicht eindringen lässt. Zu einem solchen Auge sind 1—2 ccm der Osmiumlösung hinreichend. Die Form der Stäbchen ist allerdings von den Stäbchen der Säuger verschieden; sie sind dick und mit langen Aussengliedern versehen; die Zapfen sind klein.

Lücken und Kanälchen weiss auf braunem oder braungelbem Grunde (Fig. 224). Man beachte besonders die meist etwas dünneren Ränder der Schnitte. Bei Haematoxylinfärbung sieht man die mattblauen grossen Kerne der fixen Hornhautzellen ; die Konturen der Zellen selbst sind nur selten wahrzunehmen.

Nr. 174. Vergoldung der fixen Hornhautzellen nach einer von dem pag. 24 angegebenen Verfahren etwas abweichenden Methode. Eine frische Citrone wird ausgepresst, der Saft durch Flanell filtrirt. Nun tödte man das Thier[1]) und lege die ausgeschnittene Cornea 5 Minuten lang in den Saft, woselbst sie durchsichtig wird. Dann wird die Hornhaut in ca. 5 ccm destill. Wasser kurz (1 Minute) ausgewaschen und in ca. 10 ccm der 1 %igen Goldchloridlösung (pag. 6) auf 15 Minuten in's Dunkle gestellt. Darauf wird die Hornhaut mit Glasstäben in ca. 10 ccm destill. Wasser übertragen, kurz ausgewaschen und in 50 ccm destill. Wasser, dem 2 Tropfen Eisessig zugesetzt sind, dem Tageslichte ausgesetzt. Nach 24—48 Stunden ist die Reduktion (s. pag. 24) vollendet; das Objekt wird in ca. 10 ccm 70 %igen Alkohol eingelegt und in's Dunkle gestellt. Am nächsten Tage schneide man ein Stückchen Hornhaut heraus und ziehe mit Skalpell und Nadel, die man immer am Rande des Objektes ansetzt, feine Lamellen von der hinteren Hornhautfläche ab. Das gelingt bei einiger Aufmerksamkeit ohne grosse Mühe. Die Lamellen werden in Damarfirniss eingeschlossen (pag. 27) und bieten sehr schöne Bilder.

Nr. 175. Sehr schöne Präparate der fixen Hornhautzellen erhält man nach der Methode von Drasch. Die Objekte werden nicht dem frisch getödteten Thiere, sondern zwischen der 12.—24. Stunde nach dem Tode, während welcher Zeit der Kadaver an einem kühlen Orte aufbewahrt werden muss, entnommen. Kleine (von ca. 6 mm Seite) Stücke der Hornhaut werden ausgeschnitten, in 5 ccm 1 %ige Goldchloridlösung (pag. 6) + 5 ccm destill. Wasser gelegt und eine Stunde lang in's Dunkle gestellt; während dieser Zeit rühre man öfter mit dem Glasstabe um. Dann werden die Stückchen mit Glasstäben in 30 ccm destill. Wasser übertragen, woselbst sie im Dunkeln 8—16 Stunden verweilen, dann werden sie in 25 ccm destill. Wasser + 5 ccm Ameisensäure dem Tageslichte ausgesetzt. Nach vollendeter Reduktion (pag. 24) werden die nun dunkelvioletten Stückchen in allmählich verstärktem Alkohol gehärtet und nach ca. 6 Tagen dünne der Fläche nach gerichtete Schnitte (Fig. 225) angefertigt, die in Damarfirniss (pag. 27) konservirt werden.

Nr. 176. Nerven und Blutgefässe der frischen Hornhaut. Man schneide von einem Ochsenauge die Cornea und den angrenzenden Theil der Sklera vor den Ansätzen der Augenmuskeln ab, entferne mit Skalpell und Pincette das Corpus ciliare, Iris und Linse, schneide alsdann einen Quadranten der Hornhaut aus, lege ihn mit der Epithelseite nach oben auf einen Objektträger und bedecke ihn mit einem Deckglase; als Zusatzflüssigkeit verwende man einige Tropfen der Glaskörperflüssigkeit. Das sehr dicke Präparat untersuche man mit schwacher Vergrösserung. Die schlingenförmig umbiegenden Blutgefässe sind bei Einstellung des Tubus auf die oberflächlichen Hornhautschichten (Heben des Tubus) am Skleralrande zu finden; sie enthalten meist noch Blutkörperchen. Markhaltige Nerven findet man ebendaselbst, wie auch in tieferen Schichten. Sie sind zu ganzen Bündeln

---

[1]) Besonders zu empfehlen sind Frösche, deren Hornhautkanälchen sehr regelmässig sind und deren hintere Hornhautlamellen sich leicht abziehen lassen.

geordnet und lassen sich nur eine kurze Strecke weit in der Hornhaut selbst verfolgen. Die lang gestreckten Pigmentstreifen, die an den Ochsenaugen sich finden, haben nichts mit Nerven zu thun.

Für den feineren Verlauf der Nerven leistet diese Methode nichts.

Nr. 177. Nerven der Hornhaut. a) Vergoldung. Die 12—24 Stunden nach dem Tode ausgeschnittene Hornhaut wird von Corpus ciliare und Iris befreit und nach den Nr. 175 angegebenen Regeln vergoldet. Nach vollendeter Härtung mache man Flächenschnitte, welche Epithel und die obersten Hornhautschichten enthalten und senkrecht zur Dicke der Hornhaut gerichtete Schnitte, welche man in Damarfirniss konservirt (Fig. 240).

b) Methylenblaufärbung.

Man tödte ein Kaninchen, schneide den Augapfel im Ganzen heraus und entferne die noch anhängenden Reste der Augenmuskeln und der Bindehaut. Dann lege man den Augapfel in eine Uhrschale und mache mit einem scharfen Skalpell einen tiefen, alle Augenhäute durchdringenden Schnitt am Aequator; die dabei austretende Glaskörperflüssigkeit wird in der Uhrschale aufgefangen. Dann trenne man mit einer Scheere von dem gemachten Einschnitt aus die ganze Cornea ab, lege sie auf einen Objektträger — die konkave Hornhautfläche nach aufwärts gerichtet — und streife Corpus ciliare, Iris und die etwa noch anhängende Linse mit einem Skalpellstiel ab, was leicht gelingt. Die so gereinigte Hornhaut wird sofort in eine zweite Uhrschale gebracht, in welche man 3—10 Tropfen der aufgefangenen Glaskörperflüssigkeit und 3—4 Tropfen der $^1/_{15}$ $^0/_0$igen Methylenblaulösung (pag. 21) gebracht hat. Die Farbe muss auch die konkave nach aufwärts gekehrte Hornhautfläche etwas bedecken.

Da der Eintritt der Färbung nicht zu genau festsetzbarer Zeit erfolgt, empfiehlt es sich nach etwa einer Stunde die Hornhaut mit nach oben gekehrter konvexer Fläche auf einen reinen Objektträger zu bringen und ohne Deckglas mit schwachem Objektiv (Leitz Obj. 3) zu betrachten. Ist die Färbung nicht genügend, so bringe man die Cornea wieder in die Uhrschale etwas zurück und wiederhole etwa nach 10 Minuten die gleiche Procedur.

Sobald die Nerven deutlich sind, wird die Hornhaut auf 18—20 Stunden in 20 ccm der Ammoniaklösung übertragen; dann schneide man einen Quadranten aus und konservire ihn in dünnem Glycerin (pag. 26), dem man noch einen Tropfen Ammoniaklösung zugesetzt hat. Nach ca. 24stündigem Aufenthalt im Dunkeln ist das Präparat durchsichtig genug geworden, um auch mit starken Vergrösserungen untersucht zu werden.

Nr. 178 Linsenfasern. Der Bulbus wird hinter dem Aequator mit einer Scheere aufgeschnitten, Glaskörper und Linse werden herausgenommen; dabei bleibt das die Ciliarfortsätze überziehende Pigment am Linsenrande hängen. Man löse nun die Linse vom Glaskörper und lege sie in 50 ccm Ranvier'schen Alkohol (pag. 4). Nach ca. 2 Stunden steche man mit Nadeln an der vorderen und hinteren Linsenfläche ein und ziehe die Kapsel an einer kleinen Stelle etwas ab; das gelingt leicht; bleiben an der Kapsel Linsenfasern hängen, so schadet das nicht. Beim Einstechen hat sich eine trübweisse Flüssigkeit aus der Linie entleert. Dann schüttele man den Alkohol und lasse die Linse weitere 10 oder mehr (—40) Stunden liegen. Man kann nach Ablauf dieser Zeit die Linse in dem Alkohol leicht in schalenförmige Stücke zerlegen, ein kleiner Streifen eines solchen Stückes wird in einem kleinen Tropfen Kochsalzlösung auf dem Objektträger zerzupft (pag. 11). Deckglas unter Vermeidung von Druck auflegen. Will man die Fasern konserviren, so färbe man mit Pikrokarmin (färbt meist in wenigen Minuten) (pag. 30) und setze dann angesäuertes dünnes Glycerin unter das Deckglas (Fig. 237, *A*.)

Nr. 179. Linsenfasern im Querschnitte. Man lege eine Linse in 50 ccm 0,05⁰/oige Chromsäure. Man muss auf den Boden des Gefässes etwas Watte legen, sonst klebt die Linse an und platzt. Das Ankleben lässt sich auch verhindern durch öfteres Schütteln des Gefässes. Nach 24 bis 48 Stunden spalte man mit Nadeln die Linse in schalenförmige Stücke, übertrage dieselben nach weiteren 10—15 Stunden in ca. 30 ccm 70⁰/oigen Alkohol, der am nächsten Tage durch ebensoviel 90⁰/oigen Alkohol ersetzt wird. Nun schneide man mit einer Scheere die Schalen in der Gegend des Aequator durch und klemme ein Stück so in Leber, dass die ersten Schnitte die dem Aequator zunächst liegende Zone treffen. Hat der Schnitt, der gar nicht dünn zu sein braucht, die Fasern quer getroffen, so erscheinen dieselben als scharf begrenzte Sechsecke; ist dagegen der Schnitt zu schräg geführt worden, so sind die einzelnen Fasern durch unregelmässig gezackte Linien von einander getrennt oder gar theilweise der Länge nach getroffen. Die Schnitte werden von der Klinge direkt auf den Objektträger gebracht und in verdünntem Glycerin konservirt (Fig. 237, *B*).

Nr. 180. Für Präparate der Linsenkapsel und des Linsenepithels lege man von Muskeln und Fett befreite Bulbi in 100—200 ccm Müller'sche Flüssigkeit. Will man

Nr. 180a. Flächenpräparate der Linsenkapsel und des Epithels herstellen, so schneide man nach 2—3 Tagen das Auge auf, nehme die Linse heraus, ziehe mit einer spitzen Pincette ein Stückchen der vorderen Linsenkapsel ab, lege dasselbe auf ca. 5 Minuten in ein Uhrschälchen mit destillirtem Wasser, das man einmal wechselt und färbe es dann mit Böhmer'schem Haematoxylin (pag. 18). Einschluss in Damarfirniss (pag. 27). Die Kapsel ist homogen lichtblau gefärbt, die Kerne und die Konturen der Epithelzellen treten scharf hervor (Fig. 238, *C*). Will man die Linsenkapsel allein haben, so ziehe man ein Stückchen der hinteren Linsenkapsel ab.

Nr. 180b. Zur Herstellung von Schnitten durch Kapsel und Epithel lasse man den Augapfel ca. 14 Tage in der Müller'schen Flüssigkeit liegen, nehme alsdann die Linse heraus, bringe sie auf 1 Stunde in (womöglich fliessendes) Wasser und härte sie in ca. 50 ccm allmählich verstärktem Alkohol (pag. 15). Man mache meridionale Schnitte durch die Vorderfläche und durch den Aequator der Linse, welche man mit Böhmer'schem Haematoxylin färbt (pag. 18) und in Damarfirniss (pag. 27) konservirt (Fig. 238, *D*).

Nr. 181. Zu Studien über die Gefässe des Auges sind besonders Flächenpräparate zu verwenden. Oeffnet man ein frisches Auge am Aequator, so sieht man makroskopisch den Verlauf der A. central. retinae. Zur Darstellung der Gefässe der Chorioidea lege man den von Fett und Muskeln vollkommen befreiten Augapfel auf einen kleinen Glastrichter, den man in eine niedrige Glasflasche gesteckt hat und trage vorsichtig, am Aequator beginnend, mit Scheere und Pincette die Sklera ab; bei einiger Uebung gelingt

es, die ganze [1]) Sklera bis nahe hinter die Ora serrata und bis zur Optikus-
eintrittsstelle zu entfernen, ohne die Chorioidea zu verletzen; man muss sich
nur hüten, zu reissen; alle festeren, die Sklera mit der Chorioidea verbindenden Stränge (die Vv. vorticosae) müssen abgeschnitten werden. Dann
entferne man durch vorsichtiges Streichen mit einem in Wasser getauchten
Pinsel die der Chorioidea noch anhaftenden Theile der Lamina suprachorioidea; durch diese Manipulation wird der Verlauf der gröberen Gefässe vollkommen deutlich. Soweit lassen sich die Untersuchungen auch am nicht-
injizirten Auge vornehmen (vergl. ausserdem Nr. 170 a). Für die Gefässe
des Corpus ciliare und der Iris verwende man injizirte, in Müller'scher Flüssigkeit fixirte und in Alkohol gehärtete Augen, welche man vor dem Aequator
halbirt. Iris und Corpus ciliare lassen sich leicht von der Sklera abziehen;
man konservire sie nach Wegnahme der Linse in Damarfirniss (pag. 27).
Man untersucht am Besten zuerst mit der Lupe (pag. 33).

Nr. 182. Man fixire das obere Augenlid eines Kindes in ca. 100 ccm
0,5 %iger Chromsäure 1—3 Tage und härte es nach 2 stündigem Auswaschen
in (womöglich fliessendem) Wasser in ca. 50 ccm allmählich verstärktem
Alkohol (pag. 15). Zu Uebersichtspräparaten mache man dicke (Fig. 241),
zur Darstellung feinerer Einzelheiten dünne Schnitte (Fig. 23, C). Färbung
mit Böhmer'schem Haematoxylin gelingt anfangs schwer, leichter nach mehr-
monatlichem Liegen der Stücke in Alkohol (vergl. auch pag. 18 Anmerk.).
Einschluss in Damarfirniss (pag. 27).

Nr. 183. Thränendrüse. Die untere Thränendrüse ist beim Menschen
leicht, ohne eine äusserlich sichtbare Verletzung zu setzen, vom Fornix conjunctivae aus herauszunehmen. Beim Kaninchen ist die Drüse nur klein,
frisch blassem Muskelfleisch ähnlich; man verwechsele sie nicht mit der im
medialen Augenwinkel gelegenen Harder'schen Drüse. Behandeln wie Nr. 112
(pag. 219). Selbst kleinste 1 qmm grosse Schnittchen sind noch tauglich. Ausführungsgang und Tubuli sind leicht zu sehen; sehr schwer dagegen die Schaltstücke, deren Epithel, von sehr verschiedener Höhe, zuweilen so niedrig ist,
dass man sich vor Verwechslung mit Blutkapillaren in Acht nehmen muss.

XI. Das Gehörorgan.

Das Gehörorgan besteht aus drei Abtheilungen; die innerste, inneres
Ohr, schliesst in sich den Endapparat des Hörnerven; die beiden anderen
Abtheilungen, Mittelohr und äusseres Ohr, sind nur Hilfsapparate.

Inneres Ohr.

Dasselbe besteht aus zwei häutigen Säckchen, die durch einen feinen
Gang, den Ductus endolympathicus, mit einander kommuniziren. Das
eine Säckchen, der Utriculus (Sacculus ellipticus), steht mit häutigen Röhren,
den Bogengängen, in Verbindung, deren jede an der Einmündungsstelle
in das Säckchen je eine Erweiterung, die Ampulle, besitzt. Das andere

---

[1] Anfänger mögen sich begnügen, nur einen Quadranten der Sklera zu entfernen.

Säckchen, der Sacculus (Sacculus sphaericus), hängt mit einem langen, spiralig aufgewickelten, häutigen Schlauche, der Schnecke, zusammen. Säckchen, Bogengänge und Schnecke heissen das häutige Labyrinth. Dasselbe ist in ähnlich gestalteten Hohlräumen des Felsenbeines, dem knöchernen Labyrinth, eingeschlossen, füllt aber dieses nicht vollkommen aus. Der nicht ausgefüllte Raum wird von einer wässerigen Flüssigkeit, der Perilymphe, eingenommen. Eine ähnliche Flüssigkeit, die Endolymphe, ist im Innern des häutigen Labyrinthes enthalten.

Während beide Säckchen, sowie die Bogengänge einen übereinstimmenden Bau zeigen, ist die Schnecke so wesentlich verschieden, dass sie eine gesonderte Beschreibung erheischt.

Sacculus, Utriculus, Bogengänge.

Ihre Wandung besteht aus drei Lagen. Zu äusserst liegt ein an elastischen Fasern reiches Bindegewebe; dann folgt eine feine, mit kleinen Warzen besetzte Basalmenbran, deren Innenfläche endlich mit einem einschichtigen Pflasterepithel überzogen ist. Dieser einfache Bau ändert sich an den Ausbreitungsstellen der Hörnerven, welche an den beiden Säckchen Maculae, an den Ampullen der Bogengänge Cristae acusticae heissen. Bindegewebe und Basalmembran werden hier dicker, das Pflasterepithel wird schon im Umkreise der Maculae (resp. Cristae) zu einem

Cuticularsaum tragenden Cylinderepithel und dieses geht in das Neuroepithel der Macula selbst über. Das Neuroepithel ist gleichfalls einschichtig und besteht aus zwei Arten von Zellen: 1. aus den Fadenzellen, das sind lange, die ganze Höhe des Epithels einnehmende Zellen, die sowohl am oberen wie am unteren Ende etwas verbreitert sind und einen ovalen Kern enthalten; sie gelten als Stützzellen. 2. Aus den Haarzellen, das sind cylindrische, nur die obere Hälfte des Epithels einnehmende Zellen, welche in ihrem unteren abgerundeten Abschnitte einen grossen, kugeligen Kern enthalten und auf ihrer Oberfläche ein zu einem „Hörhaar" verklebtes Bündel langer, feiner Fäden tragen. Die Haarzellen sind die Endapparate der Hörnerven; mit ihnen stehen die Nervenfasern in Verbindung und zwar in der Weise, dass die markhaltigen Aeste des Ramus vestibularis nervi acustici beim Eintritte in das Epithel ihre Markscheide verlieren, sich theilen und als nackte Achsencylinder bis zu den Basen der Haarzellen aufsteigen, dort theilt sich jede Faser in drei bis vier variköse Aeste, die nun weiterhin horizontal, parallel der Epitheloberfläche unter mehreren Haarzellen [1]) verlaufen und schliesslich aufbiegend

---

1) Diese horizontalen Aeste bilden ineinandergreifend ein schmales, aber direktes Gittergeflecht, das auch bei Anwendung anderer als der Golgi'schen Methoden als eine besondere aus stark lichtbrechenden Körnchen bestehende Lage erscheint. Die Körnchen sind die optischen Querschnitte und die Varikositäten der horizontalen Fasern.

im Kontakt mit der Seitenfläche einer Haarzelle zugespitzt frei enden. Während des horizontalen Verlaufes entspringen einzelne aufsteigende Zweige, die in gleicher Weise an die Haarzellen angeschmiegt enden. Diese Enden erreichen die Epitheloberfläche nicht. Die freie Oberfläche des Neuroepithels ist von einer Fortsetzung des Cuticularsaumes, einer „Limitans", überzogen, welche von den Hörhaaren durchbrochen wird. Die beiden Maculae acusticae sind von einer weichen Substanz (einer Cuticula?) bedeckt, welche zahllose 1—15 μ grosse, prismatische Krystalle von kohlensaurem Kalk, die Oto-lithen, einschliesst; sie bilden zusammen die „Otoconia". Auf den Cristae acusticae findet sich die sogen. Cupula, eine an frischen Präparaten unsichtbare Gallerte, die durch die Anwendung fixirender Flüssigkeiten gerinnt und dadurch sichtbar wird.

Säckchen und Bogengänge sind durch bindegewebige Stränge (Ligamenta sacculorum et canaliculorum) an die mit einem dünnen Periost und platten Bindegewebszellen ausgekleidete Innenfläche des knöchernen Labyrinthes befestigt.

Schnecke.

Auch die häutige Schnecke, der Ductus cochlearis, füllt nicht den ganzen Binnenraum der knöchernen Schnecke aus. Sie liegt mit der einen

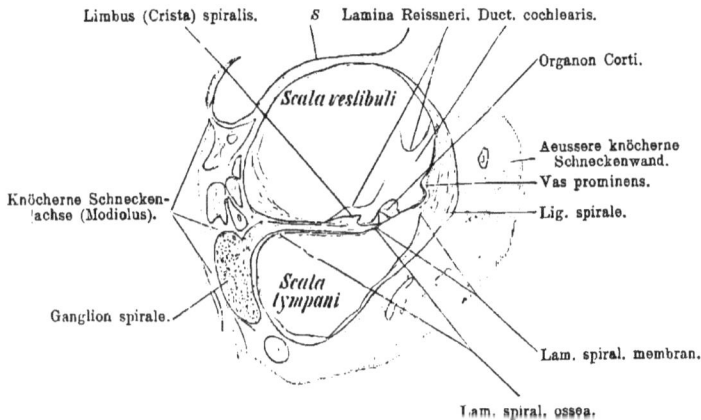

Fig. 244.

Durchschnitt der zweiten Schneckenwindung eines neugeborenen Kindes, 25mal vergrössert. Der Modiolus enthält schräg angeschnittene Längskanäle. S Knöcherne Scheidewand zwischen zweiter und dritter (halber) Schneckenwindung. Die Reissner'sche Membran ist durchgerissen, das obere Stück nach aufwärts geschlagen. Die Membr. tectoria war nicht zu sehen. Technik Nr. 186, pag. 818.

Wand der äusseren [1]) knöchernen Schneckenwand (Fig. 244) an, die obere (vestibulare) Wand, Lamina Reissneri, grenzt gegen die Scala vestibuli,

1) Ich folge hiermit der üblichen Beschreibung, bei welcher die Schnecke der Art aufgestellt wird, dass die Basis abwärts, die Kuppel aufwärts gerichtet ist; demnach ist „innen" = der Schneckenachse näher, „aussen" = peripherisch.

die untere (tympanale), Lamina spiralis membranacea, gegen die Scala tympani. Der Winkel, in welchem vestibulare und tympanale Wand zusammenstossen, liegt auf dem freien Ende der Lamina spiralis ossea auf. Dort sind Periost und das Bindegewebe des Ductus cochlearis besonders stark entwickelt und stellen einen Wulst Limbus s. Crista spiralis dar, welcher breit auf der Lamina spiralis ossea aufsitzt und mit einem aufwärts sich zuschärfenden Rande endet. Dieser Rand wird Labium vestibulare, der freie Rand der Lam. spiral. ossea Labium tympanicum[1]) genannt, zwischen beiden verläuft der Sulcus spiralis internus (Fig. 250). Die inneren Flächen des Ductus chochlearis sind von einem, an den einzelnen Orten sehr verschieden beschaffenen Epithel überzogen, die der Scala vestibuli resp. tympani zugekehrten äusseren Flächen werden von einer feinen Fortsetzung des Periostes, welches die beiden Scalae auskleidet, bedeckt. An der äusseren Schneckenwand verdickt sich das Periost zu einem mächtigen auf dem Querschnitte halbmondförmigen Streifen, dem Ligamentum spirale, das sowohl über wie unter die Ansatzfläche des Ductus cochlearis hinausreicht (Fig. 244).

Nach dieser allgemeinen Uebersicht muss der feinere Bau der drei Wände der häutigen Schnecke erörtert werden. Zwei derselben, die äussere und die vestibulare Wand sind verhältnissmässig einfach gebaut, die dritte, tympanale Wand dagegen zeigt einen äusserst komplizirten Bau.

a) Aeussere Wand und Ligamentum spirale bestehen zusammen aus Epithel und Bindegewebe. Letzteres ist zunächst dem Knochen derbfaserig (Periost) und geht dann in lockeres Bindegewebe über, welches die Hauptmasse des Lig. spirale ausmacht. Das Epithel besteht aus einer Lage kubischer Epithelzellen. Ein dichtes Netz von Blutgefässen, die Stria vascularis, nimmt drei Viertel der Höhe der äusseren Schneckenwand ein und begrenzt sich nach abwärts durch eine stärker gegen das Schneckenlumen vorspringende Vene, das Vas prominens (Prominentia spiralis) (Fig. 244). Die Kapillaren der Stria vascularis liegen dicht unter dem Epithel; sie sind die Quelle der Endolymphe.

b) Die vestibulare Wand, Reissner'sche Membran (Fig. 244), besteht aus einer Fortsetzung des Periostes der Scala vestibuli d. i. aus platten Zellen und einem feinfaserigen Bindegewebe, welches auf der dem Ductus zugekehrten Seite mit einer einfachen Lage polygonaler Epithelzellen bekleidet ist.

c) Die tympanale Wand zerfällt in zwei Abschnitte 1. in den Limbus spiralis mit dem freien Rande der Lamina spiralis ossea und 2. in die Lamina spiralis membranacea.

---

1) Diese Namen stammen noch aus der Zeit, in welcher man den Limbus spiralis zur Lamina spiralis ossea rechnete.

ad 1. Der **L i m b u s   s p i r a l i s** besteht aus einem derben, an spindelförmigen Zellen reichen Bindegewebe, welches nach unten mit dem Periost

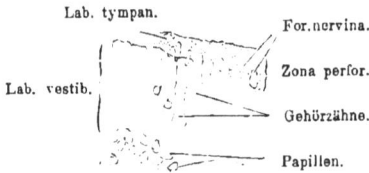

der Lamina spiralis ossea verwachsen ist, an der freien Oberfläche aber sonderbar gestaltete Papillen besitzt. Sie haben die Form unregelmässiger Halbkugeln; gegen das Labium vestibulare wachsen sie zu schmalen, langen Platten, den **H u s c h k e**'schen **G e h ö r z ä h n e n**, aus (Fig. 245 und Fig. 248), die in einfacher Reihe neben einander liegen. Eine einfache Lage stark abgeplatteter Epithelzellen überzieht

Fig. 245.

Aus einem Flächenpräparate der Lam. spiral. der Katze, 240 mal vergrössert. Lam. vestib. von oben gesehen, zwischen den Gehörzähnen sieht man zwei Kerne der Epithelzellen. Links ist der Tubus auf die Höhe der Gehörzähne, rechts auf die Ebene der Zona perforata eingestellt. Technik Nr. 185, pag. 317.

die Oberfläche des Limbus und geht an der Kante des Labium vestibulare in das kubische Epithel des Sulcus spiralis über (Fig. 248, *A*).

Der freie Rand der Lam. spiral. ossea · ist an seiner oberen Fläche von einer einfachen Reihe schlitzförmiger Oeffnungen, **F o r a m i n a   n e r v i n a**, (Fig. 245) durchbrochen, durch welche die in die knöcherne Lamina eingeschlossenen Nerven hervortreten, um in das Epithel der Lam. spiralis membran. einzudringen. Deshalb heisst diese Zone der knöchernen Lamina spiralis **Z o n a** (Habenula) **p e r f o r a t a**.

Fig. 246.

Aus einem Flächenpräparate d. Lamina spiral. membran. der Katze, 240 mal vergr. Schichten der Zona pectinata bei wechselnder Einstellung des Tubus gezeichnet. *e* Hohe Einstellung auf das indifferente Epithel (Claudius'sche Zellen) des Ductus cochlearis. *f* Mittlere Einstellung auf die Fasern der Membr. bas. *b* Tiefe Einstellung auf die Kerne der tympanalen Belegschicht. Techn. Nr. 185, p. 317.

ad 2. Die **L a m i n a   s p i r a l i s   m e m b r a n a c e a** besteht aus der Membrana basilaris, d. i. aus einer Fortsetzung des Limbus spiralis sowie des Periostes der Lamina spiralis ossea, ferner aus der tympanalen Belegschicht, die eine Fortsetzung des Periostes der Scala tympani ist, welche die Unterfläche der Membrana basilaris bekleidet, und endlich aus dem Epithel des Ductus cochlearis, welches der Oberfläche der Membr. basil. aufsitzt.

Die **M e m b r a n a   b a s i l a r i s** besteht aus einer strukturlosen Haut, welche starre, ganz gerade, vom Labium tympani bis Lig. spirale verlaufende Fasern, sowie oblonge Kerne enthält. Dadurch erhält die Membran ein feinstreifiges Aussehen (Fig. 246 *f*).

Die **t y m p a n a l e   B e l e g s c h i c h t** besteht aus einem feinen, Spindelzellen enthaltenden Bindegewebe, dessen Fasern auf der Faserrichtung der Elemente der Membr. basil. senkrecht stehen (Fig. 246 *b*).

Das **E p i t h e l** ist auf der der Schneckenachse zugekehrten Hälfte zum Neuroepithel, dem **C o r t i**'schen Organ, entwickelt, während die äussere dem Lig. spirale zugekehrte Hälfte aus indifferenten Epithelzellen besteht. Man theilt die Lam. spiral. membr. deshalb in zwei Zonen: eine innere, vom

Corti'schen Organe bedeckte, Z o n a t e c t a, und eine äussere, Z o n a p e c t i n a t a [1]).

Die auffallendste Bildung des Corti'schen Organes sind die P f e i l e r - z e l l e n, eigenthümlich geformte, grösstentheils starre Gebilde, die in zwei Reihen in der ganzen Länge des Ductus cochlearis stehen. Die innere Reihe bilden die I n n e n p f e i l e r, die äussere die A u s s e n p f e i l e r (Fig. 248). Indem beide schräg gegeneinander geneigt sind, bilden sie einen Bogen, den Arcus spiralis, welcher einen mit der Basis gegen die Membr. basilaris gerichteten dreiseitigen Raum, den Tunnel überbrückt. Der Tunnel ist nichts anderes, als ein sehr grosser Intercellularraum, der mit einer weichen Masse, Intercellularsubstanz, erfüllt ist. Hinsichtlich des feineren Baues der Pfeilerzellen ist folgendes zu betrachten: Die inneren Pfeilerzellen sind starre Bänder, an denen wir einen dreiseitig verbreiterten Fuss, einen schmalen

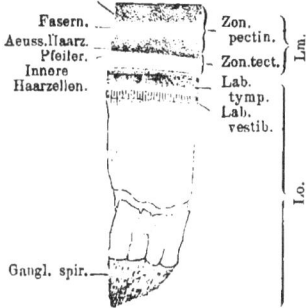

Fasern.
Aeuss.Haarz.
Pfeiler.
Innere
Haarzellen.
Zon.
pectin.
Zon.tect.
Lab.
tymp.
Lab.
vestib.
I.o.
Gangl. spir.

Fig. 247.

Lamina spiralis der Katze von der vestibularen Fläche aus gesehen. Die Membr. tectoria ist entfernt. 50mal vergr. *Lo* Lamina spiralis ossea in der inneren Hälfte mehrfach gesprungen und zerbrochen; am hinteren Rande derselben ragen Zellen des Ganglion spirale vor. *Lm* Lamina spir. membranacea. Die Claudius'schen Zellen sind theilweise abgefallen, so dass man die Fasern der Membr. basilaris als feine Streifung sicht. Technik Nr. 185, pag. 817.

Körper und einen auswärts konkaven Kopf unterscheiden. Der Kopf trägt eine schmale „Kopfplatte" (Fig. 248). Körper und Fuss der Zelle sind von wenig Protoplasma umgeben, das nur aussen vom Fusse in der Umgebung des Kernes in etwas grösserer Menge vorhanden ist. Die äusseren Pfeilerzellen zeigen dasselbe Detail; nur ist der kernhaltige Theil einwärts vom Fusse gelegen; der rundliche Gelenkkopf ruht in dem konkaven Ausschnitte des Innenpfeilers, die (breitere) Kopfplatte wird von der Kopfplatte des Innenpfeilers grösstentheils bedeckt. Nach Innen von den Innenpfeilern liegt eine einfache Reihe von Zellen, die i n n e r e n H a a r z e l l e n, kurz-cylindrische, mit der abgerundeten Basis nicht bis zur Membr. basilaris reichende Zellen, die an ihrer freien Oberfläche ca. 20 starre Haare tragen. Nach Innen von den inneren Haarzellen liegt das kubische Epithel des Sulcus spiral. intern. Nach aussen von den Aussenpfeilern liegen die ä u s s e r e n H a a r z e l l e n; sie gleichen den inneren Haarzellen, nur sind sie durch einen dunklen, in der oberen Hälfte der Zelle gelegenen Körper, den (Hensen'schen) S p i r a l k ö r p e r, charakterisirt [2]). Die äusseren Haarzellen sind nicht in einfacher, sondern in mehrfachen (gewöhnlich vier) Reihen an-

---

1) Von den durchschimmernden Streifen der Membr. basilaris so genannt.

2) Im Schema (Fig. 248 *A*) durch einen dunklen, dicht unter den Hörhaaren gelegenen Fleck angedeutet.

geordnet; sie liegen nicht nebeneinander, sondern werden auseinander gehalten durch die Deiters'schen Zellen, das sind gestreckte Zellen, die einen starren

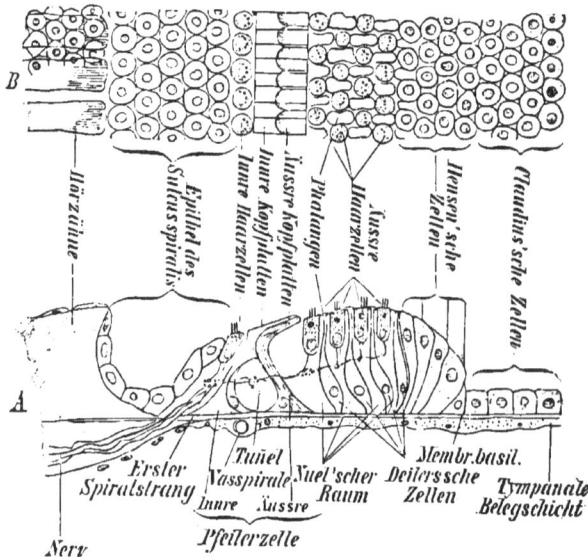

Fig. 248.

Schema des Baues der tympanalen Wand des Schneckenkanales, *A* von der Seite, *B* von der Fläche gesehen; bei letzterer Ansicht ist die Einstellung des Tubus auf die freie Oberfläche gewählt. Es ist einleuchtend, dass das in anderen Ebenen liegende Epithel des Sulcus spiralis, sowie die Claudius'schen Zellen nur durch Senken des Tubus scharf eingestellt werden können. Die Membrana tectoria ist nicht eingezeichnet. Die Spiralnervenstränge (s. pag. 313) sind durch Punkte angedeutet.

Faden enthalten und an ihrem oberen Ende je einen cuticularen Aufsatz tragen; dieser hat die Gestalt einer Finger-Phalanx, die zwischen den Phalangen frei bleibenden Lücken werden durch die oberen Enden der äusseren Haarzellen ausgefüllt (Fig. 249). Die Deiters'schen Zellen sind Stützzellen, die viele Uebereinstimmung mit den Pfeilerzellen zeigen; wie diese bestehen sie aus einem starren Faden und einem protoplasmatischen Theil, wie diese haben sie eine Kopfplatte (hier Phalanx genannt). Der Unterschied besteht nur darin, dass die Umwandlung in starre Theile bei den Deiters'schen Zellen nicht so weit vorgeschritten ist. Indem die Phalangen unter sich

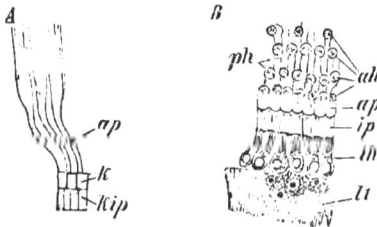

Fig. 249.

Aus einem Flächenpräparate der Lam. spir. membran. der Katze, 210mal vergrössert. *A* Aeussere Pfeiler. *k* Kopfplatten derselben bei hoher Einstellung. *ap* Körper und Fussenden derselben unter allmählichem Senken des Tubus gezeichnet. *kip* Stücke der Kopfplatten der inneren Pfeiler. *B*, *li* Labium tympanic. theilweise bedeckt vom Epithel des Sulc. spiral. *ih* innere, *ah* äussere Haarzellen, zwischen diesen die Phalangen *ph*, die Membr. reticularis bildend. *ap* Kopfplatten der äusseren, *ip* der inneren Pfeiler. Technik Nr. 185, pag. 317.

zusammenhängen, bilden sie eine zierlich genetzte Membran, die Membrana reticularis.

Die äusseren Haarzellen reichen nicht bis zur Membr. basil. herab, füllen also nur die obere Hälfte der Räume zwischen den Deiters'schen Zellen aus, die unteren Hälften dieser Räume bleiben frei; wir nennen sie die Nuel'schen Räume, oder da sie ja miteinander zusammenhängen, den Nuel'schen Raum (Fig. 248 A). Auch der Nuel'sche Raum hat die Bedeutung eines Intercellularraumes und steht mit dem Tunnel in Verbindung.

Nach aussen von der letzten Reihe Deiters'scher Zellen liegen die Hensen'schen Zellen, langgestreckte Cylinder, die unter allmählicher Abnahme ihrer Höhe in das indifferente Epithel des Ductus cochlearis übergehen, dessen Elemente, soweit sie noch die Membr. basilaris bedecken, die Claudius'schen Zellen heissen.

Ueber dem Sulcus spiralis und dem Corti'schen Organe liegt eine weiche elastische Cuticularbildung, die Membrana tectoria (Fig. 250). Sie ist am Labium vestibulare befestigt und reicht bis zur äussersten Reihe der Haarzellen.

Der Ramus cochlearis des Nervus acusticus dringt bekanntlich in die Achse der Schnecke ein und giebt in spiralig fortlaufender Linie Aeste ab, welche gegen die Wurzel der Lamin. spiral. ossea ziehen; hier geht jede markhaltige Nervenfaser unter Verlust ihrer Markscheide in eine Nervenzelle über, die wie diejenigen der Spinalganglien eine bindegewebige Hülle besitzt; die Summe dieser Nervenzellen bildet ein die ganze Peripherie der Schneckenachse umwindendes Ganglion spirale [1] (Fig. 244); vom entgegengesetzten Pol jeder Zelle entspringt eine zweite Nervenfaser, die bald markhaltig wird und sich mit Nachbarfasern zu einem in die Lamin. spiral. ossea eingeschlossenen weitmaschigen Plexus vereint; derselbe reicht bis gegen das Labium tympanicum, wo die Fasern unter Verlust ihrer Markscheide durch die Foramina nervina (pag. 310) treten und im Epithel enden. Das geschieht in der Weise, dass sie in der Richtung der Schneckenwindung umbiegen und so in spiraligen Strängen verlaufen, von denen der

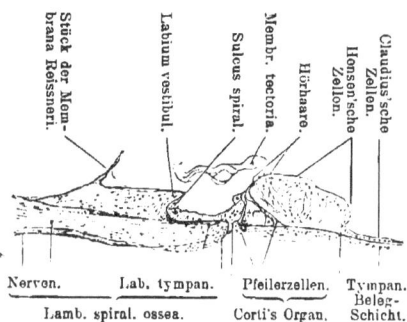

Fig. 250.

Senkrechter radiärer Schnitt durch die periphorische Hälfte der Lam. spiral. ossea und durch die Lam. spir. membr. eines neugeborenen Kindes, 80mal vergrössert. Die Membr. tectoria war von ihrer Anheftungsstelle am Labium vestibulare abgerissen. Technik Nr. 186, pag. 318.

Labels on figure: Stück der Membrana Reissneri. — Labium vestibul. — Membr. tectoria. — Sulcus spiral. — Hörhaare. — Hensen'sche Zellen. — Claudius'sche Zellen. — Nerven. — Lab. tympan. — Pfeilerzellen. — Tympan. Beleg-Schicht. — Lamb. spiral. ossea. — Corti's Organ.

---

[1] Das Ganglion spirale besitzt also den gleichen Bau wie ein Spinalganglion, ein Unterschied besteht nur insofern, als die Ganglienzellen hier nicht unipolar, sondern bipolar, wie in den embryonalen Ganglien, sind (pag. 75). Auch die im innern Gehörgang liegende gangliöse Anschwellung des Ram. vestib. nerv. acust. besitzt bipolare Ganglienzellen.

erste nach Innen von der inneren Pfeilerzelle (Fig. 248 *A*), der zweite im Tunnel, der dritte zwischen äusserer Pfeilerzelle und erster Deiters'scher Zelle, die übrigen drei zwischen den Deiters'schen Zellen verlaufen. Von diesen Strängen aus ziehen feine Fasern zu den Haarzellen, an (nicht in) denen sie enden.

Die Arterien des Labyrinthes stammen aus der A. auditiva und aus der A. stylomastoidea, welche durch die Fenestra rotunda einen Ast zur Schnecke schickt. Aus der A. auditiva gehen hervor: 1. Aeste zu den Säckchen und den Bogengängen, welche im Allgemeinen ein weitmaschiges, an den Maculae und Cristae dagegen ein dichtes Gefässnetz speisen; 2. ein Schneckenast, welcher bei dem Eintritte in die Schnecke in eine grössere Anzahl kleinerer Aeste zerfällt. Diese treten theils direkt zur ersten Windung, theils steigen sie in der Schneckenachse empor. Von letzteren Aesten treten successive kleine Zweige in die knöcherne Wand des Modiolus und bilden hier die Wurzeln kleinerer und grösserer Knäuel, Glomeruli arteriosi cochleae minores et majores. Erstere sind etwas über der Ursprungs- stelle der Lam. spiral. ossea gelegen und speisen die Crista spiralis, sowie die Kapillaren der Reissner'schen Membran. Letztere liegen an der Wurzel der Scheidewand zweier Windungen [1]) und speisen zwei von einander un- abhängige Gefässgebiete: die nächstuntere Stria vascularis und die Lamina spiralis membranacea. Die Venen sammeln sich zum Vas prominens (Fig. 244) und zum Vas spirale (Fig. 248, *A*), welche in eine im Modiolus (unterhalb des Gangl. spirale gelegene) Vene (Vena spiralis modioli) münden. Letztere ergiesst sich wahrscheinlich durch den Aquaeductus cochleae in die V. jugul. intern.

Die Anordnung der Blutgefässe in der Schnecke ist somit eine der- artige, dass die Scala vestibuli von Arterien, die Scala tympani von Venen umkreist wird. Die oberwärts an die Lam. spir. membr. grenzende Scala tympani ist so der Einwirkung arterieller Pulsationen vollkommen entrückt.

Lymphbahnen. Die im Innern des häutigen Labyrinthes befind- liche Endolymphe steht durch feine Röhrchen, welche vom Grunde des Ductus endolymphaticus (dem Saccus endolymphaticus) ausgehen, mit den subduralen Lymphräumen in Zusammenhang. Die perilymphatischen Räume (s. pag. 307) stehen durch ein durch den Aquaeductus cochleae verlaufendes Lymphgefäss, den „Ductus perilymphaticus", mit dem Subarachnoidealraum in Verbindung.

Mittelohr.

Die Schleimhaut der Paukenhöhle ist innig mit dem darunter liegenden Perioste verwachsen. Sie besteht aus dünnem Bindegewebe und

---

[1]) Etwa da, wo in Fig. 244 der obere Strich von „knöcherne Schneckenachse" hindeutet.

einem einschichtigen kubischen Epithel, das manchmal am Boden, zuweilen auch in grösseren Bezirken der Paukenhöhle Flimmerhaare trägt. Drüsen (kurze, 0,1 mm lange Schläuche) kommen nur spärlich in der vorderen Hälfte der Paukenhöhle vor. Die Schleimhaut der Ohrtrompete besteht aus fibrillärem (in der Nähe der Pharynxmündung zahlreiche Leukocyten enthaltendem) Bindegewebe und einem geschichteten, cylindrischen Flimmerepithel; der durch die Flimmerhaare erzeugte Strom ist gegen den Rachen gerichtet. Schleimdrüsen finden sich besonders reichlich in der pharyngealen Hälfte der Tube. Der Knorpel der Ohrtrompete ist da, wo er sich an die knöcherne Tube anschliesst, hyalin und hie und da mit Einlagerungen starrer (nicht elastischer) Fasern versehen (vergl. p. 60); weiter vorn enthält die Grundsubstanz des Knorpels dichte Netze elastischer Fasern. Die Blutgefässe bilden in der Paukenhöhlenschleimhaut ein weitmaschiges, in der Tube ein engmaschiges, oberflächliches und ein tiefes die Schleimdrüsen umspinnendes Kapillarnetz. Die Lymphgefässe verlaufen in der Paukenhöhle im Periost. Ueber die Endigungen der Nerven fehlen noch genauere Angaben.

Aeusseres Ohr.

Das Trommelfell besteht aus einer Bindegewebsplatte („Lamina propria"), deren Faserbündel an der lateralwärts gekehrten Oberfläche radiär verlaufen und mit dem Periost des Sulcus tympanicus zusammenhängen; an der der Paukenhöhle zugekehrten Oberfläche sind die Faserbündel cirkulär angeordnet. Das Trommelfell wird innen von der Paukenhöhlenschleimhaut, aussen von der Auskleidung des äusseren Gehörganges (äussere Haut) überzogen. Beide Ueberzüge haften sehr fest an der Lamina propria, sind glatt und tragen keine Papillen. Da, wo der Hammer dem Trommelfell anliegt, ist er mit einem Ueberzuge hyalinen Knorpels versehen.

Der äussere Gehörgang wird, soweit er knorpelig ist, ferner in der ganzen Länge seiner oberen Wand von einer dicken Fortsetzung der äusseren Haut ausgekleidet, welche durch einen grossen Reichthum eigenthümlicher Knäueldrüsen, der Glandulae ceruminosae (Ohrschmalzdrüsen), ausgezeichnet ist. Dieselben stimmen in manchen Beziehungen mit den gewöhnlichen grösseren Knäueldrüsen („Schweissdrüsen") der Haut überein; sie besitzen wie diese einen mit mehreren Lagen von Epithelzellen ausgekleideten Ausführungsgang und die Kanäle des Knäuels selbst haben eine einfache Lage meist kubischer Drüsenzellen, welchen glatte Muskelfasern und eine ansehnliche Membrana propria aussen anliegen (Fig. 252); sie unterscheiden sich von den Schweissdrüsen dadurch, dass die Knäuelkanäle ein sehr grosses Lumen haben, das besonders bei Erwachsenen stark erweitert ist, dass die Drüsenzellen viele Pigmentkörnchen und Fetttröpfchen enthalten und häufig einen deutlichen Cuticularsaum tragen. Die Ausführungsgänge sind eng und münden bei Kindern in die Haarbälge, bei Erwachsenen dicht neben den Haarbälgen auf die Oberfläche. Das Sekret, das Ohrschmalz (Cerumen), besteht aus Pigmentkörnchen, Fetttropfen und fetterfüllten Zellen; letztere stammen wahrscheinlich aus den Haarbalgdrüsen. Im (übrigen) Bereich des knöchernen äusseren Gehörganges ist die Haut nur dünn und ohne Ohrschmalzdrüsen.

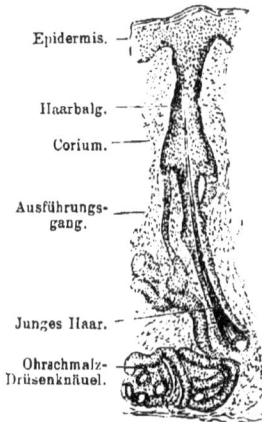

Epidermis.

Haarbalg.

Corium.

Ausführungs-
gang.

Junges Haar.

Ohrschmalz-
Drüsenknäuel.

A

Membrana propria.
Kerne glatter Muskelfasern.
Sekret.
Drüsenzellen.

B.
Sekret.　Cuticularsaum.

Drüsenzellen.
Kerne glatterMuskelfasern.
Membrana propria.

Fig. 251.

Aus einem senkrechten Schnitte durch die Haut des äusseren Gehörganges eines neugeborenen Kindes, 50mal vergrössert. Der Ausführungsgang mündet in den Haarbalg. Technik Nr. 189, pag. 319.

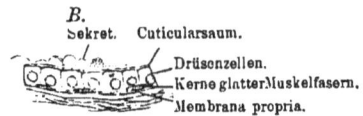

Fig. 252.

A. Ein Querschnitt des Knäuelkanales ebendaher. *B.* Längsschnitt eines Knäuelkanales aus dem Gehörgange eines 12jährigen Knaben, 240mal vergröss. Technik Nr. 189, pag. 319.

Der Knorpel des knorpeligen Gehörganges und der Ohrmuschel ist elastischer Knorpel.

Die Gefässe und Nerven verhalten sich so wie in der äusseren Haut, nur am Trommelfelle zeigen sie besondere Eigenthümlichkeiten. Dort steigt neben dem Hammergriffe eine Arterie herab, welche sich in radiär verlaufende Aeste auflöst; der Rückfluss erfolgt durch ebenfalls dem Hammergriff entlang laufende Venen. Diese Gefässe liegen in dem von der äusseren Haut gelieferten Ueberzuge des Trommelfelles. Auch der Schleimhautüberzug des Trommelfelles ist mit einem dichten Kapillarnetz versehen, welches durch durchbohrende Aestchen mit dem Hautgefässnetze anastomosirt.

Lymphgefässe finden sich vorzugsweise in der Hautschicht des Trommelfelles.

Die Nerven bilden feine, unter beiden Ueberzügen verlaufende Geflechte.

TECHNIK.

Grundbedingung ist genaue Kenntniss der makroskopischen Anatomie des Labyrinthes. Die Schwierigkeiten, die Misserfolge beruhen zum guten Theile auf ungenauer Kenntniss der Anatomie des knöchernen Labyrinthes.

Zu Beginn der Präparation müssen alle Theile, die lateral vom Promontorium liegen (Os tympanic. und Gehörknöchelchen), entfernt werden, so dass dieses deutlich vorliegt.

Nr. 184. Otolithen. Man meissele das Promontorium, vom oberen Rande der Fenestra stapedii angefangen bis zum unteren Rande der Fenestra rotunda weg. Dann erblickt man — besonders wenn man das Felsenbein unter Wasser betrachtet — die weissen Flecken (Maculae) im Sacculus und Utriculus. Man hebe nun mit einer feinen Pincette die Säckchen heraus und breite ein Stückchen davon auf den Objektträger in verdünntem Glycerin aus. Die Otolithen sind in grosser Menge vorhanden, sind aber sehr klein, so dass ihre Gestalt erst bei starken Vergrösserungen (240 mal) deutlich erkennbar wird (Fig. 243). Man hüte sich, zu dickes Glycerin zu nehmen, in welchem die Otolithen vollkommen unsichtbar werden.

Bei dem Herausheben der Säckchen ziehen sich nicht selten Stücke der Bogengänge mit heraus, die man mit Pikrokarmin (pag. 20) färben und in verdünntem Glycerin (pag. 6) konserviren kann. Man sieht nur das Epithel und hie und da an optischen Querschnitten die feine Glashaut; das Bindegewebe ist sehr spärlich.

Nr. 185. Flächenpräparate der Schnecke. Man erinnere sich, dass die Basis der Schnecke im Grunde des inneren Gehörganges liegt und dass die Spitze gegen die Tube gekehrt ist, dass also die Schneckenachse horizontal und quer zur Längsachse der Felsenbeinpyramide steht.

Man meissele den freien Theil der Schnecke auf, d. h. man entferne das Promontorium dicht vor der Fenestra rotunda, öffne die Spitze der Schnecke und lege dann das von überflüssiger Knochenmasse thunlichst befreite Präparat in 20 ccm 0,5 % ige Osmiumsäure (5 ccm 2 %/ige Osmiumsäure zu 15 ccm Aq. dest.). Nach 12—20 Stunden wässere man das Präparat ca. 1 Stunde lang aus und bringe es dann in 200 ccm Müller'sche Flüssigkeit (pag. 14). Nach 3—20 Tagen (oder später) breche man die Schnecke vollends auf und betrachte sie nun unter Wasser. Man sieht da die Lamin. spiral. ossea und membranacea als ein feines Blättchen, resp. Häutchen, an der Schneckenachse befestigt; nun breche man mit einer feinen Pincette ein Stückchen der Lamin. spiral. osea ab, hebe dasselbe nicht mit der Pincette, sondern vorsichtig mit Nadel und Spatel aus der Flüssigkeit und bringe es mit einigen Tropfen verdünntem Glycerin unter den Objektträger. Man thut gut, den axialen Theil der Lam. spiral. ossea auf dem Objektträger mit Nadeln abzubrechen, da das verhältnissmässig dicke Knochenblatt das Auflegen des Deckglases erschwert. Die vestibuläre Fläche der Lamina muss nach oben gerichtet sein, man erkennt das daran, dass bei hoher Einstellung des Tubus die Gehörzähne (Fig. 245) zuerst sichtbar sind, während die anderen Theile erst beim Senken des Tubus (bei tieferer Einstellung) deutlich werden. Bei schwacher Vergrösserung sind anfangs nur die Interstitien der Gehörzähne als dunkle Striche sichtbar (Fig. 247 Lab. vestib.), die Papillen sind auch bei starken Vergrösserungen nicht sofort zu erkennen, sondern werden erst am zweiten oder dritten Tage deutlich. Die Hauptschwierigkeit liegt nicht in der Anfertigung, sondern in der richtigen Beobachtung des Präparates; bei der geringsten Tubushebung resp. Senkung ändert sich sofort das Bild. In Fig. 248, *B* ist in schematischer Weise die Lamin spiral. membr. von oben her betrachtet in hoher Einstellung gezeichnet, man sieht also nur die freie Oberfläche der in *A* von der Seite ge-

zeichneten Gebilde. Es leuchtet ein, dass bei einer Senkung des Tubus z. B.
nicht mehr die Kopfplatten der Pfeilerzellen, sondern deren Körper (als Kreise
im optischen Querschnitt) sichtbar sein werden, ebenso verschwindet die
Membr. reticularis, die nur bei ganz hoher Einstellung sichtbar ist, etc. Man
kann noch färben mit Pikrokarmin (pag. 20) und konserviren in verdünntem
Glycerin. Vorstehende Angaben beziehen sich auf das Gehörorgan des Menschen (Kinderlabyrinthe sind zu empfehlen) und der Katze.

Nr. 186. Um Schnitte durch die knöcherne und häutige
Schnecke anzufertigen, meissele man die Schnecke eines Kindes[1] aus dem
Labyrinth. Die kompakte Knochensubstanz der Schnecke ist von so weicher
schwammiger Knochensubstanz umgeben, dass sich letztere auch mit einem
starken Federmesser entfernen lässt; hat man so im Groben die Form der
Schnecke hergestellt, so lege man mit einem Meissel an 2 – 3 Stellen der
Schnecke kleine, ca. 1 qmm grosse Oeffnungen an, um das Eindringen der
Fixirungsflüssigkeit zu erleichtern. Dann bringe man die Schnecke in 15 ccm
destill. Wasser + 5 ccm der 2 %igen Osmiumsäure. Nach 24 Stunden wird
das Objekt herausgenommen, eine Viertelstunde in (womöglich fliessendes)
Wasser gelegt und dann in ca. 60 ccm allmählich verstärktem Alkohol
(pag. 15) gehärtet. Nach vollendeter Härtung wird die Schnecke entkalkt
und zwar in Chlorpalladium-Salzsäure. Man stelle sich folgende Mischung
dar: Von einer 1 %igen wässerigen Chlorpalladiumlösung giesse man 1 ccm
zu 10 ccm Salzsäure und füge 100 ccm destillirtes Wasser hinzu. Die Schnecke
wird in ca. 100 ccm dieser Mischung eingelegt, die Mischung öfter gewechselt.
Nach vollendeter Entkalkung (pag. 16) wird das Objekt nochmals gehärtet
und in Klemmleber eingebettet geschnitten. Die Schnitte müssen die Achse
der Schnecke der Länge nach enthalten, werden mit Pikrokarmin gefärbt
(pag. 20) und in Damarfirniss konservirt (pag. 27). Es ist nicht sehr schwer,
Uebersichtspräparate zu erhalten. Die Lam. Reissneri ist gewöhnlich ein-
gerissen, so dass Ductus cochlearis und Scala vestibuli einen gemeinsamen
Raum bilden (Fig. 244). Das Corti'sche Organ lässt meist zu wünschen
übrig; nur feine Schnitte, welche das Organ senkrecht getroffen haben, geben
völlig klare Bilder; meist enthält ein Schnitt mehrere innere und äussere
Pfeiler, zum Theil nur Bruchstücke solcher, die Hensen'schen Zellen sehen
blasig gequollen aus (Fig. 250), so dass die Orientirung dem Anfänger viele
Schwierigkeiten bereitet.

Nr. 187. Für Nerven der Maculae, Cristae und der Schnecke
ist die Behandlung neugeborener bis 10 Tage alter Mäuse nach der pag. 23
angegebenen Methode zu empfehlen. Die Schädelbasis wird nach Entfernung
von Schädeldach, Gehirn und Unterkiefer auf 3—4 Tage in die osmiobi-
chromsäure Mischung und 2 Tage in die Müllerlösung gelegt. Meint führt
erst die „doppelte Methode" (pag. 24) zum Ziel. Man mache durch den un-
entkalkten Schädel Horizontal- und Frontalschnitte. Erstere sind bequemer
anzufertigen.

Nr. 188. Um Querschnitte der Ohrtrompete (Knorpel und
Schleimhaut) zu erhalten, orientire man sich zunächst über die schräg median
vor- und abwärts gerichtete Stellung der Tube. Man schneide die ganze

---

[1] Von thierischen Schnecken sind die des Meerschweinchens und der Fledermaus
deswegen zu empfehlen, weil solche Schnecken nicht in schwammige Knochensubstanz
eingebettet sind und ohne weiteres Abmeisseln und Oeffnen sofort eingelegt werden können.

pharnygeale Abtheilung der Tube sammt umgebenden Muskeln heraus, fixire das Stück in 200—300 ccm Müller'scher Flüssigkeit, wasche es nach 3—6 Wochen in (womöglich fliessendem) Wasser aus und härte es in ca. 100 ccm allmählich verstärktem Alkohol (pag. 15). Man kann die Schnitte mit Böhmer'schem Haematoxylin färben (pag. 18) und in Damarfirniss (pag. 27) einschliessen. Vorzugsweise als Uebersichtspräparate mit ganz schwachen Vergrösserungen zu betrachten.

Nr. 189. Ohrschmalzdrüsen. Man schneide das Ohr mit dem knorpeligen Gehörgange dicht am knöchernen Gehörgange ab, schneide vom knorpeligen Gehörgange ca. 1 qcm grosse Stücke aus, die man in ca. 30 ccm absoluten Alkohol einlegt. Schon am nächsten Tage kann man Schnitte anfertigen, die ziemlich dick (— 0,5 mm) sein müssen, wenn man Knäuel und Ausführungsgang zusammentreffen will (Fig. 251). Kernfärbung mit Böhmer'schem Haematoxylin (pag. 18). Man betrachte auch feinere, ungefärbte Schnitte in verdünntem Glycerin; hier kann man die Fett- und Pigmentkörnchen sehen. Ganz besonders sind Präparate neugeborener Kinder zu empfehlen; bei Erwachsenen sind die Kanäle stark erweitert und geben keine schönen Uebersichtsbilder. Dagegen sieht man bei mehr Erwachsenen die Cuticula der Drüsenzellen gut, die ich bei Neugeborenen vermisse (vergl. Fig. 252).

XII. Geruchsorgan.

In diesem Kapitel soll der Bau der gesammten Nasenschleimhaut beschrieben werden. Die eigentliche Riechschleimhaut ist beim Menschen nur auf die Mitte der oberen Muschel, sowie auf den entsprechenden Theil der Nasenscheidewand beschränkt; die übrigen Partien der Nasenhöhle (die Nebenhöhlen inbegriffen) sind mit respiratorischer Schleimhaut überzogen. Ausgenommen hiervon ist der im Bereiche der beweglichen Nase befindliche Abschnitt (Vestibulum nasi), welcher mit einer Fortsetzung der äusseren Haut bekleidet ist. Wir haben demnach drei, im Bau differente Abschnitte der Nasenschleimhaut zu unterscheiden.

1. Regio vestibularis.

Die Schleimhaut besteht aus einem geschichteten Pflasterepithel und aus einer papillentragenden Tunica propria, in welche zahlreiche Talgdrüsen und die Haarbälge der steifen Nasenhaare (Vibrissae) eingesenkt sind.

2. Regio respiratoria.

Die Schleimhaut besteht aus einem geschichteten flimmernden Cylinderepithel (Fig. 12) das bald viele, bald wenige Becherzellen enthält, und einer ansehnlichen an der unteren Nasenmuschel bis zu 4 mm dicken Tunica propria, welche sich aus fibrillärem Bindegewebe und verschieden grossen Mengen von Leukocyten aufbaut; letztere sind zuweilen zu Solitärknötchen zusammengeballt. Auch hier findet eine Durchwanderung der Leukocyten durch das Epithel in die Nasenhöhle statt (vergl. pag. 181).

Fig. 253.

Dicker Schnitt senkrecht durch die Schleimhaut der menschlichen Nasenscheidewand; Regio respiratoria, 20 mal vergrössert. Bei zwei Drüsen ist der Ausführungsgang getroffen. *t* Trichterförmige Vertiefung, *v* Venen. Technik Nr. 191, pag. 323.

Die Tunica propria des Menschen schliesst verästelte tubulöse Drüsen ein, die theils Schleim, theils Eiweiss absondern, also gemischte Drüsen sind (vergl. pag. 197). Sie münden nicht selten in trichterförmige Vertiefungen (*t*) ein, welche von einer Fortsetzung des Oberflächenepithels ausgekleidet und an der unteren Muschel mit unbewaffnetem Auge wahrnehmbar sind. In den Nebenhöhlen der Nase sind Epithel und Tunica propria bedeutend dünner (— 0,02 mm), sonst von gleichem Baue; nur spärliche und kleine Drüsen finden sich daselbst.

3. Regio olfactoria.

Die Schleimhaut dieser Gegend ist durch ihre gelblichbraune Färbung schon makroskopisch von der röthlichen Schleimhaut der Regio respiratoria unterscheidbar. Sie besteht aus einem Epithel, dem Riechepithel, und aus einer Tunica propria. Im Riechepithel kommen zwei Zellenformen vor. Die eine Form (Fig. 254 *st*) ist in der oberen Hälfte cylindrisch und enthält hier gelbliches Pigment und kleine, oft in Längsreihen gestellte Körnchen. Die untere Hälfte ist schmäler, am Rande mit Zacken und Einbuchtungen versehen, das untere Ende ist gegabelt und soll mit den gegabelten Enden benachbarter Zellen sich zu einem protoplasmatischen Netzwerke verbinden.

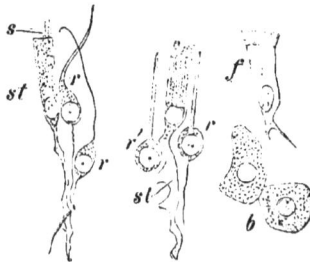

Fig. 254.

Isolirte Zellen der Regio olfactoria des Kaninchens. 560mal vergröss. *st* Stützzellen, *s* austretende Schleimzapfen, die Flimmerhaaren ähnlich sind. *r* Riechzellen, bei *r'* ist der untere Fortsatz abgerissen. *f* Flimmerzelle. *b* Zellen der Bowman'schen Drüsen. Technik Nr. 190, pag. 323.

Diese Zellen heissen Stützzellen. Ihre meist ovalen Kerne liegen in einer Höhe und nehmen auf senkrechten Schnitten eine schmale Zone, die Zone der ovalen Kerne (Fig. 256) ein. Die zweite Form (Fig. 254 *r*, 255) besitzt nur in der Umgebung des meist runden Kernes eine grössere Menge Protoplasma; von da erstreckt sich nach oben ein schmaler cylindrischer, härchentragender, nach unten ein sehr feiner Fortsatz, der sich direkt in den Achsencylinder einer Nervenfaser fortsetzt. Diese Zellen, die „Riechzellen", sind Ganglienzellen, ihr unterer Fortsatz ist eine centripetale Nervenfaser. Ihre mit Kernkörperchen versehenen runden Kerne liegen in verschiedenen Höhen und nehmen eine breite Zone, die Zone der runden Kerne (Fig. 256 *zr*) ein[1]). Ausser diesen beiden Formen giebt es Zwischenformen, die bald mehr den Stützzellen, bald mehr den Riechzellen sich nähern. An der Grenze des Epithels gegen das Bindegewebe ist ein mit Kernen versehenes protoplasmatisches Netzwerk, die sog. Basalzellen (Fig. 257 *b*), gelegen. Die Oberfläche des Epithels ist von einer sehr zarten homogenen Haut, der Membrana limitans olfactoria bedeckt; sie wird durchbohrt von den Härchen tragenden Enden der Riechzellen und ist ihrerseits von einer eigenthümlichen Masse bedeckt (Fig. 257 *s*), die von den einen Autoren für eine dem Cuticularraum des Darmepithels ähnliche Bildung, von Anderen für feine Flimmerhärchen, von noch Anderen für kleine Zapfen austretenden Schleimes (Fig. 254 *s*) erklärt wird.

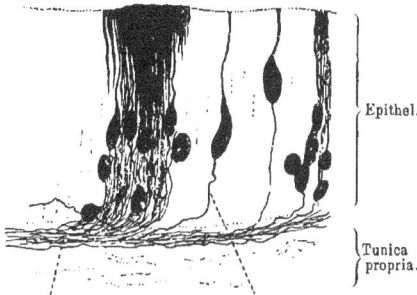

Epithel.

Tunica propria.

Olfactoriusbündel.   Centripetaler Fortsatz einer Riechzelle.

Fig. 255.

Senkrechter Schnitt durch die Regio olfactoria einer jungen Ratte. 480mal vergr. Technik Nr. 193, pag. 323.

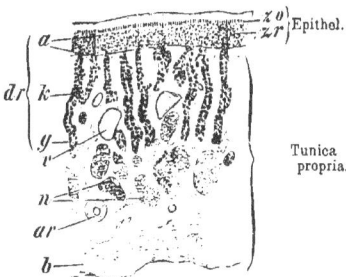

Fig. 256.

Senkrechter Schnitt der Regio olfactoria des Kaninchens, 50mal vergrössert. *zo* Zone der ovalen, *zr* Zone der runden Kerne. *dr* Bowman'sche Drüsen. *a* Ausführungsgang. *k* Körper. *g* Grund der Drüse. *n* Querschnitte der Aeste des N. olfactorius. *v* Venen. *ar* Arterie. *b* Querdurchschnittene Bindegewebsbündel. Technik Nr. 192, pag. 323.

Die Tunica propria stellt einen aus starren Bindegewebsfasern gewebten, mit feinen elastischen Fasern untermengten lockeren Filz dar, welcher bei manchen Thieren (z. B. bei der Katze) gegen das Epithel zu einer strukturlosen Haut verdichtet ist. Zahlreiche Drüsen, die sog. Bowman'schen Drüsen, sind in die Tunica propria eingebettet; es sind entweder einfache

---

[1]) Zuweilen trifft man in dem sonst kernfreien Epithelgebiet über den ovalen Kernen runde Kerne in wechselnder Menge; sie gehören entweder dislocirten Riechzellen an (Fig. 257) oder sind Kerne durchwandernder, oft pigmentirter Leukocyten.

oder (z. B. beim Menschen) verästelte Schläuche, an denen man einen im Epithel gelegenen Ausführungsgang (Fig. 256 *a*), einen Drüsenkörper und einen Drüsengrund unterscheidet[1]). Die Zellen des Drüsenkörpers sind pigmentirt. Die Bowman'schen Drüsen (auch diejenigen des Menschen) sind bis vor Kurzem für Eiweissdrüsen gehalten worden. In neuerer Zeit hat man sie für Schleimdrüsen erklärt. Die Tunica propria ist ferner Trägerin der Verästelungen der Nerven. Die Aeste des N. olfactorius werden von Fortsetzungen der Dura mater bekleidet und bestehen durchaus aus marklosen Fasern, die sehr leicht in Fibrillen zerfallen; die Fasern sind die zu Bündeln vereinten unteren Fortsätze der Riechzellen, welche in flachen Bogen sich vom Epithel her in die Tunica

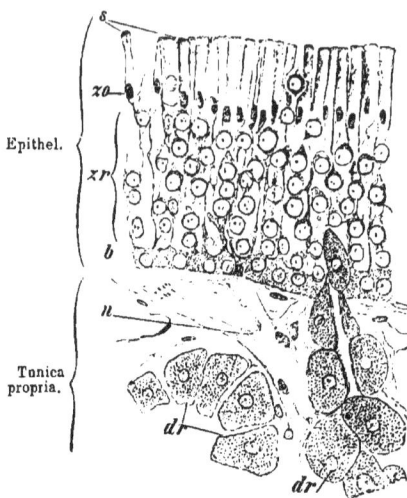

Fig. 257.

Senkrechter Schnitt durch die Regio olfact. des Kaninchens. 560mal vergrössert. *s* Saum. *zo* Zone der ovalen, *zr* Zone der runden Kerne. *b* „Basalzellen". *dr* Stücke der Bowman'schen Drüsen, an dem rechten ist der untere Theil des Ausführungsganges getroffen. *n* Ast des Nervus olfactorius.
Technik Nr. 192. pag. 313.

propria einsenken und durch Vereinigung mit Nachbarbündeln eben die Olfaktoriusäste bilden; die Endverästelungen des N. trigeminus liegen in der Tunica propria selbst; feine, in das Epithel aufsteigende und dort frei endende Fasern gehören möglicher Weise dem Trigeminus an.

Von den **Blutgefässen** der Nasenschleimhaut verlaufen die Arterienstämmchen in den tieferen Schichten der Tunica propria (Fig. 253 u. 256); sie speisen ein bis dicht unter das Epithel reichendes Kapillarnetz; die Venen sind durch ihre ansehnliche Entwicklung ausgezeichnet (Fig. 253); sie bilden besonders am hinteren Ende der unteren Muschel ein so dichtes Netzwerk, dass die Tunica propria cavernösem Gewebe ähnlich ist.

Die **Lymphgefässe** bilden in den tieferen Schichten der Tunica propria gelegene grobmaschige Netze. Injektionen von Lymphgefässen der Regio olfactoria vom Subarachnoidealraume aus, erklären sich durch die Scheiden, welche die durch die Lamina cribrosa tretenden Olfaktoriusäste von den Hirnhäuten erhalten.

Markhaltige Zweige des Trigeminus sind sowohl in der Regio respiratoria wie olfactoria nachzuweisen.

---

1) Die Bowman'schen Drüsen überschreiten oft das Gebiet der Regio olfactoria und werden auch in den angrenzenden Abschnitten der Regio respiratoria gefunden.

TECHNIK.

Nr. 190. Riechzellen. Man durchsäge den Kopf eines soeben getödteten Kaninchens in der Medianlinie. Die Riechschleimhaut ist an ihrer braunen Farbe leicht kenntlich. Ein Stückchen von ca. 5 mm Seite wird sammt der dazu gehörigen knöchernen Muschel mit einer kleinen Scheere vorsichtig ausgeschnitten und in 20 ccm Ranvier'schen Alkohol (pag. 4) eingelegt. Nach 5—7 Stunden übertrage man dasselbe in 5 ccm Pikrokarmin, am nächsten Tage in 10 ccm destill. Wasser. Nach etwa 10 Minuten wird das Stückchen herausgenommen und leicht auf einen Objektträger gestossen, auf welchen man einen Tropfen verdünntes Glycerin gesetzt hat. Umrühren mit der Nadel ist zu vermeiden, das Deckglas vorsichtig aufzulegen. Man sieht ausser vielen Bruchstücken von Zellen, viele gut erhaltene Stützzellen; an den Riechzellen fehlt häufig der äusserst feine centrale Fortsatz (Fig. 254).

Nr. 191. Zu Präparaten der Schleimhaut der Regio respiratoria umschneide man Stückchen von 5—10 mm Seite auf der unteren Hälfte des Septum narium, ziehe sie ab und fixire sie in ca. 20 ccm absolutem Alkohol (pag. 13). Zu feineren Schnitten verwende man die Nasenschleimhaut des Kaninchenkopfes (Nr. 190), klemme die Stückchen in Leber ein (pag. 17) und färbe die Schnitte mit Böhmer'schem Haematoxylin (pag. 18). Konserviren in Damarfirniss (pag. 27). Zu Uebersichtsbildern genügt auch die Schleimhaut menschlicher Leichen, welche in gleicher Weise behandelt wird, nur mache man dicke, ungefärbte Schnitte, die man in verdünntem Glycerin konservirt (Fig. 253).

Nr. 192. Zu Präparaten der Schleimhaut der Regio olfactoria löse man Stückchen (von 3—6 mm Seite) der braunen Riechschleimhaut vom oberen Theile des Septum des Kaninchens (Nr. 190) und lege sie auf 3 Stunden in 20 ccm Ranvier'schen Alkohol (pag. 4), welcher die Elemente des Riechepithels etwas lockert; alsdann übertrage man die Stückchen vorsichtig in 3 ccm 2%ige Osmiumlösung + 3 ccm destill. Wasser und stelle das Ganze auf 15—24 Stunden in's Dunkle. Nach Ablauf derselben werden die Stückchen auf eine halbe Stunde in 20 ccm destillirtes Wasser gelegt und dann in 30 ccm allmählich verstärktem Alkohol gehärtet (pag. 15). Die gehärteten Stücke werden in Leber geklemmt und geschnitten, die Schnitte 20—30 Sekunden in Böhmer'schem Haematoxylin (pag. 18) gefärbt und in Damarfirniss eingeschlossen (pag. 27).

Will man gute Bilder der Drüsen erhalten (Fig. 256), so mache man dicke, quer zum Verlaufe der Nervenfasern gerichtete Schnitte. Für die Darstellung der Nervenfasern und des Epithels empfiehlt es sich, dünne längs des Nervenfaserverlaufes gerichtete Schnitte zu machen (Fig. 257).

Nr. 193. Riechzellen mit Nervenforsätzen erhält man an den nach Nr. 187 pag. 318 hergestellten Präparaten; oft ist auch das Gangsystem der Bowman'schen Drüsen geschwärzt.

XIII. Geschmacksorgan.

Die Geschmacksorgane, die Geschmacksknospen (Schmeckbecher) sind länglichovale, ca. 80 μ lange und 40 μ breite Körper, welche voll-

kommen im Epithel der Mundschleimhaut eingebettet sind; sie sitzen mit
der Basis auf der Tunica propria auf, das obere Ende reicht bis zur Epitheloberfläche, welche hier eine kleine,
oft trichterförmige Vertiefung,
den Geschmacksporus, zeigt.
Jede Geschmacksknospe besteht
aus zwei Arten langgestreckter
Epithelzellen; die einen sind entweder von überall gleichem
Durchmesser, oder sie sind an
ihrem basalen Ende verjüngt, zuweilen gabelig getheilt, während
das obere Ende zugespitzt aus-
läuft; ihr Protoplasma ist hell.
Diese Zellen bilden die Hauptmasse der Geschmacksknospe, sind
vorzugsweise in der Peripherie
der Knospe gelegen und heissen
Deckzellen. Sie dienen zur
Stütze und Hülle der Ge-
schmackszellen (Schmeck-
zellen), welche die eigentlichen Sinnesepithelien sind. Die Geschmackszellen
sind schmal und nur da, wo der Kern sitzt[1]), etwas verdickt. Ihr oberer
Abschnitt ist cylindrisch oder —
und das ist häufiger — kegelförmig
und trägt an seinem freien Ende
ein glänzendes Stiftchen (Fig. 259),
eine Cuticularbildung; der untere
Abschnitt ist bald dünner, bald
dicker und endet abgestumpft oder
mit dreieckigem Fusse, ohne sich in
die bindegewebige Schleimhaut zu
erstrecken. Ihr Protoplasma ist
dunkler.

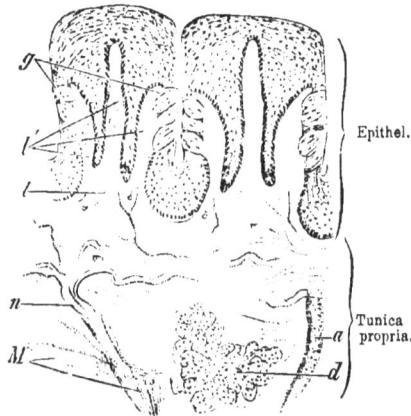

Fig. 258.

Senkrechter Durchschnitt durch zwei Leistchen der Papilla
foliata des Kaninchens, 80mal vergrössert. Jedes Leistchen *l* trägt drei sekundäre Leistchen *l'*. *g* Geschmacksknospen. *n* Markhaltige Nerven. *d* Eiweissdrüsen. *a* Stück
eines Ausführungsganges einer solchen. *M* Muskelfasern
der Zunge. Technik Nr. 195, pag. 325.

Fig. 259.

Aus einem senkrechten Schnitte durch die Papilla
foliata des Kaninchens. 560 mal vergrössert.
Technik Nr. 195, pag. 325.

Die Geschmacksknospen finden sich vorzugsweise an den Seitenwänden
der Papillae circumvallatae (vergl. auch Fig. 132, pag. 179) und der Leistchen der Papillae foliatae (Fig. 258), (s. auch pag. 180), in geringer Zahl
auf den Papillae fungiformes, am weichen Gaumen und auf der hinteren
Kehldeckelfläche.

---

1) Der Kern ist bald näher dem untern Ende, bald mehr in der Mitte, seltner am
obern Ende der Zelle gelegen. Nicht selten findet man Leukocyten — oft in grosser
Menge — im Innern der Geschmacksknospen.

Die Vermuthung, dass die Endverästelungen des N. glossopharyngeus in derselben Weise mit den Geschmackszellen zusammenhängen, wie die Olfaktoriusfasern mit den Riechzellen, hat sich als eine irrthümliche erwiesen. Die mit mikroskopischen (sympathischen) Ganglien [1]) besetzten Endäste des N. glossopharyngeus bestehen aus markhaltigen und marklosen Nervenfasern, welche in der Tunica propria ein dichtes Geflecht bilden, von dem zahlreiche Aeste entspringen. Ein Theil derselben endet vielleicht im Bindegewebe (in Endkolben), die Mehrzahl der (marklosen) Nervenfasern aber dringt in das

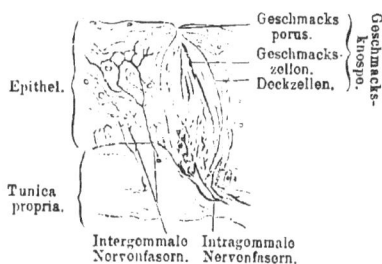

Geschmacks-knospe.

Geschmacks-porus.
Geschmacks-zellen.
Deckzellen.

Epithel.

Tunica propria.

Intergemmale Intragemmale
Nervenfasorn. Nervenfasorn.

Fig. 260.

Aus einem senkrechten Schnitte durch die Pap. cir-cumvallata eines Affen (Hapale), 240mal vergrössert. Technik Nr. 196, pag. 326.

Epithel. Hier kann man zwei Arten von Fasern unterscheiden. Die einen, die intragemmalen [2]) Fasern treten in die Geschmacksknospen (Fig. 260) ein und bilden dort sich theilend ein mit vielen starken Varikositäten besetztes Geflecht, das bis zur Höhe des Geschmacksporus reicht; alle intragemmalen Nervenverästelungen enden frei, ohne sich mit den Geschmackszellen zu verbinden und ohne Anastomosen unter einander einzugehen. Die andern, mehr glatten „intergemmalen" Fasern durchziehen die Epithelstrecken zwischen den Geschmacksknospen und reichen meist ohne sich zu theilen bis in die oberste Schichte des Epithels.

TECHNIK.

Nr. 194. Zur ersten Orientirung über Zahl und Lage der Geschmacksknospen sind die in Nr. 96 (pag. 213) angegebenen Methoden ausreichend. Als passende Objekte sind die Papillae circumvallatae eines beliebigen Thieres (vergl. auch Fig. 132) und die Papilla foliata des Kaninchens zu empfehlen. Letztere ist eine erhabene Gruppe paralleler Schleimhautfalten, welche sich am Seitenrande der Zungenwurzel befindet. Schon mittelfeine, senkrecht zur Längsachse der Falten gerichtete Schnitte lassen bei schwachen Vergrösserungen die Geschmacksknospen als helle Flecke erkennen.

Nr. 195. Zum Studium des feineren Baues der Geschmacksknospen trage man mit einer flachen Scheere die Papilla foliata eines soeben getödteten Kaninchens so ab, dass möglichst wenig Muskelsubstanz anhängt. Das Stückchen wird mit Igelstacheln auf einen Korkstöpsel gesteckt (die Muskelseite gegen den Kork gekehrt) und ca. 1 Stunde Osmiumdämpfen

---

[1]) Ob die sog. Geschmackskörner, multipolare, unter dem Epithel der Papillae foliatae gelegene Zellen, Nervenzellen sind, ist sehr fraglich; ein Nervenfortsatz konnte bei ihnen bis jetzt noch nicht nachgewiesen werden.

[2]) Von gemma, die Knospe.

ausgesetzt (s. weiter pag. 14, 6). Feine Schnitte des in Leber eingeklemmten, gehärteten Präparates werden ca. 30 Sekunden in Böhmer'schem Haematoxylin gefärbt (pag. 18) und in Damarfirniss eingeschlossen (pag. 27) (Fig. 258).

Nr. 196. Zur Darstellung der Nerven schneide man eine Papilla circumvallata (ohne Wall, nur das kugelige Wärzchen) mit einer Scheere aus, lege sie auf 10 Minuten in den filtrirten Saft einer frisch ausgepressten Citrone; dann bringe man die Papille in 5 ccm 1 %ige Goldchloridlösung und stelle das Ganze auf 1 Stunde in's Dunkle. Dann hebe man die Papille mit Holzstäbchen aus der Goldlösung, bringe sie in ein Uhrschälchen mit destill. Wasser und bewege die Papille darin etwas hin und her und übertrage sie endlich in 20 ccm destill. Wasser, dem 3 Tropfen Essigsäure zugesetzt sind. Darin setze man die Papille dem Tageslichte aus, bis die Reduktion vollendet ist (gewöhnlich nach 3 Tagen). Dann härte man die Papille im Dunkeln in ca. 30 ccm allmählich verstärktem Alkohol (pag. 15). Die Schnitte durch das eingeklemmte Objekt müssen möglichst fein gemacht werden. Einschluss in Damarfirniss (pag. 27). Die Nervenfasern sind dunkelroth bis schwarz, auch die Geschmackszellen färben sich dunkel (vergl. Fig. 260). Die Papilla foliata des Kaninchens ist zu solchen Präparaten nicht geeignet, dagegen gelingen hier Präparate mit Hilfe der Golgi'schen Methode (pag. 23). Man lege die Papille 3 Tage in die osmiobichromische Mischung, 2 Tage in die Silberlösung. „Doppelte Methode" zu empfehlen. Die intergemmalen Fasern sind zahlreicher und schwärzen sich auch leichter, die intragemmalen Fasern sind sehr fein. Einzelne Deck- und Geschmackszellen schwärzen sich häufig.

Die in vorstehenden 196 Nummern angegebenen technischen Vorschriften verhalten sich hinsichtlich der Leichtigkeit, mit der sie ausgeführt werden können, sehr verschieden. Ein Theil derselben ist so einfach, dass schon beim ersten Versuche gute Resultate erzielt werden können, ein anderer Theil dagegen setzt eine gewisse Geschicklichkeit voraus, die nur durch Uebung zu erreichen ist.

Die Reihenfolge der Vorschriften ist, gebunden an den Text des Lehrbuches, nun keineswegs geeignet, den Anfänger vom Leichteren zum Schweren zu führen, im Gegentheil, eine grosse Anzahl der in den ersten Nummern gegebenen Vorschriften gehört zu den schwierigeren, wie denn überhaupt die Herstellung der Elemente zu den höheren Aufgaben des jungen Mikroskopikers zählt.

Unter diesen Umständen schien es mir rathsam, die technischen Regeln in einer Weise zu ordnen, dass der Anfänger an der Hand dieser Reihenfolge fortschreitend leichter im Stande ist, die Aufgaben zu bewältigen.

I. Kapitel.
1. Reihe.
Schnitte.

[1] Die beiden Nummern 57 und 59 müssen später noch entkalkt werden.
[2] Kann auch in Müller'scher Flüssigkeit fixirt werden.

2. Reihe.
Frische Präparate ohne Zerzupfen.

3. Reihe.
Isoliren.

II. Kapitel.
1. Reihe.
Schnitte.

2. Reihe.
Frische Präparate ohne Zerzupfen.

3. Reihe.
Isoliren.

4. Reihe.
Zerzupfen.

III. Kapitel.
1. Reihe.
Schnitte.

2. Reihe.

Frische Präparate ohne Zerzupfen.

3. Reihe.

Isoliren.

4. Reihe.

Zerzupfen.

5. Reihe.

Häute.

6. Reihe.

Schliffe.

7. Reihe.

Injektionen.

IV. Kapitel.

1. Reihe.

Schnitte.

2. Reihe.

Frische Präparate ohne Zerzupfen.

3. Reihe.

Isoliren.

4. Reihe.

Z e r z u p f e n.

5. Reihe.

H ä u t e.

6. Reihe.

Injektionen.

V. Kapitel.

1. Reihe.

S c h n i t t e.

2. Reihe.

Frische Präparate ohne Zerzupfen.

3. Reihe.

I s o l i r e n.

4. Reihe.
Zerzupfen.

5. Reihe.
Häute.

6. Reihe.
Strichpräparate.

Anhang.

Die Mikrotomtechnik.

I. Mikrotome.

Die gebräuchlichsten Mikrotome sind nach zwei verschiedenen Prinzipien konstruirt.

Das Prinzip der einen Art besteht darin, dass das zu schneidende Objekt durch Verschiebung des Objekthalters auf einer schräg aufsteigenden Ebene gehoben wird.

Bei der anderen Art wird das Objekt in vertikaler Richtung durch eine Mikrometerschraube gehoben.

Beide Arten von Mikrotomen leisten Vorzügliches [1]).

Alle Theile des Mikrotoms sind möglichst sauber zu halten. Bei häufigem Gebrauche schütze man dasselbe, mit einem leichten Holzkasten bedeckt, vor Staub. Die Bahn, auf welcher der Messerschlitten läuft, muss vollkommen rein sein; man putze dieselbe hie und da mit einem in Benzin getauchten Lappen und fette sie dann mit Knochenöl oder mit Vaselin so reichlich ein, dass der Schlitten auch bei leichtem Anstosse die ganze Bahn gleichmässig durchläuft [2]). Besondere Sorgfalt ist auf die Messer zu verwenden. Nur mit sehr scharfen Messern wird man Serien sehr feiner Schnitte herstellen können. Ein wirklich scharfes Messer muss ein feines Haar, das man an dem einen Ende zwischen den Fingern hält, mit Leichtigkeit durchschneiden.

II. Einbetten.

A. In Paraffin.

Hierzu bedarf man

1. Paraffin: zwei Sorten, eine weichere (45° Celsius Schmelzpunkt) und eine härtere (52° Celsius Schmelzpunkt). Davon stelle man sich eine

---

[1]) Aus eigener Erfahrung kenne ich die Thoma'schen Schlittenmikrotome mit schräger Hebung von R. Jung in Heidelberg, die trefflich gearbeitet sind. Das Format Nr. IV. (Katalog 1886 p. 18) ist besonders zu empfehlen. Seit mehreren Jahren arbeite ich mit einem Mikrotom mit vertikaler Hebung von Schanze in Leipzig, Modell B Nr. 9 (Preisverzeichniss 1888), dessen Konstruktion nichts zu wünschen übrig lässt; auch die nach gleichem Prinzip konstruirten Mikrotome von Gustav Mihe in Hildesheim sind sehr zu empfehlen. Sehr gut sind die Mikrotome von A. Becker in Göttingen.

[2]) Die an den Thoma'schen Mikrotomen befindliche Objektsschlittenbahn darf dagegen nur sehr wenig eingeölt werden, damit nicht der Schlitten durch den Messerzug zurückgeschoben werde.

Mischung her, die bei ca. 50⁰ Celsius schmelzbar ist. Von dem richtigen Mischungsverhältnisse beider Sorten hängt viel ab; mancher Misserfolg wird nur durch eine ungenügende Mischung herbeigeführt. Eine genaue Angabe der Mengenverhältnisse lässt sich nicht liefern, da die Konsistenz des Paraffins in hohem Grade von der äusseren Temperatur abhängig ist. Auch bedingen härtere Objekte, ferner der Wunsch, sehr feine Schnitte herzustellen, die Anwendung härterer Mischungen als gewöhnlich. Für den Winter, bei einer Zimmertemperatur von 20⁰ Celsius, dürfte eine Mischung von 30 gr weichem mit 25 gr hartem Paraffin[1]) den meisten Anforderungen genügen.

2. Chloroform 20 ccm.

3. Paraffinchloroform, eine gesättigte Lösung (5 gr der Mischung in 25 ccm Chloroform). Diese Lösung ist bei Zimmertemperatur flüssig.

4. Ein Wärmekasten aus Weissblech mit doppelten Wänden, deren Zwischenraum mit Wasser gefüllt ist[2]). Unter dem Kasten brennt eine kleine Gasflamme. Oben befinden sich zwei Oeffnungen: die eine führt in den erwähnten Zwischenraum, hier wird ein Reichert'scher Regulator[3]) eingesetzt. Die zweite Oeffnung führt in den Luftraum des Kastens. Hier wird ein Thermometer eingesetzt. Die Vorderwand wird durch eine Glasplatte, die sich in einem Blechfalz in die Höhe ziehen lässt, gebildet. Der Luftraum des Kastens wird durch zwei herausnehmbare Platten in drei Fächer getheilt. Ein solcher Kasten soll ca. 25 cm lang, 23 cm hoch, 16 cm tief sein.

Der Wärmekasten mit Zubehör ist für denjenigen, der viel mit Paraffin arbeitet, kaum entbehrlich. Man kann jedoch statt dessen das Paraffin auf dem Wasserbade schmelzen und durch eine kleine Spiritusflamme flüssig erhalten.

5. Ein Einbettungsrähmchen[4]). Dasselbe besteht aus zwei geknickten Metallplatten, die so ⌐|‿|⌐ an einander gesetzt werden.

Statt dieses Rähmchens kann man sich aus Staniol oder steifem Papier (alten Korrespondenzkarten) geformter Kästchen bedienen.

Die einzubettenden Objekte müssen vollkommen wasserfrei sein, 1 bis 3 Tage in mehrmals gewechseltem absolutem Alkohol gelegen haben. Dann werden sie in ein Fläschchen mit ca. 20 ccm Chloroform übertragen, woselbst sie bis zum nächsten Tage verweilen[5]). Danach kommen die Objekte in Paraffinchloroform (s. oben) und nach 2—8 Stunden je nach der Grösse der Stücke in ein Schälchen geschmolzenen, aber nicht zu heissen Paraffins[6]). Nach etwa einer halben Stunde werden die Stückchen in ein zweites Schälchen geschmolzenen Paraffins gebracht[7]), woselbst sie je nach der Grösse 1 bis 5 Stunden bleiben.

1) Von Dr. Grübler (Leipzig) bezogen; das Kilo jeder Sorte kostet 4 Mark.
2) Wird von R. Jung (Heidelberg) angefertigt (Nr. 102 des Katalogs von 1886).
3) Ebendaher zu beziehen (Nr. 108 des Katalogs).
4) Bei Jung Nr. 101 des Katalogs 1886, bei Schanze Nr. 35 des Preisverzeichnisses pro 1888.
5) Das reicht für alle Fälle, bei kleinen Objekten genügen 1—2 Stunden.
6) Das Paraffin darf nur 2—3 Grade über seinen Schmelzpunkt erhitzt sein; für die oben angegebene Mischung soll die Luft im Wärmekasten eine Temperatur von 50⁰ Cels. haben. Hat man das Paraffin auf dem Wasserbade geschmolzen, so stelle man die Flamme so, dass die Oberfläche des Paraffins mit einem dünnen Häutchen erstarrten Paraffins bedeckt bleibt.
7) Das geschieht, um den letzten Rest des Chloroforms aus dem Objekte zu entfernen. Selbstverständlich muss immer das gleiche Schälchen für die Uebertragung aus

Nach Ablauf derselben nehme man einen tiefen Teller, lege einen Objektträger hinein und stelle auf diesen das Einbettungsrähmchen, in welches jetzt Paraffin und Objekt gegossen werden. Dann gebe man, so lange das Paraffin noch flüssig ist, dem Objekt mit erhitzten Nadeln die gewünschte Lage. Sobald das geschehen ist, giesse man in den Teller vorsichtig kaltes Wasser bis zum oberen Rande des Rähmchens; das Paraffin beginnt sofort zu erstarren, worauf man noch mehr Wasser zugiesst, bis das ganze Rähmchen unter Wasser steht. Durch diese Manipulation erhält das Paraffin eine homogene Beschaffenheit, während es sonst leicht krystallinisch wird und dann sowohl schwerer zu schneiden ist, als auch auf die Struktur der eingeschlossenen Theile schädlich einwirkt. Nach etwa zehn Minuten werden die Metallplatten abgenommen und der Paraffinblock bis zur vollkommenen Erstarrung auf dem Objektträger im Wasser belassen.

Das so eingeschmolzene Objekt ist schon nach einer halben Stunde schneidbar; soll es später verarbeitet werden, so wird es mit einer Nadel signirt und kann bis zum Schneiden unbegrenzt lange Zeit aufgehoben werden.

B. In Celloidin.

Hierzu bedarf man

a) einer dünnen Lösung von Celloidin. Das bei Dr. Grübler käufliche Celloidin hat die Konsistenz speckigen Käses; ein 30 gr schweres Stück wird in kleine Würfel geschnitten und mit ca. 30 ccm absolutem Alkohol + ebensoviel Aether übergossen,

b) eine etwas dickere Lösung von ca. 30 gr Celloidin in 20 ccm absol. Alkohol + 20 ccm Aether. Diese Lösung hat die Konsistenz eines dicken Syrups.

Beide Lösungen sind in gut verschlossenen weithalsigen Flaschen aufzubewahren und können, wenn sie zu sehr eingedickt sind, durch Zugiessen von Aether-Alkohol verdünnt werden [1]).

Die einzubettenden Stücke müssen vollkommen wasserfrei sein, 1—2 Tage in mehrmals gewechseltem absolutem Alkohol gelegen haben. Aus diesem werden die Stücke in die dünne und am nächsten Tage in die dicke Celloidinlösung übertragen. Hier können die Stücke beliebig lange verweilen. Meist sind sie nach weiteren 24 Stunden hinreichend durchtränkt; nur grosse, viele Binnenräume enthaltende Objekte müssen länger (bis zu 8 Tagen) in der dicken Lösung verweilen. Dann wird das Stück rasch auf einen Korkstöpsel aufgesetzt und etwas Celloidin darübergegossen. Dabei ist zu beachten, dass das Objekt nicht fest auf den Kork aufgedrückt werde, sonst löst es sich leicht. Es muss sich eine 1—2 mm dicke Schicht [2])

---

dem Paraffinchloroform benützt werden. Enthält das Schälchen nach häufigerem Gebrauche viel Chloroform, so kann man dieses durch stärkeres Erhitzen des Paraffins austreiben. So lange das Paraffin noch Chloroform enthält, steigen von einer eingetauchten heissen Nadel Bläschen auf.

[1]) Nach einiger Zeit werden die Lösungen trüb und milchig; es ist alsdann besser. die Lösung vollkommen eintrocknen zu lassen und die Stücke von Neuem in Aether-Alkohol zu lösen.

[2]) Dicker darf die Schicht nicht sein; auch gut gehärtetes Celloidin ist elastisch, eine dicke Schicht solch elastischen Materials würde zu einem Ausweichen des Objektes beim Schneiden Veranlassung geben.

zwischen Kork und Objekt befinden. Nun wird das Ganze auf $^1/_2$ (zarte Objekte) — 4 Stunden unter eine nicht fest schliessende Glasglocke[1]) zu langsamer Trocknung gebracht und dann in eine Glasdose mit ca. 30 ccm 80%igem Alkohol übertragen. Damit die Objekte untertauchen, klebe man die Korkstöpsel mit ihrer unteren Fläche vermittelst Celloidin an die Innenfläche des Dosendeckels. Am nächsten Tage wird der Alkohol durch 70%igen Alkohol ersetzt, in welchem die Stücke lange aufgehoben werden können.

Zur Anfertigung feinerer Schnitte kann man das Celloidin noch härten. Zu diesem Zwecke bringe man die in Celloidin eingeschlossenen Stücke aus dem 80%igen Alkohol auf 2 Tage oder beliebig länger in ein Alkohol-Glyceringemisch (Alkohol 80% 1 Theil, reines concentrirtes Glycerin 6—10 Theile. Je grösser das Verhältniss von Glycerin zu Alkohol ist, desto härter wird das Celloidin[2]). Um das Federn der elastischen Celloidinblöcke zu verhindern, trockne man den aus dem Alkohol-Glycerin entnommenen Block mit Filtrirpapier sorgfältig ab, mache ein paar seitliche Einkerbungen und tauche ihn in flüssiges Paraffin. Solche Blöcke lassen sich nicht trocken aufheben. Man lege sie in das Alkohol-Glycerin zurück.

Einer besonderen Behandlung bedürfen die mittelst der Golgi'schen Methode fixirten Präparate, da ein länger als eine Stunde dauernder Aufenthalt in absolutem Alkohol oft schädlich wirkt. Das aus der Silberlösung genommene Stückchen wird 15—20 Minuten in 30 ccm 96%igem, dann 15 Minuten in ebensoviel absolutem Alkohol gehärtet, dann auf 5 Minuten in die dünne Celloidinlösung gebracht. Unterdessen schneidet man in die plangeschnittene Seitenfläche eines möglichst breiten Stückes Hollundermark eine Vertiefung, gerade gross genug, um das ganze Präparat eben aufzunehmen, welches hier eingefügt und mit etwas Celloidin übergossen wird. Dann passe man ein zweites Stückchen Hollundermark auf, giesse wieder etwas Celloidin über und stelle das Ganze auf ca. 5 Minuten zum Antrocknen unter eine Glasglocke. Dann Uebertragung in 80%igen Alkohol auf 5 Minuten und dann mit einem mit 80%igem Alkohol benetzten Messer schneiden. Mikrotom ist durchaus nicht nöthig, es lassen sich leicht mit freier Hand genügende Schnitte herstellen. Benützt man ein Mikrotom, so soll die Schnittdicke zwischen 40 und 120 μ schwanken. Es empfiehlt sich, an der Schnittfläche soviel Hollundermark abzutragen, dass letzteres nur eine (1 mm) schmale Rinde um das Celloidin bildet.

III. Schneiden.

A. Paraffinobjekte.

1. Bei schrager Messerstellung.

Der das Objekt enthaltende Paraffinblock wird bei den Jung'schen Mikrotomen auf einen der beigegebenen, mit hartem Paraffin ausgegossenen Hohlcylinder, bei den Schanz'schen Mikrotomen auf ein statt der Objektklammer einzusetzendes Tischchen aufgeschmolzen[3]). Bei dem Tischchen

---

1) Zu dem Zwecke lege man eine Nadel oder dergleichen unter den Glockenrand.

2) Man kann die Mischung noch mehr ändern. Als äusserste Grenze dürfte 1 Theil Alkohol zu 30 Theilen Glycerin zu bezeichnen sein; noch stärkere Differenzen führen zu einem starken Rollen der Schnitte.

3) Statt des Tischchens benütze ich cylindrische Stückchen weichen Holzes von ca. 3 cm Höhe und einem Durchmesser von 1½ cm, welche in die Objektklammer eingeschraubt werden.

geschieht das einfach durch Aufdrücken des Paraffinblockes auf das erwärmte Tischchen. Bei dem mit hartem Paraffin ausgefüllten Hohlcylinder erwärme man dieses sowie die Grundfläche des Paraffinblockes, drücke beide leicht an einander und stelle durch Einstechen heisser Nadeln an der Berührungsfläche beider Theile eine feste Verbindung her. Um rasche Erstarrung herbeizuführen, lege man jetzt den Hohlcylinder resp. das Tischchen auf fünf Minuten in kaltes Wasser. Dann wird der oberste, das Objekt bergende Theil des Paraffinblockes durch schichtweises Abtragen des Paraffins zu einer vierseitigen kleinen Säule zurecht geschnitten, deren Grundfläche ein rechtwinkeliges Viereck ist.

Die Säule soll nicht höher als 1 cm, das Objekt soll nur von einer schmalen (1—2 mm breiten) Paraffinschicht umgeben sein. Der Hohlcylinder (resp. das Tischchen) wird nun in das Mikrotom eingesetzt. Man schneidet mit trockener Klinge. Die Stellung des Messers hängt von der Natur des Objektes ab.

Schneiden bei schräger Messerstellung.

Handelt es sich um grosse Objekte von ungleichem Gefüge, so soll das Messer in einem zur Längsachse des Mikrotoms möglichst spitzen Winkel festgeschraubt werden. Die Paraffinsäule muss so zur Messerschneide stehen, dass diese zuerst eine Kante der Säule trifft. Der Messerschlitten ist langsam zu bewegen, jeder Druck ist dabei zu vermeiden.

Schneiden bei querer Messerstellung[1]).

Das Messer wird senkrecht zur Längsachse des Mikrotoms eingeschraubt, die Paraffinsäule so gedreht, dass die Messerschneide zuerst eine Fläche der Säule trifft. Der Messerschlitten wird rasch in hobelnder Bewegung geführt, dadurch kleben die Schnitte an den Rändern an einander und bilden lange Bänder. Bei richtiger Konsistenz des Paraffins legt sich oft schon der erste Schnitt glatt auf die Klinge und wird durch den zweiten Schnitt in der Richtung gegen den Messerrücken zu verschoben. Zeigen aber die ersten Schnitte Neigung, sich zu rollen und nach vorne über die Schneide wegzufallen, so müssen sie vorsichtig mit einem zarten Pinsel in die richtige Lage zurückgeführt werden. Am besten gelingt das Bänderschneiden bei einer Schnittfläche von 0,01 mm. Schnitte von mehr als 0,01 mm Dicke rollen sich leicht um und kleben mit den Rändern schwerer an einander.

Misstände beim Schneiden und deren Beseitigung.

Jeder, der mit Paraffin gearbeitet hat, wird über manchen misslungenen Versuch zu berichten wissen.

1. Das Messer gleitet über das Objekt und trennt einen Schnitt entweder unvollkommen oder gar nicht.

Die Ursache hierfür kann zunächst im Mikrotom liegen. Die Bahn des Messerschlittens ist nicht sauber; man achte auch auf den vertikalen

---

1) Bei den Schanz'schen Mikrotomen muss in diesem Falle eine Umstellung des Objektklammerträgers vorgenommen werden, so dass die Klammer in der Mitte des Mikrotoms steht. Man stelle zuerst durch Druck am Hebel den Klammerträger möglichst hoch über die Drehscheibe, nehme dann die Klammer resp. das Tischchen ab und drehe den Klammerträger um 180 Grad um die senkrecht zur Mikrotomlängsachse stehende Achse. Dann wird die Klammer wieder eingesetzt und der Klammerträger bis zur Scheibe gesenkt.

Theil der Schlittenbahn. Oder das Messer ist nicht scharf genug, oder ist an der Unterfläche mit Paraffin beschmutzt. In letzterem Falle wird der Messerschlitten herausgehoben, das Messer vorsichtig mit Terpentinöl und einem weichen Lappen gereinigt. Messer mit dünnem Rücken federn, wenn man den vordersten Theil der Schneide benutzt; so kommt es, dass bei schräger Messerstellung die Scheide nur im Anfange des Schnittes eingreift und über den letzten Theil des Präparates erfolglos weggleitet. Bei Mikrotomen älterer Konstruktion liegt der Grund oft in ungenügender Feststellung des Paraffinblockes.

In zweiter Linie ist die Ursache im Objekt zu suchen. Dasselbe ist vielleicht zu hart, oder sehr ungleichen Gefüges, oder schlecht eingebettet. In letzterem Falle liegen zwei Möglichkeiten vor. Entweder das Präparat war nicht gehörig entwässert, dann zeigt es undurchsichtige Flecken, oder es enthält noch Cloroform; in diesem Falle ist es weich, ein leichter Druck mit der Nadel auf die Oberfläche des Präparates ausgeübt, hinterlässt eine Delle oder presst gar Flüssigkeit aus. In beiden Fällen muss die Einbettungsprozedur in umgekehrter Reihenfolge bis zum absoluten Alkohol (in letzterem Falle bis zum Paraffinbade) wiederholt werden.

Endlich kann die Konsistenz des Paraffins schuld sein.

2. Die Schnitte rollen sich.

Das kann verhindert werden, indem man einen Pinsel oder eine gebogene Nadel gegen den sich rollenden Schnitt hält[1]). Der Grund des Rollens liegt in zu hartem Paraffin, dass auch schuld ist, wenn

3. die Schnitte bröckeln.

Die Brauchbarkeit des Paraffins ist in hohem Grade abhängig von der äusseren Temperatur. Ist das Paraffin zu hart, so suche man nicht sogleich durch Beimischung von weichem Paraffin eine passende Konsistenz herzustellen — das sei der letzte Ausweg —, sondern versucht zuvor einfachere Mittel. Man schneide in der Nähe des Ofens oder (bei Gasbeleuchtung) mit nahegerückter Lampe. Oft führt schon ein leichtes Erwärmen des Messers zum Ziele[2]).

4. Die Schnitte falten sich und werden zusammengedrückt. Dadurch erhalten die geschnittenen Objekte eine falsche Form. Der Grund liegt in zu weichem Paraffin. Oefteres Einlegen des Blockes in kaltes Wasser, Schneiden im kalten Zimmer (im Sommer in den Morgenstunden) beseitigen diesen Uebelstand.

B. Celloidinobjekte.

Die das Objekt umgebende Celloidinschicht ist bis auf eine 1—2 mm breite Schicht abzutragen.

Man schraube das Messer in einem zur Längsachse des Mikrotoms möglichst spitzen Winkel fest. Das Messer muss mit 70 %oigem Alkohol befeuchtet werden, der mit einem Pinsel nach jedem zweiten oder dritten Schnitte aufgetragen wird. Die Schnitte werden mit einem Pinsel abgehoben und in eine Schale mit 70 %oigem Alkohol übertragen.

Sehr feine Schnitte (unter 0,02 mm) lassen sich von nicht gehärteten (pag. 338) Celloidinobjekten nicht anfertigen.

---

[1]) Mechanicus Kleinert (Breslau, Breitestrasse) verfertigt einen Schnittstrecker für Mikrotome mit vertikaler Hebung, der das Rollen verhindert. Näheres siehe Born, Zeitschr. f. wissensch. Mikroskopie, Bd. 10, p. 157.

[2]) Selbst ganz gutes Paraffin bröckelt, wenn es mit kaltem Messer geschnitten wird.

IV. Einlegen der Schnitte.

A. Paraffinobjekte.

Sofern es sich nicht um Serien oder um sehr feine Schnitte handelt, werden die Schnitte in ein Schälchen mit 5 ccm Terpentinöl gebracht und nachdem das Paraffin aufgelöst ist, in ein zweites Schälchen mit Terpentinöl übertragen. Aus diesem werden die Schnitte, wenn sie von einem durchgefärbten Stücke stammen, auf den Objektträger gebracht und nach den oben (pag. 27) angegebenen Regeln eingelegt. Sollen die Schnitte aber noch gefärbt werden, so kommen sie aus dem Terpentinöl in ca. 5 ccm Alkohol absolutus, der nach 2 Minuten gewechselt wird. Nach weiteren 2 Minuten können die Schnitte beliebig gefärbt werden.

Handelt es sich dagegen um Serien und sehr feine Schnitte, so müssen die trocknen Schnitte zuerst aufgeklebt werden. Die hier zu verwendenden Objektträger müssen ganz rein sein: man putze sie mit etwas Alkohol und einem sauberen, nicht fetten Tuche oder lege sie auf eine halbe Stunde in kaltes Seifenwasser. Auf den gut getrockneten Objektträger werden nun die Schnitte (event. ein Stück des Schnittbandes) gelegt und an den Rand derselben mit einem feinen Pinsel ein Tropfen destillirtes Wasser gebracht. Nun wird der nächste Schnitt (resp. das Schnittbandstück aufgelegt, wieder Wasser zugesetzt und so weiter, bis der Objektträger besetzt ist. Es schadet nicht, wenn die Schnitte schwimmen. Nun ziehe man den Objektträger durch eine Spiritusflamme oder bringe ihn 1—3 Minuten in den Wärmkasten[1]. Durch die leichte Erwärmung breiten sich die Schnitte glatt aus. Dann ordne man die Schnitte noch einmal mit einer Nadel, lasse durch leichte Neigung des Objektträgers das überflüssige Wasser abfliessen und sauge es mit einem Streifen Filtrirpapier ab und lasse das Ganze, vor Staub geschützt, gut trocknen. Am nächsten Tage wird der Objektträger mit Terpentin übergossen und, wenn die Schnitte schon gefärbt sind, in Damarfirniss (pag. 27) eingeschlossen. Sollten dagegen die Schnitte auf dem Objektträger noch gefärbt werden, so wird das Terpentinöl abgewischt und der Objektträger in absoluten Alkohol übertragen[2]. Nach ca. 5 Minuten wird der Objektträger aus dem Alkohol genommen, in der Umgebung der Schnitte rasch abgewischt[2], angehaucht und entweder in die Farbe gelegt oder mit einigen Tropfen der Farbenlösung, z. B. Haematoxylin (direkt auf die Schnitte), bedeckt. Von da wird der Objektträger langsam in eine Schale mit destillirtem Wasser gebracht und dann entweder in dünnes Glycerin (pag. 26) oder nach bekannter Vorbehandlung mit absolutem Alkohol und Bergamottöl (pag. 27) in Damarfirniss eingeschlossen.

---

[1] Das Paraffin darf nicht schmelzen, die aus geschmolzenem Paraffin und Wasser entstandene Mischung ist in Terpentinöl nicht mehr löslich.

[2] Das Abwischen sowohl des Terpentinöles, sowie des Alkohols muss rasch geschehen, die Schnitte dürfen dabei nicht eintrocknen, sonst sind sie unbrauchbar; auch beim Aufträufeln der Farbflüssigkeit ist darauf zu achten, dass diese wirklich die Schnitte bedeckt. Ein Ablösen der Schnitte kommt nur dann vor, wenn das Wasser nicht in genügender Menge — zwischen Schnitten und Objektträger ganz ausgebreitet sein — zugesetzt war. Man kann auch auf Deckgläschen aufkleben, dadurch wird das Einlegen in Farbe, Alkohol etc. weniger kostspielig.

B. Celloidinobjekte.

Die Schnitte werden in einer Schale mit 20 ccm 90%igem Alkohol gebracht. Stammen sie nicht von durchgefärbten Stücken — die zu empfehlen sind, so können sie noch nachträglich gefärbt werden; doch sind Anilinfarben nicht anwendbar, da diese auch das Celloidin färben; selbst Haematoxylin verleiht dem Celloidin oft einen leichtblauen Ton. In absoluten Alkohol dürfen die Schnitte nicht gebracht werden, da dieses das Celloidin löst. Sie werden aus 90%igem Alkohol in chemisch-reinen Amylalkohol und dann in Xylol übertragen; wenn sie aufgehellt sind (pag. 27), werden sie in mit Xylol verdünntem Kandabalsam eingeschlossen.

Schnittserien von Celloidinobjekten kommen nur für ganz spezielle Zwecke, z. B. für das Centralnervensystem, in Betracht. In dieser Hinsicht seien die Artikel von Weigert[1]) in der Zeitschrift für wissenschaftliche Mikroskopie bestens empfohlen.

---

1) Band II. pag. 490, Band III. pag. 480, Band IV. pag 209. Der im letzten Artikel empfohlene Negativlack ist bei Dr. Grübler (Leipzig) zu haben.

Namens- und Sachregister.

Schaltstück 54.
— — der Niere 232.
Scheere 2.
Scheide 255.
Scheiden, adventitielle der Milz 98.
Scheidenkutikula 266.
Scheide, Schwann'sche 73.
Schicht, äussere retikuläre 285.
— — der gröberen Gefässe 278.
— — granulirte 144.
— — Henle'sche 266.
— — Huxley'sche 266.
— — innere, retikuläre 284.
— — rostfarbene 144.
Schilddrüse 227.
Schleife, Henle'sche 234.
Schleifstein 2.
Schleimbeutel 128.
Schleimdrüsen der Zunge 181.
— — (speichel)-drüsen 197.
Schleimhaut 169.
— — -körperchen 181.
— — -röhren 54.
— — -schicht der Oberhaut 260.
Schlemm'scher Kanal 294.
Schmeckbecher 323.
— — -zellen 324.
Schmelz 172.
— — -oberhäutchen 172.
— — -organ 174.
— — -prismen 172.
— — -pulpa 176.
— — -zellen 176.
Schnecke 308.
Schneiden 17.
— — von Celloidinobjekten 340.
— — von Paraffinobjekten 338.
Schnürring 79.
Schweissdrüsen 269.
— — -pore 269.
Schwesterschleifen 43.
Sebum 268.
Segmente cylindrokonische 79.
— — interannuläre 80.
Sehnen 127.
— — -bündel 127.
— — -scheiden 128.
Sehnenspindeln 129.
Sehnerv 289.
Sehorgan 276.
Seitenhorn 132.

Seitenstrang 131.
Sekretkapillaren 53.
Sekretröhren 54.
Sekundärknötchen 95.
Septum linguae 178.
— — longitudinale posterius 131.
Septula medullaria 133.
— — testis 240.
Seröse Drüsen 181.
Sertolische Zellen 242.
Serum 92.
Sharpey'sche Fasern 63.
Sinnesepithelzellen 47.
Sinus der Dura mater 150.
Sklera 276.
Solitärknötchen 97.
— — des Darmes 192.
Sonnenbildchenfigur 165.
Spatel 2.
Speicheldrüsen 197.
— — -körperchen 181.
— — -röhren 54.
Speiseröhre 183.
Sperma 244.
Spermatiden 242.
Spermatoblast 256.
— — -fila 244.
— — -gonie 242.
— — -somen 243.
Speziallamellen 110.
Spinalganglien 153.
Spindel 42, 43.
Spiralfaden 244.
Spiralkörper 311.
Spongioblasten 285.
Stachelzellen 47.
Stammfasern 135.
Stammzellen 242.
Stäbchen 286.
— — -fasern 286.
— — -korn 286.
— — -sehzellen 285.
Steissdrüse 90.
Stellulae Verheynii 235.
Stomata 94.
Strahlenbändchen 292.
Strang, Burdach'scher 131.
— Goll'scher 131.
— zarter 131.
Strangzellen 134.
Stratum corneum 260.

23*